YANHUA BAOZHU YONG
HUAGONG CAILIAO
ZHILIANG SHOUCE

烟花爆竹用
化工材料质量手册

东信烟花集团有限公司　组编

中南大学出版社
www.csupress.com.cn

内容提要

本书结合行业特点，全面、系统地阐述烟花爆竹用烟火药及所用化工原料的质量标准和分析检验规范。全书共分为 5 章，包括化学分析基础知识、烟花爆竹用化工材料一般测定、烟花爆竹用无机化工材料中杂质测定、烟花爆竹用化工材料质量标准及关键指标测定、烟花爆竹用烟火药常规测定及附录等。本书能起到对行业用化工材料的质量监控和管理作用。

烟花爆竹用化工材料质量手册
编委会名单

主　编　钟自奇

副主编　刘亚利　钟　娟　刘　宁

主　审　杜志明　黄茶香

编　委　(以姓氏笔画为序)

　　　　刘勇章(东信烟花集团有限公司)

　　　　刘华芳(东信烟花集团烟花研究院)

　　　　李谭武(长沙浏阳花炮工程技术中心)

　　　　杨传观(东信烟花集团有限公司)

　　　　邱　建(东信烟花集团有限公司)

　　　　杨厚红(东信烟花集团有限公司)

　　　　郑　征(长沙职业技术学院)

　　　　袁梅生(东信烟花集团烟花研究院)

　　　　樊清光(山西阳泉104厂)

序
Foreword

　　烟花爆竹是我国的传统产业，据《浏阳县志》记载："源于唐，盛于宋，发源于浏阳"，至今已有1400余年历史。"浏阳花炮"早已成为湖南的一张名片，也是中国的一张名片，是中国的地理标志产品。按理说，与其悠久历史相匹配的花炮技艺应该有它完整的理论体系，包括从原材料质量控制、药剂配方设计与制作工艺、性能分析与检测到燃放方式以及安全管理等方面的系列著述，但是这方面的出版物却凤毛麟角。这不能不说是令人遗憾的事情。之所以会出现这种局面，原因有以下三个方面：一是它作为一种"技艺"，一直以来以师徒传承的方式继承和发展，尚未形成完整的学科体系；二是囿于门户，生产企业各自为阵、互相封闭；三是行业队伍中现代科技人才匮乏，基础科学、技术研究薄弱。正是由于花炮行业整体仍处于比较落后的局面，导致人们喜闻乐见的烟花爆竹产品，在生产、运输、储存、燃放等各个环节安全事故频发，再加上燃放对环境有一定的影响，以至于这些年来，退出花炮市场者有之，禁放限放烟花爆竹者有之，但都收效甚微，不能从根本上解决存在的问题。

　　享有"浏阳花炮之子"和花炮制作技术非物质文化传承人美誉的东信烟花集团掌门人、工艺美术大师钟自奇先生早已意识到这些问题已严重制约这一传统产业的健康发展。他广泛网罗科技人才，借助东信烟花研究院和长沙浏阳花炮工程技术中心平台，积极开展花炮技艺理论方面的研究。《烟花爆竹用化工材料质量手册》的编写和出版，便是他们的突出成果之一，填补了花炮技艺理论方面的空白，为这一古老的民族文化技艺作出了新的贡献。

中国特色社会主义已全面进入新时代。烟花爆竹这种悠久的传统产业如何适应新时代的要求，生产出色彩更丰富、性能更安全更环保的产品来满足人民日益增长的美好生活需要，是摆在研发人员和生产企业面前的重要课题，说到底是一个事关文化自信和传承的问题。应该做好"三个建设"：

一是标准化建设。这些年来，全国烟花爆竹标准化技术委员会和全国安全生产标准化技术委员会烟花爆竹分技术委员会建立和颁布了不少烟花爆竹方面的标准，但还不够全面和系统，有的标准需要补充和修订。尤其是烟花爆竹用原材料分析检测标准尚有空白需要填补。这些标准一旦健全完善，不但可以大幅度提升烟花爆竹产品质量，满足人们对焰火艺术的观赏需求，还能保证燃放后产生的烟尘大幅减少，将对环境的影响降到最低。

二是研发建设。首先是人才队伍建设，要建设一支有知识、懂技术、会管理的专门人才队伍。花炮企业大多小型分散、危险性大，又地处偏僻等客观因素，严重制约了人才的引进。企业如何扬长避短？东信集团的做法值得借鉴。他们采取校企合作、筑巢引凤、产学研结合等方式，收到了显著成效。其次，加大研发投入，以开发出更多的既安全环保又节能降耗的新材料、新工艺、新产品，淘汰落后产能，更好地引导市场消费和满足市场需要。同时完善检测手段，研究和制定检测技术和方法，以确保产品生产安全和质量安全。

三是文化建设。文化遗产的传承归根到底要靠文字的记载。如前所述，烟花爆竹由于行业自身所限，这方面的建设亟待加强，应该有更多的出版物来丰富馆藏目录。这本手册的出版正是该行业文化建设的重要举措，是值得点赞的！其内容是对烟花爆竹行业检测技术成果的梳理和总结，是推动烟花爆竹技艺这一非物质文化遗产可持续发展的基础性工作，也是行业管理的重要参考文献，可满足企业对烟花爆竹原材料质量控制、安全生产等方面的需要，对烟花爆竹行业转型升级具有实质性指导意义。

"爆竹声中一岁除，春风送暖入屠苏。千门万户曈曈日，总把新桃换旧符。"传统文化源远流长，尽管现代科技日益发达，电子烟火终究替代不了烟花爆竹的原汁原味，满足不了人们的文化心理需求，节日喜庆氛围更是离不开烟花爆竹的烘托。习近平总书记指出："我们要坚持道路自信、理论自信、制度自信，最根本的还有一个文化自信。"作为中华文化重要组成部分的烟花爆竹是我国的传统产品，也是中国对世界文明的贡献。它不会衰落，也不应衰落，只会色彩更加缤纷，性能更安全、更环保。我们有理由相信，这本手册的编写、出版和应用，将会在推动烟花爆竹这一传统产业转型升级中发挥应有的作用。

是为序。

2018 年 3 月于北京理工大学

前言
Preface

期待已久的《烟花爆竹用化工材料质量手册》终于完成。

烟花爆竹是中国四大发明之一——火药的衍生品，具有 1300 余年的传承历史，是文化部首批认定的国家级非物质文化遗产，是独具中华特色、尽显中华风范的民族文化艺术。如今，每逢重大庆典，每当欢庆时刻，燃放烟花已经成为世界共有的"习俗"。

从李畋先师发明爆竹到如今丰富多彩的各色烟花，都是经历了世代烟花人传承与发展的结果。在这个发展过程中，我们的历代先人付出了艰辛的汗水乃至生命！由于行业基础薄弱，缺少针对烟花爆竹烟火药及其所用化工原料的较为全面、系统的质量标准和分析检测方面的典籍，我们在生产过程中发生了很多本不应该发生的质量与安全事故。本书的出版，正好填补了这个空白。

本书基于科学性与实用性的原则，通过大量的实验数据，并在参考所用化工材料的国家标准、军用标准、部委标准、行业标准、企业标准的基础上，结合行业特点，较为全面、系统地阐述了烟花爆竹用烟火药及所用化工原料的质量标准和分析检测方法，对烟花爆竹行业用化工材料质量和产品质量的监控，将起到积极的作用。

本书共分为 5 章：

第 1 章，化学分析基础知识。包括化学分析实验室安全规范、分析实验室用水规格、化学分析用标准滴定溶液的制备、化学分析用杂质测定标准溶液的制备、化学分析用制剂及制品的制备。

第 2 章，烟花爆竹用化工材料一般测定。包括样品准备、水分、蒸发残渣、灰分、pH、粒度、吸湿性、水不溶物等的测定。

第 3 章，烟花爆竹用无机化工材料中杂质含量测定。包括重金属、氯化物、铁、硫酸盐、硅、铵盐、磷、砷等含量测定。

第 4 章，烟花爆竹用化工材料质量标准及关键指标测定。共搜集了 38 种烟花爆竹烟火药中常用材料(限用禁用化工材料不在此列)，包括材料的组成、理化性能、质量标准、测定方法及包装贮运安全技术。通过大量的实验数据及图表直观地反应出这些材料各自的特征和测定方法。

第 5 章，烟花爆竹用烟火药常规测定。包括黑火药成分测定、烟火药中限用禁用等成分的测定。

由于编撰过程中可依据的资料较少，有些地方还有待在实践中进一步验证。同时，限于编者水平，不妥之处难免，欢迎读者批评指正。

本书的编写得到北京理工大学杜志明教授、国家烟花爆竹产品质量监督检验中心黄茶香教授等专家的大力支持和帮助，在此表示衷心感谢！

2018 年 3 月于浏阳

目 录
Contents

第 1 章　化学分析基础知识

1.1　化学分析实验室安全规范

1.1.1　化学实验室规则

(1)实验人员一定要有正规实验室工作的实践经验或者在有专门技术人员的指导下才可进入实验室进行实验操作。

(2)实验前认真阅读实验的相关内容,了解实验基本原理、内容、步骤、方法,找出实验的重点、难点。

(3)实验前清点仪器和试剂,如发现有破损或缺少,及时补足。

(4)实验时要特别注意实验安全,保持实验室安静,集中思想,细致观察,如实记录。实验后书写实验报告,并总结实验成败的原因。

(5)保持实验室和实验台的整洁。火柴梗、废纸屑、废玻璃等投入废纸篓;废液、废金属残渣倾入废液缸。以上物质都不得随意倒入水槽,以防污染环境,堵塞和腐蚀管道。

(6)实验时按规定取用试剂。用多少取多少,多取出的试剂不可重新放入原试剂瓶里,以免造成试剂污染。

(7)实验完毕,详实做好实验室记录,搞好实验台的清洁工作,确保实验室卫生整洁。对实验用过的玻璃仪器进行集中洗涤。

(8)实验室仪器仪表要保持干燥、清洁、干净,做好定期保养。

(9)爱护公物,节约用水用电。人离开实验室应关好水、电、窗、门,以确保实验室安全。

1.1.2　安全守则

(1)实验室内严禁饮食、吸烟。实验完毕,必须洗净双手。

(2)有毒和有腐蚀性的药品要高度注意使用安全,不可乱弃乱放,取用后盖好瓶塞放回原处。

(3)产生有刺激性或有毒气体的实验,必须在通风橱内进行。

(4)浓酸、浓碱具有强腐蚀性,切勿使其溅在皮肤或衣服上,更不能溅入眼

1

内。稀释时，应将它们慢慢倒入水中，绝不能相反操作，以避免迸溅。

(5)重铬酸钾、钡酸、铅酸、砷、汞的化合物等有毒物品不得进入口内或接触伤口，剩余的废液必须倒入废液缸集中处理，严禁倒入下水道。

(6)使用易燃试剂(如乙醇、丙酮、乙醚等)时要远离火源，用后立即塞紧内塞，盖好瓶盖。

(7)注意安全用电和易燃气体(氧气、煤气等)，用时才开，用完立即关闭。点燃的火柴用后立即熄灭，不得乱扔。

(8)实验室所有仪器和试剂，不得带出室外，用后剩余或制得的有毒药品，交由保管员处理。

(9)熟悉灭火器、沙袋以及急救药箱的放置地点和使用方法，并爱护好这些用具，不得挪作他用。

1.1.3 意外事故的处理

(1)玻璃割伤：先挑出玻璃碎片，轻伤可涂抹龙胆紫药水或红药水并包扎。

(2)烫伤：切勿用水冲洗，可在烫伤处用苦味酸溶液或高锰酸钾溶液揩洗，再涂擦凡士林、烫伤膏或万花油。溴灼伤，应立即用水冲洗，涂上甘油，敷好烫伤油膏并包扎好。

(3)酸(或碱)溅入眼内：立刻用大量蒸馏水冲洗，再用饱和碳酸氢钠(或硼酸)溶液冲洗，再用蒸馏水冲洗后，立即就医。

(4)吸入刺激性或有毒气体：吸入氯气、氯化氢气体时，可吸入少量乙醇和乙醚的混合蒸气使之解毒。吸入硫化氢气体而感到不适时，立即到室外呼吸新鲜空气。

(5)毒物进入口内：把 5~10 mL 稀硫酸铜溶液加入到 500 mL 温开水中，内服后，用手指伸入咽喉部，促使呕吐，之后立即送往医院。

(6)触电：立即切断电源，必要时进行人工呼吸或送往医院。

(7)起火：灭火方法应根据起因选择。一般的小火用湿布、石棉布或沙子覆盖燃烧物即可。火势大时，可用灭火器。电器设备引起的火灾，应立即切断电源，并用二氧化碳或四氯化碳灭火器，不能使用泡沫灭火器，以免触电。实验人员的衣服着火时，切勿惊慌乱跑，应赶快脱下衣服或就地打滚，也可用石棉布覆盖着火处使火熄灭。实验室内一般不能用水灭火，因水能与某些化学药品发生剧烈反应或将可燃物表面扩大而引起更大的火灾。

1.1.4 实验室"三废"处理规程

"三废"通常指实验过程中所产生的废气、废液、废渣。这些废弃物中许多都是有毒有害物质，其中还有一些是强致癌物质和剧毒物质。如果不进行处理而任意排放，不仅会污染空气和水源，造成环境污染，而且会危害到人体健康。"三废"治理应根据"变废为宝、安全废弃、分别处理"的原则进行。

1. 废气

常见废气含硫、氮、碳氢、卤素化合物和试剂挥发物等。产生少量有毒气体的实验必须在通风柜中进行，通过通风设备将少量毒气排到室外。大量的有毒气体必须经过吸收处理或与氧充分燃烧方可排出室外，如氮、硫、磷等酸性氧化物气体，可用导管通入碱溶液中，以使其大部分被吸收后排出。

2. 废液

化学实验室废液成分多、浓度低、不稳定。剧毒、易爆废液应及时处理，一般废液倒入废液桶，收集量较多时定期处理。按其成分分类主要有无机废液、有机废液和生化废液。针对不同性质的废液，所采取的处理方法也不同。

(1) 无机类实验废液的处理。

无机废液中的主要污染成分有重金属(如 Cr^{3+}、Pb^{2+}、Cd^{2+}、Hg^{2+})、氰化物、砷化物、废酸碱等。一般的酸、碱、盐(不含有重金属离子)废液，以相应的碱、酸中和处理至排放标准。含有 Cu、Zn、Bi、Sb、Cd、Mn、Ni、Hg 等重金属离子的废液用碱液沉淀，加絮凝剂使沉淀完全，达标排放。含有氰化物的废液应及时处理，用 $KMnO_4$ 碱性条件氧化分解，或用 NaClO 使氰化物分解为 CO_2 和 N_2。若汞洒到地上，应及时用硫磺处理。

例如对汞量法测定氯化物后所得的废液进行处理：在碱性介质中，用过量的硫化钠沉淀汞，用过氧化氢氧化过量的硫化钠，防止汞以多硫化物的形式溶解。将废液收集于约 10 L 的容器中，当废液达约 1 L 时，依次加入 80 g/L 氢氧化钠溶液 80 mL、20 g 硫化钠($Na_2S \cdot 9H_2O$)，摇匀。10 min 后缓慢加入30%过氧化氢溶液 80 mL，充分混合，放置 24 h 后将上部清液排入废水中，将沉淀物转入另一容器中，由专人进行汞的回收。

上述操作中处理废液所用药剂均为工业级。

(2) 有机类实验废液的处理。

有机废液中的主要污染成分有酚类、苯胺类、硝基苯类、醚类、多氯联苯、有机磷化物、石油类等。一般分为两大类进行收集处理：一类是能被氧化分解的，如酚类、胺类、稠环芳烃、卤代烃、亚硝基化合物、甲苯、重氮盐等，收集后加 $O_3 - H_2O_2$ 或加碱和氧化剂(漂白粉)。混合氧化剂可把废液中的有机物以及含 N、P 等物质氧化分解成 CO_2、H_2O 以及含 N、P 等无害物以达到净化的目的。另一类是难氧化的苯、硝基苯等，可用活性炭进行吸附。量多及有价值的可解吸分离回收使用，没有价值的可以用焚烧法进行处理。

3

3. 废渣

实验室的废渣包括实验后多余的固体样品和产物、实验残留和过期失效的化学试剂、消耗的实验用品、破损的实验器皿等。废渣应尽可能地回收利用，无法回收利用的废渣主要采取掩埋法；无毒废渣可直接掩埋，并记录好掩埋地点；有毒废渣必须先经过化学处理后再深埋到远离居民区的指定地点。

1.1.5 化学药品贮存管理制度

（1）化学药品必须根据化学性质分类存放，易燃、易爆、剧毒、强腐蚀药品不得混放。

（2）存放药品要专人管理、领用，存放要建账，所有药品必须有明显的标志。对字迹不清的标签要及时更换，对过期失效和没有标签的药品不准使用，并要进行妥善处理。

（3）实验室中摆放的药品如长期不用，应放到药品储藏室，统一管理。

（4）剧毒、放射性物体及其他危险物品，要单独存放，由专人负责管理。存放剧毒物品的药品柜应坚固、保险，要健全严格的领取使用登记制度。

（5）要经常检查危险物品，防止因变质、分解造成自燃、自爆事故。

（6）储存的易燃易爆物品应避光、防火和防电等，实验室存放的易燃易爆物品，要规定合理的储存量，不许过量，包装容器应密封性好。

（7）遇水能分解或燃烧、爆炸的药品，如钾、钠、三氯化磷、五氯化磷、发烟硫酸、硫磺等，不准与水接触，不准放置于潮湿的地方储存。

（8）药品称量的要求：针对实验不同精度要求选取不同天平。称量后将药勺用蒸馏水清洗干净并擦干，再称取另一药品，以避免药品间的污染。用后将药勺洗净擦干放回原处。天平中干燥剂使用前应进行干燥处理。

1.2   分析实验室用水规格

1.2.1 外观

分析实验室用水目视观察应为无色透明液体。

1.2.2 级别

分析实验室用水的原水应为饮用水或适当纯度的水。

分析实验室用水共分三个级别：一级水、二级水和三级水。

1. 一级水

一级水用于有严格要求的分析实验，包括对颗粒有要求的试验，如高效液相色谱分析用水；一级水可用二级水经过石英设备蒸馏或离子交换混合床处理后，再经 0.2 μm 微孔滤膜过滤来制取。

2. 二级水

二级水用于无机痕量分析等实验，如原子吸收光谱分析用水；二级水可用多次蒸馏或离子交换等方法制取。

3. 三级水

三级水用于一般化学分析试验；三级水可用蒸馏或离子交换等方法制取。

1.2.3　各级水质量技术标准

分析实验室用水的规格见表 1-2-1。

表 1-2-1　分析实验室用水技术指标

名称	一级	二级	三级
pH 范围(25℃)	—	—	5.0~7.5
电导率(25℃)/(mS·m^{-1})	≤0.01	≤0.10	≤0.50
可氧化物质含量(以氧原子计)/(mg·L^{-1})	—	≤0.08	≤0.4
吸光度(254 nm, 1 cm 光程)	≤0.001	≤0.01	
蒸发残渣(105℃±2℃)含量/(mg·L^{-1})	—	≤1.0	≤2.0
可溶性硅(以 SiO$_2$ 计)含量/(mg·L^{-1})	≤0.01	≤0.02	

注：1. 由于在一级水、二级水的纯度下，难以测定其真实的 pH，因此，对一级水、二级水的 pH 范围不做规定。2. 由于在一级水的纯度下，难以测定可氧化物质和蒸发残渣，对其限量不做规定。可用其他条件和制备方法来保证一级水的质量。

1.2.4　贮存

1. 容器

(1)各级用水均使用密闭的、专用聚乙烯容器。三级水可使用密闭、专用的玻璃容器。

(2)新容器在使用前需用盐酸溶液(质量分数为20%)浸泡 2~3d，再用待测水反复冲洗，并注满待测水，浸泡 6 h 以上。

2. 贮存

各级用水在贮存期间，其沾污的主要来源是容器可溶成分的溶解、空气中二氧化碳和其他杂质。因此，一级水不可贮存，在使用前制备。二级水、三级水可适量制备，分别贮存在预先经同级水清洗过的相应容器中。

5

各级用水在运输过程中应避免沾污。

1.2.5　质量测定

实验室用三级水最好在用前制备，冷却至室温后使用，长期贮存的蒸馏水要通过测定合格后才能使用。主要测定指标有 pH、电导率、可氧化物质含量。

1．试验方法

在试验方法中，各项试验必须在洁净环境中进行，并采取适当措施，以避免试样的沾污。水样均按精确至 0.1 mL 量取，所用溶液以"%"表示的均为质量分数。

2．pH 测定

参照第 2 章"水溶液 pH 测定"执行。

3．电导率测定

（1）仪器与设备。

①用于一、二级水测定的电导仪：配备电极常数为 0.01 ~ 0.1 cm^{-1} 的"在线"电导池，并具有温度自动补偿功能。

②用于三级水测定的电导仪：配备电极常数为 0.1 ~ 1 cm^{-1} 的"在线"电导池，并具有温度自动补偿功能。

③测量用的电导仪和电导池应定期进行检定。

（2）测定步骤。

①按电导仪说明书安装调试仪器。

②一、二级水的测量：将电导池装在水处理装置流动出水口处，调节水流速，赶尽管道及电导池内的气泡，即可进行测量。

③三级水的测量：取 400 mL 水样于锥形瓶中，插入电导池后即可进行测量。

4．可氧化物质含量测定

（1）试剂与溶液。

①硫酸溶液：20%。

②高锰酸钾标准滴定溶液：$c(\frac{1}{5}KMnO_4) = 0.01$ mol/L。

（2）测定步骤。

①量取 1000 mL 二级水，注入烧杯中，加入 5.0 mL 硫酸溶液（20%），混匀。

②量取 200 mL 三级水，注入烧杯中，加入 1.0 mL 硫酸溶液（20%），混匀。

③在上述已酸化的试液中，分别加入 1.00 mL 高锰酸钾标准滴定溶液 $[c(\frac{1}{5}KMnO_4) = 0.01$ mol/L]，混匀，盖上表面皿，加热至沸并保持 5 min。溶液的粉红色不得完全消失。

1.3　化学分析用标准滴定溶液的制备

1.3.1　范围

本章节规定了无机化工产品化学分析容量法用的主要标准滴定溶液的配置和标定方法。

1.3.2　一般规定

(1)所用溶剂"水",系指蒸馏水或去离子水,在未注明有其他要求时,应符合三级水的规格。

(2)本章节中标定时所用的基准试剂为容量分析基准试剂,其他均为分析纯以上的试剂。

(3)工作中所用分析天平、砝码、滴定管、容量瓶及单标线吸量管等均需定期校正。

(4)本章节中所制备的标准滴定溶液的浓度除高氯酸盐外均指 20℃ 时的浓度。在标定和使用时如温度有差异,应按本书附录 3 进行补正。

(5)标定标准滴定溶液浓度时,需由两人同时作三份平行测定。三份平行测定数据的极差与平均值之比不得大于 0.2% 。两人测定结果之差与两人测定结果平均值之比不得大于 0.2% 。

结果取平均值,浓度值取小数点后四位有效数字。

(6)制备标准滴定溶液的浓度值应在规定浓度值的 ±5% 范围以内。

(7)配制浓度不大于 0.02 mol/L 的标准滴定溶液时,应于临用前将浓度高的标准滴定溶液用煮沸并冷却的水定容稀释,必要时重新标定。

(8)本规定的标准滴定溶液在室温下保存时间一般不得超过两个月(有特别规定的除外)。超过两个月的标准滴定溶液应重新标定。当溶液出现浑浊、沉淀、颜色变化等现象时应重新制备。

(9)碘量法反应时,溶液的温度不能过高,一般在 15 到 20℃ 之间进行滴定。

(10)标定或滴定时,滴定速度一般应保持在 6~8 mL/min。

1.3.3　标准滴定溶液的配制与标定

1. 氢氧化钠(NaOH)标准滴定溶液

【配制】

(1)饱和氢氧化钠溶液配制。

称取 500 g 氢氧化钠置于聚乙烯烧杯中,加 400 mL 水,搅拌至基本溶解,注入聚乙烯容器中,密闭放置至溶液清亮(放置时间至少一周)。

(2)氢氧化钠标准滴定溶液的配制。

按表1-3-1规定的体积用塑料管虹吸上层清液于聚乙烯容器中,注入1000 mL无二氧化碳的水中,摇匀。

表1-3-1　氢氧化钠标准滴定溶液的配制

拟配制氢氧化钠标准溶液的浓度 $[c(NaOH)]/(mol \cdot L^{-1})$	配制1000 mL溶液所需氢氧化钠饱和溶液的体积/mL	标定时所需基准邻苯二甲酸氢钾的质量/g	溶解基准邻苯二甲酸氢钾所用无二氧化碳水的体积/mL
1	52	6	80
0.5	26	3	80
0.1	5.2	0.6	50

【标定】

(1)测定方法。

按表1-3-1规定称取于105~110℃电热恒温干燥箱中干燥至质量恒定的基准邻苯二甲酸氢钾,称准至0.1 mg,溶于规定体积的无二氧化碳的水中,加2滴酚酞指示液(10 g/L),用配制好的氢氧化钠标准滴定溶液滴定至呈粉红色。

同时作空白试验。

(2)结果计算。

氢氧化钠标准滴定溶液的浓度$[c(NaOH)]$,mol/L,按式(1-3-1)计算:

$$c(NaOH) = \frac{m}{M(V_1 - V_2)/1000} \tag{1-3-1}$$

式中:m 为基准邻苯二甲酸氢钾的称取量,mg;V_1 为滴定时所消耗的氢氧化钠标准滴定溶液的体积,mL;V_2 为空白试验所消耗的氢氧化钠标准滴定溶液的体积,mL;M 为邻苯二甲酸氢钾($KHC_8H_4O_4$)的摩尔质量,g/mol。

2. 盐酸(HCl)标准滴定溶液

【配制】

按表1-3-2移取规定体积的盐酸,注入1000 mL水中,摇匀。

表 1 - 3 - 2　盐酸标准滴定溶液的配制

拟配制盐酸标准溶液的浓度 $[c(HCl)]/(mol \cdot L^{-1})$	配制 1000 mL 溶液所需盐酸的体积/mL	标定时所需基准无水碳酸钠的质量/g
1	90	1.6
0.5	45	0.8
0.1	9	0.2

【标定】

(1)测定方法。

按表 1 - 3 - 2 称取规定量的于 270 ~ 300℃ 高温炉中灼烧至质量恒定的基准无水碳酸钠，称准至 0.1 mg，溶于 50 mL 水中，加 10 滴溴甲酚绿 - 甲基红混合指示液，用配制好的盐酸标准滴定溶液滴定至溶液由绿色变为暗红色，煮沸 2 min，冷却后继续滴定至溶液再呈暗红色。

同时作空白试验。

(2)结果计算。

盐酸标准滴定溶液浓度 $[c(HCl)]$，单位为 mol/L，按式(1 - 3 - 2)计算：

$$c(HCl) = \frac{m}{M(V_1 - V_2)/1000} \qquad (1 - 3 - 2)$$

式中：m 为基准无水碳酸钠的质量，g；V_1 为滴定时所消耗的盐酸标准滴定溶液的体积，mL；V_2 为空白试验所消耗的盐酸标准滴定溶液的体积，mL；M 为无水碳酸钠($1/2Na_2CO_3$)的摩尔质量，g/mol($M = 52.99$ g/mol)。

3. 硫酸(H_2SO_4)标准滴定溶液

【配制】

按表 1 - 3 - 3 移取规定体积的硫酸，在不断搅拌下缓缓注入 1000 mL 水中，冷却，摇匀。

表 1 - 3 - 3　硫酸标准滴定溶液的配制

拟配制硫酸标准溶液的浓度 $[c(H_2SO_4)]/(mol \cdot L^{-1})$	配制 1000 mL 溶液所需硫酸的体积/mL	标定时所需基准无水碳酸钠的质量/g
1	30	1.6
0.5	15	0.8
0.1	3	0.2

【标定】

(1)测定方法。

按表1-3-3称取规定量的于270~300℃高温炉中灼烧至质量恒定的基准无水碳酸钠,称准至0.1 mg,溶于50 mL水中,加10滴溴甲酚绿-甲基红混合指示液,用配制好的硫酸标准滴定溶液滴定至溶液由绿色变为暗红色,煮沸2 min,冷却后继续滴定至溶液再呈暗红色。

同时作空白试验。

(2)结果计算。

硫酸标准滴定溶液浓度[$c(1/2H_2SO_4)$]单位为mol/L,按式(1-3-3)计算:

$$c(1/2H_2SO_4) = \frac{m}{M(V_1 - V_2)/1000} \qquad (1-3-3)$$

式中:m 为基准无水碳酸钠的质量,g;V_1 为滴定时所消耗的硫酸标准滴定溶液的体积,mL;V_2 为空白试验所消耗的硫酸标准滴定溶液的体积,mL;M 为无水碳酸钠($1/2Na_2CO_3$)的摩尔质量,g/mol($M = 52.99$ g/mol)。

4. 碳酸钠(Na_2CO_3)标准滴定溶液

【配制】

按表1-3-4称取规定量的无水碳酸钠,溶于1000 mL水中,摇匀。

表1-3-4 碳酸钠标准滴定溶液的配制

拟配制碳酸钠标准溶液的浓度[$c(Na_2CO_3)$]/(mol·L^{-1})	标定时所需盐酸标准滴定溶液的浓度/(mol·L^{-1})	配制1000 mL溶液时所需无水碳酸钠的质量/g	加入无二氧化碳水的体积/mL
1	1	53	50
0.1	0.1	5.3	20

【标定】

(1)测定方法。

按表1-3-4称取规定量的于270~300℃高温炉中灼烧至质量恒定的基准无水碳酸钠,称准至0.1 mg,溶于50 mL水中,加10滴溴甲酚绿-甲基红混合指示液,用配制好的硫酸标准滴定溶液滴定至溶液由绿色变为暗红色,煮沸2 min,冷却后继续滴定至溶液再呈暗红色。

同时作空白试验。

(2)结果计算。

碳酸钠标准滴定溶液浓度[$c(1/2 Na_2CO_3)$]单位为mol/L,按式(1-3-4)

计算：

$$c(1/2Na_2CO_3) = \frac{(V_1 - V_2)c_1}{V} \qquad (1 - 3 - 4)$$

式中：c_1 为盐酸标准滴定溶液的准确浓度，mol/L；V_1 为滴定时所消耗的盐酸标准滴定溶液的体积，mL；V_2 为空白试验所消耗的硫酸标准滴定溶液的体积，mL；V 为标定时准确加入的碳酸钠标准滴定溶液的体积，mL。

5. 重铬酸钾标准滴定溶液 $[c(1/6K_2Cr_2O_7) \approx 0.1\ mol/L]$

【配制方法一】

称取 5 g 重铬酸钾，溶于 1000 mL 水中，摇匀。

【标定】

（1）测定方法。

准确加入 30.00 ~ 35.00 mL 配制好的重铬酸钾标准滴定溶液 $[c(1/6K_2Cr_2O_7) \approx 0.1\ mol/L]$，置于 500 mL 碘量瓶中，加 2 g 碘化钾及 20 mL 硫酸溶液（20%），水封，摇匀，于暗处放置 10 min。快速加 150 mL 水，用硫代硫酸钠标准滴定溶液 $[c(Na_2S_2O_3) \approx 0.1\ mol/L]$ 滴定，近终点时加 3 mL 淀粉指示液（5 g/L），继续滴定至溶液由蓝色变成亮绿色。

同时作空白试验。

（2）结果计算。

重铬酸钾标准滴定溶液的浓度 $[c(1/6K_2Cr_2O_7)]$ 单位为 mol/L，按式（1 - 3 - 5）计算：

$$c(1/6K_2Cr_2O_7) = \frac{(V_1 - V_2)c_1}{V} \qquad (1 - 3 - 5)$$

式中：c_1 为硫代硫酸钠标准滴定溶液的准确浓度，mol/L；V_1 为滴定时所消耗的硫代硫酸钠标准滴定溶液的体积，mL；V_2 为空白试验所消耗的硫代硫酸钠标准滴定溶液的体积，mL；V 为标定时准确加入的重铬酸钾标准滴定溶液的体积，mL。

【配制方法二】

称取 4.903 g 于 120℃ ±2℃ 电热恒温干燥箱中干燥至质量恒定的基准重铬酸钾，称准至 0.1 mg。

【结果计算】

重铬酸钾标准滴定溶液的浓度 $[c(1/6K_2Cr_2O_7)]$ 单位为 mol/L，按式（1 - 3 - 6）计算：

$$c(1/6K_2Cr_2O_7) = \frac{m}{MV/1000} \qquad (1 - 3 - 6)$$

式中：m 为称取的基准重铬酸钾的质量，g；M 为重铬酸钾（$1/6K_2Cr_2O_7$）的摩尔质量，g/mol（$M = 49.03$ g/mol）；V 为重铬酸钾溶液的体积，mL。

6. **硫代硫酸钠标准滴定溶液** [$c(Na_2S_2O_3) \approx 0.1$ mol/L]

【配制】

称取 26 g 硫代硫酸钠（$Na_2S_2O_3 \cdot 5H_2O$）（或 15 g 无水硫代硫酸钠），加 0.2 g 无水碳酸钠，溶于 1000 mL 水中，缓缓煮沸 10 min，冷却。放置两周后过滤备用。

【标定方法一】

（1）测定方法。

称取 0.15 g 于 120℃ ±5℃ 电热恒温干燥箱中干燥至质量恒定的基准重铬酸钾，称准至 0.1 mg，置于 500 mL 碘量瓶中，溶于 25 mL 水中，加 2 g 碘化钾及 20 mL 硫酸溶液（20%），水封，摇匀，于暗处放置 10 min。快速加 150 mL 水，用配制好的硫代硫酸钠标准滴定溶液 [$c(Na_2S_2O_3) \approx 0.1$ mol/L] 滴定。近终点时加 3 mL 淀粉指示液（5 g/L），继续滴定至溶液由蓝色变成亮绿色。

同时作空白试验。

（2）结果计算。

硫代硫酸钠标准滴定溶液 [$c(Na_2S_2O_3) \approx 0.1$ mol/L] 单位为 mol/L，按式（1-3-7）计算：

$$c(Na_2S_2O_3) = \frac{m}{M(V_1 - V_2)/1000} \qquad (1-3-7)$$

式中：m 为基准重铬酸钾的质量，g；V_1 为滴定时所消耗的硫代硫酸钠标准滴定溶液的体积，mL；V_2 为空白试验所消耗的硫代硫酸钠标准滴定溶液的体积，mL；M 为重铬酸钾（$1/6K_2Cr_2O_7$）的摩尔质量，g/mol（$M = 49.03$ g/mol）。

【标定方法二】

（1）测定方法。

精确加入 30.00 ~ 35.00 mL 碘标准滴定溶液 [$c(1/2I_2) \approx 0.1$ mol/L]，置于 500 mL 碘量瓶中，加 150 mL 水，用配制好的硫代硫酸钠标准滴定溶液 [$c(Na_2S_2O_3) \approx 0.1$ mol/L] 滴定。近终点时加 3 mL 淀粉指示液（5 g/L），继续滴定至溶液蓝色消失。

同时作水所消耗碘的空白试验。取 200 mL 水，加 0.05 mL 配制好的碘标准滴定溶液 [$c(1/2I_2) \approx 0.1$ mol/L] 及 3 mL 淀粉指示液（5 g/L），用硫代硫酸钠标准滴定溶液 [$c(Na_2S_2O_3) \approx 0.1$ mol/L] 滴定至溶液蓝色消失。

（2）结果计算。

硫代硫酸钠标准滴定溶液浓度 [$c(Na_2S_2O_3)$] 单位为 mol/L，按式（1-3-8）计算：

$$c(Na_2S_2O_3) = \frac{(V_1 - 0.05)c_1}{(V_1 - V_2)} \qquad (1-3-8)$$

式中：c_1 为碘标准滴定溶液的准确浓度，mol/L；V 为滴定时所消耗的硫代硫酸钠标准滴定溶液的体积，mL；V_1 为标定时准确加入的碘标准滴定溶液的体积，mL；V_2 为空白试验所消耗的硫代硫酸钠标准滴定溶液的体积，mL；0.05 为空白试验中加入的碘标准滴定溶液的体积，mL。

7. 溴标准滴定溶液 $[c(1/2Br_2) \approx 0.1 \text{ mol/L}]$

【配制】

称取 3 g 溴酸钾及 25 g 溴化钾，溶于 1000 mL 水中摇匀。

【标定】

(1)测定方法。

准确加入 30.00~35.00 mL 配制好的溴标准滴定溶液 $[c(1/2Br_2) \approx 0.1 \text{ mol/L}]$，置于 500 mL 碘量瓶中，加 2 g 碘化钾及 5 mL 盐酸溶液(20%)，水封，摇匀，于暗处放置 5 min。快速加 150 mL 水，用硫代硫酸钠标准滴定溶液 $[c(Na_2S_2O_3) \approx 0.1 \text{ mol/L}]$ 滴定，近终点时加 3 mL 淀粉指示液(5 g/L)，继续滴定至溶液蓝色消失。

同时作空白试验。

(2)结果计算。

溴标准滴定溶液的浓度 $[c(1/2Br_2)]$ 单位为 mol/L，按式(1-3-9)计算：

$$c(1/2I_2) = \frac{m}{M(V_1 - V_2)/1000} \tag{1-3-9}$$

式中：c_1 为硫代硫酸钠标准滴定溶液的准确浓度，mol/L；V 为标定时准确加入的溴标准滴定溶液的体积，mL；V_1 为滴定时所消耗的硫代硫酸钠标准滴定溶液的体积，mL；V_2 为空白试验所消耗的硫代硫酸钠标准滴定溶液的体积，mL。

8. 溴酸钾标准滴定溶液 $[c(1/6KBrO_3) \approx 0.1 \text{ mol/L}]$

【配制】

称取 3 g 溴酸钾，溶于 1000 mL 水中摇匀。

【标定】

(1)测定方法。

准确加入 30.00~35.00 mL 配制好的溴酸钾标准滴定溶液 $[c(1/21/6KBrO_3) \approx 0.1 \text{ mol/L}]$，置于 500 mL 碘量瓶中，加 2 g 碘化钾及 5 mL 盐酸溶液(20%)，水封，摇匀，于暗处放置 5 min。快速加 150 mL 水，用硫代硫酸钠标准滴定溶液 $[c(Na_2S_2O_3) \approx 0.1 \text{ mol/L}]$ 滴定，近终点时加 3 mL 淀粉指示液(5 g/L)，继续滴定至溶液蓝色消失。

同时作空白试验。

(2)结果计算。

溴酸钾标准滴定溶液的浓度 $[c(1/6KBrO_3)]$ 单位为 mol/L，按式(1-3-10)计算：

$$c(1/6KBrO_3) = \frac{(V_1 - V_2)c_1}{V} \qquad (1-3-10)$$

式中：c_1 为硫代硫酸钠标准滴定溶液的准确浓度，mol/L；V 为标定时准确加入的溴酸钾标准滴定溶液的体积，mL；V_1 为滴定时所消耗的硫代硫酸钠标准滴定溶液的体积，mL；V_2 为空白试验所消耗的硫代硫酸钠标准滴定溶液的体积，mL。

9. 碘标准滴定溶液 [$c(1/2I_2) \approx 0.1$ mol/L]

【配制】

称取 13 g 碘及 35 g 碘化钾，溶于 100 mL 水中，用水稀释至 1000 mL 摇匀，保存于棕色具塞瓶中。

【标定】方法一

(1)测定方法。

称取 0.15 g 预先在硫酸干燥器中干燥至质量恒定的基准三氧化二砷（As_2O_3），称准至 0.1 mg，置于 250 mL 碘量瓶中，加 4 mL 氢氧化钠溶液 [$c(NaOH) \approx 1$ mol/L]溶解，加 50 mL 水，加 2 滴酚酞指示液（10 g/L），用硫酸溶液 [$c(1/2H_2SO_4) \approx 1$ mol/L]中和，加 3 g 碳酸氢钠及 3 mL 淀粉指示液（5 g/L）用配制好的碘标准滴定溶液 [$c(1/2I_2) \approx 0.1$ mol/L]滴定至溶液呈浅蓝色。

同时作空白试验。

(2)结果计算。

碘标准滴定溶液的浓度 [$c(1/2I_2)$]单位为 mol/L，按式（1-3-11）计算：

$$c(1/2I_2) = \frac{m}{M(V_1 - V_2)/1000} \qquad (1-3-11)$$

式中：m 为基准三氧化二砷质量，g；V_1 为滴定时所消耗的碘标准滴定溶液的体积，mL；V_2 为空白试验所消耗的碘标准滴定溶液的体积，mL；M 为三氧化二砷（$1/4As_2O_3$）摩尔质量，g/mol（$M = 49.46$ g/mol）。

【标定方法二】

(1)测定方法。

准确加入 30.00 ~ 35.00 mL 硫代硫酸钠标准滴定溶液 [$c(Na_2S_2O_3) \approx 0.1$ mol/L]，置于 500 mL 碘量瓶中，加 150 mL 水，用配制好的碘标准滴定溶液 [$c(1/2I_2) \approx 0.1$ mol/L]滴定，近终点时加 3 mL 淀粉指示液（5 g/L），继续滴定至溶液呈蓝色。

同时作水所消耗碘的空白试验。取 200 mL 水，加 0.05 mL 配制好的碘标准滴定溶液 [$c(1/2I_2) \approx 0.1$ mol/L]及 3 mL 淀粉指示液（5 g/L），用硫代硫酸钠标准滴定溶液 [$c(Na_2S_2O_3) \approx 0.1$ mol/L]滴定至溶液蓝色消失。

(2)结果计算。

碘标准滴定溶液 [$c(1/2I_2)$]单位为 mol/L，按式（1-3-12）计算：

$$c(1/2I_2) = \frac{(V_1 - V_2)c_1}{V_1 - 0.05}$$ (1-3-12)

式中：c_1 为硫代硫酸钠标准滴定溶液的准确浓度，mol/L；V 为标定时准确加入硫代硫酸钠标准滴定溶液的体积，mL；V_1 为滴定时所消耗的碘标准滴定溶液的体积，mL；V_2 为空白试验所消耗的硫代硫酸钠标准滴定溶液的体积，mL；0.05 为空白试验中加入的碘标准滴定溶液的体积，mL。

10. 碘酸钾标准滴定溶液 $[c(1/6KIO_3)]$

【配制方法一】

按表 1-3-5 称取规定量的碘酸钾，溶于 1000 mL 水中，摇匀。

表 1-3-5　碘酸钾标准滴定溶液配制一

拟配制碘酸钾标准滴定溶液的浓度 $[c(1/6KIO_3)]/(mol \cdot L^{-1})$	配制 1000 mL 溶液时所需碘酸钾的质量/g	标定所需移取碘酸钾溶液的体积/mL
0.1	3.6	30.00 ~ 35.00
0.3	11	11.00 ~ 13.00

【标定】

(1)测定方法。

按表 1-3-5 规定体积移取配制好的碘酸钾标准滴定溶液，置于 500 mL 碘量瓶中，加入约 35 mL 水，加 2 g 碘化钾、5 mL 盐酸溶液(20%)，水封，摇匀，于暗处放置 5 min。快速加 150 mL 水，用配制好的硫代硫酸钠标准滴定溶液 $[c(Na_2S_2O_3) \approx 0.1 \text{ mol/L}]$ 滴定。近终点时加 3 mL 淀粉指示液(5 g/L)，继续滴定至溶液蓝色消失。

同时作空白试验。

(2)结果计算。

碘酸钾标准滴定溶液的浓度 $[c(1/6KIO_3)]$ 单位为 mol/L，按式(1-3-13)计算：

$$c(1/6KIO_3) = \frac{(V_1 - V_2)c_1}{V}$$ (1-3-13)

式中：c_1 为硫代硫酸钠标准滴定溶液的准确浓度，mol/L；V 为标定时准确加入的溴酸钾标准滴定溶液的体积，mL；V_1 为滴定时所消耗的硫代硫酸钠标准滴定溶液的体积，mL；V_2 为空白试验所消耗的硫代硫酸钠标准滴定溶液的体积，mL。

【配制方法二】

按表 1-3-6 规定的质量称取于 180℃ ±2℃ 电热恒温干燥箱中干燥至质量

恒定的基准碘酸钾，称准至 0.1 mg，溶于水中，全部转移至 1000 mL 容量瓶中，用水稀释至刻度，摇匀。

表 1 - 3 - 6　碘酸钾标准滴定溶液配制二

拟配制碘酸钾标准滴定溶液的浓度[$c(1/6KIO_3)$]/(mol·L^{-1})	称取基准碘酸钾的质量/g
0.1	3.567
0.3	10.700

（2）结果计算。

碘酸钾标准滴定溶液的浓度[$c(1/6KIO_3)$]单位为 mol/L，按式（1 - 3 - 14）计算：

$$c(1/6KIO_3) = \frac{m}{MV/1000} \qquad (1-3-14)$$

式中：m 为称取基准碘酸钾的质量，g；V 为碘酸钾溶液的体积，mL；M 为碘酸钾（$1/6KIO_3$）的摩尔质量，g/mol（$M = 35.67$ g/mol）。

11. 草酸标准滴定溶液[$c(1/2C_2H_2O_4) \approx 0.1$ mol/L]

【配制】

称取 6.4 g 草酸（$C_2H_2O_4 \cdot 2H_2O$）溶于 1000 mL 水中，摇匀。

【标定】

（1）测定方法。

准确加入 30.00 ~ 35.00 mL 配制好的草酸标准滴定溶液[$c(1/2C_2H_2O_4) \approx 0.1$ mol/L]，加 100 mL 硫酸溶液（8 + 92）用高锰酸钾标准滴定溶液[$c(1/5KMnO_4) \approx 0.1$ mol/L]滴定，近终点时加热至 65℃，继续滴定至溶液呈粉红色保持 30 s。

同时作空白试验。

（2）结果计算。

草酸标准滴定溶液[$c(1/2C_2H_2O_4)$]单位为 mol/L，按式（1 - 3 - 15）计算：

$$c(1/2C_2H_2O_4) = \frac{(V_1 - V_2)c_1}{V} \qquad (1-3-15)$$

式中：c_1 为高锰酸钾标准滴定的准确溶液浓度，mol/L；V 为标定时准确加入草酸标准滴定溶液的体积，mL；V_1 为滴定时所消耗的高锰酸钾标准滴定溶液的体积，mL；V_2 为空白试验所消耗的高锰酸钾标准滴定溶液的体积，mL。

12. 高锰酸钾标准滴定溶液[$c(1/5KMnO_4) \approx 0.1$ mol/L]

【配制】

称取 3.3 g 高锰酸钾,溶于 1050 mL 水中,缓缓煮沸 15 min,冷却后置于暗处,保存两周。用滤板孔径为 5 ~ 10 μm 的玻璃砂坩埚将溶液过滤于清洁的棕色瓶中。

过滤高锰酸钾标准滴定溶液所使用的滤板孔径为 5 ~ 10 μm 的玻璃砂坩埚应预先以同样的高锰酸钾标准滴定溶液缓缓煮沸 5 min,收集瓶也要用高锰酸钾标准滴定溶液洗涤 2 ~ 3 次。

【标定方法一】

(1)测定方法。

称取 0.2 g 于 105 ~ 110℃电热恒温干燥箱中干燥至质量恒定的基准草酸钠,称准至 0.1 mg,溶于 100 mL 硫酸溶液(8 + 92)中,用配制好的高锰酸钾标准滴定溶液[$c(1/5KMnO_4) \approx 0.1$ mol/L]滴定,近终点时加热至 65℃,继续滴定至溶液呈粉红色,并保持 30 s。

同时作空白试验。

(2)结果计算。

高锰酸钾标准滴定溶液的浓度[$c(1/5KMnO_4)$]单位为 mol/L,按式(1 - 3 - 16)计算:

$$c(1/5KMnO_4) = \frac{m}{M(V_1 - V_2)/1000} \qquad (1-3-16)$$

式中:V_1 为滴定时所消耗的高锰酸钾标准滴定溶液的体积,mL;V_2 为空白试验所消耗的高锰酸钾标准滴定溶液的体积,mL;m 为称取的基准草酸钠的质量,g;M 为草酸钠($1/2Na_2C_2O_4$)的摩尔质量,g/mol($M = 66.70$ g/mol)。

(3)标定时注意的滴定条件。

①温度:草酸钠溶液加热至 70 ~ 85℃再进行滴定。不能使温度超过 90℃,否则草酸分解,导致标定结果偏高。近终点时溶液的温度不能低于 65℃。

②酸度:溶液应保持足够高的酸度,一般控制酸度为 0.5 ~ 1 mol/L。如果酸度不足,易生成 MnO_2 沉淀,酸度过高则会使草酸分解。

③滴定速度:高锰酸根离子与草酸根离子的反应开始很慢,当有二价锰生成之后,反应逐渐加快。

④终点:用高锰酸钾溶液滴定至溶液呈淡粉红色且持续 30 s 不褪色即为终点。

【标定方法二】

(1)测定方法。

准确加入 30.00 ~ 35.00 mL 配制好的高锰酸钾标准滴定溶液[$c(1/5KMnO_4) \approx 0.1$ mol/L],置于 500 mL 碘量瓶中,加 2 g 碘化钾、20 mL 硫酸溶液(20%),水

封，摇匀，于暗处放置5 min。加150 mL水，用配制好的硫代硫酸钠标准滴定溶液
$[c(\mathrm{Na_2S_2O_3}) \approx 0.1 \text{ mol/L}]$ 滴定。近终点时加3 mL淀粉指示液(5 g/L)，继续滴定至溶液呈蓝色。

同时作空白试验。

(2)结果计算。

高锰酸钾标准滴定溶液的浓度 $[c(1/5\mathrm{KMnO_4})]$ 单位为 mol/L，按式
(1-3-17)计算：

$$c(1/5\mathrm{KMnO_4}) = \frac{(V_1 - V_2)c_1}{V} \qquad (1-3-17)$$

式中：c_1 为硫代硫酸钠标准滴定溶液的准确浓度，mol/L；V 为标定时准确加入高锰酸钾标准滴定溶液的体积，mL；V_1 为滴定时所消耗的硫代硫酸钠标准滴定溶液的体积，mL；V_2 为空白试验所消耗的硫代硫酸钠标准滴定溶液的体积，mL。

13. 硫酸亚铁铵标准滴定溶液 $[c(\mathrm{NH_4})_2\mathrm{Fe(SO_4)_2} \approx 0.1 \text{ mol/L}]$

【配制】

称取40 g硫酸亚铁铵 $[(\mathrm{NH_4})_2\mathrm{Fe(SO_4)_2} \cdot 6\mathrm{H_2O}]$ 溶于300 mL硫酸溶液
(20%)中，加700 mL水，摇匀。

【标定】

(1)测定方法。

称取0.15 g于120℃±2℃电热恒温干燥箱中干燥至质量恒定的基准重铬酸钾，称准至0.1 mg，加150 mL水溶解，加入15 mL硫酸溶液(1+4)和5 mL磷酸，用配制好的硫酸亚铁铵溶液 $[c(\mathrm{NH_4})_2\mathrm{Fe(SO_4)_2} \approx 0.1 \text{ mol/L}]$ 滴定至溶液呈黄绿色，加入2 mL邻苯氨基苯甲酸溶液(1 g/L)，继续滴定，紫红色变为绿色。

(2)结果计算。

硫酸亚铁铵标准滴定溶液的浓度 $[c(\mathrm{NH_4})_2\mathrm{Fe(SO_4)_2}]$ 单位为 mol/L，按式
(1-3-18)计算：

$$[c(\mathrm{NH_4})_2\mathrm{Fe(SO_4)_2}] = \frac{m}{VM} \qquad (1-3-18)$$

式中：m 为称取的基准重铬酸钾的质量，g；V 为滴定时所消耗的硫酸亚铁铵标准滴定溶液的体积，mL；M 为重铬酸钾 $(1/6k_2\mathrm{Cr_2O_7})$ 的摩尔质量，g/mol($M = 49.03$ g/mol)。

(注：本标准滴定溶液极易被氧化，在使用前标定有利于测定结果的准确性。)

14. 乙二胺四乙酸二钠(EDTA)标准滴定溶液

【配制】

按表1-3-7称取规定量的乙二胺四乙酸二钠，加1000 mL水，加热溶解，冷却，摇匀。

表1-3-7 EDTA标准滴定溶液的配制

拟配制乙二胺四乙酸二钠标准滴定溶液浓度[c(EDTA)]/(mol·L^{-1})	配制1000 mL标准滴定溶液时所需乙二胺四乙酸二钠的质量/g	标准所需基准氧化锌的质量/g
0.1	40	0.25
0.05	20	0.15
0.02	8	0.42

【标定一】

乙二胺四乙酸二钠标准滴定溶液[c(EDTA)≈0.1 mol/L、c(EDTA)≈0.05 mol/L]。

(1)测定方法。

按表1-3-7称取规定的于800℃±20℃高温炉中灼烧至质量恒定的基准氧化锌,称准至0.1 mg,用少量水润湿,滴加盐酸溶液(20%)使其溶解,加100 mL水,用氨水溶液(10%)中和至pH=7~8,加入10 mL氨-氯化铵缓冲溶液甲(pH≈10)及5滴铬黑T指示液(5 g/L)或少量铬黑T指示剂,用配制好的乙二胺四乙酸二钠标准溶液滴定至溶液由紫色变为纯蓝色。

同时作空白试验。

(2)结果计算。

乙二胺四乙酸二钠标准滴定溶液的浓度[c(EDTA)]单位为 mol/L,按式(1-3-19)计算:

$$c(\text{EDTA}) = \frac{m}{M(V_1 - V_2)/1000} \qquad (1-3-19)$$

式中:V_1为滴定时所消耗的乙二胺四乙酸二钠标准滴定溶液的体积,mL;V_2为空白试验所消耗的乙二胺四乙酸二钠标准滴定溶液的体积,mL;m为称取的基准氧化锌的质量,g;M为氧化锌(ZnO)的摩尔质量,g/mol(M=81.39 g/mol)。

【标定二】

乙二胺四乙酸二钠标准滴定溶液[c(EDTA)≈0.02 mol/L]。

(1)测定方法。

按表1-3-7称取规定的于800℃±20℃高温炉中灼烧至质量恒定的基准氧化锌,称准至0.1 mg,用少量水润湿,滴加盐酸溶液(20%)使其溶解,全部转移至250 mL容量瓶中,用水稀释至刻度,摇匀。准确加入30.00~35.00 mL该溶液,加70 mL水,用氨水溶液(10%)中和至pH=7~8,加入10 mL氨-氯化铵缓冲溶液甲(pH≈10)及5滴铬黑T指示液(5 g/L)或少量铬黑T指示剂,用配制好的乙二胺四乙酸二钠标准溶液滴定至溶液由紫色变为纯蓝色。

同时作空白试验。

（2）结果计算。

乙二胺四乙酸二钠标准滴定溶液的浓度[$c(EDTA)$]单位为 mol/L，按式（1－3－20）计算：

$$c(EDTA) = \frac{m \times V/250}{M(V_1 - V_2)/1000} \qquad (1-3-20)$$

式中：V_1 为滴定时所消耗的乙二胺四乙酸二钠标准滴定溶液的体积，mL；V_2 为空白试验所消耗的乙二胺四乙酸二钠标准滴定溶液的体积，mL；V 为标定时准确加入基准氧化锌溶液的体积，mL；m 为称取的基准氧化锌的质量，g；M 为氧化锌（ZnO）的摩尔质量，g/mol（$M = 81.39$ g/mol）。

15. 氯化锌标准滴定溶液[$c(ZnCl_2) \approx 0.1$ mol/L]

【配制】

称取 14 g 氯化锌，溶于 1000 mL 盐酸溶液（0.5＋999.5）中，摇匀。

【标定】

（1）测定方法。

准确加入 30.00～35.00 mL 配制好的氯化锌标准滴定溶液[$c(ZnCl_2) \approx 0.1$ mol/L]，加 70 mL 水、10 mL 氨－氯化铵缓冲溶液甲（pH≈10）及 5 滴铬黑 T 指示液（5 g/L）或少量铬黑 T 指示剂，用配制好的乙二胺四乙酸二钠标准滴定溶液[$c(EDTA) \approx 0.1$ mol/L]滴定至溶液由紫色变为纯蓝色。

同时作空白试验。

（2）结果计算。

氯化锌标准滴定溶液浓度[$c(ZnCl_2)$]单位为 mol/L，按式（1－3－21）计算：

$$c(ZnCl_2) = \frac{(V_1 - V_2)c_1}{V} \qquad (1-3-21)$$

式中：c_1 为乙二胺四乙酸二钠标准滴定溶液的准确浓度，mol/L；V 为标定时准确加入的氯化锌标准滴定溶液的体积，mL；V_1 为滴定时所消耗的乙二胺四乙酸二钠标准滴定溶液的体积，mL；V_2 为空白试验所消耗的乙二胺四乙酸二钠标准滴定溶液的体积，mL。

16. 氯化镁（或硫酸镁）标准滴定溶液[$c(MgCl_2) \approx 0.1$ mol/L、$c(MgSO_4) \approx 0.1$ mol/L]

【配制】

称取 21 g 氯化镁（$MgCl_2 \cdot 5H_2O$）[或 25 g 硫酸镁（$MgSO_4 \cdot 7H_2O$）]，溶于 1000 mL 盐酸溶液（0.5＋999.5）中，放置一个月后，用 15～30 μm 的玻璃砂坩埚过滤，摇匀。

【标定】

(1)测定方法。

准确加入 30.00 ~ 35.00 mL 配制好的氯化镁(或硫酸镁)标准滴定溶液,加 70 mL 水、10 mL 氨 – 氯化铵缓冲溶液甲(pH ≈ 10)及 5 滴铬黑 T 指示液(5 g/L)或少量铬黑 T 指示剂,用配制好的乙二胺四乙酸二钠标准滴定溶液[$c(\text{EDTA}) \approx 0.1$ mol/L]滴定至溶液由紫色变为纯蓝色。

同时作空白试验。

(2)结果计算。

氯化镁(或硫酸镁)标准滴定溶液浓度(c)单位为 mol/L,按式(1 – 3 – 22)计算:

$$c = \frac{(V_1 - V_2)c_1}{V} \qquad (1 - 3 - 22)$$

式中:c_1 为乙二胺四乙酸二钠标准滴定溶液的准确浓度,mol/L;V 为标定时准确加入的氯化镁(或硫酸镁)标准滴定溶液的体积,mL;V_1 为滴定时所消耗的乙二胺四乙酸二钠标准滴定溶液的体积,mL;V_2 为空白试验所消耗的乙二胺四乙酸二钠标准滴定溶液的体积,mL。

17. 硝酸铅标准滴定溶液{$c[\text{Pb}(\text{NO}_3)_2] \approx 0.05$ mol/L}

【配制】

称取 17 g 硝酸铅,溶于 1000 mL 硝酸溶液(0.5 + 999.5)摇匀。

【标定】

(1)测定方法。

准确加入 30.00 ~ 35.00 mL 配制好的硝酸铅标准滴定溶液{$c[\text{Pb}(\text{NO}_3)_2] \approx 0.05$ mol/L},加 3 mL 冰醋酸及 5 g 六亚甲基四胺,加 70 mL 水及 2 滴二甲酚橙指示液(2 g/L),用配制好的乙二胺四乙酸二钠标准滴定溶液[$c(\text{EDTA}) \approx 0.05$ mol/L]滴定至溶液呈亮黄色。

(2)结果计算。

硝酸铅标准滴定溶液浓度{$c[\text{Pb}(\text{NO}_3)_2]$}单位为 mol/L,按式(1 – 3 – 23)计算:

$$c[\text{Pb}(\text{NO}_3)_2] = \frac{V_1 \times c_1}{V} \qquad (1 - 3 - 23)$$

式中:c_1 为乙二胺四乙酸二钠标准滴定溶液的准确浓度,mol/L;V 为标定时准确加入的硝酸铅标准滴定溶液的体积,mL;V_1 为滴定时所消耗的乙二胺四乙酸二钠标准滴定溶液的体积,mL。

18. 硫酸铜标准滴定溶液[$c(\text{CuSO}_4) \approx 0.1$ mol/L]

【配制】

称取 25 g 五水硫酸铜(或 16 g 无水硫酸铜),溶于 1000 mL 硫酸溶液(0.5 +

999.5)摇匀。

【标定】

(1)测定方法。

准确加入 30.00 ~ 35.00 mL 配制好的硫酸铜标准滴定溶液[$c(CuSO_4) \approx$ 0.1 mol/L],以及 70 mL 水、10 mL 氨 – 氯化铵缓冲溶液甲(pH $\approx$ 10)及 0.2 g 红紫酸铵混合指示剂,用配制好的乙二胺四乙酸二钠标准滴定溶液[$c(EDTA) \approx$ 0.1 mol/L]滴定至溶液呈紫蓝色。

同时作空白试验。

(2)结果计算。

硫酸铜标准滴定溶液[$c(CuSO_4)$]单位为 mol/L,按式(1 – 3 – 24)计算:

$$c(CuSO_4) = \frac{(V_1 - V_2)c_1}{V} \qquad (1 - 3 - 24)$$

式中:c_1 为乙二胺四乙酸二钠标准滴定溶液的准确浓度,mol/L;V 为标定时准确加入的硫酸铜标准滴定溶液的体积,mL;V_1 为滴定时所消耗的乙二胺四乙酸二钠标准滴定溶液的体积,mL;V_2 为空白试验所消耗的乙二胺四乙酸二钠标准滴定溶液的体积,mL。

19. 硝酸银标准滴定溶液[$c(AgNO_3) \approx 0.1$ mol/L]

【配制】

称取 17.5 g 硝酸银,溶于 1000 mL 水中,摇匀。溶液保存于棕色瓶中。

【标定】

(1)测定方法。

称取 0.2 g 于 500 ~ 600℃ 高温炉中灼烧至质量恒定的基准氯化钠,称准至 0.1 mg,溶于 70 mL 水中,加 10 mL 淀粉溶液(10 g/L),以 216 型银电极作指示电极,217 型双盐桥饱和甘汞电极作参比电极。用配制好的硝酸银标准滴定溶液[$c(AgNO_3) \approx 0.1$ mol/L]滴定。滴定初期预先加入一定量的硝酸银标准滴定溶液至终点,再按 0.1 mL 的量逐次加入(必要时可适量增加),记录每次加入硝酸银标准滴定溶液后的总体积及相应的电位值 E,计算出连续增加的电位值 ΔE_1 和 ΔE_2 之间的差值 ΔE_2。ΔE_1 的最大值即为滴定终点,终点后再记录一个电位值 E。

数据记录格式及滴定终点时所消耗的标准滴定溶液的体积(V)的计算参见(1.3.4)。

(2)结果计算。

硝酸银标准滴定溶液的浓度[$c(AgNO_3)$]单位为 mol/L,按式(1 – 3 – 25)计算:

$$c(AgNO_3) = \frac{m}{MV/1000} \qquad (1 - 3 - 25)$$

式中:V 为滴定至终点时所消耗的硝酸银标准滴定溶液的体积,mL;m 为称取的基准氯化钠的质量，g；M 为氯化钠（NaCl）的摩尔质量，g/mol（$M = 58.44$ g/mol）。

20. 氯化钠标准溶液[c(NaCl) ≈ 0.1 mol/L]

【配制方法一】

称取 5.9 g 氯化钠，溶于 1000 mL 水中，摇匀。

【标定】

（1）测定方法。

准确加入 30.00 ~ 35.00 mL 配制好的氯化钠标准滴定溶液[c(NaCl) $\approx$ 0.1 mol/L]，加 40 mL 水及 10 mL 淀粉溶液（10 g/L），以 216 型银电极作指示电极，217 型双盐桥饱和甘汞电极作参比电极。用配制好的硝酸银标准滴定溶液[c(AgNO$_3$) ≈ 0.1 mol/L]滴定。滴定初期预先加入一定量的硝酸银滴定溶液至终点，再按 0.1 mL 的量逐次加入（必要时可适量增加），记录每次加入硝酸银溶液后的总体积及相应的电位值 E，计算出连续增加的电位值 ΔE_1 的差值 ΔE_2。ΔE_1 的最大值即为滴定终点，终点后再记录一个电位值 E。

数据记录格式及滴定终点时所消耗的标准滴定溶液的体积（V）的计算参见 1.3.4 节。

（2）结果计算。

氯化钠标准滴定溶液的浓度[c(NaCl)]单位为 mol/L，按式（1 − 3 − 26）计算：

$$c(\text{NaCl}) = \frac{V_1 \times c_1}{V} \qquad (1-3-26)$$

式中：c_1 为硝酸银标准滴定溶液的准确浓度，mol/L；V_1 为滴定至终点时所消耗的硝酸银标准滴定溶液的体积，mL；V 为标定时准确加入的氯化钠标准滴定溶液的体积，mL。

【配制方法二】

称取 5.844 g 于 550℃ ±50℃ 高温炉中灼烧至质量恒定的基准氯化钠，称准至 0.1 mg，溶于水中，全部转移至 1000 mL 容量瓶中，用水稀释至刻度，摇匀。

【结果计算】

氯化钠标准滴定溶液的浓度[c(NaCl)]单位为 mol/L，按式（1 − 3 − 27）计算：

$$c(\text{NaCl}) = \frac{m}{MV/1000} \qquad (1-3-27)$$

式中：V 为氯化钠溶液的体积，mL；m 为称取的基准氯化钠质量，g；M 为氯化钠（NaCl）摩尔质量，g/mol（$M = 58.44$ g/mol）。

21. 硫氰酸钠（或硫氰酸钾或硫氰酸铵）标准滴定溶液[c(NaSCN) ≈ 0.1 mol/L、c(KSCN) ≈ 0.1 mol/L、c(NH$_4$SCN) ≈ 0.1 mol/L]

【配制】

称取 8.2 g 硫氰酸钠（或 9.7 g 硫氰酸钾或 7.9 g 硫氰酸铵），溶于 1000 mL 水中，摇匀。

【标定方法一】

(1)测定方法。

称取 0.6 g 放于硫酸干燥器至质量恒定的基准硝酸银，称准至 0.1 mg，溶于 90 mL 水中，加 10 mL 淀粉溶液(10 g/L)及 10 mL 硝酸溶液(25%)，以 216 型银电极作指示电极，217 型双盐桥饱和甘汞电极作参比电极。用配制好的硫氰酸钠(或硫氰酸钾或硫氰酸铵)标准滴定溶液滴定。滴定初期预先加入一定量的硝酸银硫氰酸钠(或硫氰酸钾或硫氰酸铵)溶液至近终点，再按 0.1 mL 的量逐次加入(必要时可适量增加)，记录每次加入硫氰酸钠(或硫氰酸钾或硫氰酸铵)溶液后的总体积及相应的电位值 E，计算出连续增加的电位值 ΔE_1 的差值 ΔE_2。ΔE_1 的最大值即为滴定终点，终点后再记录一个电位值 E。

数据记录格式及滴定终点时所消耗的标准滴定溶液的体积(V)的计算参见(1.3.4)。

(2)结果计算。

硫氰酸钠(或硫氰酸钾或硫氰酸铵)标准滴定溶液的浓度(c)单位为 mol/L，按式(1-3-28)计算：

$$c = \frac{m}{MV/1000} \qquad (1-3-28)$$

式中：V 为滴定至终点时所消耗的硫氰酸钠(或硫氰酸钾或硫氰酸铵)标准滴定溶液的体积，mL；m 为称取的基准硝酸银的质量，g；M 为硝酸银 ($AgNO_3$) 的摩尔质量，g/mol($M = 169.9$ g/mol)。

【标定方法二】

(1)测定方法。

准确加入 30.00 ~ 35.00 mL 配制好的硝酸银标准滴定溶液[$c(AgNO_3) \approx$ 0.1 mol/L]，加 70 mL 水、1 mL 硫酸铁铵指示液(80 g/L)及 10 mL 硝酸溶液(25%)，在摇动下用配好的硫氰酸钠(或硫氰酸钾或硫氰酸铵)标准滴定溶液滴定。终点前摇动溶液至完全清亮后，继续滴定至溶液呈浅棕色保持 30 s。

(2)结果计算。

硫氰酸钠(或硫氰酸钾或硫氰酸铵)标准滴定溶液的浓度(c)单位为 mol/L，按式(1-3-29)计算：

$$c = \frac{V_1 \times c_1}{V} \qquad (1-3-29)$$

式中：c_1 为硝酸银标准滴定溶液的准确浓度，mol/L；V_1 为滴定至终点时所消耗的硫氰酸钠(或硫氰酸钾或硫氰酸铵)标准滴定溶液的体积，mL；V 为标定时准确加入的硝酸银标准滴定溶液的体积，mL。

22.亚硝酸钠(NaNO₂)标准滴定溶液

【配制】

按表1-3-8称取规定量的亚硝酸钠、氢氧化钠及无水碳酸钠,溶于1000 mL水中,摇匀。

表1-3-8 亚硝酸钠标准滴定溶液的配制

拟配制亚硝酸钠滴定溶液浓度 $[c(NaNO_2)]$/ $(mol \cdot L^{-1})$	配制1000 mL标准滴定溶液所需			所需基准无水对氨基苯磺酸的质量/g	所需氨水体积/mL
	亚硝酸钠的质量/g	氢氧化钠的质量/g	无水碳酸钠的质量/g		
0.5	36	0.5	1	2.5	3
0.1	7.2	0.1	0.2	0.5	2

【标定】

(1)测定方法。

按表1-3-8称取规定量的于120℃±5℃电热恒温干燥箱中干燥至质量恒定的基准无水对氨基苯磺酸,称准至0.1 mg。按表1-3-8规定相应体积的氨水溶解,加200 mL水及20 mL盐酸,按永停滴定法安装好电极及测量仪表(图1-3-1)。将装有配制好的亚硝酸钠标准滴定溶液的滴管下口插入溶液内约10 mm处,在搅拌下于15~20℃进行滴定,近终点时,将滴管的尖端提出页面,用少量水淋洗尖端,洗液并入溶液中,继续慢慢滴定,并观察检流计读数和指针偏转情况,直接加入滴定搅拌液后电流突增,并不再回复时即为滴定终点。

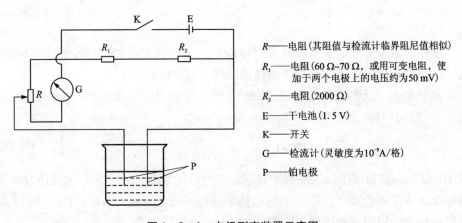

R——电阻(其阻值与检流计临界阻尼值相似)

R_1——电阻(60 Ω~70 Ω,或用可变电阻,使加于两个电极上的电压约为50 mV)

R_2——电阻(2000 Ω)

E——干电池(1.5 V)

K——开关

G——检流计(灵敏度为10⁻⁹A/格)

P——铂电极

图1-3-1 电极测定装置示意图

（2）结果计算。

亚硝酸钠滴定溶液浓度 $[c(\text{NaNO}_3)]$ 单位为 mol/L，按式（1-3-30）计算：

$$c(\text{NaNO}_3) = \frac{m}{MV/1000} \qquad (1-3-30)$$

式中：V 为滴定至终点时所消耗的亚硝酸钠标准滴定溶液的体积，mL；m 为称取的基准无水对氨基苯磺酸的质量，g；M 为无水对氨基苯磺酸 $[\text{C}_5\text{H}_5(\text{NH}_2)(\text{SO}_3\text{H})]$ 的摩尔质量，g/mol（$M = 173.2$ g/mol）。

注：本标准滴定溶液极易被氧化，在使用前标定有利于测定结果的准确。

23. 高氯酸标准滴定溶液 $[c(\text{HClO}_4) \approx 0.1$ mol/L$]$

【配制】

称取 8.5 mL 高氯酸，在搅拌下注入 500 mL 冰乙酸中，混匀。在室温下滴加 20 mL 乙酸酐，搅拌至溶液均匀。冷却后用冰乙酸稀释至 1000 mL，摇匀。

【标定】

（1）测定方法。

称取 0.6 g 于 105～110℃ 电热恒温干燥箱中干燥至质量恒定的基准邻苯二甲酸氢钾，称准至 0.1 mg，置于干燥的的锥形瓶中，加入 50 mL 冰乙酸，温热溶解。加 2～3 滴结晶紫指示液（5 g/L），用配制好的高氯酸溶液 $[c(\text{HClO}_4) \approx 0.1$ mol/L$]$ 滴定至溶液由紫色变为蓝色（微带紫）。

（2）结果计算。

高氯酸标准滴定溶液的浓度 $[c(\text{HClO}_4)]$ 单位为 mol/L，按式（1-3-31）计算：

$$c(\text{HClO}_4) = \frac{m}{MV/1000} \qquad (1-3-31)$$

式中：V 为滴定时所消耗的高氯酸标准滴定溶液的体积，mL；m 为称取的基准邻苯二甲酸氢钾的质量，g；M 为邻苯二甲酸氢钾（$\text{KHC}_8\text{H}_4\text{O}_4$）的摩尔质量，g/mol（$M = 204.2$ g/mol）。

（3）修正方法。

使用高氯酸标准滴定溶液时的温度应与标定时的温度相同；若温度不相同，应将高氯酸标准溶液的浓度修正到使用温度下的浓度的数值。

高氯酸标准滴定溶液修正后的浓度 $[c(\text{HClO}_4)]$ 单位为 mol/L，按式（1-3-32）计算：

$$c(\text{HClO}_4) = \frac{c_1}{1 + 0.0011(t_1 - t)} \qquad (1-3-32)$$

式中：c_1 为标准温度下高氯酸标准滴定溶液的准确浓度，mol/L；t_1 为使用时高氯酸标准滴定溶液的温度，℃；t 为标定高氯酸标准滴定溶液的温度，℃；0.0011 为高氯酸标准滴定溶液每改变 1℃ 时的体积膨胀系数。

24. 硝酸汞标准滴定溶液$\{c[1/2Hg(NO_3)_2]\approx0.1\ mol/L\}$

【配制】

称取 10.85 g 氧化汞溶解在 10 mL 硝酸中，全部转移至 1000 mL 容量瓶中，用水稀释至刻度，摇匀。或者称取 17.13 g 硝酸汞$[Hg(NO_3)_2\cdot H_2O]$置于250 mL 烧杯中，加入 7 mL 硝酸溶液(1+1)，加少量水溶解，全部转移至 1000 mL 容量瓶中，用水稀释至刻度，摇匀。该溶液贮存在密闭的玻璃瓶中。

【标定】

(1)测定方法。

准确称取 5.844 g 于 500~600℃高温炉中灼烧至质量恒定的基准氯化钠，称准至 0.1 mg，置于250 mL 烧杯中加少量水溶解，全部转移至 1000 mL 容量瓶中，用水稀释至刻度，摇匀。移取 25.00 mL 基准氯化钠溶液置于 250 mL 锥形瓶中，用水稀释至 100 mL，加 3~4 滴溴酚蓝指示液，若溶液颜色呈蓝紫色，滴加硝酸溶液(8+92)至溶液变成黄色，再过量 5~6 滴；若溶液颜色呈黄色，则滴加氢氧化钠溶液(40 g/L)至溶液变蓝紫色，滴加硝酸溶液(8+92)至溶液变成黄色，然后过量 5~6 滴。加 0.25 mL 二苯偶氮碳酰肼指示液(5 g/L)，用硝酸汞溶液滴定至溶液由黄色变成紫红色即为终点。

将废液收集于约 10 mL 的容器中，当废液达到 8 L 左右，按(实验室"三废"处理规程)规定的方法进行处理。

本标准滴定溶液用前应重新标定一次。

(2)结果计算。

硝酸汞标准滴定溶液的浓度$\{c[1/2Hg(NO_3)_2]\}$单位为 mol/L，按式(1-3-33)计算：

$$c[1/2Hg(NO_3)_2]=\frac{m}{MV/1000}\qquad(1-3-33)$$

式中：V 为滴定时所消耗的硝酸汞标准滴定溶液的体积，mL；m 为 25.00 mL 基准氯化钠中所含基准氯化钠的质量，g；M 为氯化钠（NaCl）的摩尔质量，g/mol（$M=58.44$ g/mol）。

25. 草酸钠标准滴定溶液

【配制】

称取 6.700 g 于 180℃±2℃电热恒温干燥箱中干燥至质量恒定的基准草酸钠，称准至0.1 mg，溶于水中，全部转移至 1000 mL 容量瓶中，用水稀释至刻度，摇匀。

【结果计算】

草酸钠标准滴定溶液浓度$[c(1/2Na_2C_2O_4)]$单位为 mol/L，按式(1-3-34)计算：

$$c(1/2Na_2C_2O_4) = \frac{m}{MV/1000} \qquad (1-3-34)$$

式中：V 为草酸钠标准滴定溶液的体积，mL；m 为称取的基准草酸钠的质量，g；M 为草酸钠($1/2Na_2C_2O_4$)的摩尔质量，g/mol($M = 67.00$ g/mol)。

1.3.4 电位滴定终点的确定方法及数据记录示例

(1)滴定终点时所消耗的标准滴定溶液体积的计算。

滴定终点时所消耗的标准滴定溶液的体积(V)按式(1-3-35)计算：

$$V = V_0 + V_1 \times \frac{b}{B} \qquad (1-3-35)$$

式中：V_0 为电位增量值 ΔE_1 达最大值前所加入标准滴定溶液的体积，mL；V_1 为电位增量值 ΔE_1 达最大值前最后一次所加入标准滴定溶液的体积，mL；b 为 ΔE_2 最后一次正值；B 为 ΔE_2 最后一次正值和第一次负值的绝对值之和。

(2)示例式(式1-3-36)。

$$V = 4.90 + 0.10 \times \frac{37}{37 + 49} = 4.94 \qquad (1-3-36)$$

注：电位滴定见表1-3-9。

(3)电位滴定数据记录格式。

表1-3-9　电位滴定数据记录格式

标准滴定溶液的体积 V/mL	电位值 E/mV	ΔE_1/mV	ΔE_2/mV
4.80	176	35	+37
4.90	211	72	-49
5.00	283	23	-10
5.10	306	13	-2
5.20	319	11	
5.30	330		

注：第一、第二列分别记录所加入的标准滴定溶液的总体积和对应的电位值 E，第三列记录连续增加的电位值 ΔE_1，第四列记录增加的电位值 ΔE_1 之间的差值 ΔE_2，此差值有正有负。

1.4　化学分析用杂质标准溶液的制备

1.4.1　范围

本节适用于制备容积内含有准确数量物质(元素、离子或分子)的溶液,应用于无机化工产品中杂质含量的测定。

1.4.2　一般规定

(1)本节所用的水,在没有注明其他要求时,应为符合规定的三级水。

(2)本节所用试剂的纯度应在分析纯以上,使用易氧化金属前应进行表面处理。

(3)杂质测定用标准溶液应用移液管量取,每次量取体积不得少于 1.00 mL。

(4)杂质测定用标准溶液在常温(15~25℃)下保存期一般为 12 个月,当出现浑浊、沉淀或颜色有变化时,应重新制备。

(5)本节规定的杂质标准溶液的制备方法按汉语拼音顺序排列。

(6)本节中制备贮备液的体积仅供参考,使用时可根据用量大小,调整制备体积,但不得少于 100 mL。

1.4.3　制备方法

1. 以金属元素计的杂质标准溶液

除有特殊规定外,此杂质标准溶液(表 1-4-1)制备后应贮存于适量的塑料瓶中。

表 1-4-1　以金属元素计的杂质标准溶液

名　称	制备方法	溶液浓度
铵(NH_4^+)	称量 1.483 g 于 105~110℃干燥至恒重的氯化铵,溶于水,移入 500 mL 容量瓶中,稀释至刻度,摇匀	1 mL 溶液含铵(NH_4^+)1 mg
钡(Ba)	方法 1:称量 0.889 g 氯化钡($BaCl_2 \cdot 2H_2O$)溶于水,移入 500 mL 容量瓶中,稀释至刻度,摇匀 方法 2:称量 0.718 g 预先在 105~110℃干燥至恒重的碳酸钡,加盐酸溶液(1+4)溶解,移入 500 mL 容量瓶中,稀释至刻度,摇匀	1 mL 溶液含钡(Ba)1 mg

名 称	制备方法	溶液浓度
铋(Bi)	方法 1：称量 1.161 g 硝酸铋[Bi(NO₂)₃·5H₂O]，用硝酸溶液(1+4)溶解，移入 500 mL 容量瓶中，稀释至刻度，摇匀 方法 2：称量 0.100 g 金属铋，溶于 6 mL 硝酸中，煮沸除去三氧化二铋气体，移入 100 mL 容量瓶中，稀释至刻度，摇匀	1 mL 溶液含铋(Bi)1 mg
钒(V)	方法 1：称量 1.150 g 偏钒酸铵溶于水(必要时可温热)，移入 500 mL 容量瓶中，稀释至刻度，摇匀 方法 2：称量 0.100 g 金属钒，溶于硝酸中，移入 100 mL 容量瓶中，稀释至刻度，摇匀	1 mL 溶液含钒(V)1 mg
钙(Ca)	方法 1：称量 1.249 g 于 105～110℃ 干燥至恒重的碳酸钙，溶于 50 mL 盐酸溶液(1+3)中，煮沸除去二氧化碳，冷却，移入 500 mL 容量瓶中，稀释至刻度，摇匀 方法 2：称量 1.834 g 氯化钙(CaCl₂·2H₂O)，溶于水，移入 500 mL 容量瓶中，稀释至刻度，摇匀	1 mL 溶液含钙(Ca)1 mg
锆(Zr)	称量 1.766 g 氧氯化锆(ZrOCl₂.8H₂O)，加 150 mL 盐酸溶液溶解，移入 500 mL 容量瓶中，用盐酸溶液(1+3)稀释至刻度，摇匀	1 mL 溶液含锆(Zr)1 mg
镉(Cd)	方法 1：称量 1.016 g 氯化镉(CdCl₂·2$\frac{1}{2}$H₂O)，溶于水，移入 500 mL 容量瓶中，稀释至刻度，摇匀 方法 2：称量 0.100 g 高纯度金属镉，溶于硝酸中，水浴上蒸发近干，加 5 mL 盐酸溶液(1+9)，再在水浴上蒸发近干，加 20 mL 盐酸溶液(1+9)溶解，移入 100 mL 容量瓶中，稀释至刻度，摇匀	1 mL 溶液含镉(Cd)1 mg
铬(Cr)	方法 1：称量 1.867 g 预先于 100～105℃ 干燥 1 h 的铬酸钾，溶于含有 100 g/L 氢氧化钠溶液 1 滴的少量水中，移入 500 mL 容量瓶中，稀释至刻度，摇匀 方法 2：称量 1.414 g 预先于 120℃ 干燥 4 h 的重铬酸钾，溶于水，移入 500 mL 容量瓶中，稀释至刻度，摇匀 方法 3：称量 0.100 g 高纯度金属铬，溶于盐酸中，移入 100 mL 容量瓶中稀释至刻度，摇匀	1 mL 溶液含铬(Cr)1 mg
汞(Hg)	方法 1：称量 0.677 g 氯化汞，溶于水，移入 500 mL 容量瓶中，稀释至刻度，摇匀 方法 2：称量 0.809 g 硝酸汞，用 50 mL 硝酸溶液(1+9)溶解，移入 500 mL 容量瓶中，稀释至刻度，摇匀	1 mL 溶液含汞(Hg)1 mg

续表 1 - 4 - 1

名　称	制备方法	溶液浓度
钴(Co)	方法 1：称量 1.315 g 无水硫酸钴(用 $CoSO_4 \cdot 7H_2O$ 在 500~550℃灼烧至恒重)，加入 100 mL 水加热至溶解，冷却后移入 500 mL 容量瓶中，稀释至刻度，摇匀 方法 2：称量 2.469 g 硝酸钴[$Co(NO_3)_2 \cdot 6H_2O$]溶于水，移入 500 mL 容量瓶中，稀释至刻度，摇匀 方法 3：称量 0.100 g 高纯度金属钴，溶于硝酸中，水浴上蒸发至近干，加入 5 mL 盐酸溶液(1+9)，再在水浴上蒸发至近干，加入 20 mL 盐酸溶液(1+9)溶解，移入 100 mL 容量瓶中稀释至刻度，摇匀	1 mL 溶液含钴(Co)1 mg
钾(K)	方法 1：称量 0.953 g 于 500~600℃灼烧至恒重的氯化钾，溶于水，移入 500 mL 容量瓶中，稀释至刻度，摇匀 方法 2：称量 1.293 g 硝酸钾，溶于水，移入 500 mL 容量瓶中，稀释至刻度，摇匀	1 mL 溶液含钾(K)1 mg
锂(Li)	称量 2.661 g 碳酸锂，加 50 mL 水及 25 mL 盐酸溶解，移入 500 mL 容量瓶中，用水稀释至刻度，摇匀	1 mL 溶液含锂(Li)1 mg
铝(Al)	方法 1：称量 8.797 g 硫酸铝钾[$AlK(SO_4)_2 \cdot 12H_2O$]溶于水，加 50 mL 硫酸溶液(1+3)，移入 500 mL 容量瓶中，稀释至刻度，摇匀 方法 2：称量 0.100 g 高纯度金属铝，溶于盐酸中，移入 100 mL 容量瓶中，稀释至刻度，摇匀	1 mL 溶液含铝(Al)1 mg
镁(Mg)	方法 1：称量 0.829 g 于 800℃灼烧至恒重的氧化镁，溶于 10 mL 盐酸及少量水中，移入 500 mL 容量瓶中，稀释至刻度，摇匀 方法 2：称量 5.070 g 硫酸镁($MgSO_4 \cdot 7H_2O$)溶于水，移入 500 mL 容量瓶中，稀释至刻度，摇匀	1 mL 溶液含镁(Mg)1 mg
锰(Mn)	方法 1：称量 1.374 g 于 400~500℃灼烧至恒重的无水硫酸锰，溶于水，移入 500 mL 容量瓶中，稀释至刻度，摇匀 方法 2：称量 1.538 g 硫酸锰($MnSO_4 \cdot H_2O$)溶于水，移入 500 mL 容量瓶中，稀释至刻度，摇匀 方法 3：称量 0.100 g 高纯度金属锰，溶于 10 mL 硝酸溶液(1+1)中，水浴上蒸发近干，加入 5 mL 盐酸溶液(1+9)，再在水浴上蒸发近干，加入 20 mL 盐酸溶液(1+9)溶解，移入 100 mL 容量瓶中，稀释至刻度，摇匀	1 mL 溶液含锰(Mn)1 mg

名　称	制备方法	溶液浓度
钼(Mo)	方法 1：称量 0.920 g 钼酸铵[(NH₄)₆Mo₇O₂₄·4H₂O]溶于水，移入 500 mL 容量瓶中，稀释至刻度，摇匀 方法 2：称量 0.100 g 高纯度金属钼，溶于少量王水中，水浴上蒸发近干，加入 20 mL 盐酸溶液(1+1)溶解，移入 100 mL 容量瓶中，用盐酸溶液(1+1)稀释至刻度，摇匀	1 mL 溶液含钼(Mo)1 mg
钠(Na)	称量 1.271 g 于 500 ~ 600℃灼烧至恒重的氯化钠，溶于水，移入 500 mL 容量瓶中，稀释至刻度，摇匀	1 mL 溶液含钠(Na)1 mg
镍(Ni)	方法 1：称量 3.365 g 硫酸镍铵[NiSO₄·(NH₄)₂SO₄·6H₂O]溶于水，移入 500 mL 容量瓶中，稀释至刻度，摇匀 方法 2：称量 2.239 g 硫酸镍(NiSO₄·6H₂O)或 2.393 g 硫酸镍(NiSO₄·7H₂O)溶于水，移入 500 mL 容量瓶中，稀释至刻度，摇匀 方法 3：称量 0.100 g 高纯度金属镍，溶于少量硝酸中，水浴上蒸发近干，加入 5 mL 盐酸溶液(1+1)，再在水浴上蒸发近干，加入 20 mL 盐酸溶液(1+9)溶解，移入 100 mL 容量瓶中，稀释至刻度，摇匀	1 mL 溶液含镍(Ni)1 mg
铍(Be)	称量 1.965 硫酸铍(BeSO₄·4H₂O)溶于水，加 1 mL 硫酸，移入 100 mL 容量瓶中，稀释至刻度，摇匀	1 mL 溶液含铍(Be)1 mg
铅(Pb)	方法 1：称量 0.799 g 硝酸铅，加 50 mL 硝酸溶液(1+9)溶解，移入 500 mL 容量瓶中，稀释至刻度，摇匀 方法 2：称量 0.100 g 高纯度金属铅，溶于硝酸中，移入 100 mL 容量瓶中，稀释至刻度，摇匀	1 mL 溶液含铅(Pb)1 mg
砷(As)	称量 0.660 g 于硫酸干燥器中干燥至恒重的三氧化二砷，温热溶于 6 mL 氢氧化钠溶液(100 g/L)中，移入 500 mL 容量瓶中，稀释至刻度，摇匀	1 mL 溶液含砷(As)1 mg
锶(Sr)	称量 1.521 g 氯化锶(SrCl₂·6H₂O)溶于水，移入 500 mL 容量瓶中，稀释至刻度，摇匀	1 mL 溶液含锶(Sr)1 mg
铊(Tl)	称量 0.587 g 氯化亚铊(TlCl)，加 25 mL 硫酸，移入 500 mL 容量瓶中，稀释至刻度，摇匀	1 mL 溶液含铊(Tl)1 mg
钛(Ti)	方法 1：称量 0.834 g 二氧化钛(TiO₂)，加 5 ~ 8 g 焦硫酸钾，于 600℃灼烧熔融冷却，用硫酸溶液(1+35)溶解，移入 500 mL 容量瓶中，稀释至刻度，摇匀 方法 2：称量 2.147 g 三氯化钛(TiCl₃)溶液 150 g/L，加 20 mL 盐酸溶液(2+1)，移入 100 mL 容量瓶中，稀释至刻度，摇匀	1 mL 溶液含钛(Ti)1 mg

续表 1 - 4 - 1

名　称	制备方法	溶液浓度
锑(Sb)	称量 1.371 g 酒石酸锑钾(C₄H₄KO₂Sb·1/2H₂O)溶于盐酸溶液(1+3)中,移入 500 mL 容量瓶中,稀释至刻度,摇匀	1 mL 溶液含锑(Sb)1 mg
铁(Fe)	方法 1:称量 0.100 g 高纯度金属铁(99.5% 以上),加入 15 mL 盐酸溶解,滴加 3~5 滴过氧化氢(3%),加热,将溶液蒸发至体积约为 10 mL,冷却后,移入 100 mL 容量瓶中,稀释至刻度,摇匀 方法 2:称量 4.317 g 硫酸铁铵[NH₄Fe(SO₄)₂·12H₂O],溶于水,加 25 mL 硫酸溶液(1+6),移入 500 mL 容量瓶中,稀释至刻度,摇匀	1 mL 溶液含铁(Fe)1 mg
铜(Cu)	方法 1:称量 1.965 g 硫酸铜(CuSO₄·5H₂O)溶于水,移入 500 mL 容量瓶中,稀释至刻度,摇匀 方法 2:称量 0.100 g 高纯度金属铜,溶于硝酸中,水浴上蒸发近干,加入 5 mL 盐酸,再在水浴上蒸发近干,加入 20 mL 盐酸溶液(1+9)溶解,移入 100 mL 容量瓶中,稀释至刻度,摇匀	1 mL 溶液含铜(Cu)1 mg
钨(W)	称量 0.631 g 预先在 105~110℃干燥 1 h 的三氧化钨,加 200 g/L 氢氧化钠 30~40 mL,加热溶解,冷却,移入 500 mL 容量瓶中,稀释至刻度,摇匀 注:可用钨酸铵在 400~500℃灼烧 20 min 分解后生成的三氧化钨制备	1 mL 溶液含钨(W)1 mg
锡(Sn)	称量 0.100 g 金属锡,溶于盐酸溶液(1+1)中,移入 100 mL 容量瓶中,用盐酸溶液(1+1)稀释至刻度,摇匀	1 mL 溶液含锡(Sn)1 mg
锌(Zn)	方法 1:称量 0.622 g 氧化锌,溶于 10 mL 水及 5 mL 硫酸中,移入 500 mL 容量瓶中,稀释至刻度,摇匀 方法 2:称量 2.199 g 硫酸锌(ZnSO₄·7H₂O),溶于水,移入 500 mL 容量瓶中,稀释至刻度,摇匀 方法 3:称量 0.100 g 高纯度金属锌,溶于盐酸中,移入 100 mL 容量瓶中,稀释至刻度,摇匀	1 mL 溶液含锌(Zn)1 mg
亚铁Ⅱ(Fe)	称量 0.702 g 硫酸亚铁铵[(NH₄)₂Fe(SO₄)₂·6H₂O]溶于含有 1 mL 硫酸溶液(1+1)的水中,移入 100 mL 容量瓶中,稀释至刻度,摇匀。此标准溶液使用前制备	1 mL 溶液含亚铁Ⅱ(Fe)1 mg
银(Ag)	称量 0.157 g 硝酸银,溶于水,移入 100 mL 容量瓶中,稀释至刻度,摇匀。贮存于棕色瓶中	1 mL 溶液含银(Ag)1 mg

2. 以非金属元素计杂质标准溶液

除有特殊规定外，此杂质标准溶液（见表 1 - 4 - 2）制备后应贮存于玻璃瓶中。

表 1 - 4 - 2　以非金属元素计杂质标准溶液

名称	制备方法	溶液浓度
氮（N）	方法 1：称量 0.382 g 于 100 ~ 105℃ 干燥至恒重的氯化铵，溶于水，移入 100 mL 容量瓶中，稀释至刻度，摇匀 方法 2：称量 0.607 g 硝酸钠，溶于水，移入 100 mL 容量瓶中，稀释至刻度，摇匀	1 mL 溶液含氮（N）1 mg
硅（Si）	称量 0.214 g 二氧化硅，置于铂坩埚中，加 1 g 无水碳酸钠，混匀，于 1000℃ 加热至完全熔融，冷却，溶于水，移入 100 mL 容量瓶中，稀释至刻度，摇匀，贮存于聚乙烯瓶中	1 mL 溶液含硅（Si）1 mg
磷（P）	称量 0.439 g 磷酸二氢钾，溶于水，移入 100 mL 容量瓶中，稀释至刻度，摇匀	1 mL 溶液含磷（P）1 mg
硫（S）	称量 0.544 g 硫酸钾，溶于水，移入 100 mL 容量瓶中，稀释至刻度，摇匀	1 mL 溶液含硫（S）1 mg
氯（Cl）	称量 3.97 g 氯胺丁（$C_2H_7ClNNaO_2S \cdot 3H_2O$）置于 100 mL 容量瓶中，溶于水，稀释至刻度，摇匀	1 mL 溶液含氯（Cl）1 mg
硼（B）	称量 0.572 g 硼酸，加 50 mL 水，温热溶解，移入 100 mL 容量瓶中，稀释至刻度，摇匀	1 mL 溶液含硼（B）1 mg
碳（C）	称量 0.883 g 于 270 ~ 300℃ 灼烧至恒重的无水碳酸钠，溶于无二氧化碳的水，移入 100 mL 容量瓶中，用无二氧化碳的水稀释至刻度，摇匀	1 mL 溶液含碳（C）1 mg

3. 以酸根离子计杂质标准溶液

除有特殊规定外，此杂质标准溶液（见表 1 - 4 - 3）制备后应贮存于玻璃瓶中。

表1-4-3　以酸根离子计杂质标准溶液

名称	制备方法	溶液浓度
草酸盐	称量0.143 g草酸($C_2H_2O_4 \cdot 2H_2O$)溶于水,移入100 mL容量瓶中,稀释至刻度,摇匀	1 mL溶液含($C_2O_4^{2-}$)1 mg
碘化物	称量0.131 g碘化钾,溶于水,移入100 mL容量瓶中,稀释至刻度,摇匀,贮存于棕色瓶中	1 mL溶液含(I^-)1 mg
碘酸物	称量0.122 g碘酸钾,溶于水,移入100 mL容量瓶中,稀释至刻度,摇匀。贮存于棕色瓶中	1 mL溶液含(IO_3^-)1 mg
氟化物	称量0.221 g氟化钠,溶于水,移入100 mL容量瓶中,稀释至刻度,摇匀。贮存于聚乙烯瓶中	1 mL溶液含(F^-)1 mg
铬酸盐	称量0.167 g于105~110℃干燥1 h的铬酸钾,溶于含有1滴氢氧化钠溶液(100 g/L)的少量水中,移入100 mL容量瓶中,稀释至刻度,摇匀	1 mL溶液含(CrO_4^{2-})1 mg
硅酸盐	称量0.790 g二氧化硅,置于铂坩埚中,加2.6 g无水碳酸钠,混匀,于1000℃加热至完全熔融,冷却,溶于水,移入1000 mL容量瓶中,稀释至刻度,摇匀。贮存于聚乙烯瓶中	1 mL溶液含(SiO_2)1 mg
磷酸盐	称量0.143 g磷酸二氢钾,溶于水,移入100 mL容量瓶中,稀释至刻度,摇匀	1 mL溶液含(PO_4^{3-})1 mg
硫代硫酸盐	称量0.221 g硫代硫酸钠($Na_2S_2O_3 \cdot 5H_2O$)溶于煮沸过的水,移入100 mL容量瓶中,用煮沸过的水稀释至刻度,摇匀	1 mL溶液含($S_2O_3^{2-}$)1 mg
硫化物	称量0.749 g硫化钠($Na_2S \cdot 9H_2O$),溶于水,移入100 mL容量瓶中,稀释至刻度,摇匀。此标准溶液使用前制备	1 mL溶液含(S^{2-})1 mg
硫氰酸盐	称量0.131 g硫氰酸铵,溶于水,移入100 mL容量瓶中,稀释至刻度,摇匀	1 mL溶液含(SCN^-)1 mg
硫酸盐	方法1:称量0.148 g于105~110℃干燥至恒重的无水硫酸钠,溶于水,移入100 mL容量瓶中,稀释至刻度,摇匀 方法2:称量0.181 g硫酸钾,溶于水,移入100 mL容量瓶中,稀释至刻度,摇匀	1 mL溶液含(SO_4^{2-})1 mg
氯化物	称量0.165 g于500~600℃灼烧至恒重的氯化钠,溶于水,移入100 mL容量瓶中,稀释至刻度,摇匀	1 mL溶液含(Cl^-)1 mg
氯酸盐	称量0.147 g氯酸钾,溶于水,移入100 mL容量瓶中,稀释至刻度,摇匀	1 mL溶液含(ClO_3^-)1 mg
碳酸盐	称量0.177 g于270~300℃灼烧至恒重的无水碳酸钠,溶于无二氧化碳的水,移入100 mL容量瓶中,用无二氧化碳的水稀释至刻度,摇匀	1 mL溶液含(CO_3^{2-})1 mg

名称	制备方法	溶液浓度
硝酸盐	方法1：称量 0.163 g 于 120~130℃ 干燥至恒重的硝酸钾，溶于水，移入 100 mL 容量瓶中，稀释至刻度，摇匀 方法2：称量 0.137 g 硝酸钠，溶于水，移入 100 mL 容量瓶中，稀释至刻度，摇匀	1 mL 溶液含 (NO_3^-) 1 mg
溴化物	称量 0.149 g 溴化钾，溶于水，移入 100 mL 容量瓶中，稀释至刻度，摇匀。贮存于棕色瓶中	1 mL 溶液含 (Br^-) 1 mg
溴酸盐	称量 0.131 g 溴酸钾，溶于水，移入 100 mL 容量瓶中，稀释至刻度，摇匀。贮存于棕色瓶中	1 mL 溶液含 (BrO_3^-) 1 mg
亚硝酸盐	称量 0.150 g 亚硝酸钠，溶于水，移入 100 mL 容量瓶中，稀释至刻度，摇匀。此溶液使用前制备	1 mL 溶液含 (NO_2^-) 1 mg
乙酸盐	称量 2.305 g 乙酸钠（$CH_3COONa \cdot 3H_2O$）溶于水，移入 100 mL 容量瓶中，稀释至刻度，摇匀	1 mL 溶液含 (CH_3COO^-) 1 mg

4. 以分子计杂质标准溶液

除有特殊规定外，此杂质标准溶液（表1-4-4）制备后应贮存于玻璃瓶中。

表1-4-4 以分子计杂质标准溶液

名称	制备方法	溶液浓度
丙酮	称量 0.100 g 丙酮，溶于水，移入 100 mL 容量瓶中，稀释至刻度，摇匀。此标准溶液使用前制备	1 mL 溶液含 (CH_3COCH_3) 1 mg
二硫化碳	称量 0.500 g 二硫化碳，溶于四氯化碳，移入 500 mL 容量瓶中，用四氯化碳稀释至刻度，摇匀。此标准溶液使用前制备	1 mL 溶液含 (CS_2) 1 mg
二氧化硅	方法1：称量 0.100 g 二氧化硅，置于铂坩埚中，加 1 g 无水碳酸钠，混匀。于 1000℃ 加热至完全熔融，冷却，溶于水，移入 100 mL 容量瓶中，稀释至刻度，摇匀。贮存于聚乙烯瓶中 方法2：称量 0.100 g 预先在 900℃ 灼烧至恒重的硅酸，溶于 8 mL 氢氧化钠溶液（30 g/L）中，移入 100 mL 容量瓶中，稀释至刻度，摇匀。贮存于聚乙烯瓶中	1 mL 溶液含 (SiO_2) 1 mg
二氧化碳	称量 0.240 g 于 270~300℃ 灼烧至恒重的无水碳酸钠，溶于无二氧化碳的水，移入 100 mL 容量瓶中，用无二氧化碳的水稀释至刻度，摇匀	1 mL 溶液含 (C_2) 1 mg 或 (C) 0.27 mg

续表 1 – 4 – 4

名称	制备方法	溶液浓度
酚	称量 0.100 g 苯酚,溶于水,移入 100 mL 容量瓶中,稀释至刻度,摇匀	1 mL 溶液含 (C_6H_5OH) 1 mg
甲醇	称量 0.100 g 甲醇,溶于水,移入 100 mL 容量瓶中,稀释至刻度,摇匀。此标准溶液使用前制备	1 mL 溶液含 (CH_3OH) 1 mg
甲醛	称取质量为 m 的甲醛溶液,置于 100 mL 容量瓶中,稀释至刻度,摇匀。此标准溶液使用前制备 甲醛溶液质量按下式计算: $$m = \frac{0.1000}{X}$$ 式中:m 为甲醛溶液的质量,g;X 为甲醛溶液的实际百分含量;0.1000 为配制 100 mL 甲醛杂质标准溶液所需甲醛的质量,g 注:制备前应按规定方法测定甲醛的含量	1 mL 溶液含 $(HCHO)$ 1 mg
葡萄糖	称量 0.100 g 葡萄糖,溶于水,移入 100 mL 容量瓶中,稀释至刻度,摇匀	1 mL 溶液含 $(C_6H_{12}O_6 \cdot H_2O)$ 1 mg
水杨酸	称量 0.100 g 水杨酸,加少量水和 1 mL 冰乙酸,移入 100 mL 容量瓶中,稀释至刻度,摇匀	1 mL 溶液含 (HOC_5H_4COOH) 1 mg
羰基化合物	称量 10.43 g 丙酮(相当于 5.000 gCO)置于含有 50 mL 无羟基甲醇的 100 mL 容量瓶中,用无羟基甲醇稀释至刻度,摇匀。移取 2.00 mL 此溶液于 100 mL 容量瓶中,用无羟基甲醇稀释至刻度,摇匀。此标准溶液使用前制备	1 mL 溶液含 (CO) 1 mg

1.5 化学分析用制剂及制品的制备

1.5.1 范围

本内容适用于化工产品化学试剂分析中所需制剂及制品的制备。

1.5.2 一般规定

(1)本文中实验所用的水,除另有规定外,应符合三级水的规格。

(2)本文中所用试剂的纯度应在分析纯以上。

(3)"$V_1 + V_2$"符号指体积为V_1的特定溶液被加入到体积为V_2的溶剂中。

(4)如果浓度以单位质量和体积表示,则浓度单位为g/L。

(5)当溶液出现浑浊、沉淀或颜色变化等现象时,应重新制备。

(6)所用溶液以(%)表示的均指体积分数。

(7)除另有说明外,本文中的溶液均指水溶液,稀释指用蒸馏水稀释。

1.5.3 制备方法

1. 制剂

(1)无二氧化碳的水。

将水注入锥形瓶中,煮沸 10 min,立即用装有钠石灰管的胶塞塞紧,冷却。

(2)无氧的水。

将水注入锥形瓶中,煮沸 1 h 后立即用装有玻璃导管的胶塞塞紧,导管与盛有焦性没食子酸碱性溶液(100 g/L)的洗瓶连接,冷却。

(3)无氨的水。

取 2 份强碱性阴离子交换树脂及 1 份强酸性阳离子交换树脂,依次填充于长 500 mm、内径 30 mm 的交换柱中,将水以 3~5 mL/min 的流速通过交换柱。使用期为一周。

(4)无羰基的甲醇。

量取 2000 mL 甲醇,注入 2500 mL 蒸馏瓶中,加 10.0 g 2,4 - 二硝基苯肼和 0.5 mL 盐酸,在水浴上回流 2 h,加热蒸馏,弃去最初的 50 mL 蒸馏液,收集馏出液贮存于棕色瓶中。

按以上方法制备的无羰基的甲醇,羰基含量不得大于 0.001%。

(5)无醛的乙醇。

量取 2000 mL 乙醇(95%),注入 2500 mL 蒸馏瓶中,加 10.0 g 2,4 - 二硝基苯肼和 0.5 mL 盐酸,在水浴上回流 2 h,加热蒸馏,弃去最初的 50 mL 蒸馏液,收集馏出液贮存于棕色瓶中。

按以上方法制备的无醛的乙醇,应符合下述要求:取 5 mL 按上法制备的无醛的乙醇,加 5 mL 水,冷却至 20℃,加 2 mL 碱性品红 - 亚硫酸溶液,放置 10 min,应无明显红色。

(6)无氨的氢氧化钠溶液。

将所需浓度的氢氧化钠溶液注入烧瓶中,煮沸 30 min,用装有体积分数为 20% 的硫酸溶液的安全漏斗(环颈双球)的胶塞塞紧(图 1 - 5 - 1),冷却,用无氨的水稀释至原体积。

(7)无碳酸盐的氨水。

量取 500 mL 氨水,注入 1000 mL 圆底烧瓶中,加入预先消化 10.0 g 生石灰所得的石灰浆,混匀,将圆底烧瓶与冷凝器连接(图 1 - 5 - 2),放置 18 ~ 20 h。将钠石灰管摘下,再将氨气出口用橡皮管与另一装有约 200 mL 无二氧化碳的水的烧瓶进口连接,外部用水冷却。将氨水和石灰浆的混合液用水浴加热,将氨蒸出直至制得的氨水密度达 0.9 g/mL 左右。

(8)饱和二氧化硫溶液。

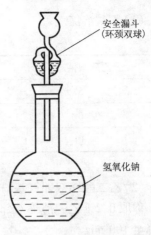

图 1 - 5 - 1　无氨氢氧化钠溶液制备装置示意图

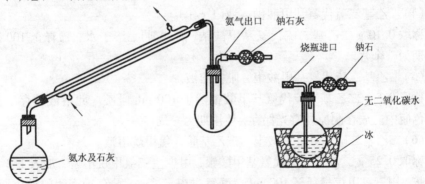

图 1 - 5 - 2　无碳酸盐氨水制备装置示意图

将二氧化硫气体在常温(15 ~ 25℃)下通入水中,至饱和为止。使用前制备。

(9)饱和硫化氢水。

将硫化氢气体通入无二氧化碳的水中,至饱和为止。

(10)无钙及镁的氯化钠。

将优级纯氯化钠的饱和溶液与同体积乙醇(无水乙醇)混合,不断搅拌至不再出结晶,抽滤,于 105 ~ 110℃ 干燥后备用。

(11)王水。

将 1 体积的硝酸缓缓注入 3 体积的盐酸中,混匀。使用前配制。

2. 试液与溶液

(1)乙酸溶液。

表1-5-1　乙酸溶液

乙酸溶液/%	乙酸(冰醋酸)	配　制
5	48	用水稀释至1000 mL, 摇匀
6	58	
30	298	

(2)乙二醛缩双邻氨基酚乙醇溶液(2 g/L)。

称取0.2 g乙二醛缩双邻氨基酚(钙试剂),溶于乙醇(95%),用乙醇(95%)稀释至100 mL。

(3)乙酸铅(碱溶液)。

称取5.0 g乙酸铅[Pb(CH₃COO)₂·3H₂O]和15.0 g氢氧化钠,溶于80 mL水中,稀释至100 mL。

(4)二乙基二硫代氨基甲酸钠溶液(1 g/L)。

称取0.10 g二乙基二硫代氨基甲酸钠(铜试剂),溶于水,稀释至100 mL。使用期为一个月。

(5)二乙基二硫代氨基甲酸银-吡啶溶液。

称取0.5 g二乙基二硫代氨基甲酸银溶于100 mL吡啶。此溶液贮存于密闭的棕色瓶中。放在阴凉处避光保存,使用期为一周。

(6)二乙基二硫代氨基甲酸银-三乙基胺三氯甲烷溶液。

称取0.25 g二乙基二硫代氨基甲酸银,用少量三氯甲烷溶解,加入1.8 g三乙基胺,用三氯甲烷稀释至100 mL。静置过夜,过滤,贮存于密闭的棕色瓶中。避光保存,使用期为一周。

(7)二甲基乙二醛肟氢氧化钠溶液(10 g/L)。

称取1.0 g二甲基乙二醛肟(镍试剂),溶于氢氧化钠(50 g/L)溶液,并用氢氧化钠(50 g/L)溶液稀释至100 mL。

(8)4,7-二苯基-1,10-菲啰啉溶液$\{c[(C_6H_5)_2C_{12}H_6N_2]=0.001 \text{ mol/L}\}$。

称取0.0332 g 4,7-二苯基-1,10-菲啰啉,溶于乙醇(95%)中,用乙醇(95%)稀释至1000 mL。

(9)孔雀石绿溶液(2 g/L)。

称取0.20 g孔雀石绿,溶于水,稀释至100 mL。

(10)双硫腙三氯甲烷(或四氯化碳)溶液(0.01 g/L)。

称取0.010 g双硫腙,溶于三氯甲烷(或四氯化碳),用三氯甲烷(或四氯化碳)稀释至1000 mL。使用期为两周。

（11）纳氏试剂。

溶液 I：称取 145.0 g 氢氧化钠，溶于 700 mL 水中冷却。

称取 50.0 g 红色碘化汞和 40.0 g 碘化钾，溶于 200 mL 水中，将此溶液倾入溶液 I 中，稀释至 1000 mL，静置，取上层清液使用。

按以上方法制备的纳氏试剂，应符合下述要求：取含 0.005 mg 氮（N）的杂质测定用标准溶液，稀释至 100 mL，加 2 mL 纳氏试剂，所呈颜色应深于空白颜色。

（12）氢氧化钾 – 乙醇溶液。

称取 30 g 氢氧化钾，溶于 30 mL 水中，用无醛的乙醇稀释至 1000 mL。放置 24 h，取上层清液使用。

（13）氢氧化钾甲醇溶液。

取 15.0 mL 氢氧化钾溶液（330 g/L），加 50 mL 无羰基的甲醇，混匀。使用期为两周。

（14）氨水溶液。

氨水溶液（2.5%）：量取 103 mL 氨水，稀释至 1000 mL。

氨水溶液（10%）：量取 400 mL 氨水，稀释至 1000 mL。

（15）盐酸溶液（见表 1 – 5 – 2）。

表 1 – 5 – 2　盐酸溶液

盐酸溶液/%（质量分数）	浓盐酸/mL	配　　制
5	117	用水稀释至 1000 mL，摇匀
10	240	
15	370	
20	504	

（16）铁 – 亚铁混合液。

称取 10.0 g 硫酸亚铁铵 $[(NH_4)_2Fe(SO_4)_2 \cdot 6H_2O]$ 和 1.0 g 硫酸铁（Ⅲ）铵 $[NH_4Fe(SO_4)_2 \cdot 12H_2O]$，溶于水，加 5 mL 硫酸溶液（20%），稀释至 100 mL。

（17）淀粉 – 碘化锌溶液。

溶液 I：称取 2.0 g 可溶性淀粉与 20 mL 水混合，注入 200 mL 沸水中，加 10.0 g 氯化锌，溶解。

溶液 Ⅱ：称取 0.5 g 金属锌粉和 1.0 g 碘，加 10 mL 水，搅拌至黄色消失，过滤。将滤液煮沸，冷却。

将溶液 Ⅱ 注入冷却后的溶液 I 中，混匀，稀释至 500 mL。贮存于棕色瓶中，使用期为一周。

按以上方法制备的淀粉 – 碘化锌溶液，应符合下述要求：量取 1 mL 淀粉 – 碘化锌溶液，加 50 mL 水、3 mL 硫酸溶液(1 + 5)，混匀，溶液不得呈现蓝色。溶液中加 1 滴碘酸钾标准滴定溶液$[c(\frac{1}{6}KIO_3) = 0.01 \text{ mol/L}]$，混匀，应立即产生蓝色。

(18)混合碱。

取 200 mL 氢氧化钠溶液(100 g/L)，加 100 mL 无水碳酸钠溶液(100 g/L)，混匀。

(19)1, 10 – 菲啰啉($C_{12}H_8N_2 \cdot H_2O$)溶液(表 1 – 5 – 3)。

表 1 – 5 – 3 1, 10 – 菲啰啉($C_{12}H_8N_2 \cdot H_2O$)溶液

1, 10 – 菲啰啉溶液	配制
2 g/L	称取 0.20 g 1, 10 – 菲啰啉或 0.24 g 1, 10 – 菲啰啉盐酸盐($C_{12}H_8N_2 \cdot HCl \cdot H_2O$)，加少量水振摇至溶解(必要时加热)，稀释至 100 mL
5 g/L	称取 0.50 g 1, 10 – 菲啰啉或 0.6 g 1, 10 – 菲啰啉盐酸盐($C_{12}H_8N_2 \cdot HCl \cdot H_2O$)溶于乙酸 – 乙酸钠缓冲溶液(pH≈3)中，再用乙酸 – 乙酸钠缓冲溶液(pH≈3)稀释至 100 mL

(20)氯化亚锡($SnCl_2 \cdot 2H_2O$)溶液(表 1 – 5 – 4)。

表 1 – 5 – 4 氯化亚锡($SnCl_2 \cdot 2H_2O$)溶液

氯化亚锡盐酸溶液 (4 g/L)	称取 0.4 g 氯化亚锡，置于干燥的烧杯中，加 50 mL 盐酸溶解，稀释至 100 mL
氯化亚锡溶液 (5 g/L)	称取 0.5 g 氯化亚锡，置于干燥的烧杯中，加 1 mL 盐酸溶解，(必要时加热)稀释至 100 mL
氯化亚锡盐酸溶液 (20 g/L)	称取 2.0 g 氯化亚锡，置于干燥的烧杯中，加少量盐酸溶解(必要时加热)，用盐酸稀释至 100 mL。使用期为 2 周
氯化亚锡溶液 (400 g/L)	称取 40.0 g 氯化亚锡，置于干燥的烧杯中，加 40 mL 盐酸溶解(必要时加热)，稀释至 100 mL。使用期为 2 周
氯化亚锡 – 抗坏血酸溶液	称取 0.5 g 氯化亚锡，置于干燥的烧杯中，加 8 mL 盐酸溶解，稀释至 50 mL，加 0.7 g 抗坏血酸，摇匀。使用时制备

(21)三氯化铁($FeCl_3 \cdot 6H_2O$)溶液(100 g/L)

称取 10.0 g 三氯化铁，溶于盐酸溶液(1 + 9)中，用盐酸溶液(1 + 9)稀释至

100 mL。

(22)硝酸(HNO₃)溶液(表1-5-5)。

表1-5-5 硝酸(HNO₃)溶液

硝酸溶液/%(质量分数)	浓硝酸/mL	配 制
13	150	
20	240	稀释至1000 mL
25	380	

(23)硝酸银(AgNO₃)溶液(17 g/L)。

称取1.7 g硝酸银,溶于水,稀释至100 mL。贮存于棕色瓶中,避光保存。

(24)硫化铵[(NH₄)₂S]溶液。

量取100 mL无二氧化碳的氨水,通入硫化氢气体至溶液变为黄色。

(25)硫酸(H₂SO₄)溶液(表1-5-6)。

表1-5-6 硫酸(H₂SO₄)溶液

硫酸溶液浓度/%(质量分数)	浓硫酸/(mL)	配制
0.5	2.8	
5	29	
20	128	缓缓注入约700 mL水中,冷却,
35	244	稀释至1000 mL
40	294	

(26)硫酸铜(CuSO₄·5H₂O)溶液(20 g/L)。

称取2 g硫酸铜,溶于水,加两滴硫酸,稀释至100 mL。

(27)硫酸亚铁(FeSO₄·7H₂O)溶液(50 g/L)。

称取5.0 g硫酸亚铁,溶于适量水中,加10 mL硫酸,稀释至100 mL。

(28)硫酸亚铁铵[(NH₄)₂Fe(SO₄)₂·6H₂O]溶液(100 g/L)。

称取10.0 g硫酸亚铁铵,溶于适量水中,加10 mL硫酸,稀释至100 mL。

(29)硫酸锰(MnSO₄·H₂O)溶液。

称取67.0 g硫酸锰,溶于500 mL水中,加138 mL磷酸及130 mL硫酸,稀释至1000 mL。

(30)硫酸银(Ag₂SO₄)溶液(10 g/L)。

称取 1.0 g 硫酸银,溶于 50 mL 硫酸溶液(质量分数 40%)中,稀释至 100 mL。贮存于棕色瓶中。

(31)硫酸钾乙醇溶液(0.2 g/L)。

称取 0.2 g 硫酸钾,溶于 700 mL 水中,用乙醇(95%)稀释至 1000 mL。

(32)紫脲酸铵溶液(0.5 g/L)。

称取 0.050 g 紫脲酸铵,溶于水,稀释至 100 mL。使用时制备。

(33)溴溶液 $[c(\frac{1}{2}Br_2) = 0.1 \text{ mol/L}]$。

【配制】

称取 25.0 g 溴化钾,溶于 150 mL 水中,加 1.2 ~ 1.3 mL(约 4 g)溴,稀释至 500 mL,贮存于塑料瓶中。

【标定】

移取 25.00 mL 上述溶液,注入 250 mL 碘量瓶中,加 2.0 g 碘化钾及 30 mL 水(15 ~ 20℃),待碘化钾溶解后,于暗处放置 5 min,用硫代硫酸钠标准滴定溶液 $[c(\text{Na}_2\text{S}_2\text{O}_3) = 0.1 \text{ mol/L}]$ 滴定,近终点时,加 3 mL 淀粉指示液(10 g/L),继续滴定至溶液蓝色消失。

【结果计算】

溴溶液的浓度 $[c(\frac{1}{2}Br_2)]$ 单位为 mol/L,按式(1 - 5 - 1)计算:

$$c\left(\frac{1}{2}Br_2\right) = \frac{V_1 \times c_1}{V} \qquad (1-5-1)$$

式中:V_1 为标定时所消耗硫代硫酸钠标准滴定溶液的体积,mL;c_1 为硫代硫酸钠标准滴定溶液的准确浓度,mol/L;V 为标定时所量取溴溶液的体积,mL。

(34)碱性品红 - 亚硫酸溶液。

亚硫酸钠溶液(100 g/L):称取 2.0 g 亚硫酸钠(Na$_2$SO$_3 \cdot 7\text{H}_2\text{O}$),溶于 20 mL 水中。

称取 0.20 g 碱性品红,溶于 120 mL 热水中,冷却,加 20 mL 亚硫酸钠溶液(100 g/L),加 2 mL 盐酸,稀释至 200 mL,放置 1 h。

按以上方法制备的碱性品红 - 亚硫酸溶液,应符合下述要求:取含 0.005 mg 醛杂质标准溶液,稀释至 20 mL,加 2 mL 碱性品红 - 亚硫酸溶液,摇匀,在 15 ~ 20℃下放置 10 min,所呈红色应深于空白颜色。

(35)碳酸铵 $[(\text{NH}_4)_2\text{CO}_3]$ 溶液。

称取 200.0 g 碳酸铵,溶于水,加 80 mL 氨水,稀释至 1000 mL。

(36)靛蓝二磺酸钠溶液 $[c(\text{C}_{16}\text{H}_8\text{N}_2\text{Na}_2\text{O}_8\text{S}_2) = 0.001 \text{ mol/L}]$。

【配制】

称取质量为 m 的靛蓝二磺酸钠(靛蓝胭脂红)[由式(1-5-2)计算所得],加 2 mL 硫酸溶液(1+5)溶解,稀释至 1000 mL。使用期为 10d。

制备靛蓝二磺酸钠溶液[$c(C_{16}H_8N_2Na_2O_8S_2)=0.001$ mol/L]所需靛蓝二磺酸钠的质量 m,单位为 g,按式(1-5-2)计算:

$$m = \frac{0.4664}{w} \qquad (1-5-2)$$

式中:w 为靛蓝二磺酸钠的质量分数,%。

【测定】靛蓝二磺酸钠的质量分数测定

称取 0.2.0 g 于 105~110℃ 干燥至恒重的靛蓝二磺酸钠,精确至 0.0001 g。溶于 30 mL 水,加 1 mL 硫酸,稀释至 600 mL,用高锰酸钾标准滴定溶液[$c(\frac{1}{5}KMnO_4)=0.1$ mol/L]滴定至溶液由绿色变为淡黄色。

【结果计算】靛蓝二磺酸钠的质量分数 w,单位为%,按式(1-5-3)计算:

$$w = \frac{VcM}{m_1 \times 1000} \times 100 \qquad (1-5-3)$$

式中:V 为滴定到终点时所消耗高锰酸钾标准滴定溶液的体积,mL;c 为高锰酸钾标准滴定溶液的准确浓度,mol/L;M 为靛蓝二磺酸钠的摩尔质量,g/mol [$M(1/4C_{16}H_8N_2Na_2O_8S_2)=116.6$ g/mol];m_1 为靛蓝二磺酸钠的质量,g。

(37)磷试剂甲。

称取 5.0 g 钼酸铵[$(NH_4)_6Mo_7O_{24}\cdot4H_2O$],溶于水,稀释至 100 mL。

(38)磷试剂乙。

称取 0.20 g 对甲氨基苯酚硫酸盐,溶于 100 mL 水中,加 20.0 g 偏重亚硫酸钠,溶解,贮存于棕色瓶中,使用期为两周。

(39)磷酸二氢钠溶液(200 g/L)。

称取 20.0 g 磷酸二氢钠($NaH_2PO_4\cdot2H_2O$),溶于水,加 1 mL 硫酸溶液(质量分数 20%),稀释至 100 mL。

(40)喹钼柠酮溶液。

溶液Ⅰ:称取 70 g 钼酸钠,溶于 150 mL 水中。

溶液Ⅱ:称取 60 g 柠檬酸,溶于 150 mL 水和 85 mL 硝酸的混合液中。

溶液Ⅲ:边搅拌边将溶液Ⅰ缓缓加入到溶液Ⅱ中。

溶液Ⅳ:在 35 mL 硝酸和 100 mL 水的混合液中加入 5 mL 喹啉。

溶液Ⅴ:将溶液Ⅳ加入到溶液Ⅲ中,搅拌均匀,放置 24 h,过滤,滤液中加入 280 mL 丙酮,用水稀释至 1000 mL,混匀。

安全提示:该溶液要保存在聚乙烯醇瓶中。不得靠近火焰使用。操作中如要加热或煮沸必须在通风柜中进行。

(41)四苯硼钠[NaB(C₆H₅)₄]溶液。

①四苯硼钠溶液(15 g/L)。

称取 15 g 四苯硼钠溶于 960 mL 水中,加 4 mL 氢氧化钠(400 g/L)溶液和 20 mL 氯化镁(MgCl₂·6H₂O)溶液(100 g/L),搅拌 15 min,放置 24 h 后用滤纸过滤,溶液贮存在棕色瓶或聚乙烯瓶中,在一个月内如发现浑浊,使用前应过滤。

②四苯硼钠溶液(10 g/L)。

称取 10 g 四苯硼钠溶于 500 mL 烧杯中,加水约 300 mL,使之溶解,加入 2 g 氢氧化铝或三氯化铝(溶液如有色需加入 2 g 活性炭脱色),搅拌 10 min,用慢速滤纸过滤。滤液在开始时如呈浑浊,再过滤,直至清亮为止。全部滤液收集于 1000 mL 容量瓶中,加入 2 mL 氢氧化钠溶液(200 g/L),稀释至刻度,混匀,静置 48 h,备用。

③四苯硼钠洗涤液(1.5 g/L):用 10 份体积水稀释 1 份四苯硼钠溶液(15 g/L)。

④四苯硼钠洗涤液(1.0 g/L):用 10 份体积水稀释 1 份四苯硼钠溶液(10 g/L)。

(42)四苯硼钠乙醇溶液(34 g/L)。

称取 3.4 g 四苯硼钠,溶于 100 mL 无水乙醇中,过滤。

(43)四苯硼钾乙醇饱和溶液。

①四苯硼钾的制备。

称取 0.2 g 碳酸钾(精确至 0.001 g)。溶于 300 mL 水中,加入 5 滴甲基红指示液,用 1 + 9 乙酸溶液调至红色,于水浴上加热至 40℃,在搅拌下加入 45 mL 四苯硼钠乙酸溶液,放置 10 min,取下,冷却至室温。用清洁的滤板孔径为 5 ~ 15 μm 的坩埚式过滤器抽滤,用 5% 的乙醇溶液洗涤,转移沉淀,抽干,用 10 mL 无水乙醇分三次沿坩埚式过滤器壁洗涤,抽干。

②四苯硼钾乙醇饱和溶液。

将制得的四苯硼钾,加入 50 mL 乙醇,950 mL 水,充分震荡使之饱和。使用前过滤。

(44)硫化钠溶液。

方法一:称取硫化钠 5.0 g,在 10 mL 水及 30 mL 丙三醇的混合溶液中溶解。

方法二:称取氢氧化钠 5.0 g,在 30 mL 水和 90 mL 甘油的混合溶液中溶解。将一半体积的溶液边冷却边通入硫化氢气体使之饱和,然后将剩下的一半加入混合。

此溶液避光,密封保存于棕色瓶中。配置后三个月内有效。

(45)马钱子碱溶液(50 g/L)。

称取 5.0 g 马钱子碱,溶于乙酸(冰醋酸),用乙酸(冰醋酸)稀释至 100 mL。

(46)2,4 - 二硝基苯肼溶液(1 g/L)。

称取 0.10 g 2,4 - 二硝基苯肼,溶于 50 mL 无羰基的甲醇和 4 mL 盐酸,稀释至 100 mL。使用期为两周。

（47）双甲酮（醛试剂）溶液（50 g/L）。

称取 5 g 双甲酮（醛试剂），溶于乙醇（95%），用乙醇（95%）稀释至 100 mL。

（48）双硫腙三氯甲烷（或四氯化碳）溶液（0.01 g/L）。

称取 0.010 g 双硫腙，溶于三氯甲烷（或四氯化碳），用三氯甲烷（或四氯化碳）稀释至 1000 mL。使用期为两周。

（49）费林溶液。

溶液Ⅰ：称取 34.7 g 硫酸铜（$CuSO_4 \cdot 5H_2O$），溶于水，稀释至 500 mL。

溶液Ⅱ：称取 173.0 g 酒石酸钾钠（$C_4H_4KNaO_6 \cdot 4H_2O$）和 50 g 氢氧化钠，溶于水，稀释至 500 mL。

使用时将溶液Ⅰ与溶液Ⅱ按同体积混合。

（50）葛利新试剂。

溶液Ⅰ：称取 0.1 g 甲萘胺，加 100 mL 水，煮沸使其溶解，冷却，加 3 mL 乙酸（冰醋酸），混匀。贮存于棕色瓶中。

溶液Ⅱ：称取 1.0 g 无水对氨基苯磺酸，溶于水，稀释至 100 mL。

使用时将溶液Ⅰ与溶液Ⅱ按同体积混合。

3. 缓冲溶液

（1）乙酸-乙酸钠（HAc-NaAc）缓冲溶液（表 1-5-7）。

表 1-5-7　乙酸-乙酸钠（HAc-NaAc）缓冲溶液

缓冲溶液 pH	配制
pH≈3	称取 0.8 g 乙酸钠（$CH_3COONa \cdot 3H_2O$），溶于水，加 5.4 mL 乙酸，稀释至 1000 mL
pH≈3.6	称取 20.4 g 乙酸钠，溶于水，加 80 mL 乙酸，再加水稀释至 1000 mL
pH≈4	称取 54.4 g 乙酸钠，溶于水，加 92 mL 乙酸，再加水稀释至 1000 mL
pH≈4.5	称取 164 g 乙酸钠，溶于水，加 84 mL 乙酸，再加水稀释至 1000 mL
pH 4~5	称取 68 g 乙酸钠，溶于水，加 28.6 mL 乙酸，再加水稀释至 1000 mL
pH≈6	称取 100 g 乙酸钠，溶于水，加 5.7 mL 乙酸，再加水稀释至 1000 mL

（2）乙酸-乙酸铵（HAc-NH₄Ac）缓冲溶液（表 1-5-8）

表 1 – 5 – 8　乙酸 – 乙酸铵（HAc – NH₄Ac）缓冲溶液

缓冲溶液 pH	配制
pH 4 ~ 5	称取 38.5 g 乙酸铵，溶于水，加 28.6 mL 乙酸，再加水稀释至 1000 mL
pH ≈ 6.5	称取 59.8 g 乙酸铵，溶于水，加 1.4 mL 乙酸，再加水稀释至 1000 mL

（3）氨 – 氯化铵（$NH_3 \cdot H_2O$ – NH_4Cl）缓冲溶液（表 1 – 5 – 9）

表 1 – 5 – 9　氨 – 氯化铵（$NH_3 \cdot H_2O$ – NH_4Cl）缓冲溶液

缓冲溶液 pH	配制
pH ≈ 10	称取 54 g 氯化铵，溶于水，加 350 mL 氨水，再加水稀释至 1000 mL
pH ≈ 10	称取 26.7 g 乙酸铵，溶于水，加 36 mL 氨水，再加水稀释至 1000 mL

（4）柠檬酸 – 柠檬酸钠缓冲溶液（pH 为 5.5 ~ 6.0）。

称取 270 g 二水柠檬酸钠与 24 g 一水柠檬酸钠，溶于水中并稀释至 1000 mL，混匀。

（5）调节总离子浓度的缓冲溶液（TISAB）。

量取约 500 mL 水置于 1000 mL 烧杯中，加入 57 mL 冰乙酸、58 g 氯化钠和 12 g 二水柠檬酸钠（$Na_3C_6O_7 \cdot 2H_2O$），搅拌、溶解。将烧杯放入冰水浴中，用 pH 计测定溶液的 pH，边搅拌边缓慢注入约 6 mol/L 的氢氧化钠溶液（需加约 125 mL），使溶液 pH 为 5.0 ~ 5.5。冷却，移入 1000 mL 容量瓶中，稀释至刻度。

4. 指示剂及指示液

（1）二甲酚橙指示液（2 g/L）。

称取 0.20 g 二甲酚橙，溶于水，稀释至 100 mL。使用期为 10 d。

（2）二苯胺磺酸钠指示液（5 g/L）。

称取 0.50 g 二苯胺磺酸钠，溶于水，稀释至 100 mL。

（3）二苯基偶氮碳酰肼指示液（0.25 g/L）。

称取 0.025 g 二苯基偶氮碳酰肼，溶于乙醇（95%），用乙醇（95%）稀释至 100 mL。

（4）4 –（2 – 吡啶偶氮）– 间苯二酚指示液（1 g/L）。

称取 0.10 g 4 –（2 – 吡啶偶氮）– 间苯二酚（PAR），溶于乙醇（95%），用乙醇（95%）稀释至 100 mL。

（5）甲基百里香酚蓝指示剂。

称取 1.0 g 甲基百里香酚蓝和 100.0 g 硝酸钾，混匀，研细。

（6）甲基红指示液（1 g/L）。

称取 0.10 g 甲基红，溶于乙醇（95%），用乙醇（95%）稀释至 100 mL。

（7）甲基红 – 亚甲基蓝混合指示液。

溶液Ⅰ：称取 0.10 g 亚甲基蓝，溶于乙醇（95%），用乙醇（95%）稀释至 100 mL。

溶液Ⅱ：称取 0.10 g 甲基红，溶于乙醇（95%），用乙醇（95%）稀释至 100 mL。

取 50 mL 溶液Ⅰ，100 mL 溶液Ⅱ，混匀。

（8）甲基橙指示液（1 g/L）。

称取 0.10 g 甲基橙，溶于 70℃ 的水中，冷却，稀释至 100 mL。

（9）甲基紫指示液（0.5 g/L）。

称取 0.05 g 甲基紫，溶于水，稀释至 100 mL。

（10）百里香酚酞指示液（1 g/L）。

称取 0.10 g 百里香酚酞，溶于乙醇（95%），用乙醇（95%）稀释至 100 mL。

（11）百里香酚蓝指示液（1 g/L）。

称取 0.10 g 百里香酚蓝，溶于乙醇（95%），用乙醇（95%）稀释至 100 mL。

（12）结晶紫指示液（5 g/L）。

称取 0.50 g 结晶紫，溶于乙酸（冰醋酸）中，用乙酸稀释至 100 mL。

（13）淀粉指示液（10 g/L）。

称取 1.0 g 淀粉，加 5 mL 水使其成糊状，在搅拌下将糊状物加到 90 mL 沸腾的水中，煮沸 1~2 min，冷却，稀释至 100 mL。使用期为两周。

（14）1, 10 – 菲啰啉 – 亚铁指示液。

称取 0.70 g 硫酸亚铁（$FeSO_4 \cdot 7H_2O$），溶于 70 mL 水中，加 2 滴硫酸，加 1.5 g 1, 10 – 菲啰啉（$C_{12}H_8N_2 \cdot H_2O$）[或 1.76 g 1, 10 – 菲啰啉盐酸盐（$C_{12}H_8N_2 \cdot HCl \cdot H_2O$）]，溶解后，稀释至 100 mL。临用前制备。

（15）酚酞指示液（10 g/L）。

称取 1.0 g 酚酞，溶于乙醇（95%），用乙醇（95%）稀释至 100 mL。

（16）铬黑 T 指示剂。

称取 10.0 g 于（105±5）℃下烘干 2 h 的氯化钠，置于研钵内，加入 0.1 g 铬黑 T 研细，混匀。置于称量瓶中，于干燥器中保存。使用期为三个月。

（17）铬黑 T 指示液（5 g/L）。

称取 0.50 g 铬黑 T 和 2.0 g 氯化羟胺（盐酸羟胺），溶于乙醇（95%），用乙醇（95%）稀释至 100 mL。临用前制备。

（18）硫酸铁（Ⅲ）铵[$NH_4Fe(SO_4)_2 \cdot 12H_2O$]指示液（80 g/L）。

称取 8.0 g 硫酸铁（Ⅲ）铵[$NH_4Fe(SO_4)_2 \cdot 12H_2O$]，溶于 50 mL 含几滴硫酸

的水,稀释至 100 mL。

(19)紫脲酸铵指示剂。

称取 10.0 g 于(105 ±5)℃下烘干 2 h 的氯化钠,置于研钵内,加入 0.5 g 紫脲酸铵研细、混匀。置于称量瓶中,于干燥器中保存。

(20)溴百里香酚蓝指示液(1 g/L)。

称取 0.10 g 溴百里香酚蓝,溶于 50 mL 乙醇(95%),稀释至 100 mL。

(21)溴甲酚绿指示液(1 g/L)。

称取 0.10 g 溴甲酚绿,溶于乙醇(95%),用乙醇(95%)稀释至 100 mL。

(22)溴甲酚绿 - 甲基红指示液。

溶液 I:称取 0.1 g 溴甲酚绿,溶于乙醇(95%),用乙醇(95%)稀释至 100 mL。

溶液 II:称取 0.2 g 甲基红,溶于乙醇(95%),用乙醇(95%)稀释至 100 mL。

溶液 I 和溶液 II 按 3 + 1 体积比混合,摇匀。

(23)溴酚蓝指示液(0.4 g/L)。

称取 0.040 g 溴酚蓝,溶于乙醇(95%),用乙醇(95%)稀释至 100 mL。

(24)钙试剂羧酸钠盐指示剂。

称取 10.0 g 于(105 ±5)℃下烘干 2 h 的氯化钠,置于研钵内,加入 0.1 g 钙试剂羧酸钠盐研细、混匀。置于称量瓶中,于干燥器中保存。使用期为二个月。

(25)酸性铬蓝 K - 萘酚绿 B 混合指示液(KB 指示液)。

称取 0.3 g 酸性铬蓝 K 和 0.1 g 萘酚绿 B,溶解于水中,稀释至 100 mL。

(26)亚铁 - 邻菲啰啉指示液。

称取 0.7 g 硫酸亚铁($FeSO_4 \cdot 7H_2O$)置于烧杯中,加入 6 mL 硫酸溶液 $[c(1/2)H_2SO_4 = 0.1 \text{ mol/L}]$,再加入 1.5 g 邻菲啰啉振摇溶解后,加入硫酸溶液稀释至 100 mL。

(27)红紫酸铵指示剂。

称取 20.0 g 于(105 ±5)℃下烘干 2 h 的氯化钠,置于研钵内,加入 0.1 g 红紫酸铵研细、混匀。置于称量瓶中,于干燥器中保存。使用期为三个月。

(28)溴甲酚紫指示液(1 g/L)。

称取 0.10 g 溴甲酚紫,溶于乙醇(95%),用乙醇(95%)稀释至 100 mL。

(29)二甲基黄 - 亚甲基蓝混合指示液。

称取 1.0 g 二甲基黄和 0.1 g 亚甲基蓝,溶于 125 mL 甲醇中。

5. 制品

(1)乙酸铅$[Pb(CH_3COO)_2 \cdot 3H_2O]$棉花。

取脱脂棉花,用乙酸铅$[Pb(CH_3COO)_2 \cdot 3H_2O]$溶液(50 g/L)浸透后,除去

过多的溶液,于暗处晾干。贮存于棕色瓶中。

(2)乙酸铅[Pb(CH$_3$COO)$_2$·3H$_2$O]试纸。

取适量无灰滤纸,用乙酸铅[Pb((CH$_3$COO)$_2$·3H$_2$O]溶液(50 g/L)浸透,取出,于暗处晾干。贮存于棕色瓶中。

(3)淀粉–碘化钾试纸。

于 100 mL 新配制的淀粉溶液(10 g/L)中,加 0.2 g 碘化钾,将无灰滤纸放入该溶液中浸透,取出,于暗处晾干。贮存于棕色瓶中。

(4)溴化汞试纸。

称取 1.25 g 溴化汞,溶于 25 mL 乙醇(95%)。将无灰滤纸放入该溶液中浸泡 1 h,取出,于暗处晾干。贮存于棕色瓶中。

第2章 烟花爆竹用化工材料一般测定

2.1 无机化工材料样品制备与前期处理

2.1.1 范围

本方法适用烟花爆竹用无机化工产品含量分析测定试样准备的前期处理。

2.1.2 样品制备

1. 样品制备目的

从较大量的原始样品中获取最佳量的、能满足检验要求的、待测性质能代表总体物料特性的样品。

2. 样品制备的原则

(1)原始样品的各部分应有相同的概率进入最终样品。

(2)制备技术和装置在样品制备过程中不破坏样品代表性,不改变样品组成,不使样品受到污染和损失。

(3)在检验允许的前提下,为了不加大采样误差,应在缩减样品的同时缩减粒度。

(4)应根据待测特性、原始样品的量即粒度以及待采样物料的性质确定样品制备的步骤及应采用的技术。

3. 样品制备阶段

一般包括粉碎、混合、缩分三个阶段。应根据具体情况一次或多次重复操作,直至获得最终样品(图2-1-1)。

4. 样品制备技术

(1)粉碎:手工或研磨

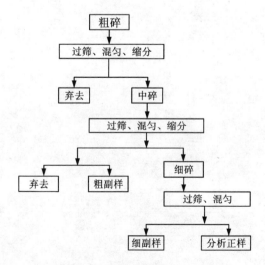

图2-1-1 固体样品加工流程

机械。

（2）混合：手工或机械混合。

（3）缩分：常用的有四等分法和交替铲法。

5. 样品的量及其保存

（1）样品的量应满足检验及备考的需要。把样品一般等量分成两份。一份供检测用，一份留作备考。每份样品量至少应为检验需要量的三倍。

（2）应根据样品贮存时间选择对样品呈惰性的包装材质及合适的包装形式。

（3）样品包装容器按 GB/T6678 规定。

（4）容器在装入样品后应立即贴上写有规定内容的标签(物料的名称、来源、编号、数量、日期、采样人等)。

（5）样品制成后应尽快检验。备检样品贮存时间一般为 6 个月。根据实际的需要和物料的特性，可适当延长或缩减。

2.1.3　试样分解

（1）分解试样的要求。

试样应该完全分解，在分解过程中不能引入待测组分，不能使待测组分有所损失，所用试剂及反应产物对后续测定应无干扰。

（2）分解试样最常用的方法。

①溶解法：通常采用水、稀酸、浓酸、混合酸的顺序处理。

②熔融法：酸不溶物质采用熔融法。

③闭管法：对于那些特别难分解的试样，采用闭管溶解法可收到良好的效果。

④灰化法：有机试样的分解主要采用灰化处理。

⑤蒸馏法：容易形成挥发性化合物的测定组分，采用蒸馏的方法处理可使试样的分解与分离得以同时进行。

2.1.4　试验条件

（1）试样准备应在符合安全守则的专门实验室中进行，试验前应对其技术安全防护措施进行认真检查。

（2）试样的制备应在有安全防护措施条件下进行。

（3）试样的存放量不能超过安全防护允许的条件。

（4）所有器具应清洁、干燥。

（5）易燃、易爆、剧毒物品应妥善保管及处理。

（6）应制出可能发生的误操作和意外情况的应急处理方法。

2.1.5 仪器与设备

常规实验室仪器与设备及以下配置：

(1)小型调速研磨机。

(2)试验筛：GB/T6003.1；孔筛基本尺寸(μm)：420，250，170，147，125。

(3)研钵(mm)：ϕ120，ϕ180。

(4)称量皿(mm)：ϕ60×60，ϕ50×50。

(5)干燥器(cm)：ϕ180，ϕ240。

(6)相应试验的仪器与设备及装置。

2.1.6 试验程序

(1)粉状物料采用原样，经试验筛，取筛下物。

(2)块状物料按分析检测要求粉碎成一定粒度，经试验筛，取筛下物。

(3)试样用培养皿或者称量皿装好，打开盖，置于防爆烘箱中，50~55℃干燥4 h后，再置入盛有指示型干燥剂的干燥器内冷却至室温，备用。

2.1.7 试样的保管

处理好的试样如不立即使用，应及时放入磨口瓶或不加干燥剂的干燥器中备用。

2.2 水分含量测定

本方法适用于烟花爆竹用化工原材料的水分含量测定。

2.2.1 方法提要

试样在规定温度下加热一定时间，由干燥失去的质量来计算试样中水分、水分外挥发分的含量。

2.2.2 试剂与材料

指示型干燥剂：变色硅胶。

2.2.3 仪器与设备

常规实验室设备和仪器及以下配置：

(1)分析天平：精度 ±0.1 mg。

(2)称量瓶(mm)：ϕ60×30 或 ϕ70×40，带磨口玻璃盖。

（3）专用锥形瓶：ϕ40 mm，高 60 mm，颈部开口直径 15mm，容积约 25 mL。

（4）专用培养皿：ϕ60 mm 或 ϕ100 mm。

（5）数显恒温干燥箱：控温精度 ±1℃。

（6）干燥器(cm)：ϕ180 或 ϕ240。内装指示型干燥剂。

2.2.4　测定步骤

（1）称量瓶(过滤坩埚)干燥恒量。将清洗洁净之带盖称量瓶置入干燥箱中，取下称量瓶盖放在称量瓶旁边(盖和瓶要编号对应)在 55℃ ±2℃ 的温度下干燥 4 h，取出盖上瓶盖，置于内装指示型干燥剂的干燥器中，30 min 后称量。

进行检查性干燥，每次 30 min，直至连续两次干燥称量质量减少不超过 0.01 g或质量增加为止。（在后一种情况下，采取质量增加前一次的质量为依据）。经恒量之称量瓶置于内装指示型干燥剂的干燥器中备用。

（2）在已恒量的称量瓶内，放入 5 ~ 10 g 试样，盖上瓶盖进行称量，称准至 ±0.1 mg平摊在称量瓶中。

（3）将盛有试样的称量瓶打开瓶盖，瓶盖放在称量瓶旁边。一起放入预先已加热到 105℃ ±2℃ 的干燥箱中，干燥 2 h。烟火药干燥温度为 55℃ ±2℃，干燥 4 h。

（4）从干燥箱中取出称量瓶，立即盖上盖，在空气中冷却约 5 min。然后放入干燥器中冷却至室温(约 30 min)后称量。

（5）进行检查性干燥，每次 30 min，直到连续两次干燥试样的质量减少不超过 0.01 g 或质量增加为止。在后一种情况下，采取质量增加前一次的质量为依据。

2.2.5　结果计算

试样中水分、水分和外挥发分的质量分数以 w_{2-2-1} 计，以% 表示，按式(2-2-1)计算：

$$w_{2-2-1} = \frac{m_1 - m_2}{m} \times 100 \qquad (2-2-1)$$

式中：m_1 为干燥前试样与称量瓶的质量，g；m_2 为干燥后试样与称量瓶的质量，g；m 为试样的质量，g。计算结果精确到小数点后两位。取平行测定结果的算术平均值为测定结果。两次平行测定结果极差与平均值之比不大于 0.2%。

2.3　蒸发残渣测定

本方法适用于在操作温度下，主体与残渣稳定性或挥发性存在差异的烟花爆竹用无机化工产品。

2.3.1 方法提要

利用样品主体与残渣挥发性质的差异，在水浴上将样品蒸干，并在烘箱中干燥至质量恒定，使样品主体与残渣完全分离，称出残渣的质量。

2.3.2 仪器与设备

常规实验室仪器与设备及以下装置。

(1)蒸发容器：蒸发皿、坩埚或烧杯，材质为铂、石英、硼硅玻璃或陶瓷。

(2)恒温水浴：控温精度±2℃。

(3)电热恒温干燥箱：控温精度±2℃。

2.3.3 测定步骤

取规定量的样品，根据样品的性质选定适当材质的蒸发容器，置于以用水洗净并在105℃±2℃干燥至质量恒定的规定的蒸发容器中，将试样在适当温度的水浴上蒸干(操作应在通风柜中进行)，再于105℃±2℃电热恒温干燥箱中干燥至质量恒定。

2.3.4 结果计算

蒸发残渣含量以质量分数w_{2-3-1}或w_{2-3-2}计，以%表示，按式(2-3-1)、式(2-3-2)计算：

$$w_{2-3-1} = \frac{m_2 - m_1}{\rho \times V} \times 100 \qquad (2-3-1)$$

或

$$w_{2-3-2} = \frac{m_2 - m_1}{m} \times 100 \qquad (2-3-2)$$

式中：m_2为蒸发容器和试样的质量，g；m_1为蒸发容器的质量，g；m为试样的质量，g；ρ为液体试样密度的数值，mL；V为液体试样体积，mL。

取测定结果的算术平均值为测定结果。

两次平行测定结果的差值见相应产品规定。

2.4 灼烧残渣测定

本方法适用于能够升华或炭化并可在550～1200℃下除尽主体的烟花爆竹用无机化工产品灼烧残渣的测定。

2.4.1　方法提要

利用样品主体与形成残渣的物质之间的挥发性，对热和氧的稳定性等物理、化学性质间的差异，将样品低温加热挥发、炭化、高温灼烧，使样品主体与残渣完全分离，测定出残渣的质量。

2.4.2　试剂与溶液

(1)硫酸。

(2)盐酸溶液：(1+1)。

2.4.3　仪器与设备

常规实验室仪器和设备及以下配置。

(1)蒸发容器：坩埚或蒸发皿，材质为铂、石英或陶瓷。

(2)高温炉：温度可控在 550~1200℃，温控精度 ±20℃。

2.4.4　测定步骤

(1)灼烧温度选择：根据样品自身的特性，选择合适的灼烧温度。

(2)蒸发容器的预处理：蒸发容器用盐酸溶液煮 15 min，用自来水冲洗净，再用水冲洗三遍。干燥，于 550~1200℃温度下灼烧至质量恒定。

(3)固体样品：取规定量的样品，置于已在 550~1200℃温度下灼烧至质量恒定的规定的坩埚或瓷蒸发皿中，缓慢加热，直至样品完全挥发或炭化。冷却，用 0.5 mL 硫酸润湿残渣。继续加热至硫酸蒸气逸尽，于 550~1200℃高温炉中灼烧至质量恒定。

(4)液体样品：取规定量的样品，置于已在 550~1200℃温度下灼烧至质量恒定的规定的坩埚或瓷蒸发皿中，加入 0.25 mL 硫酸，在水浴或电炉上加热(勿使沸腾)，直至样品完全挥发或炭化。在电炉上继续加热至硫酸蒸气逸尽，于 550~1200℃高温炉中灼烧至质量恒定。

向液体样品中加入硫酸应在挥发或炭化前一次加完；样品若含有机物，应避免燃烧。如果先加硫酸会给样品的挥发、炭化操作造成困难，也可在主体挥发、炭化后加入。

(5)不必或不加硫酸的样品：取规定量的样品，置于已在 550~1200℃温度下灼烧至质量恒定的规定的坩埚或瓷蒸发皿中，缓慢加热，直至样品完全挥发或炭化。于 550~1200℃高温炉中灼烧至质量恒定。

挥发或炭化样品时，如果样品量大，可分几次加入，必要时灼烧温度可改为其他温度。

2.4.5 结果计算

灼烧残渣含量以质量分数 w_{2-4-1} 或 $w_{2-4.2}$ 计，以% 表示，按式(2-4-1)或(2-4-2)计算

$$w_{2-4-1} = \frac{m_2 - m_1}{\rho \times V} \times 100 \qquad (2-4-1)$$

或

$$w_{2-4-2} = \frac{m_2 - m_1}{m} \times 100 \qquad (2-4-2)$$

式中：m_2 为残渣和空坩埚或残渣和空皿的质量，g；m_1 为空坩埚或空皿的质量，g；m 为试样的质量，g；ρ 为液体试样密度，g/mL；V 为液体试样体积，mL。取平行测定结果的算术平均值作为测定结果。

2.5 水溶液 pH 测定

本节规定了用电位法测定水溶液 pH 的通则。它适用于化学产品水溶液 pH 的测定。pH 测定范围为 1 ~ 12。

2.5.1 方法提要

将规定的指示电极和参比电极浸入同一被测溶液中，构成一原电池，其电动势与溶液的 pH 有关，通过测量原电池的电动势即可得出溶液的 pH。

2.5.2 试剂与溶液

(1)草酸盐标准缓冲溶液：$c[KH_3(C_2O_4)_2 \cdot 2H_2O] \approx 0.05$ mol/L。

(2)酒石酸盐标准缓冲溶液：在 25℃时，用无二氧化碳的水溶解外消旋的酒石酸氢钾($KHC_4H_4O_6$)，并剧烈振摇至饱和溶液。

(3)邻苯二甲酸盐标准缓冲溶液：$c(C_6H_4CO_2HCO_2K) \approx 0.05$ mol/L。

(4)磷酸盐标准缓冲溶液：$c(KH_2PO_4) \approx 0.025$ mol/L，$c(Na_2HPO_4) \approx 0.025$ mol/L。

(5)硼酸盐标准缓冲溶液：$c(Na_2B_4O_7 \cdot 10H_2O) \approx 0.01$ mol/L。存放时应防止空气中二氧化碳进入。

(6)氢氧化钙标准缓冲溶液：$c[\frac{1}{2}Ca(OH)_2] = 0.0400 \sim 0.0412$ mol/L。存放时应防止空气中二氧化碳进入。一旦出现浑浊，应弃去重配。

氢氧化钙溶液的浓度可以苯酚红为指示剂，用盐酸标准滴定溶液[$c(HCl) =$

58

0.1 mol/L]滴定测出。

2.5.3 标准缓冲溶液的 pH

不同温度时各标准缓冲溶液的 pH 见表 2-5-1。

表 2-5-1 不同温度时各标准缓冲溶液的 pH

温度 /℃	草酸盐标准缓冲溶液	酒石酸盐标准缓冲溶液	邻苯二甲酸盐标准缓冲溶液	磷酸盐标准缓冲溶液	硼酸盐标准缓冲溶液	氢氧化钙标准缓冲溶液
0	1.67	—	4.00	6.98	9.46	13.42
5	1.67	—	4.00	6.95	9.40	13.21
10	1.67	—	4.00	6.92	9.33	13.00
15	1.67	—	4.00	6.90	9.27	12.81
20	1.68	—	4.00	6.88	9.22	12.63
25	1.68	3.56	4.01	6.86	9.18	12.45
30	1.69	3.55	4.01	6.85	9.14	12.30
35	1.69	3.55	4.02	6.84	9.10	12.14
40	1.69	3.55	4.04	6.84	9.06	11.98

2.5.4 仪器与装置

常规实验室仪器和设备按以下配置。

(1)酸度计:雷磁 pHS-25 型数显 pH 计或其他型号 pH 复合电极(pH 玻璃电极和甘汞电极合二为一)。

(2)电显温度计:精度 0.1℃。

2.5.5 测定步骤

(1)用无二氧化碳的水将样品配成 50 g/L(特殊情况除外)的溶液。

(2)配制两种标准缓冲溶液,使其 pH 分别位于待测样品溶液的 pH 的两端,并接近样品溶液的 pH。

(3)用上述两种标准缓冲溶液校准酸度计,将温度补偿旋钮调至标准缓冲溶液的温度处,测得的斜率值在 90% ~100% 范围内,电极使用状态正常。若酸度计不具备斜率系数调节功能,可用两种标准缓冲溶液相互校准,其 pH 误差不得大于 0.1(如斜率值小于 90% 或 pH 误差大于 0.1，则该电极应清洗或更换)。

(4)用 pH 与样品溶液接近的标准缓冲溶液定位。用水冲洗电极，再用样品溶液洗涤电极，调节样品溶液的温度至 25℃ ±1℃，并将酸度计的温度补偿旋钮调至 25℃，测定样品溶液的 pH。

(5)为了测得准确的结果，将样品溶液分成 2 份，分别测定，测得的 pH 读数至少稳定 1 min。两次测定的 pH 允许误差不得大于 ±0.02。

2.5.6 雷磁 pHS－25 型酸度计的构造与使用方法

(1)雷磁 pHS－25 型酸度计外观如图 2－5－1 所示。

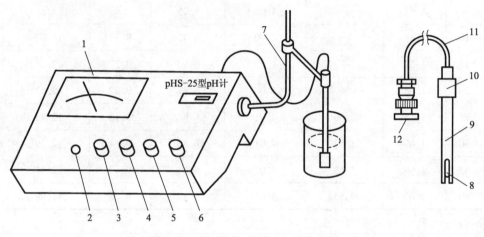

图 2－5－1　雷磁 pHS－25 型酸度计

1—指示表；2—电源指示灯；3—温度补偿器；4—定位调节器；5—功能选择器；6—量程选择器；
7—电极杆；8—球泡；9—玻璃管；10—电极帽；11—电极线；12—电极插头

(2)使用操作方法。

①仪器安装。

首先按图 2－5－1 所示的方式装上电极杆和电极夹，并按需要的位置固定，然后装上电极，支好仪器后背支架。将量程开关置于中间位置后接通电源。

②电极的检查。

通过下列操作方法，可初步判断仪器是否正常。

a.将"功能选择器"开关置于" ＋ mV"或" － mV"。此时电极插座不能插入电极。

b."量程选择器"开关置于中间位置，开仪器电源开关，此时电源指示灯应亮。表针位置在未开机时的位置。

c.将"量程选择器"开关置"0～7"挡，指示电表的示值应为 0 mV(±10 mV)

60

位置。

d. 将"功能选择器"置"pH"挡，调节"定位"，使电表示值应能小于 6pH。

e. 将"量程选择器"开关置"7 ~ 14"挡，调节"定位"，使电表示值应能大于 8pH。

当仪器经过以上方法检查，都能符合要求后，则可认为仪器的工作基本正常。

③仪器的校正。

pH 玻璃电极在使用前必须在蒸馏水中浸泡 8 h 以上。参比电极在使用前必须拔去橡皮塞和橡皮套。

仪器在测未知溶液 pH 之前需要校正。仪器的校正可按如下步骤进行：

a. 用去离子水清洗电极，电极用滤纸吸干后，即可把电极放入一已知 pH 的标准缓冲溶液中，调节"温度"调节器，使所指定的测试温度同于溶液的温度。

b. 置"功能选择器"开关于 pH 挡，将"量程选择器"指向所测 pH 标准缓冲溶液的范围这一挡(如对应 pH = 4 或 pH = 6.86 的溶液则置"0 ~ 7"挡)。

c. 调节"定位"旋钮，使电表指示该缓冲溶液的准确 pH。

注意：经上述步骤定位的仪器，"定位"旋钮不应再有任何变动。

④移去标准缓冲溶液，用去离子水小心淋浇电极，并用滤纸吸干电极。

⑤pH 的测量。

a. 把电极插在未知溶液之内，稍稍摇动烧杯，使之缩短电极响应时间。

b. 调节"温度"定位器使指溶液的温度。

c. 置"功能选择器"开关于"pH"挡。

d. 置"量程选择器"开关于被测溶液的可能 pH 范围。此时仪器所指示的 pH 是未知溶液的 pH。若指针不在可读范围内，则应改换量程选择。

e. 测定完毕，将量程选择器开关置于中间位置，关闭电源，取出电极洗净保存。

2.5.7　电极的使用及维护

(1)玻璃电极。

新电极使用前应在水中浸泡 24 h 以上，使用后应立即清洗，并浸于水中保存。

(2)饱和甘汞电极。

使用时电极上端小孔的橡皮塞必须拔出，以防止产生扩散电位，影响测定结果。电极内氯化钾溶液中不能有气泡，以防止断路，溶液中应保持有少许氯化钾晶体，以保证氯化钾溶液的饱和。注意电极液络部不被沾污或堵塞，并保持液络部适当的渗出流速。

(3)双盐桥型饱和甘汞电极。

盐桥套管内装饱和硝酸铵或硝酸钾溶液，其他注意事项与饱和甘汞电极相同。

(4)复合电极。

复合电极的使用应注意：

①使用时电极下端的保护帽应取下，取下后应避免电极的敏感玻璃泡与硬物接触，以防止电极失效，使用完后应将电极保护帽套上，帽内应放少量外参比补充液 3 mol/L 氯化钾溶液，以保持电极球泡的湿润。

②使用前发现保护帽中补充液干枯，应在 3 mol/L 氯化钾溶液中浸泡数小时，以保证电极使用性能。

③使用时电极上端小孔的橡皮塞必须拔出，以防止产生扩散电位，影响测定结果。3 mol/L 氯化钾溶液，可以从该小孔加入，电极不使用时，应将橡皮塞塞入，以防止补充液干枯。

④应避免长期浸在蒸馏水、蛋白质溶液和酸性氟化物溶液中，避免与有机硅油接触。

⑤经长期使用后，如发现斜率有所降低，可将电极下端浸泡在氢氟酸溶液（4%）中 3~5 s，用蒸馏水洗净，在 0.1 mol/L 盐酸溶液中浸泡，使之活化。

⑥被测溶液中如含有易污染敏感球泡或堵塞液接界的物质而使电极钝化，会出现斜率降低，发生这种现象应根据污染物质的性质，选择适当溶液清洗，使电极复新。部分污染物质及其对应的清洗剂见表 2-5-2。

表 2-5-2　部分污染物质及其对应的清洗剂

污染物	清洗剂
无机金属氧化物	低于 1 mol/L 稀酸
有机油脂类物质	稀洗涤剂（弱碱性）
树脂高分子物质	酒精、丙酮、乙醚
蛋白质血球沉淀物	胃蛋白酶溶液（50 g/L）与 0.1 mol/L 盐酸溶液混合
颜料类物质	稀漂白液、过氧化氢

⑦电极不能用四氯化碳、三氯乙烯、四氢呋喃等能溶解聚碳酸树脂的清洗液清洗，因为电极外壳是用聚碳酸树脂制成的，其溶解后极易污染敏感玻璃球泡，从而使电极失效。同样也不能用复合电极去测上述溶液。

2.6　粒度测定

本方法适用于无机化工材料及火药试样粒度分布的测定。

2.6.1　测定方法

(1)干筛法。

(2)激光粒度测定法。

2.6.2　干筛法测定

1. 方法提要

将试样置于一系列孔径不同的标准筛中,在规定条件下过筛。称量各筛筛上物的质量并计算出质量分数。

2. 仪器与设备

(1)分析天平:精度 ±0.1 mg。

(2)称量皿(mm):$\phi 60 \times 30$ 或 $\phi 70 \times 40$。

(3)电动振筛机:偏心振动式振筛(在振筛过程中,能使试验筛按圆周摇动和上下振动),频率 ≥290 次/min。

(4)试验筛:应符合 GB/T6003.1、GB/T6003.2、GB/T6003.3 的要求。(表 2-6-1)

表 2-6-1　筛框尺寸为 $\phi 200$ mm $\times 50$ mm,筛孔尺寸

筛孔尺寸/ μm	300	250	180	150	125	106	75	63
相对筛目	50	60	80	100	120	140	200	230

注:其他规格可根据需求配置

3. 测定步骤

(1)将试样混匀,按四分法缩分至所需的量备用。

(2)称取试样 50 g,称准至 0.01 g,置于清洁的标准试验筛上。

(3)将筛孔尺寸从小到大(依据所需筛号)依次装在接受盘上,盖上筛盖,至电动振筛中定位卡紧,调整转速,时间为 10 min。

(4)取下系列筛网,分别称量筛网上的试样质量($m_i +$)和筛网下的试样质量(m_i)。

(5)任一筛网上的试样小于 0.3% 时视为全部通过。

(6)筛分损耗量不允许大于1.0%，大于1.0%时应重新测定。

4. 结果计算

(1)留在某实验筛内的试样粒度质量分数按w_{2-6-1}计，以%表示，按式(2-6-1)计算：

$$w_{2-6-1} = \frac{m_i}{m} \times 100 \qquad (2-6-1)$$

式中：m_i为留在第i层内的试样的质量，g；m为试样的质量，g。

(2)通过第i层筛的试样质量分数按w_{2-6-2}计，以%表示，按式(2-6-2)计算：

$$w_{2-6-2} = \frac{m - \sum m_i}{m} \times 100 \qquad (2-6-2)$$

式中：$\sum m_i$为第i层及其以上各层筛内试样粒度的质量之和，g；m为试样的质量，g。

(3)每份试样只做单结果，结果精确至一位小数。

2.6.3 激光粒度分布仪测定法

1. 方法提要

激光粒度分布仪系统利用"Mie散射"和"Fraunhoffer衍射"两种不同的光学散射理论，通过样品和介质对光的吸收率，能精确描述颗粒散射规律，在设备允许测试的粒度范围内，对样品的粗细粒度都能测到准确的结果。

2. 仪器与设备

百特BT-9300H激光粒度分布仪：测量范围为0.1~760 μm。

3. 测定注意事项

(1)严格按照说明书要求检测设备。

(2)取样原则。

①勺取法：用小勺多点(至少四点)取样，每次取样都应该将进入小勺中的样品全部倒进烧杯或循环池中，不得抖出一部分，保留一部分。

②圆锥四分法：将试样堆成圆锥体，用薄板沿轴线将其垂直切成相等的四份。如此循环，直至其中一份的量符合需要(一般在1 g左右)为止。

(3)配制悬浮液。

①介质：粒度测试前要先将样品与某液体混合配制成悬浮液。用于配制悬浮液的液体叫做介质。介质的作用是使样品呈均匀的、分散的、易于输送的状态。对介质的要求是：

a. 不使样品发生溶解、溶胀、絮凝、团聚等物理变化；

b. 不与样品发生化学反应;

c. 对样品的表面应具有良好的润湿作用;

d. 透明纯净无杂质。

②分散剂:指加到介质中的少量的、能使介质表面张力显著降低的、从而使颗粒表面得到良好润湿作用的物质。分散剂的作用有两个方面,其一加快"团粒"分解为单体颗粒的速度;其二延缓和阻止单个颗粒重新团聚成"团粒"。分散剂用量为介质重量的 2‰ ~ 5‰。

③遮光率:遮光率的大小对测试结果有一定的影响。常用范围在 10 ~ 20 之间。

(4)超声波分散:由于样品的种类、粒度以及其他特性的差异,不同种类、不同粒度颗粒的表面能、静电、黏结等特性都不同,所以要使样品得到充分分散,不同种类的样品以及同一种类不同粒度的样品,超声分散的时间往往都不同。

(5)分散效果的检测方法。

①显微镜法:将分散过的悬浮液充分搅拌均匀后取少量滴在显微镜载玻片上,观察有无颗粒黏结现象;

②测量判断法:一边超声波分散,一边连续测试,观察连续测试结果。如果连续测试结果呈下降趋势,则说明试样有微溶介质;如果连续测试结果呈上升趋势,则说明试样有团聚现象;如果连续测试结果平稳,则说明试样分散均匀。

4. 结果描述

(1)内容:包括频率分布数据与直方图。累积分布数据及曲线,原始参数,D50、D97 等 10 个典型值,简易分布表。

(2)形式:粒度排列有升序形式、降序形式、区间形式、单列形式、中英文形式、直方图和曲线、对数坐标和线性坐标等,表格的粒级有 20 ~ 76 种选择(图 2 - 6 - 1)。

通过(a)粒度分布图形区和(b)简易粒度分布表格所示:

以粒径(μm)为横坐标,含量(%)为纵坐标,钛粉粒度 100 μm 的含量有 0.36% 至 700 μm 的累积含量为 100%;

(3)测定结果描述。

由图 2 - 6 - 1 测定结果显示:该钛粉的粒度在 100 ~ 700 μm 之间。其中:

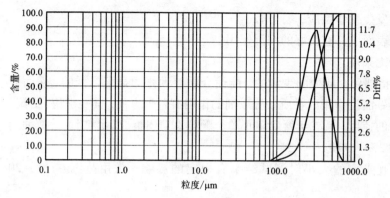

粒径/μm	含量/%
20.00	0.00
45.00	0.00
75.00	0.00
100.0	0.36
200.0	14.34
300.0	49.61
400.0	78.82
500.0	93.80
600.0	99.23
700.0	100.00

(a)粒度分布图形 　　　　　　　　　　　　　(b)简易粒度分布表格

图 2-6-1　钛粉粒度测定图表

表 2-6-2

粒度/μm	筛目(大约)	含量/%
100.0	140	0.36
200.0	70	13.98
300.0	50	25.27
400.0	40	29.19
500.0	35	64.61
600.0	30	5.43
700.0	25	0.77

2.7　吸湿性测定

本方法适用于烟花爆竹用化工材料、火药、烟火药剂吸湿性的测定。

2.7.1　方法提要

将定量试样,置于规定的温度和湿度条件下,当试样中水分含量达到平衡时,测量试样吸收水分的质量,计算出试样的吸湿量。

2.7.2　试剂与溶液

(1)硝酸钾:优级纯。

(2)硫酸。

(3)氯化钠。

(4)硝酸镁。

2.7.3　仪器与设备

常规实验室仪器和设备及以下配置。

(1)分析天平:精度 ±0.1 mg。

(2)称量皿(mm):φ60×30 或 φ70×40,带磨口玻璃盖。

(3)恒温箱:控温精度 ±1℃。

(4)干燥器:φ180 cm 或 φ240 cm。

干燥器 I:容积 1 L,内盛 2/3 选定的湿度控制剂溶液。

干燥器 II:内装指示型干燥剂。

(5)干燥箱:水浴或油浴干燥箱,控温精度 ±1℃(真空干燥箱真空度不大于 10.7 kPa)。

2.7.4　测定步骤

1. 试验条件

(1)试样量。

粒状烟火药 10~15 g,粉状烟火药 5~10 g,单一化工材料 5~10 g,称准至 0.1 mg。

(2)试验温度。

20℃ ±2℃。

(3)相对湿度。

一般取硝酸钾在 20℃时,其饱和溶液的相对湿度为 93%,还可以根据产品特点,按表 2-7-2 选择实验时的相对湿度,并通过选择适当的湿度控制剂保证其相对湿度。

2. 试样准备

(1)称量瓶恒湿。

将恒量之称量瓶置入内盛湿度控制剂溶液的干燥器中,打开瓶盖,放在称量瓶旁,将内盛湿度控制剂溶液的干燥器磨口部位用医用凡士林密封,置于恒温箱内。在 20℃ ±1℃下恒温恒湿 24 h 后,取出称量瓶,盖上瓶盖。瓶外壁若有水珠,应用滤纸擦干。移入内盛指示型干燥剂的干燥器中 30 min 后称量。

进行吸湿性检查,每次 12 h。直至连续两次吸湿称量质量增加不超过 0.03 g 或质量减少为止(在后一种情况下,采取质量减少前一次的质量为依据)。经恒湿之称量瓶置于干燥器中备用。

(2)试样准备:试样应在 55℃ ±1℃、真空度不大于 10.7 kPa 的真空烘箱内干燥 4 h,盖上称量瓶盖,置于内装硅胶干燥剂的干燥器中冷却 30 min 后称量。

(3)硝酸钾饱和溶液配制:20℃时硝酸钾在水中的溶解度为 24.1 g/100 mL,

要配制20℃的硝酸钾饱和溶液1 L，称取250 g硝酸钾，溶于1000 mL 40℃温水中，搅拌溶解，放置室温后，将此溶液转移至干燥器内。

（4）硝酸钾湿度控制剂溶液的装入量：约为干燥器隔板下容积的2/3。放好隔板，隔板上放上带孔的定性滤纸。硝酸钾饱和溶液的有效期为一年。若被药剂污染应重新配制。

3. 测定步骤

（1）将内盛湿度控制剂溶液的干燥器Ⅰ，置于恒温箱内，在20℃±1℃恒温30 min。

（2）准确称取试样，称准至0.1 mg，置于已知质量的称量瓶内。

（3）将装有试样的称量瓶，置于在恒温箱的，内盛湿度控制剂溶液的干燥器Ⅰ内，取下称量瓶盖子搁在称量瓶旁，盖好干燥器Ⅰ的盖子，恒温恒湿放置24 h。

（4）取出称量瓶，盖好称量瓶盖，将称量瓶移入内盛指示型干燥剂的干燥器Ⅱ内，放置30 min后称量。

（5）进行吸湿性检查，每次12 h。直至连续两次吸湿称量质量增加不超过0.03 g或质量减少为止（在后一种情况下，采取质量减少前一次的质量为依据）。

4. 结果计算

试样吸湿率以质量分数w_{2-7-1}计，以%表示，按式（2-7-1）计算：

$$w_{2-7-1} = \frac{m_1 - m_0}{m} \times 100 \qquad (2-7-1)$$

式中：m_1为吸湿后试样和称量瓶的质量，g；m_0为吸湿前试样和称量瓶的质量，g；m为试样的质量，g。计算结果精确到小数点后两位。取平行测定结果的算术平均值为测定结果。两次平行测定结果极差与平均值之比不大于0.2%。

2.7.5 湿度控制剂的选择和使用要求

（1）湿度控制剂一般采用不同浓度的硫酸水溶液或采用饱和盐溶液。

（2）使用中应定期检查湿度控制剂的浓度。

（3）硫酸水溶液的浓度与相对湿度对应见表2-7-1。

表2-7-1 （30℃）硫酸水溶液的浓度与相对湿度对应表

相对湿度/%	硫酸水溶液的浓度/%	相对湿度/%	硫酸水溶液的浓度/%
10	65.2±0.5	60	39.5±0.5
20	59.2±0.5	65	36.2±0.5
25	56.2±0.5	70	33.4±0.5
35	51.2±0.5	75	30.6±0.5
50	43.7±0.5	90	16.8±0.5

（4）常用的饱和盐溶液的相对湿度见表 2 - 7 - 2。

在配制饱和溶液时，在溶液中应该有多余的固体盐，以确保其饱和度。使用的饱和盐溶液应不产生对试验样品有害的腐蚀气体。

表 2 - 7 - 2　常用的饱和盐溶液的相对湿度

饱和盐溶液	温度/℃									
	5	10	15	20	25	30	35	40	50	60
	相对湿度/%									
硫酸钾（K_2SO_4）	98	98	97	97	97	96	96	96	96	96
磷酸二氢钾（KH_2PO_4）	—	—	—	—	—	—	—	93	—	—
硝酸钾（KNO_3）	96	95	94	93	92	91	89	88	85	82
氯化钾（KCl）	88	88	87	86	85	85	84	82	81	80
硫酸铵〔$(NH_4)_2SO_4$〕	82	82	81	81	80	80	80	79	79	78
氯化钠（NaCl）	76	76	76	76	75	75	75	75	75	75
亚硝酸钠（$NaNO_2$）	—	—	—	65	65	63	62	62	59	59
硝酸铵（NH_4NO_3）	—	73	69	65	62	59	55	53	47	42
重铬酸钠（$Na_2Cr_2O_7 \cdot 2H_2O$）	59	58	56	55	54	52	51	50	47	
硝酸镁〔$Mg(NO_3)_2 \cdot 6H_2O$〕	58	57	56	55	53	52	50	49	46	—
碳酸钾（K_2CO_3）	—	47	44	44	43	43	43	42	—	—
氯化镁（$MgCl_2$）	34	34	34	33	33	33	32	32	31	30
醋酸钾（CH_3COOK）	—	21	21	22	22	22	21	20	—	—
氯化锂（LiCl）	14	14	13	12	12	12	12	11	11	11

2.8　水不溶物含量测定

2.8.1　范围

（1）本方法适用于无机化工产品中水不溶物含量的测定。

（2）本方法规定的玻璃砂芯坩埚法适用于非碱性物质水不溶物的测定。

（3）本方法测定水不溶物时按取样量和规格值计算所得到的不溶物质量不得少于 1 mg。

2.8.2　方法提要

用水溶解试样，采用合适的方法将不溶性物质滤出，用水洗涤滤渣，使之与样品主体完全分离。残留不溶物在一定温度条件下干燥至恒重，称量后，确定水不溶物含量。

2.8.3 试剂与材料

(1)盐酸溶液:1+1。

(2)广泛 pH 试纸。

2.8.4 仪器与设备

常规实验室设备和仪器按以下配置:

(1)恒温干燥箱:控温精度 ±2℃。

(2)分析天平:精度为 0.1 mg。

(3)干燥器(cm):ϕ180。

(5)玻璃砂芯坩埚(图 2-8-1):根据产品标准选用适当孔径的玻璃砂芯坩埚。

(6)减压抽滤装置(图 2-8-2)。

图 2-8-1 玻璃砂芯坩埚

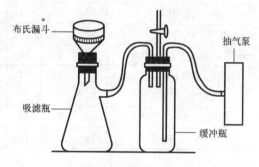

图 2-8-2 减压抽滤装置

2.8.5 测定步骤

(1)将玻璃砂芯坩埚置于 250 mL 烧杯中,加盐酸溶液(1+1)至完全浸没,于电炉上煮沸 5~10 min 冷却,将玻璃砂芯坩埚取出,用水洗涤,置于抽滤瓶上再用水洗涤至用广泛 pH 试纸检测洗出液近中性为止。

(2)将清洗干净的玻璃砂芯坩埚于 105℃±2℃下干燥 3 h,在干燥器中冷却 30 min 后称重。然后干燥,冷却相同时间、称重。如此反复,直至坩埚质量恒定为止。

(3)取规定量的样品,加适量的水使试样完全溶解(具体参见产品标准),加热(必要时煮沸),采用热过滤,冷却至室温。用已恒重的玻璃砂芯坩埚过滤,用热水洗涤滤渣至吸附在滤渣上的样品完全洗去，于105℃±2℃的电热恒温干燥箱中干燥至质量恒定。

2.8.6 结果计算

水不溶物的质量分数以 w_{2-8-1} 计，以%表示，按式(2-8-1)计算：

$$w_{2-8-1} = \frac{m_2 - m_1}{m} \times 100 \qquad (2-8-1)$$

式中：m_2 为砂芯坩埚和不溶物的质量，g；m_1 为砂芯坩埚的质量，g；m 为试样的质量，g。计算结果精确到小数点后两位。取平行测定结果的算术平均值为测定结果。两次平行测定结果的绝对差值见相应产品规定。

第3章 烟花爆竹用无机化工材料中杂质含量测定

3.1 重金属含量测定

3.1.1 铅含量测定 方法一：目视比色法

本方法适用于烟花爆竹用无机化工产品中重金属(以 Pb 计)的限量测定。检测范围为 0.2~2 μg/mL。

1. 方法提要

无机化工产品中的重金属离子与负二价硫离子在弱酸介质(pH=3~4)中生成有色硫化物沉淀。重金属元素含量较低时，形成稳定的棕褐色悬浮液，可用于重金属的目视比色法测定。

2. 试剂与溶液

(1)盐酸溶液：1+1。

(2)氨水溶液：1+14。

(3)乙酸盐缓冲溶液(pH≈3.5)。

称取 25.0 g 乙酸铵，加 25 mL 水溶解，加 45 mL 盐酸溶液(1+1)，再用稀盐酸或稀氨水调节 pH 至 3.5，用水稀释至 100 mL。

(4)硫化氢饱和溶液(临用前制备)。

(5)硫化钠溶液。

(6)铅标准溶液 I：含铅(Pb)0.1 mg/mL，置于冰箱内保存，有效期一个月。

(7)铅标准溶液 II：含铅(Pb)0.010 mg/mL。

用移液管移取 10 mL 铅标准溶液 I，置于 100 mL 容量瓶中，用水稀释至刻度，摇匀。此溶液现用现配。

(8)酚酞指示液：10 g/L 的乙醇溶液。

3. 仪器与设备

常规实验室仪器与设备及比色管：50 mL。

4. 测定步骤

(1)试样溶液的配制。

按照产品标准的规定称取试样,不同的产品选用与其相应的样品处理方法,将处理后得到的试样溶液(如果试样溶液不澄清,对其进行过滤),放入 50 mL 比色管中,稀释至 25 mL,加一滴酚酞指示液,再用盐酸溶液(1+1)或氨水溶液(1+14)调节 pH 至中性(酚酞的红色刚刚褪去),然后加 5 mL 乙酸盐缓冲溶液(pH ≈3.5),混匀,备用。

(2)标准比色溶液的配制。

标准比色溶液是按照产品标准重金属的指标要求移取规定量的铅标准溶液Ⅱ和适量基体(如果试液中不含基体或基体的存在对测定无影响,则不必加),与同体积试液同时同样处理。

(3)测定。

向试样溶液和标准比色溶液的比色管中各加入 10 mL 新制备的饱和硫化氢水溶液或 2 滴硫化钠溶液,加水至 50 mL 刻度,摇匀,放置 10 min。

5. 结果判定

置于白色背景下,从上方及侧方观察,试样溶液的颜色不深于标准比色溶液。

3.1.2　铅含量测定　方法二:石墨炉原子吸收光谱法

本方法适用于石墨炉原子吸收光谱法和火焰原子吸收光谱法测定无机化工产品中的铅含量。最低检出浓度为 5 μg/L;火焰原子吸收光谱法的最低检出浓度为 0.1 mg/L。

1. 方法提要

将处理过的试验溶液注入石墨炉中,在原子化阶段的高温下铅化合物离解为基态原子蒸气,并对空心阴极灯发射的特征谱线产生选择性吸收。在选择的最佳测定条件下,测定试液中铅的吸光度。在一定浓度,吸收值与铅含量成正比,借助已知量的标准系列获得样品中的铅含量。

2. 试剂与溶液

(1)硝酸溶液:1+5。

(2)磷酸二氢铵溶液:20 g/L。

(3)铅标准溶液Ⅰ:1 mL 溶液含铅(Pb)0.1 mg;置于冰箱内保存有效期一个月。

(4)铅标准溶液Ⅱ:1 mL 溶液含铅(Pb)0.001 mg。

用移液管移取 1 mL 铅标准溶液Ⅰ,置于 100 mL 容量瓶中,用水稀释至刻度,摇匀。此溶液现用现配。

3. 仪器与设备

常规实验室仪器与设备按以下配置。

（1）所用玻璃仪器均需以硝酸（1＋5）浸泡 10 h，用水反复冲洗，最后用去离子水冲洗干净。

（2）原子吸收分光光度计：配有石墨炉及铅空心阴极灯。

（3）取样器：5 μL、10 μL。

4. 测定步骤

（1）试验溶液的制备。

称样量和试验溶液的制备按有关产品标准中的规定。

（2）空白试验溶液的制备。

空白试验溶液的制备是在制备试验溶液的同时，除不加试样外，其他操作和加入试剂的种类及数量与试验溶液相同。

（3）工作曲线法。

①工作曲线的绘制。

用移液管分别移取 0.00 mL、2.00 mL、4.00 mL、6.00 mL、8.00 mL 铅标准溶液Ⅱ，置于 100 mL 容量瓶中，用水稀释至刻度，摇匀。用水调节吸光值为零，并各吸取 10 μL 溶液，注入石墨炉中，在 283.3 nm 波长处测定吸光度。以标准溶液中铅的质量（mg）为横坐标，相应的吸光度为纵坐标，绘制工作曲线。

②测定

分别吸取试验溶液（溶液中铅的质量应在工作曲线范围内）和空白试验溶液各 10 μL，注入石墨炉中，按绘制工作曲线步骤进行测定，测出相应吸光值，并在工作曲线上查出铅的质量。

③标准加入法

基体干扰严重时可采用标准加入法来测定试样。

用移液管移取适量相同体积的试样溶液共四份，分别置于四个容量瓶中，一份不加标准溶液，另外三份分别加入成比例的标准溶液，均用水稀释至 100 mL。以空白溶液调零，在规定的仪器条件下，分别测定其吸光度。以加入标准溶液的浓度或溶液中铅的质量为横坐标，相应的吸光度为纵坐标，绘制曲线，将曲线反向延长与 X 轴相交，交点即为铅离子的浓度或试验溶液中铅的质量。铅离子在所测的浓度范围内应与吸光度成线性关系。铅标准溶液加入的浓度应和样品稀释后铅的浓度相当，且第二份中加入铅离子的浓度应是检出极限的 20 倍。

④基体改进剂的使用：对有干扰样品，则注入适量的基体改进剂磷酸二氢铵溶液（一般小于 5 μL）消除干扰。绘制铅工作曲线时也要加入与测定时等量的基体改进剂磷酸二氢铵溶液。

74

5. 结果计算

(1)工作曲线法结果的计算。

从试验溶液吸光度中减去空白试验溶液的吸光度,用所得吸光度值从工作曲线上查出相应的铅含量。最终的结果,按照与被测试样有关标准中的计算公式进行计算。

取平行测定结果的算术平均值为测定结果,两次平行测定结果的绝对差值在有关产品标准中规定。

(2)标准加入法结果的计算。

由曲线反向延长与 X 轴的交点获得试验溶液中铅离子的浓度或铅的质量。最终的结果,按照与被测试样有关标准中的计算公式进行计算。

取平行测定结果的算术平均值为测定结果,两次平行测定结果的绝对差值在有关产品标准中规定。

3.1.3　铅含量测定　方法三:火焰原子吸收光谱法

1. 方法提要

样品经处理后,铅离子在一定 pH 条件下与二乙基二硫代氨基甲酸钠(DDTC)溶液形成络合物,经用4 – 甲基戊铜 – 2(MIBK)萃取分离,导入原子吸收光谱仪中,火焰(采用空气 – 乙炔火焰)原子化后吸收283.3 nm 共振线,其吸收量与铅含量成正比,与标准系列比较定量。

2. 试剂与溶液

(1)甲基异丁酮(MIBK)。

(2)氨水溶液:1 + 1。

(3)硫酸铵溶液:300 g/L。

(4)柠檬酸铵溶液:250 g/L。

(5)二乙基二硫代氨基甲酸钠(DDTC)溶液:50 g/L。

(6)溴百里酚蓝指示剂:1 g/L。

(7)铅标准溶液Ⅲ:1 mL 溶液含铅(Pb)0.010 mg。

用移液管移取 10 mL 铅标准溶液Ⅰ[1 mL 溶液含铅(Pb)0.10 mg],置于100 mL容量瓶中,用水稀释至刻度,摇匀。此溶液现用现配。

3. 仪器与设备

常规实验室仪器与设备及原子吸收分光光度计:配有铅空心阴极灯。

4. 分析步骤

(1)试验溶液 A 的制备。

称样量和试验溶液的制备按有关产品标准中的规定。

(2)空白试验溶液 B 的制备。

空白试验溶液的制备是在制备试验溶液的同时，除不加试样外，其他操作和加入试剂的种类及数量与试验溶液相同。

（3）工作曲线的绘制。

用移液管分别移取 0.00 mL、2.00 mL、4.00 mL、6.00 mL、8.00 mL 铅标准溶液Ⅲ，分别置于 125 mL 分液漏斗中。加水至 60 mL，加 2 mL 柠檬酸铵溶液（250 g/L），3～5 滴溴百里酚蓝指示剂（1 g/L），用氨水溶液（1+1）调 pH 至溶液由黄变蓝。加10 mL 硫酸铵溶液（300 g/L），10 mL DDTC 溶液（50 g/L），摇匀（有些元素如钴、锌、镍、铜、锰、银、镉、铁离子等同样会与二乙基二硫代氨基甲酸钠（DDTC）发生络合，应参照相应产品标准掩蔽干扰离子影响）。放置 5 min 左右，用移液管加入 10.0 mL MIBK，剧烈振摇提取 1 min，分层，弃去水层，将 MIBK 层放入 10 mL 带塞刻度管中，导入原子吸收分光光度计，用水调零，在 283.3 nm 波长处测定吸光度。以标准溶液中铅的质量（mg）为横坐标，相应的吸光度为纵坐标，绘制工作曲线。

若被测溶液中铅含量大于 0.5 μg/mL，可不经萃取。直接移取铅标准液Ⅰ0.00 mL、2.00 mL、4.00 mL、6.00 mL、8.00 mL 稀释至 100 mL 后，导入原子吸收分光光度计，用水调零，在 283.3 nm 波长处测定吸光度。以标准溶液中铅的质量（mg）为横坐标，相应的吸光度为纵坐标，绘制工作曲线。

（4）测定。

用移液管移取适量试验溶液 A（溶液中铅的质量应在工作曲线范围内）和空白试验溶液 B，按绘制工作曲线步骤"从加水至 60 mL 加 2 mL 柠檬酸铵溶液……"进行测定，测出相应吸光值，并在工作曲线上查出试验溶液中铅的质量。

5. 结果计算

从试验溶液吸光度中减去空白试验溶液的吸光度，用所得吸光度值从工作曲线上查出相应的铅含量。结果计算，按照与被测试样有关标准中的计算公式进行计算。

取平行测定结果的算术平均值为测定结果；两次平行测定结果的绝对差值在有关产品标准中规定。

6. 干扰离子情况说明

（1）无机化工产品中铅含量如果在 0.1～0.5 μg/mL，用到二乙基二硫代氨基甲酸钠（DDTC）溶液络合时，钴、锌、镍、铜、锰、银、镉、铁离子等同样会与二乙基二硫代氨基甲酸钠（DDTC）发生络合，如果产品中上述元素的含量较多（大于或等于铅含量）则应该适当增加络合剂的用量，以充分络合其中的铅元素。

（2）如遇到上述元素为主元素的产品中铅含量的测定时，不建议使用此标准推荐的络合萃取体系，建议使用石墨炉法测定，或去除主元素后再进行测定。

7. 原子吸收分光光度法的仪器参考工作条件

（1）石墨炉原子吸收光谱法仪器参考工作条件。

波长 283.3 nm；狭缝 0.2 ~ 1.0 nm；灯电流 5 ~ 7 mA；干燥温度 120℃，20 s；灰化温度 450℃，持续 15 ~ 20 s，原子化温度 2000℃左右，持续 4 ~ 5 s，背景校正为氘灯或塞曼效应。

(2)火焰原子吸收光谱法仪器参考工作条件。

空心阴极灯电流 8 mA；共振线 283.3 nm；狭缝 0.4 nm；空气流量 8 L/min；燃烧器高度 6 mm。

3.1.4 镉含量测定 方法一：石墨炉原子吸收分光光度法

本方法适用于石墨炉原子吸收分光光度法和火焰原子吸收分光光度法测定无机化工产品中的镉含量。石墨炉原子吸收分光光度法的最低检出浓度为 0.001 mg/L。火焰原子吸收分光光度法的最低检出浓度为 0.02 mg/L。

1. 方法提要

将处理过的样品试液注入石墨炉中，在原子化阶段的高温下镉化合物离解为基态原子蒸气，并对空心阴极灯发射的特征谱线产生选择性吸收。在选择的最佳测定条件下，测定试液中镉的吸光度。在一定浓度范围内，吸收值与镉含量成正比，与标准系列比较定量。

2. 试剂与溶液

(1)硝酸溶液：1 + 5。

(2)磷酸二氢铵溶液：20 g/L。

(3)镉标准溶液 I：1 mL 溶液含镉(Cd)0.01 mg。

用移液管移取 1.00 mL 镉标准溶液，置于 100 mL 容量瓶中，用水稀释至刻度，摇匀。置于冰箱内保存，有效期一个月。

(4)镉标准溶液 II：1 mL 溶液含镉(Cd)1 μg。

用移液管移取 1 mL 镉标准溶液 I，置于 100 mL 容量瓶中，用水稀释至刻度，摇匀。此溶液即用即配。

3. 仪器与设备

常规实验室设备和仪器按以下配置。

(1)所用玻璃仪器均需以硝酸(1 + 5)浸泡 10 h，用水反复冲洗，最后用去离子水冲洗干净。

(2)原子吸收分光光度计：配有石墨炉及镉空心阴极灯。

(3)取样器：5 μL、10 μL。

4. 分析步骤

(1)试验溶液 A 的制备。

称样量和制备试验溶液的方法按有关产品标准中的规定。

(2)空白试验溶液 B 的制备。

在制备试验溶液的同时，除不加试样外，其他操作和加入试剂的量和种类与制备试验溶液相同。

(3)工作曲线的绘制。

用移液管分别吸取 0.00 mL、1.00 mL、2.00 mL、3.00 mL 镉标准溶液 Ⅱ，置于 100 mL 容量瓶中，用水稀释至刻度，摇匀。用水调节吸光值为零，并各吸取 0.01 mL 溶液，注入石墨炉中，在 228.8 nm 波长处测定吸光度。以标准溶液镉的质量(mg)为横坐标，相应的吸光度为纵坐标，绘制工作曲线。

(4)测定。

分别吸取试验溶液 A(溶液中镉的量应在工作曲线范围内)和空白试验溶液 B 样液各 0.01 mL，注入石墨炉中，按绘制工作曲线步骤进行测定，测出相应吸光值，并在工作曲线上查出镉的质量。

(5)基体改进剂的使用。

对有干扰样品，则注入适量的基体改进剂磷酸二氢铵溶液(一般小于 0.005 mL)消除干扰。绘制镉工作曲线时也要加入与测定时等量的基体改进剂磷酸二氢铵溶液。

5. 结果计算

从试验溶液吸光度中减去空白试验溶液的吸光度，用所得吸光度值从工作曲线上查出相应的镉质量。最终的结果，按照式(3-1-1)进行计算。

$$w_{3-1-1} = \frac{m_1 \times 10^{-6}}{mV_1/V} \times 100 \qquad (3-1-1)$$

式中：m_1 为工作曲线上查得的减去空白试验的被测试验溶液中镉的质量，μg；m 为试样的质量，g；V_1 为移取的试验溶液的体积，mL；V 为制备试验溶液 A 的总体积，mL。取平行测定结果的算术平均值为测定结果；两次平行测定结果的绝对差值在有关产品标准中规定。

3.1.5 镉含量测定 方法二：火焰原子吸收分光光度法

1. 方法提要

样品经处理后，导入原子吸收光谱仪中，火焰原子化后吸收 228.8 nm 共振线，其吸收量与镉含量成正比，与标准系列比较定量。

2. 仪器与设备

常规实验室设备和仪器按以下配置。

(1)火焰：空气-乙炔火焰；

(2)原子吸收分光光度计：配有镉空心阴极灯。

3. 测定步骤

(1)试验溶液 A 的制备。

称样量和制备试验溶液的方法按有关产品标准中的规定。

(2)空白试验溶液 A 的制备。

在制备试验溶液的同时,除不加试样外,其他操作和加入试剂的量和种类与制备试验溶液相同。

(3)工作曲线的绘制。

用移液管分别移取镉标准液 I 0.00 mL、2.00 mL、4.00 mL、6.00 mL 稀释至 100 mL 后,导入原子吸收分光光度计,用水调零,在 228.8 nm 波长处测定吸光度。以标准溶液镉的质量(mg)为横坐标,相应的吸光度为纵坐标,绘制工作曲线。

(4)测定。

用移液管移取适量试验溶液 A(溶液中镉的量应在工作曲线范围内)和空白试验溶液 B,按绘制工作曲线步骤进行测定,测出相应吸光值,并在工作曲线上查出试验溶液中镉的质量。

(5)结果计算。

从试验溶液吸光度中减去空白试验溶液的吸光度,用所得吸光度值从工作曲线上查出相应的镉含量。最终的结果,按照式(3-1-2)进行计算。

$$w_{3-1-2} = \frac{m_1 \times 10^{-3}}{mV_1/V} \times 100 \qquad (3-1-2)$$

式中: m_1 为工作曲线上查得的减去空白试验的被测试验溶液中镉的质量,mg; m 为试样的质量,g; V_1 为移取的试验溶液 A 的体积,mL; V 为制备的试验溶液 A 的总体积,mL。

取平行测定结果的算术平均值为测定结果;两次平行测定结果的绝对差值在有关产品标准中规定。

3.1.6　原子吸收分光光度法的仪器参考工作条件

(1)石墨炉原子吸收分光光度法仪器参考工作条件。

波长 228.8 nm;狭缝 0.5 ~ 1.0 nm;灯电流 8 ~ 10 mA;干燥温度 120℃, 20 s;灰化温度 350℃,持续 15 ~ 20 s;原子化温度 1700 ~ 2300℃,持续 4 ~ 5 s;背景校正为氘灯或塞曼效应。

(2)火焰原子吸收分光光度法仪器参考工作条件。

波长 228.8 nm,狭缝 0.15 ~ 0.2 nm,灯电流 6 ~ 7 mA,空气流量 5 L/min,背景校正为氘灯(可根据仪器型号,调制最佳条件)。

3.1.7 标准加入法

（1）基体干扰严重时可采用标准加入法来测定试样。

（2）用移液管移取适量（镉含量大于 0.5 μg/mL）相同体积的溶液，共四份，一份不加标准溶液，另三份分别加入成比例的标准溶液，均用水稀释至 100 mL。

（3）以空白溶液调零，在规定的仪器条件下，分别测定其吸光度。

（4）以加入标准溶液浓度为横坐标，相应的吸光度为纵坐标，绘制曲线，将曲线反向延长与横轴相交，交点 X 即为镉离子的浓度。镉离子在所测的浓度范围内应与吸光度成线性关系。镉标准溶液加入的浓度应和样品稀释后镉的浓度相当，且第（2）份中加入镉离子的浓度应是检出极限的 20 倍。

3.2 氯化物含量测定

3.2.1 氯化物含量测定　方法一：电位滴定法

本方法适用于氯离子含量在 1 ~ 1500 mg/L 的试验溶液。分取用于滴定的试验溶液中氯化物（以 Cl^- 计）含量为 0.01 ~ 75 mg，当使用的硝酸银标准溶液浓度小于 0.02 mol/L 时，滴定应在乙醇 + 水溶液中进行。

K^+、Na^+、Ca^{2+}、Mg^{2+}、Mn^{2+}、Pb^{2+}、Cu^{2+}、Ba^{2+}、NO_3^-、SO_4^{2-}、BO_3^{3-}、CO_3^{2-}、PO_4^{3-} 均不干扰测定；与 Ag^+ 生成难溶沉淀或络合物的离子及 MnO_4^- 等均干扰测定，其限量与排除方法参见本节 3.2.1 中"10. 干扰测定离子的排除方法"。

1. 方法提要

在酸性的水或乙醇 - 水溶液中，以银（银 - 硫化银）电极为测量电极（电极种类的选择详见本节 3.2.1 中"7. 标准溶液及电极种类的选择"），甘汞电极为参比电极，用硝酸银标准滴定溶液滴定，借助于电位突跃确定其反应终点。

2. 试剂与溶液

（1）95% 乙醇。

（2）硝酸钾饱和溶液。

（3）氢氧化钠溶液：200 g/L。

（4）硝酸溶液：2 + 3。

（5）溴酚蓝指示液：0.1% 乙醇溶液。

（6）氯化钾标准溶液：$c(KCl) \approx 0.1$ mol/L：

准确称取 3.728 g 预先在 130℃ 下烘至恒重的基准氯化钾（称准至 0.001 g），置于烧杯中，加水溶解后，移入 500 mL 容量瓶中，用水稀释至刻度，摇匀。

0.01 mol/L、0.005 mol/L、0.001 mol/L 或其他浓度的氯化钾标准滴定溶液：将 0.1 mol/L 氯化钾标准滴定溶液准确稀释至所需倍数。

(7) 硝酸银标准滴定溶液：$c(AgNO_3) \approx 0.1$ mol/L。

0.01 mol/L、0.005 mol/L、0.001 mol/L 或其他浓度的硝酸银标准滴定溶液：将 0.1 mol/L 硝酸银标准滴定溶液准确稀释至所需倍数。

3. 仪器与设备

常规实验室设备和仪器按以下配置。

(1) 电位计：精度为 2 mV/格，量程为 −500 ~ +500 mV。

(2) 参比电极：双液接型饱和甘汞电极，内充饱和氯化钾溶液，滴定时外套管内盛饱和硝酸钾溶液和甘汞电极相连接。

(3) 测量电极：银电极或 0.5 mm 银丝(含银 99.9%，与电位计连接时要用屏蔽线)。

当使用的硝酸银标准滴定溶液浓度低于 0.005 mol/L 时，应使用具有硫化银涂层的银电极。制备方法详见本节 3.2.1 中"6. 银 − 硫化银电极的制备方法"。

(4) 微量滴定管：分度值为 0.02 mL 或 0.01 mL。

4. 测定步骤

(1) 试验溶液 A 的制备。

称取适量的试样用合适的方法处理，或移取经化学处理后的适量试验溶液(使干扰离子不大于规定的限量，参见本节"9. 测定中的干扰情况")，置于烧杯中，加 1 滴溴酚蓝指示液，用氢氧化钠溶液或硝酸溶液调节溶液的颜色恰呈黄色，移入适当大小的容量瓶中，加水至刻度，摇匀。此试液为溶液 A，氯离子的浓度为 $1 ~ 1.5 \times 10^3$ mg/L。

(2) 滴定。

准确移取一定量的溶液 A，使氯含量为 0.01 ~ 75 mg，置于 50 mL 烧杯中，加乙醇，使乙醇与所取溶液 A 的体积之比为 3∶1，总体积不大于 40 mL。当所用的硝酸银标准滴定溶液的浓度大于 0.02 mol/L 时可不加乙醇。以下操作按加乙醇以后的规定进行，但不再一次加入 4 mL(或 9 mL)硝酸银标准滴定溶液。

(3) 当试验溶液中氯离子浓度太低，滴定所消耗硝酸银标准滴定溶液的体积小于 1 mL 时，可采用标准加入法测定，在计算结果时应扣除加入的氯化钾标准溶液中的氯所消耗的硝酸银标准滴定溶液的体积。

同时进行空白试验。

5. 结果计算

氯化物含量以 (Cl^-) 质量分数 w_{3-2-1} 计，以% 表示，按式(3 − 2 − 1)计算：

$$w_{3-2-1} = \frac{(V_3 - V_4)c \times 0.03545}{m} \times 100 = \frac{c(V_3 - V_4) \times 3.545}{m} \quad (3 - 2 - 1)$$

式中：c 为硝酸银标准滴定溶液的浓度，mol/L；V_3 为试样滴定所消耗的硝酸银标准滴定溶液的体积，mL；V_4 为空白滴定所消耗的硝酸银标准滴定溶液的体积，mL；m 为被滴定试样的质量，g；0.03545 为与 1.00 mL 硝酸银标准滴定溶液 $[c(AgNO_3) = 1.000 \text{ mol/L}]$ 相当的以克表示的氯化物（Cl^-）的质量。

6. 银－硫化银电极的制备方法

（1）用金相砂纸（M14）将长为 15～20 cm，直径为 0.5mm 的银丝打磨光亮，再用乙醇浸泡的脱脂棉擦洗干净，晾干，浸没于适量的 0.2 mol/L 氯化钠和 0.2 mol/L硫化钠的等体积混合溶液（温度约为 25℃）中，浸没深度为 3～5 cm，浸没时间为 30 min，取出，用自来水冲洗约 10 min，再用蒸馏水洗净，备用。

（2）所制备的电极，用 0.005 mol/L 硝酸银标准滴定溶液对 0.005 mol/L 氯化钾标准溶液进行标定时，终点电位突跃值应大于 60 mV。

7. 标准溶液及电极种类的选择

标准溶液及电极种类的选择见表 3－2－1。

表 3－2－1　标准溶液及电极种类选择

所取试液中 Cl 含量 /(mg·L⁻¹)	选用标准溶液（$AgNO_3$ 和 KCl）的浓度/(mg·L⁻¹)	选用测量电极的种类
1～10	0.001	Ag－Ag_2S
10～100	0.005	Ag－Ag_2S
100～250	0.01	Ag－Ag_2S
250～1500	0.1	Ag

8. 试验记录格式举例

试验记录格式见表 3－2－2。

表 3－2－2　试验记录格式

硝酸银标准滴定溶液的体积 /mL	电位值 E /mV	ΔE_1 /mV	ΔE_2 /mV
4.80	176		
4.90	211	35	+37
5.00	283	72	—49
5.10	306	23	—10
5.20	319		
5.30	330	13	

$$V = 4.90 + 0.10 \times 37/(37 + 49) = 4.94$$

说明：表 3 - 2 - 2 第一、二栏分别记录所加入的硝酸银标准溶液的总体积和对应的电位值 E。第三栏记录连续增加的电位值 ΔE_1，第四栏记录增加的电位值 ΔE_1 之间的差值 ΔE_2，此差值有正有负。

9. 测定中的干扰情况

不干扰测定的离子和干扰测定的离子及规定限量的理由，见表 3 - 2 - 3 和表 3 - 2 - 4。

表 3 - 2 - 3 不干扰测定的离子

离子浓度/$(g \cdot L^{-1})$	阳离子	阴离子
150	Ba^{2+}	BO_3^{3-}、$H_2PO_4^-$
120	Mg^{2+}、Pb^{2+}	NO_3^-、SO_4^{2-}、ClO_3^-、F^-、HPO_4^{2-}、PO_4^{2-}、CO_3^{2-}、HCO_3^-、$Cr_2O_7^{2-}$
80	Ca^{2+}、Cu^{2+}、Zn^{2+}	
60	Na^+、Mn^{2+}	
20	Cr^{3+}	
10	Al^{3+}	

表 3 - 2 - 4 干扰测定的离子

离子名称	不产生干扰的限量 /$(mg \cdot L^{-1})$	规定限量的理由	可采用的排除方法
Br^-	2	生成 AgBr 沉淀	见本节 10(1)
I^-	1	生成 AgI 沉淀	
MnO_4^-	1	使 Cl^- 氧化	见本节 10(2)
NO_2^-	1	生成 $AgNO_2$ 沉淀	见本节 10(3)
S^{2-}	1	生成 Ag_2S 沉淀	
SO_3^{2-}	1	生成 Ag_2SO_3 沉淀	
$S_2O_3^{2-}$	1	生成 $Ag_2S_2O_3$ 沉淀	见本节 10(4)
CNS^-	1	生成 AgCNS 沉淀	
CN^-	2	与 Ag^+ 生成络合物	
NH_4^+	1×10^3	降低终点电位的突跃	见本节 10(5)
Fe^{3+}	2×10^2	降低终点电位的突跃	
$[Fe(CN)_6]^{4-}$	1	生成 $Ag_4[Fe(CN)_6]$ 沉淀	见本节 10(6)
$[Fe(CN)_6]^{3-}$	1	生成 $Ag_3[Fe(CN)_6]$ 沉淀	

10. 干扰测定离子的排除方法

本小节所述方法不可能包括所有干扰物质的排除方法，应经常检查可能的干扰，而且从(1)到(5)中所述的处理方法不可能包括所有情况。

(1)碘和溴。

除氟以外，滴定氯的同时碘和溴将与硝酸银反应，干扰测定。排除方法是在稀硝酸介质中，先用氧化剂(如过氧化氢)氧化，再用适当的溶剂萃取。

(2)氧化剂。

在酸性溶液中，$Cr_2O_7^{2-}$ 和 ClO_3^- 等能把 Cl^- 氧化成 Cl_2，干扰测定。排除方法是控制被测溶液的 pH 在 5～6 时进行滴定。

MnO_4^- 与氯作用，干扰测定。排除方法是缓慢滴加适量 30% H_2O_2 和 1 mol/LHNO_3 混合溶液(1+10)于试液中，使 MnO_4^- 褪色。

氧化剂可以氧化银电极，用亚硫酸钠，抗坏血酸溶液或其他不影响测定的还原剂进行处理破坏氧化剂。

(3)亚硝酸盐。

NO_2^- 与 Ag^+ 生成 $AgNO_2$ 沉淀，干扰测定排除方法是滴加 10% 氨基磺酸溶液于试液中，至无气泡产生后加热煮沸。

(4)氰化物、硫氰酸盐、硫化物、硫代硫酸盐、亚硫酸盐等。

这些盐中的阴离子与 Ag^+ 生成难溶沉淀物，干扰测定。排除方法是在碱性介质中，缓慢滴加适量 30% 过氧化氢溶液，缓慢加热，最后煮沸至无小气泡产生。

(5)铵盐和铁(Ⅲ)盐。

大量存在时对测定有干扰，铵盐是加入适量的 5% 碳酸钠溶液在水浴上蒸干，赶去 NH_3。铁(Ⅲ)盐是加入过量氢氧化钠溶液，煮沸，过滤除去生成的氢氧化铁(Ⅲ)沉淀。少量的铁(Ⅲ)还可用络合(如 EDTA)的办法去除。

(6)铁氰化物和亚铁氰化物

在试液中加入 2～3 倍于试样量的硝酸锌，加热至沸，冷却。将试液全部移入容量瓶中，加水至刻度，摇匀，放置分层，用慢速滤纸干过滤，弃去初始滤液，剩余滤液供测定用。

3.2.2 氯化物含量测定 方法二：目视比浊法

本方法适用于无机化工产品中微量氯化物以(Cl^-)计的测定。检测范围为 0.2～4 mg/L。

1. 方法提要

在硝酸介质中，氯离子与银离子生成难溶的氯化银。当氯离子含量较低时，在一定时间内氯化银呈悬浮体，使溶液混浊，可用于氯化物的目视比浊法测定。

2. 试剂与溶液

(1)硝酸溶液：1 + 4。

(2)硝酸银溶液：17 g/L。

(3)氯化物标准溶液Ⅰ：1 mL 溶液含氯(Cl^-)0.10 mg。置于冰箱内保存，有效期一个月。

(4)氯化物标准溶液Ⅱ：1 mL 溶液含氯(Cl^-)0.010 mg。

用移液管移取 10 mL 氯化物标准储备液，置于 100 mL 容量瓶中，用水稀释至刻度，摇匀。此溶液现用现配。

3. 测定步骤

(1)称样和试验溶液的制备。

称样量和制备试验溶液的方法按有关产品标准中的规定，并调节试验溶液 pH≈7(干扰测定的离子及消除方法详见本节5)。

(2)测定。

用移液管移取适量试验溶液(含氯量为 10 ~ 100 μg)，移入 50 mL 比色管中。加入 1 mL 硝酸溶液(1 + 4)酸化，再加 1 mL 硝酸银溶液(17 g/L)，用水稀释至刻度，摇匀。放置 10 min，所呈浊度与标准比浊溶液比较。

标准比浊溶液的制备：用移液管移取含规定量的氯化物(Cl^-)标准溶液，稀释至与试验溶液相同体积，与同体积试验溶液同时同样处理。

4. 结果判定

将试验溶液比色管和标准比浊溶液比色管同置于黑色背景上，在自然光下，自上向下观察。

5. 干扰及消除

(1)强氧化剂。

样品主体是强氧化剂时能将氯化物氧化生成氯气，测定前先要破坏主体。例如，测定高锰酸钾中的氯化物时，先加草酸溶液消除高锰酸钾的干扰。

(2)强还原剂。

样品主体是强还原剂时能将硝酸银还原成金属银，测定前先要破坏主体。例如，测定亚硫酸钠中的氯化物时，先加过氧化氢溶液消除亚硫酸钠的干扰。

(3)样品能生成过氧化银。

过氧化银是暗色不稳定化合物，干扰测定，消除办法为破坏主体。例如，加过氧化氢、过硫酸铵等后蒸干除去主体或灼烧破坏主体。

(4)样品与硝酸银生成白色沉淀。

样品主体，例如硫氰酸盐也可与硝酸银生成白色沉淀。消除办法是破坏主体，可用过氧化氢破坏主体后，再蒸干以除去过氧化氢。

(5)样品与氯离子生成不易电离的分子。

如样品主体是高汞时，高汞和氯离子生成不易电离的氯化汞($HgCl_2$)配合物分子，影响测定。消除办法为破坏主体，可用过氧化氢将高汞还原成金属汞，过滤后加热分解过氧化氢。

(6)卤化物。

①氟化物。

氟化物在酸性条件下会腐蚀玻璃，并与银离子络合而消耗试剂测定时须加硼酸使氟离子形成氟硼酸络离子以消除干扰。

②碘化物。

碘化物与硝酸银作用而生成碘化银，消除办法是向样品中加过量氨水，再加过量硝酸银，使生成碘化银沉淀，其余银离子与氨生成配离子，将碘化银沉淀过滤除去，将滤液调至酸性，此时银氨络离子被破坏，所产生的银离子可与氯化物生成氯化银沉淀。

③溴化物。

溴化物与硝酸银作用生成溴化银，消除办法为，可加硝酸将溴化物氧化成溴并加热除去。

(7)样品中含有有机物，一般采用蒸发、灼烧等办法除去有机物。

3.2.3　氯化物含量测定　方法三：汞量法

本方法适用于氯化物以(Cl)计含量为 0.01～80 mg 的试样，当使用的硝酸汞标准溶液浓度小于 0.02 mol/L 时，滴定应在乙醇－水溶液中进行。

K^+、Na^+、Ca^{2+}、Mg^{2+}、Ba^{2+}、Zn^{2+}、Pb^{2+}、NO_3^-、CO_3^{2-}、BO_3^{3-} 离子均不干扰测定；S^{2-}、SO_3^{2-}、SO_4^{2-}、PO_4^{3-}、$[Fe(CN)_6]^{3-}$、$[Fe(CN)_6]^{4-}$、$S_2O_3^{2-}$、NO_2^-、CNS^-、CN^- 等离子均干扰测定，其限量及排除方法参见本节 8 和本节 9。

1. 方法提要

在微酸性的水或乙醇－水溶液中，用强电离的硝酸汞标准滴定溶液将氯离子转化为弱电离的氯化汞，用二苯偶氮碳酰肼指示剂与过量的 Hg^{2+} 生成紫红色络合物来判断终点。

2. 试剂与溶液

(1)硝酸溶液：1＋1。

(2)硝酸溶液：1 mol/L：量取 63 mL 硝酸，用水稀释至 1000 mL。

(3)氢氧化钠溶液：1 mol/L：量取 52 mL 饱和氢氧化钠溶液，用水稀释至1000 mL。

(4)氯化钠标准溶液：$c(NaCl)\approx0.1000$ mol/L、$c(NaCl)\approx0.0500$ mol/L 或 $c(NaCl)\approx0.0200$ mol/L。

(5)硝酸汞标准滴定溶液：$c[1/2Hg(NO_3)_2]\approx0.1$ mol/L。

$c[1/2Hg(NO_3)_2] \approx 0.05$ mol/L。

$c[1/2Hg(NO_3)_2] \approx 0.02$ mol/L。

$c[1/2Hg(NO_3)_2] \approx 0.01$ mol/L。

$c[1/2Hg(NO_3)_2] \approx 0.005$ mol/L。

$c[1/2Hg(NO_3)_2] \approx 0.001$ mol/L。

（6）溴酚蓝指示液：1 g/L 乙醇溶液。

（7）二苯偶氮碳酰肼指示液：5 g/L 乙醇溶液（当变色不灵敏时应重新配制）。

3. 仪器与设备

常规实验室设备和仪器按以下配置。

（1）恒温干燥箱：精度 ±2℃。

（2）分析天平：精度为 0.1 mg。

（3）微量滴定管：分度值为 0.01 mL 或 0.02 mL。

4. 测定步骤

（1）试验溶液的制备。

称取适量试样，用合适的方法处理，或移取经化学处理后的适量试液[使干扰离子不超过规定限量，（参见本节表 3 - 2 - 8），含氯 0.01 ~ 80 mg]，置于锥形瓶中，控制总体积为 100 ~ 200 mL（如在乙醇 - 水溶液中进行滴定，则总体积应不大于 40 mL，乙醇与水之体积比为 3∶1）加 2 ~ 3 滴溴酚蓝指示液，按下述步骤之一将溶液 pH 调至 2.5 ~ 3.5。

若溶液为黄色，滴加氢氧化钠溶液（1 mol/L）至蓝色，再滴加硝酸溶液（1 mol/L）至恰呈黄色，再过量 2 ~ 6 滴（在乙醇 - 水溶液中应过量 2 ~ 3 滴）。

若溶液为蓝色，滴加硝酸溶液（1 mol/L）至恰呈黄色，再过量 2 ~ 6 滴（在乙醇 - 水溶液中应过量 2 ~ 3 滴）。

（2）滴定。

向上述试液中加入 1 mL 二苯偶氮碳酰肼指示液，用适当浓度（参考本节 7）的硝酸汞标准滴定溶液｛$c[1/2Hg(NO_3)_2] \approx 0.1$ mol/L；$c[1/2Hg(NO_3)_2] \approx 0.02$ mol/L；$c[1/2Hg(NO_3)_2] \approx 0.01$ mol/L｝滴定至试液的颜色由黄色变为紫红色。

同时做空白试验。

5. 结果计算

氯化物含量（Cl^-）以质量分数 w_{3-2-2} 计，以% 表示，按式（3 - 2 - 2）计算：

$$w_{3-2-2} = \frac{(V - V_0)c \times 0.03545}{m} \times 100 = \frac{c(V - V_0) \times 3.545}{m} \qquad (3-2-2)$$

式中：c 为硝酸汞标准滴定溶液的准确浓度，mol/L；V 为滴定试液所消耗硝酸汞标准滴定溶液的体积，mL；V_0 为滴定空白所消耗硝酸汞标准滴定溶液的体积，mL；m 为滴定移取试液中所含试样的质量，g；0.03545 为与 1.00 mL 硝酸汞标准滴定溶液{$c[1/2Hg(NO_3)_2] = 1.000$ mol/L}相当的以克表示的氯的质量。

6. 试液中氯离子含量与对应的标准滴定溶液的浓度

预计试样中氯化物以(Cl^-)计的含量及建议采用的标准滴定溶液的浓度见表 3 – 2 – 5。

表 3 – 2 – 5 试液中氯离子含量与对应的标准滴定溶液的浓度

试样中 Cl^- 含量/mg	0.01 ~ 2	2 ~ 25	25 ~ 80
标准滴定溶液浓度/(mol·L^{-1})	0.001 ~ 0.02	0.02 ~ 0.03	0.03 ~ 0.1

7. 不干扰测定的离子与干扰测定的离子及限量

在水溶液中滴定时的部分不干扰离子(表 3 – 2 – 6)和干扰离子(表 3 – 2 – 7)的限量。

表 3 – 2 – 6 不干扰测定的离子

离子名称	不产生干扰的限量/(g·L^{-1})
$NaNO_3$	100
KNO_3	100
NO_3^-	70
Pb^{2+}	100
Na^+	30
K^+	40
Zn^{2+}	100
Ca^{2+}	100
Mg^{2+}	40
CO_3^{2-}(以 CO_2 计)	70

表3-2-7 干扰测定的离子

离子名称	不产生干扰的限量/(mg·L^{-1})	规定限量的理由	可采用的排除方法
SO$_4^{2-}$	10000	有轻微缓冲作用	见本节3.2.3中8.干扰离子的排除方法(1)
SO$_3^{2-}$	1	与Hg^{2+}反应	见本节3.2.3中8.干扰离子的排除方法(2)
S^{2-}	1	生成HgS沉淀	见本节3.2.3中8.干扰离子的排除方法(3)
Fe^{2+}	300	中和时出现浑浊和轻微黄色	见本节3.2.3中8.干扰离子的排除方法(4)
CrO$_4^{2-}$	1	氧化二苯偶氮碳酰肼	见本节3.2.3中8.干扰离子的排除方法(5)
CN$^-$	1	与Hg^{2+}生成沉淀或络合物	见本节3.2.3中8.干扰离子的排除方法(6)
[Fe(CN)$_6$]$^{4-}$	1	与Hg^{2+}生成沉淀	见本节3.2.3中8.干扰离子的排除方法(7)
[Fe(CN)$_6$]$^{3-}$	1	与Hg^{2+}生成沉淀	见本节3.2.3中8.干扰离子的排除方法(7)
NH$_4^+$	300	与Hg^{2+}反应	见本节3.2.3中8.干扰离子的排除方法(8)
CNS$^-$	1	与Hg^{2+}生成沉淀	见本节3.2.3中8.干扰离子的排除方法(9)
NO$_2^-$	10		见本节3.2.3中8.干扰离子的排除方法(10)
F$^-$	100	生成HgF$_2$	见本节3.2.3中8.干扰离子的排除方法(11)
S$_2$O$_3^{2-}$	1	生成络合物	见本节3.2.3中8.干扰离子的排除方法(12)
Br$^-$	1	与Hg^{2+}反应	
I$^-$	1	与Hg^{2+}反应	控制所需pH或用电位滴定法
PO$_4^{3-}$	3.5	缓冲作用	
Al^{3+}	1000	形成Al(OH)$_3$沉淀吸附指示剂	用电位滴定法

离子名称	不产生干扰的限量/(mg·L^{-1})	规定限量的理由	可采用的排除方法
Ni^{2+}	2500	显示离子本身的颜色	用电位滴定法
Co^{2+}	1000	显示离子本身的颜色	用电位滴定法
Cr^{3+}	200	显示离子本身的颜色	见本节 3.2.3 中 8. 干扰离子的排除方法(13)
Cu^{2+}	200	与二苯偶氮碳酰肼产生变色反应	
Mn^{2+}	500	形成沉淀	
Hg^{2+}	0.5	与 Cl 络合	
Ag$^+$	0.5	生成 AgCl 沉淀	
SiO$_2$	1000	防止 HgCl$_2$ 生成	
CH$_3$COONa	2000	颜色变化低于灵敏度	控制所需 pH
Fe^{3+}	10	生成难溶氢氧化物	

表 3-2-8 共同存在的干扰物质

离子或化合物	不产生干扰的限量/(g·L^{-1})	规定限量的理由	可采用的排除方法
SiO$_2$	1		每升加入 5 g Na$_4$P$_2$O$_7$·10H$_2$O[在此条件下，溶液有轻微浑浊，仅引起轻微干扰(颜色变化，准确度降低一半)]
Al^{3+}	1	产生有吸附作用的沉淀	
Zn^{2+}	1		
Mg^{2+}	1		
Fe^{3+}	0.05		
Mn^{2+}	0.05		
Cu^{2+}	0.02		
Ni^{2+}	0.02		
Cr^{3+}	0.02		
Co^{2+}	0.02		

8．干扰离子的排除方法

(1) SO_4^{2-}。

硫酸是二元酸，由于分布电离引起轻微的缓冲作用而干扰测定。

排除方法：加入过量的 1 mol/L 硝酸溶液(一般为 1~2 mL)，视 SO_4^{2-} 含量不同而不同，严格控制所需 pH，初调时建议用 pH 计控制。

(2) SO_3^{2-}。

在酸性溶液中，SO_3^{2-} 与 Hg^{2+} 反应，消耗硝酸汞标准滴定溶液，干扰测定。

在碱性介质中用过氧化氢将 SO_3^{2-} 氧化为 SO_4^{2-}。

排除方法：含量在 10 g/L 以下时，把被测溶液调至近中性(用溴酚蓝作指示剂由黄变蓝)后加 1 mol/L 氢氧化钠溶液 2 mL，缓慢滴加适量30%过氧化氢溶液，微微加热，最后加热煮沸至无小气泡产生为止。冷却后用硝酸调 pH 后待测定。

(3) S^{2-}。

S^{2-} 与 Hg^{2+} 生成 HgS 沉淀，影响测定。

在碱性介质中用过氧化氢把 S^{2-} 氧化为 SO_4^{2-}。排除方法同(2)。

(4) Fe^{2+}。

含量在 0.3 g/L 以上时，中和时出现沉淀。

含量在 1 g/L 以下时，加4滴 1 mol/L 硝酸溶液之后沉淀立即溶解，轻微的黄色不影响终点的观察。

(5) GrO_4^{2-} 和 $Gr_2O_7^{2-}$。

GrO_4^{2-} 在酸性介质中首先变成 $Gr_2O_7^{2-}$(橙红色)，$Gr_2O_7^{2-}$ 具有较强的氧化性，使二苯偶氮碳酰肼氧化，影响测定。

当 GrO_4^{2-} 含量小于 50 mg/L 时，加入二苯偶氮碳酰肼后立即滴定，终点颜色由橙红变为紫红。当含量大于 50 mg/L 时，加入适量硝酸钡可生成 $BaCrO_4$ 沉淀，过滤，除去 GrO_4^{2-}，但是手续繁多。建议采用电位滴定法测定。

(6) CN^-。

CN^- 与 Hg^{2+} 生成 $Hg(CN)_2$ 沉淀或 $Hg(CN)_4^{2-}$ 络合物。

排除方法：向被测试液中加入2倍于 CN^- 含量的甲醛，放置 20 min，再用硝酸调 pH 后待测定。

(7) $[Fe(CN)_6]^{4-}$ 和 $[Fe(CN)_6]^{3-}$。

$[Fe(CN)_6]^{4-}$ 和 $[Fe(CN)_6]^{3-}$ 与 Hg^{2+} 生成沉淀，影响测定。

排除方法：向被测试液中加入 2~3 倍于试样量的硝酸锌，加热至沸，冷却，全部移入容量瓶中，加水至刻度，摇匀，放置分层。用慢速滤纸干过滤，弃去初始滤液，剩余滤液供测定用。

（8）NH_4^+。

NH_4^+ 与 Hg^{2+} 作用，消耗硝酸汞标准滴定溶液，影响测定。

排除方法：把被测试液调至碱性，加热，煮沸，赶去 NH_3。

（9）CNS^-。

CNS^- 与 Hg^{2+} 生成 $Hg(CNS)_2$ 沉淀，干扰测定。

排除方法：向被测试液缓慢滴加适量30%过氧化氢溶液，加热煮沸至无小气泡产生为止。操作应在通风柜中进行。

（10）NO_2^-。

NO_2^- 含量大于 10 mg/L 时，对测定有明显干扰。

排除方法：含量在 1 g/L 以下时，向含有 NO_2^- 的试样中滴加 100 g/L 的氨基磺酸溶液至无气泡产生。

（11）F^-。

F^- 含量大于 0.1 g/L 时，滴定终点颜色变化缓慢，不易确定终点。加入硼酸可以排除其干扰，加入量为 F^- 含量不大于 1.2 g/L 时加入 0.4 g 硼酸即可。

（12）$S_2O_3^{2-}$。

$S_2O_3^{2-}$ 与 Hg^{2+} 生成络合物，干扰测定。

排除方法：向被测试液加入 2 滴 2 mol/L 氢氧化钠溶液，缓慢滴加适量的30%过氧化氢溶液，微微加热，最后加热煮沸至无小气泡产生。

（13）Cr^{3+}。

含量在 200 mg/L 以下时，溴酚蓝指示剂不能指示中和的终点。

排除方法：滴加 1 mol/L 氢氧化钠溶液直到试液呈黄绿色，再滴加 1 mol/L 硝酸溶液，至试液呈蓝灰色，并过量 3 滴。

3.2.4 氯化物含量测定 方法四：银量法

1. 方法提要

在微酸性介质中，试验溶液中加入过量的硝酸银溶液生成难溶的氯化银。以硫酸铁铵为指示液，用硫氰酸铵标准滴定溶液滴定过量的硝酸银溶液。

$$Ag^+ + Cl^- \longrightarrow AgCl \downarrow$$
$$Ag^+ + SCN^- \longrightarrow AgSCN \downarrow$$

2. 试剂与溶液

（1）硝酸溶液：1+2。

（2）硝酸银溶液：17 g/L。

（3）硫酸高铁铵 $[NH_4Fe(SO_4)_2 \cdot 12H_2O]$ 指示液：80 g/L。

（4）硫氰酸铵标准滴定溶液：$c(KCNS) = 0.1$ mol/L。

3. 仪器与设备

常规实验室设备和仪器及微量滴定管：分度值 0.01 mL 或 0.02 mL。

4. 测定步骤

(1)称取约 20 g 试样，称准至 0.1 mg。置于 250 mL 锥形瓶中，加 80 mL 水，加入 5 mL 硝酸，摇匀。

(2)向试液中用移液管移入 20 mL ± 0.05 mL 硝酸银溶液(17 g/L)，加 3 mL 硫酸铁铵指示液(80 g/L)，用硫氰酸铵标准滴定溶液 $[c(KCNS) = 0.1\ mol/L]$ 滴定至试液呈浅红棕色保持 30 s 不退，即为终点。

同时做空白试验。

5. 结果计算

氯化物含量以(Cl⁻)的质量分数 w_{3-2-3} 计，以% 表示，按式(3 - 2 - 3)计算：

$$w_{3-2-3} = \frac{[(V_1 - V_0)/1000]c \times M}{m} \times 100 \qquad (3-2-3)$$

式中：V_1 为滴定试液所消耗的硫氰酸铵标准滴定溶液的体积，mL；V_0 为空白试验所消耗的硫氰酸铵标准滴定溶液的体积，mL；c 为硫氰酸铵标准滴定溶液的准确浓度，mol/L；M 为氯的摩尔质量，g/mol，($M = 35.45\ g/mol$)；m 为试样的质量，g。计算结果精确到小数点后两位。取平行测定结果的算术平均值为测定结果。两次平行测定结果的平均值之比不得大于 0.2%。

3.3　铁含量测定

本方法适用于所取试液中铁含量为 10 ~ 500 μg，其体积不大于 60 mL。

本方法在制备试验溶液时，应参考与所分析产品有关的标准对本方法进行必要的修改使其适合产品的测定。

3.3.1　方法提要

用抗坏血酸将试液中的 Fe^{3+} 还原成 Fe^{2+}。在 pH 为 2 ~ 9 时，Fe^{2+} 与 1, 10 - 菲啰啉生成橙红色络合物，在分光光度计最大吸收波长(510 nm)处测定其吸光度。

在特定的条件下，络合物在 pH 为 4 ~ 6 时测定。

3.3.2　试剂与溶液

(1)盐酸溶液：1 + 5。

(2)氨水溶液：1 + 9。

（3）乙酸－乙酸钠缓冲溶液（20℃时）：pH＝4.5。

称取 164 g 无水乙酸钠用 500 mL 水溶解，加 240 mL 冰乙酸，用水稀释至 1000 mL。

（4）抗坏血酸溶液：100 g/L（保质期一周）。

（5）1，10－菲啰啉盐酸一水合物溶液（$C_{12}H_8N_2 \cdot HCl \cdot H_2O$），或 1，10－菲啰啉一水合物溶液（$C_{12}H_8N_2 \cdot H_2O$）：1 g/L。

用水溶解 1 g 1，10－菲啰啉一水合物或 1，10－菲啰啉盐酸一水合物，并稀释至 1000 mL。

避光保存，使用无色溶液。

（6）铁标准溶液 I：1 mL 标准溶液含有 0.200 mg 铁（Fe）。

（7）铁标准溶液 II：1 mL 标准溶液含有 20 μg 铁（Fe）。该溶液现用现配。

3.3.3 仪器与设备

常规实验室仪器与设备按以下配置。

分光光度计：带有光程为 1 cm、2 cm、4 cm 或 5 cm 的比色皿。

3.3.4 测定步骤

1. 称样和试液的制备

称样量和试液制备方法按有关产品标准的规定。

2. 空白试验

在测定试液的同时，用制备试液的全部试剂和相同量制备空白溶液，稀释至相同体积，移取与测定试验时同样体积的试验空白溶液进行空白试验。

3. 标准曲线的绘制

（1）标准比色液的配制。

适用于光程为 1 cm、2 cm、4 cm 或 5 cm 比色皿吸光度的测定。

根据试液中预计的铁含量，按照表 3－3－1 指出的范围在一系列 100 mL 容量瓶中，分别加入给定体积的铁标准溶液 II。

（2）显色。

每个容量瓶都按下述规定同时同样处理。

如有必要，用水稀释至约 60 mL，用盐酸溶液（1＋5）调至 pH 为 2（用精密 pH 试纸检查）。加 1 mL 抗坏血酸溶液（100 g/L），然后加 20 mL 乙酸－乙酸钠缓冲溶液（pH＝4.5）和 10 mL 1，10－菲啰啉溶液（1 g/L），用水稀释至刻度，摇匀。放置不少于 15 min。

（3）吸光度的测定。

选择适当光程的比色皿（表 3－3－1），于最大吸收波长（约 510 nm）处，以水为参比,将分光光度计的吸光度调整到零,进行吸光度测量。

表 3 - 3 - 1　铁标准溶液与试液中铁含量对照表

试液中预计的铁含量/μg					
50 ~ 500		25 ~ 250		10 ~ 100	
铁标准溶液Ⅱ/mL	对应的铁含量/μg	铁标准溶液Ⅱ/mL	对应的铁含量/μg	铁标准溶液Ⅱ/mL	对应的铁含量/μg
0.00	0	0.00	0	0.00	0
2.50	50	3.00	60	0.50	10
5.00	100	5.00	100	1.00	20
10.00	200	7.00	140	2.00	40
15.00	300	9.00	180	3.00	60
20.00	400	11.00	220	4.00	80
25.00	500	13.00	260	5.00	100
比色皿光程/cm					
1		2		4 或 5	
试剂空白溶液					

(4)绘图。

从每个标准比色液的吸光度中减去试剂空白试液的吸光度,以每 100 mL 含 Fe 量(mg)为横坐标,对应的吸光度为纵坐标,绘制标准曲线。

3.3.5　测定

1. 显色

取一定量的试液,其中铁含量在 60 mL 中不超过 500 μg,另取同样体积的试剂空白溶液,必要时,加水至 60 mL,用氨水溶液(1+9)或盐酸溶液(1+5)调整 pH 为 2,用精密试纸检查 pH。将试液定量转移至 100 mL 的容量瓶内,加 1 mL 抗坏血酸溶液(100 g/L)然后加 20 mL 乙酸 - 乙酸钠缓冲溶液(pH = 4.5)和 10 mL 1,10 - 菲啰啉溶液(1 g/L),用水稀释至刻度,摇匀。放置不少于 15 min。

2. 吸光度的测定

显色后,选择适当光程的比色皿(表 3 - 3 - 1),于最大吸收波长(约 510 nm)处,以水为参比,将分光光度计的吸光度调整到零,进行吸光度测量。

3.3.6　结果表述

计算:由显色后测得的相应的吸光度值从标准曲线④查得试液和试验空白溶液中的铁含量。

与产品相关的国际标准将给出合适的最终结果的计算公式。

3.3.7　常见离子干扰

(1)某些阳离子,特别是锡(Ⅴ),锑(Ⅲ)、锑(Ⅴ)、钛、锆、铈(Ⅲ)和铋在pH≈4的乙酸盐溶液中会水解。但如果有足够的柠檬酸盐和酒石酸盐存在,这些离子仍保持在溶液中。如果用柠檬酸钠(或酒石酸钠)缓冲溶液代替乙酸盐缓冲溶液(pH=4.5),这些阳离子在高达100 mg时也不会产生沉淀。如果溶液的温度升至沸点时,显色将加速。如果用柠檬酸盐或酒石酸盐缓冲溶液,[3.3.5中1.显色]规定的试剂添加次序是至关重要的。

另外,柠檬酸盐的存在也能防止不溶磷酸盐的生成。

(2)如果按通常的步骤,铝离子存在可能会产生水解现象。用柠檬酸盐或酒石酸盐缓冲溶液取代乙酸盐缓冲溶液时,这种干扰可以消除(钛和锆的存在也是如此),如在pH为3.5和4.2时显色,铝离子无干扰。

(3)镉、锌、镍、钴和铜离子和1,10-菲啰啉形成可溶性络合物。如果这些金属存在,会妨碍显色,降低吸光度。每0.1 mg的铁含量最少显色剂用量为1.7 mL,但当这些干扰金属存在时,需增加要求的试剂。对于每0.1 mg的镍、钴或铜,0.5 mg锌和3 mg的钙,需增加1 mL的试剂用量。

(4)溶液中含有带色离子时不能用水做参比测定。以和试液相同组分但不加1,10-菲啰啉的溶液当作参比。

(5)如果存在钨(Ⅴ)或钼(Ⅵ),尤其是大量存在时,反应在pH为7时进行,并应作以下修改:

对含有钨和钼的试液,加300 g/L酒石酸溶液1 mL,用盐酸溶液(1+5)或氨溶液(1+9)调整,至溶液对石蕊稍显碱性。再加1~2 mL氨溶液(1+9),稀释至75 mL,加1 mL抗坏血酸溶液(100 g/L),10 mL显色剂(1 g/L)。在90~100℃加热5~10 min,冷却至室温,并稀释至100 mL。用此方法试液中高达250 mg的钨和钼无干扰。

(6)银与显色剂(1 g/L)和盐酸形成不稳定的络合物,按以下步骤加入硫代硫酸盐可以防止络合物的生成:

加入足够的NaCl溶液使所有的银离子沉淀。加入缓冲溶液调整pH为3~5,加入抗坏血酸。然后加入25 g/L五水硫代硫酸钠溶液至沉淀恰好溶解,加10 mL显色剂(1 g/L),以下按[3.3.5中1.显色]规定继续。用此方法试液中存在高达

96

100 mg 的银时，仍无干扰。

（7）如果试液有汞（Ⅰ）或汞（Ⅱ）存在，那么试液中不允许有氯离子。在这种情况下，用硝酸溶液（1＋9）调整 pH。试液中每存在 5 mg 的汞，那么除按规定加入显色试剂外，要额外加入 10 mL 的显色剂（1 g/L）。

（8）试液中存在高于 10 mg 的铼能形成 1，10 - 菲啰啉高铼酸盐的沉淀。

（9）焦磷酸盐存在，铁离子显色较慢并且影响铁（Ⅲ）还原成铁（Ⅱ）的反应。如果 30 min 后读取吸光值，试液中 2 mg 的焦磷酸盐不会产生严重干扰。通过提高 pH，显色将加快，在 pH 为 8.8 时，试液中允许存在 30 mg 的焦磷酸盐。

（10）试液中允许存在 500 mg 草酸盐，高于此量显色将不完全。

（11）试液中允许存在 250 mg 的氟化物，高于此量的显色将不完全。铁（Ⅲ）还原成铁（Ⅱ）的反应受影响。

（12）试液中 200 mg 的钒（Ⅴ）无干扰。

（13）试液中任何硒的存在将被氧化成硒酸盐。1000 mg 的硒酸盐无干扰。

（14）1 mg 的氰化物无干扰。

3.4　硫酸盐含量测定

本方法适用于无机化工产品中微量硫酸盐含量的测定。检测范围为 0.4 ~ 4 μg/mL（以 SO_4 计）。

3.4.1　方法提要

在酸性介质中，硫酸根离子与钡离子生成难溶的硫酸钡。当硫酸根离子含量较低时，在一定时间内硫酸钡呈悬浮体，使溶液浑浊，采用目视比浊法判定试样溶液与标准比浊溶液的浊度，获得测定结果。

3.4.2　试剂与溶液

（1）盐酸溶液：1＋2。

（2）氯化钡溶液：250 g/L。

（3）硫酸钾乙醇溶液（0.2 g/L）：将 0.02 g 硫酸钾溶解到 100 mL 30% 乙醇溶液中。

3.4.3　仪器与装置

常规实验室仪器与设备及比色管：25 mL、50 mL。

3.4.4 测定步骤

(1)按产品标准的规定取样并制备试验溶液,用0.5 mL盐酸溶液(1+2)酸化试验溶液。

(2)将0.25 mL硫酸钾乙醇溶液(0.2 g/L)与1 mL氯化钡溶液(250 g/L)混合,放置1 min后,加入上述已酸化的试验溶液中,并稀释至25 mL,摇匀,放置5 min,所呈浊度与标准比浊溶液比较。

(3)标准比浊溶液是取含规定量的硫酸盐杂质标准溶液,稀释至与试液相同体积,与同体积试验溶液同时同样处理。

3.4.5 结果判定

将试验溶液比色管和标准比浊溶液比色管同置于黑色背景上,在自然光下,自上而下观察,其浊度不得深于标准比浊液。

3.5 硅含量测定

本方法适用于无机化工产品中硅含量测定。

被分析产品试液的制备应参考具体产品标准,被测试液中的SiO_2含量范围应在2~200 μg,干扰限量在本节3.5.6中给出。

3.5.1 方法提要

在盐酸存在下,用氟化钠处理样品,做任何形态的聚合硅解聚。用硼酸掩蔽氟离子的干扰,在pH为1.1±0.2时,溶液中的硅形成氧化态(黄色)硅钼酸盐。

在草酸存在下,于足够强度的硫酸介质中,选择性的还原硅钼酸盐配合物,以消除磷酸盐的干扰。于最大吸收波长(815 nm)处,用分光光度法测定蓝色配合物的吸光度。

3.5.2 试剂与溶液

(1)硫酸溶液:1+3。

(2)盐酸溶液:1+2。

(3)硼酸溶液:室温下的饱和溶液(约48 g/L)。

(4)二水合草酸($H_2C_2O_4 \cdot 2H_2O$)溶液:100 g/L。

(5)氟化钠溶液:20 g/L(溶液储存于无硅材料制成的瓶中)。

(6)二水合钼酸二钠溶液:140 g/L。

称取35 g二水合钼酸二钠($Na_2MoO_4 \cdot 2H_2O$),用200 mL约50℃的水溶解于

聚乙烯烧杯中，冷至室温。移入 250 mL 容量瓶中，用水稀释至刻度，摇匀。将溶液移入无硅材料制成的瓶中，若有必要，使用前过滤。此溶液现用现配。

（7）还原溶液，使用下列溶液之一。

①甲醛合次硫酸氢钠和亚硫酸钠的混合液：称取 1.5 g 甲醛合次硫酸氢钠和 4.0 g 亚硫酸钠于烧杯中，加水溶解至 30 mL。此溶液现用现配。

②L-抗坏血酸溶液（25 g/L）：

2.5 g 的 L-抗坏血酸溶于水中，稀释至 100 mL，混匀。此溶液现用现配。

（8）硅标准溶液Ⅰ：1 mL 含二氧化硅（SiO_2）0.50 mg。

用铂皿称取 0.500 g（称准至 0.001 g）下述物质之一：

①在 1000℃ 条件下，灼烧至恒重的纯硅酸（两次相邻的称量差不大于 1 mg），并在装有五氧化二磷的干燥器中冷却获得的纯二氧化硅。

②经仔细磨碎，预先在 1000℃ 下灼烧 1 h，并在装有五氧化二磷的干燥器中冷却获得的纯二氧化硅。

称取 5 g 无水碳酸钠置于称有二氧化硅的铂皿中，用铂刮勺充分搅匀，小心熔融至得到清晰透明的熔融物。冷却后加入温水，缓缓加热至完全溶解，定量转移至无硅材料制成的烧杯中。再冷却，将溶液稀释至约 500 mL，定量移入 1000 mL 容量瓶中稀释至刻度，混匀。立即将溶液移入无硅材料制成的瓶中。此溶液 1 mL 含二氧化硅（SiO_2）0.50 mg，保存期不大于一个月。

（9）硅标准溶液Ⅱ：1 mL 含二氧化硅（SiO_2）0.010 mg。

吸取 20.0 mL 硅标准溶液Ⅰ，置于 1000 mL 容量瓶中，稀释至刻度，混匀。此溶液现用现配。

3.5.3　仪器与设备

常规实验室仪器与设备按以下配置。

（1）pH 计：配备玻璃测量电极和甘汞参比电极，用 pH = 1.1 的盐酸溶液 $[c(HCl) = 0.1\ mol/L]$ 校正；

（2）分光光度计：配备 1 cm、2 cm 或 5 cm 光程的吸收池。

（3）无硅材料容器：凡使用碱性溶液和任何涉及氟化钠溶液的操作皆须在用无硅材料（如聚乙烯）制成的容器中进行。如果玻璃容量瓶既未碎裂又未被蚀刻，可用来稀释溶液，但须立即将溶液转移至用无硅材料制成的容器。

3.5.4　测定步骤

（1）试验溶液 A 的制备。

称样量及试验溶液制备方法均在有关产品的标准中给出。除含有水解盐外，在制备试验溶液时需调节 pH 的产品外，试液的 pH 应为 4~7。

（2）空白试验溶液 B 的制备。

在试验溶液制备的同时，除不加试样外，其他操作步骤、加入的试剂（包括氟化钠溶液和试验溶液的中和溶液），均与试验溶液相同。

（3）工作曲线的绘制。

①标准显色溶液的制备。

用光程为 1 cm 或 2 cm 或 5 cm 的吸收池进行吸光度的测量。

根据试液中估计的硅含量，按表 3 - 5 - 1 取一定体积的硅标准溶液Ⅱ，置于一组 100 mL 无硅材料制成的烧杯中，稀释至约 25 mL。

②显色。

向每个烧杯中加入 4.0 mL 盐酸溶液（1 + 2）、1.0 mL 氟化钠溶液（20 g/L），搅拌，静置 5 min，在搅拌下，加入 20.0 mL 硼酸溶液（100 g/L），放置 5 min，加入 10.0 mL 钼酸钠溶液，搅拌，放置 10 min 后。溶液的 pH 应为 1.1 ± 0.2。

在搅拌下，加入 5.0 mL 草酸溶液，放置 5 min，定量转移至 100 mL 容量瓶中。

然后，加入 20 mL 硫酸溶液（1 + 3），搅拌后，加入 2 mL 甲醛合次硫酸氢钠和亚硫酸钠的混合液（或加入 30 mL 硫酸溶液，混合后，加入 2 mL L - 抗坏血酸还原溶液）。稀释至刻度，混匀。

③吸光度的测量。

显色 10 min 后、40 min 前，使用分光光度计，在最大吸收波长（815 nm）处，用合适光程的吸收池（表 3 - 5 - 1），用水把仪器吸光度调零后，测量吸光度。

表 3 - 5 - 1

试液中估计的硅含量/μg					
2 ~ 30		10 ~ 80		50 ~ 200	
标准硅溶液 [3(9)]/mL	相应的 SiO_2/μg	标准硅溶液 [3(9)]/mL	相应的 SiO_2/μg	标准硅溶液 [3(9)]/mL	相应的 SiO_2/μg
0[a]	0[a]	0[a]	0[a]		
0.20	2	1.0	10	0[a]	0[a]
0.50	5	2.0	20	5.0	50
1.00	10	4.0	40	10.0	100
2.00	20	6.0	60	15.0	150
3.00	30	8.0	80	20.0	200
吸收池光程/mm					
50		20		10	
[a]试剂空白试验					

④工作曲线的绘制。

从每一个除试剂空白外的标准显色溶液的吸光度中减去试剂空白试验的吸光度，进行吸光度的校正。以 100 mL 标准显色溶液中 SiO_2 的质量（μg）为横坐标，相应的吸光度为纵坐标，绘制工作曲线。

（4）测定。

①试液的处理。

定量移取二氧化硅含量不大于 200 μg 的试验溶液和空白试验溶液，分别置于 100 mL 用无硅材料制成的烧杯中，用水稀释至约 25 mL。

②显色。

向烧杯中加入约 4 mL 盐酸溶液（1 + 2）（为确保该步骤的 pH = 1.1 ± 0.2，应预先用 pH 计检查，以确定所用盐酸溶液的用量）、1.0 mL 氟化钠溶液（20 g/L）（氟化钠是供测定聚合硅用的。如果试液中确实不含聚合态硅，可不加氟化钠。在这种情况下，可直接在 100 mL 玻璃容量瓶中制备溶液），搅拌，静置 5 min，在搅拌下，加入 20.0 mL 硼酸溶液（48 g/L），放置 5 min，加入 10.0 mL 钼酸钠溶液（140 g/L），搅拌，放置 10 min。溶液的 pH 应为 1.1 ± 0.2。

在搅拌下，加入 5 mL 草酸溶液（100 g/L）放置 5 min，定量转移至 100 mL 容量瓶中。

然后，加入 20 mL 硫酸溶液（1 + 3），搅拌后，加入 2 mL 甲醛合次硫酸氢钠和亚硫酸钠的混合液（或加入 30 mL 硫酸溶液，混合后，加入 2 mL 的 L – 抗坏血酸还原溶液）。稀释至刻度，混匀。

③吸光度的测量。

试液显色 10 min 后、40 min 前，使用分光光度计，在最大吸收波长（815 nm）处，用合适光程的吸收池（表 3 – 5 – 1），用水把仪器吸光度调零后，测量吸光度。

进行试验溶液和空白试验溶液吸光度的测量。

3.5.5　结果计算

根据显色试液和空白试液吸光度测量结果，在工作曲线上查得相应的二氧化硅质量（mg），按相应产品标准所给出的计算公式进行计算。

3.5.6　干扰限量

表 3 – 5 – 2 列出的干扰离子并不是包罗无遗的。因此尚需检查表 3 – 5 – 2 中未列出的离子、元素或化合物可能产生的干扰。

表 3 – 5 – 2　干扰限量/mg

离子、元素或化合物	干扰限量	离子、元素或化合物	干扰限量
H^+	不干扰	H_2BO_3	1600
Na^+	300	阴离子表面活性剂	不干扰
K^+	250	非离子表面活性剂	干扰[a]
Fe^{2+}	140	F^-	40
Zn^{2+}	300	Cl^-	600
UO_2^{2+}	250	VO_3^-	2.5
Al^{3+}	70	SO_4^{2-}	600
Fe^{3+}	140	PO_4^{3-}	15
As^{5+}	0.05		

　　[a]加入阴离子表面活性剂可抵消非离子表面活性剂的干扰。例如,加入 5 mL5 g/L 的十二烷基磺酸钠溶液可抑制试液中存在量高达 0.15 g 以 NP10(壬基酚聚氧乙烯醚)表示的非离子表面活性剂的干扰。

3.6　铵含量测定

　　本方法适用于无机化工产品中微量铵离子的测定。试验溶液体积为 100 mL 时,铵离子浓度 $\rho(NH_4) \leqslant 2$ mg/L。试验溶液体积为 100 mL 时,目视法最低检出浓度为 0.02 mg/L。分光光度法使用光程长为 1 cm 比色皿时,最低检出浓度为 0.05 mg/L。当 $\rho(NH_4) = 1.0$ mg/L 时,灵敏度约为 0.2 个吸光度单位。

3.6.1　方法提要

　　在碱性溶液中,游离氨或结合态的铵与纳氏试剂反应,生成淡黄色到棕红色的难溶化合物。铵含量较高时,生成物为红褐色沉淀;铵含量较低时,则形成稳定的悬浮液,可用目视比色法与标准比对液比对或分光光度法测定。

3.6.2　试剂与溶液

　　(1)无氨水。
　　(2)氢氧化钠溶液:320 g/L。
　　(3)铵标准溶液Ⅰ:1 mL 溶液含铵(NH₄)0.10 mg。
　　(4)铵标准溶液Ⅱ:1 mL 溶液含铵(NH₄)0.010 mg。
　　(5)纳氏试剂。

3.6.3　仪器与设备

实验室常规仪器与设备按以下配置。

(1)分光光度计：带有厚度为 1 cm 或 3 cm 比色皿。

(2)比色管：100 mL。

3.6.4　测定步骤

1. 方法一：分光光度法

(1)称样和试验溶液 A 的制备。

称样量和制备试验溶液的方法按有关产品标准中的规定，并调节试验溶液 pH 约为7(干扰测定的离子及消除方法参见本节 3.6.5)。

注：调节试验溶液 pH 时，不能使用含铵离子的溶液。

(2)空白试验溶液 B 的制备。

制备试验溶液的同时，除不加试验溶液外，以同样种类和用量的试剂，以同一方法制备空白试验溶液，稀释至同体积。

(3)工作曲线的绘制。

①系列铵标准工作溶液的配制。

在每一次测定之前，在 5 个 100 mL 容量瓶中分别移入系列铵标准溶液 Ⅰ 或铵标准溶液 Ⅱ，配制标准工作溶液，其浓度范围应覆盖待测试验溶液中铵的浓度。

②吸光度测量。

在系列铵标准工作溶液中加无氨水至约 75 mL，加 3 mL 氢氧化钠溶液及 2 mL纳氏试剂，用无氨水稀释至刻度，摇匀。放置 10 min 后，在 420 nm 波长处，选用 1 cm 或 3 cm 的比色皿。以水作参比，测量吸光度。

③曲线绘制。

从每个标准参比液的吸光度值中减去试剂空白溶液的吸光度值，以铵质量为横坐标，吸收值为纵坐标，绘制工作曲线。

(4)试样测定。

用移液管移取适量试验溶液 A(含铵少于 0.20 mg)和同样体积空白试验溶液 B，加无氨水至约 75 mL，加 3 mL 氢氧化钠溶液(320 g/L)及 2 mL 纳氏试剂，用无氨水稀释至刻度，摇匀。放置 10 min 后，在 420 nm 波长处，选用 1 cm 或 3 cm 的比色皿。以水作参比，测量吸光度。从试验溶液 A 的吸光度减去空白试验溶液 B 的吸光度后，在工作曲线上查出试验溶液中铵的质量。

(5)结果计算。

铵含量以(NH_4)的质量分数 w_{3-6-1} 计，以% 表示，按式(3-6-1)计算：

$$w_{3-6-1} = \frac{m_1 \times 10^{-3}}{mV_1/V} \times 100 \qquad (3-6-1)$$

式中：V_1 为试样测定用移液管所移取试验溶液的体积，mL；V 为所制备试验溶液 A 的体积，mL；m_1 为从工作曲线上查得的试验溶液中铵的质量，mg；m 为试样的质量，g。取平行测定结果的算术平均值为测定结果；

2. 方法二：目视比色法

用移液管移取适量试验溶液 A（含铵少于 0.10 mg）和同样体积空白试验溶液 B，置于 100 mL 比色管中，加无氨水至约 75 mL，加 3 mL 氢氧化钠溶液（320 g/L）及 2 mL 纳氏试剂，用无氨水稀释至 100 mL，摇匀。所呈黄色与标准比色液比较。

标准比色液是取规定量的铵（NH_4）标准溶液，加无氨水至约 75 mL，与同体积试液同时同样处理。

3.6.5 干扰及消除

（1）干扰本方法的金属离子主要是在碱性溶液中易水解产生沉淀的钙、镁、铁等离子。如果试样中含有钙、镁、铁等离子，可在试验溶液中加入 1～2 mL 酒石酸钾钠溶液（500 g/L）掩蔽干扰离子。

（2）当试样中含有大量的钙、镁、铁等离子，酒石酸钾钠溶液不能完全掩蔽干扰离子时，可采用蒸馏法将氨与主体分离。

（3）硫化物能与纳氏试剂中的汞离子生成沉淀而使溶液浑浊，可在蒸馏前加入碳酸铅消除。

3.6.6 样品的蒸馏法处理

1. 试剂和溶液
（1）无氨水。
（2）硼酸溶液：20 g/L。
（3）氢氧化钠溶液：40 g/L。
（4）盐酸溶液：1 mol/L。
（5）溴百里酚蓝指示液：0.5 g/L。
2. 仪器与设备
实验室常规仪器与设备按以下配置。
（1）蒸馏仪器：按图 3-6-1 配备或其他具有相同蒸馏能力的定氮蒸馏仪器。
（2）蒸馏加热装置：1000～1500 W 电炉，置于升降台架上，可自由调节高度。也可使用调温电炉或能够调节供热强度的其他形式热源。
（3）防爆沸颗粒。

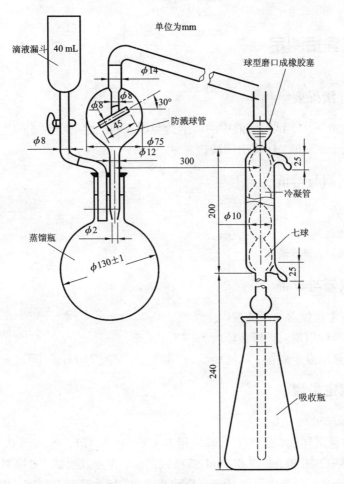

图 3 - 6 - 1　蒸馏仪器图

3. 操作步骤

吸收瓶内移入 50 mL 硼酸溶液, 确保冷凝管出口在硼酸溶液(20 g/L) 液面之下。称取适量试样(含铵约 500 μg), 用适量水溶解, 转移至蒸馏烧瓶中, 加几滴溴百里酚蓝指示液(0.5 g/L), 用氢氧化钠溶液(40 g/L) 或盐酸溶液(1 mol/L) 调整 pH 至 6.0(黄色) ~7.4(蓝色)之间, 加无氨水使总体积约为 350 mL。向蒸馏烧瓶中加入少许防爆沸颗粒, 立即将蒸馏烧瓶与冷凝管连接好, 加入 30 mL 氢氧化钠溶液(40 g/L)。加热蒸馏, 使馏出液速率约为 10 mL/min, 待馏出液约为 200 mL 时, 停止蒸馏。将馏出液转移至 250 mL 容量瓶中, 用水稀释至刻度, 摇匀。取适量试验溶液供测定, 比色测定前, 预先用氢氧化钠溶液(40 g/L)调节至试验溶液为中性。

3.7 磷含量测定

3.7.1 方法提要

在酸性介质中,试验溶液中的磷酸盐与加入的沉淀剂喹钼柠酮生成沉淀。通过过滤、烘干、称量,计算出磷酸盐含量。

3.7.2 试剂与溶液

(1)盐酸。
(2)硝酸。
(3)喹钼柠酮溶液。

3.7.3 仪器与设备

实验室常规仪器与设备按以下配置。
(1)玻璃砂坩埚:滤板孔径为 5 ~ 15 μm。
(2)电热恒温干燥箱:温度精度为 180℃ ±5℃ 或 250℃ ±10℃。

3.7.4 测定步骤

1. 试验溶液的制备

称取适量试样(含五氧化二磷质量在 600 mg 左右),称准至 0.2 mg,置于 100 mL 烧杯中,加 20 mL 水和 5 mL 盐酸或硝酸,盖上表面皿,煮沸 10 min。冷却后移入 500 mL 容量瓶中,加 10 mL 盐酸或硝酸,用水稀释至刻度,摇匀。

2. 空白试验溶液的制备

除不加试样外,其他加入的试剂量与试验溶液的制备完全相同,并与试样同时同样处理。

3. 测定

(1)用移液管移取 10 mL 试验溶液和空白试验溶液分别置于 250 mL 烧杯中,加水至总体积约 100 mL。

(2)盖上表面皿,于水浴中加热至杯内物温度达 75℃ ±5℃,保持 30 s,加 35 mL喹钼柠酮溶液(加热时不得用明火,加试剂或加热时不能搅拌,以免生成凝块)。冷却至室温,冷却过程中搅拌 3 ~ 4 次。

(3)用预先在 180℃ ±5℃ 或 250℃ ±10℃ 干燥至质量恒定的玻璃砂坩埚抽滤上层清液,用倾析法洗涤沉淀 5 ~ 6 次,每次用水约 20 mL。将沉淀转移至玻璃砂坩埚中,继续用水洗涤 3 ~ 4 次。将玻璃砂坩埚置于 180℃ ±5℃ 的电热恒温干燥箱中烘 45 min 或 250℃ ±10℃ 烘 15 min，取出，置于干燥器中冷却至室温，称量，精确至 0.2。

4. 结果计算

磷酸盐含量以五氧化二磷(P_2O_5)的质量分数 w_{3-7-1} 计，以%表示，按式($3-7-1$)计算：

$$w_{3-7-1} = \frac{(m_1 - m_2) \times 0.03207}{m \times (10/500)} \times 100 \qquad (3-7-1)$$

式中：m_1 为试验溶液中生成磷钼酸喹啉沉淀的质量，g；m_2 为空白试验溶液中生成磷钼酸喹啉沉淀的质量，g；m 为试样的质量，g；0.03207 为磷钼酸喹啉换算成五氧化二磷的系数。取平行测定结果的算术平均值为测定结果。

3.8　砷含量测定

本方法适用于无机化工产品中微量砷的测定。其最低检出质量分数为 0.25 mg/kg(以 As 计)。

3.8.1　方法提要

在酸性溶液中，用碘化钾和氯化亚锡将 As(Ⅴ)还原为 As(Ⅲ)。加锌粒与酸作用，产生新生态氢，使 As(Ⅲ)进一步还原为砷化氢。砷化氢气体与溴化汞试纸作用时，产生棕黄色的砷汞化物，可用于砷的目视比色法测定。

$$As^{3+} + 3Zn + 3H^+ \longrightarrow AsH_3 \uparrow + 3Zn^{2+}$$

$$AsH_3 + 2HgBr_2 \longrightarrow AsH(HgBr)_2(黄色) + 2HBr$$

3.8.2　试剂和溶液

(1)无砷金属锌。

(2)盐酸。

(3)碘化钾溶液：150 g/L；

(4)氯化亚锡溶液：400 g/L，有效期一个月。

(5)乙酸铅棉花。

(6)溴化汞试纸。

(7)砷标准贮备液：1 mL 溶液含砷(As)0.10 mg(置于冰箱内保存，有效期一个月)。

(8)砷标准溶液：1 mL 溶液含砷(As)0.001 mg 使用前配制)。

3.8.3　仪器与设备

常规实验室仪器与设备按以下配置。

（1）锥形瓶或广口瓶：容积为 150 ~ 200 mL。

（2）玻璃管：长 180mm，上部直径为 6.5mm，管的近末端侧面有一直径约为 2mm 的孔。使用前装入乙酸铅棉花，高约 60mm。玻璃管的上端管口表面磨平，下面有两个耳钩，供固定玻璃帽用。

（3）玻璃帽：下面磨平，中央有孔与玻璃管相通，孔直径 6.5mm，上面有弯月形凹槽。

（4）测砷装置（图 3-8-1）：使用时将玻璃帽盖在玻璃管上端管口，使圆孔互相吻合，将溴化汞试纸夹在中间，用橡皮圈或其他适宜的方法将玻璃帽与玻璃管固定。

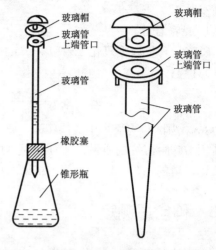

图 3-8-1 测砷装置

3.8.4 测定步骤

（1）称样和试验溶液的制备。

称样量和制备试验溶液的方法按有关产品标准中的规定。

干扰离子的消除参见 3.8.5，并调节试验溶液 pH 约为 7。

（2）测定。

用移液管移取适量试验溶液（含砷量为 0.001 ~ 0.002 mg），移入锥形瓶或广口瓶中，用水稀释至约 60 mL。加 6 mL 盐酸，摇匀。加 5 mL 碘化钾溶液（150 g/L）及 0.2 mL 氯化亚锡溶液（400 g/L），摇匀，放置 10 min。加 2.5 g 无砷锌，立即按图 3-8-1 装好装置，于暗处在 25 ~ 30℃放置 1 ~ 1.5 h，溴化汞试纸所呈棕黄色与标准比较。

标准是取规定量的砷（As）标准溶液，与样品同时同样处理。

3.8.5 干扰及消除

1. 硫化物

当溶液中存在微量的硫化物时，在生成砷化氢的同时也生成硫化氢气体，干扰砷的测定。在定砷器的管路中塞进乙酸铅棉花可以消除干扰。

2. 低价硫的化合物或易生成硫沉淀的化合物

样品主体为低价硫化合物或易生成硫沉淀的化合物，例如硫代硫酸钠，应先加硝酸将样品氧化成硫酸盐，并在水浴上蒸干，除去过量的硝酸，制备成试验溶液。

3. 铜盐

样品主体为铜盐时会干扰砷的测定。消除的方法是在样品溶液中加少量 Fe(Ⅲ)，滴加氨水使铜、铁沉淀，此时砷与氢氧化铁共沉淀。继续滴加氨水，使铜成铜氨配(络)离子溶解，过滤、洗涤、沉淀，并用热盐酸溶解，制备成试验溶液。

4. 亚铁盐

样品主体为亚铁盐时砷斑法的灵敏度会大大降低。此时可向样品溶液中加入硫酸联氨和盐酸，使砷完全转变为 As(Ⅲ)，加热蒸出三氯化砷，收集馏出液测砷。

5. 汞盐

样品主体为汞盐时，对测定砷有干扰。消除主体的方法是向样品溶液中加入氢氧化钠和过氧化氢，使汞(Ⅱ)还原成金属汞，过滤除去汞。合并滤液和洗液、蒸干，使过量的过氧化氢分解，制备成试验溶液。

6. 锑盐

样品主体为锑盐时，因锑与砷同族，此法测砷时锑也能起相似的反应。因此，不能用此种方法测定锑中的砷。

7. 具有氧化性的样品

(1)测定高锰酸钾中的砷，先用硫酸将样品酸化，再滴加过氧化氢将 Mn(Ⅶ) 还原为 Mn(Ⅱ)。

(2)测氯酸钾中的砷，加入盐酸，蒸发干，使氯酸钾完全分解。

(3)测硝酸或硝酸盐中的砷，先加硫酸并加热，将硝酸赶净。

8. 碱性样品

样品为碱性时，将试验溶液中和以保证溶液的酸度范围。

第4章 烟花爆竹用
化工材料质量标准及关键指标测定

4.1 工业高氯酸铵质量标准及关键指标测定

4.1.1 名称及组成

(1)中文名称:高氯酸铵。

(2)英文名称:Ammonium Perchlorate。

(3)中文别名:过氯酸铵。

(4)化学式:NH_4ClO_4。

(5)相对分子质量:117.50。

(6)组成元素:N 为 11.92%;H 为 3.40%;Cl 为 30.21%;O 为 54.47%。

(7)化学品分类:无机盐。

(8)安全性描述:与还原剂、有机物、易燃物如硫、磷等混合可形成爆炸性混合物。

(9)危险性描述:对眼、皮肤、黏膜和上呼吸道有刺激。

4.1.2 理化性质

(1)外观性状:白色至灰白色细结晶粉末或块状斜方晶系结晶。

(2)晶型:斜方晶。

(3)密度:1.95 g/cm³。

(4)生成热(25℃):−290.18 kJ/mol。

(5)熔点(℃):高于150℃时分解。

(6)熔化热:熔化前分解。

(7)沸点(℃):分解。

(8)转变点:斜方晶 $\xrightarrow{240℃}$ 立方晶;还有文献记载为 $\alpha \xrightarrow{284℃} \beta \xrightarrow{360℃} \gamma$。

(9)溶解度:

110

表 4 - 1 - 1 　在水中(g/100 mL 饱和溶液)

温度/℃	0	20	25	30	60	80	100
溶解度/g	12	7	20	37.7	39	68.9	88

表 4 - 1 - 2 　在 25℃时在非水溶剂中溶解度

溶剂名称	g/100 g
丙酮（CH_3COCH_3）	2.26
乙酸乙酯（$CH_3COOC_2H_5$）	0.032
乙醇（C_2H_5OH）	1.908
乙醚（C_4H_9OH）	不溶
甲醇（CH_3OH）	6.85

(10)吸湿性：

表 4 - 1 - 3 　(20℃)时,称量的精制样品在真空干燥器中达平衡后的吸湿率

吸湿时间	24	48	72	96
吸湿率/%	0.12	0.14	0.16	0.16
吸湿条件	20℃/93%			

(11)热安定性：

表 4 - 1 - 4 　100℃热安定性试验

48 h 失重	0.02%
96 h 失重	0.00%
100 h 爆炸性	不爆炸

表 4 - 1 - 5 　真空安定性试验(40 h 5 g 药剂放出气体量)

温度/℃	放出气体量
100	0.13
120	0.20
150	0.32

(12)爆发点(5 s)：435℃。

(13)爆温(计算值)：1084℃。

(14)高氯酸铵(AR)DTA温度谱图(图4-1-1)：

实验条件：环境温度 20 ± 2℃，湿度 $<80\%$，升温速率 10℃/min。

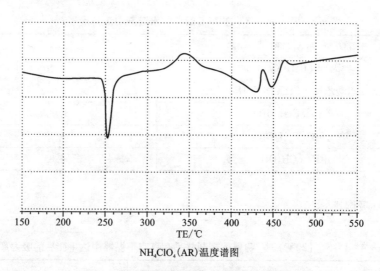

NH₄ClO₄(AR)温度谱图

图4-1-1　高氯酸铵(AR)DTA温度谱图

如图4-1-1所示，高氯酸钾铵在240℃开始，由于斜方晶向立方晶的转变，250℃时出现一尖锐的吸热峰；分解随温度而变化。低于300℃时，分解主要按下式进行：

$$4NH_4ClO_4 \longrightarrow 2Cl_2 \uparrow + 3O_2 \uparrow + 8H_2O + 2N_2O \uparrow$$

高于350℃时，一氧化氮的比例明显增加。其分解方程式按下式进行：

$$10NH_4ClO_4 \longrightarrow 2\frac{1}{2}Cl_2 \uparrow + 2N_2O \uparrow + 2\frac{1}{2}NOCl \uparrow + HClO_4 + 1\frac{1}{2}HCl \uparrow$$

$$+ 18\frac{3}{4}H_2O + 1\frac{3}{4}N_2 \uparrow + 6\frac{3}{8}O_2 \uparrow$$

分解活化能随温度而变化。一些活化能值如下：

240℃以下：126.69 kJ/mol；

240℃以上：79 kJ/mol；

400~440℃：306.81 kJ/mol。

(15)高氯酸铵不能和含有硝酸钾的药剂混用：特别是在有水分的情况下可能发生离子交换反应，反应生成吸湿性更强的产物硝酸铵。高氯酸铵也不应与含氯酸根的化合物一起使用，因为在有水分时很可能生成不稳定的氯酸铵。

112

$$NH_4ClO_4 + KNO_3 \xrightarrow{H_2O} KClO_4 + NH_4NO_3$$

（16）含高氯酸铵的烟火药中还应尽量避免使用金属镁或铝粉，否则在有水分时可能发生下列反应：

$$2NH_4ClO_4 + Mg \xrightarrow{H_2O} 2NH_3 \uparrow + Mg(ClO_4)_2 + H_2 \uparrow + Q_{热}$$

4.1.3　主要用途

工业高氯酸铵在烟花爆竹烟火剂中用作氧化剂。

高氯酸铵与可燃物的混合燃烧时产生高温，而且反应过程中放出的氯化氢有助于提高彩色火焰的纯度，燃烧时的固体残留物极少。因而高氯酸铵是彩色焰药的良好氧化剂，用作制造微烟焰火、字幕烟花、无烟炸药、火箭推进剂、炸药配合剂、人工防冰雹火箭用药剂等的氧化剂。由于高氯酸铵的强吸湿性，因此在使用过程中要进行防潮处理。

4.1.4　质量技术标准

烟花爆竹用工业高氯酸铵应符合表4–1–6中质量技术指标。

表4–1–6　工业高氯酸铵质量技术指标

项　目　名　称		技术指标/%	
		优等品	一等品
高氯酸铵	≥	99.5	98.8
水分	≤	0.05	0.10
水不溶物	≤	0.05	0.20
氯化物（以 NaCl 计）	≤	0.15	0.20
氯酸盐（以 NaClO_3 计）	≤	0.02	0.04
溴酸盐（以 NaBrO_3 计）	≤	0.004	—
硫酸盐灰分	≤	0.25	0.40
铁（Fe）	≤	0.001	—
热稳定性[（177±2）℃]/h	≥	3	—
pH		4.3~5.8	

注：产品的细度根据用户要求确定，并按本节规定的试验方法测定。

4.1.5 高氯酸铵关键指标测定

烟花爆竹用工业高氯酸关键指标测定应按照表4-1-6质量技术要求进行。如有特殊需求，也可供需双方协商。

4.1.5.1 高氯酸铵纯度测定 蒸馏法

1. 方法提要

高氯酸铵在碱性溶液中蒸馏出 NH_3，用过量硫酸标准滴定溶液吸收，在指示液存在条件下，用氢氧化钠标准滴定溶液滴定过量的硫酸。

2. 试剂与溶液

(1)氢氧化钠溶液：120 g/L。

(2)硫酸标准溶液：$c(1/2HClO_4) = 0.2$ mol/L。

(3)氢氧化钠标准滴定溶液：$c(NaOH) = 0.25$ mol/L。

(4)甲基红—亚甲基蓝混合指示液：称取 0.12 g 甲基红及 0.08 g 亚甲基蓝，用无水乙醇溶解并稀释至 100 mL。

3. 仪器与设备

常规实验室设备和仪器按以下配置。

(1)分析天平：精度 0.1 mg。

(2)蒸馏装置如图4-1-2所示，或等效蒸馏装置。

4. 测定步骤

(1)称取约 1 g 试样，称准至 0.2 mg。置于蒸馏瓶中，加入 180 mL 水溶解。加入少量沸石。按图4-1-2连接装置，并固定，确保蒸馏装置严密，不漏气。冷凝管中通人冷却水。

(2)用移液管移取 50 mL 硫酸标准溶液[$c(1/2HClO_4) = 0.2$ mol/L]于吸收瓶中。经滴液漏斗往蒸馏瓶中注入 20 mL 氢氧化钠溶液(120 g/L)，用少量水冲洗滴液漏斗后，关闭活塞，再加 5 mL 水，水封。加热蒸馏 40～50 min。

(3)当蒸馏瓶中剩有约 100 mL 溶液时.停止加热。用新煮沸的水冲洗直式冷凝器 2～3 次，洗水收入吸收瓶中。在吸收瓶中加入 4～5 滴甲基红—亚甲基蓝混合指示液，用氢氧化钠标准滴定溶液[$c(NaOH) = 0.25$ mol/L]滴定至溶液呈绿色，即为终点。

同时做空白试验。

5. 结果计算

高氯酸铵含量以 (NH_4ClO_4)的质量分数 w_{4-1-1} 计，以% 表示，按式(4-1-1)计算：

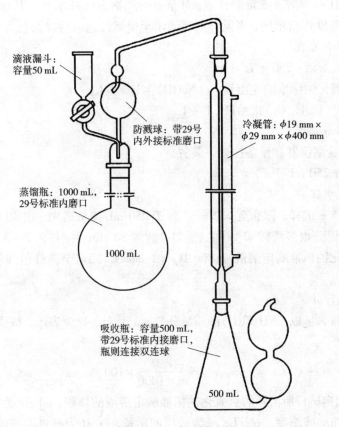

滴液漏斗:
容量50 mL

防溅球:带29号
内外接标准磨口

冷凝管:ϕ19 mm×
ϕ29 mm×ϕ400 mm

蒸馏瓶:1000 mL,
29号标准内磨口

1000 mL

吸收瓶:容量500 mL,
带29号标准内接磨口,
瓶则连接双连球

500 mL

图 4 - 1 - 2 蒸馏装置

$$w_{4-1-1} = \frac{[(V_0 - V)/1000]cM}{m} \times 100 \qquad (4-1-1)$$

式中:V_0 为滴定空白溶液所消耗的氢氧化钠标准滴定溶液的体积,mL;V 为滴定试样溶液所消耗的氢氧化钠标准滴定溶液的体积,mL;c 为氢氧化钠标准滴定溶液的准确浓度,mol/L;M 为高氯酸铵的摩尔质量,g/mol($M = 117.50$ g/mol);m 为试样的质量,g。计算结果精确到小数点后两位。取平行测定结果的算术平均值为测定结果。两次平行测定结果的平均值之比不得大于 0.3%。

4.1.5.2 高氯酸铵纯度测定 甲醛法

1. 方法提要

甲醛与铵盐反应,按化学计量关系定量生成 H^+ 和质子化的 $(CH_2)_6N_4H^+$
($K'_a = 7.1 \times 10^{-6}$)

$$4NH_4^{+} + 6HCHO = (CH_2)_6N_4H^+ + 3H^+ + 6H_2O$$

用 NaOH 标准溶液滴定混合液，计量点时产物为$(CH_2)_6N_4$，其水溶液显微碱性，可选用酚酞作指示剂，当混合液被滴定至呈微红色时为终点。

2. 试剂和溶液

(1) 甲醛溶液：250 g/L。

(2) 氢氧化钠标准滴定溶液：$c(NaOH) = 1$ mol/L。

(3) 酚酞($C_{20}H_{14}O_4$)指示液：1 g/L。

3. 仪器与装置

常规实验室仪器和设备按以下装置。

碘量瓶：250 mL。

4. 测定步骤

称取约 5 g 试样，称准至 0.2 mg。置于 250 mL 碘量瓶中，用 40 mL 水溶解，加入 65 mL 甲醛水溶液(250 g/L)，摇匀。放置 30 min 后，加入 2 ~ 3 滴酚酞指示液，用氢氧化钠标准滴定溶液[$c(NaOH) = 1$ mol/L]滴定至微红色并保持 30 s 不变，即为终点。

5. 结果计算

高氯酸铵含量以 (NH_4ClO_4)的质量分数 w_{4-1-2} 计，以% 表示，按式(4 - 1 - 2)计算：

$$w_{4-1-2} = \frac{VcM}{m \times 1000} \times 100 \qquad (4 - 1 - 2)$$

式中：V 为滴定试样所消耗的氢氧化钠标准滴定溶液的体积，mL；c 为氢氧化钠标准滴定溶液的准确浓度，mol/L；m 为试样的质量，g；M 为高氯酸铵的摩尔质量，g/mol($M = 117.50$ g/mol)。计算结果精确到小数点后两位。取平行测定结果的算术平均值为测定结果。两次平行测定结果的平均值之比不得大于 0.3%。

4.1.5.3 水分含量的测定

按照《第 2 章 第 2 节水分含量测定》执行。

水分含量以质量分数 w_{4-1-3} 计，以% 表示，计算公式同式(2 - 2 - 1)。

4.1.5.4 水不溶物含量的测定

1. 方法提要

试样溶于热水中，用预先在(105 ± 2)℃下烘至恒重的玻璃砂坩埚过滤、洗涤、干燥至恒重，称量。

2. 仪器与设备

常规实验室设备和仪器及玻璃砂坩埚：滤板孔径 5 ~ 15 μm。

3. 测定步骤

称取试样约 25 g，称准至 0.01 g。置于 250 mL 烧杯中，加 150 mL 水加热溶解。用预先在(105 ± 2)℃下烘至恒重的玻璃砂坩埚过滤，用约 100 mL 水，分 10

116

次洗涤。将玻璃砂坩埚置于(105 ± 2)℃烘箱内干燥 $1 \sim 5$ h,放入干燥器内冷却至室温,称量,称准至 0.2 mg。重复干燥到恒重。

4. 结果计算

水不溶物含量以质量分数 w_{4-1-4} 计,以%表示,按式$(4-1-3)$计算:

$$w_{4-1-4} = \frac{m_1 - m_0}{m} \times 100 \qquad (4-1-3)$$

式中:m_1 为水不溶物及玻璃砂坩埚的质量,g;m_0 为玻璃砂坩埚的质量,g;m 为试样的质量,g。计算结果精确到小数点后两位。取平行测定结果的算术平均值为测定结果。两次平行测定结果的平均值之比不得大于 0.05%。

4.1.5.5　氯化物含量测定　比浊法

按照《第3章 3.2 氯化物含量测定》执行。

氯化物含量以氯化钠(NaCl)的质量分数 w_{4-1-5} 计,以%表示。

4.1.5.6　氯酸盐含量测定

1. 方法提要

用过量的亚铁盐还原产品中的氯酸盐,用高锰酸钾滴定过量的亚铁盐,同时做空白试验。由高锰酸钾两次滴定之差,计算出氯酸盐含量。

2. 试剂与溶液

(1)硫酸亚铁铵标准滴定溶液:$c[(NH_4)_2Fe(SO_4)_2] = 0.1$ mol/L。

(2)高锰酸钾标准滴定溶液:$c(1/5KMnO_4) = 0.1$ mol/L。

3. 仪器与设备

常规实验室设备和仪器按以下配置。

微量滴定管:分度值 0.01 mL 或 0.02 mL。

4. 测定步骤

称取约 10 g 试样,称准至 0.01 g。置于 250 mL 锥形瓶中,加 100 mL 水。加热溶解,取下冷却至室温。用移液管加入 5 mL 硫酸亚铁铵标准滴定溶液 $\{c[(NH_4)_2Fe(SO_4)_2] = 0.1$ mol/L$\}$,煮沸 5 min。冷却后,用高锰酸钾标准滴定溶液$[c(1/5KMnO_4) = 0.1$ mol/L$]$滴至粉红色出现,并保持 30 s 不褪色,为终点。

同时做空白试验。

注:如 V 值很小,应适当增加硫酸亚铁铵标准溶液的加入量(用移液管准确加入)。

5. 结果计算

氯酸盐含量以(NaClO_3)的质量分数 w_{4-1-6} 计,以%表示,按式$(4-1-4)$计算:

$$w_{4-1-6} = \frac{[c_1 \cdot V_- c_2 \cdot (V - V_0)] \times 1000 \times M}{m} \times 100 \qquad (4-1-4)$$

式中：V 为滴定试样溶液所消耗的高锰酸钾标准滴定溶液的体积，mL；V_1 为加入硫酸亚铁铵标准滴定溶液的体积，mL；c_1 为硫酸亚铁铵标准滴定溶液的准确浓度，mol/L；V_0 为滴定空白溶液所消耗的高锰酸钾标准滴定溶液的体积，mL；c_2 为高锰酸钾（1/5 KMnO$_4$）标准滴定溶液的准确浓度，mol/L；m 为试样的质量，g；M 为氯酸钠（1/6NaClO$_3$）的摩尔质量，g/mol（$M = 17.74$ g/mol）。计算结果精确到小数点后两位。取平行测定结果的算术平均值为测定结果。两次平行测定结果的平均值之比不得大于 0.05%。

4.1.5.7 溴酸盐含量测定

1. 方法提要

在酸性介质中，溴酸盐与碘化钾反应释出碘，以淀粉为指示剂，用硫代硫酸钠标准滴定溶液滴定释出的碘。

2. 试剂与溶液

（1）盐酸溶液：1 + 10。

（2）碘化钾溶液：100 g/L，贮存于棕色瓶中，有效期一周。

（3）碘粉指示液：5 g/L（有效期 15 天）。

（4）硫代硫酸钠标准滴定溶液：$c(\text{Na}_2\text{S}_2\text{O}_3) \approx 0.01$ mol/L：

用移液管移取 50 mL 按 HG/T 3696.1 配制并标定后的 $c(\text{Na}_2\text{S}_2\text{O}_3)$ 约为 0.1 mol/L 的硫代硫酸钠标准滴定溶液，置于 500 mL 容量瓶中，用水稀释至刻度，摇匀。

3. 仪器与设备

常规实验室设备和仪器。

4. 测定步骤

称取约 10 g 试样，称准至 0.01 g，置于碘量瓶中，加 100 mL 水溶解，加 5 mL 碘化钾溶液（100 g/L）和 5 mL 盐酸溶液（1 + 10），置于暗处 30 min。用硫代硫酸钠标准滴定溶液[$c(\text{Na}_2\text{S}_2\text{O}_3) = 0.01$ mol/L]滴定，近终点（淡黄色）时，加 3 mL 淀粉指示液，继续滴定至无色即为终点。

同时作空白试验。

5. 结果计算

溴酸盐含量以溴酸钠（NaBrO$_3$）的质量分数 w_{4-1-7} 计，以% 表示，按式（4-1-5）计算：

$$w_{4-1-7} = \frac{[(V - V_0)/1000]cM}{m} \times 100 \qquad (4-1-5)$$

式中：V 为试样溶液所消耗的硫代硫酸钠标准滴定溶的液体积，mL；V_0 为空白试验溶液所消耗的硫代硫酸钠标准滴定溶液的体积，mL；c 为硫代硫酸钠标准滴定溶液的准确浓度，mol/L；m 为试样的质量，g；M 为溴酸钠（$1/6NaBrO_3$）的摩尔质量，g/mol（$M = 25.17$ g/mol）。计算结果精确到小数点后两位。取平行测定结果的算术平均值为测定结果。两次平行测定结果的平均值之比不得大于 0.05%。

4.1.5.8　硫酸盐灰分含量测定

1. 方法提要

将试样加入硫酸并加热分解，置于高温炉中灼烧，测定残余物质量。

2. 试剂和溶液

硫酸。

3. 仪器与设备

常规实验室设备和仪器按以下装置。

（1）瓷坩埚或二氧化硅坩埚。

（2）高温炉：控温精度 ±10℃。

4. 测定步骤

称取约 10 g 试样，称准至 0.01 g。置于预先在约（800 ± 10）℃下灼烧至恒重的瓷坩埚或二氧化硅坩埚内。加 3 mL 硫酸，在通风橱内置于可调温电炉上，缓慢加热使试样分解，直至白烟冒尽。转入高温炉中，在约（800 ± 10）℃下灼烧 40 min，自然冷却 5 min，再放入干燥器内冷却至室温，称量，如此反复直至恒重。

5. 结果计算

硫酸盐灰分以质量分数 w_{4-1-8} 计，以 % 表示，按式（4 - 1 - 6）计算：

$$w_{4-1-8} = \frac{m_1 - m_0}{m} \times 100 \qquad (4-1-6)$$

式中：m_1 为硫酸盐灰分加坩埚的质量，g；m_0 为坩埚的质量，g；m 为试样的质量，g。计算结果精确到小数点后两位。取平行测定结果的算术平均值为测定结果。两次平行测定结果的平均值之比不得大于 0.05%。

4.1.5.9　铁含量测定　目视比浊法

按照《第 3 章 3.3 铁含量测定》执行。

4.1.5.10　热稳定性测定

1. 方法提要（指示剂试验法）

试样在规定温度下，加热一定时间，溶于水中，如果使指示液变色，则表示试样发生分解。

2. 试剂与溶液

（1）碘化钾。

（2）淀粉溶液：10 g/L。

3. 仪器与设备

常规实验室设备和仪器。

4. 测定步骤

(1)试样制备

称取约 10 g 试样四份,称准至 0.1 g。分别置于玻璃皿中。将盛有试样的玻璃皿放入干燥箱内距顶部 10 cm 处架子上,保持温度(177±2)℃。2 h 后从干燥箱中取出一份试样,以后每隔 1 h 再取出一份。试样放入干燥器内冷却 20 ~ 30 min。

(2)测定。

称取约 5 g 干燥并已冷却后的试样,称准至 0.01 g。置于 250 mL 碘量瓶中,加入 100 mL 水、0.5 g 碘化钾和 5 mL 淀粉溶液,搅拌使试样溶解。溶液应为无色,如果呈现紫色或蓝色则表示试样已发生分解。

4.1.5.11 pH 测定

按照《第 2 章 2.5 水溶液 pH 测定》执行。

4.1.5.12 细度测定

参照《第 2 章 2.6 粒度测定》执行。

4.1.6 烟花爆竹用工业高氯酸铵产品包装与运输中的安全技术

(1)标志。

产品包装袋上应有牢固清晰的标志,内容包括:生产厂名、厂址、产品名称、商标、等级、净含量、批号或生产日期和标准编号。国标中规定的"氧化剂"标志,"怕雨","怕晒"标志以及安全标签。

(2)标签。

每批出厂的产品都应附有质量证明书。内容包括:生产厂名、厂址、产品名称、商标、等级、净含量、批号或生产日期、产品质量符合标准的证明和标准编号。

(3)包装。

产品用内衬聚乙烯薄膜袋的塑料编织袋包装,聚乙烯薄膜袋的厚度不小于 0.04 mm,外包装材料的性能和检验方法应符合 GB/T 8946 的规定。包装应坚固完好,能抗御运输、储存和装卸过程中正常的冲击、振动和挤压,并便于装卸和搬运。每袋净含量 25 kg 不得超过 50 kg。或与用户商定。

(4)运输。

产品在运输过程中搬运时应小心轻放,严禁撞击。应有遮盖物,防止日晒、雨淋、受潮。不得与可燃物混运。

(5)贮存。

产品应贮存于阴凉、通风、干燥的库房内。应防止雨淋、阳光直射和受热。远离火种、热源。保持容器密封，严禁裸露空气中。工业高氯酸铵产品贮存期为五年。贮存期满后，使用前应检验是否符合本标准的要求。

（6）安全要求。

工业高氯酸铵是强氧化剂，当它与还原剂、有机物、易燃物（如硫、磷或金属粉末等）混合时可形成爆炸性混合物，急剧加热时可发生爆炸。灭火方法采用水或干粉灭火。在生产、运输、贮存和使用中需严格执行安全规程，防止事故发生。

4.2　工业高氯酸钾质量标准及关键指标测定

4.2.1　名称与组成

（1）中文名称：高氯酸钾。

（2）英文名称：Potassium Perchlorate。

（3）中文别名：过氯酸钾。

（4）化学式：$KClO_4$。

（5）相对分子质量：138.55。

（6）活性氧含量：46.19%。

（7）组成元素：K 为 28.22%；Cl 为 25.62%；O 为 46.19%。

（8）化学品类别：为一级无机氧化剂。

（9）管制：易制爆。

4.2.2　理化性质

（1）外观性状：无色斜方晶体或白色粉末。

（2）相对密度（11℃）：2.52 g/mL。

（3）转变点：α（正交晶）$\xrightarrow{299℃}\beta$（立方晶）。

（4）转变热：13.77 kJ/mol。

（5）熔点：610±10℃。

（6）沸点：640（±10，从 DTA 谱图观察）。

（7）生成热：−433.46 kJ/mol。

（8）吸湿性：在 23~25℃，相对湿度为 93% 时，在真空干燥器中达到平衡后增重 24 h 后 <1.0 mg/g。

（9）pH（23℃）：7.3（1% 高氯酸钾水溶液）。

（10）溶解度：见表 4-2-1、表 4-2-2。

表4-2-1 高氯酸钾在水中溶解度

温度/℃	溶解度/(g·100 g 溶剂$^{-1}$)
0	1.1
10	1.06
20	1.68
80	13.4
100	22.3

表4-2-2 高氯酸钾在非水溶剂中溶解度(25℃)

溶剂	溶解度/(g·100 g 溶剂$^{-1}$)
丙酮	0.155
乙酸乙酯	0.0015
乙醇	0.012
乙醚	不溶
甲醇	0.105
乙基乙二醇	1.03

(12)高氯酸钾 $KClO_4$(AR)，DTA 温度谱图(图4-2-1)：

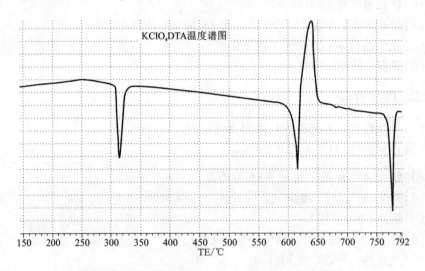

图4-2-1 高氯酸钾 $KClO_4$(AR) DTA 温度谱图

实验条件：环境温度 20±2℃，湿度<80%，升温速率10℃/min。

从高氯酸钾 DTA 温度谱图(4-2-1)可见：在接近300℃，600℃，770℃观察到三个不同吸热峰。前两个吸热峰相对于正交晶→立方晶体相变和熔化。在熔点

122

以上温度出现放热分解,放出氧气。第三吸热峰为分解产物高温下的再次反应。

光谱分析证明,用高氯酸钾和氯酸钾产生焰火的机理完全相同。因而用高氯酸钾代替氯酸钾不会改变焰色。

(13)高氯酸钾高温下分解产物:

$$KClO_4 \longrightarrow KClO_2 + O_2 \longrightarrow KCl + 2O_2 + 2.85 \text{ kJ}$$

(14)高氯酸钾在高温下是强氧化剂:

1 g 高氯酸钾生成的有效氧为 0.462 g,是 1 g 氯酸钾提供的有效氧的 1.18 倍。

4.2.3　主要用途

高氯酸钾是在民用烟火剂中取代氯酸钾的主要氧化剂,由于其熔点较高,分解时释放热量较小,相对于用氯酸钾制成的烟火剂对热、摩擦、撞击的感度低。其主要用作烟花爆竹烟火药的氧化剂。

4.2.4　质量技术标准

烟花爆竹用工业高氯酸钾应符合表 4 - 2 - 3 中质量技术指标。

表 4 - 2 - 3　工业高氯酸钾质量技术指标/%

指标名称			指标	
			I	II
高氯酸钾($KClO_4$)		≥	99.2	99.0
水分		≤	0.02	0.03
氯化物(以 KCl 计)		≤	0.05	0.10
氯酸盐(以 $KClO_3$ 计)		≤	0.05	0.15
钠(以 NaClO 计)		≤	0.02	—
次氯酸盐(以 $KClO_4$ 计)		≤	无	无
溴酸盐(以 KBrO 计)		≤	0.20	—
钙镁盐(以氧化物计)		≤	0.20	—
铁(以 Fe_2O_3 计)		≤	0.002	—
水不溶物		≤	0.01	—
pH			7 ± 1.5	—
粒度:通过率　≥	420 μm 试验筛		100	—
	180 μm 试验筛		99.9	—
	150 μm 试验筛		99.5	99.5
	75 μm 试验筛		90.0	—

Ⅰ型产品主要用于气象火箭推进、氧化剂等；

Ⅱ型产品主要用于烟花爆竹、安全火柴、引火煤等。

4.2.5 高氯酸钾关键指标测定

烟花爆竹用工业氯酸钾关键指标测定应按照表 4-2-3 质量技术指标项进行，如有特殊要求，也可供需双方协商。

4.2.5.1 高氯酸钾含量测定

1. 方法提要

试样在高温下灼烧，其剩余物用水溶解，以硫酸铁铵为指示剂，用硫氰酸铵标准滴定溶液滴定。

$$KClO_4 \xrightarrow{\triangle} KCl + 2O_2 \uparrow$$
$$Cl^- + Ag^+ === AgCl \downarrow$$
$$Ag^+ + SCN^- === AgSCN \downarrow$$
$$Fe^{3+} + 6SCN^- === [Fe(SCN)_6]^-$$

2. 试剂与溶液

(1) 硝酸。

(2) 硝酸溶液：1 + 2。

(3) 硝酸银溶液：17 g/L。

(4) 硫酸铁铵 $[NH_4Fe(SO_4)_2 \cdot 12H_2O]$ 指示液：80 g/L。

(5) 硫氰酸铵标准滴定溶液：$c(NH_4SCN) = 0.1$ mol/L。

3. 仪器与设备

常规实验室设备和仪器按以下配置。

(1) 瓷坩埚：带盖，30 mL。

(2) 高温炉：控温精度 ±20℃。

4. 测定步骤

(1) 称取约 2 g 预先研磨成粉状的试样，称准至 ±0.1 mg，置于瓷坩埚中。将瓷坩埚放置高温炉在 700℃ 下灼烧 2 h。冷却后用水溶解蒸发皿中剩余物，转移至 500 mL 容量瓶中定容并摇匀。

(2) 用移液管移取 50 mL ±0.05 mL。试液置于 300 mL 烧杯中，加入 10 mL 硝酸，再加入 15 mL ±0.05 mL 的硝酸银溶液(17 g/L)。然后在电炉上保持微沸 3 min 冷却后过滤，用硝酸多次洗涤，滤液和洗液一并转移至 500 mL 锥形瓶中。加入 5 mL 硫酸铁铵指示液(80 g/L)，用硫氰酸铵标准滴定溶液 $[c(NH_4SCN) = 0.1$ mol/L$]$ 滴定至溶液成淡红棕色，记录所消耗的硫氰酸铵标准滴定溶液的体积 (V_1)。

124

（3）同时做空白试验，并记录消耗硫氰酸铵标准滴定溶液的体积（V_0）。

5. 结果计算

高氯酸钾含量以（$KClO_4$）的质量分数 w_{4-2-1} 计，以% 表示，按式（4-2-1）计算：

$$w_{4-2-1} = \frac{cM[(V_1-V_0)/1000]}{m \times \dfrac{50}{500}} \times 100 - (w_{4-2-2} + w_{4-2-3}) \quad (4-2-1)$$

式中：c 为硫氰酸铵标准滴定溶液的准确浓度，mol/L；M 为氯的摩尔质量，g/mol；V_1 为试验所消耗硫氰酸铵标准溶液的体积，mL；V_0 为空白试验中所消耗硫氰酸铵标准溶液的体积，mL；M_1 为高氯酸钾的摩尔质量，g/mol。（M_1 = 138.55 g/mol；w_{4-2-2} 为氯化物（以 KCl 计）的百分质量，%；w_{4-2-3} 为氯酸盐（以 $KClO_3$ 计）的百分质量，%；m 为试样的质量，g。计算结果精确到小数点后两位。取平行测定结果的算术平均值为测定结果。两次平行测定结果的绝对差值不大于 0.5%。

4.2.5.2　氯化物含量测定　银量法

1. 方法提要

在浓酸性介质中，试验溶液中加入过量的硝酸银溶液生成难溶的氯化银。以硫酸铁铵为指示液，用硫氰酸铵标准滴定溶液滴定过量的硝酸银溶液。

2. 测定方法

按照《第3章 3.2氯化物含量测定》执行。

3. 结果计算

氯化物含量以（KCl）的质量分数 w_{4-2-2} 计，以% 表示。

4.2.5.3　氯酸盐含量测定

1. 方法提要

用已知过量的亚铁盐还原产品中的氯酸盐，用高锰酸钾滴定过量的二价铁，同时做空白试验。由高锰酸钾两次滴定结果之差，计算出氯酸盐的含量。

$$ClO_3^- + 6Fe^{2+} + 6H^+ = 6Fe^{3+} + Cl^- + 3H_2O$$

$$MnO_4^- + 5Fe^{3+} + 6H^+ = Mn^{2+} + 5Fe^{2+} + 4H_2O$$

2. 试剂与溶液

（1）硫酸。

（2）磷酸。

（3）硫酸亚铁溶液：5%。

称取 5 g 硫酸亚铁（$FeSO_4 \cdot 7H_2O$），溶于适量水中，加 10 mL 硫酸，用水稀释至 100 mL。

（4）高锰酸钾标准滴定溶液：$c(1/5KMnO_4) = 0.02$ mol/L。

3. 仪器与设备

常规实验室设备和仪器按以下配置。

(1)分析天平:精度 0.1 mg。

(2)微量滴定管:分度值 0.01 mL 或 0.02 mL。

(3)本生阀:如图 4-4-2 所示。

4. 测定步骤

(1)称取约 10 g 试样,称准至 ±0.1 mg。置于 500 mL 锥形瓶中,加 200 mL 水。加热溶解后用移液管加入 5.00 mL 5% 硫酸亚铁溶液,盖上具有本生阀的橡皮塞,保持微沸 5 min。

(2)冷却后,用高锰酸钾标准滴定溶液 $[c(1/5KMnO_4) = 0.02\ mol/L]$ 滴定至粉红色出现,并保持 30 s 不褪色,即为终点。同时做空白试验。

5. 结果计算

氯酸盐含量以 (ClO_3^-) 的质量分数 w_{4-2-2} 计,以% 表示,按式(4-2-2)计算:

$$w_{4-2-2} = \frac{[(V_1 - V_0)/1000]c \times M}{m} \times 100 \qquad (4-2-2)$$

式中: V_1 为滴定试液所消耗的高锰酸钾标准滴定溶液的体积,mL; V_0 为空白试验所消耗的高锰酸钾标准滴定溶液的体积,mL; c 为高锰酸钾标准滴定溶液(以 $1/5KMnO_4$ 计)的准确浓度,mol/L; M 为氯酸盐(以 $1/6ClO_3^-$ 计)的摩尔质量,g/mol,($M = 13.91\ g/mol$); m 为试样的质量,g。计算结果精确到小数点后两位。取平行测定结果的算术平均值为测定结果。两次平行测定结果的平均值之比不得大于 0.2%。

4.2.5.4 钠含量测定

1. 方法提要

试样溶解于水,将试液于火焰光度计的灯中雾化后,测定雾状试样中的钠经火焰燃烧所激发的光谱强度。

2. 试剂与溶液

(1)钾标准溶液:1 mL 溶液含钾(K)1 mg。

(2)钠标准溶液:1 mL 溶液含钠(Na)1 mg。

3. 仪器与设备

常规实验室设备和仪器按以下装置。

(1)恒温水浴锅:控温精度 ±1℃。

(2)火焰光度计。

4. 测定步骤

(1)工作曲线的绘制。

126

①标准参比溶液的配制：取 5 个 100 mL 容量瓶，按表 4 - 2 - 4 所示量加入标准溶液，用水稀释至刻度，摇匀。

表 4 - 2 - 4　标准参比溶液的配制

溶液	1#	2#	3#	4#	5#
钾标准溶液/mL	10.00	10.00	10.00	10.00	10.00
钠标准溶液/mL	0	0.50	1.00	1.50	2.00

②测定：接通火焰分光光度计电源，预热 20 min，调节仪器的灵敏度，用 1# 溶液调零，用 5# 溶液调满刻度。依次测定标准参比溶液的辐射强度。每次测定前都应调节仪器的灵敏度。

③工作曲线的绘制：以钠含量为横坐标，以相应的标准参比溶液的辐射强度为纵坐标绘制工作曲线。

（2）试验溶液的制备。

称取约 1 g 试样，称准至 ±0.01 g。置于 100 mL 烧杯中，加适量水加热溶解，全部移入 100 mL 容量瓶中，用水稀释至刻度，摇匀，于 60 ~ 80℃ 的水浴中保温。

5. 测定步骤

接通火焰分光光度计电源，预热 20 min。调节仪器灵敏度，分别用标准参比溶液的 1# 和 5# 溶液调零和调满刻度。然后测定试验溶液（60 ~ 80℃）的辐射强度。每次测定都应调节仪器灵敏度。

6. 结果计算

钠含量以氯酸钠（$NaClO_4$）的质量分数 w_{4-2-3} 计，以 % 表示，按式（4 - 2 - 3）计算：

$$w_{4-2-3} = \frac{m_1 \times 10^{-3} \times 5.325}{m} \times 100 \qquad (4-2-3)$$

式中：m_1 为从工作曲线上查得的钠的质量，mg；m 为试样的质量，g；5.325 为将钠（Na）换算成氯酸钠（$NaClO_4$）的系数。计算结果精确到小数点后两位。取平行测定结果的算术平均值为测定结果。两次平行测定结果的平均值之比不得大于 0.2%。

4.2.5.5　水分含量测定

按照《第 2 章 2.2 水分含量测定》执行。

水分含量以质量分数 w_{4-2-4} 计，以 % 表示，计算公式同式（2 - 2 - 1）。

4.2.5.6　水不溶物含量测定

1. 方法提要

用水溶解试样，真空抽滤后在（105 ±2）℃烘干至质量恒定。称量水不溶物质量，计算水不溶物含量。

2. 仪器与设备

常规实验室设备和仪器按以下配置。

(1)璃砂坩埚：4 号，滤板孔径 5 ~ 15 μm。

(2)电热恒温干燥箱：温控精度 ±2℃。

(3)抽滤装置。

3. 测定步骤

称取约 10 g 试样，精确至 0.1 mg。置于 400 mL 烧杯中，加 200 mL 水，加热溶解。用已于(105 ±2)℃下干燥至质量恒定的玻璃砂坩埚真空抽滤，用热水洗至无氯离子为止(用硝酸银溶液检验)，将玻璃砂坩埚于(105 ±2)℃烘干至质量恒定。

4. 结果计算

水不溶物含量以质量分数 w_{4-2-4} 计，以% 表示，按式(4 - 2 - 5)计算：

$$w_{4-2-4} = \frac{m_1}{m} \times 100 \qquad (4-2-5)$$

式中：m_1 为水不溶物的质量，g；m 为试样的质量，g。计算结果精确到小数点后两位。取平行测定结果的算术平均值为测定结果。两次平行测定结果的平均值之比不得大于 0.2%。

4.2.5.7 水溶液 pH 测定(直接电位法)

1. 方法提要

在一定温度下用 pH 计测定试样溶液的 pH。

2. 测定方法

参照《第 2 章 2.5 水溶液 pH 测定》执行。

4.2.5.8 吸湿率测定

按照《第 2 章 2.7 吸湿性测定》执行。

4.2.5.9 粒度测定

参考《第 2 章 2.6 粒度测定》执行。

4.2.6 烟花爆竹用工业高氯酸钾产品包装与运输中的安全技术

(1)标志。

产品包装袋上应有牢固清晰的标志，内容包括：生产厂名、厂址、产品名称、商标、等级、净含量、批号或生产日期和标准编号及国标中规定的"氧化剂""怕雨""怕晒"标志和安全标签。

(2)标签。

每批出厂的产品都应附有质量证明书。内容包括：生产厂名、厂址、产品名

称、商标、等级、净含量、批号或生产日期、产品质量符合标准的证明和标准
编号。

(3)包装。

产品应采用双层包装,外包装应采用符合《铁路危险货物运输规则》《公路危
险货物运输规则》《水路危险货物运输规则》规定的外包装材料。内包装采用聚乙
烯塑料袋,每个包装的净含量为 25 kg 或者不得超过 50 kg。

(4)运输。

产品在运输过程中搬运时应小心轻放,严禁撞击。应有遮盖物,防止日晒、
雨淋、受潮。不得与可燃物混运。

(5)贮存。

产品应贮存于阴凉、通风、干燥的库房内。应防止雨淋、阳光直射和受热,
远离火种、热源,保持容器密封,严禁裸露在空气中。有效保质期为五年,超期
应经检验合格方可使用。

(6)安全防护。

工业高氯酸钾是强氧化剂,当它与还原剂、有机物、易燃物(如硫、磷、碳)
或金属粉末等混合时可形成爆炸性混合物,急剧加热时可发生爆炸。灭火方法采
用水、干粉灭火。在生产、运输、贮存和使用中需严格执行安全规程,防止事故
发生。

4.3 工业高锰酸钾质量标准及关键指标测定

4.3.1 名称与组成

(1)中文名称:高锰酸钾。

(2)英文名称:Potassium Permanganate。

(3)中文别称:灰锰氧、PP 粉。

(4)化学式:$KMnO_4$。

(5)分子量:158。

(6)元素组成:K 为 24.68%;Mn 为 34.81%;O 为 40.51%。

(7)化学品类别:无机化合物。

4.3.2 理化性质

(1)外观性状:深紫色细长斜方柱状结晶,有金属光泽;无臭。

(2)熔点:240℃。

(3)沸点:分解。

(4)水溶性(20℃):6.38 g/100 mL。

(5)密度(25℃):1.01 g/mL。

(6)溶解性:溶于水、碱液,微溶于甲醇、丙酮、硫酸。

(7)高锰酸钾受热分解:

$$2KMnO_4 \xrightarrow{\triangle} K_2MnO_4 + MnO_2 + O_2 \uparrow$$

(8)高锰酸钾在乙醇中氧化分解:

$$5C_2H_5OH + 4KMnO_4 + 6H_2SO_4 = 5CH_3COOH + 4MnSO_4 + 11H_2O + 2K_2SO_4$$

(9)高锰酸钾与过氧化氢反应(在碱性或中性环境):

$$2KMnO_4 + 3H_2O_2 = 2KOH + 2MnO_2 + 2H_2O + 3O_2 \uparrow$$

(10)高锰酸钾与过氧化氢反应(在酸性环境):

$$2KMnO_4 + 5H_2O_2 + 3H_2SO_4 = K_2SO_4 + 2MnSO_4 + 8H_2O + 5O_2 \uparrow$$

(11)高锰酸钾与甘油反应:

$$14KMnO_4 + 3C_3H_8O_3 = 7K_2CO_3 + 14MnO_2 + 12H_2O + 2CO_2 \uparrow$$

(12)高锰酸钾与乙炔反应(碱性环境):

$$10KMnO_4 + C_2H_2 + 14KOH = 10K_2MnO_4 + 2K_2CO_3 + 8H_2O$$

(13)高锰酸钾与乙炔反应(中性环境)

$$10KMnO_4 + 3C_2H_2 + 2KOH = 10MnO_2 \downarrow + 6K_2CO_3 + 4H_2O$$

(14)高锰酸钾与乙炔反应(酸性环境)

$$2KMnO_4 + C_2H_2 + 3H_2SO_4 = 2MnSO_4 + K_2SO_4 + 4H_2O + 2CO_2 \uparrow$$

(15)高锰酸钾与硫化氢反应:

$$2KMnO_4 + 5H_2S + 3H_2SO_4 = K_2SO_4 + 2MnSO_4 + 8H_2O + 5S \downarrow$$

(16)高锰酸钾与乙烯反应(碱性环境):

$$12KMnO_4 + C_2H_4 + 16KOH = 2K_2CO_3 + 12K_2MnO_4 + 10H_2O$$

(17)高锰酸钾与乙烯反应(中性环境)

$$4KMnO_4 + C_2H_4 = 2K_2CO_3 + 2H_2O + 4MnO_2 \downarrow$$

(18)高锰酸钾与乙烯反应(酸性环境)

$$12KMnO_4 + 5C_2H_4 + 18H_2SO_4 = 6K_2SO_4 + 12MnSO_4 + 28H_2O + 10CO_2 \uparrow$$

(19)高锰酸钾是最强的氧化剂之一,作为氧化剂受 pH 影响很大,在酸性溶液中氧化能力最强。其相应的酸高锰酸 $HMnO_4$ 和酸酐 Mn_2O_7,均为强氧化剂,能自动分解发热,和有机物接触能引起燃烧。

(20)稳定性:稳定,但接触易燃材料可能引起火灾。要避免的物质包括还原剂、强酸、有机材料、易燃材料、过氧化物、醇类和化学活性金属。

4.3.3 主要用途

烟花爆竹用作黏合药中的氧化剂。

4.3.4　工业高锰酸钾质量标准

1. 外观：深紫色，具有金属光泽的粒状、针状结晶。
2. 工业高锰酸钾应符合表4-3-1要求。

表4-3-1　工业高锰酸钾技术要求/%

项目	指标	
	优等品	一等品
高锰酸钾（$KMnO_4$）	≥99.3	≥99.1
氯化物（以 Cl 计）	≤0.01	≤0.02
硫酸盐（以 SO_4 计）	≤0.05	≤0.10
水不溶物	≤0.15	≤0.20

4.3.5　工业高锰酸钾关键指标测定

烟花爆竹用工业高锰酸钾技术指标测定应按照表4-3-1技术要求项进行。如有特殊要求，也可供需双方协商。

4.3.5.1　高锰酸钾含量测定

1. 方法提要

在酸性介质中，高锰酸钾与草酸钠发生氧化-还原反应，终点后微过量的高锰酸钾使溶液呈粉红色。从而确定高锰酸钾含量。

2. 试剂与溶液

（1）草酸钠：容量基准。

（2）硫酸溶液：1+1。

3. 仪器与设备

常规实验室仪器和设备。

4. 测定步骤

（1）称取约1.65 g试样，称准至0.2 mg。置于500 mL烧杯中，加300 mL水，使试样完全溶解。将溶液转移至500 mL容量瓶中，稀释至刻度，摇匀。于暗处放置1 h后，取上层清液置于滴定管中。

（2）称取预先在105~110℃下干燥至质量恒定的约0.3 g草酸钠，称准至0.2 mg。置于250 mL锥形瓶中，加100 mL水，使其完全溶解，加6 mL硫酸溶液（1+1）。滴加试验溶液，近终点时加热至70~75℃，继续滴定至溶液呈粉红色并保持30 s不褪色即为终点。

131

（3）同时做空白试验。

5．结果计算

高锰酸钾含量以（$KMnO_4$）的质量分数 w_{4-3-1} 计，以%表示，按式（4-3-1）计算：

$$w_{4-3-1} = \frac{m_1}{m(V-V_0)/500} \times \frac{M_1}{M_2} \times 100 \qquad (4-3-1)$$

式中：V 为滴定草酸钠所消耗试验溶液的体积，mL；V_0 为空白试验所消耗试验溶液的体积，mL；m_1 为草酸钠的质量，g；m 为试样的质量，g；M_1 为高锰酸钾（$1/5KMnO_4$）摩尔的质量，g/mol（$M_1 = 31.60$ g/mol）；M_2 为草酸钠（$1/2Na_2C_2O_4$）摩尔的质量，g/mol（$M_2 = 67.00$ g/mol）。计算结果精确到小数点后两位。取平行测定结果的算术平均值为测定结果。两次平行测定结果的绝对差值不大于 0.2%。

4.3.5.2 氯化物含量测定

1．方法提要

在酸性介质中，氯离子与阴离子生成难溶的氯化银，当氯离子含量较低时，在一定时间内氯化银呈悬浮体，使溶液混浊，采用目视比浊法判定试样溶液与标准比浊溶液的浊度，获得测定结果。

2．试剂与溶液

（1）过氧化氢。

（2）硝酸溶液：1+15。

（3）硝酸银溶液：17 g/L。

（4）氯化钠标准溶液：1 mL 溶液含氯（Cl^-）0.01 mg。

3．试验溶液的制备

称取约0.1 g试样，称准至0.2 mg。置于50 mL烧杯中，加少量水润湿，加25 mL硝酸溶液（1+15）使试样完全溶解。滴加过氧化氢使颜色退去，在水浴上蒸发至干。用水溶解残渣，将溶液转移至100 mL容量瓶中，稀释至刻度，摇匀。此溶液为试验溶液（A），用于氯化物、硫酸盐的测定。

4．测定方法

按照《第3章 3.2 氯化物含量测定》执行。

5．结果计算

氯化物含量（以 Cl^-）的质量分数 w_{4-3-2} 计。

4.3.5.3 硫酸盐含量测定

1．方法提要

在酸性介质中，硫酸根离子与钡离子生成难溶的硫酸钡。当硫酸根离子含量较低时，在一定时间内硫酸钡呈悬浮体，使溶液浑浊，采用目视比浊法判定试样溶液与标准比浊溶液的浊度，获得测定结果。

2. 试剂与溶液

(1)盐酸溶液：1+4。

(2)氯化钡溶液：250 g/L。

(3)硫酸盐标准溶液：1 mL 溶液含硫酸盐(SO_4^-)0.01 mg。

(4)试验溶液：用移液管移取 10 mL 试验溶液 A(5.2.3)，置于 50 mL 比色管中，加水至约 40 mL，加 1 mL 盐酸溶液(1+4)，1 mL 氯化钡溶液(250 g/L)，用水稀释至刻度，摇匀。放置 5 min，所呈浊度不得深于标准比浊液。

标准比浊溶液的配置：用移液管移取 5 mL(1 型产品优等品)，10 mL(1 型产品一等品)硫酸盐标准溶液，与试验溶液 A 同时同样处理。

3. 仪器与装置

常规实验室仪器与设备按以下仪器。

比色管：25 mL。

4. 测定方法

按照《第 3 章 3.4 硫酸盐含量测定》执行。

4.3.5.4　水不溶物含量测定

1. 方法提要

称取一定量的试样溶于水，过滤后，残渣在一定温度条件下干燥至质量恒定，称取后，确定水不溶物含量。

2. 测定步骤

参照《第 2 章 2.8 水不溶物含量测定方法》执行。

3. 结果计算

水不溶物含量以质量分数 w_{4-3-3} 计，以% 表示，计算公式同式(2-2-1)。

4.3.6　工业高锰酸钾包装与运输中的安全技术

(1)标志。

产品包装上应有牢固清晰的标志，内容包括：生产厂名、厂址、产品名称、型号、等级、净含量、批号(或生产日期)、生产许可证号和标准编号，以及 GB 190 中规定的"氧化剂"标志和 GB/T 191 中规定的"怕晒""怕雨"标志。

(2)标签。

每批出厂的产品都应附有质量证明书。内容包括：生产厂名、厂址、产品名称、型号、等级、净含量、批号(或生产日期)、产品质量符合标准的证明和标准编号。

(3)包装。

产品包装采用符合《铁路危险货物运输管理规则》、《汽车危险货物运输规则》及《水路危险货物运输规则》规定的包装材料。内包装采用聚乙烯塑料袋。包装时将袋内空气排尽后，扎紧袋口。

包装应坚固完好，能抗御运输、储存和装卸过程中正常的冲击、振动和挤压，并便于装卸和搬运。每件净含量为 25 kg 或不得超过 50 kg。用户对包装有特殊要求时，可供需协商。

（4）运输。

产品的运输应符合《铁路危险货物运输管理规则》《汽车危险货物运输规则》及《水路危险货物运输规则》的有关规定，运输过程中应有遮盖物，防止曝晒和雨淋。防止猛烈撞击。防止包装破损。严禁与酸类、易燃物、有机物、还原剂、自燃物品、遇湿易燃物品等同车混运。运输车辆装卸前后，均应彻底清扫、洗净，严禁混入有机物、易燃物等杂质。装卸时要轻拿轻放，防止摩擦，严禁撞击。不得倒置。

（5）贮存。

工业高锰酸钾为强氧化剂，应储存于阴凉、通风的库房。远离火种、热源。严禁与酸类、易燃物、有机物、还原剂、自燃物品、遇湿易燃物品等同仓共贮。

在符合本标准贮存、运输条件下，工业高锰酸钾自生产之日起，保质期为三年。保质期满后，使用前应检验是否符合本标准的要求。

4.4　工业氯酸钾质量标准及关键指标测定

4.4.1　名称与组成

（1）中文名称：氯酸钾。

（2）英文名称：Potassium Chlorate。

（3）中文别名：白药粉、盐卜、洋硝。

（4）化学式：$KClO_3$。

（5）相对分子质量：122.55。

（6）组成元素：K 为 31.90%；Cl 为 28.96%；O 为 39.17%。

（7）有效氧：39.17%。

（8）化学品类别：无机盐。

（9）管制类型：易制爆。

4.4.2　理化性质

（1）外观性状：氯酸钾为无色透明单斜晶体。

（2）密度（固）：2.32 g/mL。

（3）生成热（25℃）：-391.2 kJ/moL。

（4）反应热：-38.07 kJ/mol。

（5）熔点：357（文献值：334～372 ℃）。

（6）沸点：368 ℃（400℃分解放出氧气）。

（7）转变点：单斜晶 $\xrightarrow{255\pm5}$ 正交晶。

（8）爆发点试验（5 s）：467℃。

（9）溶解度（g/100 mL）：

表 4 - 4 - 1　氯酸钾在水溶液中的溶解度

温度/℃	溶解度（g/100 g 溶剂）
0	3.3
20	7.3
80	37.6
100	56.3

表 4 - 4 - 2　氯酸钾在非水溶液中的溶解度

溶剂	溶解度（g/100 g 溶剂）
乙醇	0.81
甘油	1.05
丙酮	不溶
乙二醇	1.21
甲醇	0.095

（10）氯酸钾（AR）DTA 温度谱图（图 4 - 4 - 1）：

实验条件：环境温度 20±2℃，湿度 <80%，升温速率 10℃/min。

从氯酸钾（AR）DTA 温度谱图可见：在温度 357℃前几乎看不到热曲线的变化。温度为 368℃左右时，热曲线出现一明显的几乎是垂直的吸热峰，在温度升高至 400℃时，表现为一明显放热峰，放出氧气。

（11）氯酸钾在高温下表现为强氧化剂：

1 克氯酸钾生成的有效氧为 0.3917 g，加热至 357℃时，结晶体开始溶化并按下式分解：

$$4KClO_3 \xrightarrow{357} 3KClO_4 + KCl + (263.59)\,kJ/mol$$

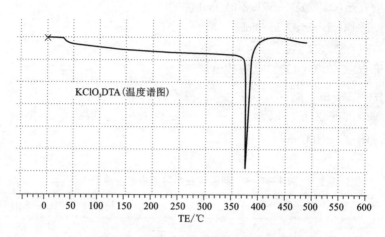

KClO₃DTA(温度谱图)

图 4 - 4 - 1　氯酸钾(AR)DTA 温度谱图

继续加热至400℃时开始分解放出氧并按下式分解:

$$KClO_4 \xrightarrow{400} KCl + 2O_2 - (38.07)\,kJ/mol$$

(12)当有催化剂 MnO_2 存在时,$KClO_3$ 便在较低的温度下分解并放出氧,且在分解时放出热量。

$$2KClO_3 \xrightarrow{\Delta} KCl + 3O_2 + (50.63 \pm 1.26)\,kJ/mol$$

(13)氯酸钾与低熔点的可燃物混合时特别敏感,见表4 - 4 - 3。

表 4 - 4 - 3　氯酸钾/可燃物混合的着火温度

可燃物	化学计量混合物的着火温度/℃
乳糖,($C_{12}H_{22}O_{11}$)	195
硫磺	220
虫胶	250
木炭	335
镁粉	540
铝粉	785
石墨	890

(14)氯酸钾与硫酸反应:生成二氧化氯(ClO_2)黄色气体,比空气重 1.3 倍,受日光照射爆炸分解成氯气和氧气,且能点燃任何与之接触的可燃物。

4.4.3　主要用途

（1）氯酸钾在烟花爆竹中主要用作烟火药中的氧化剂。

（2）用氯酸钾的烟火药剂能产生激发分子发射彩色光所需高温，而且火焰含有能有效加深焰火颜色的氯原子，使火焰中能生成 SrCl、CuCl、BaCl 等显色分子。

4.4.4　质量标准

烟花爆竹用工业氯酸钾质量技术指标应符合表 4 - 4 - 4 中要求。

表 4 - 4 - 4　工业氯酸钾质量技术指标/%

项目		指标		
		优等品	一等品	合格品
氯酸钾（$KClO_3$）	≥	99.5	99.2	99.0
水分	≤	0.05	0.10	0.10
水不溶物	≤	0.02	0.10	0.10
氯化物（以 KCl 计）	≤	0.04	0.06	0.10
溴酸盐（以 $KBrO_3$ 计）	≤	0.05	0.10	0.15
次氯酸盐试验		通过		
亚氯酸盐试验		通过		
重金属盐试验		通过		
碱土金属盐试验		通过		
125 μm 试验筛筛余物	≤	0.5	1.0	1.0

优等品主要用于火帽药，一等品主要用于烟火药，合格品主要用于有色烟雾剂。

4.4.5　氯酸钾关键指标测定

烟花爆竹用工业氯酸钾质量技术指标测定应按照表 4 - 4 - 4 要求项进行。如有特殊要求，也可供需双方协商。

4.4.5.1　氯酸钾含量测定

1. 方法提要

用已知（过量）的铁（Ⅱ）盐，还原氯酸盐，以二苯胺磺酸钠为指示液，用重铬酸钾标准滴定溶液滴定过量的铁(Ⅱ)盐。

$$ClO_3^- + 6Fe^{2+} + 6H^+ = Cl^- + 6Fe^{3+} + 3H_2O$$

$$Cr_2O_7^{2-} + 6Fe^{2+} + 14H^+ = 6Fe^{3+} + 2Cr^{3+} + 7H_2O$$

2. 试剂与溶液

(1)硫酸。

(2)磷酸。

(3)硫磷混酸:3 + 2。

(4)重铬酸钾标准滴定溶液:$c(1/6K_2Cr_2O_7) = 0.1$ mol/L。

(5)硫酸亚铁铵标准滴定溶液:$c[(NH_4)_2Fe(SO_4)_2] = 0.1$ mol/L。

(6)二苯胺磺酸钠指示液:5 g/L。

3. 仪器和设备

常规实验室设备和仪器按以下配置。

(1)分析天平:精度 0.1 mg。

(2)本生阀(图 4 - 4 - 2)。

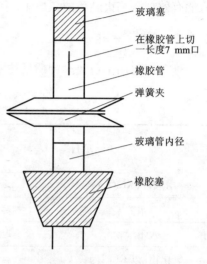

玻璃塞
在橡胶管上切一长度7 mm口
橡胶管
弹簧夹
玻璃管内径
橡胶塞

图 4 - 4 - 2　本生阀

4. 测定步骤

(1)称取 2.5 g 试样,称准至 ±0.2 mg。置 250 mL 烧杯中,加水溶解,全部移至 1000 mL 容量瓶中,稀释至刻度,摇匀。

(2)用移液管移取 25 mL 上述溶液,置于 500 mL 锥形瓶中,用移液管移取 50 mL 硫酸亚铁铵标准滴定溶液[$c[(NH_4)_2Fe(SO_4)_2] = 0.1$ mol/L],缓慢加入 20 mL 硫磷混酸(3 + 2),摇匀,塞上本生阀,在电炉上煮沸 10 min,夹紧弹簧夹 D,冷却至室温,取下本生阀。

(3)加 150 mL 水,加 5 滴二苯胺磺酸钠指示液(5 g/L)。用 0.1 mol/L 重铬酸钾标准滴定溶液[$c(1/6K_2Cr_2O_7) = 0.1$ mol/L]滴至溶液变为紫色为终点。同时作空白实验。

5. 结果计算

氯酸钾含量以($KClO_3$)的质量分数 w_{4-4-1} 计,以% 表示,按式(4 - 4 - 1)计算:

$$w_{4-4-1} = \frac{[(V_0 - V)/1000]cM}{m(25/1000)} \times 100 - 0.7338 \times w_{4-4-5} \qquad (4-4-1)$$

式中:V_0 为测定试液所消耗重铬酸钾标准滴定溶液的体积,mL;V 为空白试验所消耗重铬酸钾标准滴定溶液的体积,mL;c 为重铬酸钾标准滴定溶液的准确浓度,mol/L;M 为 $KClO_3$ 的摩尔质量,g/mol($M = 122.5$ g/mol)m 为试样的质量,g;0.7338 为溴酸盐(以 $KBrO_3$ 计)换算为氯酸钾的系数;w_{4-4-5} 为按 5.5 测得的溴酸盐(以 KBrO₃ 计)的质量分数。计算结果精确到小数点后两位。取平行测定结果的算术平均值为测定结果。两次平行测定结果的绝对差值不大于 0.2%。

4.4.5.2　水分含量测定

按照：《第 2 章 2.2 水分含量测定》执行。

氯酸钾水分含量以质量分数 w_{4-4-2} 计，以% 表示，计算公式同式(2-2-1)。

4.4.5.3　水不溶物含量测定

1. 方法提要

试样溶于热水中，用预先在 105～110℃下烘至恒重的玻璃砂坩埚过滤、洗涤、干燥至恒重，称量。

2. 试剂与溶液

(1)亚硝酸钠。

(2)硝酸溶液：1+1。

(3)硝酸银溶液：17 g/L。

3. 仪器与设备

常规实验室设备和仪器按以下配置。

(1)玻璃砂坩埚：滤板孔径 5～15 μm。

(2)恒温干燥箱：控温精度 ±2℃。

4. 测定步骤

称取约 20 g 试样，称准至 ±0.1 mg。置于 500 mL 烧杯中，加 300 mL 热水溶解，用预先在 105～110℃下烘至恒重的玻璃砂坩埚过滤，用热水洗涤坩埚中不溶物至滤液中无氯酸根为止。置于电热恒温干燥箱中，在 105～110℃下烘至恒量。置于干燥器中冷却至室温，称量。

氯酸根离子检验：用试管接 1～2 mL 滤液，加入几粒固体亚硝酸钠及数粒硝酸溶液(1+1)，再加数粒硝酸银溶液(17 g/L)后应不呈浑浊。

5. 结果计算

水不溶物的含量以质量分数 w_{4-4-3} 计，以% 表示，按式(4-4-3)计算：

$$w_{4-4-3}=\frac{m_1-m_0}{m}\times100 \qquad (4-4-3)$$

式中：m_1 为水不溶物及玻璃砂坩埚的质量，g；m_0 为玻璃砂坩埚的质量，g；m 为试样的质量，g。计算结果精确到小数点后两位。取平行测定结果的算术平均值为测定结果。两次平行测定结果的绝对差值不大于 0.2%。

4.4.5.4　氯化物含量测定

按照：《第 3 章 3.2 氯化物含量测定》执行。

氯化物含量以氯化钾(KCl)的质量分数 w_{4-4-4} 计，以% 表示。

4.4.5.5 溴酸盐含量测定

1. 方法提要

在酸性介质中，硝酸盐与碘化钾反应释出碘，以淀粉为指示剂，以硫代硫酸钠标准滴定溶液滴定释出碘。

2. 试剂与溶液

(1)盐酸溶液：1＋10。

(2)碘化钾溶液：100 g/L(棕色瓶保存，有效期一周)。

(3)硫代硫酸钠标准滴定溶液：$c(Na_2S_2O_3) = 0.01$ mol/L。

(4)可溶性淀粉指示剂：0.5%(有效期15 d)。

3. 仪器与设备

常规实验室设备和仪器。

4. 分析步骤

称取2 g试样，准确至0.01 g，于碘量瓶中，加100 mL水溶解，加5 mL，KI溶液(10%)和5 mL盐酸溶液(1＋10)，置于暗处30 min。用硫代硫酸钠标准准滴定溶液[$c(Na_2S_2O_3) = 0.01$ mol/L]滴定，近终点(淡黄色)时，加3 mL可溶性淀粉指示液(0.5%)，继续滴定至无色即为终点。同时作空白实验。

5. 结果计算

溴酸盐含量以(KBrO_3)的质量分数w_{4-4-5}计，以%表示，按式(4－4－5)计算。

$$w_{4-4-5} = \frac{[(V_0 - V)/1000]cM}{m} \times 100 \qquad (4-4-5)$$

式中：V_0为测定试验溶液所消耗硫代硫酸钠标准滴定溶液的体积，mL；V为空白试验所消耗硫代硫酸钠标准滴定溶液的体积，mL；c为硫代硫酸钠标准滴定溶液的准确浓度，mol/L；M为溴酸盐含量以溴化钾($1/6KBrO_3$计)的摩尔质量，g/mol ($M = 27.8$ g/mol)；m为试样的质量，g。计算结果精确到小数点后两位。取平行测定结果的算术平均值为测定结果。两次平行测定结果的绝对差值不大于0.2%。

4.4.5.6 重金属含量测定

1. 方法提要

在弱酸性条件下，硫化钠与重金属离子反应，采用目视法进行判断。

2. 试剂与溶液

(1)盐酸或硫酸溶液：$c = 0.1$ mol/L。

(2)硫化钠溶液，0.5%。

取硫化钠5 g，溶于10 mL水、30 mL丙三醇，加水稀释至1000 mL(遮光密封保存,有效期 3 个月)。

3. 仪器与设备

常规实验室设备和仪器。

4. 测定步骤

称取试样 1.25 g,称准至 0.01 g,置于 250 mL 锥形瓶中,加 25 mL 水溶解,加入 1 mL 盐酸或硫酸溶液($c = 0.1$ mol/L),摇匀,放置 10 min 后,溶液不得产生棕色沉淀。

4.4.5.7　碱土金属含量测定

1. 方法提要

在弱碱性条件下,试样溶液中的碱土金属离子与草酸根离子,生成难溶的草酸盐,以此判别有无碱土金属离子。

2. 试剂与溶液

(1)氨水溶液:1 +9。

(2)草酸铵溶液:100 g/L。

3. 仪器与设备

常规实验室设备和仪器。

4. 测定步骤

称取试样 1.25 g,称准至 0.01 g,置于 250 mL 锥形瓶中,加 25 mL 水溶解,加入 1 mL 氨水溶液和 5 mL 草酸溶液,将溶液加热至近沸,放置冷却至室温,不得产生沉淀。

4.4.6　烟花爆竹用工业氯酸钾产品包装与运输中的安全技术

(1)标志。产品包装袋上应有牢固清晰的标志,内容包括:生产厂名、厂址、产品名称、商标、等级、净含量、批号或生产日期和标准编号及国标中规定的"氧化剂","怕雨""怕晒"标志和安全标签。

(2)标签。每批出厂的产品都应附有质量证明书。内容包括:生产厂名、厂址、产品名称、商标、等级、净含量、批号或生产日期、产品质量符合标准的证明和标准编号。

(3)包装。产品应采用双层包装,外包装应采用符合《铁路危险货物运输规则》《公路危险货物运输规则》《水路危险货物运输规则》规定的外包装材料。内包装采用聚乙烯塑料袋,每个包装的净含量不得超过 50 kg。

(4)运输。产品在运输过程中搬运时应小心轻放,严禁撞击。应有遮盖物,防止日晒、雨淋、受潮。不得与可燃物混运。

(5)贮存。产品应贮存于阴凉、通风、干燥的库房内。应防止雨淋、阳光直射和受热，远离火种、热源，保持容器密封，严禁裸露空气中。有效保质期为三年，超期应经检验合格方可使用。

（6）灭火方法。采用水、干粉灭火。

（7）安全防护。氯酸钾有毒，能将血蛋白变成变异性血红蛋白，引起红血球大量减少。吸入大量粉尘或误食，会发生急性中毒。操作过程中应注意劳动防护。

4.5　工业硝酸钾质量标准及关键指标测定

4.5.1　名称与组成

（1）中文名称：硝酸钾。

（2）英文名称：Potassium nitrate。

（3）中文别名：硝石、盐硝、火硝。

（4）化学式：KNO_3。

（5）相对分子质量：101.10。

（6）活性氧含量：47.48%。

（7）组成元素：K 为 38.67%；N 为 13.85%；O 为 47.48%。

（8）化学品类别：为一级无机氧化剂。

（9）管制：易制爆。

4.5.2　理化性质

（1）外观性状：透明无色棱柱状或白色结晶性粉末。

（2）晶型转变点：$\alpha \xrightarrow{128℃} \beta$。

（3）晶型转变热：5.86 kJ/mol。

（5）相对密度（固）：2.109 g/mL。

（6）水溶液 pH：室温下为 7。

（8）熔点：338℃。

（9）沸点：400℃。

（10）生成热（25℃）：−492.79 kJ/mol。

（11）熔化热（25℃）：11.72 kJ/mol；

（12）溶解度：硝酸钾易溶于水及稀乙醇中，尤易溶于热水，在化学物质之中，硝酸钾溶解度变化是相当明显的。

表 4 − 5 − 1 硝酸钾在不同温度水中的溶解度

温度/℃	溶解度/g	温度/℃	溶解度/g	温度/℃	溶解度/g
0	11.6	40	39.1	80	62.8
10	17.7	50	46.2	90	67.1
20	24.1	60	52.5	100	71.1
30	31.5	70	58.0		

（13）高温时硝酸钾是强氧化剂。当温度超过 350℃时，开始激烈分解。首先放出氧气和生成亚硝酸钾，进而生成氧化钾，并放出氮气和氧气。有效氧为 39.6%（100 g KNO$_3$ 能释放出 39.6 g 氧）。其分解反应式如下：

$$2KNO_3 \xrightarrow{\triangle} 2KNO_2 + O_2 \uparrow$$

$$4KNO_2 \xrightarrow{\triangle} 2K_2O + 2N_2 \uparrow + 3O_2 \uparrow$$

$$4KNO_3 = 2K_2O + 2N_2 \uparrow + 5O_2 \uparrow$$

（14）可参与氧化还原反应：

$$S + 2KNO_3 + 3C = K_2S + N_2 \uparrow + 3CO_2 \uparrow （黑火药反应）$$

（15）酸性环境下具有氧化性：

$$6FeSO_4 + 2KNO_3（浓） + 4H_2SO_4 = K_2SO_4 + 3Fe_2(SO_4)_3 + 2NO \uparrow + 4H_2O$$

（16）硝酸钾与有机物、磷、硫接触或撞击加热能引起燃烧和爆炸，燃烧时火焰呈紫色，爆炸后产生有毒和刺激性的过氧化物气体。

在红热的炭中，它产生带有淡紫色火焰的闪光。

（17）硝酸钾（KNO$_3$）（AR）DTA（温度谱图），如图 4 − 5 − 1 所示：

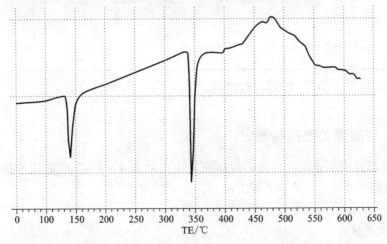

图 4 − 5 − 1 硝酸钾（KNO$_3$）（AR）DTA 温度谱图

实验条件：环境温度 20±2℃，湿度＜80％，升温速率 10℃/min。

硝酸钾在 130℃左右，显示出一个较小的尖锐的吸热峰，相应于六面锥形→长菱面型晶体转变。在 338℃有一更大的尖锐吸热峰（熔点 338℃），400℃（沸点）时开始出现一个较大的放热峰，分解反应放出氧气。

4.5.3　主要用途

硝酸钾由于其价格低廉，吸湿性小，用它制成的药剂较易点燃等特点，在烟花爆竹烟火药中主要用作制造黑火药、引火线、导火索、爆竹等的氧化剂，也用于焰火以产生紫色火花。

4.5.4　质量技术标准

烟花爆竹用工业硝酸钾应符合表 4-5-2 中质量技术指标。

表 4-5-2　工业硝酸钾质量技术指标/%

项目%		指标		
		优等品	一等品	合格品
硝酸钾	≥	99.7	99.4	99.0
水分	≤	0.10	0.20	0.30
碳酸盐（以 K_2CO_3 计）	≤	0.01	0.01	—
硫酸盐（以 SO_2 计）	≤	0.05	0.01	—
氯化物（以 Cl^- 计）	≤	0.01	0.02	0.10
水不溶物	≤	0.01	0.02	0.05
吸湿率	≤	0.25	0.30	—
铁（Fe）	≤	0.003	—	—

铵盐含量根据用户要求，按标准规定的方法进行测定

4.5.5　硝酸钾关键指标测定

烟花爆竹用工业硝酸钾关键指标测定应按照表 4-5-2 质量技术指标项进行，如有特殊要求，也可供需双方协商。

4.5.5.1　硝酸钾纯度测定　方法一：硝酸盐法

1. 方法提要

硝酸盐在钼盐催化下被亚铁盐还原，在磷酸介质中，过量的亚铁盐用高锰酸

钾标准滴定溶液滴定。

$$NO_3^- + 3Fe^{2+} + 4H^+ \Longrightarrow 3Fe^{3+} + NO\uparrow + 2H_2O$$

$$MnO_4^- + 5Fe^{2+} + 8H^+ \Longrightarrow Mn^{2+} + 5Fe^{3+} + 4H_2O$$

2. 试剂与溶液

(1)钼酸钠。

(2)硫酸。

(3)磷酸。

(4)硫酸溶液:2 + 3。

(5)硫酸亚铁溶液:称取约 25 g 硫酸亚铁($FeSO_4 \cdot 7H_2O$),溶于 500 mL 硫酸溶液(2 + 3)中。

(6)高锰酸钾标准滴定溶液$[c(1/5KMnO_4) = 0.1 \text{ mol/L}]$。

3. 仪器与设备

常规实验室设备和仪器。

4. 测定步骤

(1)称取约 1.5 g 试样,称准至 0.1 mg,加入 100 mL 水并加热,充分溶解后过滤,洗液和滤液一并转移至 500 mL 容量瓶中,摇匀后定容。

(2)量取 25 mL ± 0.05 mL 的试液置于 300 mL 锥形瓶中,加入 25 mL 硫酸亚铁溶液,再加入约 0.3 g 钼酸钠,再缓慢加入 20 mL 硫酸,边加入边摇动。把锥形瓶在沸水浴上加热,直到溶液颜色由棕褐色变成亮黄色。再加入 25 mL 水、5 mL 磷酸,用高锰酸钾标准滴定溶液$[c(1/5KMnO_4) = 0.1 \text{ mol/L}]$滴定至溶液呈微红色保持 30 s 不变即为终点。记录所消耗的高锰酸钾标准滴定溶液的体积(V_1)。

同时做空白试验,并记录所消耗的高锰酸钾标准滴定溶液的体积(V_0)。

5. 结果计算

纯度以硝酸钾(KNO_3)的质量分数 w_{4-5-1} 计,以% 表示,按式(4 – 5 – 1)计算:

$$w_{4-5-1} = \left[\frac{25}{M_1} \times \frac{25}{500} - c(V_1 - V_0) \times 10^{-3} \right] \times \frac{500M}{25m} \qquad (4-5-1)$$

式中:V_0 为空白所消耗高锰酸钾标准滴定溶液的体积,mL;V_1 为试液所消耗高锰酸钾标准滴定溶液的体积,mL;c 为高锰酸钾标准滴定溶液(以 1/5 $KMnO_4$ 计)的浓度,mol/L;M 为硝酸钾(以 1/3 KNO_3 计)的摩尔质量,g/mol,($M = 33.701$ g/mol);M_1 为硫酸亚铁的摩尔质量,g/mol,($M_1 = 278.02$ g/mol);m 为试样的质量,g。计算结果精确到小数点后两位。取平行测定结果的算术平均值为测定结果。两次平行测定结果的绝对差值不大于 0.5%。

4.5.5.2 硝酸钾纯度测定 方法二:钾盐法

1. 方法提要

在中性介质中,钾离子与四苯硼钠进行反应,生成四苯硼钾沉淀。如有铵离子存在,可加入甲醛溶液消除铵离子的干扰。根据生成的四苯硼钾的质量,确定硝酸钾含量。

$$NaB(C_6H_5)_4 + K^+ \xrightarrow{\text{酸碱性介质}} KB(C_6H_5)_{4白色} \downarrow + Na^+$$

2. 试剂与溶液

(1)无水乙醇。

(2)甲醛(使用前过滤)。

(3)乙酸溶液:1 + 100。

(4)氢氧化钠溶液:4 g/L。

(5)甲基橙指示液:0.4 g/L。

(6)酚酞指示液:10 g/L。

(7)四苯硼钠乙醇溶液:34 g/L。

称取3.49 g四苯硼钠溶于100 mL无水乙醇中,用时现配,用前过滤。

(8)四苯硼钾乙醇饱和溶液:

称取1 ~ 2 g本试验后的四苯硼钾沉淀,加50 mL无水乙醇,950 mL水,摇匀,用前过滤。

3. 仪器与设备

常规实验室设备和仪器按以下配置。

(1)电热恒温干燥箱:温控精度 ± 2℃。

(2)玻璃砂芯坩埚:滤板孔径为5 ~ 15 μm。

(3)抽滤装置。

4. 测定步骤

(1)称取1 ~ 1.2 g试样,称准至 ± 0.2 mg。置于100 mL烧杯中,加水溶解,溶液转移至500 mL容量瓶中,用水稀释至刻度,摇匀。

(2)干过滤,弃去前25 mL滤液,用移液管移取25 mL溶液,置于150 mL烧杯中,加20 mL水、2滴甲基橙指示液,用乙酸溶液(1 + 100)调节溶液恰呈红色;对以铵盐为原料生产的硝酸钾,加1 ~ 2滴酚酞指示液,2 mL甲醛,用氢氧化钠溶液(4 g/L)调节至溶液呈微红色。

(3)用恒温水浴加热溶液至45℃,继续保持溶液呈微红色(如果有沉淀需要过滤和洗涤),在搅拌下滴加8 mL四苯硼钠乙醇溶液(滴加时间约为5 min),继续搅拌1 min。放置30 min后,用预先在120℃ ± 2℃电热恒温干燥箱中干燥至质量恒定的玻璃砂坩埚抽滤。

（4）用 20 mL 四苯硼钾乙醇饱和溶液（34 g/L）转移沉淀，并用 15 mL 四苯硼钾乙醇饱和溶液（34 g/L）分 3～4 次洗涤沉淀（每次应抽干），用 2 mL 无水乙醇沿坩埚壁洗涤一次，抽干。于 120℃±2℃ 电热恒温干燥箱中烘至质量恒定。

5. 结果计算

硝酸钾含量以（KNO_3）的质量分数 w_{4-5-2} 计，以 % 表示，按式（4-5-2）计算：

$$w_{4-5-2} = \frac{m_1 \times 0.2822}{m \times \frac{25}{500}} \times 100 - 1.463 w_{4-5-4} = \frac{564.4 m_1}{m} - 1.463 w_{4-5-4}$$

（4-5-2）

式中：w_{4-5-4} 为由 5.4 测出的碳酸钾（K_2CO_3）的质量百分数，%；m_1 为四苯硼钾沉淀物的质量，g；m 为试样的质量，g；0.2822 为四苯硼钾换算为硝酸钾的系数；1.463 为碳酸钾（K_2CO_3）转换为硝酸钾（KNO_3）的系数。计算结果精确到小数点后两位。取平行测定结果的算术平均值为测定结果。两次平行测定结果的绝对差值不大于 0.3%。

4.5.5.3　水分含量测定

按照《第 2 章 2.2 水分含量测定》执行。

水分含量以质量分数 w_{4-5-3} 计，以 % 表示，计算公式同式（2-2-1）。

4.5.5.4　碳酸盐含量测定

1. 方法提要

甲基橙是双色指示液，在酸性溶液中呈橙红色，降低酸度甲基橙呈黄色，此滴定由黄色到橙（红）色。此测定以碳酸钾计，反应式如下：

$$K_2CO_3 + 2HCl \longrightarrow CO_2 \uparrow + H_2O + 2KCl$$

2. 试剂与溶液

（1）盐酸标准滴定溶液：$c(HCl) \approx 0.1$ mol/L。

（2）甲基橙指示液：0.4 g/L。

3. 仪器与设备

常规实验室设备和仪器。

4. 测定步骤

称取约 5 g 试样，称准至 ±0.01 g。置于 250 mL 锥形瓶中，加 50 mL 不含二氧化碳（蒸馏水二次蒸馏）的水溶解，加 3 滴甲基橙指示液，用盐酸标准滴定溶液 [$c(HCl) \approx 0.1$ mol/L] 滴定至溶液变为橙色。

5. 结果计算

碳酸盐含量以（K_2CO_3）的质量分数 w_{4-5-4} 计，以 % 表示，按式（4-5-3）计算：

$$w_{4-5-4} = \frac{10^{-3} VcM}{m} \times 100 \qquad (4-5-3)$$

式中：V 为滴定试验溶液消耗的盐酸标准溶液体积，mL；c 为盐酸标准滴定溶液的准确浓度，mol/L；m 为试样的质量，g；M 为碳酸钾（$\frac{1}{2}$K$_2$CO$_3$）的摩尔质量，g/mol（$M = 69.10$ g/mol）。计算结果精确到小数点后两位。取平行测定结果的算术平均值为测定结果。两次平行测定结果的绝对差值不大于 0.2%。

4.5.5.5 硫酸盐含量测定　目视比浊法

按照《第 3 章 3.4 硫酸盐含量测定》执行。

硫酸盐的含量以（SO$_2$）质量分数 w_{4-5-5} 计，以% 表示。

4.5.5.6 氯化物含量测定

参照《第 3 章 3.2 氯化物含量测定 》

氯化物含量以（Cl$^-$）的质量分数 w_{4-5-6} 计，以% 表示。

4.5.5.7 水不溶物含量测定

1. 方法提要

试料经溶解于水后过滤，干燥，以残留物称量计算。

2. 试剂

二苯胺—硫酸指示剂：10 g/L：（称取 0.1 g 二苯胺，溶于 100 mL 硫酸中）。

3. 仪器与设备

常规实验室设备和仪器按以下配置。

(1)恒温干燥箱，可控温度 ±2℃。

(2)分析天平，精度为 0.1 mg。

(3)4 号玻璃砂芯坩埚，容积为 30 mL；恒重。

(4)抽滤装置。

4. 测定步骤

(1)称取约 20 g 试样，称准至 0.1 mg，溶于 300 mL 水中，加热至溶解。

(2)将已称量的砂芯坩埚装在抽滤装置上，将(1)所得试液倒入砂芯坩埚中进行抽滤。烧杯壁附着物质用水洗下，再用温水洗净。洗到滤液中无硝酸根离子为止(用二苯胺—硫酸指示液检验不显蓝色)。

(3)将砂芯坩埚在 105℃下干燥 3 h。取出并置于干燥器中，冷却至室温后称量。

5. 结果计算

水不溶物的质量分数以 w_{4-5-7} 计，以% 表示，按式(4-5-4)计算：

$$w_{4-5-7} = \frac{m_2 - m_1}{m} \times 100 \qquad (4-5-4)$$

式中：m_2 为砂芯坩埚和不溶物的质量，g；m_1 为砂芯坩埚的质量，g；m 为试样的质量，g。计算结果精确到小数点后两位。取平行测定结果的算术平均值为测定结果。两次平行测定结果的绝对差值不大于 0.1%。

4.5.5.8　吸湿率测定

按照《第 2 章 2.7 吸湿性测定》执行。

吸湿率的质量分数以 w_{4-5-8} 计，以% 表示，计算公式同式（2-7-1）。

4.5.5.9　铁含量测定　配位滴定法

1. 方法提要

试样溶解后，试液在 pH 2.0 下用 EDTA 标准滴定溶液直接滴定。

$$Fe^{2+} + H_2Y^{2-} = FeY^- + 2H^+$$

2. 试剂与溶液

（1）盐酸溶液：1+4。

（2）氨水溶液：1+4。

（3）盐酸缓冲溶液（pH=2.0）：量取 0.8 mL 浓盐酸，缓慢加入烧杯中，加水稀释至1000 mL，混匀。

（4）乙二胺四乙酸二钠（EDTA）标准滴定溶液[c(EDTA)=0.02 mol/L]。

（5）磺基水杨酸指示液：1%。

3. 仪器与设备

常规实验室设备和仪器按以下装置。

（1）微量滴定管：分度值 0.02 mL。

（2）恒温水浴锅：精度为 ±2℃。

（3）pH 计：精度为 0.1。

4. 测定步骤

（1）称取约 5 g 试样，称准至 0.1 mg，置于 300 mL 烧杯中，加水溶解。

（2）过滤至 500 mL 锥形瓶中，加水 20 mL，充分振荡后用氨水溶液（1+4）和盐酸溶液（1+4）调节溶液使 pH 为 2.0～2.5，加 30 mL 盐酸缓冲溶液（pH=2.0），在恒温水浴锅中加热至 60～70℃后，滴加 8～10 滴磺基水杨酸指示液（1%），趁热用 EDTA 标准滴定溶液[c(EDTA)=0.02 mol/L]滴定至溶液呈米黄色。保持 30 s 不褪色，即为终点。

5. 结果计算

铁含量以（Fe）的质量分数 w_{4-5-10} 计，以% 表示，按式（4-5-6）计算：

$$w_{4-5-10} = \frac{(V/1000)cM}{m} \times 100 \tag{4-5-6}$$

式中：V 为试液所消耗的 EDTA 标准滴定溶液的体积，mL；c 为 EDTA 标准滴定溶液的浓度，mol/L；M 为铁的摩尔质量，g/mol，（M=55.845 g/mol）；m 为试样的质量，g。计算结果精确到小数点后三位。取平行测定结果的算术平均值为测定结果。两次平行测定结果的绝对差值不大于 0.05%。

4.5.5.10 铵盐含量测定 容量法

1. 方法提要

在中性介质中，铵盐与甲醛反应，生成同铵盐等摩尔的酸(六次甲基四胺和 H^+)，以酚酞为指示液，用氢氧化钠标准滴定溶液滴定。

$$4NH_4^+ + 6HCHO = (CH_2)_6N_4H^+ + 6H_2O + 3H^+$$

2. 试剂与溶液

(1)甲醛溶液：1 + 4。使用前应以酚酞为指示液，用氧氢化钠标准滴定溶液滴定至浅粉色。

(2)氢氧化钠标准滴定溶液[$c(NaOH) = 0.1$ mol/L]。

(3)酚酞指示液：10 g/L。

3. 仪器与设备

常规实验室设备和仪器按以下配置。

(1)分析天平，精度 0.1 mg。

(2)微量滴定管：精度 0.02 mL。

4. 测定步骤

(1)称取约 10 g 试样，称准至 0.1 mg，置于 250 mL 具塞的三角烧瓶中，用 50 mL 水溶解，加入 50 mL 甲醛溶液(1 + 4)，摇匀，放置 5 min。

(2)加入三滴酚酞指示液，用氢氧化钠标准滴定溶液[$c(NaOH) = 0.1$ mol/L]滴定至溶液呈浅粉色，保持 30 s 不褪色即为终点。

(3)同时做空白试验。

5. 结果计算

铵盐含量以铵离子(NH_4^+)的质量分数 w_{4-5-11} 计，以% 表示，按式(4 - 5 - 7)计算：

$$w_{4-5-11} = \frac{[(V_1 - V_0)/1000]cM}{m} \times 100 \qquad (4-5-7)$$

式中：V_1 为试液所消耗氢氧化钠标准滴定溶液的体积，mL；V_0 为空白试验所消耗氢氧化钠标准滴定溶液的体积，mL；c 为氢氧化钠标准滴定溶液的准确浓度，mol/L；M 为铵离子(以 NH_4^+ 计)的摩尔质量，g/mol，($M = 18.039$ g/mol)；m 为试样的质量，g。计算结果精确到小数点后三位。取平行测定结果的算术平均值为测定结果。两次平行测定结果的绝对差值不大于 0.05%。

4.5.6　烟花爆竹用工业硝酸钾产品包装与运输中的安全技术

（1）标志。

产品包装袋上应有牢固清晰的标志，内容包括：生产厂名、厂址、产品名称、商标、等级、净含量、批号或生产日期和标准编号及国标中规定的"氧化剂"，"怕雨"、"怕晒"标志和安全标签。

（2）标签。

每批出厂的产品都应附有质量证明书。内容包括：生产厂名、厂址、产品名称、商标、等级、净含量、批号或生产日期、产品质量符合标准的证明和标准编号。

（3）包装。

产品用内衬聚乙烯薄膜袋的塑料编织袋包装，聚乙烯薄膜袋的厚度不小于0.04 mm，外包装材料的性能和检验方法应符合 GB/T 8946 的规定。包装时，将内袋空气排净后，用维尼龙绳或质量相当的绳人工扎口；外袋应牢固缝合。每袋净含量50 kg 或与用户商定。

（4）运输。

产品在运输过程中搬运时应小心轻放，严禁撞击。应有遮盖物，防止日晒、雨淋、受潮。不得与可燃物混运。

（5）贮存。

产品应贮存于阴凉、通风、干燥的库房内。应防止雨淋、阳光直射和受热。远离火种、热源。保持容器密封，严禁裸露空气中。自出厂之日起保质期不少于2 年。

（6）灭火方法。

采用水、干粉灭火。

（7）安全防护。

硝酸钾是一种强氧化剂，与有机物接触，在一定的条件下能引起燃烧爆炸，并放出有刺激性的有毒气体，与碳粉或硫磺共热对，能发出强光和燃烧。在生产、贮运和使用过程中应注意安全。

4.6　工业硝酸钡质量标准及关键指标测定

4.6.1　名称及组成

（1）中文名称：硝酸钡。

（2）英文名称：barium nitrate。

(3)化学式：Ba(NO₃)₂。

(4)组成元素：Ba 为 52.55%；N 为 10.71%；O 为 36.74%。

(5)分子量：261.34。

(6)化学品类别：无机盐。

(7)管制：易制爆。

4.6.2　理化性质

(1)外观：无色结晶或白色结晶性粉末。

(2)密度(固23℃)：3.24 g/mL。

(3)熔点：592℃。

(4)沸点：分解。

(5)生成热(25℃)：-992.33 kJ/mol。

(6)吸湿性：

表 4-6-1　(20℃)时，称量的精制样品在真空干燥器中达平衡后的吸湿率

吸湿时间	24	48	72	96
吸湿率/%	0.05	0.07	0.08	0.08
吸湿条件	20℃/93%			

(7)溶解度。在水中：8.7 g/100 g(20℃)，34.2 g/100 g(100℃)。

　　　　　在酸中：微溶；

　　　　　在乙醇、浓 HNO₃ 中：不溶；

(8)分解反应。

在接近熔点时，硝酸钡分解产物主要是氮的氧化物：

$$Ba(NO_3)_2 \longrightarrow BaO + NO\uparrow + NO_2\uparrow + O_2\uparrow$$

在高温下，硝酸钡按下式分解(该反应相当于 30.6% 的有效氧)：

$$Ba(NO_3)_2 \longrightarrow BaO + N_2\uparrow + 2.5O_2\uparrow$$

(9)硝酸钡(AR)DTA温度谱图(图 4-6-1)：

实验条件：环境温度 20±2℃，湿度 <80%，升温速率 10℃/min。

如图 4-6-1 所示：在 600℃ 左右，出现第一个尖锐的吸热峰，晶体松动，在 650℃ 左右有一较平稳的吸热谷，晶格处于熔融状态，逐步分解，在 700℃ 左右又出现一个宽于第一个的吸热峰，剧烈分解，放出 N₂ 和 O₂。

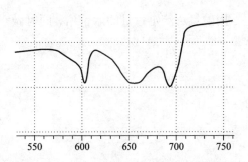

图4 – 6 – 1　硝酸钡(AR) DTA 温度谱图

4.6.3　主要用途

在烟花爆竹中主要用作绿焰发光剂又可作为氧化剂。与高氯酸钾配合用于闪光剂及爆炸用药剂;以硝酸钡用作单一氧化剂其典型特征是比含硝酸钾,高氯酸钾为氧化剂的烟火药剂难于点火。

4.6.4　质量技术要求

工业硝酸钡质量标准应符合表4 – 6 – 2要求。

表4 – 6 – 2　工业硝酸钡质量技术要求

项目		技术指标/%	
		一级品	二级品
硝酸钡[$Ba(NO_3)_2$]	≥	99.0	98.5
水分	≤	0.03	0.05
水不溶物	≤	0.05	0.10
铁(Fe)	≤	0.001	0.003
氯化物(以 $BaCl_2$ 计)	≤	0.05	—
pH(10 g/L 水溶液)		5.5 ~ 8.0	–

4.6.5　硝酸钡关键指标测定

烟花爆竹用工业硝酸钡关键指标测定应按照表4 – 6 – 2质量技术指标项进行,如有特殊要求,也可供需双方协商。

4.6.5.1　硝酸钡含量测定

1. 方法提要

在试样溶液中,加入一定量的重铬酸钾溶液,调整 pH 至约5.4,使 Ba^{2+} 离子

153

完全生成铬酸钡沉淀。用碘量法滴定过量的六价铬，同时做空白试验，由二者之差即可算得硝酸钡含量。

2. 试剂与溶液

(1)碘化钾。

(2)盐酸溶液：1+5。

(3)氨水溶液：1+9。

(4)乙酸铵溶液：150 g/L。

(5)重铬酸钾溶液：10 g/L。

(6)硫酸溶液：1+11。

(7)硫代硫酸钠标准滴定溶液：$c(Na_2S_2O_3) \approx 0.1$ mol/L。

(8)可溶性淀粉溶液：10 g/L。

3. 仪器与设备

常规实验室仪器与设备按以下配置。

(1)恒温干燥箱：精度为 ±2℃。

(2)恒温水浴锅：精度为 ±2℃。

(3)称量皿：$\phi60 \sim \phi70$ mm，高 30 mm。

4. 测定步骤

(1)称取约 1 g 试样，称准至 0.2 mg，置于 500 mL 烧杯中，加 280 mL 水使其溶解。

(2)加入 15 mL 盐酸溶液(1+5)，用移液管加入 100 mL 重铬酸钾溶液(10 g/L)，加热煮沸。在不断搅拌下缓慢滴加 30 mL 乙酸铵溶液(150 g/L)、20 mL 氨水溶液(1+9)，冷却至室温。

(3)全部转移至 500 mL 容量瓶中，稀释至刻度，摇匀，干过滤，弃去初始 25 mL 滤液。

(4)用移液管移取 100 mL 滤液置于 500 mL 碘量瓶中，加入 5 g 碘化钾、15 mL 硫酸溶液(1+11)，于暗处放置 10 min。取出以水冲洗瓶塞及瓶壁，加水使体积达 200 mL，以硫代硫酸钠标准滴定溶液[$c(Na_2S_2O_3) \approx 0.1$ mol/L]滴定，近终点时，加入 1 mL 淀粉指示液(10 g/L)，继续滴定至亮绿色为终点。

(5)同时进行空白试验。

5. 结果计算

硝酸钡含量以[$Ba(NO_3)_2$]的质量分数 w_{4-6-1} 计，以% 表示，按式(4-6-1)计算：

$$w_{4-6-1} = \frac{[(V-V_0)/1000]cM}{m \times 100/500} \times 100 \qquad (4-6-1)$$

式中：V_0 为空白试验所消耗的硫代硫酸钠标准滴定溶液的体积，mL；V 为滴定试

154

验溶液所消耗的硫代硫酸钠标准滴定溶液的体积，mL；c 为硫代硫酸钠标准滴定溶液的准确浓度，mol/L；m 为试样质量，g；M 为硝酸钡 $[1/3Ba(NO_3)_2]$ 的摩尔质量的数值，克每摩尔 (g/mol) $(M=87.12\ g/mol)$。

取平行测定结果的算术平均值为测定结果，两次平行测定结果的绝对差值不大于 0.2%。

4.6.5.2　水分含量测定

按照《第 2 章 2.2 水分含量测定》执行。

水分含量以质量分数 w_{4-6-2} 计，以% 表示，计算公式同式（2-2-1）。

4.6.5.3　水不溶物含量测定

1. 方法提要

将试样溶解于水中，将不溶物过滤，置于电热恒温干燥箱中烘至质量恒定，计算其水不溶物含量。

2. 试剂与溶液

无水硫酸钠溶液：20 g/L。

3. 仪器与设备

常规实验室设备和仪器按以下配置。

玻璃砂芯坩埚：滤板孔径为 5~15 μm。

4. 测定步骤

称取约 20 g 试样，称准至 0.01 g，置于 400 mL 烧杯中，加入 300 mL 水，加热至沸，盖上表面皿，移至沸水浴上保温 1 h。用已于 105~110℃ 条件下干燥至质量恒定的玻璃砂坩埚过滤，用热水洗涤滤渣至无钡离子[用硫酸钠溶液（20 g/L）检验无白色沉淀]，将玻璃砂坩埚和水不溶物置于 105~110℃ 电热恒温干燥箱中烘至质量恒定。

5. 结果计算

水不溶物含量以质量分数 w_{4-6-3} 计，以% 表示，按式（4-6-3）计算：

$$w_{4-6-3}=\frac{m_1-m_2}{m}\times100 \qquad (4-6-3)$$

式中：m_1 为玻璃砂坩埚和水不溶物的质量，g；m_2 为玻璃砂坩埚的质量，g；m 为试样的质量，g。取平行测定结果的算术平均值为测定结果；两次平行测定结果的绝对差值不大于 0.01%。

4.6.5.4　铁含量测定

按照《第 3 章 3.3 铁含量测定》执行。

铁含量以铁（Fe）的质量分数 w_{4-6-4} 计，以% 表示。

4.6.5.5　氯化物含量测定

测定步骤按照《第 3 章 3.2 氯化物含量测定》执行。

氯化物含量以（Cl^-）的质量分数 w_{4-6-5} 计，以% 表示。

4.6.5.6 水溶液 pH 测定

测定步骤按照《第 2 章 2.5 水溶液 pH 测定方法》执行。

4.6.6 烟花爆竹用工业硝酸钡包装与运输中的安全技术

1. 标志、标签、包装、运输、贮存

（1）标志。

产品包装上应有牢固清晰的标志，内容包括：生产厂名、厂址、产品名称、类别、净含量、批号（或生产日期）及"氧化剂""有毒品""怕热""怕雨"标志。

（2）标签。

每批出厂的产品都应附有质量证明书。内容包括：生产厂名、厂址、产品名称、类别、净含量、批号（或生产日期）、产品质量符合标准的证明和标准编号。

（3）包装。

产品采用铁桶包装。内包装采用聚乙烯塑料薄膜袋；外包装采用封口严密的铁桶包装。每桶净含量为 25 kg 或 50 kg。

（4）运输。

产品在运输过程中应有遮盖物，包装桶不得倒置、碰撞、保持包装的密封性、防止受潮、雨淋、避免阳光直接照射。禁止与酸类、易燃物、有机物、还原剂、自燃物品、遇湿易燃物品等混运。

（5）贮存。

产品应贮存于通风、干燥、有屋顶的仓库内，避免阳光直接照射，远离火种、热源。禁止与还原剂、酸类、碱类、食用化学品、有机化学品混贮。

2. 安全防护

（1）工业硝酸钡属于强氧化剂，遇可燃物着火时能助长火势。与还原剂、有机物、易燃物如硫、磷或金属粉末等混合可形成爆炸性混合物。燃烧分解时，放出有毒的氮氧化物气体。经常在被硝酸钡粉尘污染的空气中工作，能引起肺部和支气管的慢性炎症。

（2）灭火方法：火灾早期阶段，可用大量水施救。如大量的硝酸盐溶化或熔融时，用水扑救可引起熔融物的大面积喷溅。消防人员应佩戴防毒面具、穿全身消防服。

4.7　工业硝酸锶质量标准及关键指标测定

4.7.1　名称与组成

（1）中文名称：硝酸锶。

（2）英文名称：Strontium nitrate。

（3）中文别名：无水硝酸锶。

（4）分子式：$Sr(NO_3)_2$。

（5）相对分子质量：211.64。

（6）组成元素：Sr 为 41.40%；N 为 13.23%；O 为 45.36%。

（7）活性氧：37.80%。

（8）化学品类别：无机盐类。

4.7.2　理化性质

（1）外观性状：无色立方结晶或白色等轴晶系结晶粉末。有潮解性。

（2）相对密度（水 = 1）（25℃）：2.986 g/mL。

（3）生成热（25℃）：－976.38 kJ/mol。

（4）生成自由能（25℃）：－777.76 kJ/mol。

（5）熔点：570℃。

（6）沸点：580～680℃（分解）。

（7）溶解性：易溶于水 660 g/L（20℃）、液氨，水溶液呈中性。微溶于无水乙醇和丙酮，其溶解度随温度升高而显著增大。

（8）吸湿性：

表 4 - 7 - 1　（20℃）时，称量的精制样品在真空干燥器中达平衡后的吸湿率

吸湿时间	24	48	72	96
吸湿率/%	2.50	4.50	6.57	8.87
吸湿条件	20℃/93%			

（9）硝酸锶（AR）DTA 温度谱图（图 4 - 7 - 1）：

实验条件：环境温度 20 ±2℃，湿度 <80%，升温速率 10℃/min。

如图 4 - 7 - 1 所示：结晶在 570℃ 开始熔融，590℃ 出现一较小的吸热谷，随温度升高，在 670℃ 左右激烈分解，580℃ 时表现为一尖锐的吸热峰。硝酸锶的热

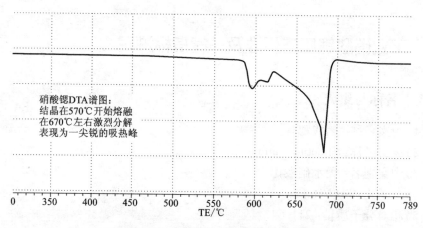

硝酸锶DTA谱图：
结晶在570℃开始熔融
在670℃左右激烈分解
表现为一尖锐的吸热峰

图 4-7-1　硝酸锶(AR)DTA 温度谱图

分解反应为吸热反应。

(10)硝酸锶有强氧化性，与易燃品接触能引起着火或爆炸，对皮肤有刺激性。

(11)能激发出深红色火焰：与有机物、还原剂、易燃物如硫、磷等接触、摩擦、碰撞及遇火时能引起燃烧和爆炸，发激发出深红色火焰。有刺激性，有毒。

(12)受热分解接近熔点时，有毒烟生成：

$$Sr(NO_3)_2 \xrightarrow{加热} SrO + NO \uparrow + NO_2 \uparrow + O_2 \uparrow$$

(13)在较高的温度下，硝酸锶按下式分解几乎不生成灰分：

$$Sr(NO_3)_2 \xrightarrow{加热} SrO + N_2 \uparrow + 2.5O_2 \uparrow$$

4.7.3　主要用途

(1)烟花爆竹中主要用于制造红色烟火。在烟火中既可作为氧化剂又可作为红焰色源。由于硝酸锶的吸湿性，很少单独使用，通常配合高氯酸钾用于红色焰火中。

(2)用于国防工业制造信号弹、曳光弹、火焰筒；用于制造航道、铁路、机场等的信号灯。

4.7.4　质量标准

烟花爆竹用工业硝酸锶质量技术指标应符合表 4-7-2 要求。

表 4 - 7 - 2　工业硝酸锶质量技术指标/%

项目名称		等　级		
		优等品	一等品	合格品
锶钡钙合量[以 Sr(NO₃)₂ 计]	≥	99.0	98.5	98.0
钡(Ba)	≤	0.5	1.0	1.5
钙(Ca)	≤	0.1	0.5	1.5
铁(Fe)	≤	0.001	0.002	0.005
重金属(以 Pb 计)	≤	0.001	0.001	0.005
水不溶物	≤	0.03	0.05	0.10
水分	≤	0.5		

4.7.5　硝酸锶关键指标测定

烟花爆竹用工业硝酸锶关键指标应按照表 4 - 7 - 2 质量技术指标项进行,如有特殊要求,也可供需双方协商。

4.7.5.1　锶钡钙合量[以 Sr(NO₃)₂ 计]测定

1. 方法提要

试样经水溶解后,在碱性条件下,用邻甲苯酚酞络合指示剂 - 萘酚绿 B 混合指示剂作指示剂,用乙二胺四乙酸二钠标准滴定溶液滴定,根据乙二胺四乙酸二钠标准滴定溶液消耗量计算得锶钡钙合量[以 Sr(NO₃)₂ 计]。

2. 试剂与溶液

(1)氨水溶液: 1 + 1。

(2)乙醇: 95%。

(3)乙二胺四乙酸二钠标准滴定溶液: $c(EDTA) = 0.02$ mol/L。

(4)邻甲苯酚酞络合指示剂 - 萘酚绿 B 混合指示剂。

3. 仪器与设备

常规实验室仪器与设备。

4. 测定步骤

(1)称取约 1.2 g 试样,称准至 0.2 mg。置于 100 mL 烧杯中,加 20 mL 水溶解试样,然后全部转移至 250 mL 容量瓶中,用水稀释至刻度,摇匀。

(2)用移液管移取上述试验溶液 25 mL,置于 250 mL 锥形瓶中,用乙二胺四乙酸二钠标准滴定溶液滴定约 20 mL,加入 15 mL 氨水溶液、20 mL 95% 乙醇,加入适量的邻甲苯酚酞络合指示剂 - 萘酚绿 B 混合指示剂,用乙二胺四乙酸二钠标准滴定溶液滴定溶液呈亮绿色即为终点。

(3)同时进行空白试验。

5. 结果计算

锶钡钙合量以硝酸锶[$Sr(NO_3)_2$]的质量分数 w_{4-7-1} 计，以% 表示，按式(4-7-1)计算：

$$w_{4-7-1} = \frac{c \times (V_1 - V_0) \times M \times 10^{-3}}{m \times 25/250} \times 100\% \qquad (4-7-1)$$

式中：V_0 为滴定空白所消耗的 EDTA 标准滴定溶液的体积，mL；V_1 为滴定试液所消耗的 EDTA 标准滴定溶液的体积，mL；c 为 EDTA 标准滴定溶液的准确浓度，mol/L；m 为试样的质量，g；M 为硝酸锶的摩尔质量，g/mol($M = 211.63 \ g/mol$)。计算结果精确到小数点后两位。取平行测定结果的算术平均值为测定结果。两次平行测定结果的绝对差值不大于 0.3%。

4.7.5.2 钡含量测定

1. 方法提要

在 pH≈5.9 条件下，钡离子与重铬酸钾生成铬酸钡沉淀，沉淀经过滤、洗涤、用盐酸溶解后，用硫代硫酸钠标准滴定溶液进行滴定，由消耗标准滴定溶液的体积计算出钡的含量。

2. 试剂与溶液

(1)盐酸溶液：1+4。

(2)氨水溶液：1+1。

(3)乙二胺四乙酸二钠溶液：50 g/L。

(4)乙酸铵溶液：10 g/L。

(5)重铬酸钾溶液：50 g/L。

(6)碘化钾溶液：200 g/L。

(7)硝酸银溶液：17 g/L。

(8)乙酸-乙酸钠缓冲溶液(pH≈5.9)：称取 164 g 无水乙酸钠，溶于水，加7.5 mL 冰乙酸，用水稀释至 1000 mL，摇匀。

(9)硫代硫酸钠标准滴定溶液：$c(Na_2S_2O_3) = 0.01 \ mol/L$。

(10)甲基红指示液：1 g/L。

(11)淀粉指示液：10 g/L。

3. 仪器与设备

常规实验室仪器与设备。

4. 测定步骤

(1)称取约 4.3 g 试样，称准至 0.2 mg，置于 250 mL 烧杯中，加 30 mL 水溶解后，将溶液转移至 250 mL 容量瓶中，用水稀释至刻度，摇匀，使用中性滤纸干过滤。

(2)用移液管移取 50 mL 滤液，置于 250 mL 烧杯中，加 30 mL 乙二胺四乙酸二钠溶液(50 g/L)，加 2 滴甲基红指示液，用氨水溶液(1+1)调节试验溶液为黄色,再用盐酸溶液(1 +4)调至淡红色刚出现。再加入 10 mL 乙酸 – 乙酸钠缓冲溶液(pH≈5.9),加水至 100 mL,加热至沸,在搅拌下加入 10 mL 重铬酸钾溶液,盖上表面皿,煮沸 10 ~15 min。将烧杯及内容物置于 85℃ ±2℃水浴上保温 1 h,取下,静置 1 h 以上。

(3)沉淀用慢速滤纸过滤,用乙酸铵溶液(10 g/L)洗涤烧杯及沉淀,至取 5 mL 滤液加 5 滴硝酸银溶液(17 g/L)为无色。

(4)用 15 mL 盐酸溶液(1 +4)溶解滤纸上的沉淀于原烧杯中,再用热水洗涤至 100 mL,冷却。加入 10 mL 碘化钾溶液(200 g/L),搅拌,用硫代硫酸钠标准滴定溶液[$c(Na_2S_2O_3) =0.01$ mol/L]滴定至溶液呈淡黄色,加 2 mL 淀粉指示液(10 g/L),继续滴定至蓝色消失为终点。

(5)同时做空白试验。

5. 结果计算

钡含量以(Ba)的质量分数 w_{4-7-2} 计,以%表示,按式(4 –7 –2)计算:

$$w_{4-7-2} = \frac{c \times (V_1 - V_0) \times \frac{M}{4} \times 10^{-3}}{m \times 50/250} \times 100 \qquad (4-7-2)$$

式中: V_0 为滴定空白消耗硫代硫酸钠标准滴定溶液的体积,mL; V_1 为滴定试液消耗硫代硫酸钠标准滴定溶液的体积,mL; c 为硫代硫酸钠标准滴定溶液的准确浓度,mol/L; m 为试样的质量,g; M 为钡(Ba)摩尔质量的数值,g/mol($M =137.33$ g/mol)。取平行测定结果的算术平均值为测定结果;两次平行测定结果的绝对差值优等品不大于 0.05% ;一等品不大于 0.10% ;合格品不大于 0.15% 。

4.7.5.3　钙含量测定

1. 方法提要

试样用水溶解,在原子吸收分光光度计上,于 422.7 nm 处,用标准加入法测定试验溶液中钙含量。

2. 试剂与溶液

(1)盐酸溶液:1 +1。

(2)钙标准溶液:1 mL 溶液含钙(Ca)0.10 mg。

(3)二级水。

3. 仪器与设备

常规实验室仪器与设备及原子吸收分光光度计:配有钙空心阴极灯。

4. 分析步骤

(1)试验溶液的配制。

称取一定量的试样(优等品约 4.0 g,一等品约 1.0 g,合格品约 0.4 g),称准至 0.2 mg,置于 250 mL 烧杯中,加 50 mL 水溶解,将溶液全部移入 250 mL 容量瓶中,用二级水稀释至刻度,摇匀。用中速定量滤纸干过滤,得试验溶液。

(2)测定。

①在一系列 50 mL 容量瓶中,用移液管各移入 5 mL 试验溶液(5.6.4.1),再分别加入0.00 mL、0.50 mL、1.00 mL、2.00 mL 钙标准溶液,加入 1 mL 盐酸溶液,用二级水稀释至刻度,摇匀。

②在原子吸收分光光度计上,于波长 422.7 nm 处,用空气 - 乙炔火焰,选择最佳仪器工作条件,以二级水调零,测定其吸光度。

③以加入钙标准溶液的浓度为横坐标,对应的吸光度为纵坐标,绘制工作曲线,将曲线反向延长与横坐标相交处,即为试验溶液中钙的浓度。

5. 结果计算

钙含量以(Ca)的质量分数 w_{4-7-3} 计,以% 表示,按式(4 - 7 - 3)计算:

$$w_{4-7-3} = \frac{\rho \times 250 \times 50 \times 10^{-3}}{m \times 5} \times 100 \qquad (4-7-3)$$

式中:ρ 为从工作曲线上查出的试验溶液中钙的浓度,mg/L;m 为试样的质量,g;取平行测定结果的算术平均值为测定结果;两次平行测定结果的绝对差值优等品不大于 0.01%;一等品不大于 0.05%;合格品不大于 0.15%。

4.7.5.4 铁含量测定 分光度法

1. 方法提要

用抗坏血酸将试液中的 Fe^{3+} 还原成 Fe^{2+}。在 pH 为 2 ~ 9 时,Fe^{2+} 与 1,10 - 菲啰啉生成橙红色络合物,在分光光度计最大吸收波长(510 nm)处测定其吸光度。

在特定的条件下,络合物在 pH 为 4 ~ 6 时测定。

2. 测定方法

按照《第 3 章 3.3 铁含量测定》执行。

铁含量以 (Fe)的质量分数 w_{4-7-5} 计,以% 表示。

取平均测定结果的算术平均值为测定结果;

两次平均测定结果的差值优等品不大于 0.0001;一等品不大于 0.0002;合格品不大于 0.0005。

4.7.5.5 重金属含量测定

1. 方法提要

在弱酸性条件下,试样中的重金属离子与饱和硫化氢作用,生成棕褐色悬浮液,与同法处理的铅标准比对溶液比较。

2. 测定方法

按照《第 3 章 3.1 重金属含量测定》执行。

在白色背景下观察,所呈颜色不得深于标准比色溶液。

4.7.5.6 水不溶物测定

参照《第 2 章 2.8 水不溶物测定》执行。

1．试剂与溶液

（1）盐酸溶液：1＋1。

（2）二苯胺—硫酸指示剂（10 g/L）：称取0.1 g二苯胺，溶于100 mL硫酸中。

2．仪器与设备

常规实验室设备和仪器及4号玻璃砂芯坩埚：容积为30 mL。

用水充分抽吸洗净后，在105℃下干燥3 h，恒重后，置干燥器中备用。

3．测定步骤

（1）称取10 g试样，称准至0.01 g，置于250 mL烧杯中，加入2 mL盐酸溶液，加200 mL新煮沸并冷却的蒸馏水，加热至沸，并在近沸的温度下保温1 h，用已在105±2℃恒重的4号玻璃滤坩过滤，用热水洗涤滤渣至洗液无硝酸根离子为止用二苯胺—硫酸指示液检验不显蓝色）。

（2）于105±2℃的电烘箱中干燥至恒重。取出并置于干燥器中，冷却至室温后称量。

4．结果计算

水不溶物的质量分数以w_{4-7-6}计，以%表示，计算公式同式（2－8－1）。

4.7.5.7　水分含量测定

按照《《第2章 2.2 水分含量测定》执行。

水分含量以质量分数w_{4-7-7}计，以%表示，计算公式同式（2－2－1）。

4.7.6　烟花爆竹用工业硝酸锶包装与运输中的安全技术

1．标志、标签、包装、运输、贮存

（1）标志。

产品包装上应有牢固清晰的标志，内容包括：生产厂名、厂址、产品名称、类别、净含量、批号（或生产日期）及"氧化剂""有毒品""怕热""怕雨"标志。

（2）标签。

每批产品都应附有质量证明书。内容包括：生产厂名、厂址、产品名称、类别、净含量、批号（或生产日期）、产品质量符合标准的证明和标准编号。

（3）包装。

产品应采用牢固包装。塑料袋或二层牛皮纸袋外全开口或中开口钢桶（桶厚0.5 mm，每桶净重不超过50 kg或25 kg），再装入透笼木箱。

（4）运输。

产品运输过程中应有遮盖物，包装桶不得倒置、碰撞，保持包装的密封性，防止受潮、雨淋，避免阳光直接照射。禁止与酸类、易燃物、有机物、还原剂、自燃物品、遇湿易燃物品等混运。

（5）贮存。

产品应贮存于阴凉、通风、干燥的库房内。库温不宜超过 30℃，相对湿度保持在 80% 以下。

2. 安全防护

（1）危险特性：与有机物、还原剂、易燃物如硫、磷等接触或混合时有引起燃烧爆炸的危险。遇高热分解释出高毒烟气。

（2）有害燃烧产物：氮氧化物。

（3）灭火方法：失火时，可用水、沙土及各种灭火器扑救。

（4）健康危害：吸入对呼吸道有刺激性，引起一过性咳嗽、喷嚏和呼吸困难。对眼和皮肤有刺激性、大量口服刺激胃肠道，引起腹痛、恶心、呕吐和腹泻。生产工人操作时要穿工作服，戴口罩及乳胶手套等劳保用品，防止吸入和接触硝酸锶粉尘，以保护呼吸器官和皮肤。

4.8 硝基胍质量标准及关键指标测定

4.8.1 名称与组成

（1）中文名：硝基胍。

（2）英文名：Nitroguanidline。

（3）英文缩写：NQ。

（4）中文别名：硝基亚胺脲。

（5）分子式：$CH_4N_4O_2$。

（6）分子量：104.07。

（7）元素组成：C 为 11.5%；H 为 3.9%；N 为 53.8%；O 为 30.8%。

（8）C/H 比：0.038。

（9）含氮量：53.8%。

（10）氧平衡：按生成 CO_2 计算 −31%。按生成 CO 计算 −15.4%。

（11）化学品类型：有机化合物。

4.8.2 理化性质

（1）外观：白色纤维状结晶。

（2）结晶：硝基胍结晶有 α−型和 β−型，炸药中常用型号为 α−型。

（3）熔点：在 225~250℃，分解（依据于加热速度）放出氨气。

（4）密度（g/cm^3）：结晶 1.72；1.71。

（5）溶解度：100℃时 1 L 水可溶解硝基胍 82.5 g，25℃时只溶 4.4 g。微溶于甲醇和乙醇，几乎不溶于乙醚。溶于浓酸。溶于冷碱溶液并缓慢分解。

(6)吸湿性：30℃和90%相对湿度时，不吸湿。

(7)挥发性：不挥发。

(8)燃烧热：8353 kJ/kg。

(9)生成热：950 kJ/kg。

(10)爆热：a - 型 3019 kJ/kg；β - 型 3724 kJ/kg。

(11)比容：a - 型 1077 kJ/kg；β - 型 895 kJ/kg。

(12)爆温：约2098℃。

(13)爆压：(最大值)400 MPa。

(14)爆发点：5 s，275℃(分解)。

(15)爆燃点：熔化时分解，不爆燃。

(16)撞击感度：(锤重 2 kg，落高 47 cm；药量 20 mg)撞击功 49 N·m 时无反应。

(17)摩擦感度：压柱负荷 353N 无反应。

(18)起爆感度：最小起爆药量，叠氮化铅 0.20 g 和特屈儿 0.10 g。

(19)爆速(密度 1.55 g/ cm³)：7650。

(20)75℃国际热试验：48 h 内失重 0.04%。

(21)燃爆危险：硝基胍属爆炸品，可燃，具强刺激性。

(22)危险特性：受热、接触明火或受到摩擦、震动、撞击时可发生爆炸。受高热分解，产生有毒的氮氧化物。

(23)硝基胍(DTA)温度谱图(图 4 - 8 - 1)：

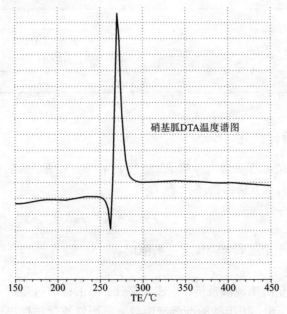

图 4 - 8 - 1 硝基胍 DTA 温度谱图

实验条件：环境温度 20±2℃，湿度 <80%，升温速率 10℃/min。

如图 4-8-1 所示，硝基胍在 250℃开始熔融出现一向下吸热峰，随着温度的升高在 280℃剧烈分解，形成一陡峭的放热峰。

4.8.3 主要用途

硝基胍为易爆品，在烟花爆竹中主要用于炸药和无烟火药的配制。它是硝化纤维火药、硝化甘油火药、二甘醇二硝酸酯的掺和剂及固体火箭推进剂的重要组分。

4.8.4 质量标准

用于烟火药中的硝基胍质量技术标准应满足表 4-8-1 要求。

表 4-8-1　硝基胍质量技术指标/%

名称		指标	
		Ⅰ类	Ⅱ类
硝基胍	≥	99.00	
灰分	≤	0.30	
硫酸盐(以 NaSO$_4$ 计)	≤	0.20	
水不溶物	≤	0.20	
总挥发分	≤	0.25	
pH		4.5~7.0	
酸度(以 H$_2$SO$_4$ 计)	≤	0.60	
细度/μm		3.4~6.0	≤3.3

4.8.5 关键指标测定

烟花爆竹用硝基胍关键指标测定，应按表 4-8-1 硝基胍质量技术指标项检测，也可根据供需双方协商检测项。

4.8.5.1 硝基胍含量测定

1. 范围

本方法适用于硝基胍≥98% 含量的测定。

2. 方法提要

硝基胍与过量的浓硫酸反应，生成硫酸铵，硫酸铵与过量的氢氧化钠反应生成氨，加热将氨蒸出，用硫酸标准溶液吸收，再用氢氧化钠标准滴定溶液滴定过量的硫酸标准溶液，以计算硝基胍含量。

3．试剂与溶液

（1）硫酸溶液：$c(1/2H_2SO_4) = 0.5\ mol/L$。

（2）氢氧化钠标准滴定溶液：$c(NaOH) = 0.5\ mol/L$。

（3）氢氧化钠溶液：20%。

（3）甲基红－亚甲基蓝混合指示液。

4．仪器与设备

常规实验室设备和仪器及蒸馏装置如图4－8－2所示。

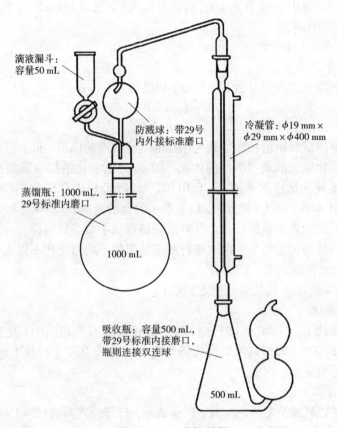

滴液漏斗：容量50 mL

防溅球：带29号内外接标准磨口

冷凝管：$\phi19\ mm \times \phi29\ mm \times \phi400\ mm$

蒸馏瓶：1000 mL，29号标准内磨口

1000 mL

吸收瓶：容量500 mL，带29号标准内接磨口，瓶则连接双连球

500 mL

图4－8－2 蒸馏装置

5．测定步骤

（1）试样准备。

将样品混合均匀，取约10 g置于称量瓶中，放入110℃±2℃烘箱中干燥1 h（或红外干燥20 min，温度70～80℃），取出放在干燥器内冷却至室温备用。

（2）称取约1 g试样，称准至0.1 mg，放入干燥的平底烧瓶，缓缓加入10 mL硫酸。将烧瓶移到电炉上，低温加热溶解及反应20 min，在加热过程中不断摇动，排出反应溶液中的二氧化碳；升温继续加热，使溶液变成清晰透明，将烧瓶取下冷却至室温。往瓶内加入 150 mL 水，摇匀。

（3）按图 4 - 8 - 2 连接蒸馏装置，在蒸馏装置的冷凝器下端连接盛有 50 mL 硫酸溶液(0.5 mol/L)的锥形瓶，往分液漏斗中加入 100 mL 氢氧化钠溶液(20%)，打开活塞使碱液一滴一滴的滴入圆底烧瓶内，滴完，用小量蒸馏水洗涤，关闭漏斗活塞，并往漏斗中注入小量蒸馏水。

（4）打开电炉加热蒸馏，煮沸蒸馏 30 min。卸下蒸馏器，用蒸馏水洗涤冷凝管支管，取下锥形瓶，加入 2 ~ 3 滴甲基红 - 亚甲基蓝混合指示液，以氢氧化钠标准滴定溶液[c(NaOH) = 0.5 mol/L]滴定至终点[变色点 pH = 5.4，5.2(红紫)→5.4(灰蓝)→5.6(绿)]。

（5）同时做空白试验。

6. 结果计算

硝基胍的含量以质量分数 w_{4-8-1} 计，以% 表示，按式(4 - 8 - 1)计算：

$$w_{4-8-1} = \frac{(V_1 - V_2)c \times 0.01401}{m \times 0.2692} \times 100 \qquad (4 - 8 - 1)$$

式中：V_1 为空白试验所消耗的氢氧化钠标准滴定溶液的体积，mL；V_2 为滴定试样所消耗的氢氧化钠标准滴定溶液的体积，mL；c 为氢氧化钠标准滴定溶液的准确浓度，mol/L；m 为试样的质量，g；0.01401 为与 1.00 mL 氢氧化钠标准滴定溶液[c(NaOH) = 1.000 mol/L]相当的，以 g 表示的氮的质量，g/mmol；0.2692 为硝基胍转化为氮的理论含氮量的质量。计算结果精确到小数点后两位。取平行测定结果的算术平均值为测定结果。两次平行测定结果的平均值之比不得大于 0.5%。

4.8.5.2　灰分含量测定　灼烧法

参照《第 2 章 2.4 灼烧残渣测定》执行。

1. 试样处理

称取试样约 1 g，称准至 0.1 mg，置于经恒量的石英坩埚中，先在电炉上炭化，然后放入 700 ~ 800℃ 高温炉内灼烧 1 h，取出于冷却架上冷却 5 min，再放入干燥器内冷却至室温，称量。

2. 结果计算

灰分含量以质量分数 w_{4-8-2} 计，以% 表示，计算公式同式(2 - 4 - 2)。

4.8.5.3　硫酸盐含量测定　重量法

1. 方法提要

试样在酸性介质中钡离子生成白色硫酸沉淀，经干燥、灼烧、恒重，得出硫酸盐含量。

2. 测定方法

按照《第 3 章 3.4 硫酸盐含量测定》执行；

3. 测定步骤

（1）称取试样约 5 g，称准至 0.1 mg，置于 500 mL 烧杯中，加入 200 mL 热水使其溶解,加入 1 mL 盐酸使溶液呈酸性,加入 1 mL 氯化钡溶液(100 g/L),并煮沸约 5 min,静置冷却并不时地进行轻微搅拌,直至室温。再静置至少 10 h 后,将溶液煮沸,然后用慢速定量滤纸过滤,滤渣用少量蒸馏水多次洗涤。洗至无氯离子(用硝酸银溶液检测无白色沉淀)为止。

(2)将滤纸连同滤渣(沉淀)移入预先已恒量的坩埚内,先在 105℃ 烘箱干燥,再用火炭化后,移入 600 ~ 650℃ 的高温炉内灼烧 1 h,取出于冷却架上冷却 5 min,再放入干燥器内冷却至室温,称量。

(3)以后每次灼烧 30 min,冷却,称量。直至连续两次的称量差不大于 0.5 mg。

4. 结果计算

硫酸盐(以 $NaSO_4$ 计)含量以质量分数 w_{4-8-3} 计,以% 表示。

4.8.5.4　水不溶物含量测定　重量法

按照《第 2 章 2.8 水不溶物含量测定》执行。

1. 试样准备

称取试样约 2 g,称准至 0.1 mg,置于 300 mL 烧杯中,加入 100 mL 蒸馏水,置于电炉上加热至全部溶解。趁热用已恒量的滤杯抽滤,以煮沸水洗涤数次,使硝基胍全部洗净。取下滤杯,再以热水冲洗滤杯底部,将滤杯连同滤渣(不溶物)一并置于 110℃ ±2℃ 烘箱中,恒温干燥 1 h(或采用红外干燥 20 min,温度 70 ~ 80℃),取出放在干燥器内冷却至室温。

(2)称量。直至连续两次的称量差不大于 0.5 mg。

2. 结果计算

水不溶物含量以质量分数 w_{4-8-4} 计,以% 表示,计算公式同式(2 – 8 – 1)。

4.8.5.5　总挥发分　烘箱法

按照《第 2 章 2.2 水分含量测定》执行。

1. 试样准备

称取试样约 5 g,称准至 0.1 mg,置于已恒量的称量瓶中,置于 100℃ ±2℃ 烘箱中,恒温干燥 1 h(或采用红外干燥 20 min,温度 70 ~ 80℃),取出放在干燥器内冷却至室温,称量。

2. 结果计算

总挥发分含量以质量分数 w_{4-8-5} 计,以% 表示,计算公式同式(2 – 2 – 1)。

4.8.5.6　水溶液 pH 测定　酸度计法

1. 方法提要

用中性水对试样进行萃取,用酸度计测定萃取液的 pH。

2. 测定方法

参照《第 2 章 2.5 水溶液 pH 测定》执行。

3. 测定步骤

(1)pH 计使用之前用 pH =4.0 和 pH =6.8 的标准缓冲溶液校对;

(2)称取试样约 5 g,称准至 0.1 mg,加入 250 mL 烧杯中,加入 200 mL 新煮沸并冷却至 80℃的蒸馏水,将烧杯放入 80℃ ±2℃水浴中使试样溶解;

(3)每隔 3 min 搅拌一次,当试样完全溶解时,立即取出烧杯,用流动自来水迅速冷却至室温;

(4)将 pH 计安装于烧杯试液中,用氢氧化钠标准滴定溶液[c (NaOH) = 0.05 mol/L]滴定,并轻轻搅拌,滴定至溶液至 pH 计读数为 7.6 为止;

(5)用等体积的蒸馏水做空白试验。

4. 结果计算

酸度(以 H_2SO_4 计)质量分数 w_{4-8-6},按式(4-8-2)计算

$$w_{4-8-6} = \frac{(V_3 - V_4)c \times 0.04904}{m} \times 100 \qquad (4-8-2)$$

式中:V_3 为试样滴定所消耗氢氧化钠标准滴定溶液的体积,mL;V_4 为空白滴定所消耗氢氧化钠标准滴定溶液的体积,mL;m 为试样的质量,g;c 为氢氧化钠标准滴定溶液的准确浓度,mol/L;0.04904 为与 1.00 mL 氢氧化钠标准滴定溶液 [c(NaOH) =0.05 mol/L]相当的,以 g 表示的硫酸质量,g/mmol。计算结果精确到小数点后两位。取平行测定结果的算术平均值为测定结果。两次平行测定结果的平均值之比不得大于 0.01%。

4.8.5.7 粒度测定

参照《第2章 2.6 粒度测定》执行。

4.8.6 烟花爆竹用工业硝基胍包装与运输中的安全技术

1. 标志、包装、运输、贮存和质量证明书

(1)标志。

产品包装桶上应标出:易燃固体、爆炸品及供方地址、产品名称、净重、牌号、批号等。

(2)包装。

产品内包装应采用双层防静电复合薄膜包装袋或吹膜袋包装,外包装为木桶或纸桶。每桶净重 25 kg。(如有其他要求由供需双方协商)。每个独立包装内应有一张产品包装卡片,卡片信息包括产品标志、净重、承制方检验人员签章、包装日期。

(3)运输。

必须符合危险品运输规定。运输过程中应特别注意防止阳光照射,雨淋和局部冻结。运输一定要在密闭的货厢内,不得和其他物品混装,装卸时不应损坏和污染包装物。

170

（4）贮存。

产品应贮存在干燥、阴凉、通风、清洁的库房内，室温不得超出 30℃，湿度应保持 65% 以上，远离火种及热源。

（5）质量证明书。

每批次产品都必须有检验合格证明书。根据产品质量技术标准，如实填写出厂检验指标。

2．消防措施

用水或雾状水进行灭火。严禁用砂土压盖，以免发生猛烈爆炸。

4.9　硝化棉（单基药）质量标准及关键指标测定

4.9.1　名称与组成

（1）中文名：硝酸纤维素。

（2）英文名：Cellulose nitrate；Nitrocellu – lose。

（3）英文简称：NC。

（4）别名：硝化棉；纤维素的硝酸酯。

（5）分级：在实用中，根据其含氮量分级，见表 4 – 9 – 1。

表 4 – 9 – 1　硝化棉含氮量分级

名称	含氮量/%	溶解性及主要用途
弱棉	8 ~ 12	可溶于乙醚和乙醇的混合物中。用于制造赛璐珞和用于爆炸药中
仲棉	12.6	能完全溶于 2 份乙醚和 1 份乙醇的混合物。用于无烟药
强棉	13.0 ~ 13.5	稍溶于醚醇混合物，能完全溶于丙酮，用于推进剂

工业上把 NC 分为 1 号强棉（含氮 ≥ 13.13%），2 号强棉（含氮 11.9% ~ 12.4%），3 号弱棉（含氮 11.8% ~ 12.1%），爆胶棉（含氮 11.94% ~ 12.3%），火胶棉（含氮 12.5% ~ 12.7%），清漆用棉（含氮 11.6% ~ 12.2%），赛璐珞棉（含氮 10.8% ~ 11.2%）等。为了便于理解，又有文献把含氮 ≤ 12.4% 的 NC 称胶棉，把含氮 > 12.4% 的称火棉。

（6）分子式：$C_6H_{10-x}O_5(NO_2)_x$。

（7）分子量：不同含氮量的硝化棉分子量可用下式估算。

$162.1 + \%N/14.4 \times 135$［一个纤维素单元（$C_6H_{10}O_5$）为基础］，见表 4 – 9 – 2。

表4-9-2　硝化棉不同含氮量的分子量

含氮量/%N	12.6	13.45	14.14
分子量	$(272.39)_n$	$(286.34)_n$	$(297.15)_n$

(8)组成,见表4-9-3。

表4-9-3　不同含氮量硝化棉的组成

含氮量/%N		12.6	13.45	14.14
C		26.46	25.29	24.25
H		2.78	2.52	2.37
N	%	12.60	13.45	14.14
O		58.16	58.74	59.29

(9)氧平衡,见表4-9-4:

表4-9-4　不同含氮量硝化棉的氧平衡

含氮量/%N	12.6	13.45	14.14
按生成 CO_2 计/%	-35	-29	-24
按生成 CO 计/%	0.6	4.7	8

(10)火药中常用的硝化棉含氮量的表示方法。

①含氮量百分数:每克硝化棉含有氮的重量百分数,用N%来表示。

②用NO的体积表示:1g硝化棉分解后,所放出的NO在标准状态下的体积,单位用(NO mL/g)表示,也可用符号K表示。

4.9.2　理化性质

(1)外观:白色纤维。

(2)熔点:分解。

(3)密度:含氮量13.3%或以上的硝化棉加压达到的最大密度1.3 g/cm^3。

(4)溶解度,见表4-9-5。

表4-9-5　不同含氮量硝化棉在不同溶剂中的溶解度

含氮量/%N		12.6	13.45	14.14
水(g/100 g)25℃		不溶	不溶	不溶
水(g/100 g)60℃		不溶	不溶	不溶
乙醚	(g/100 g)25℃	不溶	不溶	不溶
乙醇		甚少溶	不溶	不溶
2:1 醚醇		溶	稍溶(6~11)	(1+%)实际不溶
丙酮		溶	溶	溶

(5)热化学性质,见表4-9-6。

表4-9-6　不同含氮量硝化棉的热化学性质

含氮量/%N	12.6	13.45	14.14
燃烧热/(kJ·kg^{-1})	10086	9684	9328
生成热/(kJ·kg^{-1})	2583	2346	2148

(6)爆炸性质,见表4-9-7。

表4-9-7　不同含氮量硝化棉的爆炸性质

含氮量/%N	12.6	13.45	14.14
爆热/(kJ·kg^{-1})	3580	4040	4430
比容/(L·kg^{-1})	919	883	853
爆发点	170℃分解	230℃	—
撞击感度(落锤2 kg, 20 mg, 落高 cm)	8	9	8
摩擦感度	压柱负荷353N 无反应		
起爆感度	最少起爆药量,叠氮化铅0.10 g		
爆速(m/s)ρ=1.2 g/cm^3	—	—	7300 m/s

(7)热安定性:100℃热试验,含氮量13.45%的硝化棉第一个48 h 内失重0.3%;第二个48 h 内失重0.0%;100 h 不爆炸。

(8)硝化棉(DTA)温度谱图(图4-9-1)。

实验条件:环境温度 20 ±2℃,湿度 <80%,升温速率 10℃/min。

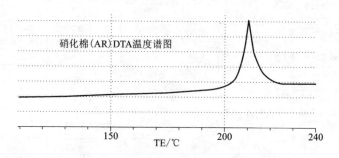

图 4 – 9 – 1   硝化棉(AR)DTA 温度谱图

如图 4 – 9 – 1 所示,含氮量 11.50% ~ 12.20% ,灰分 ≤0.2% ,爆发点 ≥ 200℃,在 210℃剧烈分解,形成一尖锐的放热峰。

(9) Ⅰ号单基发射药 DTA 温度谱图(图 4 – 9 – 2)。

实验条件:环境温度 20 ±2℃,湿度 <80%,升温速率 10℃/min。

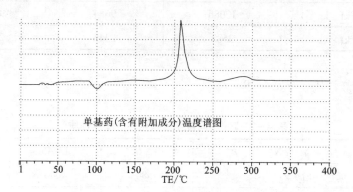

图 4 – 9 – 2   Ⅰ号单基发射药 DTA 温度谱图

图 4 – 9 – 2,含有二苯胺、硫酸钾、樟脑、松香等附加物成分的炮用单基发射药 DTA 温度谱图。外观性状呈淡黄色。在 100℃时,有一明显固熔吸热峰,随着温度 的升高,在 210℃剧烈的分解放热。峰图形与硝化棉(AR)DTA 温度谱图基本一致。

(10) Ⅱ号单基发射药 DTA 温度谱图(图 4 – 9 – 3)。

实验条件:环境温度 20 ±2℃,湿度 <80%,升温速率 10℃/min。

图 4 – 9 –3,只含有 2% 二苯胺无其他附加物成分的炮用单基发射药 DTA 温 度谱图。外观性状呈深黄色。其热分解的 DTA 图谱与硝化棉(AR)DTA 温度谱图 基本一致。

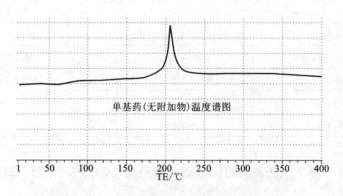

图4-9-3 Ⅱ号单基发射药 DTA 温度谱图

4.9.3 硝化棉质量技术标准

（1）我国军用硝化棉品号分类，见表4-9-8。

表4-9-8 军用硝化棉品号分类

硝化棉品号	硝化度/(mL·g^{-1})	含氮量/N%	用途
1#	>210	>13.16	配制混合棉
2#	190~198	11.9~12.4	配制混合棉
火棉胶	200~203.2	12.5~12.7	制造单基药
3#	188~193.5	11.8~12.1	制造双基药
爆胶棉	191~197	11.97~12.35	制造胶质炸药
枪用混合棉	>208	>13.04	制枪药（单基）
炮用混合棉	204~207.5	12.8~13.0	制炮药（单基）

（2）用于 1#、2# 混合棉的质量技术指标（符合 WJ23）规定，见表4-9-9。

表4-9-9 军用混合棉质量要求

指标名称	1#棉	2#棉
硝化度/mL(ON)/g	≥210	190~198
醇醚溶解度/%	≤15	≥95
乙醇溶解度/%	≤4.0	≤7.0
132℃安定度/mL(ON)/g	≤3.5	≤2.5

续表 4 - 9 - 9

指标名称	1#棉	2#棉
碱度(以 CaCO₃ 计)/%	≤0.25	≤0.25
灰分/%	≤0.5	≤0.5
黏度(恩氏黏度)	≥3.0	≥3.0
细断度/mL	≤90	—

(3)用于双基无烟药制造的(3#)硝化棉质量技术指标(符合 WJ21)规定,见表 4 - 9 - 10。

表 4 - 9 - 10   双基无烟药制造的(3#)硝化棉质量技术要求

指标名称	3#棉
硝化度/[mL(ON)/g⁻¹]	180.0 ~ 193.5
醇醚溶解度/%	≥98.0
乙醇溶解度/%	≤12
132℃安定度/[mL(ON)·g⁻¹]	≤2.5
碱度(以 CaCO₃ 计)/%	≤0.2
灰分/%	≤0.5
黏度(恩氏黏度)	1.9 ~ 2.6
湿润剂/%	30 ~ 45

4.9.4　主要用途

烟花爆竹使用的单基药主要成分是硝化棉,在烟火药中,由于硝化棉的分解产物主要为气体,因此多用做字幕烟花、微烟烟花、室内烟花、低温烟花、冷光烟花。

硝化棉也用作烟火药黏合剂。

单基药采用退役单基炮(枪)用发射药直接捣碎而成。单基炮(枪)用发射药种类较多,在 GJB 558A—1997 炮用单基发射药通用规范中,根据其不同用途单基炮用发射药组分也不同,有的发射药主成分硝化棉达到了 95%以上;有的组分附加物硫酸钾含量达到了 44% ~ 48%,松香含量为 2.0% ~ 3.0%。

4.9.5　单基药质量标准

烟花爆竹用单基药质量标准应达到表4-9-11质量技术指标和表4-9-12安全指标要求。

表4-9-11　单基药质量技术指标

名称		成分含量
硝酸纤维素(含氮量≥13%)/%	≥	90
硝化棉硝化度/(mL·g⁻¹)	≥	204
总挥发分/%	≤	5
二苯胺/%		1~2
松香/%		2.0~3.0
石墨/%		0.2~0.3
灰分/%	≤	0.4
硫酸钾		根据炮弹型号检定
外观		黄色粉状纤维,无明显可见杂质
80℃耐热试验		≥10 min
爆发点/℃		183~195
摩擦感度(锤重10 kg,落高250 mm,药量40 mg)		≥80%
撞击感度(表压2.5 MPa,摆角80°,药量20 mg)		≥50%

表4-9-12　单基药主要安全指标

名称		指标
水分/%		20~30
安定剂含量/%	≥	1.2
134.5℃甲基紫化学安定性试验		甲基紫试纸变成橙红色时间不应小于40 min,且5 h内不应爆炸或者燃烧
pH		5~9

4.9.6　单基药关键指标测定

烟花爆竹用单基药关键指标应按照表4-9-11和表4-9-12中的技术要求项进行测定。也可根据具体用途,供需双方商议检测项。

4.9.6.1 单基药总挥发份含量测定

1. 方法提要

将试样用溶剂溶解，以水或乙醇水溶液使硝化棉析出，除去溶剂，以失去的质量计算总挥发分的含量。

2. 试剂与溶液

(1)丙酮。

(2)乙醚。

(3)乙醇溶液：工业酒精经蒸馏，体积比为 2 + 1。

(4)乙醇 - 乙醚混合溶剂：2 + 5。

3. 仪器与设备

常规实验室仪器和设备按以下配置。

(1)专用烧杯(带有磨玻璃盖)：200 mL。

(2)恒温调速磁力搅拌器。

(3)恒温水浴锅：控温精度 ±2℃。

4. 测定步骤

(1)不含樟脑的试样测定。

①称取试样 2 g，称准至 0.1 mg。置于已恒量的专用烧杯中，加入 50 mL 丙酮，将聚四氟乙烯磁力搅拌子放入烧杯，盖上磨玻璃盖。将专用烧杯置于磁力搅拌器中心位置，接通加热电源，调节温度，在 40℃ 下溶解，并开启搅拌，直至试样呈均匀的溶液为止，关闭加热电源。

②烧杯冷却后，调节好搅拌速度，边搅拌边滴加 50 mL 乙醇溶液(2 + 1)。开始时逐滴缓慢加入，充分搅拌，将滴入时析出的沉淀搅拌均匀后再滴入下一滴，防止沉淀结片或结块。当乙醇溶液滴入烧杯中不再浑浊时可将滴定管中剩余的乙醇溶液(2 + 1)注入烧杯，同时不断搅拌，使硝化棉迅速析出。

③将搅拌子用镊子夹出，并用少量乙醇溶液洗涤。把烧杯(揭开烧杯盖)置于 40 ~ 50℃ 水浴内蒸发，至烧杯内容物约 40 mL 时，在 75 ~ 85℃ 下蒸发，在整个蒸发过程中用玻璃棒不断搅拌内容物，直至成为疏松状粉末。

④将烧杯放入 95 ~ 100℃ 烘箱中恒温干燥 6 h，冷却至室温后称量。在该温度下再干燥 1 h，冷却至室温后称量，直至连续两次称量差不大于 0.002 g。

(2)含有樟脑的试样测定。

①称取试样 2 g，称准至 0.1 mg。置于已恒量的专用烧杯中，加入 60 ~ 80 mL 乙醇 - 乙醚混合溶剂(2 + 5)，将聚四氟乙烯磁力搅拌子放入烧杯，盖上磨玻璃盖。将专用烧杯置于磁力搅拌器中心位置，接通加热电源，调节温度，在 30℃ 下溶解，并开启搅拌，直至试样呈均匀的溶液为止，关闭加热电源。

178

②烧杯冷却后，调节好搅拌速度，边搅拌边滴加 20 mL 水。开始时逐滴缓慢加入，充分搅拌，使硝化棉迅速析出。

③将搅拌子用镊子夹出，并用少量水洗涤。把烧杯(揭开烧杯盖)置于 40 ~ 50℃水浴内蒸发，至烧杯内容物约 40 mL 时，在 75 ~ 85℃下蒸发，在整个蒸发过程中用玻璃棒不断搅拌内容物，直至成为疏松状粉末。

④将烧杯放入 95 ~ 100℃烘箱中恒温干燥 6 h，冷却至室温后称量。在该温度下再干燥 1 h，冷却至室温后称量，直至连续两次称量差不大于 0.002 g。

5. 结果计算

试样中总挥发含量以质量分数 w_{4-9-1} 计，以% 表示，按式(4-9-1)计算：

$$w_{4-9-1} = \frac{m_1 - m_2}{m} \times 100 \qquad (4-9-1)$$

式中：m_1 为试样与专用烧杯质量，g；m_2 为专用烧杯质量，g；m 为试样质量，g。计算结果精确到小数点后两位。取平行测定结果的算术平均值为测定结果。两次平行测定结果之差应不大于 0.3% 。

4.9.6.2　单基药中二苯胺含量测定　溴化法

1. 方法提要

试样经皂化蒸馏，分离出二苯胺。过量的溴与碘化钾反应，用硫代硫酸钠标准滴定溶液滴定，生成等量的碘，以硫代硫酸钠标准滴定溶液消耗的体积计算二苯胺的含量。

2. 试剂与溶液

(1) 乙醚。

(2) 乙酸。

(3) 乙醇。

(4) 溴酸钾。

(5) 溴酸钾标准溶液：$c(1/6KBrO_3) = 0.2$ mol/L。

(6) 溴化钾。

(7) 溴化钾溶液：15% 。

(8) 盐酸溶液：1 + 1 。

(9) 氢氧化钠溶液：10% 。

(10) 硫代硫酸钠标准滴定溶液：$c(Na_2S_2O_3) = 0.1$ mol/L。

(11) 乙醇 - 乙醚混合溶剂：4 + 1 。

(12) 可溶性淀粉溶液：5 g/L。

(13) 碘化钾溶液：15% 。

3. 仪器与设备

常规实验室仪器和设备按以下配置。皂化蒸馏装置如图4-9-4所示。

4. 测定步骤

（1）称取试样3 g，称准至0.1 mg，置于250 mL圆底烧瓶内，加入100 mL氢氧化钠溶液（10%），用两端带有胶塞的安全导管连接圆底烧瓶和直管式冷凝器，并将直管式冷凝器与锥形瓶连接，圆底烧瓶置于电炉上。先打开冷水，再开启电炉，使试样皂化。

（2）缓慢加热至所有试样皂化后，再升高温度，使二苯胺与水一起蒸发，并流入锥形瓶内。

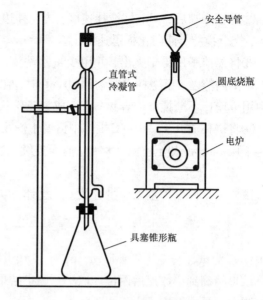

图4-9-4　皂化蒸馏装置

（3）当蒸馏至圆底烧瓶内剩余物为10～20 mL时，停止加热，冷却后拆卸仪器，用约20 mL相同的接受液分三次洗涤安全导管，洗涤液收集于锥形瓶中。

（4）当锥形瓶中内容物有分层现象即溶液表面出现油珠状经摇匀仍然存在时，应先将锥形瓶在不高于55℃的水浴中加热，以驱除乙醚，使分层现象消除。

（5）将锥形瓶中内容物摇混均匀，准确加入25 mL溴酸钾标准溶液$[c(1/6KBrO_3)=0.2\ mol/L]$，在20℃±3℃下保温10～15 min，然后加入10 mL盐酸溶液（1+1），立即塞上瓶塞，摇晃溴化约30 s。

（6）往锥形瓶内加入10 mL碘化钾溶液（15%），摇匀后，用硫代硫酸钠标准溶液$[c(Na_2S_2O_3)=0.1\ mol/L]$迅速滴定，接近终点时，加入2～3 mL淀粉溶液（5 g/L），继续滴定至蓝色消失。

（7）在相同条件下，将60 mL醇醚混合试剂或乙酸加入锥形瓶内，再加入80 mL蒸馏水，然后按（5）和（6）进行空白试验。两次空白试验消耗的硫代硫酸钠标准溶液的体积之差不大于0.2 mL。

5. 结果计算

二苯胺的含量以质量分数（w_{4-9-2}）计，以%表示，按式（4-9-2）计算：

$$w_{4-9-2}=\frac{(V_0-V)\cdot c\times0.02115}{m}\times100 \qquad (4-9-2)$$

式中：V_0为空白试验所消耗的硫代硫酸钠标准滴定溶液的体积，mL；V为滴定试样所消耗的硫代硫酸钠标准滴定溶液的体积，mL；c为硫代硫酸钠标准滴定溶液的准确浓度，mol/L；m 为试样的质量；g；0.02115 为与 1.00 mL 硫代硫酸钠标准滴定溶液 $[c(Na_2S_2O_3) = 1.000\ mol/L]$ 相当的二苯胺的摩尔质量，g/mmol。计算结果精确到小数点后两位。取平行测定结果的算术平均值为测定结果。两次平行测定结果之差应不大于 0.1%。

6. 补充要求

(1)乙醚经放置一定时间或换批时，应按下述程序之一检查过氧化物，合格后方能使用。

(2)取 25 mL 预检查的乙醚放入锥形瓶中，在 50~55℃ 的水浴上蒸发至 2~3 mL，加入 60 mL 醇醚混合溶剂和 80 mL 水，按(5)和(6)进行溴化和滴定。所消耗的硫代硫酸钠标准滴定溶液的体积与空白试验所消耗的体积之差，不超过 0.5 mL时，即为合格。

(3)取 20 mL 欲检查的乙醚，至于试管中。再加入 2 mL 碘化钾溶液(15%)，摇匀后不显或只显轻微的淡黄色，即为合格。

4.9.6.3　单基药中松香含量测定

1. 方法提要

将试样用氢氧化钠皂化，经酸化后，以乙醚提取松香，用称量法测定其含量。

2. 试剂与溶液

(1)硫酸。

(2)硝酸。

(3)乙醚。

(4)硫酸溶液：30%。

(5)硫酸 – 硝酸混酸溶液：1 + 1。

(6)氢氧化钠溶液：10%。

(7)精密 pH 试纸。

(8)滤纸。

3. 仪器与设备

常规实验室仪器和设备按以下配置。

(1)pH 计：pH 1~7，精度 0.1。

(2)分液漏斗：500 mL。

(3)恒温水浴锅。

4. 测定步骤

(1)称取试样 3 g，称准至 0.1 mg，置于 300 mL 锥形瓶内，加入 50 mL 氢氧化钠溶液(10%)。

(2)将锥形瓶置于电炉上加热皂化试样，为防止溶液外溅，应在锥形瓶上插一玻璃漏斗或在锥形瓶内加入 1~2 粒小瓷环。待试样皂化完后继续加热至二苯胺除尽,需 1.5~2 h。随着溶液蒸发损失,应补加热蒸馏水,以保持原有的体积。

(3)在加热过程中用玻璃棒蘸取硫酸 – 硝酸混酸溶液(1 + 1);置于锥形瓶上方。溶液不呈现蓝色,表明二苯胺已除尽,然后停止加热,取下锥形瓶冷却至室温。也可用表面皿接取数滴蒸发冷却液,再滴入 1~2 滴硫酸 – 硝酸混酸溶液,检查是否蓝色。

(4)在锥形瓶内加入 50~100 mL 水,用滴定管将硫酸溶液(30%)滴入锥形瓶内,中和皂化液至弱酸性。用精密 pH 试纸检查 pH 应在 5.0~5.5 范围内。

如用 pH 计检查时,应将锥形瓶内容物转移至烧杯中,用 50~100 mL 水分三次洗涤锥形瓶,洗液倒入原液烧杯中,冷却至室温。将 pH 计电极插入烧杯,在磁力搅拌器下,用滴定管滴加硫酸溶液至 pH 为 4.5~5.0 范围内。

(5)将溶液移入分液漏斗中,用 20~25 mL 乙醚洗涤烧杯及搅拌棒,洗涤溶液并入分液漏斗。塞紧漏斗塞。充分振荡 1~2 min,静置 15~20 min,将下层酸性溶液放入烧杯中,乙醚萃取溶液放入锥,再将酸性溶液用乙醚重复萃取,分离不少于 3 次。

(6)将乙醚萃取液移入分液漏斗中,加入 150 mL 水洗,振荡 1~2 min,静置 15~20 min,弃去下层溶液,再加 150 mL 水,振荡,静置,分离,直至下层溶液洗至中性。

(7)将乙醚萃取液用滤纸过滤于已恒量的烧瓶中,并用乙醚洗涤分液漏斗和滤纸,洗涤液收集于同一烧杯中。

(8)将烧杯置于 50~60℃ 的水浴上蒸去乙醚,再将烧杯置于 60~70℃ 烘箱内干燥 1 h,取出放入干燥器中,冷却至室温称量,以后每次干燥 30 min,直至连续两次称量差不大于 0.001 g。

5. 结果计算

试样中松香的含量以质量分数 w_{4-9-3} 计,以% 表示,按式(4 – 9 – 3)计算:

$$w_{4-9-3} = \frac{m_2 - m_1}{m} \times 100 \qquad (4-9-3)$$

式中:m_2 为试样与烧杯的质量,g;m_1 为烧杯的质量,g;m 为试样的质量,g。计算结果精确到小数点后两位。取平行测定结果的算术平均值为测定结果。两次平行测定结果之差应不大于 0.2%。

4.9.6.4 单基药中地蜡与石墨含量测定

1. 方法提要

试样皂化后,在酸性溶液中析出地蜡,以提取方法将地蜡与石墨分离,用称量法分别测定其含量。

2. 试剂与溶液

(1)乙醇。

（2）三氯甲烷。

（3）盐酸溶液：1 + 1。

（4）氢氧化钠溶液：10%。

（5）精密 pH 试纸。

3. 仪器与设备

常规实验室仪器和设备按以下配置。

（1）提取器：T - 5 型提取器或其他等效提取器。

（2）滤杯：滤板孔径 16 ~ 30 μm。

（3）沙浴或封闭电炉。

4. 测定步骤

（1）称取试样 3 g，称准至 0.1 mg，置于 250 mL 锥形瓶内，加入 100 mL 氢氧化钠溶液（10%），将玻璃漏斗置于瓶口，在沙浴或封闭电炉上加热，缓慢地将试样完全皂化，再继续煮沸约 15 min。反应剧烈时，液面距玻璃漏斗颈下端口约 20 mm 为宜。

（2）取下锥形瓶，用约 50 mL 热水冲洗瓶壁和漏斗，冷却后滴加盐酸溶液（1 + 1）至 pH 5 ~ 6。

（3）用已恒量的滤杯抽滤，用 30 ~ 40℃ 的水洗涤锥形瓶数次，并全部转入滤杯内，再用水洗涤滤杯内容物至中性。

（4）用约 10 mL 乙醇浸泡数分钟，抽滤至无乙醇气味。将滤杯置于 55℃ ± 5℃ 的烘箱中干燥 1 h，取出后放入干燥器中冷却至室温，称量，以后每次干燥 30 min，取出后放入干燥器中冷却至室温，称量，直至连续两次称量差不大于 0.5 mg。

（5）将滤杯置于提取器中，将提取器与盛有 50 mL 三氯甲烷的锥形瓶相连接，在 80 ~ 90℃ 的水浴中回流提取不少于 1 h。

（6）取出滤杯，放在 80 ~ 90℃ 的水浴上蒸去三氯甲烷。将滤杯置于 95℃ ± 5℃ 的烘箱中干燥 1 h，取出后放入干燥器中冷却至室温，称量，以后每次干燥 30 min，取出后放入干燥器中冷却至室温，称量，直至连续两次称量差不大于 0.5 mg。

5. 结果计算

（1）试样中地蜡与石墨总含量的计算。

试样中地蜡与石墨的总含量以质量分数 w_{4-9-4} 计，以% 表示，按式（4 - 9 - 4）计算：

$$w_{4-9-4} = \frac{m_2 - m_1}{m} \times 100 \qquad (4 - 9 - 4)$$

式中：m_2 为测定步骤（4）中的试样与滤杯质量，g；m_1 为滤杯质量，g；m 为试样

质量,g;

当石墨含量少于 0.05% 时,可只计算地蜡与石墨的总质量分数,不进行后面的(w_5)、(w_6)计算。

(2)试样中地蜡含量的计算。

试样中地蜡含量以质量分数(w_{4-9-5})计,以% 表示,按式(4-9-5)计算:

$$w_{4-9-5} = \frac{m_2 - m_3}{m} \times 100 \qquad (4-9-5)$$

式中:m_2 为测定步骤(4)中称得的试样与滤杯质量,g;m_3 为测定步骤(6)中称得的石墨与滤杯质量,g;m 为试样质量,g。

(3)试样中石墨含量的计算

试样中石墨含量以质量分数 w_{4-9-6} 计,以% 表示,按式(4-9-6)计算:

$$w_{4-9-6} = w_{4-9-4} - w_{4-9-5} \qquad (4-9-6)$$

式中:w_{4-9-4} 为地蜡与石墨的总含量的质量分数,g;w_{4-9-5} 为试样中地蜡含量的质量分数,g。计算结果精确到小数点后两位。取平行测定结果的算术平均值为测定结果。两次平行测定结果之差应不大于 0.2%。

4.9.6.5 单基药中硫酸钾含量测定 硫酸钡称量法

1. 方法提要

将试样用丙酮溶解,用水提取硫酸钾,以硫酸钡称量法测定硫酸钾的含量。

2. 试剂与溶液

(1)丙酮。

(2)盐酸溶液;1+5。

(3)氯化钡溶液;10%。

(4)硝酸银溶液;5%。

(5)酸化蒸馏水:每升蒸馏水中加 10 mL 盐酸。

(6)普通定量慢速滤纸。

3. 仪器与设备

常规实验室仪器和设备按以下配置。

(1)瓷坩埚:50 mL。

(2)表面皿。

(3)恒温水浴锅。

(4)沙浴或封闭电炉。

4. 测定步骤

(1)称取试样 3 g,称准至 0.1 mg,置于 250 mL 烧杯,先加入 2~3 mL 蒸馏水润湿,再加入 50 mL 丙酮,用玻璃棒不断搅拌,使试样全部溶解。用滴定管加入约 50 mL 蒸馏水,开始时一滴一滴加入,同时不停搅拌,使硝化棉析出。当蒸馏水滴入后不再产生沉淀时,可将剩余的蒸馏水全部快速加入。

(2)将烧杯放在 40 ~ 50℃ 的水浴上蒸发,并用玻璃棒搅拌,蒸发 1 ~ 2 h 后,可将水浴温度升高至 60 ~ 70℃,蒸发至体积约 50 mL 时,往烧杯内加入 10 mL 盐酸溶液(1 + 5),再在沸水浴上加热 10 min。

(3)取下烧杯,冷却至室温。用普通滤纸过滤,用酸化蒸馏水洗涤残渣,直至滤液中不含硫酸根(用硫化钡溶液检测)。

(4)将全部滤液收集于烧杯内,在沙浴上加热,浓缩至体积约 50 mL,在沸腾和不断搅拌的条件下,逐滴加入 18 ~ 20 mL 氯化钡溶液(10%)(当硫酸钾含量在 12% ~ 24% 时,加 5 ~ 10 mL 氯化钡溶液),生成硫酸钡沉淀后,盖上表面皿,在沸水浴上加热 1 h,再在室温下静置 2 h。用慢速定量滤纸过滤,以热蒸馏水洗涤沉淀物,直至滤液中不含氯离子(用硝酸银溶液检测)。

(5)将带有沉淀物的滤纸置于已恒量的瓷坩埚中,在沙浴或电炉上炭化。然后移入高温炉中 700 ~ 800℃ 灼烧 1 h,取出冷却 3 ~ 5 min,放入干燥器中冷却至室温,称量,以后每次在 700 ~ 800℃ 再灼烧 30 min,直至连续两次的称量差不超过 0.5 mg。

5. 结果计算

试样中硫酸钾的含量,以质量分数 w_{4-9-7} 计,以 % 表示,按式(4 - 9 - 7)计算:

$$w_{4-9-7} = \frac{(m_2 - m_1) \times 0.7465}{m} \times 100 \qquad (4-9-7)$$

式中: m_2 为硫酸钡与瓷坩埚的质量,g; m_1 为瓷坩埚的质量,g; m 为试样质量,g; 0.7465 为硫酸钡换算成硫酸钾的系数。计算结果精确到小数点后两位;取平行测定结果的算术平均值为测定结果;当硫酸钾含量为 12% ~ 24% 时,两个平行试验结果之差应不大于 0.1%;当硫酸钾含量超过 40% 时,两个平行试验结果之差应不大于 0.5%,取其平均值。

4.9.6.6　单基药中硝化棉含量测定　称量法

1. 方法提要

试样用乙醚提取后的残留物置于一定温度的烘箱中干燥一定时间,称其质量计算硝化棉的含量。

2. 试剂与溶液

乙醚

3. 仪器与设备

常规实验室仪器和设备按以下装置。

(1)恒温水浴锅:精度为 ±2℃。

(2)干燥器:直径 180 ~ 240 mm。

(3)滤杯：滤板孔径 20 ~ 30 μm。

4. 测定步骤

(1)试样准备：将试样磨成 1 mm ~ 200 μm 间的颗粒。

(2)试样提取：按本节 4.9.7 单基药试样提取操作。

(3)将滤杯放入 110℃ ±2℃烘箱干燥 1 ~ 1.5 h。取出滤杯放入干燥器内冷却至室温称量，精确至 0.2 mg。以后每次干燥 20 min，取出滤杯放入干燥器内冷却至室温称量，直至连续两次称量差不大于 0.003 g。

5. 结果计算

硝化棉的含量以质量分数 w_{4-9-8} 计，以% 表示，按式(4-9-8)计算：

$$w_{4-9-8} = \frac{m_2 - m_1}{m} \times 100 - \sum (w_{4-9-1} + w_{4-9-2} + w_{4-9-3} + w_{4-9-4} + w_{4-9-7})$$

$$(4-9-8)$$

式中：m_2 为干燥后残留物和滤杯质量，g；m_1 为滤杯的质量，g；m 为试样的质量，g；$\sum$ 为试样中除硝化棉以外不溶于乙醚的其他组分的质量，%；w_{4-9-1} 为试样中总挥发的质量；w_{4-9-2} 为试样中二苯胺的质量；w_{4-9-3} 为试样中松香的质量；w_{4-9-4} 为试样中地蜡与石墨的总质量；w_{4-9-7} 为试样中硫酸钾的质量。计算结果精确到小数点后两位。取平行测定结果的算术平均值为测定结果。两次平行测定结果之差应不大于 0.2%。

4.9.6.7 单基药中灰分含量测定 灼烧法

1. 方法提要

试样经分解、炭化、灼烧后，以残留物计算出灰分。

2. 试剂与溶液

(1)硝酸。

(2)盐酸。

(3)氨水。

(4)甲基红指示液。

(5)慢速定量滤纸。

3. 仪器与设备

常规实验室仪器和设备按以下配置。

(1)高温炉。

(2)加热浴：沙浴或水浴。

(3)蒸发皿：90 mm 石英皿或 2 号瓷皿。

(4)坩埚。

4. 测定步骤

(1)不含钾盐的试样测定。

①称取 5 g 试样,称准至 0.1 mg,置于预先恒量的蒸发皿内。

②加入 10～15 mL 硝酸,将蒸发皿放在水(沙)浴上加热,直至试样完全分解并蒸发。

③灼烧蒸发皿及残留物,开始时缓慢加热,然后在 600～700℃的高温炉内灼烧 0.5～1 h。

④将蒸发皿及残留物移入干燥器内,冷去至室温后称量。

⑤重复灼烧、冷却称量的操作,直至连续两次称量差不大于 0.001 g。

(2)含有钾盐的试样测定。

①称取 5 g 试样,称准至 0.1 mg,置于蒸发皿内。加入 10～15 mL 硝酸,将蒸发皿放在水(沙)浴上加热,直至试样完全分解并蒸发。

②灼烧蒸发皿及残留物,开始时缓慢加热,然后在 600～700℃的高温炉内灼烧 0.5～1 h。

③待蒸发皿冷却后用 5～10 mL 蒸馏水洗涤蒸发皿内壁,加入 5 mL 盐酸,将蒸发皿盖上表面皿,在 100℃的水浴或沙浴上加热 5 min。

④取下蒸发皿,将蒸发皿内溶液用蒸馏水稀释至约 25 mL。加一滴甲基红指示液,用 5%的氨水溶液调至稍呈碱性,静置 30 min。

⑤用慢速定量滤纸将溶液过滤,用蒸馏水洗涤蒸发皿和滤纸,除去可溶性成分(钾盐)。

⑥将滤纸置于预先恒重的坩埚内,在 100～105℃的恒温干燥箱内干燥 30 min。

⑦用灯焰将滤纸炭化,将坩埚放入 600～700℃的高温炉内灼烧 0.5～1 h。

⑧将坩埚及残留物置于干燥器内,冷却至室温后称量。

⑨重复灼烧、冷却称量的操作,直至连续两次称量差不大于 0.001 g。

5. 结果计算

试样中灰分含量以质量分数 w_{4-9-9} 计,以%表示,按式(4-9-9)计算:

$$w_{4-9-9} = \frac{m_1 - m_2}{m} \times 100 \qquad (4-9-9)$$

式中:m_1 为残留物和坩埚的质量,g;m_2 为空坩埚的质量,g;m 为试样的质量,g。计算结果精确到小数点后两位。取平行测定结果的算术平均值为测定结果。两次平行测定结果之差应不大于 0.5%。

4.9.6.8　细度测定

按照《第 2 章 2.6 粒度测定》执行。

4.9.6.9　单基药中硝化棉含量测定　测氮法

1. 方法提要

将已知硝化棉的硝化度的试样用乙醚提取,用狄瓦尔德氮量法测定提取后的残留物中的硝化棉的质量,计算出硝化棉的含量。

2. 试剂与溶液

(1)乙醇。

(2)硝酸钾。

(3)过氧化氢溶液:30%。

(4)盐酸标准滴定溶液:$c(HCl) = 0.1$ mol/L。

(5)氢氧化钠:20%。

(6)硼酸溶液:4%。

(7)溴甲酚绿-乙醇溶液:1 g/L。

(8)甲基红-乙醇溶液:2 g/L。

(9)混合指示剂:溴甲酚绿-乙醇溶液与甲基红-乙醇溶液混合(3+1)。

(10)狄瓦尔德合金:组分见表4-9-13。

表4-9-13　狄瓦尔德合金组分

组分	比例/%	细度/mm	组成
Zn	5	≤0.25	1/3
Al	45	0.25~0.5	1/3
Cu	50	0.5~1.0	1/3

3. 仪器与设备

常规实验室仪器和设备按以下配置。

测氮装置:如图4-9-5所示。

测氮装置主要由反应装置和电热蒸汽发生器两部分组成。

(1)反应装置由以下仪器组成。

①反应瓶:500 mL,1000 mL。

②吸收瓶:500 mL。

③冷凝器:蛇形和直管形(300 mm)。

④蒸馏水高位瓶:5 L。

⑤飞沫捕集器。

(2)电热蒸汽发生器由蒸汽发生器和操纵盘组成。蒸汽发生器壳体由不锈钢制成,容积为5 L,内装一组调节加热器和一组非调整加热器,蒸汽发生器盖上有四个控制开关和安全阀。

蒸汽发生器应满足以下要求:

①调整加热器用于试验间歇和工作时间保持轻微沸腾,功率960 VA。

②非调整加热器用于提供强蒸汽流,功率960 VA。

③两组加热器并用时,自藕变压器电压不应超过120 V(或电流不超过13 A)。

188

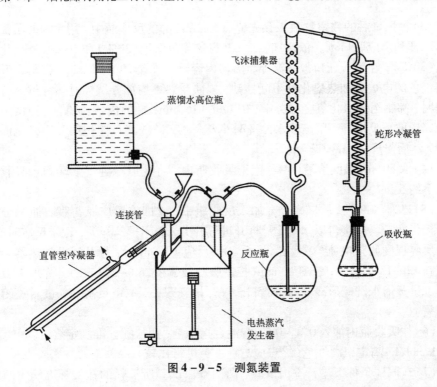

图 4 - 9 - 5　测氮装置

④控制开关为两个加水开关、供反应瓶蒸气的进汽的开关和排出蒸气的开关。

⑤在使用过程中应保持蒸汽发生器内蒸馏水页面达到距指示管上端 1 cm ~ 3 cm 的高度，使用操纵盘由可调变压器、自耦变压器、总电源开关、可调加热器、辅助加热器及电流表组成。

4. 试样准备

(1)称取 1.0 ~ 1.2 g 试样，称准至 0.1 mg(按照本节 4.9.7 单基药试样提取执行)。

(2)标准色的制备。

依次将约 180 mL 蒸馏水，50 mL 硼酸溶液，0.3 ~ 0.5 mL 混合指示剂加入 500 mL 锥形瓶中，再加 8 mL 质量分数为 30% 的过氧化氢，用盐酸标准滴定溶液 [$c(HCl) = 0.1$ mol/L] 滴定至酒红色。用瓶盖密封备用，可使用一周。

5. 测定步骤

(1)将盛有提取后残留物的滤杯置于水水浴上蒸去乙醚。

(2)将滤杯放入 110℃ ±2℃ 烘箱中干燥 1 ~ 1.5 h。取出滤杯放入干燥器内冷却至室温称量，精确至 0.2 mg。以后每次烘 20 min，取出滤杯放入干燥器中了你却至室温称量，直至连续两次称量差不大于 0.003 g。

(3)将恒量后的残留物放入预先盛有 5 mL 乙醇的反应瓶中,用 50 mL 蒸流水洗净滤杯和反应瓶口颈。依次加入 2 mL 过氧化氢溶液(30%)和 50 mL 氢氧化钠溶液(20%),在反应瓶口放一漏斗,摇匀内容物,放置 10~15 min,在预先升温至暗红色的电炉上加热皂化并不断摇动,以防受热不均部分试样过热分解。待溶液透明、沸腾至过氧化氢全部分解(10 min~15 min,此时溶液沸腾的气泡变大)皂化完毕取下反应瓶,用蒸馏水冲洗漏斗及瓶颈,冲洗液总体积约等于皂化前的体积,然后将反应瓶冷却至室温。

(4)取 50 mL 硼酸溶液(4%)置于吸收瓶内,将蛇形冷凝管下端插入吸收瓶液面下约 5 mm。

(5)迅速将 4 g 狄瓦尔德合金加入反应瓶中,立即将反应瓶与吸收瓶和分馏柱连接将塞拧紧。接口以水封之,打开进气开关,关闭排气开关,记录反应时间,根据反应程度调整电流(一般在 3~5 A),反应 10 min 后,打开辅助加热器调整电流在 12~13 A 之间,赶氨 10 min(控制吸收液体积 250~275 mL)。先取下吸收瓶以少量蒸馏水洗蛇形冷凝器下管口,打开排气开关,取下反应瓶,最后关闭进气开关。

(6)往吸收瓶内加入 0.3~0.5 mL 混合指示剂,用盐酸标准滴定溶液[c(HCl) = 0.1 mol/L]滴定至酒红色(终点应与标准色进行比较)。

(7)在同样条件下进行空白试验,两次空白试验所消耗的盐酸标准滴定溶液的体积之差不超过 0.02 mL。

6. 结果计算

试样中硝化棉的质量分数按 w_{4-9-10} 计,以%表示,按式(4-9-10)计算:

$$w_{4-9-10} = \frac{(V-V_0)C \times 22.39}{X_1 \cdot m} \times 100\% \qquad (4-9-10)$$

式中:V 为试样消耗盐酸标准滴定溶液的体积,mL;V_0 为空白试验所消耗盐酸标准滴定溶液的体积,mL;c 为盐酸标准滴定溶液的准确浓度,mol/L;22.39 为在标准状态下氧化氮气体的摩尔体积,L/mol;X_1 为硝化棉的硝化度,mL/g;m 为试样的质量的数值,g。计算结果精确到小数点后两位。取平行测定结果的算术平均值为测定结果。两次平行测定结果之差应不大于 0.5%。

4.9.6.10 单基药水分含量测定

按照《第 2 章 2.2 水分含量测定》执行。

1. 试样准备

称取试样约 5 g,称准至 0.1 mg,平铺已恒量的称量瓶中,将称量瓶置于恒温干燥箱中(称量瓶盖放在称量瓶旁边),在 55±2℃的温度下干燥 4 h,取出盖好瓶盖,放入干燥器内冷却 30 min,称量。

2. 结果计算

单基药水分含量以质量分数 $w_{4-9.11}$ 计,以%表示,计算公式同式(2-2-1)。

4.9.6.11　单基药 pH 测定

按照《第 2 章 2.5 水溶液 pH 测定》执行。

4.9.6.12　单基药甲基紫化学安定性试验

1. 方法提要

将一定质量(2.5 g)发射药试样在 134.5℃下加热，依据试样受热分解放出的气体使甲基紫试纸由紫色转变为橙色的时间，或试样连续加热到 5 h，观察是否爆炸或燃烧，以评价试样的化学稳定性。通常是甲基紫试纸 65 min 不变色，或被连续加热 5 h 不爆炸或不燃烧即为合格。

2. 仪器与设备

甲基紫金属浴恒温仪。

3. 测定步骤

(1)试样准备。

三维尺寸不超过 5 mm 的火药，可直接用于实验。颗粒尺寸有一维或一维以上超过 5 mm 的火药，需经粉碎过筛，取 3 mm 筛的筛上物。

(2)实验步骤。

将恒温浴调至 134 ±0.5℃，称取经干燥测得水分后的试样 2.5 g(称准至 0.1 g)，置入专用试管中。在每支装好试样的试管中纵向放入一张甲基紫试纸，试纸下端距试样 25 mm，然后塞紧软木塞。

将装有试样的试管放入恒温浴中，开始加热试样，并记录放入时间。

火药试样实验接近终点前约 5 min 时，将试管快速提起至能观察到试纸颜色的高度，观察后迅速轻轻放回。然后每隔 1 min 观察一次，直至试纸完全变为橙色，记录每支试管中试纸完全变成橙色的时间。如果需要，可继续加热 5 h，记录试样在 5 h 内是否爆燃。对于某些试样，试纸上可能出现绿色或橙色的细线条，这时应继续加热至试纸完全变为橙色为止。

4.9.7　单基药试样提取

1. 方法提要

用选定的溶剂将待测组分从试样中分离出来。

2. 试剂与溶液

(1)乙醚。

(2)圆形滤纸片(用乙醚脱脂烘干备用)。

(3)二氯甲烷。

(4)正戊烷与二氯甲烷混合溶液体积比：2 +1。

(5)95% 乙醇。

3. 仪器与设备

常规实验室设备和仪器按以下配置。

(1)提取器：有 T – 2 型、T – 4 型、T – 5 型(图 4 – 9 – 6)。

(2)滤杯：孔径 15 ~ 20 μm 或 20 ~ 30 μm。

(3)恒温水浴：控温精度 ±1℃。

(4)恒温烘箱：控温精度 ±2℃。

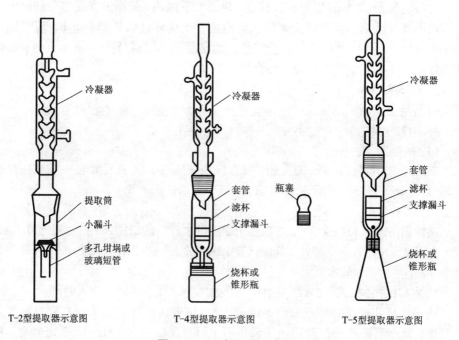

T-2型提取器示意图　　　　T-4型提取器示意图　　　　T-5型提取器示意图

图 4 – 9 – 6　提取器示意图

4. 测定步骤

(1)根据不同形状的试样参照表 4 – 9 – 14 中的提取器和提取时间，试验中进行验证。

表 4 – 9 – 14　不同形状的试样采用提取器及提取时间

试样形状	T – 2 型	T – 4 型　T – 5 型
	提取时间/h	
花片状	1.0	1.0 ~ 1.5
粉末状	1.5	2.0 ~ 3.0
厚度不大于 0.16mm 的片状	1.5	3.0 ~ 4.0
厚度或直径不大于 0.16mm 的粒状、球状	通过实验确定	

(2)根据火药的种类采用表 4 - 9 - 15 中的溶剂及用量,试样量(测定中定剂含量的取样量不超过 3 g)提取温度,试验中进行验证。

表 4 - 9 - 15　不同试样所用溶剂、取样量及提取温度

试样	溶剂	溶剂用量/mL	取样量/g	提取温度/℃
双基药	乙醚	40 ~ 60	2.0 ~ 5.0	55 ~ 60
双基挤压粒状药(中定剂)	乙醇	50	≤3.0	95 ~ 100
三胍药	正戊烷与三氯甲烷	30 ~ 50	3.0 ~ 3.5	55 ~ 60

(3)按选定的药量称取试样 2.0 ~ 5.0 g,称准至 0.1 mg,置于滤杯内,盖上滤纸片,稍压紧,接通冷却水,将装有试样的滤杯放入支撑环或支撑漏斗内,量取选定的溶剂,倒入提取用的圆底烧瓶或锥形瓶内,连接提取器,在规定温度的水浴内进行提取。

(4)提取前先检查仪器的气密性并预先加热恒温水浴。

(5)提取过程中检查仪器设备是否处于正常工作状态:

①提取器的所有连接部分是否正常;

②冷却水循环是否通畅;

③乙醚回流是否正常;

④水浴温度是否保持在规定范围。

(6)提取结束,分开冷凝器,取出滤杯,不溶物供硝化棉和其他不溶组分的测定;将盛有提取的圆底烧瓶或锥形瓶置于适当的水浴温度下蒸发至无溶剂气味。(测定硝化甘油不超过 50℃,测定硝化二乙二醇或间苯二酚不超过 45℃)

(7)对特殊单基药的提取,可根据单基药的组分采用经验证合适的溶剂及用量,试样量和提取温度进行提取。

5. 乙醚中乙醇及过氧化物的检查

(1)试剂与溶液。

①碘。

②碘化钾溶液:质量分数为 10% ~ 15%。

③碘饱和的碘化钾溶液:质量分数为 15% 的碘化钾溶液用碘饱和。

④氢氧化钠溶液:质量分数为 10%。

(2)仪器与设备。

常规实验室仪器和设备按以下装置。

①锥形瓶:100 mL。

②比色管:25 mL、50 mL。

③恒温水浴。

（3）检查步骤。

①乙醇检查。

量取 10 mL 乙醚试样和 10 mL 蒸馏水，注入圆底烧瓶或锥形瓶中，振荡 3 min，置于 50~60℃的水浴内驱除乙醚，趁热将溶液倾入 50 mL 比色管中，加入 0.5 mL 碘饱和的碘化钾溶液，并在摇晃的同时逐滴加入氢氧化钠溶液至溶液全部褪色，静置 30 min，溶液无结晶或混浊出现即为合格。

②过氧化物检查。

量取 20 mL 乙醚试样，注入 25 mL 比色管中，加入 2 mL 碘化钾溶液（质量分数 10%）振摇混匀，在暗处放置 1 h 后，放在白色背景下观察溶液无黄色出现即为合格。

6. 提取的完全性测定

（1）试剂与溶液。

①二苯胺。

②硫酸。

③重铬酸钾。

④二苯胺硫酸溶液（质量分数为 1%）。

⑤重铬酸钾硫酸溶液（质量分数为 5%）。

（2）测定步骤。

①在滤杯下端收集数滴回流溶液，在恒温水浴上蒸去溶剂。

②加一滴二苯胺硫酸溶液与残留物反应，如无蓝色出现，则说明火药中的硝酸酯类已被提取完全。

③加一滴重铬酸钾硫酸溶液与残留物反应，如无红色出现，则说明火药中的Ⅱ号中定剂已被提取完全。

4.9.8　烟花爆竹用硝化棉（单基药）包装与运输中的安全技术

1. 标志、包装、运输、贮存和质量证明书

（1）标志。

烟花爆竹用硝化棉（单基药）包装桶上应标出：易燃固体（含氮量 12.5% 以下）；爆炸品及供方地址、产品名称、净重、牌号、批号等（含氮量 12.5% 以上）。

（2）包装。

产品内包装采用双层聚乙烯塑料袋包装，置于铁桶或木桶内，用不燃松软材料垫塞，每桶净重 25 kg。硝化棉湿润剂（乙醇溶液 1 + 1）含量 20%。单基药水分含量 20%~30%。如有其他要求由供需双方协商。

（3）运输。

194

必须符合危险品运输规定。运输过程中应特别注意防止阳光照射、雨淋和局部冻结。运输一定要在密闭的货厢内，不得和其他物品混装。

（4）贮存。

贮存或中转库都应有良好的通风、调湿、调温设施。堆垛距离内墙应不小于0.45 m，堆垛高度应不大于1.5 m。室温不得超出30℃，湿度应保持65%以上。远离火种及热源。

（5）质量证明书。

每批次产品都必须有检验合格证明书。根据产品质量技术标准，如实填写出厂检验指标。内容应包括：产品名称、生产厂商，地址、保质期、产品粒度、主要成分和含量（如单基药含量≥××%、水分含量××%~××%、安定剂含量××%）、检验员名字或代号。

（6）保质期。

单基药从生产加工之日起保质期限为三年，超过保质期的应及时销毁处理。

2. 消防措施

用水或雾状水进行灭火。严禁用砂土压盖，以免发生猛烈爆炸。

4.10　工业氧化铁质量标准及关键指标测定

4.10.1　名称与组成

（1）中文名称：氧化铁。

（2）英文名称：Iron(Ⅲ)oxide。

（3）中文别称：三氧化二铁；铁红粉；铁丹。

（4）化学式：Fe_2O_3。

（5）分子量：159.68。

（6）元素组成：Fe 为 69.94%；O 为 30.06%。

（7）化合物类型：金属氧化物。

4.10.2　理化性质

（1）外观性状：红棕色粉末。

（2）密度：5.24 g/cm^3。

（3）熔点：1565℃。

（4）沸点：3414℃。

（5）水溶性：不溶于水。

（6）稳定性：稳定，溶于盐酸、稀硫酸生成铁盐。铁单质在置换反应中生成亚铁离子。

$$Fe_2O_3 + 6HCl == 2FeCl_3 + 3H_2O$$

$$Fe_2O_3 + 3H_2SO_4 == Fe_2(SO_4)_3 + 3H_2O$$

(7)溶解性：难溶于水，不与水反应。溶于酸，与酸反应。不与 NaOH 反应。

(8)铝热反应：铝与氧化铁混合后组成铝热剂，加热后生成氧化铝和铁。

$$2Al + Fe_2O_3 \xrightarrow{\triangle} Al_2O_3 + 2Fe$$

(9)碳、一氧化碳还原性：氧化铁可以与碳混合后加热，生成铁和二氧化碳。

$$3C + 2Fe_2O_3 \xrightarrow{高温} 4Fe + 3CO_2 \uparrow$$

(10)氧化铁可以和一氧化碳混合后加热，生成铁和二氧化碳。

$$3CO + Fe_2O_3 \xrightarrow{高温} 2Fe + 3CO_2 \uparrow$$

4.10.3　主要用途

烟火药中主要用作氧化剂、高能可燃剂、促进火花爆裂催化剂。

4.10.4　质量标准

1. 工业氧化铁分为两种型号。

Ⅰ型主要用于软、硬磁铁氧体。

Ⅱ型用于抛光膏及其他工业。

烟花爆竹用主要为Ⅰ型。

2. 质量标准

工业氧化铁质量标准应符合表 4 - 10 - 1 技术要求。

表 4 - 10 - 1　工业氧化铁技术要求

项目		指标/%			
		Ⅰ 型			Ⅱ 型
		优等品	一等品	合格品	
主含量(以 Fe_2O_3 计)	≥	99.2	98.8	98.0	96.0
氧化亚铁(FeO)	≤	0.20	0.30	0.40	—
干燥失重	≤	0.20	0.30	0.80	1.0
二氧化硅(SiO_2)	≤	0.010	0.020	0.040	—
铝(Al)	≤	0.020	0.030	0.050	—
锰(Mn)	≤	0.20	0.30	0.40	

续表 4 - 10 - 1

项目		指标			
		I 型			II 型
		优等品	一等品	合格品	
钙(Ca)	≤	0.010	0.020	0.040	—
镁(Mg)	≤	0.010	0.020	0.040	—
钾(K)	≤	0.010	0.010	—	—
钠(Na)	≤	0.020	0.040	—	—
硫酸盐(以 SO$_4$ 计)	≤	0.10	0.15	0.20	—
氯化物(以 Cl 计)	≤	0.10	0.15	0.20	—
粒度：试验筛筛余物	≤1 μm≤	40	40	40	
	≥4 μm≤	10	10	10	
外观		棕红色或褐红色粉末			

4.10.5　关键指标测定

4.10.5.1　测定范围

本方法适用于亚铁盐经热分解法或其他方法而制得的氧化铁。

4.10.5.2　测定指标

烟花爆竹用工业氧化铁关键指标测定应按表 4 - 10 - 1 质量技术要求进行。如有特殊要求由供需双方协商。

4.10.5.3　三氧化二铁(Fe_2O_3)含量测定——重铬酸钾法

1. 方法提要

用盐酸溶液溶解试样,加氯化亚锡将三价铁还原为二价铁,再加入氯化汞溶液除去过量氯化亚锡,以二苯胺磺酸钠为指示剂,用重铬酸钾标准滴定溶液进行滴定。

2. 试剂与溶液

(1)盐酸溶液:1 +1。

(2)氯化亚锡溶液(100 g/L):称取 10 g 氯化亚锡溶于 10 mL 盐酸中,加水稀释至 100 mL。

(3)氯化汞饱和溶液:60 ~ 100 g/L。

(4)硫 - 磷混合酸:在冷却下向 140 mL 水中加入 30 mL 硫酸,再加入 30 mL 磷酸。

（5）重铬酸钾标准滴定溶液：$c(1/6K_2Cr_2O_7) = 0.1$ mol/L。

（6）二苯胺磺酸钠指示液：5 g/L。

3．仪器与设备

实验室常用仪器设备。

4．测定步骤

（1）称取约 0.3 g 试样，称准至 0.2 mg。

（2）置于 250 mL 锥形瓶中，加 30 mL 盐酸溶液（1+1），加热使试样完全溶解，继续加热至微沸，边搅拌边徐徐滴加氯化亚锡溶液（100 g/L）至溶液颜色刚变为无色，再过量 1~2 滴，将锥形瓶在流水中冷却至室温，迅速加入 10 mL 氯化汞饱和溶液，摇荡至白色丝光状沉淀出现，静置约 1 min。

（3）加入 30 mL 硫–磷混合酸、50 mL 水和 3 滴二苯胺磺酸钠指示液，用重铬酸钾标准滴定溶液 $[c(1/6K_2Cr_2O_7) = 0.1$ mol/L] 滴定，溶液从绿色经蓝绿色变为紫色即为终点。

5．结果计算

氧化铁含量（以 Fe_2O_3）质量分数 w_{4-10-1} 计，以% 表示，按式（4–10–1）计算：

$$w_{4-10-1} = \frac{c \cdot V \times 0.07985}{m} \times 100 = \frac{7.985cV}{m} \qquad (4-10-1)$$

式中：c 为重铬酸钾标准滴定溶液的准确浓度，mol/L；V 为滴定消耗重铬酸钾标准滴定溶液的体积，mL；m 为试样的质量，g；0.07985 为与 1.00 mL 重铬酸钾标准滴定溶液 $[c(1/6K_2Cr_2O_7) = 1.000$ mol/L] 相当的以 g 表示的氧化铁的质量。计算结果精确到小数点后二位数。取平行测定结果的算术平均值作为测定结果。在重复性条件下平行结果的绝对差值不大于 0.2%。

4.10.5.4 三氧化二铁（Fe_2O_3）含量测定二——三氯化钛法

1．方法提要

用盐酸溶解试样，加氯化亚锡和三氯化钛将三价铁还原为二价铁，以二苯胺磺酸钠为指示剂，用重铬酸钾标准滴定溶液滴定至紫红色终点。

2．试剂与溶液

（1）盐酸溶液：1+1。

（2）氯化亚锡溶液：100 g/L。

（3）高锰酸钾溶液：50 g/L。

（4）三氯化钛溶液：量取 10 mL 15% 的三氯化钛溶液，用盐酸溶液（1+1）稀释至 100 mL。

（5）硫–磷混合酸：在冷却下向 140 mL 水中加入 30 mL 硫酸，再加入 30 mL 磷酸。

198

(6) 重铬酸钾溶液：5 g/L。

(7) 重铬酸钾标准滴定溶液：$c(1/6K_2Cr_2O_7) = 0.1$ mol/L。

(8) 靛红指示液：5 g/L。

(9) 二苯胺磺酸钠指示液：5 g/L。

3. 仪器与设备

实验室常用仪器设备。

4. 测定步骤

(1) 称取约 0.3 g 试样，称准至 0.2 mg。

(2) 置于 500 mL 锥形瓶中，加 30 mL 盐酸溶液 (1 + 1)，加热使试样完全溶解，继续加热至近沸，边搅拌边徐徐滴加氯化亚锡溶液 (100 g/L) 至溶液颜色刚变为无色，再过量数滴，将锥形瓶在流水中冷却至室温。摇动下滴加高锰酸钾溶液 (50 g/L) 至溶液呈棕色，加水至约 100 mL，加热使溶液呈透明状，取下，边摇边滴加氯化亚锡溶液 (100 g/L) 至浅黄色。

(3) 加入 4~5 滴靛红指示液 (5 g/L)，滴加三氯化钛溶液至溶液兰色刚好消失，再滴加重铬酸钾溶液 (5 g/L) 至亮兰色，用水稀释至约 300 mL，冷却。加入 30 mL 硫 - 磷混合酸，和 3 滴二苯胺磺酸钠指示液，用重铬酸钾标准滴定溶液 $[c(1/6K_2Cr_2O_7) = 0.1$ mol/L] 滴定至溶液出现紫色即为终点。

5. 结果计算

氧化铁含量 (以 Fe_2O_3) 质量分数 w_{4-10-2} 计，以 % 表示，按式 (4 - 10 - 2) 计算：

$$w_{4-10-2} = \frac{c \cdot V \times 0.07985}{m} \times 100 = \frac{7.985cV}{m} \qquad (4 - 10 - 2)$$

式中：c 为重铬酸钾标准滴定溶液的准确浓度，mol/L；V 为滴定消耗重铬酸钾标准滴定溶液的体积，mL；m 为试样的质量，g；0.07985 为与 1.00 mL 重铬酸钾标准滴定溶液 $[c(1/6K_2Cr_2O_7) = 1.000$ mol/L] 相当的以 g 表示的氧化铁的质量。计算结果精确到小数点后二位数。取平行测定结果的算术平均值作为测定结果。在重复性条件下平行结果的绝对差值不大于 0.2%。

4.10.5.5　氧化亚铁含量测定

1. 方法提要

在惰性气体保护下，用盐酸溶液溶样，以二苯胺磺酸钠为指示剂，用重铬酸钾标准滴定溶液进行滴定。

2. 试剂与溶液

(1) 盐酸溶液：1 + 1。

(2) 硫 - 磷混合酸：在冷却下向 140 mL 水中加入 30 mL 硫酸，再加入 30 mL 磷酸。

(3)重铬酸钾标准滴定溶液:$c(1/6K_2Cr_2O_7) = 0.01$ mol/L。

移取 10 mL 重铬酸钾标准滴定溶液[$c(1/6K_2Cr_2O_7) = 0.1$ mol/L],置于 100 mL 容量瓶中,加水稀释至刻度,摇匀。

(4)二苯胺磺酸钠指示液:5 g/L。

(5)氮气。

3. 仪器与设备

实验室常用仪器设备。

4. 测定步骤

(1)称取约 1.0 g 试样,称准至 0.2 mg。

(2)置于 250 mL 锥形瓶中,通入氮气约 10 min,以赶尽瓶内空气,缓缓加入 30 mL 盐酸溶液(1+1),继续通入氮气,加热使试样完全溶解,迅速冷却至室温。

(3)停止通氮气,加入 30 mL 硫-磷混合酸、50 mL 水和 3 滴二苯胺磺酸钠指示液,用重铬酸钾标准滴定溶液[$c(1/6K_2Cr_2O_7) = 0.1$ mol/L]滴定至溶液呈紫色为终点。

(4)同时做空白试验。

5. 结果计算

氧化亚铁含量(以 FeO)质量分数 w_{4-10-3} 计,以%表示,按式(4-10-3)计算:

$$w_{4-10-3} = \frac{c \cdot (V - V_0) \times 0.07185}{m} \times 100 = \frac{7.185c(V - V_0)}{m} \quad (4-10-3)$$

式中:c 为重铬酸钾标准滴定溶液的实际浓度,mol/L;V 为滴定消耗重铬酸钾标准滴定溶液的体积,mL;V_0 为空白试验消耗重铬酸钾标准滴定溶液的体积,mL;m 为试样的质量,g;0.07185 为与 1.00 mL 重铬酸钾标准滴定溶液[$c(1/6K_2Cr_2O_7) = 1.000$ mol/L]相当的以 g 表示的氧化亚铁的质量。计算结果精确到小数点后二位数。取平行测定结果的算术平均值作为测定结果。在重复性条件下平行结果的绝对差值不大于 0.05%。

4.10.5.6 干燥失重测定

1. 方法提要

试样在规定温度下加热一定时间,由失去的质量计算干燥失重。

2. 仪器与设备

实验室常用仪器设备及称量瓶:ϕ50 mm × 30 mm。

3. 测定步骤

(1)称取约 3 g 试样,称准至 0.2 mg。

(2)置于已在 105~110℃下干燥至恒重的称量瓶中。移入电热恒温干燥箱内,打开瓶盖,在 105~110℃下干燥 2 h,于干燥器中冷却后,称量(精确至 0.2 mg)。

4．结果计算

干燥失重以质量分数 w_{4-10-4} 计，以％表示，按式（4－10－4）计算：

$$w_{4-10-4} = \frac{m_1 - m_2}{m} \times 100 \qquad (4-10-4)$$

式中：m_1 为干燥前称量瓶和试样的质量，g；m_2 为干燥后称量瓶和试样的质量，g；m 为试样的质量，g。取平行测定结果的算术平均值为测定结果。平行测定结果的绝对差值 Ⅰ 型不大于 0.05％；Ⅱ 型不大于 0.10％。

4.10.5.7　二氧化硅含量测定

1．方法提要

用盐酸和硝酸溶解样品，加高氯酸脱水，过滤。加氢氟酸使二氧化硅挥发，根据失量求出二氧化硅含量。

2．试剂与溶液

（1）盐酸。
（2）盐酸溶液：1＋1。
（3）盐酸溶液：1＋10。
（4）高氯酸。
（5）硫酸溶液：1＋1。
（6）硝酸。
（7）氢氟酸。
（8）硝酸银溶液：17 g/L。

3．仪器与设备

实验室常用仪器设备按以下配置。
（1）铂坩埚：容量为 30 mL。
（2）高温炉：控温精度 ±10℃。

4．测定步骤

（1）称取 10.0 g 试样，称准至 0.2 mg。

（2）置于 500 mL 烧杯中。加 300 mL 水、30 mL 盐酸，盖上表面皿，在电热板上加热溶解，继续加热浓缩至溶液体积约为 30 mL。加 5 mL 硝酸和 60 mL 高氯酸，强热至高氯酸盐析出。取下烧杯，冷却，加入 20 mL 盐酸溶液（1＋1），加温水至总体积约 200 mL，用慢速定量滤纸过滤，将附着在烧杯内壁的残渣用带橡胶头的玻璃棒刮到滤纸上，以温热的盐酸溶液（1＋10）洗至滤纸无色，再用温水洗 7～10 次。

（3）将沉淀和滤纸一起移入铂坩埚中，干燥灰化后，在 1100℃ 以上灼烧至恒重。残渣用 2～3 滴硫酸溶液润湿，加约 2 mL 氢氟酸，在电热板上加热至硫酸白烟冒完为止，再在 1100℃ 以上灼烧至恒重。

(4)同时做空白试验。

5. 结果计算

二氧化硅含量以(SiO_2)质量分数 w_{4-10-5} 计,以% 表示,按式(4-10-5)计算:

$$w_{4-10-5} = \frac{m_1 - m_2 - m_3}{m} \times 100 \qquad (4-10-5)$$

式中:m_1 为铂坩埚和残渣质量,g;m_2 为氢氟酸处理后的铂坩埚和残渣质量,g;m_3 为空白试验二氧化硅质量,g;m 为试样的质量,g。计算结果精确到小数点后二位数。取平行测定结果的算术平均值作为测定结果。平行测定数据的极差与平均值之比不得大于 0.2% 。

4.10.5.8 铝含量测定 分光光度法

1. 方法提要

用盐酸和硝酸溶样,用甲基异丁基甲酮萃取分离出铁,中和。用铝试剂分光光度法进行测定。

2. 试剂与溶液

(1)盐酸。

(2)盐酸溶液:5+3。

(3)盐酸溶液:10+13。

(4)硝酸。

(5)硫酸溶液:1+1。

(6)氨水溶液:1+1。

(7)甲基异丁基甲酮。

(8)乙酸-乙酸铵缓冲溶液(pH 为 4~5)。

(9)巯基乙酸溶液溶液:1+10。

(10)玫红三羧酸铵溶液:0.5 g/L。

(11)铝标准溶液:1 mL 溶液含有 0.01 mgAl,临用前配制。移取 10 mL 按 GB/T 602 制备的铝标准溶液,置于 100 mL 容量瓶中,加水稀释至刻度,摇匀。

(12)对硝基酚指示液:1 g/L。

3. 仪器与设备

实验室常用仪器设备以及分光光度计:带有厚度为 1 cm 吸收池。

4. 测定步骤

(1)工作曲线的绘制。

①用移液管分别移取 0.00 mL、2.00 mL、5.00 mL、10.00 mL、15.00 mL、20.00 mL 和 30.00 mL 铝标准溶液,置于一组 250 mL 烧杯中,加水至约 50 mL。加 2 滴对硝基酚指示液,充分摇动下滴加氨水至溶液显黄色,立即加入 1 mL 盐酸

202

溶液(10 + 13),摇匀,移入 100 mL 容量瓶中,加水稀释至刻度。

②从中吸取 25 mL、置于 50 mL 容量瓶中,加 5 mL 乙酸 – 乙酸铵缓冲溶液和 1.5 mL 巯基乙酸溶液,充分摇匀。再加入 3 mL 玫红三羧酸铵溶液,加水至刻度,摇匀,放置 15 min。移入 1 cm 吸收池中,以试剂空白溶液为参比,在波长 530 nm 处测量其吸光度。

以铝含量为横坐标,对应的吸光度为纵坐标,绘制工作曲线。

(2)测定。

①称取 1.00 g 试样(合格品为 0.40 g),称准至 0.1 mg。置于 100 mL 烧杯中,加 15 mL 盐酸和 5 mL 硝酸,盖上表面皿,在电热板上加热溶解。继续加热浓缩至溶液体积约 5 mL。冷却,移入 200 mL 分液漏斗(以下称分液漏斗 A)中,将烧杯内壁附着的试液用 30 mL 盐酸溶液(5 + 3)洗入分液漏斗 A 中,加 30 mL 甲基异丁基甲酮,激烈摇动约 1 min,静置,将水层放入另一分液漏斗(以下称分液漏斗 B)中。在分液漏斗 A 中加入 2 ~ 3 mL 盐酸溶液(5 + 3),激烈摇动约 30 s,静置,将水层放入分液漏斗 B 中。

②在分液漏斗 B 中加入 20 mL 甲基异丁基甲酮,激烈摇动约 1 min,静置,将水层放入 200 mL 烧杯中。向甲基异丁基甲酮层加入 2 ~ 3 mL 盐酸溶液(5 + 3),激烈摇动约 30 s,静置,水层放烧杯中,在烧杯中加入 4 mL 硫酸溶液(1 + 1),加热除去残留的甲基异丁基甲酮,继续加热产生白烟约 10 min。冷却后,加 20 mL 水溶解。加 2 滴对硝基酚指示液,充分摇动下滴加氨水至溶液显黄色,立即加入 1 mL 盐酸溶液(10 + 13),摇匀,移入 100 mL 容量瓶中,加水稀释至刻度。

③从中吸取 25 mL、置于 50 mL 容量瓶中,加 5 mL 乙酸 – 乙酸铵缓冲溶液和 1.5 mL 巯基乙酸溶液,充分摇匀。再加入 3 mL 玫红三羧酸铵溶液,加水至刻度,摇匀,放置 15 min。移入 1 cm 吸收池中,以试剂空白溶液为参比,在波长 530 nm 处测量其吸光度。

5. 结果计算

铝含量以(Al)质量分数 w_{4-10-6} 计,以 % 表示,按式(4 – 10 – 6)计算:

$$w_{4-10-6} = \frac{m_1}{m \times \dfrac{25}{100} \times 1000} \times 100 = \frac{0.40 m_1}{m} \qquad (4-10-6)$$

式中:m_1 为根据试样溶液的吸光度从工作曲线上查出的铝的质量,mg;m 为试样的质量,g。取平行测定结果的算术平均值为测定结果。平行测定数据的极差与平均值之比不得大于 0.2%。

4.10.5.9 锰含量测定

1. 方法提要

用盐酸溶样,用原子吸收分光光度法之标准加入法测量吸光度,绘制曲线,求得锰含量。

2. 试剂与溶液

（1）盐酸溶液：2 +1。

（2）锰标准溶液：1 mL 溶液含有 0.1 mg Mn。

3. 仪器与设备

实验室常用仪器设备及原子吸收分光光度计：带有锰空心阴极灯。

4. 测定步骤

（1）试验溶液 A 的制备。

称取约 10 g 试样，称准至 0.1 mg。置于 500 mL 烧杯中，加入 200 mL 盐酸溶液（2 +1），盖上表面皿，慢慢加热溶解。冷却，用少量水冲洗表面皿和烧杯内壁，移入 1000 mL 容量瓶中，加水稀释至刻度，摇匀，此为试验溶液 A。用于锰、镁、钾和钠含量的测定。

（2）测定。

①用移液管移取 5 mL 试验溶液 A 四份，分别置于 100 mL 容量瓶中，一份不加锰标准溶液，其余三份分别加入 5.00 mL、10.00 mL、15.00 mL 的锰标准溶液，用水稀释至刻度。

②用试剂空白调整仪器吸光度为零，将上述溶液在空气 – 乙炔火焰中喷雾，在波长 279.5 nm 处测量吸光度。

③以加入锰标准溶液后试验溶液中已知量的锰浓度（μg/mL）为横坐标，对应的吸光度为纵坐标绘制曲线，将曲线反向延长与横坐标相交，交点到原点的距离即为移取试验溶液中锰的浓度。

5. 结果计算

锰含量以（Mn）质量分数 w_{4-10-7} 计，以 % 表示，按式（4 – 10 – 7）计算

$$w_{4-10-7} = \frac{c \times 100}{m \times 10^6 \times \frac{5}{1000}} \times 100 = \frac{2c}{m} \qquad (4-10-7)$$

式中：c 为从曲线上求出的试验溶液中锰的浓度，μg/mL；m 为试样的质量，g。取平行测定结果的算术平均值为测定结果。平行测定数据的极差与平均值之比不得大于 0.2%。

4.10.5.10　钙含量测定

1. 方法提要

用盐酸溶样，加氯化锶溶液，用原子吸收分光光度法之标准加入法测量吸光度，绘制曲线，求得钙含量。

2. 试剂与溶液

（1）盐酸溶液：2 +1。

（2）氯化锶溶液：30 g/L。

(3)钙标准溶液:1 mL溶液含有0.1 mg Ca。

3. 仪器与设备

实验室常用仪器设备及原子吸收分光光度计:带有钙空心阴极灯。

4. 测定步骤

(1)称取5.00 g试样(称准至0.1 mg),置于250 mL烧杯中,加入100 mL盐酸溶液(2+1),盖上表面皿,慢慢加热溶解,冷却后移入250 mL容量瓶中,加水稀释至刻度。

(2)在4个100 mL容量瓶中各移入50 mL上述试验溶液,再用移液管各加入5 mL氯化锶溶液(30 g/L),一份不加钙标准溶液(0.1 mg/mL),其余三份分别加入5.00 mL、10.00 mL、15.00 mL的钙标准溶液,用水稀释至刻度。用试剂空白调整仪器吸光度为零,将上述溶液在空气-乙炔火焰中喷雾,在波长422.7 nm处测量吸光度。

(3)以加入钙标准溶液后试验溶液中已知量的钙浓度($\mu g/mL$)为横坐标,对应的吸光度为纵坐标绘制曲线,将曲线反向延长与横坐标相交,交点到原点的距离即为移取试验溶液中钙的浓度。

5. 结果计算

钙含量以(Ca)的质量分数 w_{4-10-8} 计,以%表示,按式(4-10-8)计算:

$$w_{4-10-8} = \frac{c \times 100}{m \times 10^6 \times \frac{50}{250}} \times 100 = \frac{0.05c}{m} \qquad (4-10-8)$$

式中:c 为从曲线上求出的试验溶液中钙的浓度,$\mu g/mL$;m 为试样的质量,g。取平行测定结果的算术平均值为测定结果。平行测定数据的极差与平均值之比不得大于0.2%。

4.10.5.11　镁含量测定

1. 方法提要

用盐酸溶样,用原子吸收分光光度法之标准加入法测量吸光度,绘制曲线,求得镁含量。

2. 试剂与溶液

镁标准溶液:1 mL溶液含有0.1 mg Mg。

3. 仪器与设备

实验室常用仪器设备及原子吸收分光光度计:带有镁空心阴极灯。

4. 测定步骤

(1)用移液管移取20 mL(优等品)、10 mL(一等品)或5 mL(合格品)试验溶液A[4.10.5.9.4(1)]四份,分别置于100 mL容量瓶中,一份不加镁标准溶液,其余三份分别加入5.00 mL、10.00 mL、15.00 mL的镁标准溶液,用水稀释至刻度。

(2)用试剂空白调整仪器吸光度为零,将上述溶液在空气－乙炔火焰中喷雾,在波长285.2 nm处测量吸光度。

(3)以加入镁标准溶液后试验溶液中已知量的镁浓度($\mu g/mL$)为横坐标,对应的吸光度为纵坐标绘制曲线,将曲线反向延长与横坐标相交,交点到原点的距离即为移取试验溶液中镁的浓度。

5. 结果计算

镁含量以(Mg)的质量分数w_{4-10-9}计,以%表示,按式(4-10-9)计算:

$$w_{4-10-9} = \frac{c \times 100}{m \times 10^6 \times \dfrac{V}{1000}} \times 100 = \frac{10c}{mV} \qquad (4-10-9)$$

式中:c为从曲线上求出的试验溶液中镁的浓度,$\mu g/mL$;V为移取试验溶液A的体积,mL;m为[4.10.5.9.4(1)]中称取的试样的质量,g。取平行测定结果的算术平均值为测定结果。平行测定数据的极差与平均值之比不得大于0.2%。

4.10.5.12 钾含量测定

1. 方法提要

用盐酸溶样,用原子吸收分光光度法之标准加入法测量吸光度,绘制曲线,求得钾含量。

2. 试剂与溶液

钾标准溶液:1 mL溶液含有0.1 mg K。

3. 仪器与设备

实验室常用仪器设备及原子吸收分光光度计:带有钾空心阴极灯。

4. 测定步骤

(1)用移液管移取50 mL试验溶液A[4.10.5.9.4(1)]四份,分别置于100 mL容量瓶中,一份不加钾标准溶液,其余三份分别加入5.00 mL、10.00 mL、15.00 mL的钾标准溶液,用水稀释至刻度。

(2)用试剂空白调整仪器吸光度为零,将上述溶液在空气－乙炔火焰中喷雾,在波长766.5 nm处测量吸光度;

(3)以加入钾标准溶液后试验溶液中已知量的钾浓度($\mu g/mL$)为横坐标,对应的吸光度为纵坐标绘制曲线,将曲线反向延长与横坐标相交,交点到原点的距离即为移取试验溶液中钾的浓度。

5. 结果计算

钾含量以(K)的质量分数$w_{4-10-10}$计,以%表示,按式(4-10-10)计算:

$$w_{4-10-10} = \frac{c \times 100}{m \times 10^6 \times \dfrac{50}{1000}} \times 100 = \frac{0.2c}{m} \qquad (4-10-10)$$

式中:c为从曲线上求出的试验溶液中钾的浓度,$\mu g/mL$;m为[4.10.5.9.4(1)]

中称取的试样的质量，g。取平行测定结果的算术平均值为测定结果。平行测定数据的极差与平均值之比不得大于 0.2%。

4.10.5.13　钠含量测定

1. 方法提要

用盐酸溶样，用原子吸收分光光度法之标准加入法测量吸光度，绘制曲线，求得钠含量。

2. 试剂与溶液

钠标准溶液：1 mL 溶液含有 0.1 mg Na。

3. 仪器与设备

实验室常用仪器设备及原子吸收分光光度计：带有钠空心阴极灯。

4. 测定步骤

（1）用移液管移取 20 mL 试验溶液 A［4.10.5.9.4（1）］四份，分别置于 100 mL 容量瓶中，一份不加钠标准溶液，其余三份分别加入 5.00 mL、10.00 mL、15.00 mL 的钠标准溶液，用水稀释至刻度；

（2）用试剂空白调整仪器吸光度为零，将上述溶液在空气 – 乙炔火焰中喷雾，在波长 588.9 nm 处测量吸光度；

（3）以加入钠标准溶液后试验溶液中已知量的钠浓度（μg/mL）为横坐标，对应的吸光度为纵坐标绘制曲线，将曲线反向延长与横坐标相交，交点到原点的距离即为移取试验溶液中钠的浓度。

5. 结果计算

钠含量以（Na）的质量分数 $w_{4-10-11}$ 计，以% 表示，按式（4 – 10 – 11）计算：

$$w_{4-10-11} = \frac{c \times 100}{m \times 10^6 \times \frac{20}{1000}} \times 100 = \frac{0.5c}{m} \qquad (4-10-11)$$

式中：c 为从曲线上求出的试验溶液中钠的浓度，μg/mL；m 为［4.10.5.9.4（1）］中称取的试样的质量，g。取平行测定结果的算术平均值为测定结果。平行测定数据的极差与平均值之比不得大于 0.2%。

4.10.5.14　硫酸盐含量测定

1. 方法提要

用盐酸溶样，加锌将 Fe(III) 还原为 Fe(II) 后，加氯化钡沉淀硫酸根，称量硫酸钡求出硫酸根含量。

2. 测定步骤

参照《第 3 章 3.4 硫酸盐含量测定》执行。

3. 测定步骤

（1）称取约 2 g 试样，称准至 0.1 mg。置于 300 mL 烧杯中，加 30 mL 盐酸加热溶解，加水至溶液总体积约 100 mL，加 5 g 锌粒，在沸水浴上加热，将 Fe(Ⅲ) 还原为 Fe(Ⅱ)。溶液的红色消失时，立即过滤，用温热的盐酸溶液(1 + 10)洗至滤纸无色，再用温水洗 4 ~ 5 次。

(2)将滤液和洗涤液合并，加水至约 300 mL，加热至 60 ~ 70℃，逐滴加入 10 mL 热氯化钡溶液(100 g/L)，在沸水浴上加热 30 min，静置一夜后，用慢速定量滤纸过滤，用水洗至洗涤液中无氯离子反应(用硝酸银溶液检验)。

(3)将滤纸和沉淀一起移入已在约 700℃下灼烧至恒重的瓷坩埚内，干燥灰化后，移入高温炉中，在约 700℃下灼烧至恒重。

4. 结果计算

硫酸盐含量以硫酸根(SO_4^{2-})的质量分数 $w_{4-10-12}$ 计，以 % 表示，按式(4 - 10 - 12)计算：

$$w_{4-10-12} = \frac{(m_1 - m_2) \times 0.4116}{m} \times 100 = \frac{41.16(m_1 - m_2)}{m} \quad (4-10-12)$$

式中：m_1 为灼烧后坩埚和残渣的质量，g；m_2 为坩埚的质量，g；m 为试样的质量，g；0.4116 为硫酸钡换算为硫酸根的系数。取平行测定结果的算术平均值为测定结果。平行测定数据的极差与平均值之比不得大于 0.2%。

4.10.5.15 氯化物含量测定

1. 方法提要

试样中加磷酸，加热溶解，氯离子以氯化氢蒸馏出，在硝酸介质中，氯离子与硝酸银生成氯化银，以目视比浊法进行测定。

2. 测定方法

参照《第 3 章 3.2 氯化物含量的测定》执行。

3. 仪器与设备

实验室常用仪器设备按以下装置。

(1)比色管：25 mL；

(2)蒸馏装置：蒸馏装置如图 4 - 10 - 1 所示。

4. 测定步骤

(1)按图 4 - 10 - 1 连接蒸馏装置的 2、3、4 部分；

(2)称取 0.300 g 试样，称准至 0.1 mg。置于锥形瓶 2 中，加 20 mL 磷酸，加热，试样开始溶解时，连接锥形瓶 2 和盛有预先烧至沸腾的水的圆底烧瓶 1，通入水蒸汽。在冒出白色烟雾之前停止加热，继续通入水蒸汽至氯化氢完全收入收集瓶 4 中。将馏出液移入 100 mL 容量瓶中，加水稀释至刻度。

(3)用移液管移取 10 mL 试验溶液，置于比色管中，加 1 mL 硝酸溶液(1 + 1)，1 mL 硝酸银溶液(17 g/L)，用水稀释至刻度，摇匀，放置 2 min。所呈浊度不得深于标准比浊溶液。

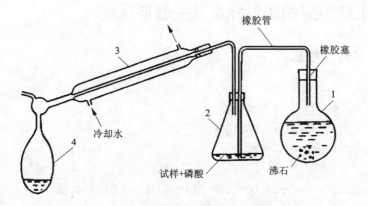

图 4 – 10 – 1　蒸馏装置示意图

1—1000 mL 圆底烧瓶；2—300 mL 锥形瓶；3—带冷却水的冷凝器；4—300 mL 收集瓶

标准比浊溶液的制备：按规定取一定体积的氯化物标准溶液（优等品：3.0 mL；一等品：4.5 mL；合格品：6.0 mL），加 1 mL 硝酸溶液（1 + 1），1 mL 硝酸银溶液（17 g/L），用水稀释至刻度，摇匀，放置 2 min。开始与试样比浊。

4.10.6　工业氧化铁包装与运输中的安全技术

（1）标志。

产品包装袋上应有牢固清晰的标志，内容包括：生产厂名、厂址、产品名称、商标、型号、等级、净重、批号或生产日期及标准编号。

（2）包装。

产品包装采用三层包装。

内包装采用聚乙烯塑料薄膜袋，规格尺寸为 810 mm × 510 mm，厚度为 0.08 mm。

中层采用牛皮纸或聚乙烯塑料薄膜袋，规格尺寸为 750 mm × 470 mm，厚度为 0.1 mm。

外包装采用塑料编织袋，规格尺寸为 740 mm × 450 mm。

其性能和检验方法应符合 GB 8946 的规定。该产品每袋净重 25 kg。

（3）运输。

产品在运输过程中应有遮盖物，放止雨淋、受潮。

（4）贮存。

工业氧化铁应贮存在阴凉、通风、干燥的库房内，不宜露天存放。

4.11 工业硝酸钠质量标准及关键指标测定

4.11.1 名称与组成

（1）中文名称：硝酸钠。

（2）英文名称：Sodium Nitrate。

（3）中文别名：钠硝石、智利硝石。

（4）化学式：$NaNO_3$。

（5）分子量：85。

（6）组成元素：Na 为 27.06%；N 为 16.47%；O 为 56.47%。

（7）百分含氧量：56.47%。

4.11.2 理化性质

（1）晶形：三方晶或三角晶。

（2）密度：2.26 g/cm^3。

（3）熔点：306.8℃。

（4）沸点：380℃。

（5）水溶性（25℃）：91.2 g/100 mL。

（6）溶解度：在氨水中易溶，在甘油与丙酮中微溶，在水中的溶解度见表 4 - 11 - 1。

表 4 - 11 - 1 硝酸钠在水中溶解度

温度/℃	溶解度/g
0	73
10	80
20	87
30	95
40	103
50	114
60	125
70	136
80	150
90	163
100	170

（6）溶解性。

表 4 – 11 – 2　硝酸钠在不同溶剂中的溶解性

硝酸钠($NaNO_3$)	溶剂名称（mL）
1（g）	水：1.1
	沸水：0.6
	乙醇：125
	沸乙醇：52；
	无水乙醇：3471
	无水甲醇：300

（7）硝酸钠（AR）DTA 温度谱图。

实验条件：环境温度 $20 \pm 2℃$，湿度 $< 80\%$，升温速率 $10℃/min$。

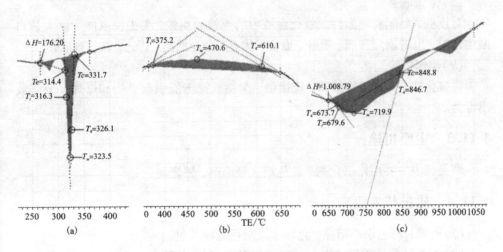

图 4 – 11 – 1　硝酸钠（AR）DTA 不同温度段峰面积截图

图 4 – 11 – 1 为硝酸钠（AR）DTA 峰面积截图，硝酸钠温度变化吸、放热谱线表现较为明显。

图 4 – 11 – 1（a）所示：硝酸钠在 270℃ 时出现晶格熔融变化出现一较小的吸热谷，随着温度的升高，在 323.5℃（T_m）出现一尖锐的吸热峰即分解成 Na_2O + NO_2。

图 4 – 11 – 1（b）所示：随着温度升高至 375.2℃（T_i）~610.1℃（T_4）时放出氮气和氧气，表现为放热反应。

图 4 - 11 - 1(c)所示:随着温度升高至850~930℃时才有少量的二氧化氮和一氧化二氮生成,表现为微弱的放热反应。

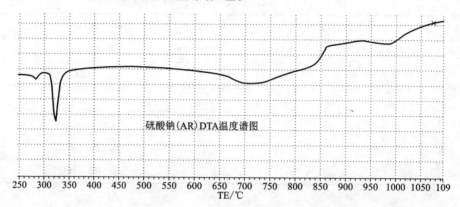

图 4 - 11 - 2　硝酸钠(AR)DTA 温谱全图

(8)健康危害。

对皮肤、黏膜有刺激性。氧化血液中的亚铁为高铁,失去携氧能力。大量口服中毒时,患者剧烈腹痛、呕吐、血便、休克、全身抽搐、昏迷,甚至死亡。

(9)燃爆危险。

强氧化性,与有机物或磷、硫接触、摩擦或撞击能引起燃烧和爆炸。分解放出毒烟。

4.11.3　主要用途

烟火药中主要用作氧化剂、黄色烟火染焰剂、燃烧剂。

4.11.4　质量技术要求

(1)外观:白色细小结晶,允许带浅灰色或浅黄色。
(2)工业硝酸钠质量技术指标应符合表 4 - 11 - 1 要求。

表 4 - 11 - 3　工业硝酸钠质量技术要求

名称		指标/%		
		优等品	一等品	合格品
硝酸钠($NaNO_3$)	≥	99.7	99.3	98.5
水分	≤	1.0	1.5	2.0
水不溶物	≤	0.03	0.06	—

212

续表 4 – 11 – 3

名称		指标/%		
		优等品	一等品	合格品
氯化物(以 NaCl 计)	≤	0.25	0.30	
亚硝酸钠(NaNO₂)	≤	0.01	0.02	0.15
碳酸钠(Na₂CO₃)	≤	0.05	0.10	
铁(Fe)	≤	0.005		
松散度	≥	90		

注：1. 水分以出厂检验为准；
　　2. 松散度指标为加防结块剂产品控制项目。

4.11.5　关键指标测定

　　烟花爆竹用硝酸钠的主要测定，应按表 4 – 11 – 3 工业硝酸钠质量技术指标项进行测定，也可根据具体用途由双方协议测定项。

4.11.5.1　水分含量测定

　　1. 方法提要
　　试样在规定温度下加热一定时间，由失去的质量来计算水分的含量。
　　2. 测定方法
　　参照《第 2 章 2.2 水分含量测定》执行。
　　3. 结果计算
　　水分含量以质量分数 w_{4-11-1} 计，以% 表示，计算公式同式(2 – 2 – 1)。

4.11.5.2　水不溶物含量测定　称量法

　　按照《第 2 章 2.8 水不溶物含量测定》执行。
　　1. 试剂与溶液
　　二苯胺 – 硫酸溶液：称取 1 g 二苯胺溶于 100 mL 硫酸中。
　　2. 测定步骤
　　称取约 100 g 试样，称准至 0.1 g。置于 400 mL 烧杯中，加 150 mL 水，加热至沸，使试样完全溶解。用预先于 105～110℃ 干燥之恒重的玻璃砂坩埚过滤，用热水洗涤残渣无硝酸根离子为止(在玻璃砂坩埚下端，取几滴滤液于白色点滴板上，以二苯胺 – 硫酸溶液检查时无蓝色)。残渣连同玻璃砂坩埚于 105～110℃ 干燥之恒重。
　　3. 结果计算
　　水不溶物含量以质量分数 w_{4-11-2} 计，以% 表示：

4.11.5.3 氯化物含量测定

1. 方法提要

在微酸性的水或乙醇－水溶液中，用强电离的硝酸汞标准滴定溶液将氯离子转化为弱电离的氯化汞，用二苯偶氮碳酰肼指示剂与过量的 Hg^{2+} 生成紫红色络合物来判断终点。

2. 试剂与溶液

(1)尿素。

(2)硝酸溶液：1 + 1。

(3)硝酸溶液(1 mol/L)：量取 63 mL 硝酸，用水稀释至 1000 mL。

(4)氢氧化钠溶液:(1 mol/L)：量取 52 mL 饱和氢氧化钠溶液，用水稀释至 1000 mL。

(5)氯化钠标准溶液：$c(NaCl) = 0.0200$ mol/L。

(6)硝酸汞标准溶液：$c[1/2Hg(NO_3)_2] \approx 0.05$ mol/L。

(7)溴酚蓝指示液：1 g/L 乙醇溶液。

(8)二苯偶氮碳酰肼指示液：5 g/L 乙醇溶液(当变色不灵敏时应重新配制)。

3. 仪器与设备

常规实验室设备和仪器及微量滴定管：分度值为 0.01 mL 或 0.02 mL。

4. 测定步骤

(1)参比溶液的制备。

在 250 mL 锥形瓶中加 50 mL 水，加 3 g 尿素，加热溶解。在微沸下滴加硝酸(1 + 1)溶液至无细小气泡产生，冷却。加 2 ~ 3 滴溴酚蓝指示液，用氢氧化钠(1 mol/L)溶液调至溶液呈蓝色，用硝酸(1 mol/L)溶液调至溶液由蓝色变黄色再过量 2 ~ 6 滴。加入 1.0 mL 二苯偶氮碳酰肼指示液，以微量滴定管用浓度 $c[1/2Hg(NO_3)_2]$ 为 0.05 mol/L 的硝酸汞标准滴定溶液滴定至紫红色。记录所用硝酸汞标准滴定溶液的体积。此溶液在使用前配制。

(2)试验溶液 A 的制备。

称取约 100 g 试样，精确至 0.01 g。置于 400 mL 烧杯中，加约 150 mL 水，加热至沸，使试样完全溶解。冷却至室温，全部移入 500 mL 容量瓶中，用水稀释至刻度，摇匀，为试验溶液 A。此溶液用于氯化物、硝酸钙、硝酸镁、亚硝酸钠、碳酸钠、铵盐含量的测定。

(3)测定。

用移液管移取 50 mL 试验溶液 A，置于 250 mL 锥形瓶中。加 3 g 尿素，加热溶解。在微沸下滴加硝酸(1 + 1)溶液至无细小气泡产生，冷却。加入 2 滴溴酚蓝指示液。用氢氧化钠(1 mol/L)溶液调至溶液呈蓝色，再用硝酸(1 mol/L)溶液调至溶液由蓝色变黄色再过量 2 ~ 6 滴。加入 1.0 mL 二苯偶氮碳酰肼指示液，用浓

度 $c[1/2Hg(NO_3)_2]$ 为 0.05 mol/L 的硝酸汞标准滴定溶液滴定至溶液由黄色变为与参比溶液相同的紫红色为终点。

5. 结果计算

氯化物含量以 (NaCl) 质量分数 w_{4-11-3} 计，以 % 表示，按式 (4 – 11 – 1) 计算。

$$w_{4-11-3} = \frac{cM[(V - V_0)/1000]}{m \times (50/500)} \times 100 \qquad (4-11-1)$$

式中：V 为滴定试验溶液时消耗的硝酸汞标准滴定溶液的体积，mL；V_0 为参比溶液消耗硝酸汞标准滴定溶液的体积，mL；c 为硝酸汞标准滴定溶液的准确浓度，mol/L；m 为试样的质量，g；M 为氯化钠的摩尔质量的数值，g/mol ($M = 58.44$ g/mol)。计算结果精确到小数点后两位。取平行测定结果的算术平均值为测定结果；平行测定数据的极差与平均值之比不得大于 0.2%。

4.11.5.4　硝酸钙、硝酸镁含量测定

1. 方法提要

调节溶液 pH 大于 12，以钙羧酸 (或钙羧酸钠) 为指示剂，用乙二胺四乙酸二钠标准滴定溶液滴定硝酸钙，以铬黑 T 为指示剂，在 pH = 10 时用同浓度的乙二胺四乙酸二钠标准滴定溶液滴定硝酸钙和硝酸镁总量。以两次滴定消耗标准滴定溶液之差计算硝酸镁含量。

2. 试剂与溶液

(1) 氢氧化钠溶液：80 g/L。

(2) 氨 – 氯化铵缓冲溶液甲：pH ≈ 10。

(3) 三乙醇胺溶液：1 + 2。

(4) 硫化钠溶液：100 g/L。

(5) 乙二胺四乙酸二钠 (EDTA) 标准滴定溶液 Ⅰ：$c(EDTA) = 0.05$ mol/L。

(6) 乙二胺四乙酸二钠 (EDTA) 标准滴定溶液 Ⅱ：$c(EDTA) = 0.005$ mol/L。用移液管移取 100 mL 乙二胺四乙酸二钠 (EDTA) 标准滴定溶液 Ⅰ，置于 1000 mL 容量瓶中，用水稀释至刻度，摇匀。

(7) 钙羧酸指示剂。称取 1.0 g 钙羧酸 (或钙羧酸钠)，与 100 g 干燥的氯化钠混合、研细。

(8) 铬黑 T 指示剂。

3. 仪器与设备

常规实验室设备和仪器。

4. 测定步骤

(1) 用移液管移取 50 mL 试样溶液 A，置于 250 mL 锥形瓶中，加 1~2 滴盐酸溶液 (1 + 1)，加 2 mL 三乙醇胺溶液 (1 + 2)、5 mL 氨 – 氯化铵缓冲溶液甲 (pH ≈ 10)、约 50 mg 铬黑 T 指示剂，用乙二胺四乙酸二钠标准滴定溶液 [$c(EDTA) =$

0.005 mol/L]滴定至纯蓝色为终点。记录消耗乙二胺四乙酸二钠标准滴定溶液的体积 V,用于计算硝酸镁含量。

(2)另用移液管移取 50 mL 试验溶液 A,置于 250 mL 锥形瓶中,加 1~2 滴盐酸(1+1)溶液、2 mL 三乙醇胺溶液(1+2)和 2 mL 硫化钠溶液(100 g/L),加入 5 mL 氢氧化钠溶液(80 g/L),加约 0.1 g 钙羧酸指示剂,用乙二胺四乙酸二钠标准滴定溶液[c(EDTA) = 0.005 mol/L]滴定至纯蓝色为终点。记录消耗乙二胺四乙酸二钠标准滴定溶液的体积 V_1,用于计算硝酸钙含量。

(3)同时做空白试验。

5. 结果计算

(1)硝酸钙含量以[Ca(NO₃)₂]质量分数 w_{4-11-4} 计,以%表示,按式(4-11-2)计算:

$$w_{4-11-4} = \frac{(V_1/1000)cM}{m \times (50/500)} \times 100 \qquad (4-11-2)$$

式中:V_1 为滴定硝酸钙时消耗的 EDTA 标准滴定溶液的体积,mL;c 为 EDTA 标准滴定溶液的准确浓度,mol/L;m 为试样溶液 A 中试样的质量,g;M 为硝酸钙的摩尔质量,g/mol(M = 164.1 g/mol)。计算结果精确到小数点后两位。

(2)硝酸镁含量以[Mg(NO₃)₂]的质量分数以 w_{4-10-5},以%表示,按式(4-11-3)计算:

$$w_{4-11-5} = \frac{[(V-V_1)/1000]cM}{m \times (50/500)} \times 100 \qquad (4-11-3)$$

式中:V 为滴定硝酸钙、硝酸镁合量时消耗的 EDTA 标准滴定溶液的体积,mL;V_1 为滴定硝酸钙时消耗的 EDTA 标准滴定溶液的体积,mL;c 为 EDTA 标准滴定溶液的准确浓度,mol/L;m 为试样溶液 A 中试样的质量,g;M 为硝酸镁的摩尔质量,g/mol(M = 148.3 g/mol)。计算结果精确到小数点后两位。取平行测定结果的算术平均值为测定结果。平行测定数据的极差与平均值之比不得大于 0.2%。

4.11.5.5 硫酸盐含量测定一 重量法

1. 方法提要

用盐酸将硝酸钠转化为氯化钠。在酸性介质中用氯化钡将硫酸根离子沉淀为硫酸钡,称量生成的硫酸钡的质量。

2. 试剂与溶液

(1)盐酸。

(2)盐酸溶液:1+1。

(3)氯化钡溶液:100 g/L。

(4)硝酸银溶液:17 g/L。

3．仪器与设备

常规实验室设备和仪器。

4．分析步骤

(1)称取约 10 g 试样，称准至 0.1 mg。置于 100 mL 烧杯中，用少量水润湿，加 10 mL 盐酸，置于水浴上蒸发至干。

(2)再加 10 mL 盐酸再蒸干，重复蒸干三次。加 50 mL 水溶解残渣，加 4 mL 盐酸溶液(1+1)酸化。

(3)用中速滤纸过滤，用水洗涤沉淀，至溶液体积约 250 mL。煮沸，不断搅拌下滴加 10 mL 氯化钡溶液(100 g/L)(约 90 s 加完)。不断搅拌下继续煮沸 2 min，放置过夜或于沸水浴上放置 2 h。

(4)用慢速定量滤纸过滤，用热水洗涤沉淀至无氯离子为止取 5 mL 滤液，加 1 mL 硝酸银溶液(17 g/L)混合，5 min 后无沉淀出现。将滤纸连同沉淀一起移入预先在 800℃±25℃下灼烧至恒重。

(5)同时做空白试验。

5．结果计算

硫酸盐含量以硫酸钠(Na_2SO_4)的质量分数 w_{4-11-6} 计，以% 表示，按式(4-11-4)计算：

$$w_{4-11-6} = \frac{(m_1 - m_2)M}{m} \times 100 \qquad (4-11-4)$$

式中：m_1 为干燥至恒重后坩埚和沉淀的质量，g；m_2 为干燥至恒重后坩埚的质量，g；m 为试样的质量，g；M 为将硫酸钡换算为硫酸钠的系数($M=0.6086$ g/mol)。计算结果精确到小数点后两位。取平行测定结果的算术平均值为测定结果。平行测定数据的极差与平均值之比不得大于 0.2%。

4.11.5.6　硫酸盐含量测定二　目视比浊法

按照《第 3 章 3.4 硫酸盐含量测定》执行。

硫酸盐含量以(Na_2SO_4)的质量分数 w_{4-11-7} 计，以% 表示。

4.11.5.7　亚硝酸钠含量测定

1．方法提要

用试样溶液滴定酸性高锰酸钾标准溶液。试样中的亚硝酸盐可使高锰酸钾还原，使其颜色消失。根据试样溶液消耗量计算亚硝酸钠含量。

2．试剂与溶液

(1)硫酸溶液：1+20。

(2)高锰酸钾标准滴定溶液：$c(1/5KMnO_4)$ 约 0.01 mol/L。

3．仪器与设备

常规实验室设备和仪器。

4. 测定步骤

于 250 mL 锥形瓶中加入约 50 mL 硫酸溶液(1 + 20)。加热至 40 ~ 50℃。用高锰酸钾标准滴定溶液[$c(1/5KMnO_4)$ 约 0.01 mol/L]滴定至微红色后再准确加入 1.00 mL。用试样溶液 A 滴定锥形瓶中的高锰酸钾标准滴定溶液至红色刚刚消失为止。

5. 结果计算

亚硝酸钠(NaNO$_2$)含量的质量分数以 w_{4-11-8} 计,以%表示,按式(4 - 11 - 5)计算:

$$w_{4-11-8} = \frac{(V_1/1000)cM}{m \times (V/500)} \times 100 \qquad (4-11-5)$$

式中: V_1 为准确加入高锰酸钾标准滴定溶液的体积,mL; V 为滴定中消耗试样溶液 A 的体积,mL; c 为高锰酸钾标准滴定溶液的准确浓度,mL; m 为试样溶液 A 中试样的质量,g; M 为亚硝酸钠的摩尔质量,g/mol($M = 34.50$ g/mol)。计算结果精确到小数点后两位。取平行测定结果的算术平均值为测定结果。平行测定数据的极差与平均值之比不得大于 0.2%。

4.11.5.8 碳酸钠含量测定

1. 方法提要

以溴甲酚绿 - 甲基红为指示剂,用硫酸标准滴定溶液滴定。

2. 试剂与溶液

(1)硫酸标准滴定溶液: $c(1/2H_2SO_4) \approx 0.1$ mol/L。

(2)溴甲酚绿 - 甲基红混合指示液。

3. 仪器与设备

常规实验室设备和仪器。

4. 测定步骤

用移液管移取 25 mL 试样溶液 A,置于 250 mL 锥形瓶中,加入 3 ~ 4 滴溴甲酚绿 - 甲基红混合指示液,用硫酸标准滴定溶液滴定至溶液由绿色变为暗红色,煮沸 2 min,迅速冷却,继续用硫酸标准滴定溶液滴定至溶液呈暗红色为止。

5. 结果计算

碳酸钠(Na$_2$CO$_3$)含量的质量分数以 w_{4-11-9} 计,以%表示,按式(4 - 11 - 6)计算:

$$w_{4-11-9} = \frac{(V/1000)cM}{m \times (25/500)} \times 100 \qquad (4-11-6)$$

式中: V 为滴定中消耗硫酸标准滴定溶液的体积,mL; c 为硫酸标准滴定溶液浓度的准确数值,mol/L; m 为试样溶液 A 中试样的质量,g; M 为碳酸钠的摩尔质量,g/mol($M = 52.99$ g/mol)。计算结果精确到小数点后两位。取平行测定结果的算术平均值为测定结果。平行测定数据的极差与平均值之比不得大于 0.2%。

4.11.5.9　铵盐含量测定

用 10 g/L 试样溶液,加入纳氏试剂按照《第 3 章 3.6 铵盐含量测定方法》执行。

当有氨(NH_4)反应时,用本方法测定。

1. 方法提要

在中性溶液中,铵盐与甲醛作用生成六次甲基四胺和相当于铵盐含量的酸,在指示剂存在下,用氢氧化钠标准溶液滴定。

2. 试剂与溶液

(1)硼酸。

(2)氯化钾。

(3)硼酸 – 氯化钾溶液:0.2 mol/L。

称取 6.138 g 硼酸和 7.455 g 氯化钾,溶于水,移入 500 mL 容量瓶中,稀释至刻度。再加入 1 滴甲基红指示液和 3 滴酚酞指示剂溶液,稀释至 150 mL。

(4)硫酸标准滴定溶液:$c(1/2H_2SO_4) = 0.1$ mol/L。

(5)氢氧化钠标准滴定溶液:$c(NaOH) = 0.1$ mol/L。

(6)氢氧化钠标准滴定溶液:$c(NaOH) = 0.5$ mol/L。

(7)甲醛溶液:250 g/L。

(8)乙醇:95%。

(9)甲基红指示液:1 g/L。

(10)酚酞指示液:10 g/L。

(11)pH = 8.5 的颜色参比溶液:在 250 mL 锥形瓶中,加入 15.15 mL 氢氧化钠标准滴定溶液[$c(NaOH) = 0.1$ mol/L],37.50 mL 硼酸 – 氯化钾溶液(0.2 mol/L),再加入 1 滴甲基红指示液和 3 滴酚酞指示剂溶液,稀释至 150 mL。

3. 仪器与设备

常规实验室设备和仪器及 pH 计。

4. 测定步骤

(1)用移液管移取 50 mL 试验溶液 A,置于 250 mL 锥形瓶中。加 1 滴甲基红指示液,用氢氧化钠标准滴定溶液[$c(NaOH) = 0.1$ mol/L]或硫酸标准滴定溶液[$c(1/2H_2SO_4) = 0.1$ mol/L]调节至溶液呈橙色。

(2)加入 15 mL 甲醛溶液,再加入 3 滴酚酞指示液,混匀。放置 5 min,用氢氧化钠标准滴定溶液[$c(NaOH) = 0.5$ mol/L]滴定至 pH 为 8.5 的参比溶液所呈现的颜色,经 1 min 不消失(或滴定至 pH 计指示 pH 为 8.5)即为终点。

(3)同时做空白试验。

5. 结果计算

铵盐含量以硝酸铵（MH_4NO_3）的质量分数 $w_{4-11-10}$ 计，以%表示，按式（4-11-7）计算：

$$w_{4-11-10} = \frac{[(V_1 - V_0)/1000)]cM}{m \times (50/500)} \times 100 \qquad (4-11-7)$$

式中：V_1 为滴定试样所消耗的氢氧化钠标准滴定溶液的体积，mL；V_0 为空白试验所消耗的氢氧化钠标准滴定溶液的体积，mL；c 为氢氧化钠标准滴定溶液的准确浓度，mol/L；m 为试样溶液 A 中试样的质量，g；M 为硝酸铵的摩尔质量，g/mol（$M = 80.04$ g/mol）。计算结果精确到小数点后两位。取平行测定结果的算术平均值为测定结果。平行测定数据的极差与平均值之比不得大于 0.2%。

4.11.5.10　硝酸钠含量测定　差减法

1. 方法提要

从 100 中减去杂质总量即为硝酸钠含量。

2. 结果计算

(1)杂质总含量的质量分数以 $w_{4-11-11}$ 计，以%表示，按式（4-11-7）计算：

$$w_{4-11.11} = w_{4-11-2} + w_{4-11-3} + w_{4-11-4} + w_{4-11-5} + w_{4-11-6}（或 w_{4-11-7}）+$$
$$w_{4-11-8} + w_{4-11-9} + w_{4-11-10} \qquad (4-11-8)$$

式中：w_{4-11-2} 为水不溶物的质量分数，%；w_{4-11-3} 为氯化物的质量分数，%；w_{4-11-4} 为硝酸钙的质量分数，%；w_{4-11-5} 为硝酸镁的质量分数，%；w_{4-11-6}（或 w_{4-11-7}）为硫酸钠的质量分数，%；w_{4-11-8} 为亚硝酸钠的质量分数，%；w_{4-11-9} 为碳酸钠的质量分数，%；$w_{4-11-10}$ 为硝酸铵的质量分数，%。

(2)硝酸钠（$NaNO_3$）含量的质量分数以 $w_{4-11-12}$ 计，以%表示，按式（4-11-9）计算

$$w_{4-11-12} = 100 - w_{4-11-11} \qquad (4-11-9)$$

4.11.5.11　铁含量测定　分光光度法

1. 方法提要

用抗坏血酸将试液中的 Fe^{3+} 还原成 Fe^{2+}。在 pH 为 2~9 时，Fe^{2+} 与 1,10-菲啰啉生成橙红色络合物，在分光光度计最大吸收波长（510 nm）处测定其吸光度。

在特定的条件下，络合物在 pH = 4~6 时测定。

2. 测定步骤

参照《第 3 章 3.3 铁含量测定》执行。

3. 结果计算

铁（Fe）含量的质量分数以 $w_{4-11-13}$ 计，以%表示。

4.11.5.12　松散度测定

1. 方法提要

将堆放一定时间的袋装试样，从 1m 高度自由降落于坚硬的平面上，过筛后称量留在筛上的试样质量。

2. 仪器、设备

常规实验室设备和仪器按以下配置。

（1）试验筛：长 950 mm、宽 600 mm、带有高约 120 mm 的木框，筛网孔径 4.75 mm。

（2）秒表。

（3）台秤：10 kg，分度值 0.1kg。

3. 测定步骤

（1）从仓库内堆码垛的袋装产品中，由上而下选取第七层袋作为试验用样品。

（2）将试验袋称量，利用机械或人工使其从 1m 高度自由平落到平整、坚硬的平面上。将袋翻转，然后将袋内试样倒在筛子内，以 1 次/s 的频率进行筛分。筛分形程为 400 mm，时间 1 min。筛完后称量筛余物的质量。试验袋数不应少于 3 袋。

4. 结果计算

以粒径小于 4.75 mm 的试样的质量分数（%）表示的松散度（$w_{4-11-14}$）按式（4-11-10）

$$w_{4-11-14} = \frac{1}{n} \sum_{i=1}^{n} \left(\frac{m-m_1}{m} \right) \times 100 \qquad (4-11-10)$$

式中：m 为过筛前袋内试样重量，kg；m_1 为过筛后筛上试样重量，kg；n 为试验所用试样的袋数。计算结果精确到小数点后两位。

4.11.6　烟花爆竹用工业硝酸钠包装与运输中的安全技术

1. 标志、标签、包装、运输、贮存

（1）标志。

产品包装袋上应有牢固清晰的标志，内容包括：生产厂名、厂址、产品名称、商标、等级、净含量、批号或生产日期和标准编号，以及"氧化剂""怕热""怕湿"标志。包装袋背面中部涂刷宽 10 cm 的横向红色条带。

（2）标签。

每批出厂的产品都应附有质量证明书。内容包括：生产厂名、厂址、产品名称、商标、等级、净含量、批号或生产日期、产品质量符合标准的证明和标准编号。

（3）包装。

产品包装采用双层包装。内包装采用聚乙烯塑料薄膜袋；外包装采用塑料编织袋，每袋净含量 25 kg 或 50 kg。用户对包装有特殊要求时，可供需协商。

（4）运输。

产品在运输过程中应有遮盖物，防止雨淋、受潮。应轻拿轻放，防止摩擦、撞击。

（5）贮存。

产品应贮存于通风、干燥的库房内。应防止雨淋、受潮，同时避免阳光直射。应避免与酸类、金属粉末、木屑、纱布、纸张、糖、硫磺及其他有机易燃物、还原物质共运、共贮。

2. 安全要求

（1）硝酸钠是一级无极氧化剂。加热至 380℃时分解成亚硝酸钠和氧，加热至更高温度时则生成氧、氮、氮氧化物的混合气体。当与有机物、硫磺或亚硫酸盐等混合时能引起燃烧爆炸。硝酸钠引起的火灾可用大量水扑灭。

（2）硝酸钠生产、存放场所应备有消防器材和急救药品。

4.12 工业三氧化二铋质量标准及关键指标测定

4.12.1 名称及组成

（1）中文名称：三氧化二铋。

（2）英文名称：Bismuth trioxide。

（3）中文别名：氧化铋。

（4）化学式：Bi_2O_3。

（5）相对分子质量：465.96。

（6）组成元素：Bi 为 89.70%；O 为 10.30%。

（7）活性氧含量：10.3%。

（8）氧平衡：6.87%。

（9）化学品类别：金属氧化物。

4.12.2 理化性质

（1）外观：三氧化二铋（Bi_2O_3）纯品外观为黄色或亮黄色至橙色。

（2）晶型：有 α 型、β 型和 δ 型。

α 型为黄色单斜晶系结晶（为低温稳定相），相对密度 8.9，熔点 825℃，溶于酸，不溶于水和碱。

β 型为亮黄色至橙色，正方晶系（为高温亚稳相），相对密度 8.55，熔点 860℃，溶于酸，不溶于水。

$\delta - Bi_2O_3$ 是一种特殊的材料，具有立方萤石矿型结构（为高温稳定相），其晶格中有 1/4 的氧离子位置是空缺的，因而具有非常高的氧离子导电性能。

（3）性状：黄色重质粉末或单斜结晶，无气味，在空气中稳定。

（4）密度（α，25.4℃）：8.9 g/mL^3。

（5）沸点（常压）：1890℃。

（6）还原性：被氢气还原为金属铋。

（7）溶解性：溶于盐酸和硝酸，生成铋（Ⅲ）盐，不溶于水，加热变为褐红色，冷后仍变为黄色。

（8）三氧化二铋（AR）DTA 温度谱图。

实验条件：环境温度 20 ± 2℃，湿度 <80%，升温速率 10℃/min。

用试剂纯三氧化二铋（含量为 99.99%）测定其 DTA 温度图谱，如图 4 - 12 - 1 所示，试样在 750℃左右出现第一次晶型熔融的吸热谷，在 825℃左右再次出现晶格熔融的吸热分解。

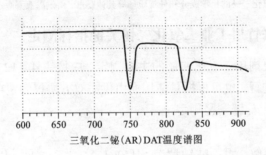

三氧化二铋（AR）DAT温度谱图

图 4 - 12 - 1　三氧化二铋（AR）DTA 温度谱图

4.12.3　主要用途

三氧化二铋在烟花爆竹生产中，属金属可燃物、催化剂、可助长火花爆裂的材料，主要应用于闪烁和炸花烟火剂。在高热能反应的铝热剂中作为氧化剂。

4.12.4　质量标准

1. 外观质量

三氧化二铋为黄色粉体，同批产品色泽均匀，目视无可见差异，不应有外来夹杂物和有结团、结块现象。

2. 质量技术指标见表 4 - 12 - 1

表 4 - 12 - 1　三氧化二铋质量技术指标/%

等级		Bi₂O₃ 99.999	Bi₂O₃ 99.99	Bi₂O₃ 99.9	Bi₂O₃ 99.95
Bi_2O_3	≥	99.999	99.99	99.9	99.95
Bi	≥	89.5	89.5	89.4	89.3
	Pb ≤	0.00005	0.0005	0.0005	0.0005
	Cl ≤	—	0.001	0.001	0.010
	SO_4^{2-} ≤		0.001	0.001	0.005
	杂质总和 ≤	0.001	0.01	0.1	0.5
细度/μm	≤		90		
干燥减量	≤	0.1	0.2	0.2	0.2
灼烧减量	≤	0.05	0.05	0.1	0.1

注：需方如对三氧化二铋的化学成分和外观质量等其他要求，由供需双方商定。

4.12.5　烟花爆竹用工业三氧化二铋关键指标测定

烟花爆竹烟火剂用三氧化二铋的主要测定，应按表 4 - 12 - 1 三氧化二铋的质量技术指标项进行，也可根据具体用途由供需双方协议测定项。

4.12.5.1　三氧化二铋含量测定

1. 方法提要

试样用硝酸溶解，用乙酸钠调节 pH 在 1.5 ~ 1.7 之间，以二甲酚橙为指示剂，用 Na_2EDTA 标准滴定溶液滴定，测得三氧化二铋的量。

2. 试剂与溶液

（1）抗坏血酸。

（2）硝酸。

（3）硝酸溶液：5 + 95。

（4）硫脲（CH_4N_2S）饱和溶液：将硫脲溶于水中搅拌，直至出现不溶结晶，过滤，即得饱和溶液。使用前配制。

（5）酒石酸溶液：200 g/L。

（6）无水乙酸钠溶液：200 g/L。

（7）二甲酚橙指示液：5 g/L。

（8）Na_2EDTA 标准滴定溶液：$c(Na_2EDTA) = 0.020$ mol/L。

3. 仪器与设备

常规实验室仪器和设备。

4. 测定步骤

(1)称取 1. 13 g 试样,称准至 0. 1 mg。

(2)将试样置于 200 mL 烧杯中,加少量水润湿,加入 10 mL 浓硝酸,用表面皿盖上,低温加热溶解完全,蒸至 5 mL 左右,取下,用约 30 mL 硝酸溶液(5 + 95)冲洗表面皿与杯壁,加热煮沸溶解盐类,取下冷却。用硝酸溶液(5 + 95)稀释至刻度,混匀。

(3)移取 20. 00 mL 试样溶液,于 500 mL 锥形瓶中,加入 0. 5 g 抗坏血酸,加入 5. 0 mL 硫脲饱和溶液、5. 0 mL 酒石酸(200 g/L)溶液、100 mL 水,摇匀。用 Na_2EDTA 标准滴定溶液[$c(Na_2EDTA) = 0.020$ mol/L]滴定溶液至浅黄色,加入 2 滴二甲酚橙指示液(5 g/L),用无水乙酸钠溶液(200 g/L)调节 pH 为 1. 5 ~ 1. 7,用 Na_2EDTA 标准滴定溶液[$c(Na_2EDTA) = 0.020$ mol/L]滴定至溶液由紫红色变亮黄色为终点。

5. 结果计算

三氧化二铋的含量以(Bi_2O_3)质量分数 w_{4-11-1} 计,以% 表示,按式(4 - 11 - 1)计算:

$$w_{4-11-1} = \frac{c \cdot (V_4 - V_5) \times 208.98 \times V_2 \times 1.1148}{m_1 \cdot V_3 \times 1000} \times 100 \quad (4 - 11 - 1)$$

式中: c 为 Na_2EDTA 标准滴定溶液的准确浓度,mol/L; V_2 为试液的总体积,mL; V_3 为试液分取体积,mL; V_4 为滴定试液所消耗 Na_2EDTA 标准滴定溶液的体积,mL; V_5 为滴定空白溶液所消耗 Na_2EDTA 标准滴定溶液的体积,mL;208. 98 为铋的摩尔质量,g/mol;1. 1148 为铋转化成三氧化二铋的换算系数; m_1 为试样的质量,g。计算结果精确到小数点后两位。取平行测定结果的算术平均值为测定结果。两次平行测定结果的绝对差值不大于 0. 25% 。

4. 12. 5. 4　氯含量测定

1. 方法提要

试样用硝酸溶解,在丙三醇存在下,氯与硝酸根生成氯化银乳浊液,于分光光度计 510 nm 处测定氯的吸光度,通过标准工作曲线查得试样中氯的含量。

2. 测定方法

按照《第 3 章 3. 2 氯化物含量测定》执行。

3. 测定步骤

(1)试液制备:按表 4 - 12 - 2 称取试样,称准至 0. 1 mg。

表 4 - 12 - 2　试样量

氯的质量分数/%	称样量/g
0.0015 ~ 0.0025	3
0.0025 ~ 0.0050	1.5
0.0050 ~ 0.010	0.8
0.010 ~ 0.015	0.4

(2)将试样按表称量,置于 100 mL 烧杯中,加入 10 mL 硝酸(1 + 1),盖上表面皿,微热使试样溶解,冷却,待完全冷却后加少量水润洗表面皿。

(3)将试液移入 25 mL 容量瓶中,加入 2 mL 丙三醇(1 + 1)、2 mL 硝酸银溶液(17 g/L),每加一种试剂均需摇匀。用水稀释至刻度,充分混匀,暗处静置 5 min,(待测)。

(4)将待测试液移入 3 cm 的比色皿中,以随同试样的空白试验溶液为参比,于分光光度计波长 510 nm 处测量其吸光度值,从工作曲线上查得相应的氯的质量(溶液应在 20 min 内完成测定)。

4.工作曲线的绘制

(1)分别移取 0 mL、1.00 mL、2.00 mL、3.00 mL、4.00 mL、5.00 mL、6.00 mL 氯标准溶液 B,置于一组 25 mL 容量瓶中,分别加入 10 mL 硝酸(1 + 1)、2 mL 丙三醇(1 + 1)、2 mL 硝酸银溶液(17 g/L),每加一种试剂均需摇匀。用水稀释至刻度,充分混匀,暗处静置 5 min(待测)。

(2)将部分试液移入 3 cm 比色皿中,以系列标准溶液中零浓度溶液为参比,与分光光度计 510 nm 处测量其吸光度值(溶液应在 20 min 内完成测定)。以氯的质量为横坐标,吸光值为纵坐标,绘制工作曲线。

5.结果计算

氯化物的含量以(Cl^-)的质量分数 w_{4-12-2} 计,以% 表示,按式(4 - 12 - 2)计算:

$$w_{4-12-2} = \frac{m_1 \times 10^{-6}}{m_0} \times 100 \qquad (4 - 12 - 2)$$

式中:m_1 为自标准曲线上查得的试液中氯的质量,μg;m_0 为称取试样的质量,g。计算结果精确到小数点后四位。两个单次分析值的允许误差不超过 5% 。

4.12.5.5　灼烧减量测定　重量法

1.范围

本方法适用于三氧化二铋中灼烧减量的测定,测定范围为 0.05% ~ 0.25% 。

2.方法提要

称取一定量的试样，置于陶瓷坩埚中，在高温炉中加热至 650℃，样品中原有的未灼烧分解的物质会重新灼烧分解，高温灼烧至恒重后，由此计算出试样中的灼烧减量。

3. 仪器与设备

常规实验室仪器和设备按以下配置。

(1)陶瓷坩埚：需在 700℃ 左右恒量；

(2)恒温干燥箱：可控精度 ±5℃，干燥箱不得同时干燥其他物料；

(3)高温炉：最高温度不低于 800℃，控温精度 ±10℃；

(4)干燥器：用活性氧化铝做干燥剂。

4. 测定步骤

(1)称取 15 g 试样，称准至 0.1 mg；同时做平行试验，取其平均值。

(2)将试样置于经恒量的陶瓷坩埚内，放入恒温干燥箱中，105℃ ±5℃ 下干燥 2 h 后取出，在干燥器冷却 20 min，称量，再放入干燥箱中，105℃ ±5℃ 下干燥 1 h 后取出，在干燥器冷却 20 min，称量，如此直至干燥恒重，并记录坩埚和样品的质量。

(3)将装有试样的陶瓷坩埚置于高温炉中，温度升至 650℃ ±10℃ 灼烧 2 h，冷却，置于干燥器中，冷却至室温后称重。如此反复，直至恒重。

5. 结果计算

灼烧减量结果以 w_{4-12-3} 计，以 % 表示，按式(4-12-3)计算：

$$w_{4-12-3} = \frac{m_1 - m_2}{m} \times 100 \qquad (4-12-3)$$

式中：m_2 为灼烧后坩埚和样品的质量，g；m_1 为灼烧前坩埚和样品的质量，g；m 为试样的质量，g。计算结果精确到小数点后三位。两个单次分析值的允许误差不超过 5%。

4.12.5.6　铅含量测定

按照《第 3 章 3.1 重金属含量测定》执行。

1. 测定步骤

(1)称取 1.0 g 干燥粉体试样，称准至 0.1 mg。将试样置于石英或 PE 材质的烧杯中，加入 10 mL 硝酸，盖上表皿，低温加热至样品完全溶解，冷却，用水冲洗表面皿及杯壁，移于 50 mL 容量瓶中，以水稀释至刻度，混匀。

(2)测定次数：独立地进行两次测定，取其平均值。

(3)空白试验：随同试样做空白试验。

(4)工作曲线系列标准溶液的配制：分别移取 0 mL、1.00 mL、2.00 mL、5.00 mL、10.00 mL 铅标准溶液于一组 100 mL 容量瓶中，用硝酸(1+9)定容至刻度，混匀。

(5)测试分析试液及空白试液。仪器根据工作曲线,自动进行数据处理,计算并输出各元素的质量浓度。

2. 结果计算

试样中铅杂质含量的质量分数以 w_{4-12-4} 计,以%表示。

4.12.5.7 水分测定

参照《第2章 2.2 水分含量测定》执行。

试样中水分含量的质量分数以 w_{4-12-4} 计,以%表示。

4.12.5.8 细度测定

参照《第2章 2.6 粒度测定》执行。

4.12.6 烟花爆竹用工业三氧化二铋包装与运输中的安全技术

(1)标志。

产品包装桶上应标出,供方地址、产品名称、净重、牌号、批号等。

(2)包装。

产品内包装采用双层聚乙烯塑料袋包装,置于铁通内,每桶净重25 kg。如有其他要求由供需双方协商。

(3)运输。

产品在运输过程中,防止日晒、雨淋,避免包装损坏产品污染。

(4)贮存。

产品应贮存在阴凉、干燥、通风的库房。

4.13 工业二氧化锰质量标准及关键指标测定

4.13.1 名称与组成

(1)中文名称:二氧化锰。

(2)英文名称:Mnganese dioxide。

(3)中文别名:过氧化锰、黑色氧化锰、四价锰的氧化物。

(4)化学式:MnO_2。

(4)分子量:86.94。

(5)组成元素:Mn 为 63.19%;O 为 36.81%。

(6)百分氧量:36.81。

(7)化学品类型:无机化合物。

4.13.2 理化性质

(1)外观性状:黑色或黑棕色结晶或无定形粉末。

(2)相对密度(g/mL,水=1):5.03。

(3)熔点:847℃。

(4)沸点:无沸点。

(5)溶解性:难溶于水、弱酸、弱碱、硝酸、冷硫酸;加热情况下溶于浓盐酸而产生氯气。

(6)分解温度:535℃。

(7)酸碱性:二氧化锰是两性氧化物,它是一种常温下非常稳定的黑色粉末状固体,可作为干电池的去极化剂。在实验室常利用它的氧化性,和浓 HCl 作用以制取氯气:

$$MnO_2 + 4HCl \xrightarrow{\triangle} MnCl_2 + Cl_2 \uparrow + 2H_2O$$

(8)两性性质。

二氧化锰是强氧化剂,与有机物或其它可氧化物质(如硫、硫化物和磷化物等)摩擦或共热,能引起燃烧和爆炸。

二氧化锰与强氧化剂(如过氧化氢)作用,表现出还原性。

在空气中将 MnO_2 加热至 480℃以上转变成 Mn_2O_3:

$$MnO_2 \xrightarrow{\triangle} Mn_2O_3$$

在900℃以上转变成 Mn_3O_4。

$$MnO_2 \xrightarrow{\triangle} Mn_3O_4$$

(9)催化剂作用。

在氯酸钾(KClO_3)分解、双氧水(过氧化氢,H_2O_2)分解的反应中作催化剂:

$$2KClO_3 \xrightarrow{\Delta MnO_2} 2KCl + 3O_2 \uparrow$$

$$2H_2O_2 \xrightarrow{\Delta MnO_2} 2H_2O + O_2 \uparrow$$

4.13.3 主要用途

烟花爆竹烟火药剂中主要用作为氧化剂、催化剂。

4.13.4 质量标准

二氧化锰质量标准见表4-13-1。

表 4 - 13 - 1 二氧化锰质量技术指标

指标名称		技术指标/%	
		一等品	合格品
二氧化锰(MnO$_2$)	≥	90%	88
总锰(Mn)	≥	59	58
铁(Fe)	≤	0.35	
水分	≤	3.0	
酸不溶物	≤	0.3	0.4
铜、铅、锌量	≤	2.0	
pH		5 ~ 7	
细度		可根据用户要求确定,并按本节规定的试验方法测定	

4.13.5 二氧化锰关键指标测定

烟花爆竹用工业二氧化锰关键指标测定应按照表 4 - 13 - 1 质量技术要求进行。如有特殊需求,也可供需双方协商。

4.13.5.1 二氧化锰水分含量测定

1. 方法提要

试样在规定温度下加热一定时间,由失去的质量来计算水分的含量。

2. 测定方法

按照《第 2 章 2.2 水分含量测定》执行。

3. 结果计算

水分含量以质量分数 w_{4-13-1} 计,以%表示,计算公式同式(2 - 2 - 1)。

4.13.5.2 二氧化锰中锰含量测定 硫酸亚铁铵滴定法

1. 方法提要

试样经盐酸、硝酸、磷酸溶解后,在磷酸介质中,加入硝酸铵或高氯酸将锰氧化成三价,以 N - 苯代邻氨基苯甲酸为指示剂,用硫酸亚铁铵标准滴定溶液滴定,测得锰量。

2. 试剂与溶液

(1)硝酸铵。

(2)磷酸。

(3)硝酸。

(4)盐酸。

(5)高氯酸。

(6)硫酸溶液：1+1。

(7)重铬酸钾标准溶液$[c(\frac{1}{6}K_2Cr_2O_7)=0.04000\ mol/L]$。

(8)硫酸亚铁铵标准滴定溶液$\{c[(NH_4)_2Fe(SO_4)_2·6H_2O]\approx0.040\ mol/L\}$。

(9)N–苯代邻氨基苯甲酸指示剂溶液：0.2 g/L。

3. 仪器与设备

常规实验室仪器和设备。

4. 分析步骤

试样量：称取通过0.080 mm筛孔已干试样0.20 g，称准至0.1 mg。

5. 测定

(1)将试样（试样含有大量碳及有机物时，将所称试料置于瓷坩埚中，于700℃灼烧10 min）置于250 mL锥形瓶中，用少量水湿润试样，并小心摇动使试样散开。按下列方法之一进行操作。

①硝酸铵氧化法。

加入5 mL硫酸溶液(1+1)和20 mL磷酸，加热溶解，趁热加入3~5 mL硝酸，使碳及有机物氧化，加热至冒三氧化硫白烟3~5 min(冒白烟时间与电炉温度有关，一般在1000 W电炉上约5 min)，取下，稍冷至瓶内看到微白烟，立即加入2~3 g硝酸铵（加入硝酸铵时的温度应为220~240℃），并充分摇动锥形瓶，使二价锰氧化完全，驱尽黄色氧化氮气体。

②高氯酸氧化法。

加入5 mL盐酸、20 mL磷酸，加热溶解，趁热加入3~5 mL硝酸，破坏碳及有机物，加热至冒微磷酸烟，取下稍冷，加入2 mL高氯酸，加热至溶液液面平静，使二价锰氧化完全，取下。

(2)冷却至70℃左右，加50 mL水，充分摇动溶解盐类，流水冷却至室温。用硫酸亚铁铵标准滴定溶液$\{c[(NH_4)_2Fe(SO_4)_2·6H_2O]\approx0.040\ mol/L\}$滴定至浅红色，滴加2滴N–苯代邻氨基苯甲酸指示剂溶液(0.2 g/L)，继续滴定至亮黄色即为终点。

(3)空白试验测定。

移取10.00 mL重铬酸钾标准溶液$[c(\frac{1}{6}K_2Cr_2O_7)=0.04000\ mol/L]$置于250 mL锥形瓶中，用硫酸亚铁铵标准滴定溶液$\{c[(NH_4)_2Fe(SO_4)_2·6H_2O]\approx0.040\ mol/L\}$滴定至橙黄色消失，滴加2滴N–苯代邻氨基苯甲酸指示剂溶液(0.2 g/L)，继续小心滴至溶液刚呈绿色即为终点。滴至终点后，再移取10.00 mL重铬酸钾标准溶液$[c(\frac{1}{6}K_2Cr_2O_7)=0.04000\ mol/L]$于上述锥形瓶中，继续用硫酸亚铁铵标准滴定溶液$\{c[(NH_4)_2Fe(SO_4)_2 \cdot 6H_2O] \approx 0.040 \text{ mol/L}\}$滴定至终点，其两次滴定体积之差即为空白值。

6. 结果计算

锰含量以(Mn)质量分数w_{4-13-2}计，以%表示，按式(4-13-1)计：

$$w_{4-13-2} = \frac{(V-V_0)\rho_2}{m_4} \times 100 \qquad (4-13-1)$$

式中：V为滴定试液所消耗硫酸亚铁铵标准滴定溶液的体积，mL；V_0为滴定空白所消耗硫酸亚铁铵标准滴定溶液的体积，mL；m_4为试样质量，g；

7. 允许差

实验室之间分析结果的差值应不大于表4-13-2所列允许差。

表4-13-2　分析结果允许差/%

锰含量(质量分数)	允　许　差
8.00 ~ 15.00	0.15
>15.00 ~ 40.00	0.25
>40.00 ~ 50.00	0.30
>50.00 ~ 60.00	0.40

4.13.5.3　二氧化锰中铜、铅和锌量测定　火焰原子吸收光谱法

本方法适用于二氧化锰中铜、铅和锌量的测定。测定范围：铜为0.005% ~ 1.0%；铅为0.005% ~ 1.0%；锌为0.005% ~ 0.25%。

1. 方法提要

试样用盐酸和硝酸分解。

试液蒸发后，过滤所有的不溶性残渣，滤液作为主液保存。灰化带有残渣的滤纸，并用氢氟酸和硫酸处理，再用混合熔剂熔融。熔融物溶于盐酸中，将所得溶液与主液合并。

将试液吸入空气－乙炔火焰中，分别用铜、铅和锌的空心阴极灯作为光源，于原子吸收光谱仪波长324.8 nm(Cu)、283.3 nm(Pb)和213.8 nm(Zn)处，测定铜、铅和锌的吸光度。

2. 试剂与溶液

(1)高纯锰(含铜、铅、锌量小于0.0005%)。

(2)高纯铁(含铜、铅、锌量小于0.0005%)。

(3)混合熔剂：碳酸钾和硼酸(3+1)。

(4)硝酸。

(5)硫酸。

(6)盐酸。

(7)盐酸溶液：1 + 1。

(8)盐酸溶液：1 + 50。

(9)氢氟酸。

(10)铜标准溶液：1 mL 含 100 μg 铜。

(11)铅标准溶液Ⅰ：1 mL 含 500 μg 铅。

(12)铅标准溶液Ⅱ：1 mL 含 50 μg 铅。

(13)锌标准溶液：1 mL 含 100 μg 锌。

(14)基体溶液 A。

称取 12.50 g 高纯锰和 1.25 g 高纯铁于 1500 mL 烧杯中，加入 625 mL 盐酸溶液 (1 + 1)和 25 mL 硝酸，加热溶解。冷却溶液，缓慢加入 18.75 g 碳酸钾和 6.25 g 硼 酸，加热溶解。溶液冷却至室温，移入 1000 mL 容量瓶中，用水稀释至刻度，混匀。

注：此基体溶液应不含铜、铅和锌。

3. 仪器与设备

常用实验室仪器和设备按以下配置。

(1)铂坩埚。

(2)原子吸收光谱仪，备有空气 – 乙炔燃烧器，铜、铅、锌空心阴极灯。

所用原子吸收光谱仪应达到下列指标。

①最低灵敏度：校准曲线中最高浓度校准溶液的吸光度应不低于 0.3。

②校准曲线的线性。

校准曲线上端 20% 浓度范围内的斜率(表示为吸光度的变化量)与该曲线下 端 20% 浓度范围内的斜率之比值，应不小于 0.7。

③最小稳定性。

测量最高校准溶液的吸光度 10 次，并计算吸光度的平均值和标准偏差。其 标准偏差不应超过最高校准溶液平均吸光度的 1.0%。

测量最低校准溶液(不是"零"校准溶液)的吸光度 10 次，并计算其标准偏 差。其标准偏差不应超过最高校准溶液平均吸光度的 0.5%。

4. 测定准备

(1)试样量：称取约 2 g 试样，称准至 0.1 mg(试样应通过 0.100mm 筛网，并 干燥)。

(2)空白试验：随同试料做空白试验。

空白溶液的制备：称取 1 g 高纯锰和 0.1 g 高纯铁于一个 200 mL 烧杯中，加 入 40 mL 盐酸溶液(1 + 1)，加热溶解。以下所有试验，均按下面测定步骤进行。

5. 测定

(1)将称取约 2 g 试样，置于 200 mL 烧杯中，用水润湿，加入 40 mL 盐酸 (1+1)，加热溶解，用水保持其体积恒定。试样分解后，加入 2 mL 硝酸，加热溶液至氧化氮停止逸出，再将溶液蒸发至近干。加入 10 mL 盐酸和 20 mL 热水，加热溶解盐类，冷却溶液。用含有少量滤纸浆的中速滤纸过滤不溶性残渣，用小片滤纸擦尽烧杯壁上的沉淀微粒，并全部移至滤纸上。用水洗净烧杯，用热盐酸溶液(1+50)洗涤带有残渣的滤纸，然后用热水洗至滤纸的黄色消失。将滤液作为主液保存，为试液 A。

(2)将滤纸和残渣移入铂坩埚中，在低于 600℃ 的温度下灼烧至滤纸完全灰化。冷却坩埚，用水润湿，加 1 mL 硫酸及 5~10 mL 氢氟酸，缓慢蒸发除硅，然后冒尽白烟，并在近 600℃ 灼烧。冷却坩埚，加入 2 g 混合熔剂[碳酸钾和硼酸 (3+1)]，在 1000℃ 马弗炉中熔融5 min，冷却。将带有熔融物的坩埚置于原来的 200 mL 烧杯中，加入 10 mL 盐酸(1+1)及少量水，加热溶解熔融物，洗出坩埚。将此溶液与主液合并(必要时过滤)，为试液 B。

注:经检查，若残渣中不含铜、铅、锌，可直接使用主液测定(注意保持基体一致)。

(3)将试液 B 移入 200 mL 容量瓶中，用水稀释至刻度，混匀。

①对于小于或等于 0.1% 的铜量、0.5% 的铅量和 0.025% 的锌量，用试液 B 按下一步骤 6 进行测量。

②对于大于 0.1% 的铜量、0.5% 的铅量和 0.025% 的锌量，可按表 4－13－3 分取试液，加入基体溶液(A)，于 100 mL 容量瓶中，用水稀释至刻度，混匀。按下一步骤 6 进行测量。

6. 原子吸收光谱测量

调节原子吸收光谱仪至最佳工作状态，并用水调零。

将试液吸入空气－乙炔火焰中，用空心阴极灯作光源，分别于波长 324.8 nm (Cu)、283.3 nm(Pb)和 213.8 nm(Zn)处，测定铜、铅和锌的吸光度。用试液的吸光度减去试剂空白溶液的吸光度，即得试液的净吸光度。

表 4－13－3

测定元素	试液中元素的含量/%	分取试液体积/mL	加入基体溶液(A)体积/mL	测定溶液中元素的含量/%
Cu	0.005~0.1	—	—	0.5~10
	0.1~1.0	10	36	1.0~10

续表 4 – 13 – 3

测定元素	试液中元素的含量 /%	分取试液体积 /mL	加入基体溶液(A) 体积/mL	测定溶液中元素的含量 /%
Pb	0.005 ~ 0.5	—	—	0.5 ~ 50
	0.5 ~ 1.0	50	20	25 ~ 50
Zn	0.005 ~ 0.025		—	0.5 ~ 2.5
	0.025 ~ 0.05	50	20	1.25 ~ 2.5
	0.05 ~ 0.1	20	32	1.0 ~ 2.0
	0.1 ~ 0.25	10	36	1.0 ~ 2.5

7. 校准曲线的绘制

(1)用铜(1 mL 含 100 μg 铜)、铅(1 mL 含 500 μg 铅或 1 mL 含 50 μg 铅)和锌(1 mL 含 100 μg 锌)标准溶液配制校准溶液。

按表 4 – 13 – 4 移取一定量的铜、铅和锌标准溶液于一系列 100 mL 容量瓶中,加入 40 mL 基体溶液(A),用水稀释至刻度,混匀,即为溶液 C。

(2)将校准溶液(C)按上一步骤 6 进行测量。

各校准曲线系列每一溶液的吸光度减去零浓度溶液的吸光度,为铜、铅、锌校准曲线系列溶液的净吸光度。

表 4 – 13 – 4

Cu		Pb				Zn	
标准溶液/mL	校准溶液中的含量 /(μg · mL⁻¹)	标准溶液(Ⅰ)/mL	校准溶液中的含量 /(μg · mL⁻¹)	标准溶液(Ⅱ)/mL	校准溶液中的含量 /(μg · mL⁻¹)	标准溶液/mL	校准溶液中的含量 /(μg · mL⁻¹)
0	0	0	0	0	0	0	0
1.0	1.0	2.0	10.0	1.0	0.5	1.0	1.0
2.5	2.5	4.0	20.0	2.0	1.0	1.5	1.5
5.0	5.0	6.0	30.0	6.0	3.0	2.0	2.0
7.5	7.5	8.0	40.0	14.0	7.0	2.5	2.5
10.0	10.0	10.0	50.0	20.0	10.0	3.0	3.0

注:由于使用仪器的不同,分析元素所包含的范围也有差异,应注意对仪器的最高灵敏度的最低要求。可使用更稀的标准溶液或稀释被测溶液。

8. 绘制校准曲线

用校准溶液的净吸光度对铜、铅、锌量作图,绘制校准曲线。由校准曲线将试料溶液的净吸光度分别换算为 1 mL 试液中含有 μg 铜、μg 铅和 μg 锌。

9. 结果计算

铜、铅、锌的质量分数 w_{4-13-3} 计,以%表示,按式(4-13-2)计算:

$$w_{4-13-3} = \frac{(c_2 - c_1)V}{m \times 10^6} \times 100 \qquad (4-13-2)$$

式中:c_1 为自校准曲线上查得的空白溶液中铜、铅、锌的浓度,μg/mL;c_2 为自校准曲线上查得的试液中铜、铅、锌的浓度,μg/mL;V 为被测试液的体积,mL;m 为试样的质量,g;

10. 允许差

实验室之间分析结果的差值应不大于表4-13-5、表4-13-6所列允许差。

表4-13-5　分析结果允许差/%

铜和铅量	允许差
0.005 ~ 0.01	0.004
>0.01 ~ 0.02	0.006
>0.02 ~ 0.05	0.008
>0.05 ~ 0.10	0.015
>0.10 ~ 0.20	0.025
>0.20 ~ 0.50	0.040
>0.50 ~ 1.00	0.050

表4-13-6　分析结果允许差/%

锌量	允许差
0.005 ~ 0.01	0.004
>0.01 ~ 0.02	0.006
>0.02 ~ 0.05	0.008
>0.05 ~ 0.10	0.015
>0.10 ~ 0.25	0.025

4.13.5.4　pH 测定

参照《第2章 2.5 水溶液 pH 测定》执行。

4.13.5.5　粒度测定

参照《第2章 2.6 粒度测定》执行。

236

4.13.6　烟花爆竹用工业二氧化锰包装与运输中的安全技术

1. 包装与运输中的安全技术

(1)标志。

产品包装上应有牢固清晰的标志,内容包括:生产厂名、厂址、产品名称、类别、净含量、批号(或生产日期)"氧化剂""怕热""怕雨"标志。

(2)标签。

每批产品都应附有质量证明书。内容包括:生产厂名、厂址、产品名称、类别、净含量、批号(或生产日期)、产品质量符合标准的证明和标准编号。

(3)包装。

产品应采用牢固包装。塑料袋或二层牛皮纸袋外全开口或中开口钢桶(钢板厚 0.5 mm,每桶净重不超过 50 kg 或 25 kg),再装入透笼木箱。

(4)运输。

产品运输过程中应有遮盖物,包装桶不得倒置、碰撞,保持包装的密封性,防止受潮、雨淋,避免阳光直接照射。禁止与酸类、易燃物、有机物、还原剂、自燃物品、遇湿易燃物品等混运。

(5)贮存。

产品应贮存于阴凉、通风的库房。远离火种、热源。应与易(可)燃物、还原剂、酸类分开存放,切忌混储。

2. 安全防护

(1)燃爆危险:该品不燃,具刺激性。

(2)危险特性:未有特殊的燃烧爆炸特性。受高热分解放出有毒的气体。

(3)健康危害:过量的锰进入机体可引起中毒。主要损害中枢神经系统。

(4)急救措施。

皮肤接触:脱去污染的衣着,用流动清水冲洗。

眼睛接触:提起眼睑,用流动清水或生理盐水冲洗。就医。

吸入:迅速脱离现场至空气新鲜处。如呼吸困难,给输氧。就医。

食入:饮足量温水,催吐并就医。

(5)消防措施。

有害燃烧产物:自然分解产物未知。

灭火方法:消防人员必须穿全身防火防毒服,在上风向灭火。灭火时尽可能将容器从火场移至空旷处。

4.14　工业氧化铜(粉状)质量标准及关键指标测定

4.14.1　名称及组成

(1)中文名称：氧化铜。

(2)英文名称：Copper(II)oxide。

(3)中文别名：粉状氧化铜。

(4)化学式：CuO。

(5)相对分子量：79.55。

(6)组成元素：Cu 见 79.89%；O 见 20.11%。

(7)活性氧含量：20.11%。

(8)化学品类别：无机盐。

(9)管制问题：不管制。

4.14.2　理化性质

(1)外观：黑色或棕黑色氧化物，无定形或结晶性粉末。

(2)性状：略显两性，稍有吸湿性。

(3)价态：+2。

(4)密度：6.3~6.9 g/cm^3。

(5)分解：1026℃，即不可成气态。

(6)熔点：1326℃。

(7)氧化铜(AR)DTA 温度谱图(图 4-14-1)。

实验条件：环境温度 20±2℃，湿度 <80%，升温速率 10℃/min。

图 4-14-1 为 45 μm 氧化铜(AR)DTA 峰面积谱图，试样 T_e 起点温度为 1031.9℃，T_m 峰谷温度为 1043.0℃，T_c 终点温度为 1054.0℃。出现熔融的吸热峰，分解产物氧化亚铜 Cu_2O，氧气 O_2。

(8)高温下氧化铜可被碳还原。

现象：黑色粉末逐渐变成光亮的红色，生成气体通入澄清的石灰水后，使澄清石灰水变浑浊，若持续通入，变浑浊的石灰水又会变清。

(9)高温下可被氢气还原：

$$CuO + H_2 = Cu + H_2O（加热/\triangle）$$

现象：黑色固体表面有红色物质生成；有小水珠生成。

(10)高温下可被一氧化碳还原：

$$CuO + CO = Cu + CO_2（加热/\triangle）$$

238

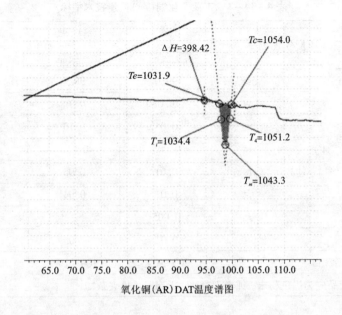

氧化铜(AR)DAT温度谱图

图 4 – 14 – 1　氧化铜(AR)DTA 温度谱图

(11)溶解性：不溶于水和乙醇，溶于酸、氯化铵及氰化钾溶液，氨溶液中缓慢溶解，能与强碱反应。

4.14.3　主要用途

氧化铜在烟花爆竹生产中铜用作可燃物。氧化铜使药剂燃烧呈蓝 – 绿色，在闪烁爆裂花中作催化剂，在高热能反应的铝热剂中作为氧化剂。

4.14.4　质量标准

烟花爆竹用工业氧化铜质量技术指标应符合表 4 – 14 – 1 要求。

表 4 – 14 – 1   工业氧化铜(粉)质量技术指标

项目名称（质量分数/%）		指标/%		
		优级品	一级品	合格品
氧化铜(CuO)	≥	99.0	98.5	98.0
铜(Cu)	≥	79.08	78.68	78.28
盐酸不溶物	≤	0.05	0.10	0.15
氯化物(以 Cl^- 计)	≤	0.005	0.010	0.015
硫化合物(以 SO_4^{2-} 计)	≤	0.01	0.05	0.1
铁(Fe)	≤	0.01	0.04	0.1
总氮量(N)	≤	0.005	—	—
水可溶物	≤	0.01	0.05	0.1
细度(目筛残余)目		200≤1%	100≤1%	100≤1%
外观质量：产品应为黑色粉末，纯净无凝块，无肉眼可见夹杂物				

4.14.5   氧化铜(粉)关键指标测定

烟花爆竹用工业氧化铜质量技术指标测定应按照表 4 – 14 – 1 要求项进行。如有特殊要求，也可供需双方协商。

4.14.5.1   测定范围

本测定方法应用于铜粉氧化法，碳酸铵 – 氨水亚铜浸出法和可溶铜加碱合成法所生产的氧化铜粉。氧化铜含量范围为 95% ~ 99.5%。

4.14.5.2   氧化铜(粉)含量测定

1. 方法提要

铜盐可被硫代硫酸钠还原为无色的亚铜化合物，并形成连四硫酸钠。

$$2S_2O_3^{2-} + 2Cu^{2+} = 2Cu^+ + S_4O_6^{2-}$$

2. 试剂与溶液

(1)硝酸。

(2)硫酸溶液：1 + 1。

(3)碘化钾。

(4)硫氰化钾：100 g/L。

(5)淀粉：1%。

(6)硫代硫酸钠标准滴定溶液：$c(Na_2S_2O_3) = 0.1$ mol/L。

3. 仪器与设备

常规实验室设备和仪器。

4. 测定步骤

(1)试样在105℃±2℃下恒温干燥3 h,转入干燥器中冷却备用。干燥后的试样供水溶物其他项目检测使用。

(2)称取2 g样品,称准至0.1 mg,放入250 mL锥形瓶中,先缓慢加入20 mL硝酸溶解,再加入10 mL硫酸(1+1)小心蒸干至15~20 mL,冷却,稀释至1000 mL。

(3)在三只250 mL锥形瓶中分别加入25.0 mL测试液,1 g左右的碘化钾,溶液呈现土黄色,滴加硫代硫酸钠(0.1 mol/L)标准滴定溶液至浅黄,加2.5 mL淀粉(1%),溶液变深蓝。继续滴加硫代硫酸钠标准滴定溶液,直至溶液变浅蓝,再加入10 mL硫氰化钾(100 g/L),溶液又变为深蓝色,又继续滴加硫代硫酸钠标准滴定溶液,直至溶液刚好变为白色即为滴定终点。记录所消耗的硫代硫酸钠标准滴定溶液的体积(V_1)。

(4)同时做空白实验,并记录所消耗的硫代硫酸钠标准滴定溶液的体积(V_0)。

5. 结果计算

氧化铜含量以(CuO)的质量分数w_{4-14-1}计,以%表示,按式(4-14-1)计算:

$$w_{4-14-1}=\frac{(V_1-V_0)\times c\times 0.07955}{m\times\frac{25}{1000}} \quad (4-14-1)$$

式中:V_1为滴定试液所消耗的硫代硫酸钠标准滴定溶液的体积,mL;V_0为空白所消耗的硫代硫酸钠标准滴定溶液的体积,mL;c为硫代硫酸钠标准溶液的准确浓度,mol/L;0.07955为每毫摩尔氧化铜的质量(M=79.545 g/mol);m为样品的质量,g;25为所量取试液的体积,mL;1000为1000 mL试样定容的体积,mL。计算结果精确到小数点后两位。取平行测定结果的算术平均值为测定结果。平行测定数据的极差与平均值之比不得大于0.2%。

4.14.5.3 铜含量测定

1. 方法提要

试样溶解后通过EDTA络合滴定法在pH=10.0的条件下以PAN为指示液,用硫酸铜标准滴定溶液滴定试液由黄色至蓝色即为终点,测出试液中铜离子和铁离子含量的总和,减去铁的量可得出铜的量。

$$CuO + 2H^+ = Cu^{2+} + H_2O$$
$$Cu_2O + 2H^+ = Cu^{2+} + H_2O + Cu$$

241

$$3Cu + 8HNO_3(稀) == 3Cu^{2+} + 6NO_3^- + 2NO\uparrow + 4H_2O$$

$$Cu^{2+} + H_2Y^{2-} == CuY^{2-} + 2H^+$$

2. 试剂与溶液

(1)硝酸溶液:1+2。

(2)氨水。

(3)乙二胺四乙酸二钠(EDTA)标准滴定溶液:$c(EDTA) = 0.1$ mol/L。

(4)硫酸铜标准滴定溶液:$c(CuSO_4) = 0.1$ mol/L。

(5)PAN 指示液:0.2%乙醇溶液。

3. 仪器与设备

实验室常用仪器和设备及 pH 计:精度为 0.1。

4. 测定步骤

(1)称取试样约 2.00 g,精确到 0.1 mg,置于 500 mL 烧杯中,缓慢加入 150 mL硝酸溶液(1+2),加热煮沸,保持微沸 60 min。待其稍冷却后用滤纸过滤至 500 mL 的容量瓶中,用蒸馏水多次洗涤,定容。

(2)从容量瓶中量取 20 mL ± 0.05 mL 试液置于 300 mL 三角烧瓶中,加25 mL ± 0.05 mL EDTA 标准滴定溶液$[c(EDTA) = 0.1$ mol/L$]$,用氨水调溶液至 pH = 10.0,加 5 滴 PAN 指示液,用硫酸铜标准滴定溶液$[c(CuSO_4) = 0.1$ mol/L$]$进行返滴定过量的 EDTA,滴定至溶液呈纯蓝色即为终点。记下所消耗硫酸铜标准滴定溶液的体积数(V)。

5. 结果计算

铜含量以(Cu)的质量分数 $w_{4-14.2}$ 计,以%表示,按式(4-14-2)计算:

$$w_{4-14-2} = \frac{\left[(25c_1 - c_2V - \dfrac{mw_3}{M_1} \dfrac{500}{20})/1000\right]M_2}{(20/500)m} \times 100 \qquad (4-14-2)$$

式中:c_1 为 EDTA 标准滴定溶液的准确浓度,mol/L;c_2 为硫酸铜标准滴定溶液的准确浓度,mol/L;V 为试液所消耗硫酸铜标准滴定溶液的体积,mL;M_1 为铁的摩尔质量,g/mol,($M_1 = 55.845$);M_2 为铜的摩尔质量,g/mol,($M_2 = 63.546$);m 为试样的质量,g;20 为所量取试液的体积,mL;25 为所量取 EDTA 标准滴定溶液的体积,mL;500 为试液定容的体积,mL。计算结果精确到小数点后两位。取平行测定结果的算术平均值为测定结果。平行测定数据的极差与平均值之比不得大于 0.2%。

4.14.5.5 盐酸不溶物含量测定

1. 方法提要

试样用少量盐酸溶解后,过滤洗涤不溶物,干燥至恒重。

本方法适用于氧化铜中盐酸不溶物含量的测定。测定范围：0.05%~1.00%。

2. 试剂与溶液

盐酸溶液：(1+4)。

3. 仪器与设备

实验室常用仪器和以下配置：

(1)电热鼓风恒温干燥箱：控温精度 ±2℃。

(2)4 号砂芯坩埚：滤板孔径为 5~15 μm，容积为 30 mL。坩埚试验前用盐酸浸泡 24 h 后，用水洗至中性后，在 105℃下干燥 3 h，取出，置于干燥器中，冷却至室温后备用。

(3)抽滤装置。

4. 测定步骤

(1)称取约 5.00 g 试样，精确到 0.1 mg，置于 250 mL 烧杯中。

(2)向烧杯中加入少量水润湿，加入 40 mL 盐酸溶液，加热溶解。

(3)稍微冷却后用已称量的砂芯坩埚过滤，并用热水洗涤至中性，将砂芯坩埚连同滤渣一并在 105℃ ±2℃ 干燥至恒重。

(4)平行测定两份试样，取其平均值。

5. 结果计算

盐酸不溶物的含量，以质量分数 w_{4-14-3} 计，以% 表示，按式(4-14-3)计算：

$$w_{4-14-3} = \frac{m_1 - m_2}{m} \times 100 \qquad (4-14-3)$$

式中：m_1 为砂芯坩埚和盐酸不溶物的质量，g；m_2 为砂芯坩埚的质量，g；m 为试样的质量，g。计算结果精确到小数点后两位。取平行测定结果的算术平均值为测定结果。平行测定数据的极差与平均值之比不得大于 0.2%。

4.14.5.6　氯化物含量测定　电位滴定法

1. 方法提要

用稀硝酸溶解试样，过滤洗涤不溶物，将清亮滤液用电位滴定仪测定。

测定方法按照《第 3 章 3.2 氯化物含量测定方法》执行。

2. 结果计算

氯化物的含量以氯(Cl⁻)的质量分数 w_{4-14-4} 计，以% 表示。

4.14.5.7　硫化合物含量测定

1. 方法提要

试料用水溶解，过滤，滤液加入 50 mL 氯化钡溶液，静置后用砂芯坩埚抽滤，干燥后称量。

$$SO_4^{2-} + Ba^{2+} = BaSO_4 \downarrow$$

本方法适用于氧化铜中硫化合物含量的测定。测定范围：含量≤0.10%。

2. 试剂与溶液

氯化钡溶液：20%。

3. 仪器与设备

实验室常用仪器和以下配置：

(1)4号砂芯坩埚：容积为30 mL。坩埚试验前用盐酸浸泡24 h，用水洗净后，在105℃下干燥3 h，取出，置于干燥器中，冷却至室温后待用。

(2)抽滤装置。

(3)电热鼓风恒温干燥箱：控温精度±2℃。

4. 测定步骤

(1)称取试样约5.00 g，精确到0.1 mg，置于300 mL烧杯中，加入150 mL水，煮沸1 min，待其稍冷却后用滤纸过滤至另一500 mL烧杯中。

(2)往上述500 mL烧杯内加入100 mL氯化钡溶液，静置60 min后用已称量的4号砂芯坩埚抽滤，将砂芯坩埚连同滤渣一并在105℃下干燥3 h。取出，置于干燥器中，冷却至室温后取出称量。

(3)平行测定两份试料，取其平均值。

5. 结果计算

硫酸盐含量以(SO_4^{2-})的质量分数 w_{4-14-5} 计，以%表示，按式(4-14-5)计算：

$$w_{4-14-5} = \frac{m_1 - m_2}{m} \times 0.4116 \times 100 \qquad (4-14-5)$$

式中：m_1 为砂芯坩埚和硫酸钡沉淀的质量，g；m_2 为砂芯坩埚的质量，g；m 为试样的质量，g；0.4116为硫酸根与硫酸钡的换算系数。计算结果精确到小数点后两位。取平行测定结果的算术平均值为测定结果。平行测定数据的极差与平均值之比不得大于0.2%。

4.14.5.8　总氮含量测定

1. 方法提要

试料经硫酸加热溶解，硫酸将氮还原为氨，而氨与硫酸结合成硫酸铵溶液中，加入NaOH，并蒸馏，使NH_3溢出，用H_3BO_3吸收后，用已知摩尔浓度的酸滴定，测出样品全氮含量。

本方法适用于氧化铜中总氮含量的测定。测定范围：0.001%~0.50%。

2. 试剂与溶液

(1)硫酸溶液：1+3，(无氮)。

(2)氢氧化钠溶液：40%。

（3）硼酸溶液：2%。

（4）混合指示剂：甲基红溶于乙醇配成0.1%乙醇溶液，溴甲酚绿溶于乙醇配成0.5%乙醇溶液，二种溶液等体积混合，阴凉处保存（使用期三个月以内）。

（5）盐酸标准滴定溶液：$c(HCl) = 0.05$ mol/L。

3. 仪器与设备

实验室常用仪器和设备按以下配置。

KDN - 102C 型自动定氮仪。

4. 测定步骤

（1）称取5.00 g试样，称准至0.1 mg。

（2）空白试验：随同试样作空白试验。

（3）试样溶解：将试样放入500 mL烧杯中，加少量水润湿，加入20 mL硫酸（1 + 3），加热溶解，冷却，稀释至140 mL，置于定氮仪中。

5. 蒸馏

（1）蒸馏前准备。

①接通进口水、排水，注意排水胶管出水口，不得高于仪器底平面，同时关闭排水阀门。

②接通电源。

③进液胶管分别插入蒸馏水筒和40%氢氧化钠溶液筒（自备）。

（2）蒸馏操作。

①打开自来水进水龙头，使自来水经过给水口进入冷凝管。

②打开总电源开关，待红色指示灯亮，按一下汽按钮待蒸汽导出管放出蒸汽，按清除按钮停止加热。

③在蒸馏导出管托架上，放上已经加入适量（15 mL左右）的吸收液（硼酸和混合指示液）的锥形瓶。抬起锥形瓶托架使蒸馏导出管的末端浸入接受液内。

④在消化完全冷却后的消化管内，逐个加入10 mL左右蒸馏水稀释样品，如微量蒸馏，需将冷却后的消化液移至定容瓶内定容，然后按需移液至消化管内。

⑤向下压左侧手柄，将消化管套在防溅管密封圈上，拉下防护罩。

⑥加碱：按下碱液按钮，氢氧化钠溶液量必须至蒸馏液碱性颜色变黑为止。（注意：如仪器连续数天停止使用，必须先吸空胶管和胶泵内的碱液，然后用10%的硼酸溶液过滤胶管和碱泵，再用蒸馏水过滤一次即可）

⑦按下蒸汽按钮，开始蒸馏，到时或到量时自动停止（全量蒸馏接收液体积约为150 mL；微量蒸馏接收液体积约为100 mL）。用洗瓶将蒸馏水冲洗接收管。取下锥形瓶。

6. 滴定

吸收氨后的吸收液，用盐酸标准滴定溶液进行滴定，溶液由蓝绿色变为灰紫色即为终点。

总氮含量，以氮（N）的质量分数 w_{4-14-5} 计，以 % 表示，按式（4-14-5）计算：

$$w_{4-14-5} = \frac{(V_1 - V_0) \times c \times 14}{m \times 1000} \times 100 \qquad (4-14-5)$$

式中：V_1 为滴定试样所消耗盐酸标准滴定溶液的体积数值，mL；V_0 为滴定空白所消耗盐酸标准滴定溶液的体积数值，mL c 为盐酸标准滴定溶液的准确浓度，mol/L；m 为试样的质量，g。14 为氮的摩尔质量的数值，g/mol。计算结果精确到小数点后三位。取平行测定结果的算术平均值为测定结果。平行测定数据的极差与平均值之比不得大于 0.2%。

4.14.5.9 铁含量测定

按照《第 3 章 3.3 铁含量的测定方法》执行。

铁含量以（Fe）的质量分数 w_{4-14-6} 计，以 % 表示。

4.14.5.10 水溶物含量测定 重量法

1. 方法提要

用适量水溶解试样，过滤洗涤不溶物，干燥至恒重。

2. 仪器与设备

实验室常用仪器设备及 4 号玻璃砂坩埚：滤板孔直径为 5~15 μm。

3. 测定步骤

称取 3.00 g 试样，称准至 0.1 mg，置于 350 mL 锥形烧杯中，加入 150 mL 热水中搅拌 1 h，用已在 105℃±2℃ 的电烘箱中干燥至恒重。置干燥器中冷却至室温，称量。

4. 结果计算

水溶物含量，以质量分数 w_{4-14-7} 计，以 % 表示，按式（4-14-6）计算：

$$w_{4-14-7} = \frac{m_0 - (m_1 - m_2)}{m_0} \times 100 \qquad (4-14-6)$$

式中：m_1 为干燥后玻璃砂坩埚和不溶物的质量，g；m_2 为玻璃砂坩埚的质量，g；m_0 为试样的质量，g。计算结果精确到小数点后二位。取平行测定结果的算术平均值为测定结果。平行测定数据的极差与平均值之比不得大于 0.2%。

4.14.5.11 氧化亚铜含量测定

1. 方法提要

试样用硫酸溶解，使氧化亚铜发生歧化反应，用硝酸把生成的单质铜溶解，通过 EDTA 络合滴定法在 pH=10.0 条件下以 PAN 为指示液，用硫酸铜标准滴定溶液滴定试液由黄色至蓝色即为终点，测出试液中铜单质的含量，从而可以计算出氧化亚铜的含量。

$$CuO + 2H^+ \Longrightarrow Cu^{2+} + H_2O$$

$$Cu_2O + 2H^+ \Longrightarrow Cu^{2+} + H_2O + Cu$$

$$3Cu + 8HNO_3(稀) \Longrightarrow 3Cu^{2+} + 6NO_3^- + 2NO\uparrow + 4H_2O$$

$$Cu^{2+} + H_2Y^{2-} \Longrightarrow CuY^{2-} + 2H^+$$

2. 试剂与溶液

(1)硫酸:1+3。

(2)硝酸:1+2。

(3)氨水。

(4)乙二胺四乙酸二钠(EDTA)标准滴定溶液:$[c(EDTA) = 0.1 \text{ mol/L}]$。

(5)硫酸铜标准滴定溶液:$[c(CuSO_4) = 0.1 \text{ mol/L}]$。

(6)PAN指示液:0.2%乙醇溶液。

3. 仪器与设备

实验室常用仪器和设备及pH计:精度为0.1。

4. 测定步骤

(1)称取试样约5 g,精确到0.1 mg,置于400 mL烧杯中,缓慢加入150 mL硫酸,加热煮沸,保持微沸60 min。待其稍冷却后用滤纸过滤,用水充分洗涤后将滤渣连同滤纸一并转移至500 mL烧杯中,加入150 mL硝酸,加热,保持微沸30 min后通过滤纸过滤至250 mL容量瓶中,多次洗涤,定容。

(2)从容量瓶中量取25 mL ± 0.05 mL试液置于300 mL三角烧瓶中,加20 mL ± 0.05 mL EDTA标准滴定溶液,用氨水调溶液至pH = 10,加5滴PAN指示液,用硫酸铜标准滴定溶液返滴过量的EDTA。滴定至溶液呈纯蓝色即为终点。记下所消耗硫酸铜标准滴定溶液的体积数(V)。

5. 结果计算

氧化亚铜含量以(Cu_2O)的质量分数w_{4-14-8}计,以%表示,按式(4-14-7)计算:

$$w_9 = \frac{[(20c_1 - c_2V)/1000]M}{(25/250)m} \times 100 \qquad (4-14-7)$$

式中:c_1为EDTA标准滴定溶液的准确浓度,mol/L;c_2为硫酸铜标准滴定溶液的准确浓度,mol/L;V为试液所消耗硫酸铜标准滴定溶液的体积,mL;M为氧化亚铜的摩尔质量,g/mol,($M = 143.091 \text{ g/mol}$);$m$为试样的质量,g;25为所量取试液的体积,mL;20为所量取EDTA标准滴定溶液的体积,mL;250为试液定容的体积,mL。计算结果精确到小数点后二位。取平行测定结果的算术平均值为测定结果。平行测定数据的极差与平均值之比不得大于0.2%。

4.14.5.12 细度测定

参照《第2章2.6粒度测定》执行。

4.14.6 工业氧化铜包装与运输中的安全技术

（1）标志。

产品包装桶上应有牢固清晰的标志，内容包括：生产厂名、厂址、产品名称、等级、净含量、批号（或生产日期）。

（2）标签。

每批出厂产品都应附有质量证明书。内容包括：生产厂名、厂址、产品名称、类别、净含量、批号（或生产日期）、产品质量符合标准的证明和标准编号。

（3）包装。

产品采用铁桶包装。内包装采用聚乙烯塑料薄膜袋；铁桶外观洁净，无明显凹瘪、腐蚀现象，漆膜光滑均匀，不起皱、脱落。每桶含量为 25 kg。需方如有特殊要求，由双方商定。

（4）运输。

产品运输过程中应防止受潮和日晒，装运时防止包装破损。

（5）贮存。

产品应贮存于通风、干燥的库房内。应防止雨淋、受潮，同时避免阳光直射。

4.15 工业碱式碳酸铜质量标准及关键指标测定

4.15.1 名称与组成

（1）中文名称：碱式碳酸铜。

（2）英文名称：Cupric carbonate basic。

（3）中文别名：碳酸二羟铜、孔雀石、铜锈。

（4）化学式（工业品）：$CuCO_3 \cdot Cu(OH)_2 \cdot XH_2O$。

（5）相对分子量：222。

（6）组成元素（无水）：Cu 为 57.66%；C 为 5.40%；H 为 0.90%；O 为 36.04。

（7）化学品类别：无机化合物。

4.15.2 理化性质

（1）外观性状：深天蓝色单斜系结晶体。

（2）密度：4.0 g/cm³。

（3）分解温度：300℃。

$$CuCO_3 \cdot Cu(OH)_2 \cdot XH_2O \xrightarrow{\triangle} 2CuO + CO_2 \uparrow + H_2O$$

248

（4）不溶于水和乙醇。

（5）溶于酸，形成相应的铜盐

$$CuCO_3 \cdot Cu(OH)_2 + 2H_2SO_4 \Longrightarrow CuSO_4 + 3H_2O + CO_2 \uparrow$$

（6）溶于氰化物、氨水、铵盐和碱金属碳酸盐的水溶液中，形成铜的配合物。

（7）水解程度极大：碳酸铜遇水立即双水解为碱式碳酸铜、氢氧化铜的混合物，水溶液中不存在碳酸铜，这也是化学教材溶解度表中碳酸铜为"—"的原因。

（8）碱式碳酸铜（AR）DTA 温度谱图：

实验条件：环境温度 20 ±2℃，湿度 <80%，升温速率 10℃/min。

如图 4 – 15 – 1 所示，试样从 280℃ 左右开始缓慢分解，随着温度的升高，在320℃时激烈分解形成一吸热谷。

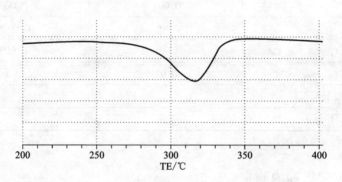

图 4 – 15 – 1　碱式碳酸铜（AR）DTA 温度谱图

4.15.3　主要用途

工业碱式碳酸铜按用途不同分为两类：Ⅰ类为催化剂用碱式碳酸铜，Ⅱ类为普通工业用碱式碳酸铜。

碱式碳酸铜在烟花爆竹烟火药中作为蓝色火焰染色剂，一般应用Ⅰ类碱式碳酸铜，不得含有禁限化合物砷（As）、铅（Pb）。

4.15.4　质量标准

烟花爆竹用工业碱式碳酸铜质量技术指标应符合表 4 – 15 – 1 要求：

表 4 - 15 - 1　工业碱式碳酸铜技术指标

项目名称		指标/%	
		I 类	II 类
铜(Cu)	≥	55.0	54.0
钠(Na)	≤	0.05	0.25
铁(Fe)	≤	0.002	0.03
铅(Pb)	≤	0.002	0.003
锌(Zn)	≤	0.002	—
钙(Ca)	≤	0.002	0.03
铬(Cr)	≤	0.001	0.003
镉(Cd)	≤	—	0.0006
砷(As)	≤	—	0.005
盐酸不溶物	≤	0.01	0.1
氯化物(以 Cl 计)	≤	0.05	
硫酸盐(以 SO_4 计)	≤	0.05	

4.15.5　关键指标的测定

烟花爆竹用工业碳酸铜技术指标测定应按照表 4 - 15 - 1 项进行。如有特殊要求，也可供需双方协商。

4.15.5.1　外观检验

在自然光下，于白色衬底的表面皿或白瓷板中用目视法判定外观。

4.15.5.2　铜含量测定

1.方法提要

试样用盐酸溶解，在微酸性条件下，加入适量的碘化钾与 Cu^{2+} 作用，析出等量碘，以淀粉为指示剂，用硫代硫酸钠滴定析出的碘。按消耗硫代硫酸钠标准溶液的体积计算试样中铜含量。

2.试剂与溶液

(1)碘化钾。

(2)硫酸。

(3)氟化钠饱和溶液。

(4)乙酸溶液：36%。

(5)碳酸钠饱和溶液。

（6）硫代硫酸钠标准滴定溶液：$c(Na_2S_2O_3) \approx 0.1$ mol/L。

（7）淀粉指示液：10 g/L。

3. 仪器与设备

常规实验室仪器与设备及碘量瓶：300 mL。

4. 测定步骤

（1）称取约 0.4 g 试样，称准至 0.2 mg。置于碘量瓶中，加少量水润湿。加入 0.4 mL 浓硫酸溶解试样，加水至约 100 mL。逐滴加入碳酸钠饱和溶液，直至有微量沉淀为止。

（2）加入 4 mL 乙酸溶液，加入 2 mL 氟化钠饱和溶液，再加入 3 g 碘化钾。用硫代硫酸钠标准滴定溶液[$c(Na_2S_2O_3) \approx 0.1$ mol/L]滴定至溶液变为淡黄色，加入 3 mL 淀粉指示液（10 g/L），继续滴定至溶液蓝色消失且保持 30 s 不变即为终点。

（3）同时同样做空白试验。

5. 结果计算

铜含量以（Cu）的质量分数 w_{4-15-1} 计，以% 表示，按式（4-15-1）计算：

$$w_{4-15-1} = \frac{(V-V_0)cM \times 10^{-3}}{m} \times 100\% \qquad (4-15-1)$$

式中：V 为滴定试液所消耗硫代硫酸钠标准滴定溶液的体积，mL；V_0 为空白试验所消耗硫代硫酸钠标准滴定溶液的体积，mL；c 为硫代硫酸钠标准滴定溶液的浓度的准确数值，mol/L；m 为试样的质量，g；M 为铜（Cu）的摩尔质量，g/mol（$M = 63.55$ g/mol）。计算结果精确到小数点后两位。取平行测定结果的算术平均值为测定结果。两次平行测定结果的绝对差值不大于 0.3%。

4.15.5.3　钠、铁、铅、锌、钙、铬、镉、砷和硫酸盐含量（仲裁法）测定

使用电感耦合等离子体原子发射光谱法。

1. 方法提要

试样加盐酸溶解后，用钇标准溶液做内标，在电感耦合等离子体原子发射光谱仪相应的波长处测量其光谱强度，采用内标法计算元素的含量。

2. 试剂与溶液

（1）一级水。

（2）盐酸。

（3）盐酸溶液：1+99。

（4）氩气：纯度应大于 99.9%。

（5）钇标准贮备溶液：1 mL 溶液含钇（Y）1 mg。

（6）钇标准使用溶液：1 mL 溶液含钇（Y）1 μg。

（7）钠标准溶液：1 mL 溶液含钠（Na）0.1 mg。

（8）混合标准贮备溶液：1 mL 溶液含硫、铁、铅、锌、钙、铬、镉各 0.10 mg，含砷 0.20 mg。

用移液管各移取 10 mL 按《第 1 章 1.4 化学分析杂质测定标准溶液的制备》配制的硫、铁、铅、锌、钙、铬、镉标准贮备溶液和 20 mL 砷标准贮备溶液，置于同一 100 mL 容量瓶中，用一级水稀释至刻度，摇匀。

（9）混合标准溶液：1 mL 溶液含硫、铁、铅、锌、钙、铬、镉各 0.005 mg，含砷 0.010 mg。

用移液管移取混合标准贮备溶液 5.0 mL，置于 100 mL 容量瓶中，标准贮备溶液和 20 mL 砷标准贮备溶液，置于同一 100 mL 容量瓶中，用一级水稀释至刻度，摇匀。

3. 仪器与设备

常规实验室设备和仪器按以下配置。

电感耦合等离子体原子发射光谱仪（ICP - OES）。

4. 测定步骤

（1）试验溶液的制备。

称取约 0.7 g 试样，称准至 0.1 mg。用少量水润湿并分散试样，缓慢加入 3 mL 盐酸，溶解后转移至 100 mL 容量瓶中，用一级水稀释至刻度，摇匀。

同时同样做空白试验。

注：对垂直矩管 ICP - OES 称样量推荐增加到 3 g，其余试剂用量或浓度按适当比例增加。

（2）作曲线的绘制。

分别用移液管移取 0.00 mL、1.00 mL、2.00 mL、4.00 mL、8.00 mL 混合标准溶液，置于 5 个 100 mL 容量瓶中，分别加入 5 mL 盐酸，用一级水稀释至刻度，摇匀。

分别用移液管移取 0.00 mL、2.00 mL、4.00 mL、10.00 mL、20.00 mL 钠标准溶液，置于 5 个 100 mL 容量瓶中，分别加入 5 mL 盐酸，用一级水稀释至刻度，摇匀。

（3）从待测元素每个标准溶液的光谱强度中减去标准空白溶液的光谱强度，以每个标准溶液中待测元素的质量浓度为横坐标、对应的光谱强度为纵坐标分别绘制各待测元素的标准曲线。

（4）测定。

在仪器最佳的测定条件下，按表 2 推荐的待测元素测定波长，测定铁、铅、锌、钙、铬、镉、砷、硫元素钇内标的推荐校正谱线为 242.219 nm，测定钠元素钇内标的推荐校正谱线为 490.012 nm，同时采用 1 μg/mL 钇标准溶液经蠕动泵内标管在线加入内标，与试样溶液混合后导入进样系统。利用标准曲线法测定各待测元素的光谱强度。计算机根据所输入的相关数据，自动计算出各元素的浓度。

表 4 - 15 - 2　推荐的待测元素测定波长

杂质元素	硫	钠	铁	铅	锌	钙	铬	镉	砷
测定波长/nm	181. 972	588. 995	238. 204	220. 353	206. 200	317. 933	267. 716	214. 439	188. 980

5. 结果计算

金属元素含量以质量分数 $w_{4-15.2}$ 计，以% 表示，按式(4 - 15 - 2)计算：

$$w_{4-15-2} = \frac{(\rho_1 - \rho_0) \times 100 \times 10^{-6}}{m} \times 100\% \qquad (4-15-2)$$

硫酸盐含量以质量分数 w_{4-15-3} 计，以% 表示，按式(3)计算：

$$w_{4-15-3} = \frac{(\rho_1 - \rho_0) \times 100 \times 10^{-6}}{m} \times 3.00 \times 100\% \qquad (4-15-3)$$

式中：ρ_1 为从工作曲线上查得试验溶液中待测元素的质量浓度，$\mu g/mL$；ρ_0 为从工作曲线上查得空白试验中待测元素的质量浓度，$\mu g/mL$；m 为试样的质量，g；3.00 为硫换算为硫酸盐的系数。

取平行测定结果的算术平均值为测定结果。两次平行测定结果的绝对差值：

钠含量Ⅰ类产品不大于 0.005%，Ⅱ类产品不大于 0.003%。

铁含量Ⅰ类产品不大于 0.0002%，Ⅱ类产品不大于 0.003%。

铅含量不大于 0.0004%。

锌含量不大于 0.0006%。

钙含量Ⅰ类产品不大于 0.0002%，Ⅱ类产品不大于 0.003%。

铬含量不大于 0.0006%。

镉含量不大于 0.0002%。

砷含量不大于 0.001%。

硫酸盐含量不大于 0.005%。

4.15.5.4　盐酸不溶物含量测定

1. 方法提要

试样溶于盐酸后，经过滤、洗涤、干燥至质量恒定，根据干燥后残留物的量计算盐酸不溶物含量。

2. 试剂与溶液

(1)盐酸。

(2)盐酸溶液：1 + 1。

3. 仪器与设备

常规实验室设备和仪器按以下配置。

(1)玻璃砂坩埚：滤板孔径为 5 ~ 15 μm。

（2）电热恒温干燥箱：控温精度±2℃。

4. 测定步骤

称取约10 g试样，称准至0.01 g。置于500 mL烧杯中，加入100 mL水，缓慢加入40 mL盐酸溶液（1+1），不断搅拌直至可溶部分完全溶解。用已于105℃±2℃下干燥至质量恒定的玻璃砂坩埚过滤，并用水洗至中性。将玻璃砂坩埚及盐酸不溶物在105℃±2℃电热恒温干燥箱中干燥至质量恒定。

5. 结果计算

盐酸不溶物含量以质量分数w_{4-15-4}计，以%表示，按式（4-15-4）计算：

$$w_4 = \frac{m_1 - m_2}{m} \times 100\%$$ 　　　　　（4-15-4）

式中：m_1为玻璃砂坩埚及盐酸不溶物干燥后的质量，g；m_2为玻璃砂坩埚的质量，g；m为试样的质量，g。取平行测定结果的算术平均值为测定结果。两次平行测定结果的绝对差值Ⅰ类产品不大于0.002%，Ⅱ类产品不大于0.02%。

4.15.5.5　氯化物含量测定　目视比浊法测定

1. 方法提要

在硝酸介质中，氯离子与银离子生成难溶的氯化银。当氯离子含量较低时，在一定时间内氯化银呈悬浮体，使溶液混浊，用目视比浊法测定。

2. 试剂与溶液

（1）硝酸溶液：1+1。

（2）硝酸银溶液：17 g/L。

（3）氯化物标准溶液：1 mL溶液含氯（Cl）0.010 mg。

（4）不含氯化物的碱式碳酸铜溶液：

称取1.00 g±0.01 g试样，置于150 mL烧杯中，加适量硝酸溶液（1+1）至试样溶解，加入5 mL硝酸银溶液（17 g/L），用水稀释至100 mL，摇匀。放置12~18 h后，用玻璃砂坩埚（孔径5~15 μm）过滤，收集滤液于试剂瓶中。

3. 测定步骤

测定步骤

按照《第3章3.2氯化物含量测定》执行。

4. 结果计算

氯化物含量以质量分数w_{4-15-5}计，以%表示。

4.15.5.6　硫酸盐含量测定

1. 方法提要

盐酸介质中，硫酸根与钡离子生成白色细微的硫酸钡沉淀，悬浮在溶液中，与标准比浊溶液比对。

2．试剂与溶液

（1）盐酸。

（2）乙醇 95%。

（3）硫酸钾乙醇溶液（0.2 g/L）：将 0.02 g 硫酸钾溶解于 100 mL 30% 乙醇溶液中。

（4）氯化钡溶液：250 g/L。

（5）硫酸盐标准溶液：含硫酸盐（SO_4）0.010 mg/mL。

用移液管移取 1 mL 按 HG/T 3696.2 要求配制的硫酸盐标准贮备溶液，置于 100 mL 容量瓶中，用水稀释至刻度，摇匀。此溶液使用期为 1 星期。

（6）不含硫酸盐的碱式碳酸铜溶液：称取 1.00 g ± 0.01 g 试样，置于 150 mL 烧杯中。加适量盐酸至试样溶解，加入 10 mL 95% 乙醇，在不断振摇下滴加 5 mL 氯化钡溶液，用水稀释至 100 mL，摇匀。放置 12 ~ 18 h 后，用玻璃砂坩埚（孔径 5 ~ 15 μm）过滤，收集滤液于试剂瓶中。

3．测定步骤

参照《第 3 章 3.4 硫酸盐含量测定》执行。

硫酸盐含量以质量分数 w_{4-15-6} 计，以% 表示。

4.15.6　工业碱式碳酸铜包装与运输中的安全技术

（1）标志。

产品包装袋上应有牢固清晰的标志，内容包括：生产厂名、厂址、产品名称、商标、等级、净含量、批号或生产日期、标准编号以及"怕晒""怕雨"标志。

（2）标签。

每批出厂的产品都应附有质量证明书。内容包括：生产厂名、厂址、产品名称、商标、等级、净含量、批号或生产日期、产品质量符合标准的证明、标准编号以及"毒性物质"标签。

（3）包装。

产品采用双层包装。内包装采用聚乙烯塑料薄膜袋；外包装采用塑料编织袋，每袋净含量 25 kg。用户对包装有特殊要求时，可供需协商。

（4）运输。

产品在运输过程中应有遮盖物，防止日晒、雨淋、受潮。

（5）贮存。

产品应贮存于通风、干燥的库房内。应防止雨淋、受潮，同时避免阳光直射。

4.16 工业碳酸锶质量标准及关键指标测定

4.16.1 名称与组成

(1)中文名称：碳酸锶。

(2)英文名称：strontium carbonate。

(3)中文别名：菱锶矿。

(4)分子式：$SrCO_3$。

(5)分子量：147.63。

(6)元素组成：Sr 为 59.35%；C 为 8.14%；O 为 32.52%。

(7)氧平衡：按生成 CO_2 计算，零氧平衡。

4.16.2 理化性质：

(1)外观性状：白色无溴无味粉末。

(2)比重：$3.7\ g/cm^3$。

(3)熔点：1497℃。1100℃时分解为氧化锶和二氧化碳；

$$SrCO_2 \longrightarrow SrO + CO_2 \uparrow -65.2704kJ$$

(4)溶解性：溶于稀盐酸和稀硝酸，同时放出二氧化碳。不溶于水。

(5)吸湿性：不易吸湿。

4.16.3 主要用途

(1)工业碳酸锶分为两种类型：Ⅰ型用于彩色显像管玻壳；Ⅱ型用于磁性材料及其他。

(2)烟火药中主要用于Ⅱ型制造红色烟火。还可用作烟雾中的消焰剂。

4.16.4 质量标准

烟花爆竹用工业碳酸锶质量技术指标应符合表4-16-1要求。

表4-16-1 工业碳酸锶质量技术要求

名称		指标/%	
		Ⅰ型	Ⅱ型
锶钡含量($SrCO_3 + BaCO_3$)	≥	98.0	
碳酸锶	≥		96.0

续表 4 – 16 – 1

名称		指标	
		Ⅰ 型	Ⅱ 型
碳酸钙	≤	0.5	0.5
碳酸钡	≤	2.0	2.5
钠(以 Na₂O 计)	≤	0.3	—
铁(以 Fe₂O₃ 计)	≤	0.01	0.01
氯(以 Cl⁻ 计)	≤	0.12	—
总硫(以 SO₄²⁻ 计)	≤	0.35	0.45
氧化铬(Cr₂O₃)	≤	0.0005	—
水分	≤	0.30	0.5
粒度		协商	
外观质量:产品应为白色粉末,纯净无凝块,无肉眼可见夹杂物			

4.16.5　关键指标测定

烟花爆竹用工业碳酸锶质量技术指标测定应按照表 4 – 16 – 1 要求项进行。如有特殊要求,也可供需双方协商。

4.16.5.1　锶钡合量测定

1. 方法提要

试样用酸溶解后,在 pH = 10 条件下,用铬黑 T 作指示剂,用乙二胺四乙酸二钠标准滴定溶液滴定,测得钙、锶、钡含量,从中减去钙、钡含量,得碳酸锶含量,再加上碳酸钡含量。

2. 试剂与溶液

(1)盐酸溶液:1 + 1。

(2)氨水溶液:1 + 1。

(3)甲基红指示液:1 g/L。

(4)铬黑 T 指示剂。

(5)氨 – 氯化铵缓冲溶液甲(pH = 10)。

(6)乙二胺四乙酸二钠标准滴定溶液:$c(EDTA) = 0.02$ mol/L。

(7)乙二胺四乙酸二钠 – 氯化镁溶液:$c(EDTA – MgCl_2) = 0.05$ mol/L。

3. 仪器与设备

常规实验室设备和仪器。

4. 测定步骤

（1）称取约 1 g 试样，称准至 0.2 mg，置于 250 mL 烧杯中，加少量水润湿。盖上表面皿，滴加 3 mL 盐酸溶液使其溶解，加热煮沸，冷却后，加 1 滴甲基红指示液，用氨水溶液中和至溶液刚呈黄色为止。全部移入 500 mL 容量瓶中，用水稀释至刻度，摇匀。用中速定性滤纸干过滤。弃去约 50 mL 前滤液，收集滤液。

（2）用移液管移取 50 mL 滤液，置于 250 mL 锥形瓶中，加 10 mL 氨 – 氯化铵缓冲溶液甲、5 mL 乙二胺四乙酸二钠 – 氯化镁溶液和适量铬黑 T 指示剂，用乙二胺四乙酸二钠标准 $[c(\text{EDTA}) = 0.02 \text{ mol/L}]$ 滴定溶液滴定至溶液呈纯蓝色为终点。

（3）同时做空白试验。

5. 结果计算

碳酸锶含量以（$SrCO_3$）的质量分数 w_{4-16-1} 计，以 % 表示，按式（4 – 16 – 1）计算：

$$w_{4-16-1} = \frac{(V - V_0)cM}{1000m \times \frac{50}{500}} \times 100 - (1.475 w_{4-16-3} + 0.7481 w_{4-16-4})$$

（4 – 16 – 1）

锶钡含量以碳酸锶和碳酸钡（$SrCO_3 + BaCO_3$）的质量分数 w_2 计，以 % 表示，按式（4 – 16 – 2）计算：

$$w_{4-16-2} = w_{4-16-3} + w_{4-16-4}$$ （4 – 16 – 2）

式中：V 为滴定试样所消耗的乙二胺四乙酸二钠标准滴定溶液的体积，mL；V_0 为空白试验所消耗的乙二胺四乙酸二钠标准滴定溶液的体积，mL；c 为乙二胺四乙酸二钠标准滴定溶液的准确浓度，mol/L；m 为试样的质量，g；1.475 为碳酸钙换算成碳酸锶的系数；0.7481 为碳酸钡换算成碳酸锶的系数；w_{4-16-3} 为测得碳酸钙的质量分数；w_{4-16-4} 为测得碳酸钡的质量分数。计算结果精确到小数点后两位。取平行测定结果的算术平均值为测定结果。两次平行测定结果的绝对差值不大于 0.3%。

4.16.5.2 碳酸钙含量测定

1. 方法提要

试样用盐酸溶解，在原子吸收分光光度计上，于 422.7 nm 处，用标准加入法测定试样中钙含量。

2. 试剂与溶液

（1）盐酸溶液：1 + 1。

（2）钙标准溶液：1 mL 溶液含钙（Ca）0.10 mg。

（3）二级水。

3. 仪器与设备

常规实验室设备和仪器按以下配置。

原子吸收分光光度计：配有钙空心阴极灯。

4. 分析步骤

称取约 2 g 试样，称准至 0.2 mg，置于 250 mL 烧杯中，加 50 mL 水。盖上表面皿，滴加 10 mL 盐酸(1+1)溶液溶解。加热煮沸 2 min，冷却后，全部移入 500 mL 容量瓶中，用水稀释至刻度，摇匀。干过滤，得试验溶液 A。保留此溶液用于碳酸钙含量和钠含量的测定。

在一系列 100 mL 容量瓶中，用移液管各移入 10 mL 试验溶液 A，加 2 mL 盐酸(1+1)溶液，再分别加入 0.00 mL、1.00 mL、2.00 mL、3.00 mL 钙标准溶液，用水稀释至刻度，摇匀。

在原子吸收分光光度计上，于波长 422.7 nm 处，用空气－乙炔火焰，以水调零，测定其吸光度。以钙含量(mg)为横坐标，对应的吸光度为纵坐标，绘制工作曲线，将曲线反向延长与横坐标相交处，即为试验溶液中钙的含量。

5. 结果计算

碳酸钙含量以(CaCO₃)的质量分数 w_{4-16-3} 计，以 % 表示，按式(4－16－3)计算

$$w_{4-16-3} = \frac{m_1 \times 2.497}{1000 m \times \dfrac{10}{500}} \times 100 \qquad (4-16-3)$$

式中：m_1 为从工作曲线上查出的试验溶液中钙的质量，mg；m 为试样的质量，g；2.497 为钙换算成碳酸钙的系数。计算结果精确到小数点后两位。取平行测定结果的算术平均值为测定结果。平行测定数据的极差与平均值之比不得大于 0.2%。

4.16.5.3　碳酸钡含量测定

1. 方法提要

在 pH=5.9 条件下，钡离子与重铬酸钾生成铬酸钡沉淀，沉淀经过滤、洗涤，用盐酸溶解后，用硫代硫酸钠标准滴定溶液进行滴定，由消耗标准滴定溶液的体积计算出碳酸钡的含量。

2. 试剂与溶液

(1)盐酸溶液：1+1。

(2)盐酸溶液：1+4。

(3)氨水溶液：1+1。

(4)乙酸铵溶液：10 g/L。

(5)乙二胺四乙酸二钠溶液：50 g/L；

（6）重铬酸钾溶液：50 g/L。

（7）碘化钾溶液：200 g/L。

（8）硝酸银溶液：20 g/L。

（9）乙酸 - 乙酸钠缓冲溶液（pH≈5.9）：称取 164 g 无水乙酸钠，溶于水，加 7.5 mL 冰醋酸，用水稀释至 1000 mL，摇匀。

（10）硫代硫酸钠标准滴定溶液：$c(Na_2S_2O_3) = 0.01$ mol/L。

（11）甲基红指示液：1 g/L。

（12）淀粉指示液：10 g/L。

3. 仪器与设备

常规实验室设备和仪器按以下配置。

多孔恒温水浴：控温精度 ±2℃。

4. 测定步骤：

（1）称取约 3 g 试样，称准至 0.2 mg，置于 250 mL 烧杯中，加 20 mL 水，盖上表面皿，滴加盐酸溶液（1 +1）至试样溶解，加热煮沸。取下冷却至室温，将溶液转移至 250 mL 容量瓶中，用水稀释至刻度，摇匀，干过滤。

（2）用移液管移取 50 mL 滤液，置于 250 mL 烧杯中，加 30 mL 乙二胺四乙酸二钠溶液（50 g/L），加 2 滴甲基红指示液，用氨水溶液（1 +1）调节试验溶液为黄色，再用盐酸溶液（1 +4）调至淡红色刚出现。再加入 10 mL 乙酸 - 乙酸钠缓冲溶液，加水至 100 mL，加热煮沸，在搅拌下加入 10 mL 重铬酸钾溶液（50 g/L），盖上表面皿，煮沸 10 ～ 15 min。将烧杯及内容物置于 85℃ ±2℃水浴上保温 1 h，取下，静置 1 h 以上。

（3）沉淀用慢速滤纸过滤，用乙酸铵溶液洗涤烧杯及沉淀至取 5 mL 滤液加 5 滴硝酸银溶液（20 g/L）为无色。

（4）用 15 mL 盐酸溶液（1 +4）溶解滤纸上的沉淀于原烧杯中，再用热水洗涤至 100 mL，冷却。

（5）加入 10 mL 碘化钾溶液，搅拌，用硫代硫酸钠标准滴定溶液[$c(Na_2S_2O_3) = 0.01$ mol/L]滴定至溶液呈淡黄色，加 2 mL 淀粉指示液（10 g/L），继续滴定至蓝色消失为终点。

（6）同时做空白试验。

5. 结果计算

碳酸钡含量以（$BaCO_3$）的质量分数 w_{4-16-4} 计，以 % 表示，按式（4 - 16 - 4）计算：

$$w_{4-16-4} = \frac{c(V - V_0) \times M/3}{1000m \times \frac{50}{250}} \times 100 \qquad (4 - 16 - 4)$$

式中：V 为滴定试样消耗硫代硫酸钠标准滴定溶液的体积，mL；V_0 为滴定空白试验消耗硫代硫酸钠标准滴定溶液体积，mL；c 为硫代硫酸钠标准滴定溶液的准确浓度，mol/L；m 为试样的质量，g；M 为碳酸钡（$BaCO_3$）的摩尔质量，g/mol（M = 197.33 g/mol）。计算结果精确到小数点后两位。取平行测定结果的算术平均值为测定结果。平行测定数据的极差与平均值之比不得大于 0.2%。

4.16.5.4　钠含量测定

1. 方法提要

在原子吸收分光光度计上，于 589.0 nm 处，采用标准加入法测定试样中钠含量。

2. 试剂与溶液

(1) 盐酸溶液：1 + 1。

(2) 钠标准溶液：1 mL 溶液含钠（Na）0.01 mg。

(3) 钾标准溶液：1 mL 溶液含钾（K）30 mg。

3. 仪器与设备

常规实验室设备和仪器按以下配置。

原子吸收分光光度计：配有钠空心阴极灯。

4. 分析步骤

用移液管各移取 2 mL 试验溶液 A（4.16.5.2 碳酸钙），于四个 100 mL 容量瓶中，分别加入 2 mL 盐酸溶液（1 + 1）和 5 mL 钾标准溶液，再分别加入 0.00 mL、1.00 mL、2.00 mL、4.00 mL 钠标准溶液，稀释至刻度，摇匀。

在原子吸收分光光度计上，于波长 589.0 nm 处，用空气 – 乙炔火焰，以水调零，测定其吸光度。以钠含量（mg）为横坐标，对应的吸光度为纵坐标，绘制工作曲线，将曲线反向延长与横坐标相交处，即为试验溶液中钠的含量。

5. 结果计算

钠含量以（Na_2O）的质量分数 $w_{5-16.5}$ 计，以 % 表示，按式（5 – 16.5）计算：

$$w_{4-16-5} = \frac{m_1 \times 1.348}{1000m \times \dfrac{2}{500}} \times 100 \qquad (4-16-5)$$

式中：m_1 为从工作曲线上查出的试验溶液中钠的质量，mg；m 为试样（4.16.5.2）的质量，g；1.348 为钠换算成氧化钠的系数。计算结果精确到小数点后两位。取平行测定结果的算术平均值为测定结果。两次平行测定结果的绝对差值不大于 0.03%。

4.16.5.5　铁含量测定

1. 方法提要

用抗坏血酸将试液中的 Fe^{3+} 还原成 Fe^{2+}。在 pH 为 2 ~ 9 时，Fe^{2+} 与 1, 10 – 菲啰啉生成橙红色络合物，在分光光度计最大吸收波长（510 nm）处测定其吸光度。

2. 测定步骤

参照《第3章3.3铁含量测定》执行。

3. 结果计算

铁含量以（Fe_2O_3）的质量分数 w_{4-16-6} 计，以%表示。

4.16.5.6　氯含量测定　比浊法

1. 方法提要

试样用硝酸溶解，在试液中加入硝酸银溶液，使试样中的氯离子生成氯化银沉淀，与标准比浊溶液进行比较。

2. 测定步骤

参照《第3章3.2氯化物含量测定》执行。

3. 结果计算

氯含量以氯（Cl^-）的质量分数 w_{4-16-7} 计，以%表示。

4.16.5.7　总硫含量测定

1. 方法提要

试样中各种价态硫与溴作用，生成硫酸根离子，在微酸性介质中与钡离子生成硫酸钡沉淀。在碱性条件下，用过量乙二胺四乙酸二钠标准滴定溶液溶解硫酸钡并与钡离子生成配合物。过量的乙二胺四乙酸二钠标准滴定溶液用氯化镁标准滴定溶液滴定，计算总硫含量。

2. 试剂与溶液

（1）盐酸溶液：1+1。

（2）氢氧化钠溶液：4 g/L。

（3）溴水：室温下饱和水溶液。

（4）氯化钡溶液：100 g/L。

（5）氨水溶液：1+2。

（6）硝酸银溶液：17 g/L。

（7）甲基橙指示液：1 g/L。

（8）铬黑T指示剂。

（9）氨－氯化铵缓冲溶液甲：pH≈10。

（10）乙二胺四乙酸二钠标准滴定溶液：$c(EDTA)=0.02$ mol/L。

（11）氯化镁标准滴定溶液：$c(MgCl_2)=0.02$ mol/L。

3. 仪器与设备

常规实验室设备和仪器按以下配置。

（1）多孔恒温水浴：精度±2℃。

（2）微量滴定管：分度值0.02 mL。

4. 测定步骤

(1)称取约 2 g 试样,称准至 0.2 mg,置于 250 mL 烧杯中。

(2)加入 30 mL 水、10 mL 溴水。盖上表面皿,加热煮沸 2~3 min,冷却后,滴加 6 mL 盐酸溶液(1+1)使其溶解。加热煮沸至溴赶尽(溶液无色)为止,冷却,加 3 滴甲基橙指示液(1 g/L),滴加氨水溶液(1+2)至溶液刚呈黄色为止,加入 1 mL 盐酸溶液(1+1),加水至 100 mL,加热至沸,在搅拌下,以细流柱状速度加入 10 mL 热的氯化钡溶液(100 g/L)。

(3)再加热煮沸 3~5 min 后,置于多孔恒温水浴的沸水中保温 2 h。

(4)冷却后,用慢速定量滤纸过滤,用水洗到无氯离子为止(用硝酸银溶液检验)。将带有沉淀的滤纸放入原烧杯中,用移液管加入 15 mL 乙二胺四乙酸二钠标准滴定溶液 [c (EDTA) = 0.02 mol/L]、10 mL 氢氧化钠溶液(4 g/L)和 50 mL 水。

(5)加热煮沸至沉淀溶解,冷却后,加 10 mL 氨 – 氯化铵缓冲溶液甲、适量铬黑 T 指示剂,用氯化镁标准滴定溶液 [c ($MgCl_2$) = 0.02 mol/L] 滴定至溶液由蓝色变为紫红色为终点。

(6)同时做空白试验

5. 结果计算

总硫含量以(SO_4^{2-})的质量分数 w_{4-16-8} 计,以% 表示,按式(4-16-6)计算:

$$w_{4-16-8} = \frac{(c_1 V_1 - c_2 V_2)M}{1000m} \times 100 \qquad (4-16-6)$$

式中: c_1 为乙二胺四乙酸二钠标准滴定溶液的准确浓度,mol/L; V_1 为加入乙二胺四乙酸二钠标准滴定溶液的体积(V_1 = 15 mL),mL; c_2 为氯化镁标准滴定溶液的准确浓度,mol/L; V_2 为滴定消耗氯化镁标准滴定溶液的体积,mL; m 为试样的质量,g; M 为硫酸根(SO_4^{2-})的摩尔质量,g/mol(M = 96.06 g/mol)。计算结果精确到小数点后两位。取平行测定结果的算术平均值为测定结果。两次平行测定结果的绝对差值不大于 0.02% 。

4.16.5.8　水分含量测定

1. 方法提要

试样在规定温度下加热一定时间,由干燥失去的质量来计算试样中水分、水分外挥发分的含量。

2. 测定步骤

按照《第 2 章 2.2 水分含量测定》执行。

3. 结果计算

水分含量以质量分数 w_{4-16-9} 计,以% 表示,计算公式同式(2-2-1)。

4.16.5.9　氧化铬含量测定

1. 方法提要

用盐酸羟胺将六价铬还原为三价铬，以氢氧化铝为共沉淀剂进行富集，使铬与锶分离，在空气－乙炔火焰中，用原子吸收分光光度计进行测定。

2. 试剂与溶液

(1) 碳酸钠。

(2) 硝酸钾。

(3) 盐酸溶液：1＋1。

(4) 氨水溶液：1＋1。

(5) 甲基红指示液：1 g/L。

(6) 盐酸羟胺溶液：50 g/L。

(7) 氯化铝溶液：20 g/L。

(8) 硫酸钠溶液：100 g/L。

(9) 铬标准溶液：1 mL 溶液含铬（Cr）0.01 mg。

3. 仪器与设备

常规实验室设备和仪器按以下配置。

(1) 铂坩埚。

(2) 原子吸收分光光度计：配有铬空心阴极灯。

4. 分析步骤

(1) 工作曲线的绘制。

于 4 个 100 mL 容量瓶中加入 0.00 mL、2.00 mL、4.00 mL、8.00 mL 的铬标准溶液，各加入 1 mL 盐酸羟胺溶液（50 g/L）、2 mL 盐酸溶液（1＋1）、10 mL 硫酸钠溶液（100 g/L）、5 mL 氯化铝溶液（20 g/L），摇匀，静置 5 min，稀释至刻度。在原子吸收分光光度计上，于波长 357.9 nm，用空气－乙炔火焰，以水调零，测量其吸光度。以铬质量（mg）为横坐标，对应的吸光度为纵坐标，绘制工作曲线。

(2) 测定。

①称取约 10 g 试样，精确至 0.01 g，置于 300 mL 烧杯中，加少量水润湿，盖上表面皿，加入 30 mL 盐酸溶液（1＋1），使试料溶解。

②加热煮沸 2 min，用中速定量滤纸过滤，用水洗涤 4 次，滤液收集于 300 mL 烧杯中。

③滤纸及不溶物置于铂金坩埚中低温灰化后，加入 1 g 碳酸钠、0.1 g 硝酸钾，置于高温炉中，于 900℃下熔融，灼烧 30 min，取出冷却后，连同坩埚置于 300 mL 烧杯中，加 80 mL 水，加热煮沸至熔块松散，将此溶液与前述溶液合并，加入 5 mL 盐酸羟胺溶液（50 g/L）搅拌煮沸，取下后加入 5 mL 氯化铝（20 g/L）溶液，加水至约 300 mL，加入 2 滴甲基红指示液，滴加氨水溶液（1＋1）使溶液由红色变为黄色。

④于电炉上加热至近沸使沉淀凝聚，取下用快速定性滤纸过滤，将沉淀洗涤

2~3 次后,连同滤纸一同移入原烧杯中。加入 10 mL 硫酸钠溶液(100 g/L)、4 mL 盐酸溶液(1+1)、加 20 mL 水。加热使沉淀溶解,用中速定性滤纸将溶液过滤于 100 mL 容量瓶中,加入 1 mL 盐酸羟胺溶液(50 g/L),稀释至刻度,摇匀。

⑤于原子吸收分光光度计上,与工作曲线相同的试验条件下,测定溶液的吸光度。根据测得的试验溶液和空白试验溶液的吸光度,从工作曲线上查出铬的质量。

⑥同时做空白试验。

5. 结果计算

氧化铬含量以(Cr_2O_3)的质量分数 $w_{4-16-10}$ 计,以% 表示,按式(4-16-7)计算:

$$w_{4-16-10}=\frac{(m_1-m_0)\times 1.4615}{1000m}\times 100 \qquad (4-16-7)$$

式中:m_1 为从工作曲线上查出的试验溶液中铬的质量,mg;m_0 为从工作曲线上查出的空白试验溶液中铬的质量,mg;m 为试样的质量数值,g;1.4615 为铬换算成三氧化二铬的系数。计算结果精确到小数点后四位。取平行测定结果的算术平均值为测定结果。平行测定数据的极差与平均值之比不得大于 0.2%。

4.16.5.10　粒度测定

参照《第 2 章 2.6 粒度测定》执行。

4.16.6　工业碳酸锶包装与运输中的安全技术

(1)标志。

产品包装上要有牢固清晰的标志,内容包括:生产厂名、厂址、产品名称、型号、净含量、批号(或生产日期)及"怕雨"标志。

(2)标签。

每批出厂的产品都应附有质量证明书,内容包括:生产厂名、厂址、产品名称、型号、净含量、批号(或生产日期)、产品质量符合标准的证明和标准编号。

(3)包装。

产品采用双层包装。内包装采用聚乙烯塑料薄膜袋;外包装采用塑料编织袋。每袋净含量为 25 kg、50 kg,也可根据用户要求的规格进行包装。

(4)运输。

产品运输过程中应有遮盖物,防止雨淋、受潮和曝晒。

(5)贮存。

产品应贮存于通风、干燥的仓库内。

(6)保质期

工业碳酸锶在符合本标准包装、运输、贮存条件下,自生产之日起保质期不

265

少于 24 个月。

4.17 工业氟硅酸钠质量标准及关键指标测定

4.17.1 名称与组成

(1)中文名称：氟硅酸钠。

(2)英文名称：Sodium fluorosilicate。

(3)英文缩写：SSF。

(4)中文别名：六氟合硅酸钠。

(5)分子式：Na_2SiF_6。

(6)分子量：188.06。

(7)组成元素：Na(24.46%)，Si(14.93%)，F(60.61%)。

(8)化学品类别：无机化合物。

4.17.2 理化性质

(1)外观性状：白色颗粒或结晶性粉末。无臭。

(2)相对密度：2.679 g/mL^3。

(3)分解：灼热 >300℃时分解成氟化钠和四氟化硅。

(4)有吸潮性。

(5)溶解性质：如表 4-17-1

表 4-17-1 氟硅酸钠的溶解度

溶剂(100 mL)	水(20℃)	沸水(100℃)	NaOH 溶液	乙醇
溶解度(g)	0.67	2.5	完全溶解	不溶
酸碱性	中性	酸性	生成氟化物及二氧化硅	

(6)危险性：中等毒，半数致死量(大鼠，经口)125 mg/kg。有刺激性。

4.17.3 主要用途

工业氟硅酸钠在烟火药中主要用于制造黄色火焰。

4.17.4 质量标准

烟花爆竹用工业氟硅酸钠质量技术标准应符合表 4-17-2 要求。

表 4 - 17 - 2　氟硅酸钠质量技术标准

项目		指标/%		
		优等品	一等品	合格品
氟硅酸钠(Na₂SiF₆)	≥	99.0	98.5	97.0
游离酸(以 HCl 计)	≤	0.10	0.15	0.20
105℃干燥减量	≤	0.30	0.40	0.60
氯化物(以 Cl 计)	≤	0.15	0.20	0.30
水不溶物	≤	0.4	0.5	—
硫酸盐(以 SO₄²⁻ 计)	≤	0.25	—	—
铁(Fe)	≤	0.02	—	—
五氧化二磷(P₂O₃)	≤	协商		—
细度(通过 250 μm 试验筛)	≥	90	90	90

外观：白色晶体，无肉眼可见杂质

4.17.5　关键指标测定

烟花爆竹用工业氟硅酸钠质量检测应按表 4 - 17 - 2 技术指标项进行，也可根据具体用途由双方协议测定项。

4.17.5.1　氟硅酸钠含量测定

1. 方法提要

在沸水中使氟硅酸钠溶解，以溴百里香酚蓝作指示液，用氢氧化钠标准滴定溶液滴定。

2. 试剂与溶液

(1)氢氧化钠标准滴定溶液：$c(NaOH) = 0.5$ mol/L。

(2)溴百里香酚蓝指示液：1 g/L 乙醇溶液。

3. 仪器与设备

常规实验室仪器与设备。

4. 测定步骤

(1)称取约 1 g 试样，称准至 0.2 mg。

(2)置于 250 mL 烧杯中。加入 100 mL 煮沸的水,加 10 滴溴百里香酚蓝乙醇指示液(1 g/L)。加入所需量的 90% ~95% 的氢氧化钠标准滴定溶液[c(NaOH) =0.5 mol/L],加热至沸使试样完全溶解,立即用氢氧化钠标准滴定溶液滴定至溶液呈稳定的蓝色。

(3)同时做空白试验。

5. 结果计算

氟硅酸钠含量以(Na_2SiF_6)的质量分数 w_{4-17-1} 计,以% 表示,按式(4 – 17 – 1)计算:

$$w_{4-17-1} = \frac{(V-V_0)cM}{m \times 1000} \times 100 - w_{4-17-2} \qquad (4-17-1)$$

式中:V 为滴定试液所消耗的氢氧化钠标准滴定溶液的体积,mL;V_0 为滴定空白所消耗的氢氧化钠标准滴定溶液的体积,mL;c 为氢氧化钠标准滴定溶液的准确浓度,mol/L;m 为试料的质量,g;M 为氟硅酸钠($\frac{1}{4}Na_2SiF_6$)的摩尔质量,g/mol(M =47.02 g/mol);w_{4-17-2} 为按 4.17.5.2 测定的游离酸的质量,%。计算结果精确至小数点后二数。取平行测定结果的算术平均值为测定结果。两次平行测定结果的绝对差值不大于 0.2% 。

4.17.5.2 游离酸含量测定

1. 方法提要

在 0℃ 和有氯化钾存在条件下,以溴百里香酚蓝作指示液,用氢氧化钠标准滴定溶液滴定。

2. 试剂与溶液

(1)氯化钾。

(2)氢氧化钠标准滴定溶液:c(NaOH) =0.1 mol/L。

(3)溴百里香酚蓝指示液:1 g/L 乙醇溶液。

3. 仪器与设备

常规实验室仪器与设备及电冰箱。

4. 测定步骤

(1)在 100 mL 烧杯中,加 25 mL 无二氧化碳的水,7 g 氯化钾,摇匀,放入冰箱中冷却至 0℃(约 30 min)。

(2)称取约 2.5 g 试样,精确至 0.01 g。置于上述烧杯中,加 4 滴溴百里香酚蓝指示液;搅拌后,立即用氢氧化钠标准滴定溶液[c(NaOH) =0.1 mol/L]滴定至溶液呈蓝色,30 s 不退色为终点。

(3)同时做空白试验。

5. 结果计算

游离酸含量以(HCl)的质量分数 w_{4-17-2} 计,以% 表示,按式(4 – 17 – 2)计算:

$$w_{4-17-2} = \frac{(V - V_0)cM}{m \times 1000} \times 100 \qquad (4 - 17 - 2)$$

式中:V 为滴定试液所稍耗的氢氧化钠标准滴定溶液的体积,mL;V_0 为滴定空白所稍耗的氢氧化钠标准滴定溶液的体积,mL;c 为氢氧化钠标准滴定溶液的准确浓度,mol/L;m 为试样的质量,g;M 为盐酸(HCl)的摩尔质量,g/mol(M = 36.5 g/mol)。计算结果精确至小数点后二数。取平行测定结果的算术平均值为测定结果。两次平行测定结果的绝对差值不大于 0.01% 。

4.17.5.3　105℃干燥减量测定

1. 方法提要

将试样在 105℃ 干燥 2 h,通过试样干燥前后的减少量计算出 105℃ 干燥减量。

2. 测定步骤

按照《第 2 章 2.2 水分含量测定》执行。

3. 结果计算

105℃干燥减量以质量分数 w_{4-17-3} 计,以% 表示,计算公式同式(2 – 2 – 1)。

4.17.5.4　氯化物含量测定

按照《第 3 章 3.2 氯化物含量测定》执行。

氯化物含量以(Cl^-)质量分数 w_{4-17-4} 计,以% 表示。

4.17.5.5　硫酸盐含量测定

1. 方法提要

在酸性介质中,硫酸根离子与钡离子生成难溶的硫酸钡。当硫酸根离子含量较低时,在一定时间内硫酸钡呈悬浮体,使溶液浑浊,采用目视比浊法判定试样溶液与标准比浊溶液的浊度,获得测定结果。

2. 测定步骤

按照《第 3 章 3.4 硫酸盐含量测定》执行。

3. 结果计算

硫酸盐含量以(SO_4^{2-})质量分数 w_{4-17-5} 计,以% 表示。

4.17.5.6　铁含量测定

1. 方法提要

用抗坏血酸将试液中的 Fe^{3+} 还原成 Fe^{2+}。在 pH 为 2~9 时,Fe^{2+} 与 1, 10 – 菲啰啉生成橙红色络合物,在分光光度计最大吸收波长(510 nm)处测定其吸光度。

2. 测定步骤

按照《第3章3.3铁含量测定》执行。

3. 结果计算

铁含量以(Fe)质量分数 w_{4-17-6} 计,以% 表示。

4.17.5.7 水不溶物含量测定

1. 方法提要

试样经水溶解,过滤、干燥、残留物称量计算得出。

2. 测定步骤

按照《第2章2.8 水不溶物含量测定》执行。

3. 结果计算

水不溶物含量以质量分数 w_{4-17-7} 计,以% 表示,计算公式同式(2-8-1)。

4.17.5.8 五氧化二磷含量测定

1. 方法提要

在硫酸的存在下试样发生水解反应,用氢氟酸除去二氧化硅的干扰。在酸性条件下,加入钼酸铵使磷形成磷钼杂多酸,经还原成磷钼蓝后,用分光光度计于波长 662 nm 处测量其吸光度。

2. 试剂与溶液

(1)氢氟酸。

(2)硫酸溶液(5 mol/L):量取浓硫酸 272 mL,用水稀释至 1000 mL。

(3)硫酸溶液:1+1。

(4)氢氧化钠溶液:200 g/L。

(5)钼酸铵酸性溶液(25 g/L):称取 25 g 四水合钼酸铵[$(NH_4)_6Mo_2O_{24}$ · $4H_2O$],用 200 mL 热水溶解。冷却后,用5 mol/L的硫酸稀释到 1 L。此溶液储存于聚乙烯瓶中。

(6)抗坏血酸溶液:20 g/L。

(7)五氧化二磷标准贮备溶液:1 mL 溶液含五氧化二磷(P_2O_5)0.10 mg。

(8)五氧化二磷标准溶液:1 mL 溶液含五氧化二磷(P_2O_5)0.01 mg。

(9)酚酞指示液:10 g/L 乙醇溶液。

3. 仪器与设备

常规实验室仪器与设备及以分光光度计:配有 5 cm 比色皿。

4. 测定步骤

(1)工作曲线的绘制。

①用移液管移取 0.00 mL、1.00 mL、2.00 mL、4.00 mL、6.00 mL、8.00 mL 五氧化二磷标准溶液[1 mL 溶液含五氧化二磷(P_2O_5)0.01 mg],分别置于 5 只 100 mL 容量瓶中,加水至 25 mL。

270

②加入 3 滴酚酞溶液,滴加氢氧化钠溶液(200 g/L)至试验溶液显微红色,加入 10 mL 钼酸铵溶液(25 g/L),用水稀释至 80 mL,混匀。加入 2 mL 抗坏血酸溶液,用水稀释至刻度,混匀。于 28 ~ 30℃放置 30 min。

③使用 5 cm 比色皿,以水调零,在分光光度计上,于波长 662 nm 处测其吸光度。从每个标准比色液的吸光度中减去空白溶液的吸光度,以五氧化二磷的质量(mg)为横坐标,所对应的吸光度为纵坐标,绘制工作曲线。

(2)测定。

①称取约 2 g 试样,精确至 0.01 g,置于铂金皿中,加 5 mL 硫酸,于电炉上先低温后高温蒸发至干,取下冷却。

②再加少许 1 mL 硫酸和 8 mL 氢氟酸,于电炉上继续蒸发至干,取下冷却后加水并加热使其完全溶解,冷却后转移入 100 mL 容量瓶中。

③以下操作按工作曲线的绘制"加入 3 滴酚酞溶液……"开始,至"……于波长 662 nm 处测其吸光度"为止。从工作曲线上查出试验溶液中五氧化二磷的质量。

④同时进行空白试验。

5. 结果计算

五氧化二磷含量以(P_2O_5)的质量分数 w_{4-17-8} 计,以% 表示,按式(4 - 17 - 3)计算:

$$w_{4-17-8} = \frac{(m_1 - m_0) \times 10^{-3}}{m} \times 100 \tag{4-17-3}$$

式中:m_1 为从工作曲线上查出的试验溶液中五氧化二磷质量,mg;m_0 为从工作曲线上查出的空白试验溶液中五氧化二磷质量的数值,mg;m 为试样的质量,g。所得结果精确至小数点后二位数。取平行测定结果的算术平均值为测定结果。两次平行测定结果的绝对差值不大于 0.001%。

4.17.5.9　细度测定

按照《第 2 章 2.6 粒度测定》执行。

4.17.6　工业氟硅酸钠包装与运输中的安全技术

(1)标志。

包装容器上应有牢固清晰的标志,内容包括:生产厂名、厂址、产品名称、等级、净含量、批号或生产日期、标准编号、GB 190 中规定的"有害品"标志和 GB/T 191中规定的"怕雨"标志。

(2)标签。

每批出厂的产品都应附有质量证明书。内容包括:生产厂名、厂址、产品名称、商标、等级、净含量、批号或生产日期、产品质量符合标准的证明和标准编号。

(3)包装。

产品用不易破损、防潮的塑料编织袋、纸塑复合袋和其他包装材料包装,包装规格及净重可按用户的要求确定。

(4)运输。

产品运输过程中应有遮盖物,防止雨淋,不得受潮。避免和酸类、饲料、食物混运。装卸时应轻拿轻放,禁止拖拉冲击,放置稳固,防止包装袋破损。发现产品有漏失现象,立即用沙土或锯末打扫干净,清理物深埋地下。

(5)贮存。

产品宜存放清洁、通风干燥、阴凉、的库房内。不宜露天堆放。严禁人畜入内,并与酸类、饲料、食物隔离。

(6)保质期。

工业氟硅酸钠在符合本规定的包装、运输、贮存条件下,自出厂之日起保质期不少于2年。

(7)安全防护。

氟硅酸钠有毒,应避免吸人粉尘,防止与眼睛和皮肤接触。操作人员在开始工作时,应穿上工作服,戴上口罩和护目镜,经常注意排风机工作状态和设备管道的气密性;工作结束后进行淋浴。

4.18　工业氟铝酸钠质量标准及关键指标测定

4.18.1　名称与组成

(1)中文名称:冰晶石。

(2)英文名称:Synthetic Cryolite。

(3)别名:六氟合铝酸钠,氟化铝钠,氟铝酸钠。

(4)分子式:Na_3AlF_6。

(5)分子量:210。

(6)组成元素:Na(32.86%),Al(12.86%),F(54.28%)。

(7)分子比:NaF 与 AlF_3 的物质的量之比,可按式(4-18-1)计算:

$$冰晶石分子比 = \frac{w(Na)}{w(Al)} \times \frac{26.98}{22.99} \qquad (4-18-1)$$

式中:$w(Na)$ 为冰晶石产品中钠的质量分数,%;$w(Al)$ 为冰晶石产品中铝的质量分数,%;26.98 为铝的相对原子质量;22.99 为钠的相对原子质量。

(8)牌号和分类。

272

Ⅰ.冰晶石按其分子比分为两类、四个牌号。分子比为 2.82 ~ 3.00 的称为高分子比冰晶石；分子比为 1.00 ~ 2.8 的称为普通冰晶石。

Ⅱ.冰晶石产品牌号以两位英文字母加横线"－"再加一位数字的形式表示，如 CH－0、CH－1、CM－0、CM－1 等。字母 C 表示冰晶石表示代号(冰晶石英文名称的第一个字母)；字母 H 和 M 表示冰晶石类别；H 为高分子比冰晶石；M 为普通冰晶石，数字(0 或 1)为序号。

(9)化学品类别：无机化合物。

4.18.2　理化性质

(1)外观性状：无色、白色，有时呈浅灰、浅棕、浅红或砖红色。条痕白色。玻璃光泽至油脂光泽。透明至半透明。

(2)相对密度：2.9 ~ 3.0 g/cm^3。

(3)硬度(莫氏硬度)：2.5。

(4)熔点：1009℃。

(5)熔化热：111.77 kJ/mol。

(6)生成热(298k)：－3302.34 kJ/mol(单斜晶)。

(7)汽化热(1009℃)：226.04 kJ/mol。

(8)溶解度：在不同溶剂中的溶解度。

表 4－18－1　冰晶石在不同溶剂中的溶解度

溶剂(100 mL)	水(25℃)	5% AlCl$_3$(25℃)	5% FeCl$_3$(25℃)	5% HCl(20℃)	NaOH(热)
溶解度(g)	0.042	5.8	2.5	0.38	完全溶解

(9)氟铝酸钠(AR)DTA 峰面积谱图(图 4－18－1)。

实验条件：环境温度 20 ±2℃，湿度 <80%，升温速率 10℃/min。

如图 4－18－1 所示：试样在 560.7 ~ 572.3℃间为第一热分解区间，结构开始发生变化表现为一个小小的吸热谷。随着温度的升高，试样在 869.1 ~ 961.7℃间为第二热分解区，发生剧烈分解，表现为一较大的吸热谷。

4.18.3　用途

工业冰晶石在烟火药中主要用于制造黄色火焰。

4.18.4　质量标准

烟花爆竹用工业冰晶石质量技术指标应符合表 4－18－2 要求：

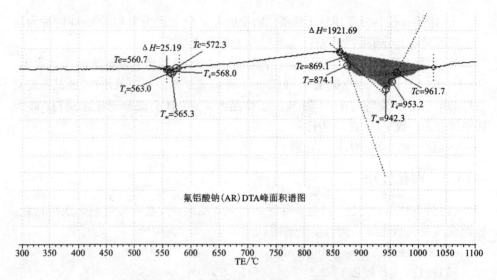

图4-18-1 氟铝酸钠(AR)DTA峰面积谱图

表4-18-2 冰晶石质量技术标准/%

名称		牌号			
		CH-O	CH-1	CM-0	CM-1
氟(F)	≥	52	52	53	53
铝(Al)	≥	12	12	13	13
钠(Na)	≤	33	33	32	32
二氧化硅(SiO₂)	≤	0.25	0.36	0.25	0.36
三氧化二铁(Fe₂O₃)	≤	0.05	0.08	0.05	0.08
硫酸不溶物(以SO₄²⁻计)	≤	0.6	1.0	0.6	1.0
氧化钙(CaO)	≤	0.15	0.20	0.20	0.6
五氧化二磷(P₂O₅)	≤	0.02	0.03	0.02	0.03
湿存水	≤	0.20	0.40	0.20	0.40
灼烧减量	≤	2.0	2.5	2.0	2.5

注:1. 数值修约数位与表中所列极限数位一致;

　　2. 表中规定的各项指标,如有特殊要求,可由双方协商解决。

4.18.5 关键指标测定

　　烟花爆竹用冰晶石质量指标测定应按照表4-18-2质量技术指标要求进行。如有特殊要求,也可供需方协商检验项目。

274

4.18.5.1　硫酸不溶物含量测定

1. 方法提要

试样用硫酸溶解后过滤，干燥不溶物后称量。

2. 试剂与溶液

(1)硫酸。

(2)硫酸溶液：1+4。

(3)氯化钡溶液：10%。

3. 仪器与设备

常规实验室设备和仪器按以下配置。

(1)电热鼓风干燥箱：精度±2℃。

(2)聚四氟乙烯烧杯：500 mL。

(3)聚四氟乙烯棒：10 cm。

(4)4号砂芯坩埚：容积为30 mL。

用稀硫酸充分抽吸洗净后，再用水清洗，在105℃下干燥3 h，冷却后备用。

(5)抽滤装置。

4. 测定步骤

(1)称取约10 g试样，称准到0.1 mg，置于聚四氟乙烯烧杯中，向烧杯中加入150 mL硫酸，加热至冒白烟，继续加热10 min，冷却待用。

(2)将冷却后的试液倒入经恒重的砂芯坩埚抽滤，烧杯壁附着物质用硫酸(1+4)洗净。用水反复洗涤直到无硫酸根离子滤出(用氯化钡溶液检验无沉淀或混浊出现)。

(3)将砂芯坩埚在105℃下干燥3 h。取出，并置于干燥器中，冷却至室温后称量，精确到0.1 mg。平行测定两份试料，取其平均值。

5. 结果计算

硫酸不溶物以质量分数 w_{4-18-1} 计，以%表示，按式(4-18-2)计算：

$$w_{4-18-1} = \frac{m_2 - m_1}{m} \times 100 \qquad (4-18-2)$$

式中：m_1 为砂芯坩埚的质量，g；m_2 为砂芯坩埚和硫酸不溶物的质量，g；m 为试样的质量，g。

计算结果精确到小数点后一位数。取平行测定结果的算术平均值为测定结果。两次平行测定结果的允许差为0.1%。

4.18.5.2　水分含量测定

1. 测定步骤

按照《第2章 2.2 水分含量测定》执行。

2. 结果计算

水分以质量分数 w_{4-18-2} 计，以%表示，计算公式同式(2-2-1)。

4.18.5.3 吸湿率测定

1. 方法提要

在一定温度和湿度下测定试样的吸湿量。

2. 测定步骤

按照《第2章 2.7 吸湿性测定》执行。

3. 结果计算

吸湿率以质量分数 w_{4-18-3} 计，以%表示。

4.18.5.4 细度测定

按照《第2章 2.6 粒度测定》执行。

4.18.5.5 铝含量测定

1. 方法提要

试样经硫酸溶解后，过滤，定容。取一份试液用一定量 EDTA 溶液络合后，在 pH = 6.0 下以二甲酚橙为指示液，用氯化锌标准滴定溶液返滴过量的 EDTA，溶液变为橙红色即为终点。然后向已达到终点的溶液中加入适量的氟化铵溶液，稍加热，在 pH = 6.0 下以二甲酚橙为指示液，用氯化锌标准滴定溶液滴定释放出来的 EDTA，溶液变为橙红色即为终点。根据前后两次所消耗的氯化锌标准滴定溶液体积可计出铝含量。

$$Na_3AlF_6 + 6H^+ =\!=\!= 3Na^+ + Al^{3+} + 6HF$$

$$Al^{3+} + H_2Y^{2-} =\!=\!= AlY^- + 2H^+$$

$$Al^{3+} + 6F^- =\!=\!= [AlF_6]^{3-}$$

$$Zn^{2+} + H_2Y^{2-} =\!=\!= ZnY^{2-} + 2H^+$$

2. 试剂与溶液

(1)硫酸。

(2)盐酸。

(3)氨水溶液：1+2。

(4)氟化铵溶液：20%；

(5)氢氧化钠溶液：$c(NaOH) = 0.1$ mol/L。

(6)邻苯二甲酸氢钾 - 氢氧化钠缓冲溶液(pH = 6.0)。

(7)邻苯二甲酸氢钾 - 盐酸缓冲溶液(pH = 3.5)。

(8)乙二胺四乙酸二钠(EDTA)溶液：称取 40.0 gEDTA，称准至 0.1 g，加 1000 mL 水，加热溶解，冷却，摇匀。

(9)氯化锌标准滴定溶液：$c(ZnCl_2) \approx 0.1$ mol/L。

(10)二甲酚橙指示液：0.5%。

3. 仪器与设备

常规实验室设备和仪器按以下配置。

（1）pH 计：精度 0.1。

（2）聚四氟乙烯烧杯：500 mL。

（3）聚四氟乙烯棒：10 cm。

4. 测定步骤

（1）称取约 5 g 试样，称准至 0.1 mg，置于聚四氟乙烯烧杯中，向烧杯中加入 100 mL 硫酸，煮沸赶尽氟，再加入少许盐酸溶解。趁热用漏斗经滤纸过滤到 500 mL 容量瓶中，冷却后摇匀，定容。

（2）量取 25 mL ± 0.05 mL 试液置于 500 mL 锥形瓶中，先加入 25 mL ± 0.05 mL EDTA 溶液，用氨水调溶液至 pH 为 3.5 左右，再加入 30 mL 邻苯二甲酸氢钾—盐酸缓冲溶液，煮沸 5 min。待其冷却至室温后用氨水调溶液至 pH = 6.0，加入 30 mL 邻苯二甲酸氢钾—氢氧化钠缓冲溶液和 4 滴二甲酚橙指示液，用氯化锌标准滴定溶液[$c(ZnCl_2) \approx 0.1$ mol/L]滴至橙红色 30 s 内不变即为终点，记录所消耗的氯化锌标准滴定溶液的体积数（V_1）。

（3）向上述溶液（2）的锥形瓶中加入 10 mL 氟化铵溶液，加热至沸，冷却至室温。用氨水调溶液至 pH = 6.0，加入 30 mL 邻苯二甲酸氢钾—氢氧化钠缓冲溶液和 4 滴二甲酚橙指示液，用氯化锌标准滴定溶液[$c(ZnCl_2) \approx 0.1$ mol/L]滴至橙红色 30 s 内不变即为终点。记录所消耗的氯化锌标准滴定溶液的体积数（V_2）。

5. 结果计算

铝含量以（Al）的质量分数 w_{4-18-4} 计，以 % 表示，按式（4-18-5）计算：

$$w_{4-18-4} = \frac{\left[(V_2 - V_1)/1000\right]cM}{(25/500)m} \times 100 \qquad (4-18-5)$$

式中：V_2 为加氟化铵后的试液所消耗氯化锌标准滴定溶液的体积，mL；V_1 为加氟化铵前的试液所消耗氯化锌标准滴定溶液的体积，mL；c 为氯化锌标准滴定溶液的浓度，mol/L；M 为铝的摩尔质量，g/mol，（$M = 26.982$ g/mol）；m 为试样的质量，g。计算结果精确到小数点后两位。取平行测定结果的算术平均值为测定结果。两个单次分析值的允许差为 0.5%。

4.18.5.6　铁含量测定　EDTA 容量法

1. 方法提要

试样用硫酸溶解后过滤，试液在 pH = 2.0 条件下以 1% 磺基水杨酸指示液用 EDTA 标准滴定溶液直接滴定。

$$Fe^{3+} + H_2Y^{2-} \Longrightarrow FeY^- + 2H^+$$

2. 试剂与溶液

(1)硫酸。

(2)盐酸溶液：1 + 4。

(3)氨水溶液：1 + 4。

(4)盐酸缓冲溶液：pH = 2.0。量取 0.8 mL 浓盐酸，缓慢加入烧杯中，加水稀释至 1000 mL，混匀。

(5)乙二胺四乙酸二钠(EDTA)标准滴定溶液：c(EDTA) = 0.02 mol/L。

(6)磺基水杨酸指示液：1%。

3. 仪器与设备

常规实验室设备和仪器按以下配置。

(1)微量滴定管：分度值 0.02 mL。

(2)聚四氟乙烯烧杯：500 mL。

(3)聚四氟乙烯棒：10 cm。

(4)恒温水浴锅：精度为 ±2℃。

(5)pH 计：精度为 0.1。

4. 测定步骤

(1)称取约 5 g 试样，称准至 0.1 mg，置于聚四氟乙烯烧杯中，加入 100 mL 硫酸，煮沸至冒白烟除氟，冷却后加少许盐酸溶解。

(2)过滤至 500 mL 锥形瓶中，加水 20 mL，充分振荡后用氨水和盐酸调节溶液至 pH 为 2.0 ~ 2.5，加 30 mL 盐酸缓冲溶液，在恒温水浴锅中加热至 60 ~ 70℃ 后滴加 8 ~ 10 滴磺基水杨酸指示液，趁热用 EDTA 标准滴定溶液[c(EDTA) = 0.02 mol/L]滴定至溶液呈米黄色并保持 30 s，记录所消耗 EDTA 标准滴定溶液的体积数(V)。

5. 结果计算

铁含量以 (Fe)的质量分数 w_{4-18-5} 计，以% 表示，按式(4 − 18 − 6)计算

$$w_{4-18-5} = \frac{(V/1000)cM}{m} \times 100 \qquad (4-18-6)$$

式中 V 为试液所消耗 EDTA 标准滴定溶液的体积，mL；c 为 EDTA 标准滴定溶液的浓度，mol/L；M 为铁的摩尔质量，g/mol(M = 55.845 g/mol)；m 为试样的质量，g。计算结果精确到小数点后三位。取平行测定结果的算术平均值为测定结果。两个单次分析值的允许差为 0.005%。

4.18.5.7 有效成分(钠含量)测定

1. 方法提要

试样用硫酸溶解，加盐酸和水溶解沉淀，试液用原子吸收光谱仪在波长 330.2 nm 处测定钠的含量。

278

2．试剂与溶液

（1）硫酸。

（2）盐酸。

（3）盐酸溶液：1+99。

（4）钠标准溶液：10 mg/mL。

称取 25.4 g 于 500~600℃灼烧至恒重的氯化钠，溶于水，移入 1000 mL 容量瓶中，稀释至刻度，贮于聚乙烯瓶中。

3．仪器与设备

常规实验室设备和仪器按以下配置。

（1）日立 Z-5000 型原子吸收光谱仪。

①带有背景扣除装置，钠空心阴极灯。

②钠工作参数：波长为 330.2 nm；灯流量为 7.0 mA；燃烧头高度为 7.5 mm。

③空气流量为 15.0 L/min；乙炔流量 2.2 L/min；

（2）4 号玻璃砂芯坩埚：30 mL。

4．测定步骤

（1）试液的制备。

称取约 0.5 g 试样，称准至 0.1 mg，置于聚四氟乙烯烧杯中，加入 10 mL 硫酸，煮沸至冒白烟，继续加热 10 min，冷却后加少许盐酸溶解。用砂芯坩埚抽滤，用盐酸溶液（1+99）洗涤，洗液和滤液一并转移至 100 mL 容量瓶中，用盐酸溶液（1+99）定容，摇匀。

（2）空白溶液的制备。

按上述步骤制备空白溶液。

（3）标准曲线的绘制。

①系列标准溶液的制备：按表 4-18-3 所列的体积数，将钠标准溶液（10 mg/mL）分别加到五个 100 mL 的容量瓶中，用水稀释到刻度，摇匀。系列标准溶液应现用现配。

表 4-18-3　标准溶液的配制

钠标准溶液的体积/mL	溶液中钠含量 /(mg · mL⁻¹)
20	2.00
15	1.50
10	1.00
5	0.50
0	0.00

注：根据仪器的灵敏度来选择钠系列标准溶液的浓度范围。

②系列标准溶液吸光度的测定：

启动原子吸收光谱仪，使仪器运行充分稳定，在波长 330.2 nm 处选择仪器最佳测试条件。

按顺序吸入钠标准溶液，测定其吸光度。测定标准溶液、空白溶液时，吸液速度应保持恒定。每测一次，须吸水清洗燃烧器。

③绘制标准曲线：以钠标准溶液的浓度(mg/mL)为横坐标，以相应的经过空白校正过的钠标准溶液的吸光度为纵坐标作图，即得标准曲线。

④试液吸光度的测定

按②系列标准溶液吸光度确定的测试条件，每种试验溶液测两次。并在相同条件下做空白试验。

5. 结果计算

冰晶石的有效成分以钠(Na)的质量分数 w_{4-18-6} 计，以% 表示，按式(7)计算：

$$w_{4-18-6} = \frac{[(\rho_t - \rho_b)/1000000] \times 100}{m} \times 100 \times f \qquad (4-18-7)$$

式中：p_t 为从标准曲线中读出的试验溶液中钠的浓度，$\mu g/m$；p_b 为从标准曲线中读出的空白溶液中钠的浓度，$\mu g/m$；100 为试验溶液定容的体积，mL；m 为试样的质量，g；f 为稀释系数。

计算结果精确到小数点后二位。取平行测定结果的算术平均值为测定结果。两个单次分析值的允许差为 0.2%。

4.18.5.8　灼烧减量测定

1. 方法提要

试样在 550℃ ±5℃ 灼烧后质量减少的量即为灼烧量。

2. 仪器与设备

常规实验室设备和仪器按以下配置。

(1)高温炉：控温精度为 ±5℃。

(2)铂坩埚：带盖 $\phi30 \times 40$ mm。

3. 测定步骤

(1)称取 2.5 g 经干燥后试样，称准至 0.1 mg。

(2)开启高温炉，将炉温调控到 550℃ ±5℃，待温度恒定 20 min 后开始测定。

(3)将试样置于铂坩埚(预先于 550℃ 灼烧恒量)中，盖上盖，于天平上称其质量(精确至 0.1 mg)。

注：每次同时测定的试样一般不超过 5 个。

4. 结果计算

灼烧量的质量分数 w_{4-18-7} 计，以% 表示，按式(4 - 18 - 8)计算：

$$w_{4-18-7} = \frac{m_1 - m_2}{m} \times 100 \qquad (4-18-8)$$

式中：m_1 为灼烧前铂坩埚与试样的质量，g；m_2 为灼烧后铂坩埚与试样的质量，g；m_0 为试样的质量，g；

计算结果精确至小数点后两位。

5. 允许差

分析结果的差值应不大于表 4 - 18 - 4 所列允许差

表 4 - 18 - 4　分析结果的差值

灼烧量的质量分数/%	允许差/%
≤1.0	0.15
1.0~3.0	0.25
3.0~6.0	0.35

4.18.6　工业冰晶石产品包装与运输中的安全技术

(1)标志。

产品包装上要有牢固清晰的标志，内容包括：生产厂名、厂址、产品名称、型号、净含量、批号(或生产日期)及"怕雨"标志。

(2)标签。

每批出厂的产品都应附有质量证明书，内容包括：生产厂名、厂址、产品名称、型号、净含量、批号(或生产日期)、产品质量符合标准的证明和标准编号。

(3)包装。

产品采用双层包装。内包装采用聚乙烯塑料薄膜袋；外包装采用塑料编织袋。每袋净含量为 25 kg、50 kg，也可根据用户要求的规格进行包装。

(4)运输。

产品运输过程中应有遮盖物，防止雨淋、受潮和曝晒。

(5)贮存。

产品应贮存于通风、阴凉、干燥的仓库内。

4.19 工业草酸钠质量标准及关键指标测定

4.19.1 名称与组成

(1)中文名称:草酸钠。

(2)英文名称:Sodium oxalate。

(3)中文别名:乙二酸钠,草酸二钠盐。

(4)分子式:$Na_2C_2O_4$。

(5)分子量:134;

(6)组成元素:Na(34.33%),C(17.91%),O(47.76%)。

(7)化学品类别:无机化合物。

(8)危险性类别:碱性腐蚀品。

4.19.2 理化性质

(1)外观性状:白色结晶性粉末,无气味,有吸湿性。

(2)相对密度(25/4℃):2.34 g/mL。

(3)相对蒸汽密度(g/mL,空气=1):3.2。

(5)分解温度:550℃。

(6)分解产物:$Na_2CO_3 + CO$。

(7)溶解度。

20℃:溶于水(37 g/L)。

100℃:溶于水(63.3 g/L)。

不溶于乙醇。其水溶液显弱碱性。

(8)草酸钠(AR)温度谱图。

实验条件:环境温度20±2℃,湿度<80%,升温速率10℃/min。

如图4-19-1所示:草酸钠晶形在550℃开始分解为$Na_2CO_3 + CO$,在580℃时有一尖锐的吸热峰,表现为吸热反应。灼热的CO吸收空气中的氧反应生成CO_2,590℃时有一尖锐的放热峰,表现为放热反应。随着温度的升高在850℃左右碳酸钠继续分解,表现为一尖锐的吸热峰。

4.19.3 用途

工业草酸钠在烟火药中主要用于制造黄色火焰。

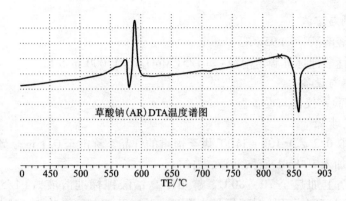

图 4 - 19 - 1　草酸钠(AR)DTA 温度谱图

4.19.4　质量标准

烟花爆竹用工业草酸钠质量技术指标应符合表 4 - 19 - 1 要求。

表 4 - 19 - 1　工业草酸钠质量技术指标

名称		等级指标/%
		优级品
草酸钠(Na$_2$C$_2$O$_4$)	≥	99.5
干燥失量	≤	0.01
氯化物(以 Cl$^-$ 计)	≤	0.001
硫化合物(以 SO$_4^{2-}$ 计)	≤	0.002
总氮量(N)	≤	0.001
钾(K)	≤	0.005
铁(Fe)	≤	0.0005
重金属(以 Pb 计)	≤	0.001
pH (30 g/L, 25℃)		7.5 ~ 8.5

4.19.5　关键指标测定

烟花爆竹用工业草酸钠质量技术指标测定应按照表 4 - 19 - 1 要求项进行,如有特殊要求,也可供需双方协商。

4.19.5.1　草酸钠含量测定

1. 方法提要

用基准草酸钠标定高锰酸钾,再用高锰酸钾标准滴定溶液测出试样草酸钠含量

$$2MnO_4^- + 5C_2O_4^{2-} + 16H^+ = 2Mn^{2+} + 10CO_2 \uparrow + 8H_2O$$

2. 试剂与溶液

(1)硫酸溶液：5+95。

(2)高锰酸钾标准滴定溶液：$c(1/5KMnO_4)=1.000$ mol/L。

3. 仪器与设备

常规实验室仪器与设备。

4. 测定步骤

(1)称取 0.2 g 于 105～110℃烘至恒重的样品。称准至 0.1 mg，置于 250 mL 锥形瓶中，加入 100 mL 硫酸溶液，摇匀。

(2)水浴上加热至 70～80℃，趁热用高锰酸钾标准溶液[$c(1/5KMnO_4)=1.000$ mol/L]滴定。开始时慢慢加入数滴，并充分摇匀，待紫色褪去后，可加快速度，近终点时需放慢速度(距终点 1～2 滴)温度保持 65℃，继续滴定至溶液呈淡粉红色保持 30 s。

(3)同时做空白试验。

5. 结果计算

草酸钠的含量以($Na_2C_2O_4$)质量分数 w_{4-19-1} 计，以%表示，按式(4-19-1)计算：

$$w_{4-19-1}=\frac{(V_1-V_2)\times c\times 0.06700}{m}\times 100 \qquad (4-19-1)$$

式中：V_1 为试样消耗高锰酸钾标准滴定溶液的体积，mL；V_2 为空白试验消耗高锰酸钾标准滴定溶液的体积，mL；c 为高锰酸钾标准滴定溶液的准确浓度，mol/L；m 为试样的质量，g；0.06700 为与 1.00 mL 高锰酸钾标准滴定溶液[$c(1/5KMnO_4)=1.000$ mol/L]相当的，以 g 表示的草酸钠($Na_2C_2O_4$)的质量。计算结果精确到小数点后两位。取平行测定结果的算术平均值为测定结果。两次平行测定结果的绝对差值不大于 0.2%。

4.19.5.2 干燥失重测定

1. 方法提要

试样在规定温度下加热一定时间，由干燥失去的质量来计算试样中水分、水分外挥发分的含量。

2. 测定步骤

按照《第 2 章 2.2 水分含量测定》执行。

称取 10 g 样品，称准至 0.2 mg。置于 105～110℃烘干至恒重，由减轻之重量计算干燥失重的百分数。

3. 结果计算

干燥失重以质量分数 w_{4-19-2} 计，以%表示，计算公式同式(2-2-1)。

4.19.5.3　氯化物含量测定　比浊法

1. 方法提要

在硝酸介质中,氯离子与银离子生成难溶的氯化银。当氯离子含量较低时,在一定时间内氯化银呈悬浮体,使溶液混浊,可用于氯化物的目视比浊法测定。

2. 测定步骤

称取 1 g 样品,称准至 0.1 mg。溶于 20 mL 水及 8 mL 硝酸溶液(25%),加 1 mL 硝酸银溶液(17 g/L),摇匀。放置 10 min。溶液所呈浊度不得大于标准比浊溶液。

测定步骤按照《第3章 3.2 氯化物含量测定》执行。

3. 结果计算

氯化物含量以(Cl^-)质量分数 w_{4-19-3} 计,以%表示。

4.19.5.4　硫化合物含量测定　比浊法

1. 方法提要

在酸性介质中,硫酸根离子与钡离子生成难溶的硫酸钡。当硫酸根离子含量较低时,在一定时间内硫酸钡呈悬浮体,使溶液浑浊,采用目视比浊法判定试样溶液与标准比浊溶液的浊度,获得测定结果。

2. 测定步骤

称取 1 g 样品,称准至 0.1 mg。置于蒸发皿中,加入 2 mL 水、2 mL 硝酸及 2 mL 过氧化氢(30%),盖上表面皿,在水浴上保温 1 h,蒸干。加少量水溶解,加 6 mL 盐酸溶液(20%),再蒸干。残渣溶于 10 mL 水(必要时过滤),稀释至 20 mL,溶液所呈浊度不得大于标准比浊溶液。

具体操作按照《第3章 3.4 硫酸盐含量测定》执行。

3. 结果计算

硫化合物含量以(SO_4^{2-})质量分数 w_{4-19-4} 计,以%表示。

4.19.5.5　重金属含量测定

1. 方法提要

无机化工产品中的重金属离子与负二价硫离子在弱酸介质($pH=3\sim4$)中生成有色硫化物沉淀。重金属元素含量较低时,形成稳定的棕褐色悬浮液,可用于重金属的目视比色法测定。

2. 测定步骤

称取 2 g 样品,称准至 0.1 mg。置于蒸发皿中,加入 2 mL 水、2 mL 硝酸、2 mL 过氧化氢(30%),盖上表面皿,在水浴上保温 1 h,蒸干。加 4 mL 硝酸(1+1)溶解,再蒸干。残渣溶于水,用氨水溶液(10%)将试液调至 $pH=4$,稀释至 40 mL。取 30 mL,加 0.2 mL 乙酸溶液(30%)及 10 mL 新制备的饱和硫化氢水,摇匀,放置 10 min。溶液所呈颜色不得深于标准比色溶液。

具体步骤按照《第3章3.1重金属含量测定》执行。

3. 结果计算

重金属含量以(Pb)质量分数 w_{4-19-5} 计,以%表示。

4.19.6 工业草酸钠产品包装与运输中的安全技术

(1)标志。

产品包装上要有牢固清晰的标志,内容包括:生产厂名、厂址、产品名称、型号、净含量、批号(或生产日期)及"怕雨"等标志。

(2)标签。

每批出厂的产品都应附有质量证明书,内容包括:生产厂名、厂址、产品名称、型号、净含量、批号(或生产日期)、产品质量符合标准的证明和标准编号。

(3)包装。

产品采用双层包装。内包装采用聚乙烯塑料薄膜袋;外包装采用塑料编织袋。每袋净含量为25 kg。也可根据用户要求的规格进行包装。

(4)运输。

产品在运输过程中应有遮盖物,防止雨淋、受潮和曝晒。

(5)贮存。

产品应贮存于通风、阴凉、干燥的仓库内。

4.20 苯二甲酸氢钾质量标准及关键指标测定

4.20.1 名称与组成

(1)中文名称:苯二甲酸氢钾。

(2)英文名称:Potassium biphthalate。

(3)中文别名:邻苯二甲酸氢钾;1,2-苯二甲酸单钾盐;邻苯二甲酸钾。

(4)线性分子式:$HOOCC_6H_4COOK$。

(5)分子量:204.22。

(6)元素组成:C为47.04%;H为2.47%;K为19.15%;O为31.34%。

(7)同分异构体:邻苯二甲酸氢钾;对苯二甲酸氢钾;间苯二甲酸氢钾。

(8)化合物类别:有机化合物。

4.20.2 物化性质:表4-20-2

(1)邻苯二甲酸氢钾(AR)与对苯二甲酸氢钾(工业品)部分物化性质对比表

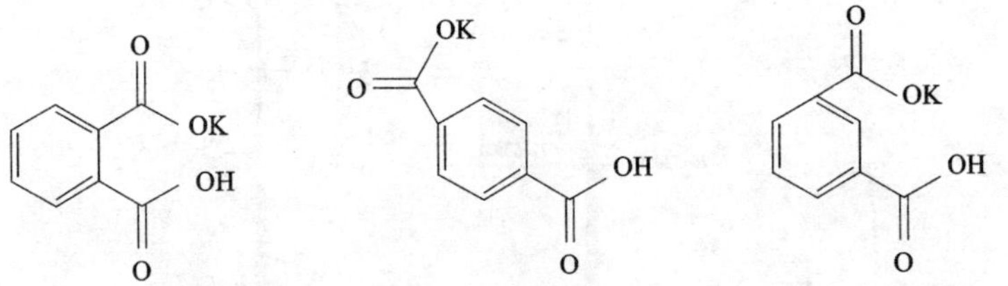

a. 邻苯二甲酸氢钾　　　b. 对苯二甲酸氢钾　　　c. 间苯二甲酸氢钾

图 4 - 20 - 1　苯甲酸氢钾三种同分异构体

表 4 - 20 - 2

项目名称	邻苯二甲酸氢钾（AR）	对苯二甲酸氢钾（工业品）
外观	无色单斜结晶或白色结晶性粉末	白色无定形树脂状粉末
水溶性（20℃）	溶于水（80 g/L）	不溶于水
密度（20℃）/(g·mL^{-1})	1.006	
pH（25℃）	4.005	6.00
熔点/℃	295～300	459～461
沸点（760mmHg）/℃	378.3	550
闪点/℃	196.7	
水分/%	0.18	0.37
吸湿率/%	0.08	2
热值/(J·g^{-1})	15693	15068

（2）邻苯二甲酸氢钾（AR）与对苯二甲酸氢钾（工业品）DTA 峰面积谱图对比。

实验条件：环境温度 20 ± 2℃，湿度 < 80%，升温速率 10℃/min。

如图 4 - 20 - 2 所示，试样在起始温度 Te = 294.4℃时，结晶开始熔化形成第一吸热峰 Tm = 308.6℃；随着温度升高，晶格松弛，在 450℃左右出现第二吸热峰；随着温度的升高，分子链的断裂，出现了两次尖锐的放热峰 Tm = 537.1℃和 Tm = 775.0℃；分解物的重新结合又形成了第三个吸热峰。

如图 4 - 20 - 3 所示，试样在 Te 起始温度 459.8℃开始第一次分解，461℃左右出现第一个尖锐的放热峰；随温度的增加，在 470℃左右峰面积谱图出现一波谷；当温度 Tm 达到 566.1℃时，分子结构发生剧烈分解形成第二放热高峰。

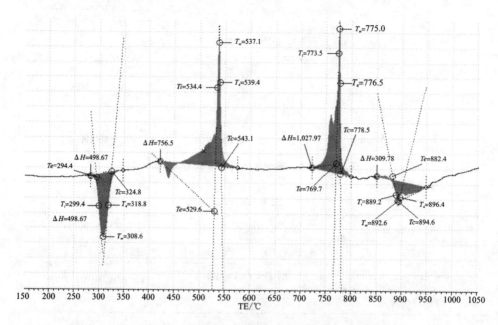

图 4 - 20 - 2　邻苯二甲酸氢钾(AR)DTA 峰面积谱图

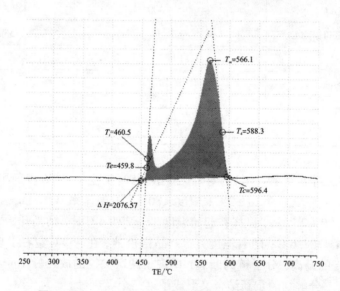

图 4 - 20 - 3　工业对苯二甲酸氢钾 DTA 峰面积谱图

4.20.3　主要用途

　　苯二甲酸氢钾在烟花爆竹烟火剂中主要用作笛音剂或爆炸用药中的可燃物。由于对苯二甲酸氢钾具有不溶于水、热分解热比较集中等特点，故为烟火药剂使用中的首选。

4.20.4　质量标准

用于烟火剂中的苯二甲酸氢钾应符合表 4.20.1 中技术指标。如有特殊要求可由供需双方协商。

4.20.5　关键指标测定

4.20.5.1　水分含量测定

1. 方法提要

试样干燥后,由其减量测定水分含量。

2. 测定步骤

按照《第 2 章 2.2 水分含量测定》执行。

3. 结果计算

试样水分含量以质量分数 w_{4-20-1} 计,以 % 表示,计算公式同式(2-2-1)。

4.20.5.2　水不溶物含量测定

邻苯二甲酸氢钾为水不溶物含量测定;对苯二甲酸氢钾为水溶物含量测定。

1. 方法提要

试样溶于水后过滤,干燥水不溶物后称重,计算出结果。

2. 测定步骤

称取试样约 5 g,称准至 0.1 mg,溶于 300 mL 水,加热并保持微沸 5 min。具体操作按照《第 2 章 2.8 水不溶物含量测定》执行。

3. 结果计算

试样水不溶物(或水溶物)含量以质量分数 w_{4-20-2} 计,以 % 表示,计算公式同式(2-2-8)。

4.20.5.3　水溶液 pH 测定

1. 方法提要

一定温度下用 pH 计测定试样溶液的 pH。

2. 测定步骤

称取试样约 5 g,称准至 0.1 g,溶于约 80 mL 沸水中,并稀释至 100 mL,混匀。冷却至 20℃。

测定步骤按照《第 2 章 2.5 水溶液 pH 测定》执行。

3. 结果计算

重复性条件下所得两个单次分析值不大于 0.2pH 单位。

4.20.5.4 吸湿率测定

1. 方法提要

在规定的温度和湿度条件下，测定试样的稀释量。

2. 测定步骤

称取试样约 5 g，称准至 0.1 mg。

具体操作按照《第 2 章 2.7 吸湿性测定》执行。

3. 结果计算

试样吸湿率以质量分数 w_{4-20-4} 计，以%表示，计算公式同式（2-7-1）。

4.20.5.5 细度测定

参照《第 2 章 2.6 粒度测定》筛分法执行。

邻苯二甲酸氢钾需在相对湿度不大于 85% 下操作。

4.20.5.6 盐酸不溶物含量测定

1. 方法提要

试样溶于盐酸后过滤，干燥不溶物后称重。

2. 试剂与溶液

盐酸溶液：1+1。

3. 仪器与设备

实验室常用仪器与设备按以下配置。

（1）恒温干燥箱：精度为 ±2℃。

（2）4 号砂芯坩埚：30 mL。

（3）抽滤装置。

4. 测定步骤

（1）称取试样约 5 g，称准至 0.1 mg。溶于 100 mL 盐酸溶于（1+1），再加水 200 mL，加热至溶解。

（2）将已恒量的砂芯坩埚装置在抽滤装置上，将试样溶液倒入砂芯坩埚中进行抽滤，烧杯壁附着物质用温水分多次洗涤干净。

（3）将抽滤后的砂芯坩埚置于 105℃ ±2℃ 下烘干 3 h 取出并置于干燥器中，冷却至室温后称量，直至恒重。

（4）平行测定两组，取其平均值。

5. 结果计算

盐酸不溶物的质量分数以 w_{4-20-5} 计，数值按%表示，按式（4-20-1）计算：

$$w_{4-20-5} = \frac{m_1 - m_2}{m} \times 100 \qquad (4-20-1)$$

式中：m_1 为砂芯坩埚和不溶物的质量，g；m_2 为砂芯坩埚的质量，g；m 为试样的质量，g。计算结果精确到小数点后两位。取平行测定结果的算术平均值为测定结

290

果。两次平行测定结果的平均值之比不得大于 0.1%。

4.20.5.7　碱不溶物含量测定

1. 方法提要

试样溶于氢氧化钠溶液后过滤，干燥不溶物后称重。

2. 试剂与溶液

氢氧化钠溶液：称取 100 g 氢氧化钠，精确到 0.1 g，溶于水中，稀释至 1000 mL 备用。

3. 仪器与设备

实验室常用仪器与设备按以下配置。

(1)电热恒温干燥箱：可控温度 105℃ ±2℃。

(2)4 号砂芯坩埚：容积 30 mL。用氢氧化钠溶液充分抽吸洗净后，在 105℃ 下干燥 3 h，在干燥器中冷却。

(3)抽滤装置。

4. 测定步骤

(1)称取试样约 5 g，称准至 0.1 mg，溶于 300 mL 氢氧化钠溶液，加热至溶解。

(2)将已恒量好的砂芯坩埚装在抽滤装置上，将所得试液倒入砂芯坩埚中进行抽滤。烧杯壁附着物质用水洗下，再用温水洗净。

(3)将砂芯坩埚在 105℃ ±2℃ 下烘干 3 h。取出并置于干燥器中，冷却至室温后称量。

(4)平行测定两份试样，取其平均值。

5. 结果计算

碱不溶物的质量分数以 w_{4-20-6} 计，以% 表示，按式(4-20-2)计算：

$$w_{4-20-6} = \frac{m_1 - m_2}{m} \times 100 \qquad (4-20-2)$$

式中：m_1 为砂芯坩埚和碱不溶物的质量，g；m_2 为砂芯坩埚的质量，g；m 为试料的质量，g。计算结果精确到小数点后两位。取平行测定结果的算术平均值为测定结果。两次平行测定结果的平均值之比不得大于 0.1%。

4.20.5.8　苯二甲酸含量测定

1. 方法提要

苯二甲酸不溶于水而苯二甲酸盐溶于水，通过水不溶物含量和碱不溶物含量得到苯二甲酸含量。

2. 结果计算

苯二甲酸含量以苯二甲酸($C_8H_6O_4$)的质量分数 w_{4-20-7} 计，以% 表示，按式(4-20-3)计算：

$$w_{4-20-7} = w_{4-20-2} - w_{4-20-6} \qquad (4-20-3)$$

式中：w_{4-20-2} 为水不溶物的质量分数，%；w_{4-20-6} 为氢氧化钠不溶物的质量分数，%。

计算结果精确到小数点后两位，允许差为 0.1%。

4.20.5.9 苯二甲酸氢钾含量测定

1. 方法提要

苯二甲酸不溶于水而苯二甲酸盐溶于水，通过盐酸不溶物含量和水不溶物含量可计算得到苯二钾酸氢钾含量。

2. 结果计算

苯二甲酸氢钾含量以苯二甲酸氢钾（$C_8H_5O_4K$）的质量分数 w_{4-20-8} 计，以% 表示，按式（4-20-4）计算：

$$w_{4-20-8} = \frac{(w_{4-20-5} - w_{4-20-2})M_1}{M_2} \qquad (4-20-4)$$

式中：w_{4-20-2} 为水不溶物的质量分数，%；w_{4-20-5} 为盐酸不溶物的质量分数，%；M_1 为苯二甲酸氢钾的摩尔质量，g/mol，（$M_1 = 204.23$）；M_2 为苯二甲酸的摩尔质量，g/mol，（$M_2 = 166.23$ g/mol）。

计算结果精确到小数点后两位，允许差为 0.2%。

4.20.6 工业产品苯二甲酸氢钾包装与运输中的安全技术

（1）标志。

产品包装袋上应有牢固清晰的标志，内容包括：生产厂名、厂址、产品名称、商标、等级、净含量、批号或生产日期和标准编号。

（2）标签。

每批出厂的产品都应附有质量证明书。内容包括：生产厂名、厂址、产品名称、商标、等级、净含量、批号或生产日期、产品质量符合标准的证明和标准编号。

（3）包装。

产品采用双层包装。内包装采用聚乙烯塑料薄膜袋，外包装采用编织塑料纤维袋，每袋净含量 25 kg。用户对包装有特殊要求时，可供需协商。

（4）运输。

产品在运输过程中应有遮盖物，防止日晒、雨淋、受潮。

（5）贮存。

产品应贮存于通风、干燥的库房内。应防止雨淋、受潮，同时避免阳光直射。应避免与油类、酸类、碱类、氧化剂共运混贮。

4.21　木炭、炭素粉质量标准及关键指标测定

4.21.1　名称与组成

(1)中文名称：木炭。

(2)英文名称：charcoal。

(3)中文别称：柴炭、枹炭、煤子等。

(4)主要成分："C"。"炭"专指碳的单质，包括木炭、炭黑、活性炭等。

(5)木炭的分类。

木炭是木材或木质原料经过不完全燃烧或者在隔绝空气的条件下热解所残留的深褐色或黑色多孔固体燃料。木炭也常用在研磨、绘画、化妆、医药、火药、渗碳、粉末合金等方面。

木炭通常有栗炭、褐炭、黑炭三种。

①栗炭：为浅褐色或巧克力色，是炭化温度在250℃以下的产物，在很大程度上木材纤维的结构，它和木材一样能沿纤维向断裂，能粉碎，不易点燃，燃烧慢，燃烧时有火焰。

②褐炭：为褐色或棕褐色，是炭化温度250~350℃时的产物，它比黑炭难粉碎，燃烧时放出易挥发的生成物，有煤烟。

③黑炭：为蓝黑色或黑色，炭化温度在350~400℃时的产物，易粉碎，易点燃，燃烧时无火焰，或由于一氧化碳的燃烧而形成白色火焰。

4.21.2　理化性质

(1)木炭主要成分是碳元素，灰分很低，热值为27.21~33.49 MJ/kg，此外还有氢、氧、氮以及少量的其他元素，其含量与树种的关系不大，主要取决于炭化的最终温度。

(2)木炭为黑火药的"燃料"，黑火药的主要特性在极大程度上取决于它，木炭又是一种具有可变性质的物质，其化学组成及性质不仅随树种不同而不同，而且可随炭化条件的不同而各异。用于黑火药的木炭应满足于易点燃、燃速大、灰分少、吸湿性少，且具有足够的热值。

(3)木炭的含碳量直接影响黑火药的燃烧及爆炸性能。用于制造普通黑火药的木炭含碳量为79.±4%，其炭化温度在400℃左右。

(4)木炭的发火点显著地影响黑火药的点火能力。实验证明中级炭化度(含炭量为75%~80%)的木炭具有最低的发火点和最大的吸附氧的能力。若以400℃左右制得的木炭贮存两个月后其吸附氧量为100。与氧气完全燃烧产生二氧化碳，不

293

完全燃烧产生有毒气体一氧化碳。

(5)木炭对空气中的水分也同样具有较强的吸附能力,一般来说,含炭量高或灰分大的木炭,其吸湿能力都较大。黑火药用木炭的吸湿性(干样品在20±2℃的硝酸钾饱和溶液中所产生的温度、湿度环境中,吸湿12 h后,其吸收的水分重量为干试样重量之比的百分率)在6.5%~8.0%范围内。

(6)制造黑火药的木炭,适用于选用软且不致密的木材(如赤杨、苦提树、杨树、杉树、麻杆等)烧成的木炭,因为它们比较脆,灰分少,容易粉碎,与硝酸钾和硫容易混合。

(7)树脂多的木材所烧的木炭,往往产生很难点燃的残渣(如松木,桃木等),质硬而致密的树(如枣木、榨木、柏木、桉木、梨木等)制成的木炭,难于点燃,燃速慢,主要用于某些特殊效果的烟火药剂中,如燃烧缓慢的喷花药,延期和产生大量火星的烟火剂等。

(8)为保证黑火药的质量及制造过程中的安全,不管所制造的黑火药是速燃还是缓燃效应,木炭都应在300~400℃温度下干馏制得,其所用材料不得沾有泥、沙,以及不能存在炭化过度和炭化不足等现象。

(9)不同树种木炭的DTA温度谱图。

实验条件:环境温度20±2℃,湿度<80%,升温速率10℃/min。

图4-21-1为杨木炭DTA谱图,400℃左右激烈分解,540℃左右反应终止,呈现出左尖峰,右回落小弧顶不对称的放热峰。

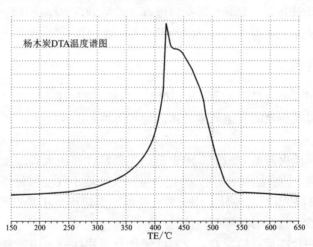

图4-21-1 杨木炭DTA谱图

图4-21-2为麻杆炭DTA谱图400℃左右激烈分解,470℃左右反应终止,呈现出小圆弧顶对称的放热峰。

图4-21-3为杉木炭DTA谱图400℃左右激烈分解,500℃左右反应终止,

呈现出小圆弧顶不对称的放热峰。

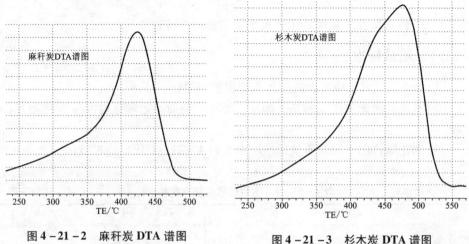

图 4-21-2　麻秆炭 DTA 谱图

图 4-21-3　杉木炭 DTA 谱图

　　图 4-21-4 为松木炭 DTA 谱图 400℃左右激烈分解，520℃左右反应终止，呈现出两边对称的平顶放热峰。

　　图 4-21-5 为碳素粉 DTA 谱图 450℃左右激烈分解，500℃左右反应终止，呈现出不对称的尖锐放热峰。

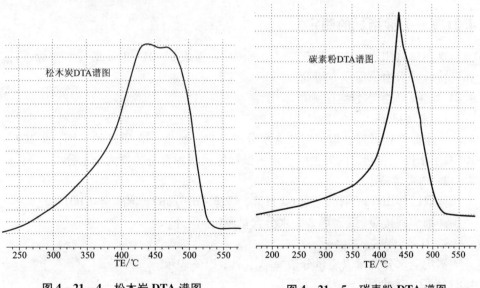

图 4-21-4　松木炭 DTA 谱图

图 4-21-5　碳素粉 DTA 谱图

4.21.3 主要用途

木炭、碳素粉在烟花爆竹用烟火剂中主要用作可燃物。

4.21.4 质量标准

(1)外观形状:炭块断面的颜色为棕褐色或黑色。

(2)木炭表面无木焦油残渣、烟灰、泥沙等杂质,无炭化过度或炭化不足的炭块。

(3)烟花爆竹用木炭的质量标准应满足表4-21-1质量技术指标:

表4-21-1 木炭的质量技术指标/%

指标名称		规格
碳含量(C)	≥	79±4
灰分	≤	1.5
水分	≤	7.0
发火点℃		165~220
粒度按照供需双方协商确定。		

4.21.5 关键指标的测定

烟花爆竹用木炭、炭素粉关键指标测定应按表4-21-1质量技术指标进行。如有特殊要求由供需双方协商。

4.21.5.1 炭全水分含量测定

1. 方法提要

全水分是指试样在取样时所含水分的总量。称取一定质量的试样,在102~105℃下干燥至恒量,以失去的质量占试样原质量的百分数作为全水分。

2. 测定步骤

称取试样100 g(全部通过60目筛,颗粒<0.3mm),称准至0.001 g。

详细步骤按照《第2章2.2水分含量测定》执行。

3. 结果计算

木炭全水分含量以质量分数 w_{4-21-1} 计,以%表示。

4.21.5.2 木炭灰分含量测定

1. 方法提要

称取一定质量的试样,经干燥称量后,放入高温炉内炭化,然后在800℃±20℃的条件下灼烧至恒量(冷去后称量),以残留物质量占试样原质量的百分数作为灰分。

2. 仪器与装置

常规实验室仪器和设备按以下配置。

(1)箱式高温炉:控温精度 ±10℃。

(2)干燥器:内装指示型干燥剂。

(3)带盖瓷坩埚:容积 30 mL。

3. 测定步骤

用已于800℃下灼烧至恒量的带盖瓷坩埚,称取干燥试样 1 g 称准至 0.1 mg。将坩埚连同试样送入温度不超过 300℃ 的高温炉中,敞开坩埚盖,使炉温升至 800℃,恒温灼烧2 h,取出坩埚置于瓷板上,盖上坩埚盖,在常温下冷却 5 min,放入干燥器,冷却至室温(约 30 min)称量。

依此进行检查性试验,每次 30 min,直至试样的减、增量 < ±10 mg 为止。

4. 结果计算

木炭灰分含量以质量分数 $w_{4-21.2}$,以% 表示,按式(4 –21 –2)计算:

$$w_{4-21-2} = \frac{m_2}{m} \times 100 \qquad\qquad (4-21-2)$$

式中: m_2 为恒量后灼烧残留物的质量,g; m 为试样的质量,g。计算结果精确到小数点后两位。取平行测定结果的算术平均值作为测定结果。在重复性条件下平行结果的极差与平均值之比不得大于 0.2%。

4.21.5.3　木炭挥发分含量测定

1. 方法提要

称取一定质量的干燥试样,放入特制挥发分瓷坩埚中,在850℃的温度下,隔绝空气加热7 min,所失去的质量占试样原质量的百分数作为挥发分。如果发现有明显的火星,则应重做。

2. 仪器与装置

常规实验室仪器和设备按以下配置。

(1)箱式高温炉:控温精度 ±10℃。

(2)干燥器:内装指示型干燥剂。

(3)秒表或电子记时器。

(4)坩埚架:用镍铬丝制成,可平行安放四个坩埚,其大小应能置于炉中规定部位,并使放在坩埚架的坩埚底部距炉底 10 ~ 15 mm(图 4 –21 –6)。

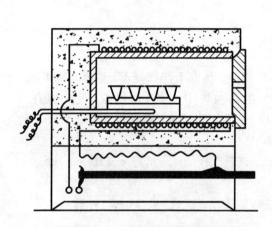

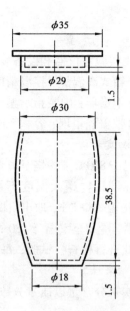

图4-21-6　坩埚的放置示意图　　　　图4-21-7　测挥发分坩埚(单位:mm)

(5)挥发分用特制坩埚(图4-21-7)。瓷质规格:上口径 $\phi30$ mm,底外径 $\phi18$ mm,高40 mm,盖外径 $\phi35$ mm,槽的外径29 mm,外槽深4 mm。

3.测定步骤

用已于850℃灼烧恒重的挥发分坩埚称取1 g试样,称准至0.1 mg,将坩埚盖好,轻轻振动让试样铺平,墩实,安放在坩埚架上。迅速送入预先加热至860℃的高温电炉中,使坩埚位于热电偶测点的上方或下方。立即严闭炉门同时开始计时。温度保持850℃±20℃,持续9 min。试验完毕,取出置于瓷板上,在室温冷却5 min后,将坩埚自架上取下,放入干燥器中冷却至室温(约30 min)称量。

4.结果计算

木炭挥发分含量以质量分数 w_{4-21-3} 计,以%表示,按式(4-21-3)计算:

$$w_{4-21-3} = \frac{m_3}{m} \times 100 \qquad (4-21-3)$$

式中:m_3 为试样加热后的质量,g;m 为试样的质量,g。计算结果精确到小数点后两位。取平行测定结果的算术平均值作为测定结果。

4.23.5.4 木炭固定炭测定

1.方法提要

木炭固定炭指在高温下有效的炭素的百分含量。固定碳以经干燥后的木炭质量,减去其灰分及挥发分来计算。

2. 结果计算

木炭固定碳含量以质量分数 w_{4-21-4} 计，以% 表示，按式(4 – 21 – 4)计算：

$$w_{4-21-4} = 100 - (w_{4-21-2} + w_{4-21-3}) \qquad (4-21-4)$$

式中：w_{4-21-2} 为试样灰分的质量，% ；w_{4-21-3} 为试样挥发分的质量，% 。计算结果精确到小数点后二位数。取平行测定结果的算术平均值作为测定结果。

4.23.5.5 木炭发火点测定

1. 方法提要

在不断通入空气的条件下，逐渐加热一定量的试样，使其发火，取温度计所示的温度为木炭的发火点。

2. 仪器与设备

常规实验室仪器和设备按以下配置。

(1)秒表：精度十分之一秒。

(2)发火点测定装置：图4 – 21 – 8。

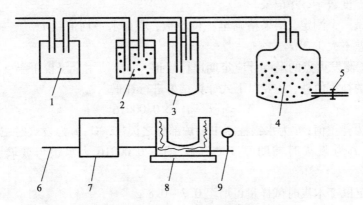

图 4 – 21 – 8　木炭发火点测定装置示意图

1—流量计；2—洗气瓶(内装硫酸)；3—硬质试管；4—调压瓶(内装水)；

5—止水阀；6—电源线；7—调压器；8—电炉；9—数显温度计

①玻璃转子流量计：0 ~ 400 mL/min。

②洗气瓶：100 ~ 200 mL，装入约一半浓硫酸。

③硬质玻璃试管(直径约 25 mm，长 250 mm)：口端用双孔橡皮塞塞上并插入两个导气管，其中长管和洗气瓶相连用以导入空气，其末端距试管底面约为5 mm，短管通过橡皮塞并伸出约 10 mm 长，该管和贮气瓶相连用以导出试管内的气体产物。

④贮气瓶及贮水瓶 10 L。

⑤止水阀。

⑥电源线。

⑦调压器。

⑧控温电炉：炉身用黄铜或紫铜制成，电热线用直径 0.6 mm、长 9 m 的镍铬丝绕成，并保证温度达到 350~400℃。

⑨数显温度计：0~500℃，精度 0.01℃。

3. 测定方法

将处理好的试样在 100℃烘箱内烘干 2 h，放入称量瓶内盖好，放入干燥器备用。

将测定装置连接好，接通导气管，检查装置的密封性，调整空气的流量为 1 L/(5~6)min。

称取干燥过的试样 0.5 g，倒入预先烘干的硬质玻璃试管内，插好温度计，接通电源加热，待温度达 100℃时将试样试管放入电炉的试管孔内，通空气，控制温度以 10℃/min 上升，以变阻器控制温度。观察试管里的试样，当试样发火时读取温度计的温度数字，并记录。

平行做三个测定，结果精确至一位小数，取算术平均值到 1℃，三个测定值平行允许差不大于 3℃。

注：①测发火点的温度计应定期进行校正，如果使用全浸校正温度计除加温度计本身的补正值外，还要以下式计算结果进行补正。

$$\Delta t = n(t_1 - t_2) \times 0.00016$$

式中：Δt 为补正值；n 为水银柱露出电炉部分之读数，℃；t_1 为发火时主温度计之读数，℃；t_2 为发火时辅助温度之读数，℃；0.00016 为水银与玻璃膨胀系数之差。

②测定鼠李木炭时试样量可增至 0.7~0.8 g。

4.21.6　烟花爆竹用木炭产品包装与运输中的安全技术

（1）标志。

产品包装袋上应有牢固清晰的标志，内容包括：生产厂名、厂址、产品名称、商标、等级、净含量、批号或生产日期和标准编号。

（2）标签。

每批出厂的产品都应附有质量证明书。内容包括：生产厂名、厂址、产品名称、商标、等级、净含量、批号或生产日期、产品质量符合标准的证明和标准编号。

（3）包装。

成块木炭须严格地包装于篓筐或草席内，每个包装件净重不超过 40 kg。

粉状木炭应用致密的包装容器（袋或桶）包装，不得有泄漏。

每袋净含量 25 kg，毛重不得超过 40 kg。用户对包装有特殊要求时，可供需双方协商。

（4）运输。

产品在运输过程中应有遮盖物，防止日晒、雨淋、受潮。不得与氧化剂混运。

（5）贮存。

产品应贮存于通风、干燥的库房内。应防止雨淋、阳光直射和受热。远离火种、热源。保持容器密封，严禁裸露空气中。

（6）灭火方法：水。

4.22　工业硫磺质量标准及关键指标测定

4.22.1　名称与组成

（1）中文名称：硫磺。

（2）英文名称：Sulphur。

（3）中文别名：硫块、粉末硫磺、磺粉、硫磺块。

（4）硫元素符号：S。

（5）原子量：32。

（6）八原子分子：S_8。

（7）八原子分子量：256.53。

（8）化学物类别：单质化合物。

4.22.2　理化性质：

（1）外观性状：淡黄色脆性结晶或粉末，有特殊臭味。

（2）晶形：（α）正交晶；（β）单斜晶；（γ）无定形。

（3）硫有多种变体：其中主要的一种是八原子分子 S_8，这种分子的结构为八角皱环（图 4-21-1 中分子的结构示意图）。S-S 键长为 2.12Å，键角为 105°。硫的晶形在固态时主要有正交硫（S_α）和单斜硫（S_β）两种变体（图 4-22-1 中硫的晶形）。

（3）密度（固）：正交晶为 2.07 g/cm³；单斜晶为 1.96 g/cm³；无定形为 1.92 g/cm³。

（4）熔点：正交晶为 112.8℃；单斜晶为 119.25℃；无定形为 120℃。

（5）沸点：445℃。

（6）闪点：207℃。

（7）汽化热（717.75k）：9.6 kJ/mol。

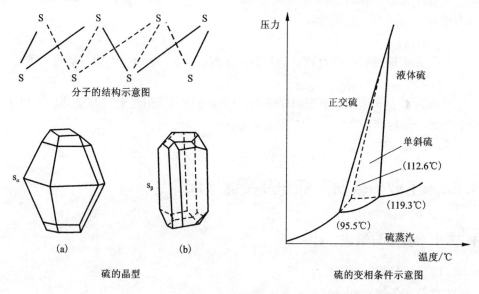

分子的结构示意图

S_α　　　　S_β

(a)　　　　　(b)

硫的晶型

液体硫

正交硫

单斜硫

(112.6℃)

(119.3℃)

(95.5℃)

硫蒸汽

压力

温度/℃

硫的变相条件示意图

图 4-22-1　硫的多种晶形变体

(8)发火点:230℃。

(9)硫以1 g氧可燃的克数:1.0。

(10)硫磺粉尘在空气中燃烧的下限为(g/m^3):35 g。

(11)电负性:2.5(为不良导体)。

(12)溶解性能:不溶于水,稍溶于乙醇、乙醚,易溶于二硫化碳和苯溶剂。

(13)硫的吸湿性很小。

(14)硫的导热性差。

(15)硫的化学活性很强。

①许多金属在低温下也能与硫反应生成金属硫化物(通式):

$$mS + nM = M_N S_M \uparrow$$

②硫能与氧、氢、卤素等直接化合:

$$S + H_2 \longrightarrow H_2S + 1.15(kJ)$$

$$S + O_2 \longrightarrow SO_2 + 296.85(kJ)$$

$$2SO_2 + O_2 \longrightarrow 2SO_3 + 11.09(kJ)$$

上述反应进一步氧化吸收空气中水分而生成硫酸。

硫本身无毒。由于它化学性质活泼,能生成不少有毒物质,如硫化氢、二氧化硫、三氧化硫等。

(16)硫的主要氧化数: -2、0、+2、+4、+6。硫单质既有氧化性又有还原性。

①硫与铁共热生成硫化亚铁：
$$S + Fe = FeS$$

②硫与碳在高温下生成二硫化碳：
$$2S + C = CS_2$$

③硫在常温下与跟氟化合生成硫的氟化物：
$$2S + F_2 \rightarrow S_2F_2（氟化硫）$$
$$S + F_2 \rightarrow SF_2（二氟化硫）$$
$$S + 2F_2 \rightarrow SF_4（四氟化硫）$$

④将干燥的氯气通入熔化的硫，生成硫的氯化物：
$$2S + Cl_2 \rightarrow S_2Cl_2（二氯化二硫）$$
$$S + Cl_2 \rightarrow SCl_2（二氯化硫）$$
$$S + 2Cl_2 \rightarrow SCl_4（四氯化硫）$$

(17)硫磺(AR)DTA 温度谱图(图 4 – 22 – 2)：

实验条件：环境温度 $20 \pm 2℃$，湿度 <80%，升温速率 10℃/min。

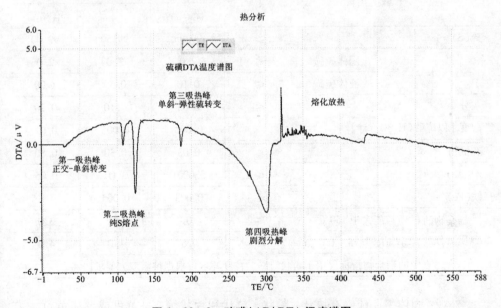

图 4 – 22 – 2　硫磺(AR)DTA 温度谱图

如图 4 – 22 – 2 所示：从 40℃开始到 110℃左右出现第一吸热峰，试样晶形由正交向单斜晶形转变；第二吸热峰在 120℃左右为纯 S 熔点；第三吸热峰出现为单斜晶形向弹性硫转变；第四吸热峰为 S 的剧烈分解；在 320℃左右最终融化放热，出现尖锐的放热峰。

（18）硫磺的危险性：在空气中燃烧，燃烧时发生蓝色火焰，生成二氧化硫，粉末于空气或氧化剂混合易发生燃烧，甚至爆炸。

4.22.3 主要用途

硫磺在烟火药中的作用：以可燃物的形式，广泛地用于花炮生产中。

由于硫磺的导电性能及导热性能都很差。单独粉碎时容易产生强烈的静电，发生自燃，同时单独粉碎硝酸钾也易产生静电和黏附在粉碎器具上，变得容易吸湿，木炭单独粉碎也有此现象，故黑火药的碾制均采用二元混合碾磨带。这样既提高了生产的安全性，又保证了黑火药的质量。

4.22.4 质量标准

烟花爆竹用工业硫磺的质量技术指标要求应符合表4-22-1的规定

表4-22-1 工业硫磺质量技术指标

项目			技术指标/%		
			优等品	一等品	合格品
硫（S）		≥	99.95	99.50	99.00
水分	固体硫磺	≤	2.0	2.0	2.0
	液体硫磺	≤	0.10	0.50	1.00
灰分		≤	0.03	0.10	0.20
酸度［以硫酸（H_2SO_4）计］		≤	0.003	0.005	0.02
有机物		≤	0.03	0.30	0.80
砷（As）		≤	0.0001	0.01	0.05
铁（Fe）		≤	0.003	0.005	—
筛余物的质量分数	粒度大于150 μm	≤	0	0	3.0
	粒度为75～150 μm	≤	0.5	1.0	4.0
表中的筛余物指标仅用于粉状硫磺。粒度要求可根据供需双方要求协商					

外观：固体工业硫磺有块状、粉状、粒状和片状等，呈黄色或者淡黄色。工业硫磺中不含有任何机械杂质。

4.22.5 关键指标测定

烟花爆竹用工业硫磺关键指标测定应按表4-22-1质量技术指标进行。如有特殊要求由供需双方协商。

4.22.5.1　硫含量测定　方法一（差减法）

1. 方法提要

本方法通过扣除杂质(灰分、酸度、有机物和砷)的质量分数总和的方法,算得工业硫磺中的硫的质量分数。

2. 结果计算

硫的质量分数 w_{4-22-1},以%表示,按式(4-22-1)计算:

$$w_{4-22-1} = 100 - (w_{4-22-4} + w_{4-22-5} + w_{4-22-6} + w_{4-22-8}) \qquad (1)$$

式中:w_{4-22-4} 为按 4.22.5.4 测得的灰分的质量,以%表示;w_{4-22-5} 为按 4.22.5.5 测得的酸度的质量,以%表示;w_{4-22-6} 为按 4.22.5.6 测得的有机物的质量,以%表示;w_{4-22-8} 为按 4.22.5.8 测得的砷的质量,以%表示。

4.22.5.2　硫含量测定　方法二（重量法）

1. 方法提要

将试样用二硫化碳洗脱后称量,算得工业硫磺中的硫的质量分数。本方法适用于优等品硫磺含量的测定。

2. 试剂

二硫化碳。

3. 仪器与设备

常规实验室仪器和设备按以下配置。

(1)玻璃过滤坩埚:$P_{30}(G_3)$。

(2)吸滤瓶:500 mL。

(3)真空泵:60 L/min。

4. 测定步骤

(1)称取 2~3 g 试样(粉状),称准至 0.1 mg,置于 105~110℃ 预先恒量的玻璃过滤坩埚中。二硫化碳有毒,操作一定要在通风柜中进行。

(2)连接好抽气装置,将坩埚置入吸滤瓶口,用滴管向玻璃过滤坩埚中加适量的二硫化碳,用玻璃棒搅拌使硫磺溶解,开启真空泵抽滤。继续用二硫化碳洗涤溶解,至绝大部分硫磺溶解后,以二硫化碳洗涤坩埚和其底部。

(3)将坩埚在恒温干燥箱内于 105~110℃ 下烘 45 min,冷却至室温,再用二硫化碳洗涤 5~8 次,在恒温干燥箱内于 105~110℃ 下烘 30 min,置于干燥器中冷却后称量,精确至 0.1 mg。按以上操作重复用二硫化碳处理直至连续两次称量相差不超过 0.2 mg。

5. 结果计算

硫含量以质量分数 w_{4-22-2} 计,以%表示,按式(4-22-2)计算:

$$w_{4-22-2} = \left[1 - \frac{m_1}{m}\right] - w_{4-22-5} \qquad (4-22-2)$$

式中：m_1 为干燥后残余物的质量，g；m 为试料的质量，g；w_{4-22-5} 为按 4.22.5.5 测得的酸度的质量，以 % 表示。计算结果精确到小数点后两位。取平行测定结果的算术平均值作为测定结果。平行结果的极差与平均值之比不得大于 0.2%。

4.22.5.3　水分含量测定

1．方法提要

试样在恒温干燥箱中于 80℃ 下干燥，称量其失去的质量即为失去水的含量。

2．测定步骤

按照《第 2 章 2.2 水分含量测定》执行。

3．结果计算

水分含量的质量分数 w_{4-22-3}，以 % 表示，计算公式同式(2 - 2 - 1)。

4.22.5.4　灰分含量测定

1．方法提要

在空气中缓慢燃烧试样，然后在高温电炉中于温度 800 ~ 850℃ 下灼烧，冷却，称量。

2．仪器与设备

常规实验室仪器和设备按以下配置。

(1)瓷坩埚：50 mL。

(2)电热板。

(3)高温电炉：控温精度 ±10℃。

3．测定步骤

称取约 25 g 试样，精确至 0.1 mg，于 800 ~ 850℃ 预先恒量的瓷坩埚中，置于电热板上，使硫磺缓慢燃烧。燃烧完毕后，移至高温电炉内，在 800 ~ 850℃ 的温度下灼烧 40 min，取出瓷坩埚，置于干燥器中，冷却至室温，称量。

重复以上操作，直至连续两次称量相差不超过 0.2 mg。

4．结果计算

灰分含量的质量分数 w_{4-22-4}，以 % 表示，按式(4 - 22 - 4)计算：

$$w_{4-22-4} = \frac{m_1}{m} \times 100 \qquad (4-22-4)$$

式中：m_1 为试样灼烧后灰分的质量，g；m 为试样的质量，g。计算结果精确到小数点后两位。取平行测定结果的算术平均值作为测定结果。

在重复性条件下平行结果的极差与平均值之比不得大于 0.2%。

4.22.5.5　酸度测定

1. 方法提要

用水 - 异丙醇混合液萃取硫磺中的酸性物质,以酚酞为指示剂,用氢氧化钠标准滴定溶液滴定。

2. 试剂与溶液

(1)异丙醇。

(2)氢氧化钠标准滴定溶液:$c(\text{NaOH}) = 0.05 \text{ mol/L}$。

(3)酚酞指示液:10 g/L。

3. 仪器与设备

常规实验室仪器和设备。

4. 测定步骤

(1)称取试样约 25 g,精确至 0.01 g,置于 250 mL 具磨口塞的锥形瓶中。

(2)加 25 mL 异丙醇,盖上瓶塞,使硫磺完全润湿,然后再加 50 mL 水,塞上瓶塞,摇振 2 min,放置 20 min,其间不时地振荡,加 3 滴酚酞指示液。

(3)用氢氧化钠标准滴定溶液[$c(\text{NaOH}) = 0.05 \text{ mol/L}$]滴至粉红色并保持 30 s 不褪色。

(4)同时做空白试验。

5. 结果计算

酸度的质量分数以(H_2SO_4)的质量分数 w_{4-22-5} 计,以%表示,按式(4-22-5)计算:

$$w_{4-22-5} = \frac{[(V-V_0)/1000]cM/2}{m/100} \times 100 = \frac{5(V-V_0)cM}{m} \tag{5}$$

式中:V 为试样耗用氢氧化钠标准滴定溶液的体积,mL;V_0 为空白试验耗用氢氧化铺标准滴定溶液的体积,mL;c 为氢氧化钠标准滴定溶液的准确浓度,mol/L;m 为试样的质量,g;M 为硫酸的摩尔质量,g/mol($M=98.08$ g/mol)。计算结果精确到小数点后两位。取平行测定结果的算术平均值作为测定结果。平行结果的极差与平均值之比不得大于 0.2%。

4.22.5.6　有机物含量测定　(滴定法)

1. 方法提要

试样在氧气流中燃烧,生成二氧化硫、三氧化硫,在铬酸和硫酸溶液中被氧化吸收。试样中的有机物燃烧生成二氧化碳,用氢氧化钡溶液吸收,然后以酚酞和甲基红 - 亚甲基蓝作指示剂滴定。

2. 试剂与溶液

(1)硫酸。

(2)三氧化铬溶液:500 g/L。

（3）氢氧化钡溶液：$c[1/2Ba(OH)_2] = 0.05$ mol/L，使用时现配，溶液中加入数滴酚酞指示液。该溶液需用装有碱石棉的捕集管与空气中的二氧化碳隔绝。

（4）过氧化氢溶液：60 g/L。

（5）盐酸标准滴定溶液：$c(HCl) = 0.05$ mol/L。

（6）氢氧化钠标准滴定溶液：$c(NaOH) = 0.05$ mol/L。

（7）甲基红 – 亚甲基蓝混合指示液：1 g/L。

（8）酚酞指示液：10 g/L。

（9）铂石棉：含铂质量分数为5% ~ 10%。

（10）碱石棉。

（11）玻璃棉。

（12）纯氧：贮于钢瓶中，配备氧气减压器。

3. 仪器与设备

常规实验室仪器和设备按以下配置。

（1）瓷舟：88 mm × 12 mm。

（2）燃烧和吸收装置：该装置用以使试料燃烧完全，如图4 – 22 – 3所示。

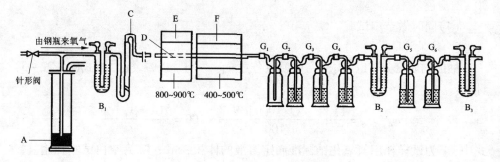

图4 – 22 – 3　燃烧和吸收装置

图例说明：

①汞封（A），有一内管插入汞面以下1 cm深处。

②三支U形管（B_1、B_2、B_3），具有两支侧管和磨口塞，侧管直径为15 mm，U形管高为150 mm。

③流量计（C），适用于测量20 ~ 200 mL/min的氧气流量。

④燃烧管（D），外径15 mm，长700 mm的透明石英管，管的一端有15 mm长的一段外径缩为4 mm。

⑤管式炉（E），燃烧过程中可控制温度为800 ~ 900℃。

⑥管式炉（F），燃烧过程中可控制温度为400 ~ 500℃。

⑦洗气瓶（G_1 ~ G_6）共6个，容量均为250 mL。

4．测定步骤

（1）燃烧装置的准备。

在干燥的 U 形管 B_1、B_3 中，装入碱石棉，在碱石棉上面垫一层玻璃棉。U 形管 B_2 中疏松地填入玻璃棉，用以捕集测定时产生的酸蒸汽。如酸蒸汽过多，致使氢氧化钡完全被中和，则用孔径为 15～40 μm 的烧结玻璃过滤，替换 U 形管 B_2，重新测定。

除非需要开启，U 形管 B_1、B_2 和 B_3 的气孔均应关闭。

洗气瓶 G_2 中装入至少 50 mL 三氧化铬溶液（500 g/L），洗气瓶 G_3 和 G_4 中各装入至少 50 mL 硫酸。

燃烧管 D 中装入铂石棉，其长度略小于管式炉 F 加热段的长度。

按图 4 - 22 - 3 所示，用橡皮短管连接整个装置。

（2）空白试验

使管式炉 F 升温，同时以约 100 mL/min 的流速使氧气通过装置。

当管式炉 F 温度达到 400～450℃ 后约 30 min，取下洗气瓶 G_5、G_6，各加入 20 mL 氢氧化钡溶液、40 mL 水和 5 mL 过氧化氢溶液（60 g/L），再接回装置中应尽快地进行这些操作，以避免吸收空气中的二氧化碳。

在继续以约 100 mL/min 的流速使氧气通过装置的情况下，使管式炉 E 通电，升温至 400～450℃，并维持此温度约 10 min，再继续升温至 800～900℃，并维持此温度约 30 min。切断管式炉 E 电源，继续通氧气约 30 min，再切断管式炉 F 的电源。

拆下洗气瓶 G_5 和 G_6，打开瓶盖，用少量水冲洗，洗液并入吸收液中，然后按下述步骤分别做空白滴定。

以酚酞指示液为指示剂，用盐酸标准滴定溶液[$c(HCl) = 0.05$ mol/L]滴定吸收溶液至终点。

然后往每个洗气瓶中加 2～3 滴甲基红 - 亚甲基蓝混合指示液，加入一定体积（一般为 10.00 mL）过量的盐酸标准滴定溶液[$c(HCl) = 0.05$ mol/L]，摇匀，用氢氧化钠标准滴定溶液[$c(NaOH) = 0.05$ mol/L]返滴定。

空白试验所耗用的盐酸标准滴定溶液，一般应少于 0.2 mL。

对 G_5、G_6 两洗气瓶内的吸收溶液做空白试验所耗用的盐酸标准滴定溶液的体积 V_0，以 mL 表示，按式（4 - 22 - 6）分别计算：

$$V_0 = V_1 - V_2 \qquad (4 - 22 - 6)$$

式中：V_1 为加入的盐酸标准滴定溶液的体积，mL；V_2 为返滴定耗用的氢氧化钠标准滴定溶液的体积，mL。

在计算中如盐酸和氢氧化钠标准滴定溶液的实际浓度不恰为 0.0500 mol/L，应将 V_1 和 V_2 换算为盐酸和氢氧化钠标准滴定溶液的浓度为 0.0500 mol/L 时的体积。

（3）称样及燃烧。

①在瓷舟中称取 1~1.5 g 试样，称准至 0.1 mg。

②使管式炉 F 升温，并以约 100 mL/min 的流速使氧气通过装置。

③当管式炉 F 温度达到 400~450℃后约 30 min，取下洗气瓶 G_5、G_6，各加入 20 mL 氢氧化钡溶液｛$c[1/2Ba(OH)_2] = 0.05$ mol/L｝、40 mL 水以及 5 mL 过氧化氢溶液（60 g/L），用以氧化可能生成的任何亚硫酸盐。然后将洗气瓶 G_5、G_6 接回装置中。应尽快地进行这些操作，以避免吸收空气中的二氧化碳。

④将盛有试样的瓷舟，送至燃烧管 D 中位于管式炉 E 前不加温的部位。立即以 100 mL/min 的流速通入氧气，并使管式炉 E 升温。

⑤当管式炉 E 温度达到 450℃时，维持此温度不再上升。向瓷舟方向缓慢移动管式炉 E，使硫磺燃烧，而微量的含碳物留在瓷舟和燃烧管 D 内。如果燃烧过于激烈，吸收瓶 G_2 中的三氧化铬溶液可能回抽，应增大氧气流速予以防止。如果硫磺升华到瓷舟外并冷凝在瓷舟和铂石棉之间，应移动管式炉 E 使硫磺燃烧完全。

⑥硫磺缓慢燃烧完毕后，将管式炉 E 移至加热瓷舟的位置，升温至 800~900℃，加热燃烧管 D 和瓷舟约 30 min，使残留的碳燃烧和碳酸盐分解。切断管式炉 E 的电源，继续通氧气约 30 min，吹净装置，再切断管式炉 F 的电源。

（4）测定释出的二氧化碳量。

①当二氧化碳全部被吸收（观察洗气瓶 G_5、G_6 中的沉淀是否完全）后，拆下洗气瓶 G_5 和 G_6，打开瓶盖，用少量水冲洗，洗液并入吸收液中。然后按下述步骤分别测定两个洗气瓶中所吸收的二氧化碳。

②以酚酞指示液为指示剂，用盐酸标准滴定溶液[$c(HCl) = 0.05$ mol/L]滴定吸收溶液，剧烈地搅拌，切勿滴过终点。

③然后往每个洗气瓶中加 2~3 滴甲基红 - 亚甲基蓝混合指示液，加入一定体积（一般为 10.00 mL）过量的盐酸标准滴定溶液[$c(HCl) = 0.05$ mol/L]，摇匀，用氢氧化钠标准滴定溶液[$c(NaOH) = 0.05$ mol/L]返滴定。

④中和 G_5、G_6 两洗气瓶中 CO_3^{2-} 所耗用的盐酸标准滴定溶液的体积 V_3，以 mL 表示，按式（4-22-7）分别计算：

$$V_3 = V_4 - V_5 - V_0 \qquad\qquad (4-22-7)$$

式中：V_4 为加入的盐酸标准滴定溶液的体积，mL；V_5 为返滴定耗用的氢氧化钠标准滴定溶液的体积，mL；V_0 为由式（4-22-6）得到的空白试验耗用的盐酸标准滴定溶液的体积，mL。

在计算中如盐酸和氢氧化钠标准滴定溶液的实际浓度不恰为 0.0500 mol/L，应将 V_4 和 V_5 换算为盐酸和氢氧化钠标准滴定溶液的浓度为 0.0500 mol/L 时的体

310

积。

5．结果计算

有机物的质量分数以 w_{4-22-6} 计，以 % 表示，按式（4-22-8）计算：

$$w_{4-22-6} = \frac{[V/1000]cM/2}{m/100} \times 1.25 \times 100 = \frac{6.25VcM}{m} \qquad (4-22-8)$$

式中：V 为测定时耗用盐酸标准滴定溶液的总体积[即式（4-22-7）中 G_5、G_6 两洗气瓶 V_3 的和]，mL；c 为盐酸标准滴定溶液的准确浓度，mol/L；m 为试样的质量，g；M 为碳的摩尔质量，g/mol（$M = 12.012$ g/mol）；1.25 为碳换算为有机物的系数。计算结果精确到小数点后两位。取平行测定结果的算术平均值作为测定结果。在重复性条件下平行结果的极差与平均值之比不得大于 0.2%。

4.22.5.7 有机物含量测定 （重量法）

1．方法提要

硫磺试样在温度为 250℃ 和 800℃ 两次灼烧后，所得残余物质量差即为灼烧过程有机物的损失。

2．仪器与设备

常规实验室仪器和设备按以下配置。

（1）瓷皿。

（2）砂浴。

（3）高温电炉：控温精度 ±10℃。

3．测定步骤

（1）称取约 50 g 试样，称准至 0.1 mg。置于预先恒量的瓷皿中，在砂浴（或可调温电炉）上熔融并燃烧试料，（注意温度控制不要高于 250℃，也可在点燃后从砂浴上拿开）。

（2）将瓷皿与残余物在恒温干燥箱中于 250℃ 下烘 2 h，以除去微量硫。将瓷皿与残余物（由有机物和灰分组成）移入干燥器，冷却至室温，称量，精确至 0.1 mg。

（3）将带有残余物的瓷皿在高温电炉内于 800~850℃ 灼烧 40 min，在干燥器中冷却至室温，称量，精确至 0.1 mg。重复操作直至恒量。由 250℃ 和 800℃ 温度下两次称量的质量差计算出有机物的质量分数。

4．结果计算

有机物的含量以质量分数 w_{4-22-7} 计，以 % 表示，按式（4-22-9）计算：

$$w_{4-22-7} = \frac{m_1}{m} \times 100 \qquad (4-22-9)$$

式中：m_1 为试样两次灼烧后残余物的质量，g；m 为试样的质量，g。计算结果精确到小数点后两位。取平行测定结果的算术平均值作为测定结果。平行结果的极差与平均值之比不得大于 0.2%。

4.22.5.8 砷含量测定

二乙基二硫代氨基甲酸银分光光度法。

1. 方法提要

试样溶解于四氯化碳中,用溴和硝酸氧化。在硫酸介质中,用金属锌将砷还原为砷化氢,用二乙基二硫代氨基甲酸银的吡啶溶液吸收砷化氢,生成紫红色胶态银溶液,然后对此溶液进行吸光度的测定。反应式如下:

$$AsH_3 + 6Ag(DDTC) = 6Ag + 3H(DDTC) + As(DDTC)_3$$

2. 试剂与溶液

(1)无砷金属锌:粒径 0.5~1 mm 或 5 mm。

使用前用盐酸溶液(1+1)处理,然后用蒸馏水洗涤。

(2)硝酸。

(3)硫酸溶液:1+1。

(4)碘化钾溶液:150 g/L。

(5)氯化亚锡溶液:400 g/L。

溶解 40 g 二水合氯化亚锡于 100 mL 盐酸溶液(3+1)中。

(6)乙酸铅溶液:200 g/L。

(7)溴 – 四氯化碳溶液:溴与四氯化碳体积比为 2:3。

(8)二乙基二硫代氨基甲酸银吡啶溶液(简称 AgDDTC 吡啶溶液):5 g/L。

该溶液应保存在密闭棕色玻璃瓶中,有效期为两周。

(9)砷(As)标准溶液Ⅰ:100 μg/mL。

(10)砷(As)标准溶液Ⅱ:2.5 μg/mL。

(11)乙酸铅棉花:用乙酸铅溶液(200 g/L)将脱脂棉浸透,取出沥干,在室温下干燥,保存在密闭容器内。

3. 仪器与设备

常规实验室仪器和设备按以下配置。

(1)分光光度计:具有 540 nm 波长。

(2)定砷仪:如图 4 – 22 – 7 所示,其组成部分有。

4. 分析步骤

(1)试液的制备。

①称取约 5 g 试样,称准至 0.1 mg,置于 400 mL 烧杯中。溶解试样时应戴医用手套。在良好的通风橱内,向烧杯中加入 20 mL 溴 – 四氯化碳溶液,静置 45 min,在轻微搅拌下,分三次加入 25 mL 硝酸,也可分数次加入,以防止亚硝酸烟逸出太快。

②第一次加入约 5 mL 硝酸,加盖表面皿,摇匀。细心观察,待烧杯口稍有棕

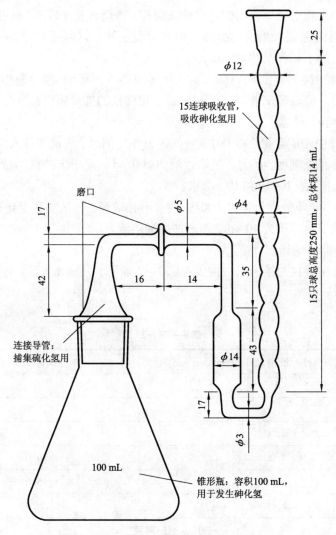

25

$\phi 12$

15 连球吸收管，
吸收砷化氢用

磨口

17

$\phi 5$

$\phi 4$

42

16　14

35

15 只球总高度 250 mm，总体积 14 mL

连接导管：
捕集硫化氢用

$\phi 14$

43

17

$\phi 3$

100 mL

锥形瓶：容积 100 mL，
用于发生砷化氢

图 4 – 22 – 4　定砷仪（单位：mm）

A—锥形瓶：容积 100 mL，用于发生砷化氢；

B—连接导管：捕集硫化氢用；C—15 连球吸收管：吸收砷化氢用。

色烟冒出时，立即将烧杯置于冰水浴中，不断摇动，直至无明显棕色烟冒出。

③然后按相同步骤再次加入硝酸，直至加完硝酸而烧杯内剩余少量的溴为止。如果硫磺未能完全溶解，应再用数毫升溴 – 四氯化碳溶液和硝酸，继续溶解。

④为了除去多余的溴、四氯化碳和硝酸，将烧杯置于沸水浴上加热，至溶液呈无色透明。如果溶液混浊，则冷却后再加一些硝酸，蒸发至不再有亚硝酸烟逸

出，且溶液呈无色透明。再用少量水冲洗烧杯，将烧杯置于砂浴(或可调温电炉)上蒸发至逸出白色硫酸烟雾，冷却。如此重复三次，以除去痕量的亚硝酸化合物。冷却后，用水稀释至约 80 mL。

⑤当试样中砷的含量 >0.001% 时，将试液移入 500 mL 容量瓶中，用水稀释至刻度，摇匀。量取该试液 20.00 mL，置于定砷仪的锥形瓶中，加入 10 mL 硫酸溶液(1 +1)和10 mL 水。

⑥当试样中砷的含量在 0.001% ~0.0001% 之间时，将试液移入 100 mL 容量瓶中，用水稀释至刻度，摇匀。量取该液 20.00 mL，置于定砷仪的锥形瓶中，加入 10 mL 硫酸溶液(1 +1)和10 mL 水。

⑦ 当试样中砷的含量 < 0.0001% 时，不必稀释，将试液移至定砷仪的锥形瓶中，加热浓缩至体积为 40 mL，不再加硫酸溶液。

(2)工作曲线的绘制。

①在 6 个定砷仪的锥形瓶中按表4 –22 –2 所示，分别加入砷(As)标准溶液Ⅱ(2.5 μg/mL)。

表 4 –22 –2

砷(As)标准溶液体积/mL	相应的砷质量/μg
0ᵃ	0
1.00	2.5
2.00	5.0
4.00	10.0
6.00	15.0
8.00	20.0
"0"为空白溶液	

②在每一个定砷仪的锥形瓶中加入 10 mL 硫酸溶液(1 +1)，加水至体积约 40 mL，加2 mL 碘化钾溶液(150 g/L)和 2 mL 氯化亚锡溶液(400 g/L)，摇匀，静置 15 min。

③在每支连接导管中塞人少量乙酸铅棉花，以便吸收与砷化氢一同逸出的硫化氢。

④在磨口玻璃接头上涂上薄薄一层真空油脂。量取 5.0 mL AgDDTC 吡啶溶液，于 15 连球吸收管中。

⑤静置 15 min 后。借助漏斗往定砷仪的锥形瓶中加入 5 g 金属锌粒，迅速按

314

图 4 - 22 - 4 所示连接仪器，放置 45 min，使反应完全。

⑥拆开 15 连球吸收管，摇晃此吸收管，以使在较低部位形成的红色沉淀溶解，并使溶液完全混匀。

⑦此种有色溶液在暗处可以稳定约 2 h，因此须在 2 h 内完成测定。

⑧在分光光度计 540 nm 波长处，用 1 cm 吸收池，以空白溶液为参比，测量溶液的吸光度。

⑨以标准显色溶液的吸光度值为纵坐标，相应的砷质量为横坐标，绘制工作曲线。

（3）测定。

①在按 5.8.4.1 步骤准备的盛有 40 mL 溶液的定砷仪的锥形瓶中，加 2 mL 碘化钾溶液（150 g/L）和 2 mL 氯化亚锡溶液（400 g/L），摇匀，静置 15 min。

②在每支连接导管中塞入少量乙酸铅棉花，以便吸收与砷化氢一同逸出的硫化氢。

③在磨口玻璃接头上涂上薄薄一层真空油脂。量取 5.0 mL AgDDTC 吡啶溶液，于 15 连球吸收管中。

④静置 15 min 后。借助漏斗往定砷仪的锥形瓶中加入 5 g 金属锌粒，迅速按图 4 - 22 - 4 所示连接仪器，放置 45 min，使反应完全。

⑤拆开 15 连球吸收管，摇晃此吸收管，以使在较低部位形成的红色沉淀溶解，并使溶液完全混匀。

⑥此种有色溶液在暗处可以稳定约 2 h，因此须在 2 h 内完成测定。

⑦ 在分光光度计 540 nm 波长处，用 1 cm 吸收池，以空白溶液为参比，测量溶液的吸光度。

⑧ 同时做空白试验。

5. 结果计算

从试液的吸光度值减去空白试验的吸光度值，根据所得吸光度值差，从工作曲线上查得相应的砷质量。

砷的质量分数 w_{4-22-8}，以 % 表示，按式（4 - 22 - 10）计算：

$$w_{4-22-8} = \frac{m_1 \times 10^{-6}}{m} \qquad (4-22-10)$$

式中：m_1 为从工作曲线上查得的砷的质量，μg；m 为分取试样的质量，g；取平行测定结果的算术平均值作为测定结果。

平行测定结果的绝对差值应符合表 4 - 22 - 3 的规定。

表 4 - 22 - 3

砷的质量分数/%	平行测定结果的绝对差值/%
≤0.001	≤0.0001
0.001~0.005	≤0.0005
0.005~0.010	≤0.001
0.01~0.05	≤0.005
>0.05	≤0.01

4.22.5.9 砷斑法

1. 方法提要

试样溶解于四氯化碳中,用溴和硝酸氧化。在硫酸介质中,用金属锌将砷还原为砷化氢,砷化氢在溴化汞试纸上形成红棕色砷斑,与标准色阶比较,测定砷的质量分数。

2. 试剂与溶液

(1)砷(As)标准溶液: 1 μg/mL。

量取 5.00 mL 砷标准溶液(100 μg/mL),置于 500 mL 容量瓶中,用水稀释至刻度,摇匀。该溶液现配现用。

(2)溴化汞试纸。

3. 仪器与设备

常规实验室仪器和设备按以下配置。

定砷器如图 4 - 22 - 5 所示。

4. 测定步骤

(1)试液的制备。

操作步骤均同 4.22.5.8.4.(1)的规定,仅将步骤中的"置于定砷仪的锥形瓶中"改为"置于定砷器的广口瓶中"。

(2)标准色阶的制作。

①分别量取 0 mL、1.00 mL、2.00 mL、4.00 mL、6.00 mL、

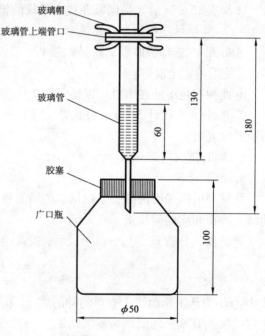

玻璃帽
玻璃管上端管口
玻璃管
胶塞
广口瓶

图 4 - 22 - 5 定砷器

A—广口瓶;B—胶塞;C—玻璃管;
D—玻璃管上端管口;E—玻璃帽(单位:mm)

8.00 mL、10.00 mL砷(As)标准溶液(1 μg/mL)，置于定砷器的广口瓶中，加入10 mL硫酸溶液(1 + 1)，加水至体积约为40 mL，再加入2 mL碘化钾溶液(150 g/L)和2 mL氯化亚锡溶液(400 g/L)，摇匀，静置15 min。

②将溴化汞试纸预先剪成圆形，直径约20mm，置于定砷器的玻璃管上端管口D和玻璃帽E之间，且用橡皮圈固定。然后往定砷器广口瓶中，加入5 g无砷金属锌，迅速按图4 - 22 - 5连接，使反应进行45 min。取出溴化汞试纸，注明相应的砷质量，用熔融石蜡浸透，贮于干燥器中。

(3)测定。

在盛有试液(5.9.4.1)的定砷器的广口瓶中，加2 mL碘化钾溶液(150/L)和2 mL氯化亚锡溶液(400 g/L)，摇匀，静置15 min。然后按5.9.4.2中(2)的步骤进行。将所得色斑与标准色阶比较，测得砷质量。

(4)结果计算。

砷的质量分数w_{4-22-9}，以%表示，按式(4 - 22 - 11)计算：

$$w_{4-22-9} = \frac{m_1 \times 10^{-6}}{m} \quad\quad (4 - 22 - 11)$$

式中：m_1为从标准色阶上查得的砷的质量，μg；m为分取试样的质量，g。取平行测定结果的算术平均值作为测定结果。

平行测定结果的绝对差值应符合表4 - 22 - 4的规定。

表4 - 22 - 4

砷的质量分数/%	平行测定结果的绝对差值/%
≤0.001	≤0.0001
>0.001 ~ ≤0.005	≤0.0005
>0.005 ~ ≤0.01	≤0.001
>0.01 ~ ≤0.05	≤0.005
>0.05	≤0.02

4.22.5.10　铁含量测定方法　邻菲啰啉分光光度法

1. 方法提要

试样燃烧后，其残渣溶解于硫酸中，用氯化羟胺还原溶液中的铁，在 pH 为2 ~ 9条件下，二价铁离子与1,10 - 菲啰啉反应生成橙色络合物，对此络合物进行吸光度测定。

2. 测定步骤

（1）试液的制备。

在 50 mL 瓷坩埚中称取约 25 g 试样（粉状），精确至 0.1 mg。在电炉上缓慢地加热燃烧坩埚中的硫磺，燃烧完毕后，移至高温电炉中在温度 600℃下灼烧 30 min。取出冷却，加 5 mL 硫酸溶液（1+1），在砂浴（或可调温电炉）上加热使残渣溶解，蒸干硫酸。冷却后，加 2 mL 盐酸溶液（1+10）、20 mL 水，再加热溶解残渣，冷却后移入 100 mL 容量瓶中，稀释至刻度，摇匀，备用。

（2）测定。

按照《第 3 章 3.3 铁含量测定》执行。

3. 结果计算

铁的含量以（Fe）质量分数 $w_{4-22-10}$ 计，以 % 表示，按式（4-22-12）计算：

$$w_{4-22-10} = \frac{m_1 \times 10^{-6}}{m} \qquad (4-22-12)$$

式中：m_1 为从工作曲线上查得的铁的质量，μg；m 为分取试样的质量，g；取平行测定结果的算术平均值作为测定结果。

平行测定结果的绝对差值应符合表 4-22-5 的规定。

表 4-22-5

铁的质量分数/%	平行测定结果的绝对差值/%
≤0.001	≤0.0002
0.001~0.003	≤0.0006
0.003~0.005	≤0.001
0.005~0.05	≤0.005
>0.05	≤0.02

4.22.5.12 硫磺粒度测定

按照《第 2 章 2.6 粒度测定》执行。

4.22.6 烟花爆竹用工业硫磺产品包装与运输中的安全技术

（1）标志。

产品包装容器上应有明显、牢固的标志，内容包括：生产厂名、厂址、产品名称、商标、等级、净质量、批号、生产日期、标准编号和符合 GB 190 规定的"易燃固体"标志。

（2）标签。

每批出厂的产品都应附有质量证明书。内容包括：生产厂名、厂址、产品名称、商标、等级、净含量、批号或生产日期、产品质量符合标准的证明和标准编号。

（3）包装。

固体产品可用塑料编织袋或者内衬塑料薄膜袋进行包装，也可散装，其中包装块状硫磺可不用内衬塑料薄膜袋，散装产品应遮盖，但粉状硫磺不可散装。液体硫磺应使用专门容器设备储装。

（4）运输。

产品的运输按国家的有关规定执行。产品在运输过程中应有遮盖物，防止日晒、雨淋、受潮。

（5）贮存。

块状、粒状硫磺可贮存于露天或仓库内。粉状、片状硫磺贮存于有顶盖的场所或仓库内。

袋装产品成垛堆放，堆垛间应留有不少于 0.75 m 宽的适道。袋装产品不许放置在上下水管道和取暖设备的近旁。

（6）安全。

工业硫磺无毒、易燃，自燃温度为 205℃。硫磺粉尘易爆。使用和运输工业硫磺时应防止生成或泄出硫磺粉尘。液体硫磺的生产、储运以及使用遵照相关安全规定执行。

严格遵守国家有关消防、危险品的安全条例。工业硫磺堆放场所和仓库应设置专门的灭火器材，严禁明火。允许以喷水等方法熄灭燃烧着的硫磺。

从事工业硫磺的生产、运输、贮存及加工的工作人员，操作时应使用必要的防护用品。

4.23　钛粉的质量标准及关键指标测定

4.23.1　名称与组成

（1）中文名：钛粉。

（2）英文名：Titanium powder。

（3）元素符号：Ti。

（4）原子量：47.87。

（5）元素类型：金属元素。

4.23.2 理化性能

(1)外观性状：金属钛为银白色，粉末为深灰色或黑色发亮的无定形粉末。

(2)静电感度：用电火花点燃钛粉所需最小能量。

粉尘云：10 mJ；粉尘层：0.008 mJ。

(3)发火点：在空气中大块粒子钛：700~800℃。

在空气中粉状钛：250℃。

粉尘云：330℃。

粉尘层：380℃。

(4)最小爆炸浓度：钛粉，45 mg/L。

(5)密度(20℃，固)：4.50 g/cm³。

(6)引燃温度：460℃。

(7)熔点：1668±4℃。

(8)沸点：2277℃。

(9)发热量：49.86 kJ/mol。

(10)热值：57004 J/g。

(11)熔化热：15.48~20.92 kJ/mol。

(12)汽化热：428.86 kJ/mol。

(13)升华热：471.12 kJ/mol。

(14)转变点：(α)六方晶882℃→(β)立方晶。

(15)转变热：3.97 kJ/mol。

(16)禁配物：氧、卤素、铝、强酸、强氧化剂、二氧化碳。

(17)常见化合价：+2，+3，+4。

(20)钛在较高的温度下可与许多元素和化合物发生反应。各种元素，按其与钛发生不同反应可分为四类。

第一类：卤素和氧族元素与钛生成共价键与离子键化合物。

第二类：过渡元素、氢、铍、硼族、碳族和氮族元素与钛生成金属间化物和有限固溶体。

第三类：锆、铪、钒族、铬族、钪元素与钛生成无限固溶体。

第四类：惰性气体、碱金属、碱土金属、稀土元素(除钪外)及铷、铯等不与钛发生反应或基本上不发生反应。

(21)金属钛粉(AR)DTA谱图(图4-23-1)。

实验条件：环境温度20±2℃，湿度<80%，升温速率10℃/min。

如图4-23-1金属钛粉(AR)DTA谱图所示，48~75 μm金属钛粉受到匀速加热作用，伴随化学或物理变化发生对称圆顶的放热峰反应，外推起点温度 $T_e =$

610℃，峰顶温度 $T_m = 754℃$，外推终点温度 $T_e = 880℃$。热分解反应在 610～880℃之间。

（22）工业纯海绵钛粉 DTA 谱图（图4-23-2）。

实验条件：环境温度 20±2℃，湿度 <80%，升温速率10℃/min。

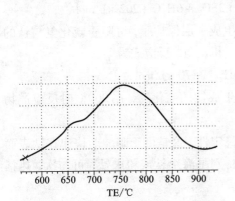

图4-23-1　金属钛粉（AR）DTA 谱图

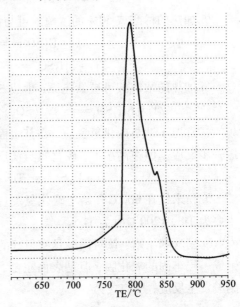

图4-23-2　工业纯海绵钛粉 DTA 谱图

如图4-23-2所示，125 μm 海绵钛粉受到匀速加热作用，伴随化学或物理变化发生尖锐的放热峰反应，外推起点温度 $T_e = 730℃$，峰顶温度 $T_m = 791.9℃$，外推终点温度 $T_e = 860℃$。热分解反应在 730～860℃之间。

（22）化学反应特性。

①钛与 HF 在加热时发生反应生成 TiF_4，反应式为

$$Ti + 4HF \Longrightarrow TiF_4 + 2H_2 \uparrow + 135.0 \text{ kJ/mol}$$

②不含水的氟化氢液体可在钛表面上生成一层致密的四氟化钛膜，可防止 HF 浸入钛的内部。氢氟酸是钛的最强溶剂。即使是浓度为1%的氢氟酸，也能与钛发生剧烈反应，反应式为

$$2Ti + 6HF \Longrightarrow 2TiF_3 + 3H_2 \uparrow$$

无水的氟化物及其水溶液在低温下不与钛发生反应，仅在高温下熔融的氟化物与钛发生显著反应。

③氯化氢气体能腐蚀金属钛，干燥的氯化氢在 >300℃ 时与钛反应生成 $TiCl_4$，反应式为

$$Ti + 4HCl \Longrightarrow TiCl_4 + 2H_2 \uparrow + 94.75 \text{ kJ/mol}$$

④浓度 <5% 的盐酸在室温下不与钛反应, 20% 的盐酸在常温下与钛发生反应生成紫色的 TiCl, 反应式为

$$2Ti + 6HCl \Longrightarrow TiCl_3 + 3H_2 \uparrow$$

⑤加热的稀酸或 50% 的浓硫酸可与钛反应生成硫酸钛, 反应式为

$$Ti + H_2SO_4 \Longrightarrow TiSO_4 + H_2 \uparrow$$

$$2Ti + 3H_2SO_4 \Longrightarrow Ti_2(SO_4)_3 + 3H_2 \uparrow$$

⑥加热的浓硫酸可被钛还原, 生成 SO_2, 反应式为

$$2Ti + 6H_2SO_4 \Longrightarrow Ti_2(SO_4)_3 + 3SO_2 + 6H_2O + 202 \text{ kJ/mol}$$

⑦常温下钛与硫化氢反应, 在其表面生成一层保护膜, 可阻止硫化氢与钛的进一步反应。但在高温下, 硫化氢与钛反应析出氢, 反应式为

$$Ti + H_2S \Longrightarrow TiS + H_2 \uparrow + 70 \text{ kJ/mol}$$

⑧粉末钛在 600℃ 开始与硫化氢反应生成钛的硫化物, 在 900℃ 时反应产物主要为 TiS, 1200℃ 时为 Ti_2S_3。

⑨硝酸和王水: 钛对硝酸具有很好的稳定性, 这是由于硝酸能快速在钛表面生成一层牢固的氧化膜, 但是表面粗糙, 特别是海绵钛或粉末钛, 可与次、热稀硝酸发生反应, 反应式为

$$3Ti + 4HNO_3 + 4H_2O \Longrightarrow 3H_4TiO_4 + 4NO \uparrow$$

$$3Ti + 4HNO_3 + H_2O \Longrightarrow 3H_4TiO_4 + 4NO \uparrow$$

⑩高于 70℃ 的浓硝酸也可与钛发生反应, 反应式为

$$Ti + 8HNO_3 \Longrightarrow Ti(NO_3)_4 + 4NO_2 \uparrow + 4H_2O$$

常温下, 钛不与王水反应。温度高时, 钛可与王水反应生成 $TiCl_2$。

(23)危险特性: 金属钛粉尘具有爆炸性, 遇热、明火或发生化学反应会燃烧爆炸。其粉体化学活性很高, 在空气中能自燃。金属钛不仅能在空气中燃烧, 也能在二氧化碳或氮气中燃烧。

4.23.3 主要用途

金属钛粉是一种用途非常广泛的金属粉末。

烟花爆竹中使用主要为海绵钛。海绵钛生产是钛工业的基础环节, 它是钛材、钛粉及其他钛构件的原料。把钛铁矿变成四氯化钛, 再放到密封的不锈钢罐中, 充以氩气, 使它们与金属镁反应, 就得到"海绵钛"。海绵钛在烟火药剂中主要用作金属可燃物, 增强烟火剂热能, 提高烟火剂明亮度, 是助长火花爆裂的元素。军事上, 常用作燃烧弹的引燃药。

322

4.23.4　烟花爆竹用钛粉技术要求

4.23.4.1　类别

烟花爆竹用钛粉按状态分为三类：金属钛粉、海绵钛粉、氢化钛粉。按钛含量和杂质的含量分级，按颗粒大小划分牌号。

(1)金属钛粉：银灰色、或深灰色无定形粉末，无明显机械类杂物。

表 4-23-1　金属钛粉化学元素含量/%

级别	Ti	Fe	Si	O	C	N	Cl	H	Al	V
Ti-1	99.4	0.08	0.02	0.35	0.02	0.04	0.06	0.02		
Ti-2	99.2	0.10	0.03	0.50	0.03	0.05	0.08	0.02		
Ti-3	99.0	0.15	0.05	0.60	0.06	0.08	0.10	0.04		
Ti-4	98.0	0.35	0.17	0.80	0.08	0.10	0.17	0.15		
Ti-5	95.0	0.45	0.17	0.90	0.09	0.08	0.17	0.20	1.60	1.88

(2)氢化钛粉：深灰色，球形状，无明显机械类杂物。

表 4-23-2　氢化钛粉化学元素含量/%

级别	Ti	Fe	Si	O	C	N	Cl	Al	V
TiH₂-1	99.4	0.08	0.02	0.40	0.02	0.03	0.06		
TiH₂-2	98.0	0.35	0.15	0.80	0.10	0.10	0.10	0.17	
TiH₂-3	95.0	0.45	0.17	0.90	0.09	0.08	0.17	1.60	1.88

(3)海绵钛粉：浅灰色，球形蜂窝状，无明显机械类杂物。

4.23.4.2　粒度要求

表 4-23-3　粒度要求

牌号	孔径粒度/mm	约等于标准筛目	指标/%
1	0.900	18	上筛筛上物　孔径 0.900 mm≤5
			下筛筛下物　孔径 0.450 mm≤20
2	0.450	38	上筛筛上物　孔径 0.450 mm≤5
			下筛筛下物　孔径 0.280 mm≤10

牌号	孔径粒度/mm	约等于标准筛目	指标/%	
3	0.280	50	上筛筛上物　孔径 0.280 mm≤5	
			下筛筛下物　孔径 0.180 mm≤10	
4	0.180	80	上筛筛上物　孔径 0.180 mm≤5	
			下筛筛下物　孔径 0.154 mm≤10	
5	0.154	100	上筛筛上物　孔径 0.154 mm≤5	
			下筛筛下物　孔径 0.125 mm≤10	
6	0.125	120	上筛筛上物　孔径 0.125 mm≤5	
			下筛筛下物　孔径 0.090mm≤5	

4.23.4.3　质量标准及技术指标

表 4 - 23 - 4　质量技术指标

产品类别	级别	钛含量/%	杂质含量/%					
			三酸不溶物	铁	铜	锰	铬	铝
金属钛粉	1	≥90.0	≤0.1	≤1.5	≤0.08	≤0.2	≤0.5	≤5.0
	2	≥80.0	≤0.3	≤2.5	≤0.15	≤0.5	≤1.0	≤10.0
	3	≥70.0	≤0.5	≤4.0	≤0.30	≤1.0	≤3.0	≤15.0
	4	≥60.0	≤1.0	≤6.0	≤0.50	≤2.0	≤5.0	≤20.0
海绵钛粉	1	≥95.0	≤0.1	≤1.5	≤0.08	≤0.2	≤0.5	≤2.0
	2	≥85.0	≤0.3	≤2.5	≤0.12	≤0.5	≤0.8	≤10.0
	3	≥75.0	≤0.5	≤3.0	≤0.20	≤0.8	≤2.0	≤15.0
氢化钛粉	1	≥99.5	≤0.1	≤0.2	≤0.05	≤0.1	≤0.3	≤0.4
	2	≥98.5	≤0.2	≤0.5	≤0.08	≤0.3	≤0.5	≤1.0
	3	≥95.5	≤0.3	≤1.0	≤0.12	≤0.5	≤0.8	≤3.0

注：1. 三酸中硫酸、盐酸、硝酸比例为 4∶3∶1。

　　2. 粒度规格可根据供需双方协议签订。

4.23.5　关键指标测定

烟花爆竹用钛粉关键指标测定应按照表 4 - 23 - 4 质量技术要求项进行测定，也可根据具体用途由供需双方协议测定项。

4.23.5.1　钛含量(纯度)测定

1. 方法提要

在酸性溶液中,用金属铝将钛(Ⅳ)还原为钛(Ⅲ),用硫酸高铁铵标准溶液滴定,使钛(Ⅲ)重新氧化为钛(Ⅳ),硫氰酸盐指示终点。

2. 试剂与溶液

(1)硫酸。

(2)盐酸。

(3)硝酸。

(4)氢氟酸。

(5)磷酸。

(6)碳酸氢钠。

(7)铝片(AR)。

(8)硫氰酸钾溶液:10%。

(9)氯化亚锡溶液:10%。

(10)氯化汞饱和溶液。

(11)硫磷混合酸:将 150 mL 浓硫酸(98%)缓缓加入 700 mL 水中,冷却后,再加入150 mL磷酸混匀。

(12)高锰酸钾溶液:0.1 mol/L。

(13)二苯胺磺酸钠溶液:0.1%。

精确称量二苯胺0.1 g,加入到98%的浓硫酸100 mL中搅拌、溶解即可。

(14)重铬酸钾滴定标准溶液:$c(K_2Gr_2O_7) = 0.1$ mol/L。

(15)十二水硫酸高铁铵标准溶液:$c(FeNH_4(SO_4)_2 \cdot 12H_2O) = 0.1$ mol/L。

(16)十二水硫酸高铁铵标准溶液:$c(FeNH_4(SO_4)_2 \cdot 12H_2O) = 0.1$ mol/L,也可按以下方法进行标定:

通过已知钛粉含量,来标定硫酸高铁铵标准溶液的浓度,滴定反应明显,步骤简单。

选取金属钛粉(AR),为标定试样。

含量(Ti)	≥99.0%
氯化物(Cl)	≤0.15%
总氮量(N)	≤0.06%
铁(Fe)	≤0.25%
氢(H)	≤0.05%
氧(O)	≤0.65%
硅(Si)	≤0.1%
碳(C)	≤0.1%

标定步骤：

称取 0.2 g 钛粉（AR），称准至 0.1 mg。于 250 mL 锥形瓶中加入 10 mL H_2SO_4 加入 5 mL HF 待剧烈反应后再加入 15 mL HCl，加入 5 mL HNO_3，在电炉上缓慢加热，保持沸腾，使试样溶解完全，加热至近干，冷却至室温加 20 mL HCl，使盐类溶解，加水 70 mL，加入 2 g 铝片、1 g 碳酸氢钠，盖上表面皿，微热至铝片完全溶解，煮沸，稍冷取下，放入流水中冷却至室温（不可直接将热烫的烧杯直接放入冷水中，以防爆裂），加入 5 mL 硫氰酸钾溶液（10%），以硫酸高铁铵标准滴定溶液 $[c(FeNH_4(SO_4)_2 \cdot 12H_2O) = 0.1 \text{ mol/L}]$ 滴定至红色，1～2 min 不消失为终点。

硫酸高铁铵的摩尔浓度以下式计算：

$$c = \frac{w_1 \times m}{V \times 47.9}$$

式中：c 为硫酸高铁铵标准滴定溶液的准确浓度，mol/L；w_1 为钛粉含量，%；m 为试样的质量，g；V 为消耗硫酸高铁铵标准滴定溶液的体积，mL；47.9 为钛的摩尔质量，g/mol；每份试样平行做两个结果，允许差不大于 1%。

精确至小数点后 4 位，为硫酸高铁铵标准溶液的准确浓度。

3. 仪器与设备

常规实验室仪器与设备。

4. 测定步骤：

（1）称取 0.2 g 左右的试样，称准至 0.1 mg。

（2）试样置于 250 mL 锥形瓶中加入 10 mL H_2SO_4 加入 5 mL HF 待剧烈反应后再加入 15 mL HCl，加入 5 mL HNO_3，电炉上缓慢加热，保持沸腾，使试样溶解完全，加热至近干，冷却至室温。

（3）加 20 mL HCl，使盐类溶解，加水 70 mL，加入 2 g 铝片、1 g 碳酸氢钠，盖上表面皿，微热至铝片完全溶解，煮沸，稍冷取下，放入流水中冷却至室温（不可直接将热烫的烧杯直接放入冷水中，以防爆裂）。

（4）加入 5 mL 硫氰酸钾溶液（10%），以硫酸高铁铵标准滴定溶液 $[c(FeNH_4(SO_4)_2 \cdot 12H_2O) = 0.1 \text{ mol/L}]$ 滴定至红色，1～2 min 不消失为终点。

5. 结果计算

钛的含量以质量分数 w_{4-23-1} 计，以% 表示，按式（4-23-1）计算：

$$w_{4-23-1} = \frac{V \times c \times 47.9}{m \times 1000} \times 100 = \frac{V \times c \times 4.79}{m} \qquad (4-23-1)$$

式中：V 为消耗硫酸高铁铵标准滴定溶液的体积，mL；c 为硫酸高铁铵标准溶液的准确浓度，mol/L；m 为试样的质量，g；4.79 为钛的摩尔质量，g/mol。计算结果精确到小数点后两位。取平行测定结果的算术平均值为测定结果。两次平行测定结果的绝对差值不大于 0.2%。

4.23.5.2　三酸不溶物（硫酸、盐酸、硝酸）含量测定

1. 方法提要

试样经硫酸、盐酸、硝酸三酸溶解，经过滤、洗涤、烘干，获得三酸不溶物的含量。

2. 试剂与溶液

(1)硫酸。

(2)盐酸。

(3)硝酸。

3. 仪器与设备

常规实验室仪器与设备。

4. 测定步骤

称取 2 g 试样，称准至 0.1 g，于 500 mL 烧杯中，缓缓加入 20 mL H_2SO_4，15 mL HCl，5 mL HNO_3，在电炉上慢慢加热，保持沸腾，使试样加热至近干，冷却，重复上述溶解步骤二次，加热至冒白烟，冷却，加 20 mL HCl，加水 100 mL，用已恒定质量的 G_4 砂芯坩埚抽滤，蒸馏水洗涤至中性，(120 ± 5)℃烘干至恒定重量。

5. 结果计算

三酸不溶物含量以质量分数 w_{4-23-2} 计，以% 表示，按式(4-23-2)计算：

$$w_{4-23-2} = \frac{m_2 - m_1}{m} \times 100 \qquad (4-23-2)$$

式中：m_1 为已恒定质量的 G_4 砂芯坩埚质量，g；m_2 为干燥恒定质量的三酸不溶物和 G_4 砂芯坩埚质量，g；m 为试样质量，g。计算结果精确到小数点后两位。取平行测定结果的算术平均值为测定结果。两次平行测定结果的允许差不大于 0.01%。

4.23.5.3　铝含量测定

1. 方法提要

试样溶解后分别取两份试液，一份用一定量的 EDTA 溶液络合后，在 pH = 6.0 条件下以二甲酚橙为指示剂，用氯化锌标准滴定溶液返滴过量的 EDTA，溶液变为橙红色即为终点。

另一份先加入适量的氟化铵溶液掩蔽铝离子，之后再加入一定量的 EDTA 溶液络合，在 pH = 6.0 条件下以二甲酚橙为指示剂，用氯化锌标准滴定溶液返滴过量的 EDTA，溶液变为橙红色即为终点。根据两组试验所消耗的氯化锌标准滴定溶液计算出铝的含量。

$$2Al + 6^+ \Longrightarrow 2Al^{3+} + 3H_2\uparrow$$

$$Al^{3+} + H_2Y^- \Longrightarrow AlY^- + 2H^+$$

$$Al^{3+} + 6F^- \Longrightarrow [AlF_6]^{3-}$$

2. 试剂与溶液

(1)盐酸。

(2)硝酸溶液:1+5。

(3)氨水溶液:1+2。

(4)氟化铵溶液:20%。

(5)氯酸钾溶液:10%。

(6)氢氧化钠溶液:$c(NaOH) = 0.1$ mol/L。

(7)邻苯二甲酸氢钾-氢氧化钠缓冲溶液:pH = 6.0。

(8)邻苯二甲酸氢钾-盐酸缓冲溶液:pH = 3.5。

(9)乙二胺四乙酸二钠(EDTA)溶液:$c(EDTA) = 0.1$ mol/L。

(10)氨-氯化铵缓冲溶液:pH = 10。

(11)二甲基橙指示剂:0.5%。

(12)铬黑T指示剂:5 g/L。

(13)氯化锌标准滴定溶液:$c(ZnCl_2) = 0.1$ mol/L。

3. 仪器与设备

常规实验室仪器与设备及 pH 计:精度为 0.1。

4. 测定步骤

(1)称取试样约 1 g,称准至 0.1 mg,置于 500 mL 烧杯中,缓慢加入 150 mL 硝酸,加热煮沸,保持微沸 60 min。趁热用漏斗经滤纸过滤到 500 mL 容量瓶中,冷却后摇匀,定容。

(2)取 25 mL ± 0.05 mL 试液置于 300 mL 锥形瓶中,加入 25 mL ± 0.05 mL EDTA 溶液[$c(EDTA) = 0.1$ mol/L],用氨水(1+2)调溶液至 pH = 3.5,再加入 30 mL 邻苯二甲酸氢钾-氢氧化钠缓冲溶液(pH = 6.0),煮沸 5 min。待其冷却至室温后用氨水(1+2)调溶液 pH = 6.0,加入 30 mL 邻苯二甲酸氢钾-盐酸缓冲溶液(pH = 3.5)和 4 滴二甲基橙指示剂(0.5%),用氯化锌标准滴定溶液[$c(ZnCl_2)$ = 0.1 mol/L]滴定至橙红色即为终点。

记下消耗的氯化锌标准滴定溶液的体积数(V_1)。

(3)另取 25 mL ± 0.05 mL 试液置于 300 mL 锥形瓶中,加入 10 mL 氟化铵溶液(20%),摇匀,静置 5 min 后加入 25 mL EDTA 溶液[$c(EDTA) = 0.1$ mol/L],用氨水(1+2)调溶液 pH = 6.0,加入 30 mL 邻苯二甲酸氢钾-盐酸缓冲溶液(pH = 3.5)和 4 滴二甲基橙指示剂(0.5%),用氯化锌标准滴定溶液[$c(ZnCl_2)$ = 0.1 mol/L]滴定至橙红色即为终点。

记下消耗的氯化锌标准滴定溶液的体积数（V_2）。

5. 结果计算

铝含量以（Al）的质量分数 w_{4-23-3} 计，以％表示，按式（4-23-3）计算：

$$w_{4-23-3} = \frac{c\left[(V_2 - V_1)/1000\right]M}{(25/500)m} \times 100 \qquad (4-23-3)$$

式中：c 为氯化锌标准滴定溶液的准确浓度，mol/L；V_2 为加有氟化铵的试液所消耗氯化锌标准滴定溶液的体积，mL；V_1 为未加氟化铵的试液所消耗氯化锌标准滴定溶液的体积，mL；M 为铝的摩尔质量，g/mol（$M = 26.982$ g/mol）；m 为试样的质量，g；25 为所量取试液的体积，mL；500 为试液定容的体积，mL。计算结果精确到小数点后两位。取平行测定结果的算术平均值作为测定结果。

6. 允许差

在重复性条件下所得两个单次分析值应不大于下表所列允许差。

铝含量	允许差
≤1	0.1
>1	0.3

4.23.5.4　铁含量测定

1. 方法提要

试样溶解后，试液在 pH = 2.0 条件下时以 1％磺基水杨酸钠为指示剂，用 EDTA 标准滴定溶液直接滴定至米黄色，并保持 30 s。

2. 试剂与溶液

（1）硝酸。

（2）盐酸。

（3）氨水。

（4）硫氰酸钾溶液：15％。

（5）铬黑 T 指示剂：5 g/L。

（6）氨-氯化铵缓冲溶液：pH = 10。

（7）磺基水杨酸指示剂：1％。

（8）盐酸缓冲溶液：pH = 2.0。

（9）乙二胺四乙酸二钠（EDTA）标准滴定溶液：$c($EDTA$) = 0.02$ mol/L。

3. 仪器与设备

实验室常用仪器与设备及 pH 计：精度 0.1。

4. 测定步骤

（1）称取试样约 1 g，称准至 0.1 mg。置于 500 mL 烧杯中，缓缓加入 150 mL

硝酸,加热煮沸,保持微沸 60 min。趁热用滤斗经滤纸过滤到 500 mL 容量瓶中,冷却后摇匀,定容。

(2)从容量瓶中取 10 mL 试液于试管中,加入 10 滴硫氰酸钾溶液(15%),振荡,若无血红色出现,则铁含量为零;如有,则按下面步骤进行。

(3)从容量瓶中量取 50 mL ± 0.05 mL 试液置于 300 mL 锥形瓶中,加水 20 mL,充分振荡后用氨水和盐酸调节溶液 pH 为 2.0 ~ 2.5,加 30 mL 盐酸缓冲溶液(pH = 2.0),在恒温水浴锅中加热至 60 ~ 70℃后滴加 8 ~ 10 滴磺基水杨酸指示剂(1%),趁热用 EDTA 标准滴定溶液[c(EDTA) = 0.02 mol/L]滴定至溶液呈米黄色,并保持 30 s,记录所消耗 EDTA 标准滴定溶液的体积数(V)。

5. 结果计算

铁含量以(Fe)的质量分数 w_{4-23-4} 计,以% 表示,按式(4 – 23 – 4)计算:

$$w_{4-23-4} = \frac{(V/1000)cM}{(50/500)m} \times 100 \qquad (4-23-4)$$

式中:V 为试液所消耗的 EDTA 标准滴定溶液的体积,mL;c 为乙二胺四乙酸二钠(EDTA)标准溶液的准确浓度,mol/L;M 为铁的摩尔质量,g/mol(M = 55.845 g/mol);m 为试样的质量,g;50 为所量取试液的体积,mL;500 为试液定容的体积,mL。计算结果精确到小数点后两位。取平行测定结果的算术平均值作为测定结果。

6. 允许差

在重复性条件下所得两个单次分析值应不大于下表所列允许差。(%)

铁含量	允许差
≤1	0.1
>1	0.3

4.23.5.5 水分含量测定

按照《第2章 2.2 水分含量测定》执行。

水分含量质量分数 w_{4-23-5} 计,以% 表示。

4.23.56 粒度测定

参照《第2章 2.6 粒度测定》执行。

4.23.6 烟花爆竹用工业钛粉产品包装与运输中的安全技术

(1)标志。

产品包装袋上应有牢固清晰的标志,内容包括:生产厂名、厂址、产品名称、商标、等级、净含量、批号或生产日期和标准编号。

(2)标签。

每批出厂的产品都应附有质量证明书。内容包括：生产厂名、厂址、产品名称、商标、等级、净含量、批号或生产日期、产品质量符合标准的证明和标准编号。

(3)包装。

产品采用双层包装。内包装采用聚乙烯塑料薄膜袋，外包装采用牛皮纸袋或编织袋，每袋净含量 25 kg。用户对包装有特殊要求时，可供需协商。

(4)运输。

产品在运输过程中应有遮盖物，防止日晒、雨淋、受潮。

(5)贮存。

产品应贮存于通风、干燥的库房内。应防止雨淋、阳光直射和受热。远离火种、热源。保持容器密封，严禁裸露空气中。有效保质期三年。

(6)有害燃烧产物：氧化钛。

(7)灭火方法：采用干粉、干砂灭火。严禁用水、泡沫、二氧化碳扑救。高热或剧烈燃烧时，用水扑救可能会引起爆炸。

4.24　工业铝粉的质量标准及关键指标测定

4.24.1　名称与组成

(1)中文名称：铝。

(2)英文名称：Aluminum。

(3)别名：铝银粉 铝渣。

(4)化学式：Al。

(5)分子量：26.98。

(6)氧平衡：−88.95%（生成 Al_2O_3）。

(7)元素类型：金属元素。

4.24.2　理化性质

(1)晶形：立方晶。

(2)颜色：银白色。

(3)密度：2.699 g/cm³（固，20℃）；2.382 g/cm³（液，659℃）。

(4)熔点：659℃。

(5)熔化热：10.669 kJ/mol。

(6)沸点：2447℃。

(7)汽化热：293.717 kJ/mol。

(8)升华热：324.260 kJ/mol。

(9)吸湿性：见表4-24-1

表4-24-1　吸湿性

累积增重	喷雾型/%	球磨型/%
水上放置29d	55.2	0.6
在硫酸上放置29d	50.2	0.0
105℃恒温箱中2d	47.8	-1.4

(10)氧化性质：铝是一种电负性较大的金属，化学性质活泼，能与氧形成一层致密的三氧化二铝(Al_2O_3)膜。

(11)溶解度。在碱、盐酸、硫酸中：溶；在硝酸、醋酸中：不溶。

(12)毒性：Al粉尘刺激眼睛。吸入可引起慢性肺病。

(13)安全类别。OSM：1类；当不包装在原装容器或设备中时，为2类。

U.N：易燃固体。与水作用放出的H_2可导致爆炸。

(14)着火与爆炸危险：铝尘暴露到火焰上可被点燃，与氧化剂作用可燃烧，易被静电火花点燃或引起爆炸(使用专用干性化学灭火剂灭火)。

(15)静电感度：

表4-24-2　铝粉点燃时所需最小电火花能量/mJ

型号	粉尘云	粉尘层
喷雾型	15	2.5
球磨型	10	1.5

(16)铝粉发火点：

表4-24-3　铝粉发火点/℃

型号	粉尘云	粉尘层
喷雾型	640	750
球磨型	550	470

(17)爆炸极限浓度。喷雾型：40；球磨型：35；

(18)铝粉EDTA峰面积谱图(图4-24-1)。

实验条件：环境温度 20 ±2℃，湿度 <80%，升温速率 10℃/min。

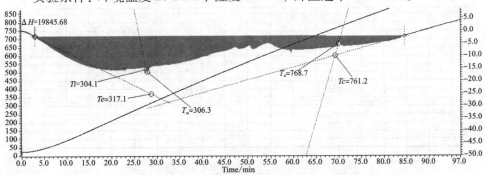

图 4 – 24 – 1　微细球形铝粉 DTA 温度谱图

如图 4 – 24 – 1 所示：微细球形铝粉 DTA 温度谱图外推起始温度 T_e 317.1℃，峰值温度 T_m 306.3℃，外推终止温度 T_c 761.2℃。球形铝粉在熔融过程中而产生吸热效应，在差热曲线上表现为吸热谷。

4.24.3　主要用途

烟花爆竹用铝粉，在烟火药中用作金属可燃物，燃烧时产生强烈的白光和热能，无特殊的火焰颜色。

4.24.4　质量标准

4.24.4.1　技术要求

（1）外观：颜色应为银灰色至灰黑色，无外来夹杂物和无结块。

（2）粒度分布范围：产品应明示其粒度分布范围，粒度大于标称最大值的不大于 0.5%，粒度小于标称最小值的不大干 10%。

4.24.4.2　技术指标

烟花爆竹用铝粉的质量技术标准应符合表 4 – 24 – 4 和表 4 – 24 – 5 的规定：

表 4 – 24 – 4　球磨铝粉质量技术指标

名称		等级			
		优等品	一等品	二等品	合格品
活性铝/%	≥	90	85	80	75
铁（Fe）/%	≤	1.0		1.5	
硅（Si）/%	≤	0.8		1.2	

333

名称		等级			
		优等品	一等品	二等品	合格品
铜(Cu)/%	≤	0.5	0.5		
水分/%	≤	0.1	0.1		
盐酸不溶物/%	≤	1			
松散密度/(g·cm⁻³)	≤	0.6			

表 4 - 24 - 5 雾化铝粉质量技术指标

名称		等级		
		优等品	一等品	合格品
活性铝/%	≥	95	90	85
铁(Fe)/%	≤	0.8	1.0	
硅(Si)/%	≤	0.5	0.8	
铜(Cu)/%	≤	0.2	0.2	
水分/%	≤	0.2	0.2	
盐酸不溶物/%	≤	1		
松散密度/(g·cm⁻³)	≤	0.90 ~ 1.0		

4.24.5 关键指标测定

烟花爆竹用铝粉的主要测定,应按表 4 - 24 - 4 和表 4 - 24 - 5 铝粉的质量技术指标项进行,也可根据具体用途由供需双方协议测定项。

4.24.5.1 铝含量测定

1. 方法提要

试样溶解后分别取两份试液,一份用一定量的 EDTA 溶液络合后,在 pH = 6.0 条件下以二甲酚橙为指示液,用氯化锌标准滴定溶液返滴过量的 EDTA 溶液,溶液变为橙红色即为终点;

另一份先加入适量的氟化铵溶液掩蔽铝离子,之后再加入一定量的 EDTA 溶液络合,在 pH = 6.0 条件下以二甲酚橙为指示液,用氯化锌标准滴定溶液返滴过量的 EDTA 溶液,溶液变为橙红色即为终点。

根据两组试验所消耗的氯化锌标准滴定溶液可计算出铝的量。

2．试剂与溶液

(1)盐酸溶液：1 + 1。

(2)氨水溶液：1 + 1。

(3)氟化铵溶液：20%。

(4)氯酸钾溶液：10%。

(5)氢氧化钠溶液[$c(NaOH) = 0.1$ mol/L]。

(6)邻苯二甲酸氢钾—氢氧化钠缓冲溶液(pH = 6.0)：取 400 mL 氢氧化钠溶液，加入约 11 g 的邻苯二甲酸氢钾，边加入边搅拌，同时测缓冲液的 pH，用水稀释至 1000 mL，混匀。

(7)邻苯二甲酸氢钾—盐酸缓冲溶液(pH = 3.5)：称取约 11 g 邻苯二甲酸氢钾，溶于适量水中，加入约 1 mL 盐酸溶液，边加入边搅拌，同时测缓冲液的 pH，用水稀释至 1000 mL，混匀。

(8)乙二胺四乙酸二钠(EDTA)溶液：称取 40.0 gEDTA，精确到 0.1 g，加 1000 mL 水，加热溶解，冷却，摇匀。

(9)氯化锌标准滴定溶液[$c(ZnCl_2) = 0.1$ mol/L]。

(10)二甲酚橙指示液：0.5%。

3．仪器与设备

实验室常用仪器和设备。

4．测定步骤

(1)称取约 1 g 试样，称准至 0.1 mg，置于 500 mL 烧杯中，缓慢滴加盐酸溶液(1 + 1)，待其反应不是很剧烈时再加入 150 mL 盐酸溶液(1 + 1)，加热煮沸，保持微沸 60 min。趁热用漏斗经滤纸过滤到 500 mL 容量瓶中，向容量瓶中加入 40 mL 氯酸钾溶液(10%)，冷却后摇匀，定容。

(2)取 20 mL ± 0.05 mL 试液置于 300 mL 锥形瓶中，加入 25 mL ± 0.05 mL EDTA 溶液，用氨水(1 + 1)调溶液至 pH = 3.5，再加入 30 mL 邻苯二甲酸氢钾 – 盐酸缓冲溶液(pH = 3.5)，煮沸 5 min。待其冷却至室温后用氨水溶液(1 + 1)调溶液至 pH = 6.0，加入 30 mL 邻苯二甲酸氢钾 – 氢氧化钠缓冲溶液(pH = 6.0)和 4 滴二甲酚橙指示液(0.5%)，用氯化锌标准滴定溶液[$c(ZnCl_2) = 0.1$ mol/L]滴至橙红色即为终点。记下消耗的氯化锌标准滴定溶液的体积数(V_1)。

(3)另取 20 mL ± 0.05 mL 试液置于 300 mL 锥形瓶中，加入 10 mL 氟化铵溶液(20%)，摇匀，静置 5 min 后加入 25 mL ± 0.05 mL EDTA 溶液，用氨水溶液(1 + 1)调溶液至 pH = 6.0，加入 30 mL 邻苯二甲酸氢钾 – 氢氧化钠缓冲溶液(pH = 6.0)和 4 滴二甲酚橙指示液(0.5%)，用氯化锌标准滴定溶液[$c(ZnCl_2) = 0.1$ mol/L]滴至橙红色即为终点。记下消耗的氯化锌标准滴定溶液的体积数(V_2)。

5. 结果计算

铝含量以(Al)的质量分数 w_{4-24-1} 计，以%表示，按式(4-24-1)计算：

$$w_{4-24-1} = \frac{c[(V_2 - V_1)/1000]M}{(20/500)m} \times 100 \qquad (4-24-1)$$

式中：c 为氯化锌标准滴定溶液的准确浓度，mol/L；V_2 一加有氟化铵的试液所消耗氯化锌标准滴定溶液的体积，mL；V_1 为未加氟化铵的试液所消耗氯化锌标准滴定溶液的体积，mL；M 为铝的摩尔质量，g/mol，（$M = 26.982$ g/mol）；m 为试样的质量，g；20 为所量取试液的体积，mL；500 – 试液定容的体积，mL。计算结果精确到小数点后两位。取平行测定结果的算术平均值为测定结果。两次平行测定结果的允许差值为 0.5%。

4.24.5.2 盐酸不溶物含量测定

1. 方法提要

试样用盐酸溶解后过滤，干燥不溶物，称其质量。

2. 试剂与溶液

盐酸溶液：1+1。

3. 仪器与设备

实验室常用仪器设备。

4. 分析步骤

(1)称取约 5 g 试样，称准至 0.1 mg，置于 500 mL 烧杯中。

(2)向烧杯中加入 20 mL 水，缓慢滴加盐酸溶液(1+1)，待其剧烈反应消退时再缓慢加入 100 mL 盐酸溶液(1+1)，加热煮沸，保持微沸 60 min。

(3)稍微冷却后用经恒重的砂芯坩埚过滤，并用水洗涤至中性，将砂芯坩埚连同滤渣一并在 105℃下干燥 3 h。取出，置于干燥器中，冷却至室温后取出称量，反复直至恒重。

(4)平行测定两份试样，取其平均值。

5. 结果计算

盐酸不溶物的质量分数以 w_{4-24-2} 计，以%表示，按式(4-24-2)计算：

$$w_{4-24-2} = \frac{m_1 - m_2}{m} \times 100 \qquad (4-24-2)$$

式中：m_1 为砂芯坩埚和盐酸不溶物的质量，g；m_2 为砂芯坩埚的质量，g；m 为试样的质量，g。计算结果精确到小数点后两位。取平行测定结果的算术平均值为测定结果。两次平行测定结果的允许差值为 0.1%。

4.24.5.3 铁含量测定

1. 范围

本方法适用于铝粉中铁含量测定，测定范围：0.8% ~ 1.5%。

2. 方法提要

试样溶解后使铁离子全部以三价形式存在。试液在 pH = 2.0 时,以 1% 磺基水杨酸指示液用 EDTA 标准滴定溶液直接滴定至米黄色,并保持 30 s 不褪色。

$$Fe + 2H^+ = Fe^{2+} + H_2 \uparrow$$

$$6Fe^{2+} + ClO_3^- + 6H^+ = 6Fe^{3+} + Cl^- + 3H_2O$$

$$Fe^{3+} + H_2Y^{2-} = FeY^- + 2H^+$$

3. 试剂与溶液

(1)盐酸溶液:1 + 1。

(2)盐酸溶液:1 + 4。

(3)氨水溶液:1 + 4。

(4)氯酸钾溶液:10%。

(5)盐酸缓冲溶液(pH = 2.0):

量取 0.8 mL 浓盐酸,缓慢加入烧杯中,加水稀释至 1000 mL,混匀。

(6)乙二胺四乙酸二钠(EDTA)标准滴定溶液:$c(EDTA) = 0.02$ mol/L。

(7)磺基水杨酸指示液:1%。

(8)硫氰酸钾溶液:15%。

4. 仪器与设备

实验室常用仪器与设备及 pH 计:精度为 0.1。

5. 分析步骤

(1)称取约 1 g 试样,称准至 0.1 mg,置于 500 mL 烧杯中,缓慢滴加盐酸溶液(1 + 1),待其反应不是很剧烈时再加入 150 mL 盐酸溶液(1 + 1),加热煮沸,保持微沸 60 min。趁热用漏斗经滤纸过滤到 500 mL 容量瓶中,向容量瓶中加入 40 mL 氯酸钾溶液(10%),冷却后摇匀,定容。

(2)从试液的容量瓶中量取 10 mL 试液于试管中,加入 10 滴硫氰酸钾溶液(15%),振荡,若无血红色出现,则铁含量为零。

(3)从试液的容量瓶中量取 50 mL ± 0.05 mL 的试液置于 300 mL 三角烧瓶中,加水 20 mL,充分振荡后用氨水溶液(1 + 4)和盐酸溶液(1 + 4)调节溶液 pH 为 2.0 ~ 2.5。加 30 mL 盐酸缓冲溶液(pH = 2.0),在恒温水浴锅中加热至 60 ~ 70℃后滴加 8 ~ 10 滴磺基水杨酸指示液,趁热用 EDTA 标准滴定溶液[$c(EDTA) = 0.02$ mol/L]滴定至溶液呈米黄色并保持 30 s,记录所消耗 EDTA 标准滴定溶液的体积数(V)。

6. 结果计算

铁含量以(Fe)的质量分数 w_{4-24-3} 计,以% 表示,按式(4 - 24 - 3)计算:

$$w_{4-24-3} = \frac{(V/1000)cM}{(50/500)m} \times 100 \tag{4 - 24 - 3}$$

式中：V 为试液所消耗 EDTA 标准滴定溶液的体积，mL；c 为 EDTA 标准滴定溶液的准确浓度，mol/L；M 为铁的摩尔质量，g/mol，（$M = 55.84$ g/mol）；m 为试样的质量，g；50 为所量取试液的体积，mL；500 为试液定容的体积，mL。计算结果精确到小数点后两位。取平行测定结果的算术平均值为测定结果。两次平行测定结果的允许差值为 0.3%。

4.24.5.4　活性铝含量测定

1. 方法提要

铝粉中的纯度以活性铝计，活性铝的含量可以通过测定试样中铝总量和其他杂质成分含量进行计算。由于铝粉在制作和储存过程中与空气长时间接触的特点，铝粉部分被氧化，计算时假定试样中的铁是全部以铁单质的形式存在的。

2. 测定步骤

按照《第 4 章 4.26 活性铝、活性镁、活性镁铝合金含量测定》执行。

3. 结果计算

活性铝含量以质量分数 w_{4-24-4} 计，以% 表示。

4.24.5.5　铝粉水分含量测定

参照《第 2 章 2.2 水分含量测定》执行。

水分含量以质量分数 w_{4-24-5} 计，以% 表示，计算公式同式（2-2-1）。

4.24.5.6　铝粉粒度测定

参照《第 2 章 2.6 粒度测定》执行。

4.24.6　烟花爆竹用工业铝粉产品包装与运输中的安全技术

（1）标志。

产品包装袋上应有牢固清晰的标志，内容包括：生产厂名、厂址、产品名称、商标、等级、净含量、批号或生产日期和标准编号。

（2）标签。

每批出厂的产品都应附有质量证明书。内容包括：生产厂名、厂址、产品名称、商标、等级、净含量、批号或生产日期、产品质量符合标准的证明和标准编号。

（3）包装。

产品包装应用金属或其他材料制成的容器包装。包装铝粉的容器一定要密封好，然后装入花篮式或封闭式的木箱。每份净含量 25 kg，毛重不得超过 40 kg。用户对包装有特殊要求时，可双方协商。

（4）运输。

产品在运输过程中应有遮盖物，防止日晒、雨淋、受潮。不得与氧化剂混运。

（5）贮存。

产品应贮存于通风、干燥的库房内。应防止雨淋、阳光直射和受热。远离火种、热源。保持容器密封，严禁裸露空气中。不得与其他化工产品混贮。有效保质期三年。

（6）灭火方法：采用干粉、干砂灭火。严禁用水、泡沫、二氧化碳扑救。高热或剧烈燃烧时，用水扑救可能会引起爆炸。

4.25 工业镁铝合金粉质量标准及关键指标测定

4.25.1 名称与组成

（1）中文名称：铝-镁合金粉。

（2）英文名称：Aluminum-Magnesiurn afloy powder。

（3）中文别名：镁-铝合金粉。

（4）化学式：Al/Mg。

（5）化学品类别：金属合金粉。

4.25.2 理化性能

（1）外观：银色金属粉末。

（2）密度：固体（1:1）约 2.142 g/cm³。

（3）热膨胀系数：固体（1:1）约 29.3×10^{-6}。

（4）生成热（Al/Mg 质量比 1:1，25℃）：-4.297 kJ/mol。

（5）沸点：随 Mg 含量的增加而降低，见表 4-25-1：

表 4-25-1　镁-铝合金的沸点

Mg 含量/%	20	40	60	80
沸点/℃	1300	1200	1150	1115

（6）溶解度：见镁粉和铝粉。

（7）吸湿性：水上 29d 吸湿 6.3%。

（8）静电感度。粉尘云：80 mJ；粉尘层：20 mJ。（用电火花点燃合金粉所需最小能量）

（9）发火点。［固体（1:1）］：粉尘云：535℃；粉尘层：446℃。

（10）镁铝合金粉与单一的镁粉，铝粉一样有吸湿性，它的化学稳定性能比单独的镁粉或铝粉要好，但在潮湿的空气中或者与水作用，生成金属氢氧化物并放

339

出氢气,同时产生大量热。如果不能及时散热,会发生自燃或自爆。

$$Mg + H_2O = Mg(_0 + H_2 \uparrow + 342.6696 \ kJ$$

$$Al + 3H_2O = Al(_0 + 1.5H_2 \uparrow + 417.1448 \ kJ$$

(11)镁铝合金粉的被氧化性能。

镁铝合金粉的燃烧生成物为氧化镁和三氧化二铝:

$$2MgAl + 2.5O_2 \Longrightarrow 2MgO + Al_2O_3$$

(12)Mg/Al(101)合金粉 DTA 温度谱图(图 4 – 25 – 1)。

实验条件:环境温度 $20 \pm 2℃$,湿度 $<80\%$,升温速率 $10℃/min$。

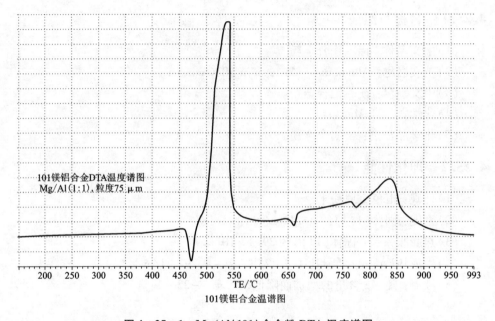

图 4 – 25 – 1   Mg/Al(101)合金粉 DTA 温度谱图

如图 4 – 25 – 1 所示,选取 Mg/Al(1:1),粒度 75 μm。试样在 460℃开始熔融,出现一吸热峰,在 490℃开始剧烈反应,放出大量热。随着温度升高,试样继续放热反应。

4.25.3   主要用途

镁铝合金是烟火药的金属燃料之一,在烟火药燃烧时,它能放出大量的热和强烈的白闪光,有助于提高药剂的分解和爆炸,能明显提高色彩的明亮度。

4.25.4   质量标准

(1)外观:为银色或银灰色金属粉末,无外来夹杂物和结块。

（2）烟花爆竹用铝镁合金粉技术指标应符合表 4 - 25 - 2 的规定。

表 4 - 25 - 2　铝镁合金粉质量技术指标/%

名称		特级	一级	二级	三级
镁（Mg）	≥	48.0 ± 3	48.0 ± 4	47.0 ± 5	45.0 ± 6
铝（Al）	≥	50.0 ± 3	46.0 ± 4	45.0 ± 5	45.0 ± 6
活性	≥	94.0	90.0	85.0	80.0
铁（Fe）	≤	0.3	0.5	0.8	1.0
氯（Cl）	≤	0.02	0.03	0.03	0.03
水分（H_2O）	≤			0.2	
盐酸不溶物	≤	0.5	2.0	3.0	5.0
单质镁				—	

注：特殊要求按合同执行。

表 4 - 25 - 3　各级镁铝合金粉粒度要求

筛目型号/号	孔径/mm	筛上物/%
40	0.450	≤3.0
60	0.280	≤3.0
80	0.180	≤5.0
100	0.154	≤5.0
120	0.125	≤5.0
160	0.097	≤5.0
180	0.088	≤5.0
200	0.074	≤5.0
240	0.063	≤8.0

4.25.5　关键指标测定

　　烟花爆竹用铝镁合金粉关键指标测定应按表 4 - 25 - 2 质量技术指标进行。如有特殊要求由供需双方协商。

4.25.5.1 盐酸不溶物含量测定

1. 方法提要

试样用盐酸溶解后,过滤,干燥不溶物,称其质量。

2. 试剂与溶液

盐酸溶液:1+1。

3. 仪器与设备

实验室常用仪器设备按以下配置。

(1)恒温干燥箱:可控温度105℃±2℃。

(2)4号砂芯坩埚:容积为30 mL。坩埚试验前用盐酸溶液[(1+1)]浸泡24 h,用水洗至中性后,在105℃下干燥3 h,取出,置于干燥器中,冷却至室温后备用。

(3)抽滤装置。

4. 测定步骤

(1)称取约5 g试样,称准至0.1 mg,置于500 mL烧杯中,用少量水润湿。

(2)缓慢滴加盐酸溶液(1+1),待其剧烈反应消退时缓慢加入150 mL盐酸溶液(1+1),加热煮沸,保持微沸60 min。

(3)冷却后用已恒量的砂芯坩埚过滤,并用水洗涤至中性,将砂芯坩埚连同滤渣一并在105℃下干燥3 h。取出,置于干燥器中,冷却至室温后取出称量。

(4)平行测定两份试样,取其平均值。

5. 结果计算

盐酸不溶物含量以质量分数w_{4-25-1}计,以%表示,按式(4-25-1)计算:

$$w_{4-25-1} = \frac{m_1 - m_2}{m} \times 100 \qquad (4-25-1)$$

式中:m_1为砂芯坩埚和盐酸不溶物的质量,g;m_2—砂芯坩埚的质量,g;m为试料的质量,g。计算结果精确到小数点后两位。取平行测定结果的算术平均值作为测定结果。

在重复性条件下所得两个单次分析值的允许差为0.1%。

4.25.5.2 水分含量测定

按照《第2章 2.2 水分含量测定》执行。

水分含量以质量分数w_{4-25-2}计,以%表示,计算公式同式(2-2-1)。

4.25.5.3 粒度测定

参照《第2章 2.6 粒度测定》执行。

4.25.5.4 铝含量测定

按照《第4章 4.24.5.1 铝含量测定》执行。

铝含量的(Al)质量分数以w_{4-25-3}计,以%表示。

4.25.5.5　铁含量测定

按照《第 4 章 4.24.5.3 铁含量测定》执行。

铁含量以(Fe)的质量分数 w_{4-25-4} 计，以%表示。

4.25.5.6　镁含量测定

1. 方法提要

试样溶解后使铁离子全部以三价形式存在。试液加入适量氟化铵掩蔽铝离子，在 pH=10.0 条件下，以 PAN 为指示液，用硫酸铜标准滴定溶液滴至蓝色即为终点。测出镁铁总量，再根据铁的含量计算出镁的含量。

$$Mg + 2H^+ == Mg^{2+} + H_2 \uparrow$$

$$Mg^{2+} + H_2Y^{2-} == MgY^{2-} + 2H^+$$

$$Fe + 2H^+ == Fe^{2+} + H_2 \uparrow$$

$$Al^{3+} + 6F^- == [AlF_6]^{3-}$$

$$Cu^{2+} + H_2Y^{2-} == CuY^{2-} + 2H^+$$

$$6Fe^{2+} + ClO_3^- + 6H^+ == 6Fe^{3+} + Cl^- + 3H_2O$$

$$Fe^{3+} + H_2Y^{2-} == FeY^- + 2H^+$$

2. 试剂与溶液

(1)盐酸溶液：1+1。

(2)氨水。

(3)氟化铵溶液：20%。

(4)氯酸钾溶液：10%。

(5)乙二胺四乙酸二钠(EDTA)标准滴定溶液：$c(EDTA) = 0.1$ mol/L。

(6)硫酸铜(无水)标准滴定溶液：$c(CuSO_4) = 0.1$ mol/L。

(7)PAN[1-(2-吡啶偶氮)-2-萘酚 $C_{15}H_{11}N_3O$]指示液：0.2%乙醇溶液。

3. 仪器与设备

实验室常用仪器设备按以下配置。

数显 pH 计：精度为 0.1。

5.6.4　分析步骤

(1)称取试样约 0.5 g，精确到 0.1 mg，置于 500 mL 烧杯中，向烧杯中加入 40 mL 氯酸钾溶液(10%)，缓慢滴加盐酸溶液(1+1)，待其反应不是很剧烈时再加入 150 mL 盐酸溶液(1+1)，加热煮沸，保持微沸 60 min。趁热用漏斗经滤纸过滤到 500 mL 容量瓶中，冷却后摇匀，定容。

(2)从容量瓶中量取 25 mL±0.05 mL 试液置于 300 mL 锥形瓶中，加水 20 mL，用氨水调节溶液至 pH 为 9.5 左右后加 30 mL 氟化铵溶液(20%)，摇匀后静置 5 min，加 25 mL ± 0.05 mL EDTA 标准滴定溶液[$c(\text{EDTA}) = 0.1$ mol/L]，再用氨水将试液调至 pH = 10.0。加 5 滴 PAN 指示液，以硫酸铜标准滴定溶液[$c(\text{CuSO}_4) = 0.1$ mol/L]滴定溶液至监紫色即为终点。记录所消耗硫酸铜标准滴定溶液的体积数(V)。

5. 结果计算

镁含量以(Mg)的质量分数 w_{4-25-5} 计，以%表示，按式(4-25-2)计算：

$$w_{4--25-5} = \frac{\left[\dfrac{25c_1 - c_2 V}{(25/500) \times 1000} - \dfrac{mw_{4-25-4}}{M_1}\right]}{m} \times 100 \qquad (4-25-2)$$

式中：c_1 为 EDTA 标准滴定溶液的准确浓度，mol/L；c_2 为硫酸铜标准滴定溶液的准确浓度，mol/L；V 为滴定试样所消耗硫酸铜标准滴定溶液的体积，mL；w_{4-25-4} 为铁的质量分数(以单质 Fe 计)，%；M_1 为铁的摩尔质量，g/mol($M_1 = 55.845$ g/mol)；M_2 为镁的摩尔质量，g/mol($M_2 = 24.305$ g/mol)；m 为试样的质量，g；25 为所量取试液的体积，mL；500 为试液定容的体积，mL。计算结果精确到小数点后两位。取平行测定结果的算术平均值作为测定结果。在重复性条件下平行结果的允许差值不大于 0.5%。

4.25.5.7 活性铝镁测定

1. 方法提要

铝镁合金粉中活性铝镁的含量可以通过测定试样中铝镁总量和其他杂质成分含量进行计算。由于铝镁合金粉在制作和贮存过程中与空气长时间接触的特点，铝镁粉部分被氧化，计算时假定试样中的铁是全部以铁单质的形式存在的。

2. 结果计算

活性铝镁的质量分数以 w_{4-25-6} 计，以%表示，按式(4-25-3)计算：

$$w_{4-25-6} = \left[(w_{(\text{Al})} + w_{(\text{Mg})}) - 1.2822 \times (1 - w_{4-25-1} - w_{4-25-2} - w_{2-25-3} - w_{4-25-4} - w_{4-25-5})\right] \times 100 \qquad (4-25-3)$$

式中：w_{4-25-1} 为盐酸不溶物的质量分数，%；w_{4-25-2} 为水分的质量分数，%；w_{4-25-3} 为铝的质量分数，%；w_{4-25-4} 为铁的质量分数(以单质 Fe 计)，%；w_{4-25-5} 为镁的质量分数，%；1.2822 为铝镁合金粉被氧化的换算系数。计算结果精确到小数点后两位。取平行测定结果的算术平均值作为测定结果。

4.25.6 烟花爆竹用工业铝镁合金粉产品包装与运输中的安全技术

(1)标志。

产品包装袋上应有牢固清晰的标志，内容包括：生产厂名、厂址、产品名称、商标、等级、净含量、批号或生产日期和标准编号。

(2)标签。

每批出厂的产品都应附有质量证明书。内容包括：生产厂名、厂址、产品名称、商标、等级、净含量、批号或生产日期、产品质量符合标准的证明和标准编号。

（3）包装。

产品包装应用金属或其他材料制成的容器包装。包装铝粉的容器一定要密封好，然后装入花篮式或封闭式的木箱。每份净含量 25 kg，毛重不得超过 40 kg。用户对包装有特殊要求时，可供需双方协商。

（4）运输。

产品在运输过程中应有遮盖物，防止日晒、雨淋、受潮。不得与氧化剂混运。

（5）贮存。

产品应贮存于通风、干燥的库房内。应防止雨淋、阳光直射和受热。远离火种、热源。保持容器密封，严禁裸露空气中。有效保质期三年。超期应经检验合格方可使用。

（6）灭火方法：采用干粉、干砂灭火。严禁用水、泡沫、二氧化碳扑救。高热或剧烈燃烧时，用水扑救可能会引起爆炸。

4.26　活性铝、活性镁、活性镁铝合金含量测定

本方法适用于铝粉中活性铝含量、镁粉中活性镁含量、铝镁合金粉中活性铝镁含量的测定。测定范围：≥78%。

4.26.1　方法提要

（1）铝粉试样中的活性铝与氢氧化钠反应放出氢气，根据氢气的体积计算活性铝的质量百分数。

（2）镁粉、镁铝合金粉试样中的活性铝、镁与盐酸反应放出氢气，根据氢气的体积计算活性镁、活性铝镁的质量百分数。

4.26.2　试剂与溶液

（1）氢氧化钠溶液：200 g/L。

（2）盐酸：1＋4。

（3）氯化钠溶液：25%。

（4）甲基橙指示液：0.1%。

（5）封闭溶液：在水准瓶中加入 200 mL 氯化钠溶液（25%），加入 2～3 滴甲基橙（0.1%）溶液为指示液，加入 4 滴盐酸（1＋4）摇匀，调节溶液显红色并用氢气饱和。如测铝粉中活性铝量，则加 5 mL 氢氧化钠溶液，使溶液显黄色，并用氢

气饱和。

4.26.3 仪器与设备

常规实验室仪器与设备按以下配置。

(1)气体测量仪(图4-26-1)。

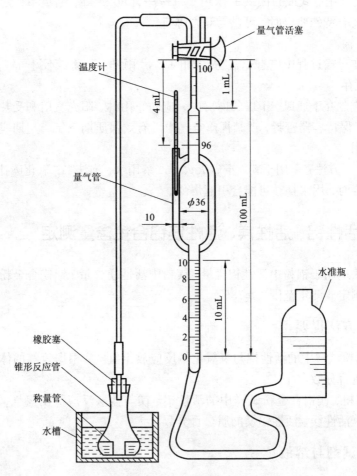

图4-26-1 气体测量仪装置(环境工作温度20℃±2℃)

(2)水准瓶(250 mL):注入封闭液200 mL。

(3)指针式温湿度气压计:气压、温度、湿度,可直接读取测量值(气压可读准至0.1 hPa)。

(4)电显温度计:精度0.1℃。

346

4.26.4　测定步骤

（1）称取试样

根据样品的品种，按表4-26-1称取试样，称准至±0.1 mg。

表4-26-1　试样称量

试样	试样量/g	反应介质	反应介质用量/mL
铝粉	0.0700~0.0800	氢氧化钠溶液（200 g/L）	25
镁粉	0.0900~0.1000	盐酸（1+4）	20
铝镁合金粉	0.0800~0.0900	盐酸（1+4）	20

（2）用移液管移取与表4-26-1中相对应的反应介质，沿锥形反应瓶壁，注入瓶中（不可溅到反应瓶中的称量管里）。

（3）将玻璃漏斗搁在锥形反应瓶上，漏斗长颈垂直对准锥形反应瓶中的称量管里，装入试样，拧紧胶塞。

（4）转动量气管活塞，使量气管与活塞的排气孔相通。提升水准瓶，排尽量气管内的空气。转动量气管活塞，使量气管与锥形反应瓶相通，检查装置的气密性。放置10 min。

（5）在水槽中放置一温度计，使水槽中的冷却水的温度调至与量气管夹层中水的温度一致，每隔7 min左右记对一次起点，两次不变，记下此时的气压、温度和起点读数。

（6）轻轻摇动锥形瓶，使试样与氢氧化钠溶液或盐酸反应，将锥形瓶置于水槽中，每隔10 min左右摇动一次。每隔7 min左右对一次终点，两次读数不变时，即反应结束，记下此时的气压、温度和终点读数。

（7）饱和氢气封闭液的操作：在测定前，做一次预实验，使气体产生冲管效应，气体从封闭液中冲出，以达到封闭液用氢气饱和目的（加一倍称取试样量和加入反应介质用量，按以上操作，产生的氢气会超出量气管通入封闭液）。

4.26.5　结果计算

按公式（4-26-1）、（4-26-2）、（4-26-3）分别计算铝粉中活性铝、镁粉活性镁、铝镁合金粉中活性铝镁的质量百分数：

$$w_{活性铝} = \frac{0.000288(P_1 - P_2)V}{(273 + t)m_0} \times 100\% \qquad (4-26-1)$$

$$w_{活性镁} = \frac{0.0003898(P_1 - P_2)V}{(273 + t)m_0} \times 100\% \qquad (4-26-1)$$

$$w_{活性镁铝} = \frac{K(P_1 - P_2)V}{(273 + t)m_0} \times 100\% \qquad (4-26-1)$$

式中：P_1 为气压计读数，hPa；P_2 为测定温度（室温）时水的饱和蒸汽压，hPa；V 为生成氢气的体积，mL；t 为测量时量气管内的温度，℃；0.000216 为氢换算为活性铝的换算因数；0.0002924 为氢换算为活性镁的换算因数；K 为氢换算为活性铝镁的换算因数（表 4-26-3）；m_0 为试样的质量，g。

4.26.6 允许差

平均测定两份试样，取其平均值；

在重复性条件下所得两个单次分析值的允许差为表 4-26-2。

表 4-26-2

活性铝镁量/%	允许差/%	活性铝量/%	允许差/%
≥94.0	1.0	≥80.0.0	0.80

4.27 工业铁粉质量标准及关键指标测定

4.27.1 名称与组成

（1）中文名称：铁粉。

（2）英文名称：Iron powder。

（3）别名：还原铁粉、生铁粉。

（4）化学式：Fe。

（5）分子量：55.85。

（6）氧平衡：按生成 Fe_2O_3 计算 -42.86%。

4.27.2 理化性能

（1）颜色：常温状态还原铁粉是灰黑色粉末。

（2）密度：7.845 g/cm^3。

（3）熔点：1537℃。

（4）沸点：2862℃。

（5）水溶性：不溶。

4.27.3　主要用途

烟花爆竹中主要用的是生铁粉。生铁粉通过包覆后，在烟火药中用作金属可燃物，燃烧时产生金色的花束，是助长火花爆裂的元素。

4.27.4　质量标准

（1）外观：颜色应为银灰色或灰黑色，无外来夹带杂物和结块。

（2）粒度分布范围：产品应明示其粒度分布范围，粒度大于标称最大值的不大于0.5%，粒度小于标称最小值的不大于10%。

（3）质量等级

烟花爆竹用工业铁粉的质量标准分为四个等级，应符合表4-27-1的规定。

表4-27-1　烟花爆竹用工业铁粉质量技术要求/%

名称		等级			
		优等品	一等品	二等品	合格品
铁（Fe）	≥	95	90	85	80
水分	≤	0.5			
碳（C）	≤	5			
盐酸不溶物	≤	0.5	1.5	3	5
氯化物（以Cl计）	≤	0.01	0.02	0.05	0.05
铅（Pb）	≤	0.01	0.02	0.03	0.05
粒度		供需方协商			

铁粉的粒度，习惯上分为五个等级，按表4-27-2区分。

表4-27-2　铁粉等级

等级	粒度/μm
粗粉	150~500
中等粉	44~150
细粉	10~44
极细粉	0.5~10
超细粉	≤0.5

4.27.5 关键指标测定

烟花爆竹用工业铁粉关键指标测定应按表4-27-1质量技术指标进行。如有特殊要求由供需双方协商。

4.27.5.1 铁含量测定 重铬酸钾法

1. 方法提要

试样在酸性条件下，用 $SnCl_2$ 将 Fe^{3+} 还原为 Fe^{2+}，以二苯胺磺酸钠为指示剂，用 $K_2Cr_2O_7$ 标准滴定溶液滴定至呈现紫红色为终点。

$$2Fe^{3+} + Sn^{2+} \longrightarrow 2Fe^{2+} + Sn^{4+}$$

$$6Fe^{2+} + Cr_2O_7^{2-} + 14H^+ \longrightarrow 6Fe^{3+} + 2Cr^{3+} + 7H_2O$$

2. 试剂与溶液

(1)硫酸。

(2)磷酸。

(3)盐酸。

(4)硫磷混酸溶液：水:浓硫酸:浓磷酸 = 700:150:150。

(5)氯化亚锡溶液：10%。

(6)氯化汞饱和溶液。

(7)二苯胺磺酸钠溶液：0.1%。

(8)重铬酸钾标准溶液：$c(1/6K_2Cr_2O_7) \approx 0.1000$ mol/L。

3. 仪器与设备

常规实验室仪器与设备。

4. 测定步骤

(1)称取0.2 g试样，称准至0.2 g。于250 mL锥形瓶中，加少量蒸馏水湿润，加入25 mL盐酸，盖上表面皿，低温加热，直至试样完全溶解。

(2)趁热滴加10%氯化亚锡溶液至黄色消失并过量1~2滴，冷却至室温，加10 mL饱和氯化汞溶液，放置2~3 min，加20 mL硫磷混酸，摇匀，加100 mL蒸馏水，加2滴二苯胺磺酸钠(0.1%)，用重铬酸钾标准滴定溶液[$(1/6K_2Cr_2O_7) \approx$ 0.1000 mol/L]滴定至呈现稳定的紫红色为终点。

(3)同时做空白试验。

5. 结果计算

铁含量以 (Fe)的质量分数 w_{4-27-1} 计，以%表示，按式(4-27-1)计算：

$$w_{4-27-1} = \frac{c[(V-V_0) \times 0.05584]}{m} \times 100\% \qquad (4-27-1)$$

式中：c 为重铬酸钾标准滴定溶液($1/6K_2Cr_2O_7$)的准确浓度，mol/L；V 为滴定试液所消耗($1/6K_2Cr_2O_7$)标准滴定溶液的体积，mL；V_0 为滴定空白所消耗

$(1/6K_2Cr_2O_7)$标准滴定溶液的体积，mL；0.05584 为铁的毫摩尔质量；m 为称取试样的质量，g；结果精确至小数点后两位数。取平行测定结果的算术平均值作为测定结果。在重复性条件下平行结果的绝对差值不大于 0.8%。

4.27.5.2 水分含量测定

按照《第2章 2.2 水分含量测定》执行。

水分含量以质量分数 w_{4-27-2} 计，以% 表示，计算公式同式（2-2-1）。

4.27.5.3 碳含量测定 高频红外碳硫测定仪法

1. 方法提要

试样经高频燃烧炉后，载气（氧气）经净化导入燃烧炉，使其中的碳（硫）氧化成 CO_2、CO 和 SO_2，燃烧产物经除尘和除水净化装置后被载入分析系统，通过检测气体对红外辐射的吸收强度，经过预定的积分时间，信号被放大并被转换成碳和硫的质量分数。

2. 试剂与材料

（1）硝酸：1+1。

（2）红外碳硫仪专用坩埚：$\phi 25 \times 25$。

（3）氧气纯度：≥99.5%。

（4）氮气纯度：≥99.5%。

（5）钨（W）粒：$w_C \leq 0.0005\%$，$w_S \leq 0.0005\%$。

（6）锡（Sn）助溶剂：（$w_C \leq 0.0008\%$，$w_S \leq 0.0005\%$）。

（7）纯铁（Fe）助溶剂：纯度 >99.8%，（$w_C \leq 0.0008\%$，$w_S \leq 0.0005\%$）。

3. 仪器与设备

常规实验室仪器与设备及以下配置

（1）箱式高温炉：1200℃，精度 ±2℃。

（2）低温电热板。

（3）高频红外碳硫分析仪：CS-902S 型。

4. 测定步骤

（1）试样粒度≤0.0750 mm，在 105℃下干燥 2 h，置于干燥器中冷却至室温。

（2）称取试样 0.1 g，称准至 0.1 mg。于碳硫仪专用坩埚中，将坩埚置于事先升至 470℃ ±2℃的箱式电炉中。待温度恒定至 470℃，保温 4 min 后取出，冷却至室温。

（3）缓缓加入 1 mL 硝酸（1+1），后将坩埚置于低温电热板上，待蒸干后取下坩埚，稍冷后再加入 1 mL 硝酸（1+1）低温蒸干，如此反复三次以彻底赶净试样中的无机碳和残留的有机碳等非固定的碳成份。待最后一次将酸蒸发后取下坩埚，冷却后备测。

（4）向处理好试样的坩埚中加入 0.5 g 纯铁助溶剂、0.5 g 锡助溶剂、1.8 g 钨粒,于提前预热、稳定好的高频红外碳硫仪上进行测定。样品进入高频燃烧炉在富氧环境下燃烧,待60~70 s即自动完成分析,分析结果自动显示在软件界面。

5. 结果计算

测定结果自动读数,碳含量质量分数以 w_{4-27-3} 计,以%表示。

4.27.5.4 盐酸不溶物测定

1. 方法提要

试样用盐酸溶解后过滤,干燥不溶物,称其质量。

2. 试剂与溶液

盐酸(1+1)。

3. 仪器与设备

实验室常用仪器设备。

4. 测定步骤

(1)称取约1 g试样,称准至0.1 mg,置于250 mL烧杯中。

(2)向烧杯中缓慢滴加25 mL盐酸(1+1),待其剧烈反应消退时缓慢加入100 mL盐酸(1+1),加热煮沸,保持微沸60 min,至试样溶解。

(3)稍微冷却后用经恒重的砂芯坩埚过滤,并用水洗涤至中性,将砂芯坩埚连同滤渣一并在105℃下干燥3 h。取出,置于干燥器中,冷却至室温后取出称量,反复直至恒重。

(4)平行测定两份试样,取其平均值。

5. 结果计算

盐酸不溶物的质量分数以 w_{4-27-4} 计,以%表示,按式(4-27-3)计算:

$$w_{4-27-4} = \frac{m_1 - m_2}{m} \times 100 \qquad (4-27-3)$$

式中:m_1 为砂芯坩埚和盐酸不溶物的质量,g;m_2 为砂芯坩埚的质量,g;m 为试样的质量,g。结果精确至小数点后两位数。取平行测定结果的算术平均值作为测定结果。在重复性条件下平行测定结果的绝对差值不大于0.05%。

4.27.5.6 氯化物含量测定 汞量法

按照《第3章 3.2氯化物含量测定》执行。

4.27.5.7 铅含量测定 原子吸收光谱法

按照《第3章 3.1重金属含量测定》执行。

4.27.5.8 铁粉粒度测定

按照《第2章 2.6粒度测定》执行。

4.27.6 烟花爆竹用工业铁粉包装与运输中的安全技术

(1)包装。

产品采用双层防潮密封包装,内包装采用聚乙烯塑料袋或两层牛皮纸袋包装,可分装成若干小袋包装。外包装采用纸箱、木箱、编织袋、金属材料包装,每件净重不得超过 25 kg。

(2)标志。

产品包装容器上应注明:生产厂名、厂址、产品名称、粒度、堆密度、等级、净重、批号或生产日期、标准编号,有防潮、防水、防氧化、防火易燃等危险标识。

(3)运输。

产品在运输过程中应有遮盖物,防止日晒、雨淋。

(4)贮存。

铁粉应贮存于阴凉干燥处,有效保质期一年,超期须经检验合格方可使用。

还原性铁粉是用氢气高温下还原三氧化二铁得到,还原性特别强,性质非常活泼,很容易发生氧化反应,甚至在空气中稍稍加热就会燃烧。烟花爆竹用铁粉应通过完全包覆才可贮存。

4.28　工业硫化锑质量标准及关键指标测定

4.28.1　名称及组成

(1)中文名称:硫化锑。

(2)英文名称:Antimony sutfide。

(3)中文别名:三硫化锑、三硫化二锑。

(4)化学式:Sb_2S_3。

(5)相对分子质量:339.68。

(6)化学品类别:无机物。

(7)管制问题:不管制。

4.28.2　理化性质

(1)外观:无定形三硫化锑视其粒度大小,制造方法和生产条件的不同而有灰、黑、红、黄、棕、紫等不同颜色。纯三硫化二锑为黄红色无定形粉末;烟花爆竹行业所用硫化锑为辉锑矿矿石粉加工而成,为黑灰色结晶或粉末。

(2)晶型:正交晶。

(3)密度(α,固):4.64 g/cm^3。

(4)升华温度:380℃。

(5)熔点:550℃(在空气中440℃熔结,510℃时熔化)。

（6）沸点：在熔点以上挥发，在隔绝空气下强烈加热可被蒸馏而不致分解。

（7）分解温度：受热时体积缩小，并变为红褐色，在空气中加热至176℃以上，缓慢转化成氧化物。

（8）分解产物：失去 S；吸收 O_2。

（9）吸湿性（20℃）：不吸湿。

（10）溶解度：（在水中，18℃）：0.175×10^{-6} g/mL。

（11）性状：

①在室温下稳定，露置空气中逐渐氧化。

②在空气中加热可以得到相应的氧化物，也可被 H_2 或 Fe 还原成单质锑。

③易溶于氢氧化钠溶液中，溶于浓盐酸并放出硫化氢，不溶于水、乙酸和醋酸。

④溶于浓盐酸、醇、硫化铵和硫化钾溶液。

三硫化二锑溶解在浓盐酸中发生如下反应：

$$Sb_2S_3 + 6H^+ + 8Cl^- \longrightarrow 2SbCl_4^- + 3H_2S \uparrow$$

⑤三硫化二锑可以溶解在浓盐酸中，而三硫化二砷不可以（因为三硫化二砷的酸性比三硫化二锑强），因此用此方法可以从三硫化二砷中分离和鉴别锑。

（12）毒性：

①最大允许浓度：0.5 mg/m^3。

②刺激皮肤和黏膜组织，可引起肠胃蠕动。类似砒霜的毒性。

③是一种心脏病和神经紧张的抑制剂。锑中毒在肝功能检查中可以查出。

（13）着火与爆炸危险：危险品。

①当加热至分解或与酸或酸雾接触时放出很毒的 S 和 Sb 的氧化物毒烟。

②与水蒸气或水反应产生有毒的和易燃的蒸气。

③与氧化剂剧烈反应。

④粉体与空气可形成爆炸性混合物，当达到一定浓度时，遇火星会发生爆炸。

（14）工业硫化锑 DTA 温度谱图：

实验条件：环境温度 20±2℃，湿度＜80%，升温速率 10℃/min。

从谱图看第一温度反应区由于试样受热体积缩小及游离硫的存在，T_e 起始温度 33.2℃ ~ T_e 终止温度 144.5℃出现吸热反应；在第二温度反应区 450 ~ 600℃区间试样剧烈分解为放热反应。

4.28.3　主要用途

烟花爆竹用硫化锑为辉锑矿矿石粉加工而成，为黑色或灰黑色粉末，有金属光泽，具强还原性。在烟火药中主要用作可燃物。

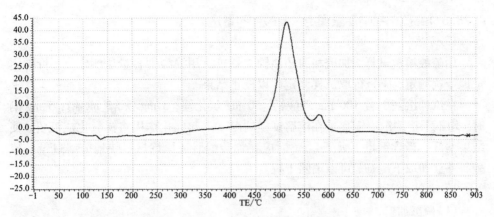

图 4 – 28 – 1　工业硫化锑 DTA 温度谱图

4.28.4　质量技术标准

（1）外观：颜色应为黑色至灰黑色，无外来夹杂物和无结块。

（2）工业三硫化二锑的技术指标应符合表 4 – 28 – 1 的规定。

表 4 – 28 – 1　工业三硫化二锑的技术指标/%

名称		等级		
		一等品	二等品	合格品
锑总量		71.00 ~ 72.50	70.00 ~ 73.00	69.00 ~ 73.00
化合硫含量		25.50 ~ 28.00	25.00 ~ 28.30	25.00 ~ 28.30
游离硫	≤	0.05	0.07	0.31
三硫化二砷	≤	0.20	0.30	0.30
盐酸不溶物	≤	1.50	1.60	
王水不溶物	≤	0.20	0.30	0.50
水分	≤	0.8		
粒度(0.125 mm 孔径筛上物)	≤	2		

4.28.5　关键指标测定

烟花爆竹用三硫化二锑关键指标测定应按表 4 – 28 – 1 质量技术指标进行。如有特殊要求由供需双方协商。

4.28.5.1　硫化锑中锑量测定　溴酸钾容量法

1. 方法提要

用硫酸溶解试样,加硫酸肼还原锑成三价后用溴酸钾容量法测定,三价砷定量地干扰测定,应另行取试样测定砷以校正结果。

在试样溶液中含 100 mg 碳酸钙,50 mg 氧化镁,3 mg 铁,3 mg 铅,5 mg 硒时,均不干扰测定。铜离子在溶解试样的温度下起催化作用将锑氧化成五价,使结果偏低。当含铜量不大于 2 mg 时应在加硫酸肼还原锑后尽快地分解过量的硫酸肼并立即取下冷却,可以消除干扰。

2. 试剂与溶液

(1)硫酸肼。

(2)硫酸。

(3)盐酸溶液:1 + 1。

(4)甲基橙指示液:0.1%。

(5)溴酸钾标准溶液:$c(1/6KBrO_3) \approx 0.1$ mol/L;

①配制:称取 2.80 g 溴酸钾溶于 150 mL 水中,移入 1000 mL 容量瓶,用水稀释至刻度,混匀。

②标定:称取 0.3 g 纯锑(99.99%)称准至 0.1 mg,置于 300 mL 锥形瓶中,用少量水润湿,加 15 mL 硫酸,在近沸的温度下溶解至清亮。然后移于高温处急热使硫酸白烟冲出瓶口约 5 s,冷却至室温,加入 70 mL 水、25 mL 盐酸(1 + 1),加热至 80 ~ 90℃,加入 1 ~ 2 滴甲基橙指示液,在不断摇动下,用溴酸钾标准溶液 $[c(1/6KBrO_3) \approx 0.1$ mol/L] 缓慢滴定。临近终点时,再加热至 80 ~ 90℃,补加 1 ~ 2 滴甲基橙指示液,继续滴加至红色退去为终点。

按式(4 - 28 - 1)计算溴酸钾标准溶液对锑的滴定度:

$$T = \frac{m}{V} \qquad\qquad (4 - 28 - 1)$$

式中:T 为溴酸钾标准溶液对锑的滴定度,g/mL;V 为滴定时消耗溴酸钾标准溶液的体积,mL;m 为称取纯锑量,g。

3. 仪器与设备

常规实验室仪器及设备。

4. 测定步骤

(1)称取 0.3 g 试样,称准至 0.1 mg。置于 300 mL 锥形瓶中,加少量水润湿。

(2)加入 15 mL 浓硫酸,在近沸的温度下使大部分硫酸挥发后,盖上表面皿,继续溶解约 1 h,取下稍冷,移去表面皿。

(3)通过干燥的短颈漏斗,加入约 0.3 g 硫酸肼,取下漏斗,将其摇散后强热约 5 min,再移于高温处急热,使硫酸白烟冲出瓶口约 5 s,驱尽残留的二氧化硫

356

等还原气体，冷却至室温。（注：如不能急热使硫酸白烟冲出瓶口，可以在分解过量的硫酸肼后，冷却，加入 70 mL 水，在摇动下煮沸 1～2 min，以驱尽残留的二氧化硫等还原气体）

（4）加入 70 mL 水、25 mL 盐酸溶液（1＋1），加热至 80～90℃，加入 1～2 滴甲基橙指示液，在不断摇动下，以溴酸钾标准溶液［$c(1/6KBrO_3) \approx 0.1$ mol/L］缓慢滴定。临近终点时，再加热至 80～90℃，补加 1～2 滴甲基橙指示液，继续滴加至红色褪去为终点。

5. 结果计算

锑量以（Sb）的质量分数 w_{4-28-1} 计，以% 表示，按式（4-28-2）计算：

$$w_{4-28-1} = \frac{V \times T}{m} \times 100 - As(\%) \times 1.625 \qquad (4-28-2)$$

式中：V 为滴定时试样所消耗溴酸钾标准滴定溶液体积，mL；T 为溴酸钾标准滴定溶液对锑的滴定度，g/mL；m 为试样的质量，g；1.625 为砷换算为锑的因数。结果精确至小数点后两位数。取平行测定结果的算术平均值作为测定结果。

6. 允许差

锑≥68.00%，允许差≤0.30%。

4.28.5.2　化合硫测定　硫酸钡重量法

本方法适用于三硫化二锑中化合硫的测定。测定范围：24.50%～28.50%。

1. 方法提要

试样用碳酸钠、高锰酸钾混合熔剂在 730℃±20℃半熔分解，将硫化锑氧化成硫酸盐，过滤后，在滤液中沉淀硫酸钡。以重量法测定总硫量。

同时另行称样，按燃烧碘量法测定游离硫，进行分析并校正结果。

2. 试剂与溶液

（1）混合熔剂：称取无水碳酸钠和高锰酸钾各 1 份，在乳钵内磨细混匀。在烘箱内于 100～105℃干燥 2 h，取出置于棕色玻璃瓶中保存。

（2）碳酸钠溶液：1%。

（3）盐酸溶液：1＋1。

（4）氯化钡溶液：10%。

（5）硝酸银溶液：2%。

（6）甲基橙指示液：0.1%。

3. 仪器与设备

常规实验室仪器与设备。

4. 分析步骤

（1）称取 0.5 g 试样，称准至 0.1 mg。置于 30 mL 瓷坩埚中，随同试样作空白。

(2)加入 2~3 g 混合熔剂，混匀，再用约 2 g 混合熔剂覆盖，盖以坩埚盖，置于电炉上强热 10~15 min，取下坩埚盖，置于箱式电炉内在 730℃±20℃ 灼烧 30 min，取下冷却。

(3)将坩埚与半熔块一并移入 400 mL 烧杯中，此时，试样溶液体积约 200 mL。

(4)置于沸水浴上加热 2 h，使四价锰的化合物与锑酸钠一起沉淀，并使硫酸钠完全浸出。

(5)取出烧杯，用致密滤纸过滤，以热的碳酸钠溶液(1%)洗涤，洗涤烧杯与残渣 8~10 次，滤液和洗液总体积约 300 mL，弃去残渣。

(6)加入 2 滴甲基橙溶液，用盐酸溶液(1+1)中和至红色，再过量 1 mL。

(7)煮沸，在不断搅拌下，用滴定管缓缓滴入 20 mL 氯酸钡溶液(10%)，盖以表面皿，在沸水浴上静置 2 h，冷却至室温。

(8)用致密滤纸过滤，用热水洗涤沉淀和滤纸，至滤液用硝酸银溶液(2%)检验不呈氯离子反应。

(9)将沉淀及滤液移于已于 800~900℃ 灼烧并已称至恒重的 45 mL 瓷坩埚中，先在电热板低温处烘干，灰化，再移入箱式电炉内，于 800~900℃ 灼烧 30 min，取出置于干燥器中冷却至室温，称重。重复灼烧至恒重。

5. 结果计算

化合硫的含量以 w_{4-28-2} 计，以% 表示，按式(4-28-3)计算：

$$w_{4-28-2} = \frac{(m_1 - m_2 - m_3) \times 0.1374}{m} \times 100 - 游离硫(\%) \quad (4-28-3)$$

式中：m_1 为坩埚和硫酸钡重量，g；m_2 为空坩埚重量，g；m_3 为试样空白重量，g；m 为试样的质量，g；0.1374 为硫酸钡换算为硫的因数。结果精确至小数点后两位数。取平行测定结果的算术平均值作为测定结果。

6. 允许差

化合硫量：24.50%~28.50%，允许差 ≤ 0.30%。

4.28.5.3 游离硫测定 燃烧中和法

1. 方法提要

用四氯化碳溶出试样中所含的游离硫，过滤分离基体。蒸去溶剂并烘干后，在高温氧气流中燃烧，使硫转化为二氧化硫，用过氧化氢吸收并转化成硫酸，以甲基红-次甲基蓝为指示剂，用氢氧化钠标准滴定溶液滴定至溶液由紫红色变为亮绿色即为终点。

共存杂质均不干扰测定。

2. 试剂与溶液

(1)氢氧化钾。

（2）无水氯化钙。

（3）过氧化氢吸收溶液：2 + 98。

（4）甲基红 - 次甲基蓝混合指示剂：20 单位体积甲基红乙醇溶液（0.3 g/L）与 3 单位体积次甲基蓝溶液（1 g/L）混合。

（5）氢氧化钠标准滴定溶液：$c(NaOH) = 0.005$ mol/L。

3．仪器与设备

常规实验室仪器与设备按以下配置。

（1）数显恒温浴锅；精度 ±2℃。

（2）冷凝管（300 mm）。

（3）无釉瓷舟。

（4）红外线灯泡。

（5）硫的浸出装置示意图（图 4 - 28 - 2）。

（7）硫的燃烧装置示意图（图 4 - 28 - 3）。

4．测定步骤

（1）先在 1000 ~ 1100℃ 检查装置是否漏气：将三通活塞通入大气，缓缓开启氧气瓶减压阀以每分钟 20

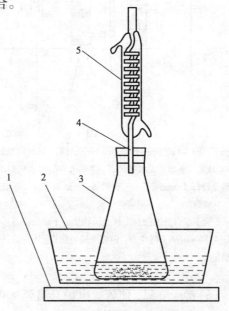

图 4 - 28 - 2　硫的浸出装置示意图

1—电炉；2—水浴；3—300 mL 锥形瓶；
4—软木塞（或无硫塑料塞）；5—300 mm 冷凝管

~30 个气泡的流量通入氧气，旋转三通活塞，使氧气通入石英管，用夹子夹紧通向吸收器的管子，经过 2 ~ 3 min 后，洗气瓶中应停止放出气泡，再过 5 ~ 7 min，如不再放出气泡，则认为装置不漏气。

（2）称取试样 5.0 g，称准至 0.1 mg，置于 300 mL 锥形瓶中，加入 80 mL 四氯化碳，装上回流冷凝管在沸水浴上回流溶解 15 min，冷却（图 4 - 28 - 2）。

（3）取下，用致密滤纸过滤，用四氯化碳洗涤锥形瓶及残渣 4 ~ 5 次，每次约用 8 mL 四氯化碳滤液及洗液用 150 mL 锥形瓶收集，弃去残渣。

（4）将锥形瓶与蒸馏装置连接，用低温电炉加热蒸馏回收四氯化碳，直到锥形瓶中含硫的四氯化碳溶液的体积约剩 5 mL 时，停止蒸馏，取下冷却。

（5）将溶液移入无釉瓷舟中，用 8 ~ 10 mL 四氯化碳分次洗涤锥形瓶，洗液并入瓷舟中，在红外线灯泡下烘干。（注：用红外线灯泡烘干瓷舟中的溶液时，应保持适当的距离（约35 cm），使溶液在低于沸点的温度下蒸发，在烘干的中期应仔细观察，待四氯化碳完全蒸发后，即将瓷舟移开。如继续烘焙，可能引起偏低的误差）

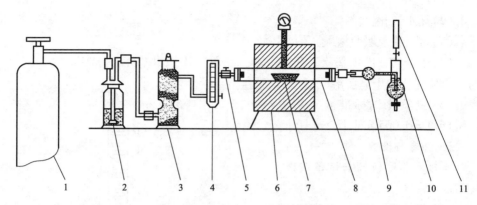

图 4 – 28 – 3　硫的燃烧装置示意图

1—氧气瓶：附氧气表、减压阀；2—洗气瓶：盛有用氢氧化钾溶液(400 g/L)配制的高锰酸钾溶液(40 g/L)；3—干燥塔：下部盛无水氯钙，上部盛干燥的氢氧化钾，中隔玻璃棉，塔顶和塔底都铺有玻璃棉；4—玻璃转子流量计(2 L/min)；5—三通活塞；辅助调节氧气流量；6—管式电炉：装有硅碳棒的卧式电炉，附有调压器、电流计、电压计、铂铑热电偶和高温计；7—无微瓷舟：使用前应在约1000℃中通入氧气灼烧30 min，冷却后，置于磨口处不涂凡士林之类物质的干燥器中备用；8—无釉瓷管：新瓷管在使用前应于1000℃中通氧气灼烧10 min；9—除尘器：内装干燥脱脂棉；10—圆筒形玻璃吸收器：盛过氧化氢吸收液；11—2～5 mL 微量滴定管

(6)接通电源，使管式电炉升温至900℃，并处于自动控制状态中。

(7)在玻璃吸收器中加入 50～60 mL 过氧化氢吸收溶液(2＋98)和 1 mL 甲基红 – 次甲基蓝混合指示剂。

(8)按图 4 – 28 – 3 连接好装置，打开氧气瓶，调节流量至 2 L/min，检查定硫装置的密封性，然后调节氧气流量至 0.5 L/min，用氢氧化钠标准滴定溶液滴定至溶液恰显亮绿色，不计读数。

(9)取下瓷管通气一端的塞子，将盛有试样的瓷舟放入瓷管，用长钩将瓷舟推至瓷管温度最高的部位，迅速塞住瓷管。以 0.5 L/min 的流量通入氧气燃烧试样，并用氢氧化钠标准滴定溶液进行滴定，保持溶液呈亮绿色。

(10)燃烧 10 min 后，增大氧气流量至 2 L/min，继续用氢氧化钠标准滴定溶液滴至溶液由紫红色变为亮绿色即为终点。

5. 结果计算

游离硫的质量分数(s)以(w_{4-28-3})计，以% 表示，按式(4 – 28 – 5)计算：

$$w_{4-28-3} = \frac{V \times c \times 0.01603}{m} \times 100 \qquad (4-28-5)$$

式中：V 为滴定试液所消耗氢氧化钠标准溶液的体积，mL；c 为氢氧化钠标准滴定溶液的准确浓度；mol/L；m 为试样的质量，g；0.01603 为与 1.00 mL 氢氧化钠标准滴定溶液(c_{NaOH} = 1.00 mol/L)相当的硫的摩尔质量，g/mol。

6. 允许差

实验室之间分析结果的差值应不大于表4-28-2所列允许差。

表4-28-2 允许差

游离硫量/%	0.010~0.050	0.050~0.080	0.080~0.200
允许差/%	0.005	0.008	0.015

4.28.5.4 砷含量测定 砷钼蓝分光光度法

1. 方法提要

试样用硫酸溶解,在不低于9 mol/L的盐酸溶液中,用苯萃取三氯化砷,使其与基体及其他共存杂质分离。再用水反萃取砷并氧化成五价后,加钼酸铵和硫酸肼生成砷钼蓝,于分光光度计660 nm处,测量其吸光度。

在分取试液中含铁、铜、铅各1 mg,以及试样含硒量不大于0.10%时,不干扰测定。

2. 试剂与溶液

(1)硫酸。

(2)硫酸溶液:1+20。

(3)盐酸。

(4)苯。

(5)亚硫酸溶液:1+2。

(6)氢氧化钠溶液(50 g/L):贮存于塑料瓶中。

(7)氢氧化钠溶液(300 g/L):贮存于塑料瓶中。

(8)碘溶液(5 g/L):贮存于棕色玻璃瓶中。

(9)钼酸铵溶液(15 g/L):称取1.5 g钼酸铵[$(NH_4)_6Mo_7O_{24} \cdot 4H_2O$]置于150 mL烧杯中,加入40 mL水溶解,加50 mL硫酸(1+1),冷却后移入100 mL容量瓶中,用水稀释至刻度,摇匀。

(10)硫酸肼溶液:0.5 g/L。

(11)酚酞乙醇溶液:1 g/L。

(12)砷标准溶液Ⅰ:1 mL含100 μg砷。

(13)砷标准溶液Ⅱ:1 mL含10 μg砷。(移取10.00 mL砷标准溶液Ⅰ,于100 mL容量瓶中,用水稀释至刻度,摇匀)

3. 仪器与设备

常规实验室仪器与设备按以下配置。

(1)分光光度计:722S。

（2）数显恒温水浴锅：精度 ±2℃。

（3）分液漏斗：125 mL。

4. 测定步骤

（1）称取试样：按表 4 - 28 - 3 称取试样，称准至 0.1 mg。随同试样做空白试验。

表 4 - 28 - 3　试样称量

砷的质量分数/%	试样量/g	分取试液体积/mL
≤0.010	0.50	全量
0.010 ~ 0.020	0.30	全量
0.020 ~ 0.050	0.20	全量
0.050 ~ 0.10	0.10	全量
0.10 ~ 0.60	0.15	5.00

（2）将试样置于 150 mL 锥形瓶中，用少量水润湿，加入 8 mL 硫酸，置于电炉上加热，在保持溶液近沸的温度下溶解试液至清亮，取下冷却，加入 5 mL 水，冷却至室温（溶液冷却至室温是为避免在加入盐酸时，温度太高引起三氯化砷的挥发损失）。

（3）取全量的试液：在溶解的试液中，加入 30 mL 盐酸，摇动溶液清亮，移于 125 mL 分液漏斗中，用 20 mL 盐酸分次洗涤锥形烧瓶，洗液并入分液漏斗中。

（4）需要分取的试液：在溶解的试液中加入 20 mL 盐酸，摇动溶液至清亮，移入 50 mL 容量瓶中，用盐酸分次洗涤锥形瓶，洗液并入容量瓶，用水稀释至刻度，混匀，按表 4 - 28 - 5 分取试液于 125 mL 分液漏斗中，用盐酸稀释至 30 mL。

（5）加入 30 mL 苯于分液漏斗中，振荡萃取 1 min，静置分层。

（6）将水相加入预先加有 15 mL 苯的分液漏斗中，振荡萃取 1 min，静置分层，弃去水相。

（7）将有机相合并于第一个分液漏斗中，用 5 mL 盐酸淋洗，振荡 30 s，静置分层，弃去水相。再重复用 5 mL 盐酸淋洗两次，静置分层，尽可能将水相分离干净。

（8）加入 20 mL 水反萃取，振荡 30 s，静置分层，将水相移入 50 mL 容量瓶中，于有机相中再加入 15 mL 水，振荡 30 s，静置分层，将水相合并于容量瓶中。

（9）在容量瓶中，加入 1 滴酚酞乙醇溶液（1 g/L），滴加氢氧化钠溶液（300 g/L）中和至红色，再滴加硫酸溶液（1 + 20）至红色刚刚褪去，加入碘溶液（5 g/L）至溶液呈黄色并过量 2 滴，摇匀，静置 3 min。加入亚硫酸溶液（1 + 2）使黄色褪去，加入 2.0 mL 钼酸铵溶液（15 g/L），混匀。加入 2.0 mL 硫酸肼溶液（0.5 g/L），混匀。于沸水浴中加热 7 min，取出，冷却至室温，用水稀释至刻度，摇匀。

（10）移取部分试液于 3 cm 比色皿中，以随同试样的空白试验溶液为参比，于分光光度计波长 660 nm 处测量其吸光度。从工作曲线上查出相应的砷量。

5. 工作曲线的绘制

（1）移取 0.00 mL、1.00 mL、2.00 mL、4.00 mL、6.00 mL、8.00 mL、10.00 mL、12.00 mL 砷标准溶液（1 mL 含 10 μg 砷），分别置于一组 50 mL 容量瓶中，加入 30 mL 水，混匀。在容量瓶中，加入 1 滴酚酞乙醇溶液（1 g/L），滴加氢氧化钠溶液（300 g/L）中和至红色，再滴加硫酸溶液（1 + 20）至红色刚刚褪去，加入碘溶液（5 g/L）至溶液呈黄色并过量 2 滴，摇匀，静置 3 min。加入亚硫酸溶液（1 + 2）使黄色褪去，加入 2.0 mL 钼酸铵溶液（15 g/L），混匀。加入 2.0 mL 硫酸肼溶液（0.5 g/L），混匀。于沸水浴中加热 7 min，取出，冷却至室温，用水稀释至刻度，摇匀。

（2）将部分试液于 3 cm 比色皿中，以试剂空白为参比，于分光光度计波长 660 nm 处测量其吸光度。以砷量为横坐标，吸光度为纵坐标，绘制工作曲线。

6. 结果计算

砷的质量分数（As）以 w_{4-28-4} 计，以 % 表示，按式（4 - 28 - 6）计算：

$$w_{4-28-4} = \frac{m_1 \times V_0 \times 10^{-6}}{m_0 \times V_1} \times 100 \qquad (4-28-6)$$

式中：m_1 为自工作曲线上查得的砷量，μg；V_0 为试液总体积，mL；V_1 为分取试液体积，mL；m_0 为试样的质量，g。当 $0.0020\% < w_{4-28-4} \leq 0.010\%$ 时，所得结果表示至四位小数；当 $0.010\% < w_{4-28-4} \leq 0.10\%$ 时，所得结果表示至三位小数；当 $0.10\% < w_{4-28-4} \leq 0.60\%$ 时，所得结果表示至二位小数。

7. 允许差

实验室之间分析结果的差值应不大于表 4 - 28 - 4 所列允许差。

表 4 - 28 - 4 允许差

含砷量/%	允许差/%	含砷量/%	允许差/%
0.010 ~ 0.030	0.003	0.110 ~ 0.200	0.012
0.030 ~ 0.060	0.005	0.200 ~ 0.300	0.015
0.060 ~ 0.110	0.008	0.300 ~ 0.600	0.030

4.28.5.5 盐酸不溶物含量测定 重量法

1. 方法提要

用盐酸分解试样，以重量法测定盐酸不溶物。

2. 试剂与溶液

(1)盐酸。

(2)盐酸溶液：1+1。

(3)饱和硫化氢溶液。

(4)硝酸银溶液(2%)。

3. 仪器与设备

常规实验室仪器与设备。

4. 测定步骤

(1)称取5.000 g试样，称准至0.1 mg，置于400 mL烧杯中，加入100 mL盐酸溶液($\rho=1.19$ g/mL)，盖上表面皿，在沸水浴中溶解30 min，取出，冷却至室温。

(2)用已称至恒重的G3～G4玻璃坩埚过滤(玻璃坩埚先用王水浸泡，取出，再以水抽滤洗涤至洗液用硝酸银溶液检验不呈氯离子反应，将坩埚置于烘箱中在100～105℃烘干至恒重。如滤液出现浑浊，应称样重做，或换用坩埚，在较小的负压下过滤)。

(3)用盐酸(1+1)洗涤烧杯及残渣至洗液用饱和硫化氢溶液检验不呈锑离子反应。再用热水洗涤至洗液用硝酸银溶液检验不呈氯离子反应。

(4)将坩埚移入烘箱中，在100～105℃烘干约2 h，取出置于干燥器内，冷却至室温，称重，重复至烘干至恒重。

5. 结果计算

盐酸不溶物以(Cl^-)质量分数w_{4-28-5}计，以%表示，按式(4-28-7)计算：

$$w_{4-28-5}=\frac{m_2-m_1}{m}\times100 \qquad (4-28-7)$$

式中：m_1为空玻璃坩埚重量，g；m_2为玻璃坩埚和盐酸不溶物重量，g；m为试样称量，g。

6. 允许差(表4-28-5)

表4-28-5 允许差

盐酸不溶物/%	允许差/%
0.100～0.200	0.02
0.200～0.300	0.03
0.300～0.500	0.05
0.500～1.00	0.07
0.100～1.60	0.10

4.28.5.6　王水不溶物含量测定　重量法

1. 方法提要

用盐酸分解试样,煮沸驱尽硫化氢后,再加硝酸溶解,以重量法测定王水不溶物。

2. 试剂与溶液

(1)盐酸。

(2)盐酸溶液:2+1。

(3)饱和硫化氢溶液。

(4)硝酸银溶液:2%。

(5)硝酸。

3. 仪器与设备

常规实验室仪器与设备。

4. 测定步骤

(1)称取 5.000 g 试样,称准至 0.1 mg,置于 250 mL 烧杯中。

(2)加入 60 mL 盐酸溶液(2+1),在室温溶解 30 min,间时摇动促进溶解,微热。待硫化锑溶解后,加热至沸以驱尽硫化氢,冷却。加入 10 mL 硝酸,待反应停止后,加热至沸除去氮的氧化物,冷却至室温(在试样溶解过程中如果析出单体硫,应称样重做)。

(3)用已称至恒重的 G3~G4 玻璃坩埚过滤(玻璃坩埚先用王水浸泡,取出,再以水抽滤洗涤至洗液用硝酸银溶液检验不呈氯离子反应,将坩埚置于烘箱中在 100~105℃ 烘干至恒重。如滤液出现浑浊,应称样重做,或换用坩埚,在较小的负压下过滤)。

(4)用盐酸溶液(2+1)洗涤烧杯及残渣至洗液用饱和硫化氢溶液检验不呈锑离子反应。再用热水洗涤至洗液用硝酸银溶液检验不呈氯离子反应。

(4)将坩埚移入烘箱中,在 100~105℃ 烘干约 2 h,取出置于干燥器内,冷却至室温,称重,重复烘干至恒重。

5. 结果计算

王水不溶物质量分数以 w_{4-28-6} 计,以% 表示,按式(4-28-8)计算:

$$w_{4-28-6} = \frac{m_2 - m_1}{m} \times 100 \qquad (4-28-8)$$

式中:m_1 为空玻璃坩埚重量,g;m_2 为玻璃坩埚和王水不溶物重量,g;m 为试样称量,g。

6. 允许差(表4-28-6)

表 4 - 28 - 6　允许差

王水不溶物/%	允许差/%
0.05 ~ 0.100	0.015
0.100 ~ 0.200	0.025
0.200 ~ 0.350	0.035
0.350 ~ 0.600	0.050

4.28.6　烟花爆竹用工业三硫化二锑产品包装与运输中的安全技术

（1）包装。

产品包装采用防潮密封包装，包装应牢固、坚实，每件净重不得超过 50 kg。

（2）标志。

包装上应注明生产企业名称、地址、产品名称、级别、净含量、批号、生产日期、执行标准编号，并附有防潮、防水标志，且每个包装中应有产品合格证。

（3）运输。

运输中注意防水、防潮，不可与氧化剂混运。

（4）贮存。

应贮存在干燥的库房中，保质期为两年，超期应经检验合格方可使用。

4.29　工业硼砂质量标准及关键指标测定

4.29.1　名称与组成

（1）中文名称：硼砂。

（2）英文名称：borax。

（3）中文别称：四硼酸钠（十水），黄月砂，硼砂（药用）十水四硼酸二钠，月石砂等。

（4）化学式：$Na_2B_4O_5(OH)_4 \cdot 8H_2O$；工业上硼砂一般被写作 $Na_2B_4O_7 \cdot 10H_2O$。

（5）相对分子质量：381.24。

（6）组成元素：Na 为 12.07%；B 为 11.34%；H 为 5.25%；O 为 71.34%。

（9）化学品类别：无机化合物。

（10）管制问题：不管制。

4.29.2　理化性质

(1)外观性状:无色半透明的结晶或白色结晶性粉末,无臭,有风化性。

(2)密度:1.69~1.72 g/cm³。

(3)熔点:880℃。

(4)沸点:1575℃。

(5)闪点:119℃。

(6)失水:350~400℃时失去全部结晶水。

(7)水溶性:在沸水或甘油中易溶,在水中溶解,水溶液显碱性反应。在乙醇中不溶。

4.29.3　主要用途

烟火药中用作无气体延期药剂组分。

4.29.4　质量技术标准

(1)外观:白色细小结晶体。

(2)工业十水合四硼酸二钠应符合表4-29-1要求

表4-29-1　工业十水合四硼酸二钠技术指标

项目名称		指标/%	
		优等品	一等品
主含量($Na_2B_4O_7 \cdot 10H_2O$)	≥	99.5	95.0
碳酸盐(以 CO_2 计)	≤	0.1	0.2
水不溶物	≤	0.04	0.04
硫酸盐(以 SO_4 计)	≤	0.1	0.2
氯化物(以 Cl 计)	≤	0.03	0.05
铁(Fe)	≤	0.002	0.005

4.29.5　关键指标的测定

烟花爆竹用工业硼砂关键指标测定应按表4-29-1质量技术指标项进行。如有特殊要求由供需双方协商。

4.29.5.1　主含量与碳酸盐含量测定

1.方法提要

用盐酸标准滴定溶液滴定十水合四硼酸二钠试样中的四硼酸二钠和碳酸钠,

将四硼酸二钠转化为硼酸，将碳酸钠转化为碳酸。在酸性条件下煮沸以赶掉二氧化碳。然后用甘露醇强化硼酸，再用氢氧化钠标准滴定溶液滴定。

2. 试剂与溶液

(1)甘露醇：中性，检验方法：称取 5.0 g 甘露醇，溶解于 50 mL 不含二氧化碳的水中，以酚酞做指示剂，用氢氧化钠标准滴定溶液[$c(NaOH)$约为 0.02 mol/L]中和时，其用量应不大于 0.3 mL。

(2)盐酸标准滴定溶液：$c(HCl) = 0.1$ mol/L。

(3)氢氧化钠标准滴定溶液：$c(NaOH) = 0.1$ mol/L 和 0.25 mol/L。

(4)溴甲酚绿 - 甲基红 - 酚酞混合指示液：溴甲酚绿 - 甲基红和酚酞指示液按 1 + 1 混合。

3. 仪器与设备

常规实验室仪器与设备。

4. 测定步骤

(1)称取 10 g 试样，称准至 0.1 mg，置于 500 mL 烧杯中，加入 300 mL 不含二氧化碳的水，加热使之溶解，但应避免沸腾。将溶液冷却至室温，移入 500 mL 容量瓶中，用不含二氧化碳的水稀释至刻度，摇匀。保留此溶液(试样溶液 A)用于硫酸盐的测定。

(2)准确移取 25 mL 试验溶液 A，置于 250 mL 锥形瓶中。加入 0.4 mL 溴甲酚绿 - 甲基红 - 酚酞混合指示液，用盐酸标准滴定溶液[$c(HCl) = 0.1$ mol/L]滴定至暗红色(其变色顺序：紫 - 灰 - 绿 - 灰 - 暗红)，记下盐酸标准滴定溶液的用量(V_1)，再过量约 0.1 mL 盐酸标准滴定溶液。加热煮沸 2 ~ 3 min，使二氧化碳逸尽，加盖冷却至室温，用氢氧化钠标准滴定溶液[$c(NaOH) = 0.1$ mol/L]中和至溶液呈暗红色，然后加入 7 g 甘露醇，用氢氧化钠标准滴定溶液[$c(NaOH) = 0.25$ mol/L]滴定至灰色(其变色顺序是：暗红 - 灰 - 绿 - 灰)，记下氢氧化钠标准滴定溶液的用量(V_2)。

(3)同时作空白试验。

5. 结果计算

(1)十水合四硼酸二钠含量，以($Na_2B_4O_7 \cdot 10H_2O$)的质量w_{4-29-1}计，以% 表示，按式(4 - 29 - 1)计算：

$$w_{4-29-1} = \frac{c_2[(V_2 - V_0) \times 0.09534]}{m \times \frac{25}{500}} \times 100\% = \frac{c_2 \times 190.68 \times (V_2 - V_0)}{m}$$

(4 - 29 - 1)

式中：V_1 为滴定中所消耗的氢氧化钠标准滴定溶液的体积，mL；V_0 为空白试验所消耗的氢氧化钠标准滴定溶液的体积，mL；c_2 为氢氧化钠标准滴定溶液的实际浓度，mol/L；m 为试样的质量，g；0.09534 为与 1.00 mL 氢氧化钠标准滴定溶液 $[C(NaOH) = 1.000\ mol/L]$ 相当的以 g 表示的十水合四硼酸二钠的质量。

（2）碳酸盐含量，以（CO_2）的质量 w_{4-29-2} 计，以% 表示，按式（4-29-2）计算：

$$w_{4-29-2} = \frac{(V_1 \cdot c_1 - \frac{1}{2}) \times 0.02200}{m \times \frac{25}{500}} \times 100\% = \frac{44.00(V_1 \cdot c_1 - \frac{1}{2}V_2 \cdot c_2)}{m}$$

$$(4-29-1)$$

式中：V_1 为滴定中所消耗的盐酸标准滴定溶液的体积，mL；V_2 为滴定中所消耗的氢氧化钠标准滴定溶液的体积，mL；c_1 为盐酸标准滴定溶液的实际浓度，mol/L；c_2 为氢氧化钠标准滴定溶液的实际浓度，mol/L；m 为试样的质量，g；0.02200 为与 1.00 mL 盐酸标准滴定溶液 $[c(HCl) = 1.000\ mol/L]$ 相当的以 g 表示的碳酸盐（以 CO_2 计）的质量。计算结果精确到小数点后两位。取平行测定结果的算术平均值作为测定结果。在重复性条件下主含量的平行测定结果的绝对差值不大于 0.2%。

4.29.5.2　水不溶物含量测定

1. 方法提要

试样溶于热水，将不溶物过滤、洗涤、干燥并称重。

2. 试剂与溶液

（1）盐酸溶液：2+98。

（2）氢氧化钠溶液：10 g/L。

（3）姜黄试纸。

（4）酸洗石棉：取适量经 5% 盐酸溶液浸泡 24 h 以上的酸洗石棉，煮沸 20 min，用布氏漏斗过滤并洗涤至中性，再用 5% 氢氧化钠溶液同样处理后，用水调成稀糊状，备用。

3. 仪器与设备

常规实验室仪器与设备。

4. 测定步骤

（1）将砂芯坩埚装置于抽滤瓶上，在筛板上均匀地铺上一层石棉（约 0.2 g 干石棉）加热水洗至滤液不含石棉毛为止。取下坩埚，置于 105℃±2℃ 的烘箱内干燥至恒重。

将其装置于抽滤瓶上，用水湿润石棉层，待用。

（2）称取 30 g 试样，称准至 0.1 mg，置于 1000 mL 烧杯中，用 600 mL 热水溶解，并在沸水浴上保持 30 min。

(3)用准备好的砂芯坩埚过滤，用热水洗涤不溶物，直至滤出液无硼离子反应(用姜黄试纸检查)为止。

(4)姜黄试纸检查硼离子：取一滴用盐酸溶液酸化过的滤出液放在一小条(3×7mm)姜黄试纸上，烘干。此时出现一个红棕色斑点，当以氢氧化钠溶液处理时，若变为蓝色至绿色，证明有硼离子存在。

(5)将带有不溶物的砂芯坩埚置于105℃±2℃的烘箱内干燥至恒重。

5. 结果计算

水不溶物含量以质量分数 w_{4-29-3} 计，以%表示，按式(4-29-3)计算：

$$w_{4-29-3} = \frac{m_2 - m_1}{m} \times 100\% \qquad (4-29-3)$$

式中：m_1 为坩埚的质量，g；m_2 为坩埚和水不溶物的质量，g；m 为试样的质量，g。计算结果精确到小数点后两位。取平行测定结果的算术平均值作为测定结果。在重复性条件下平行测定数据的极差与平均值之比不得大于0.2%。

4.29.5.3 硫酸盐含量测定

1. 方法提要

在酸性介质中，氯化钡与溶液中的硫酸根生成硫酸钡沉淀，与硫酸钡标准比浊溶液进行限量比浊。

2. 试剂与溶液

(1)乙醇：95%。

(2)盐酸溶液：1+5。

(3)氯化钡溶液：200 g/L。

(4)硫酸盐标准溶液：1 mL 溶液含有(SO_4^{2-})0.1 mg。

3. 测定步骤

(1)准确移取10 mL试样溶液A[5.1.4.(1)]，如果溶液浑浊，应过滤。

(2)将试液注入比色管中，加2滴酚酞指示液，用盐酸溶液(1+5)调至红色退去，加水至25 mL，加5 mL乙醇(95%)，1 mL盐酸溶液(1+5)，在不断震摇下滴加3 mL氯化钡溶液(200 g/L)，稀释至刻度，摇匀，放置20 min。所呈浊度不得深于标准比浊液。

(3)标准比浊液是取下列数量的硫酸盐标准溶液与试样溶液同时同样处理。

优等品：2 mL；

一等品：4 mL。

4.29.5.4 氯化物含量测定 汞量法

1. 方法提要

在微酸性的水或乙醇-水溶液中，用强电离的硝酸汞标准滴定溶液将氯离子转化为弱电离的氯化汞，用二苯偶氮碳酰肼指示剂与过量的 Hg^{2+} 生成紫红色络合物来判断终点。

2. 测定步骤

按照《第3章 3.2 氯化物含量测定》执行。

3. 结果计算

氯化物含量以（Cl^-）质量分数 w_{4-29-4} 计，以%表示。

4.29.5.5　铁含量的测定

按照《第3章 3.3 铁含量测定》执行。

1. 试验溶液的准备

称取4 g试样，称准至0.1 mg，置于400 mL高型烧杯中，加40 mL盐酸溶液（1+1），于电热板上小心地蒸发至恰好干涸（接近干涸时应加盖表面皿），加8 mL盐酸溶液（3 mol/L）及20 mL水，温热使之溶解，冷却至室温。

2. 结果计算

铁含量以（Fe）质量分数 w_{4-29-5} 计，以%表示。

4.29.6　烟花爆竹用工业硼砂产品包装与运输中的安全技术

（1）包装。

产品包装采用防潮密封包装，聚丙烯编织袋，内衬塑料袋，包装应牢固、坚实，每件净重25 kg/袋，50 kg/袋。

（2）标志。

产品包装上应注明：生产企业名称、地址、产品名称、级别、净含量、批号、生产日期、执行标准编号，并附有防潮、防水标志，且每个包装中应有产品合格证。

（3）运输。

产品运输中注意防水、防潮，不可与氧化剂混运。

（4）贮存。

产品应贮存在干燥、阴凉、通风的库房中。

4.30　工业氯化石蜡质量标准及关键指标测定

4.30.1　名称及组成

（1）中文名称：氯化石蜡。

（2）英文名称：chlorinated paraffin。

（3）中文别名：氯化烷烃、氯蜡。

（4）化学式：$C_nH_{2n+2-x}Cl_x$。

（5）型号分类：见表 4-30-1。

表 4-30-1　氯化石蜡型号分类

中文规格名称	氯化石蜡 42	氯化石蜡 52	氯化石蜡 70
英文规格名称	CP42	CP52	CP70

4.30.2　理化性质

（1）氯化石蜡理化性质见表 4-30-2。

表 4-30-2　氯化石蜡理化性质

	氯化石蜡 42	氯化石蜡 52	氯化石蜡 70
分子式	$C_nH_{2n+2}-xCl_x$	$C_nH_{2n+2}-xCl_x$	$C_{24}H_{29}Cl_{21}$
外观性状	淡黄色黏稠液体	浅黄色至黄色，油状黏稠液体	白色至淡黄色固体粉末，无臭无味，无毒化学稳定性好
凝固点/℃	-30	<-20	软化点℃ ≥90
相对密度（25/25℃）	1.16	1.22~1.26	1.65
溶解性	溶于有机溶剂和各种矿物油中，不溶于水	溶于苯、醚，微溶于醇，不溶于水	溶于芳烃、乙醚、酮、酯，不溶于水、低级醇

（2）氯化石蜡 70（AR）DTA 热分解峰面积谱图。

实验条件：环境温度 20±2℃，湿度<80%，升温速率 10℃/min。

如图 4-30-1 所示，氯化石蜡从 *Te* 初始温度为 61.1℃；到 *Te* 终止温度 353.3℃，自始至终为一平缓光滑的吸热谷，无明显的曲线变化，残渣为熔融黑油状态。

4.30.3　主要用途

用于烟花爆竹烟火药中的氯化石蜡规格是 CP70，主要用作增强色焰剂中所需的氯离子浓度，增强焰色效果，还用作烟雾剂中的阻燃剂。

4.30.4　质量标准

氯化石蜡 70 质量技术指标应按照表 4-30-3 执行

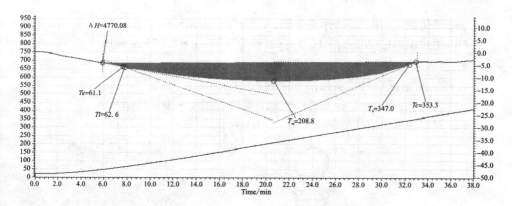

图 4 – 30 – 1　氯化石蜡 70(AR)DTA 热分解峰面积谱图

表 4 – 30 – 3　氯化石蜡 70 质量技术指标/%

指标名称		技术要求
外观		树脂状白色至淡黄色固体粉末
氯含量		68 ~ 72
酸值(mgKOH/g)	≤	0.3
热稳定性	≤	0.3
加热减量	≤	0.1
软化点℃	≥	90
粒度(120 目筛)/%		100

4.30.5　关键指标测定

烟花爆竹用工业氯化石蜡主要测定,按表 4 – 30 – 3 进行。也可根据具体用途由双方协议测定项。

4.30.5.1　氯含量测定　汞量法

1. 方法提要

通过样品在氧气中燃烧,破坏其有机结构,使样品中氯转变为氯离子。在微酸性溶液中,用强电离的硝酸汞溶液将氯离子变为弱电离的氯化汞,用二苯偶氮碳酰肼指示剂与过量的汞离子(Hg^{2+})生成紫红色络合物来判定终点。

2. 试剂与溶液

(1)硝酸溶液:1 + 1。

(2)过氧化氢溶液:30%。

(3)氧气。

(4)溴酚蓝乙醇溶液:0.1%。

(5)氢氧化钾溶液:10 g/L。

(6)二苯偶氮碳酰肼乙醇溶液:0.5%(当变色不灵敏时,应重新配制)。

(7)氯化钠(基准试剂)标准溶液：$c(NaCl) = 0.05$ mol/L。

(8)硝酸汞$[Hg(NO_3)_2 \cdot H_2O]$标准滴定溶液：$c = 0.025$ mol/L。

3. 仪器与设备

常规实验室仪器与设备按以下配置：

(1)燃烧瓶：500 mL 标准磨口烧瓶，形状如图 4 − 30 − 2(a)所示。

(2)旗形滤纸：形状如图 4 − 30 − 2(b)所示。

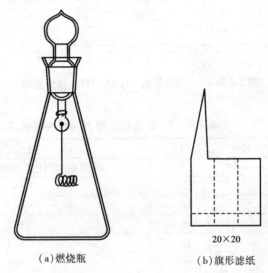

（a）燃烧瓶   （b）旗形滤纸

图 4 − 30 − 2   燃烧装置图

4. 测定步骤

(1)试液制备。

①以减量法称取样品 0.03 ~ 0.05 g(称准至 0.2 mg)于滤纸中，折叠成旗形，放好后使滤纸尾部外露。将折叠好的滤纸放入燃烧瓶塞子上的铂金丝(或镍铬丝)螺旋体内。

②加 20 mL 氢氧化钾溶液(10 g/L)于空的燃烧瓶中，加 2 滴过氧化氢溶液(30%)，以中等流速的氧气在其液面上吹约 30 s。

③一手拿瓶子，一手拿塞子在酒精灯上点燃滤纸尾端，迅速塞紧塞子，并将燃烧瓶倾斜，使液体在塞子周围形成液封，置于安全罩内，待燃烧完全后，充分振摇使其吸收完全，放置 5 ~ 10 min。

④用 100 mL 水冲洗塞子，洗液并入燃烧瓶中，加 2 ~ 3 滴溴酚蓝指示剂，滴加硝酸溶液(1 + 1)，至溶液的颜色由蓝变黄，再过量 1 滴。

(2)滴定。

向试液中加入 1 mL 二苯偶氮碳酰肼指示剂(0.5%)，用硝酸汞标准滴定溶液($c = 0.025$ mol/L)滴定至溶液的颜色由黄色变到紫红色。

374

滴定后的废液存于一容器内，按实验室三废处理原则处理。

(3)同时做空白试验。

5. 结果计算

氯含量以(Cl)质量分数 w_{4-30-1} 计，以%表示，按式(4-30-1)计算：

$$w_{4-30-1} = (2 \times \frac{V-V_0}{1000} \times c \times 35.45)/m \times 100$$

$$= \frac{c(V-V_0) \times 7.090}{m} \qquad (4-30-1)$$

式中：V 为滴定试样所消耗的硝酸汞标准溶液的体积，mL；V_0 为滴定空白所消耗的硝酸汞标准溶液的体积，mL；c 为硝酸汞标准滴定溶液的准确浓度；mol/L；m 为试样质量；g；35.45 为氯的原子量。计算结果精确到小数点后两位；取平行测定结果的算术平均值为测定结果。两次测定值之差应不大于0.5%。

4.30.5.2 氯化石蜡热稳定指数测定

1. 方法提要

氯化石蜡热稳定指数：指在175℃加热4 h 的条件下，氯化石蜡受热分解放出的氯化氢占全部试样的百分含量。

2. 试剂与溶液

(1)氢氧化钠标准滴定溶液：$c=0.1$ mol/L。

(2)甲基红指示液：0.1%。

(3)氮气：纯度不小于99.9%。

(4)硅胶：干燥用。

3. 仪器与设备

常规实验室仪器与设备按以下配置。

(1)氯化石蜡热稳定指数测定装置(图4-30-3)。

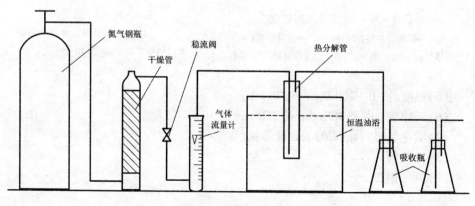

图4-30-3　氯化石蜡热稳定指数测定装置示意图

(2)恒温油浴装置(图4-30-4):直径200 mm,高250 mm,要求带有搅拌和恒温控制装置,在175℃能保持恒温±0.5℃,传热介质为硅油。

(3)热分解管(图4-30-5)。

(4)气体流量计:0~250 mL/min。

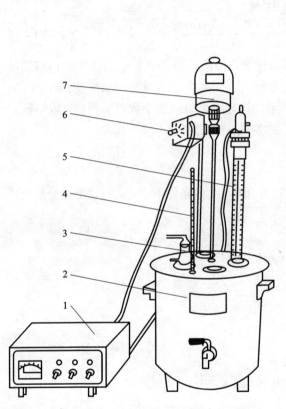

图4-30-4　恒温油浴装置

1—油浴控制器;2—油浴;3—热分解管;
4—温度计;5—接点温度计;6—转速控制器;7—搅拌器。

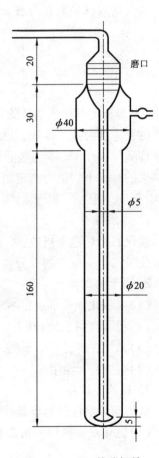

图4-30-5　热分解管

注:内管底部为圆头并有均匀分布的内径小于0.5 mm的10个小孔。

(5)温度计:0~200℃,分度0.5℃。

(6)干燥管:内径40 mm,长250 mm。

(7)氯化氢吸收瓶:205 mL锥形瓶。

(8)稳流阀。

(9)氮气钢瓶。

4. 测定步骤

(1)接通电源升温并开动搅拌,将油浴温度升到 175 ±0.5℃,保持恒温。

(2)称取试样 20 ±0.1 g 两份,分别置于两支干燥洁净的热分解管(4 - 30 - 5)中。

(3)调节气体流量为 167 ±5 mL/min。

(4)把 100 mL 蒸馏水注入氯化氢吸收瓶中。

(5)把装有样品的热分解管放入已恒温的油浴中,并固定好位置,使得浸入的样品液面低于油浴液面 20 ~23mm。

(6)按图 4 - 30 - 3 连接试验装置,开始通气,并计时。

(7)加热通气 4 h 后,停止通气,立即取下氯化氢吸收瓶,用约 30 mL 蒸馏水分 2 ~3 次冲洗所连导管,加 2 滴甲基红指示液,用氢氧化钠标准滴定溶液 [c(NaOH) =0.1 mol/L]滴定,变黄色为终点,记录所消耗体积。

(8)同时做空白试验。

5. 结果计算

氯化石蜡热稳定指数,以样品中分解产物氯化氢 w_{4-30-2} 计,以% 表示,按式 (4 - 30 - 2)计算如下:

$$w_{4-30-2} = \frac{c(V - V_0) \times 0.0365}{m} \times 100 \qquad (4 - 30 - 2)$$

式中:c 为氢氧化钠标准滴定溶液的准确浓度,mol/L;V 为滴定水吸收液消耗的氢氧化钠标准滴定溶液的体积,mL;V_0 为空白滴定消耗的氢氧化钠标准滴定溶液的体积,mL;m 为试样质量,g。结果取两个测定值的算术平均值。

4.30.5.3　加热减量测定

1. 方法提要

试样在规定条件下加热后,减少的质量百分数,称为加热减量。

2. 测定步骤

称取试样 3 g,称准至 0.2 mg。设定干燥温度 50 ±5℃。

按照《第 2 章 2.2 水分含量测定》执行。

3. 结果计算

氯化石蜡 70 干燥减量以 w_{4-30-3} 计,以% 表示,计算公式同式(2 - 2 - 1)。

4.30.5.4　酸度值测定

1. 方法提要

中和 1 g 试样石油产品所需的氢氧化钾质量(单位: mg)称为酸值。本方法用沸腾乙醇抽出试样中的酸性成分,然后用氢氧化钾乙醇溶液进行滴定,求出试样酸值。

2. 试剂与溶液

(1)乙醇 95%:分析纯。

（2）盐酸溶液：$c = 0.05$ mol/L。

（3）氢氧化钾乙醇溶液：$c = 0.05$ mol/L。

（4）碱性蓝6B：称取碱性蓝1 g，加在50 mL煮沸的乙醇中（95%），并在水浴中回流1 h，冷却后过滤。必要时，煮热的澄清滤液用氢氧化钾乙醇溶液（0.05 mol/L）或盐酸溶液（0.05 mol/L）中和，直至加入1~2滴碱溶液能使指示剂溶液变成粉红色而在冷却后又能恢复成为蓝色为止。

（5）甲酚红：称取甲酚红0.1 g称准至0.01 g，研细，溶于100 mL乙醇（95%）中，并在水浴中煮沸回流5 min，趁热用氢氧化钾乙醇溶液（0.05 mol/L）滴定至甲酚红溶液由橘红色变为深红色，而冷却后又恢复成橘红色为止。

3. 仪器与设备

常规实验室仪器与设备按以下配置。

（1）球形回流冷凝管：300 mm。

（2）微量滴定管2 mL：分度值为0.02 mL。

（3）电热板或恒温水浴。

4. 测定步骤

（1）称取试样8~10 g，称准至0.2 g，置于300 mL磨口锥形瓶中。

（2）在另一只磨口锥形瓶中加入50 mL乙醇（95%），装上回流冷凝管。在不断摇动下，将乙醇（95%）煮沸5 min，除去溶解于乙醇内的二氧化碳。

（3）在煮沸的乙醇（95%）中加入0.5 mL碱性蓝6B（甲酚红）溶液，趁热用氢氧化钾乙醇溶液（0.05 mol/L）中和，直至溶液由蓝色成浅红色（或由黄色变成紫红色）为止。

（4）将中和过的乙醇（95%）注入装有已称好试样的磨口锥形瓶中，并装好回流冷凝管。在不断摇动下，将溶液煮沸5 min。在煮沸过的混合溶液中，加入0.5 mL的碱性蓝6B（或甲酚红）溶液，趁热用氢氧化钾乙醇溶液（0.05 mol/L）滴定，直至乙醇（95%）层由蓝色成浅红色（或由黄色变成紫红色）为止。

对于在滴定终点不能呈现浅红色（或紫红色）的试样，允许滴定达到混合液的原有颜色开始明显地改变时作为终点。

在每次滴定过程中，自锥形瓶停止加热到滴定到达终点所经过的时间不应超过3 min。

5. 结果计算

试样的酸值X，用毫克KOH/克的数值表示，按式（4-30-4）计算：

$$X = \frac{VT}{m} \qquad (4-30-4)$$

式中：V 为滴定时所消耗的氢氧化钾乙醇溶液的体积，mL；m 为试样的质量，g；T 为氢氧化钾乙醇溶液的滴定度，毫克KOH/mL；（$T = 56.1 \times c$）；56.1为氢氧化钾

（KOH）分子质量；c 为氢氧化钾乙醇溶液的摩尔浓度，mol/L。计算结果精确到小数点后两位；取平行测定结果的算术平均值为测定结果；测定结果平均值之比不得大于 0.2%。

4.30.5.5　酸度值测定　仪器测定法

1. **方法提要**

试样在全自动仪器中 通过光学、电子、微处理器等技术，完成滴定、判断终点、打印测定结果。

2. **仪器规格**

HKSZ – 706 酸值全自动测定仪。

3. **技术参数**

(1)准确度：酸值在 0.001 ~ 0.1000 mgKOH/g 之间 ±0.002 mgKOH/g。酸值在 0.1000 ~ 0.5000 mgKOH/g 之间示值的 ±5%。

(2)测量范围：0.0001 ~ 0.5000 mgKOH/g。

(3)分辨率：0.0001 mgKOH/g。

(4)重复性：0.002 mgKOH/g。

(5)电源电压：AC220V ±20% 50Hz ±10%。

(6)适用环境温度：5 ~ 40℃。

(7)适用环境湿度：≤85% RH。

4.30.5.6　软化点测定

1. **方法提要**

将规定质量的钢球置于灌满试样的试样环上，以恒定的加热速度加热，当试样软化并在钢球重力作用下一起坠落到规定距离时的温度为试样的软化点。

2. **试剂与溶液**

传热液：硅油、水或甘油。

3. **仪器与设备**

常规实验室仪器与设备按以下配置。

(1)温度计：长约 300 mm，分度值为 0.5℃的全浸式或局浸式。

(2)有柄蒸发器：50 mL。

(3)瓷板或玻璃板。

(4)平口刀。

(5)软化点测定仪（图 4 – 30 – 6）。

4. **试样准备**

(1)将试样环置于涂有油膜的瓷板或玻璃板上。

(2)取约 10 g 试样，置于有柄蒸发器中，在有调压器的电炉上加热熔化，加热时不断搅拌试样以防止局部过热。加热温度不得高出估计的试样软化点温度约

40℃。将试样注入试样环内,至试样表面略高于环面。

(3)试样在室温下冷却 30 min 后,用热刀刮去高出环面的试样部分,使试样面与环面平齐。

5. 测定步骤

(1)将盛有试样的试样环水平放在承板的圆孔中,套上钢球定位器,钢球放在试样上,试样架放入盛有传热液的加热浴中。加热热温度低于估计的试样软化点约50℃,维持 10 ~ 15 min。传热液的浴面略低于连杆上的深度标记,试样环任何部位不得有气泡。将温度计由上承板中心孔垂直插入,使温度计水银球底部与环的底部在同一水平位置。

(2)将加热浴置于电炉上加热,使传热液温度的升温速度保持每分钟5℃。

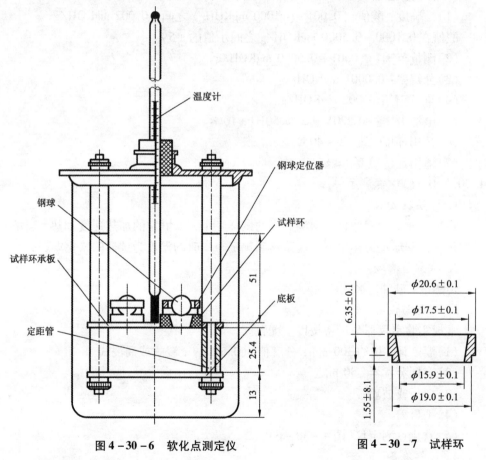

图 4 - 30 - 6   软化点测定仪

图 4 - 30 - 7   试样环

(3)试样受热软化,在钢球的重力作用下,试样与钢球一起坠落到与底板面接触时的温度为试样的软化点。

若使用全浸式温度计,观测值应按照式(4-30-5)校正:

$$T = t_1 + 0.00016\, h(t_1 - t_2) \qquad\qquad (4-30-5)$$

式中: T 为试样的软化点,℃; t_1 为温度计指示的温度,℃; t_2 为露出液面水银球中部周围空气的温度(由辅助温度计指示),℃; h 为露出液面水银柱的高度,用温度计的度数表示; 0.00016 为水银的体积表观膨胀系数。

4.30.6 烟花爆竹用工业氯化石蜡70产品包装与运输中的安全技术

(1)标志。

产品包装容器上要涂刷牢固的标志,其内容包括生产厂名称、产品名称、批号、生产日期、毛重、标准号及级别。

(2)包装。

产品用内塑外编覆膜袋,25 kg/袋或50 kg/袋;

(3)运输。

本品为非危险品,运输过程中防止受潮、日晒雨淋和包装破损。

(4)贮存。

产品应贮存于通风良好,阴凉干燥的库房内或棚内。

4.31 工业氯化聚氯乙烯质量标准及关键指标测定

4.31.1 名称与组成

(1)中文名称:聚氯乙烯树脂。

(2)英文名称:polyvinyl chloride。

(3)英文缩写:CPVC。

(4)中文别名:氯化聚氯乙烯树脂。

(5)化学结构式: $\left[CH_2 - \underset{\displaystyle CH}{\overset{\displaystyle Cl}{|}} \right]_n$;主要是由氯乙烯按首尾键接而成的线性高聚物。

(6)分子量:(单体)62.47;(可变)约250,000。

(7)元素组成:(单体)C 为 38.45%;H 为 4.80%;Cl 为 56.75%。

(8)氧平衡:按生成 CO、H_2O、HCl 计: -76.84%。

按生成 CO_2、H_2O、HCl 计为 -128.06%。

(9)化学品类别:有机化合聚合物。

4.31.2　理化性质

(1)外观性状:白色固体粉末。

(2)相对密度:1.35~1.45。

(3)表现密度:0.4~0.5。

(4)氯含量:>56;高氯化聚氯乙烯树脂>64。

(5)生成热(25℃):22.6±0.3(每个单体)。

(6)熔点(取决于聚合度):70~80℃间开始软化。

(7)热分解温度:>130℃。

(8)分解产物:HCl及黑色产物。

(9)溶解性:溶于芳烃、酯、酮、乙二醇等,不溶于乙醇和200#汽油溶剂,有良好的溶解流动性,与所有的无机颜料和有机颜料都有良好的相溶性。

(10)分类及用途见表4-31-1。

表4-31-1　氯化聚氯乙烯树脂分类及用途

分类	用途
HCPE-H(高黏度)	主要用作PVC黏合剂
HCPE-M(中黏度)	可作为钢防腐涂料、地埋管道外表涂料专用树脂。作为氯化橡胶的替代树脂使用
HCPE-L(低黏度)	由于黏度较低,可与丙烯酸树脂、醇酸树脂相溶,可作为防腐涂料、集装箱涂料、马路划线漆、地埋管道外表涂料专用树脂

(11)着火与爆炸危害:自身熄灭。受热分解放出HCl。

4.31.3　烟花爆竹中主要用途

烟火药中用途:作阻燃剂、火焰染色剂、黏合剂。

4.31.4　质量标准

烟花爆竹用工业氯化聚氯乙烯(CPVC)是聚氯乙烯(PVC)树脂的氯化改性产品,为白色固体粉末。氯化聚氯乙烯(CPVC)树脂质量技术指标应符合表4-31-2要求:

表4-31-2　工业氯化聚氯乙烯(CPVC)树脂质量技术指标/%

项目名称		指标类型			
		J-700	Z-500	N-500	T-500
氯含量	≥	64~68	63~64	64~66	61~65
挥发物(包括水分)含量	≤	0.5			
残留氯乙烯单体	≤	平均聚合度不同其含量为5~30 μg/g			
绝对黏度,Pas·10⁻³		1.3~1.6	1.3~1.4	1.3~1.5	1.3~1.4
热分解温度/℃	≥	110			
粒度;0.088mm		筛上物(或供需双方商议)			
代码含义(表示用途):J 挤出成型用,Z 注射成型用,N 用于黏合剂,T 用于涂料					

4.31.5　关键指标测定

烟花爆竹用氯化聚氯乙烯采用 N-500 型。关键指标测定应按照表4-31-2质量技术指标进行,如有特殊要求,也可供需方协商。

4.31.5.1　氯含量测定

1. 范围

本方法用于不含增塑剂或添加剂的氯乙烯均聚物和共聚物中氯含量的测定。方法一(燃烧弹)和方法二(燃烧瓶)。

2. 方法提要

试样用过氧化钠(方法一)或气态氧(方法二)氧化,然后用电位滴定法或容量滴定法滴定生成的氯化物。

3. 试剂与溶液

(1)硝酸。

(2)硝酸钠。

(3)氧气。

(4)硝酸溶液:$c(HNO_3) = 2$ mol/L。

(5)硝酸银标准滴定溶液:$c(AgNO_3) = 0.1$ mol/L 或 0.05 mol/L(仅用于方法一)。

(6)过氧化钠:粒状或粉状。

(7)助燃剂:淀粉、蔗糖或乙二醇。(仅用于方法二)。

(8)氢氧化钾溶液(100 g/L)。

(9)过氧化氢溶液(300 g/L)。

4. 仪器与设备

常规实验室仪器与设备按以下配置。

(1)恒温干燥箱:控制精度±2℃。

(2)佛尔哈德滴定装置或电位滴定仪,具有适用于所选方法(一或二)所需的容量和精度的滴定管。

(3)燃烧弹(例如帕尔弹或其他能得到相同的结果的燃烧弹。气点火或电点火。适宜的气点火燃烧弹如图4-31-1所示)。

(4)具盖镍坩埚:能装入燃烧弹(气点火)中,尺寸为φ25 mm×40 mm。

(5)圆底或平底烧瓶:容积500 mL或1000 mL,设计成带有一个用于氧燃烧的头(图4-31-2),在瓶塞上连接一个直径1.0 mm、长120 mm的螺旋形铂丝,适合的螺旋直径为15 mm、长15 mm。为安全起见,建议用金属网将烧瓶罩起来。

(6)滤纸:约3 cm×3.5 cm,无卤素或灰分。

5. 试样准备

样品粉末≤0.125mm,在烘箱中75℃下干燥2 h或50℃下干燥16 h,置于干燥器中备用。

6. 测定步骤

方法一(燃烧弹):

(1)在气体点火弹的镍坩埚中,先置入5~7.5 g过氧化钠或放入燃烧弹的熔杯中(对于电点火弹),然后放入约0.25 g试样(称准至0.1 mg)与0.16~0.17 g助燃剂混合,再放入5~7.5 g过氧化钠。往坩埚或中加入过氧化钠应在一保护屏壁后操作,搅拌混合,然后盖好盖,将坩埚放入燃烧弹并拧严燃烧弹。如果使用电点火燃烧弹,安装燃烧弹并轻敲使装置紧密。

(2)点燃燃烧弹,如果使用气点火弹,应将其放入安全炉中,先在安全炉内使用一空弹调节火焰,以使火焰距弹体底部几毫米,然后移出空弹。将试样弹加热至300~400℃大约10 min,燃烧通常在50~60℃下开始,发出噼啪声,弹体底部开始发出灼热光。

(3)冷却弹体,如果使用气体点火弹,打开它并取出坩埚将其小心放入装有100 mL蒸馏水的250 mL烧杯中,并用表面皿立即盖住烧杯。当反应停止后,冲洗弹体内部和塞子,洗液放入烧杯中。如果使用电点火弹,冷却后拆下,打开头部并将物料倒入装有100 mL蒸馏水的250ml烧杯中,将熔杯躺放在同一烧杯中并立即用表面皿盖住。如果弹体在水中冷却,注意不要使水接触到塞子与弹体之间的接合处。

(4)将烧杯加热使物料至沸,然后冷却,移出坩埚和盖,用水冲洗并将洗液收集到烧杯中。

(5)缓慢加15 mL硝酸,再边搅拌边滴加硝酸溶液[$c(HNO_3)=2$ mol/L]至混合物为中性,然后过量 2 mL 硝酸溶液(甲基橙为中和用的适宜指示剂)。

(6)用水稀释烧杯中物料至大约 200 mL,用电位滴定法或佛尔哈德滴定法测定氯含量。

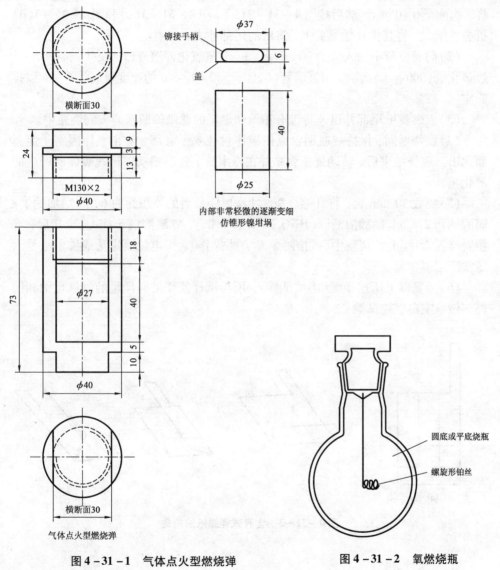

图 4 - 31 - 1 气体点火型燃烧弹

图 4 - 31 - 2 氧燃烧瓶

(7)重复以上所述步骤(不加试样),用与试样使用的同样量的过氧化钠和助燃剂做一空白燃烧试验。

(8)当怀疑反应是否发生时,不要将弹体物料溶于水中,因为这可能引起爆炸。弹体内物料应展放在干沙上,然后应在一安全距离用水喷射并继续用大量水冲洗。

方法二(燃烧瓶):

(1)在如图4-31-3(a)所示并预先标记折叠线的滤纸上放入25~35 mg试样,称准至0.01 mg。然后按图4-31-3(b)、图4-31-3(c)和图4-31-3(d)折叠滤纸,并将其夹在铂螺旋上,将纸的尾部伸出。

(2)向燃烧瓶中加入大约20 mL水、1 mL氢氧化钾溶液(100 g/L)和0.15 mL过氧化氢(300 g/L)溶液,用玻璃管以250~350 mL/min的速度通氧气5 min以排除空气。

(3)点燃滤纸尾部并迅速将带有铂丝和燃烧的滤纸的瓶塞插入到烧瓶中。

(4)燃烧期间,保持烧瓶倒置以使液体封住塞子底部,防止气体因塞子泄露而逸出。燃烧结束后,转动烧瓶直立并在冷水流下轻轻摇动以迅速吸收所产生的氯化氢。

(5)吸收30 min后,打开燃烧瓶,冲洗以使最后的体积约为60 mL,加约1 g硝酸钠和2.5 mL硝酸溶液[$c(HNO_3) = 2$ mol/L],煮沸溶液5 min。冷却后,将物料移入250 mL的烧瓶中(或按附录C方法操作),用电位滴定法或佛尔哈德滴定法测定氯含量。

(6)重复以上所述步骤(不加试样),用与试样使用的同样量的过氧化钠和助燃剂做一空白燃烧试验。

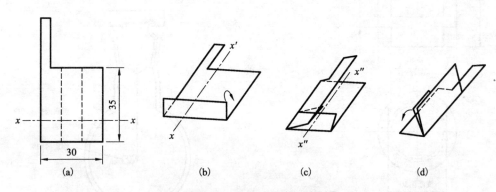

图4-31-3 含有试样滤纸的折叠

7. 结果计算

氯含量以质量分数w_{4-31-1}计,以%表示,按式(4-31-1)计算:

$$w_{4-31-1} = \frac{0.035453 \times c(V_1 - V_2)}{m} \times 100 \qquad (4-31-1)$$

式中:V_1为测定所用硝酸银标准滴定溶液的体积,mL;V_2为空白试验所用硝酸银标准滴定溶液的体积,mL;c为测定所用硝酸银标准滴定溶液的浓度,mol/L;m

为试样的质量，g；0.035453 为与 1.00 mL 硝酸银标准滴定溶液 $[c(AgNO_3) = 1.000\ mol/L]$ 相当的以 g 表示的氯的质量，g。计算结果精确到小数点后两位。取平行测定结果的算术平均值为测定结果。两次平行测定结果的绝对差值不大于 0.2%。

4.31.5.2　灰分测定

1. 范围

本测定有二种，适用于聚氯乙烯灰分的方法。方法一用于测定灰分，方法二用于测定硫酸化灰分。二种方法都可应用于树脂、混合物和制成品。当存在含铅化合物时应采用方法二。

2. 方法提要

(1)方法一(直接灼烧)。

试样中的有机物被燃烧掉后，残余物在 950℃ 灼烧，直至质量恒定。

(2)方法二(燃烧后用硫酸处理再灼烧)。

试样中的有机物被燃烧掉后，用浓硫酸使残余物转化为硫酸盐，最后，残余物在 950℃ 下灼烧，直至质量恒定。

3. 试剂与溶液

(1)硫酸。

(2)乙酸。

4. 仪器与设备

常规实验室仪器与设备按以下配置。

(1)坩埚：具盖的石英坩埚、铂坩埚或瓷坩埚，$\phi 45 \sim \phi 75$ mm，高度与直径相等，容积应使试样装填不超过坩埚容积的一半。

(2)本生灯，具有石英三脚架；或其他合适的加热装置。

(3)高温炉：控温精度 ±10℃。

(4)分析天平：精确至 0.1 mg。

5. 测定步骤

(1)试样用量。

表 4 - 31 - 3　试样推荐用量

试样		试样质量/g
树脂		5
干混料或粒料，产品所含填充物	>10%	2
干混料或粒料，产品无填充物或所含填充物	≤10%	5

(2)方法一(非硫酸化灰分的测定)。

①将清洁的坩埚及盖置于高温炉内在950℃±50℃下灼烧10 min，然后在干燥器内冷却至室温，称量坩埚及盖，称准至0.1 mg。

②将适量的试样放入坩埚内（表4-31-3）。称量坩埚、盖和试料，称准至0.1 mg，并计算试样质量。

③在电炉上直接加热坩埚，使试样慢慢燃烧以防止灰分损失，继续加热直至不再冒烟为止。在剧烈燃烧的情况下，试料应该逐次加入。操作应在通风柜中进行。

④部分盖上坩埚盖，以使挥发性物质可以逸出且不会带出灰分。将坩埚放在950℃±50℃恒温的高温炉入口处（入口处的温度大为300~400℃），然后将坩埚慢慢推入炉内，在950℃±50℃下灼烧30 min。

建议将盖子设计为如下形式：当将其放在坩埚上时，盖子与坩埚配合良好，但又不完全封闭坩埚。

⑤将坩埚和盖从炉内移出，放入干燥器内，使其冷却至室温并称量，称准至0.1 mg。

⑥在同样条件下再次灼烧，直至质量恒定。两次连续称量结果之差不大于0.5 mg。但在炉内的加热时间累计不应超过3 h，如果累计时间达3 h仍不能达到质量恒定，则3 h时称量的量用于测试结果的计算。

（2）方法二（硫酸化灰分的测定）。

①前期操作按方法一的①~③进行。

②在坩埚及内容物冷却后，用吸管滴加硫酸至残余物完全浸湿，在适当的加热装置上小心加热至不再冒烟为止（注意防止坩埚内容物溅出）。

③如果坩埚冷却后还有明显的碳存在，加1~5滴硫酸并再加热至不冒白烟为止。

④将坩埚放在950℃±50℃恒温的高温炉的入口处，然后按照方法一的④~⑥进行，灼烧后的残余物应是灰色或白色，但不应是黑色。

6. 结果计算

非硫酸化灰分（方法一）或硫酸化灰分含量（方法二）以质量分数w_{4-31-2}计，以%表示，按式（4-31-2）计算：

$$w_{4-31-2} = \frac{m_1}{m_0} \times 100 \qquad (4-31-2)$$

式中：m_0为试样的质量，g；m_1为得到的灰分的质量，g。计算结果精确到小数点后两位。取平行测定结果的算术平均值为测定结果。两次平行测定结果的绝对差值不大于平均值的5%。

4.31.5.3 挥发物（包括水分）含量测定

按照《第2章2.2水分含量测定》执行。

聚氯乙烯树脂挥发物(包括水分)含量以质量分数 w_{4-31-3} 计,以% 表示,计算公式同式(2-2-1)。

4.31.5.4　聚氯乙烯树脂残留氯乙烯单体(RVCM)含量测定　气相色谱法

1. 范围

方法一(液上顶空气相色谱法)适用于氯乙烯均聚及共聚树脂及其制品中残留氯乙烯单体含量的测定。最低检出量 0.5 mg/kg。

方法二(固上顶空气相色谱法)适用于氯乙烯均聚树脂(聚氯乙烯)中残留氯乙烯单体含量的测定。最低检出量 0.1 mg/kg。

对于氯乙烯均聚树脂,以方法 B 为仲裁方法。

2. 方法提要

(1)方法一(液上顶空气相色谱法)。

将试样在密封的玻璃瓶中溶解或悬浮在适宜溶剂中,经一定时间的加热调节使氯乙烯在气液两相之间达到平衡,气体自顶空取出,注入气相色谱中,组分在柱中得到分离并经氢火焰离子化检测器(FID)检出。

(2)方法二(固上顶空气相色谱法)。

将试样密封于玻璃瓶中,经一定时间的加热调节使氯乙烯在气固两相之间达到平衡,气体自顶空取出,注入气相色谱仪中,组分在柱中得到分离并经 FID 检出。

3. 试剂与溶液

(1)氯乙烯(VCM):纯度 >99.5%。

(2)氯乙烯标准气:市售含氮气、空气或氦气的已知浓度的氯乙烯标准气。

(3)N,N-二甲基乙酰胺(DMAC):在测试条件下不含与氯乙烯的色谱保留时间相同的任何杂质。

(4)氮气:纯度满足气相色谱分析要求,使用前需经过净化处理。

(5)氢气:纯度满足气相色谱分析要求,使用前需经过净化处理。

(6)空气:应无腐蚀性杂质,使用前需经过净化处理。

4. 仪器与设备

常规实验室仪器与设备按以下配置。

(1)气相色谱仪:具备自动进样装置或手动进样装置。

(2)氢火焰离子化检测器。

(3)色谱柱:所使用的色谱柱应能使试样中杂质与氯乙烯完全分开。本节6给出了适宜的色谱柱及试验条件,也可选择其他同等效果的色谱柱。

(4)数据处理系统:或等效系统,用于采集及处理气相色谱信号。

(5)恒温器:控温精度 ±1℃。

(6)气密注射器:1 mL、5 mL 或其他适宜体积。

(7)微量注射器：10 μL、100 μL、200 μL 或其他适宜体积。

(8)玻璃样品瓶及密封盖：(25 ± 0.5)mL，使用温度70℃，耐压 0.05 MPa。带密封垫和金属螺旋密封帽，密封垫中不能产生对氯乙烯的干扰峰。

(9)玻璃样品瓶及密封盖：(23.5 ± 0.5)mL，使用温度90℃，耐压 0.05 MPa。带密封垫和金属螺旋密封帽，密封垫中不能产生对氯乙烯的干扰峰。

(10)磁力搅拌器。

5. 样品的贮存和保管

为得到准确的结果，样品的制备应尽快完成以使残留单体的损失最少。

对于氯乙烯均聚及共聚树脂样品，当试验室间需要交换或者贮存时，需将样品填满玻璃瓶并密封。如超过 24 h，试验报告中需注明样品的贮存时间。

对于氯乙烯均聚及共聚树脂制成的样品，需保存在盖紧瓶塞的玻璃瓶中。

6. 测定步骤

(1)方法一（液上顶空气相色谱法）。

①氯乙烯标准气和标准样的配制。

在玻璃样品瓶中放几颗玻璃珠，盖紧密封盖后称量，称准至 0.1 mg。用气密注射器取5 mL氯乙烯气体(取气时注射器先用氯乙烯气体洗两次)注入样品瓶中称量，称准至 0.1 mg。

该标准气浓度 c_1 可按式(4-31-4)计算，单位为 μg/mL：

$$c_1 = \frac{W_2 - W_1}{V_1 + V_2} \times 10^6 \qquad (4-31-4)$$

式中：W_1 为放进玻璃珠的样品瓶的质量，g；W_2 为放进玻璃珠的样品瓶注入 5 mL 氯乙烯气体后的质量，g；V_1 为样品瓶的体积，mL；V_1 为加入氯乙烯气体的体积，mL。

②标准样的配制。

在两个系列各三个玻璃样品瓶中，用气密注射器分别精确注入 3 mLDMAC，再用微量注射器分别精确注入适宜体积(如 5 μL、10 μL、30 μL)标准气摇匀待用。

每个标准样瓶中氯乙烯的质量 w_{VCM} 按式(4-31-5)计算，单位为 μg：

$$w_{VCM} = c_1 \times V \times 10^{-3} \qquad (4-31-5)$$

式中：c_1 为标准气的浓度，μg/mL；V 为加入的标准气的体积，μL。

注 1：如果能预先估计被测试样中 RVCM 含量，可注入其他体积标准气配制一个 VCM 含量与被测试样中 RVCM 含量接近的标准样，而不必同时做三个标准样。

注 2：也可根据被测试样中 RVCM 含量，配制两组五个以上不同浓度的标准样做出以氯乙烯含量(mg/L 或 mg/kg)为横坐标、以相应的峰面积为纵坐标的标准曲线，用插入法从标准曲线上确定试样中的 RVCM 含量。

注3：也可使用已知浓度氯乙烯标准气直接制备标准样。

③试样溶液的制备。

a. 迅速称取 0.3～0.5 g 试样，称准至 0.1 mg。置于玻璃样品瓶中，再放入一根 ϕ2 mm×20 mm 镀锌的铁丝，立即密封。

b. 将上述样品瓶放在磁力搅拌器上，在缓慢搅拌下，用气密注射器精确注入 3 mLDMAC，使试样溶解。

c. 试样的平衡。

将标准样瓶和试样瓶一起置于恒温器中，于(70±1)℃恒温 30 min 以上，使氯乙烯在气液两相中达到平衡。

④测定。

注射器应预先恒温到与试样溶液相同的温度。依次从平衡后的标准样和试样瓶中，采用自动进样装置或手动采用气密注射器迅速取出 1 mL 液上气体，注入色谱仪，通过数据处理系统记录氯乙烯的峰面积。

当试样中 RVCM 含量过高或过低时，可根据实际情况适当降低或增加上部气体取样体积，但要确保有一个含量相近的标准样，且标准样与试样要取相同量的气体，在仪器同一灵敏度下分析。

⑤结果计算。

试样中残留氯乙烯单体含量 c_{RVCM}(mg/kg)按式(4-31-6)计算：

$$c_{\text{RVCM}} = \frac{A_1 \times W_{VCM}}{A_2 \times W} \tag{4-31-6}$$

式中：A_1 为试样中氯乙烯的峰面积，mm^2；A_2 为与试样峰面积相近的标准样的峰面积，mm^2；W_{VCM} 为与试样峰面积相近的标准样中 VCM 的质量，μg；W 为试样的质量，g。

每一试样进行两次测定，以两次测定值的算术平均值为测试结果。

(2)方法二（固上顶空气相色谱法）。

①氯乙烯标准气的配制。

在玻璃样品瓶(23.5±0.5 mL)中放几颗玻璃珠，用气密注射器取出 5 mL 氯乙烯气体(取气时注射器先用氯乙烯气体洗两次)，注入已密封的样品瓶中，其浓度 c_2(mL/mL)按式(4-31-7)计算：

$$c_2 = \frac{V_2}{V_1 + V_2} \tag{4-31-7}$$

式中：V_1 为样品瓶体积的数值，mL；V_2 为加入的氯乙烯气体的体积，mL。

②标准样的配制。

在两个系列各三个玻璃样品瓶(23.5±0.5 mL)中，用微量注射器分别精确注入适宜体积(如35 μL、70 μL和200 μL)的标准气,每个标准样中VCM含量c_{VCM}按式(4-31-8)计算,单位为μL/L:

$$c_{VCM} = c_2 \times \frac{V}{V_3} \times 10^3 \qquad (4-31-8)$$

式中:c_2为标准气中氯乙烯的浓度(体积分数),mL/mL;V为加入的标准气的体积,μL;V_3为所用样品瓶的体积,mL。

注1:如果能预先估计被测试样中RVCM含量,可注入其他体积标准气配制一个VCM含量与被测试样中RVCM含量接近的标准样,而不必同时做三个标准样。

注2:也可根据被测试样中RVCM含量,配制两组五个以上不同浓度的标准样做出以氯乙烯含量(mg/L或mg/kg)为横坐标、以相应的峰面积为纵坐标的标准曲线,用插入法从标准曲线上确定试样中的RVCM含量。

注3:也可使用已知浓度氯乙烯标准气直接制备标准样。

③试样制备。

a.迅速称取约4 g试样,称准至0.01 g,置于玻璃样品瓶(23.5±0.5 mL)中,并立即密封。

b.将标准样瓶和试样瓶一起置于恒温器中,于(90±1)℃恒温60 min以上,使氯乙烯在气固两相中达到平衡。

④测定。

依次从平衡后的标准样瓶和试样瓶中,采用自动进样装置或手动采用气密注射器迅速取出1 mL上部气体,注入色谱仪,通过数据处理系统记录氯乙烯的峰面积。

当试样中RVCM含量过高或过低时,可根据实际情况适当降低或增加上部气体取样体积,但要确保有一个含量相近的标准样,且标准样与试样要取相同量的气体,在仪器同一灵敏度下分析。

⑤结果计算。

试样中残留氯乙烯单体(RVCM)含量c_{RVCM}(mg/kg)按式(4-31-9)计算:

$$c_{RVCM} = \frac{A_1}{(A_2/c_{VCM})}\left(4.257768 \times 10^{-3} + \frac{6.095721 \times 10^{-2}}{W}\right) \qquad (4-31-9)$$

式中:A_1为试样中氯乙烯的峰面积,mm²;A_2为与试样峰面积相近的标准样的峰面积,mm²;c_{VCM}为与试样峰面积相近的标准样中VCM的质量,μL/L;W为试样的质量,g。每一试样进行两次测定,以两次测定值的算术平均值为测试结果。

4.31.5.5 应用色谱仪测试条件:

(1)室温:(22±2)℃。

(2)平衡温度:(90±1)℃。

（3）大气压力：(750 ± 10) mmHg$(1$ mmHg $= 133.3224$ Pa$)$。

（4）样品瓶体积：(23.5 ± 0.5) mL。

（5）样品含水量：低于 0.5%。

4.31.6　工业聚氯乙烯树脂包装与运输中的安全技术

（1）标志。

产品包装袋上应有牢固清晰的标志，内容包括：生产厂名、厂址、产品名称、商标、等级、净含量、批号或生产日期和标准编号。

（2）标签。

每批出厂的产品都应附有质量证明书。内容包括：生产厂名、厂址、产品名称、商标、等级、净含量、批号或生产日期、产品质量符合标准的证明和标准编号。

（3）包装。

产品采用双层包装。内包装采用聚乙烯塑料薄膜袋，外包装采用牛皮纸袋或编织袋，每袋净含量 25 kg 或 50 kg。用户对包装有特殊要求时，可供需协商。

（4）运输。

产品在运输过程中应有遮盖物，防止日晒、雨淋、受潮。

（5）贮存。

产品应贮存于通风、干燥的库房内。应防止雨淋、阳光直射和受热。

（6）工业产品聚氯乙烯树脂为非危险品。

4.32　工业糊精质量标准及关键指标测定

4.32.1　名称与组成

（1）中文名称：糊精。

（2）英文名称：dextrin。

（3）分子式：$(C_6H_{10}O_5)n \cdot xH_2O$。

（4）相对分子量（可变）：$n(180.06)$。

（5 组成元素：C 为 40.02%；H 为 6.66%；O 为 53.32%。

（6）氧平衡：按生成 CO 和 H_2O 计：-106.63%。按生成 CO_2 和 H_2O 计为 -159.95%。

（7）化学品类别：有机化合物。

4.32.2 理化性质

(1)定义:以淀粉或淀粉质为原料,经酶法低度水解、精制、喷雾干燥制成的不含游离淀粉的淀粉衍生物。

其葡萄糖值(DE)在20以下。美国把DE为5~38的产品定名为麦特灵(MALTR1N),国内有把以玉米粉等粗粮直接投料,经酶水解制得淀粉与糖之间的产物,统称麦芽糊精。

(2)糊精分类。

表4-31-1 糊精分类

糊精种类		白色糊精	黄色糊精	英国糊精
加工条件	通用催化剂	HCl	HCl	加酸焙烧,可在较低温度下分解
	温度℃	79~121	149~218	135~218
	时间	3~8	6~8	10~20
制品性能	外观性状	白色至淡奶油色	浅黄色至黄棕色	呈褐色
	溶解性	不溶于酒精,而易溶于水,溶解在水中具有很强的黏性		

(3)糊精的胶黏性能。

①白糊精有一个很宽的黏度范围,随着转化度的提高,黏度逐渐下降。

②黄糊精当转化作用使溶解度达到100%时,黏度降低,速度减慢,最后降到一定值。

随生产方法和材料来源不同,糊精的物理特征稍有不同。水溶液中,随着温度、密度、pH或其他特性的改变,糊精分子有聚集趋势。随着糊精溶液的老化、凝胶化或退减化引起黏度增加,对于溶解性较差的玉蜀黍淀粉糊精尤其显著。

(4)糊精溶液具有触变性。

剪切作用下黏性降低,静置后成糊或成凝胶。制备过程的残留酸能引发进一步水解,并导致溶液逐渐变稀薄。

(5)吸湿性:易吸湿。

(6)显性鉴定:取10%的糊精水溶液1 mL,加碘试液1滴,即显紫红色(淀粉溶液则变蓝)。

(7)糊精DTA温度谱图。

实验条件:环境温度20±2℃,湿度<80%,升温速率10℃/min。

①如图4-32-1所示,第一热分解峰区表现为一狭长的吸热谷。Ti拐点温度为29.1℃,Tm峰值温度为57.7℃;第二峰区表现为放热峰。Te外推起始温度为342.7℃,Tm峰值温度为370.5℃,Tc外推终止点温度为555.6℃。

394

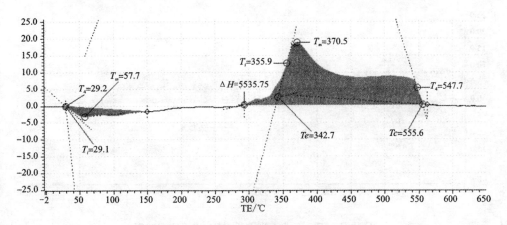

图 4 - 32 - 1　工业糊精 DTA 峰面积温谱图

②如图 4 - 32 - 2 所示，第一热分解峰区表现为吸热谷对称的放热峰：Ti 拐点温度为 28.5℃，Tm 峰值温度为 46.8℃；第二峰区表现为放热峰。Te 外推起始温度为 332.8℃，Tm 峰值温度为放热 370.5℃，Tc 外推终止点温度为 544.3℃。

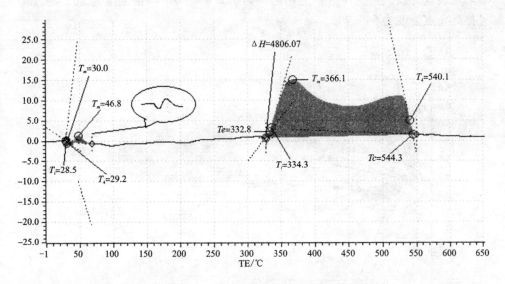

图 4 - 32 - 2　工业黄糊精 DTA 峰面积温谱图

③如图 4 - 32 - 3 所示，第一热分解峰区表现为吸热谷。Ti 拐点温度为 39.6℃，Tm 峰值温度为 63.6℃，Tc 外推终止点温度为 121.5℃；第二峰区表现为放热峰。Te 外推起始温度为 329.9℃，Tm 峰值温度为 363.9℃，Tc 外推终止点温度为 546.2℃。

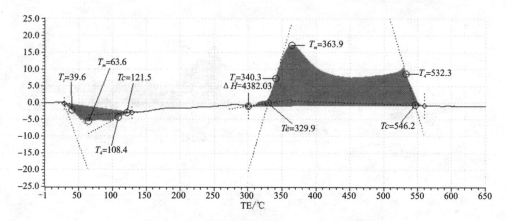

图 4 - 32 - 3　工业玉米淀粉 DTA 峰面积温谱图

④如图 4 - 32 - 4 所示，第一热分解峰区表现为一小一大连续吸热谷。第一吸热谷 Ti 拐点温度为 28.0℃，Tm 峰值温度为吸热峰 28.0℃，第二吸热谷 Ti 拐点温度为 45.4℃，Tm 峰值温度为吸热峰 88.6℃，Tc 外推终止点温度为 120.9℃；第二峰区表现为放热峰。Te 外推起始温度为 322.4℃，Tm 峰值温度为 362.7℃，Tc 外推终止点温度为 540.9℃。

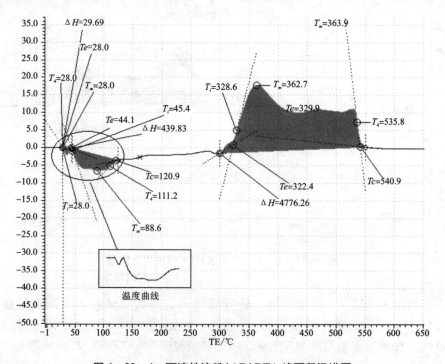

图 4 - 32 - 4　可溶性淀粉(AR)DTA 峰面积温谱图

从以上四个不同糊精淀粉 DTA 温谱峰面积图形比较，只是第一热分解峰区有明显差异，第二热分解峰区差异不大。

4.32.3　主要用途

烟花爆竹用工业糊精主要用于烟火药剂中作可燃物、黏合剂。

4.32.4　质量标准

（1）按 DE 值分为三级：MD10、MD15、MD20。
（2）感官要求：应符合表 4-32-2 的规定。

表 4-32-2　糊精感官要求

项目	要求		
	MD10	MD15	MD20
外观、色泽	白色或略带浅黄色的无定形粉末，无肉眼可见杂质		
气味	具有麦芽糊精固有的特殊气味，无异味		
滋味	不甜或微甜，无异味		

（3）质量标准。
烟花爆竹用工业糊精质量技术指标应符合表 4-32-3 要求：

表 4-32-3　工业糊精技术指标/%

项目	要求		
	MD10	MD15	MD20
DE 值（葡萄糖值）	<11	11≤DE 值<16	16≤DE 值≤20
水分　≤	6.0		
溶解度　≥	98.0		
pH	4.5~6.5		
硫酸灰分　≤	0.6		
碘试验	无蓝色反应		

4.32.5　关键指标测定

烟花爆竹用工业糊精的质量标准，应按表 4-32-3 质量技术指标项进行检

397

测，也可根据具体用途由双方协议测定项。

4.32.5.1 感官检查

(1)外观、色泽。

取适量糊精样品，在自然光线下，用肉眼观察样品的颜色和形态，有无杂质。

(2)气味。

取样品 20 g，放入 100 mL 磨口瓶中，加入 50℃的温水 50 mL，加盖，振摇 30 s，倾出上清液，嗅其气味，并记录其气味特征。

(3)滋味。

清水漱口后，取少量样品放入口中，仔细品尝，并记录其滋味特征。

4.32.5.2 DE 值(葡萄糖值)含量测定

1. 方法提要

还原糖(葡萄糖、果糖和麦芽糖)在加热的条件下，可将斐林试剂中的 Cu^{2+} 还原为 Cu^+，生成砖红色的氧化亚铜沉淀。反应终点由次甲基蓝指示，根据一定量的斐林试剂完全还原所需的还原糖量，可计算试样中还原糖的含量。

2. 试剂与溶液

(1)次甲基蓝指示液：10 g/L。

(2)葡萄糖标准溶液(2 g/L)：称取经恒重的基准无水葡萄糖 0.5 g(称准至 0.1 mg)，用水溶解，并稀释至 250 mL，摇匀，备用。

(3)斐林试剂：按《第 1 章 1.3 标准滴定溶液的制备》配制。

标定：预滴定时，先吸取费林溶液Ⅱ，再吸取费林溶液Ⅰ各 5.0 mL 于 150 mL 锥形瓶中。加水 20 mL，加入玻璃珠 3 粒，用 50 mL 滴定管预先加入 24 mL 的葡萄糖标准溶液(2 g/L)，摇匀。置于铺有石棉网的电炉上加热，控制瓶中液体在 120 s ± 15 s 内沸腾，并保持微沸。加 2 滴次甲基蓝指示液(10 g/L)，继续以葡萄糖标准溶液滴定，直至蓝色刚好消失为其终点。整个滴定操作应在 3 min 内完成。正式滴定时，预先加入比预滴定少 1 mL 的葡萄糖标准溶液。操作同预滴定，并做平行试验。记录消耗葡萄糖溶液的总体积，取其算术平均数。

计算：

$$RP = \frac{m_1 \times V_1}{250} \qquad (4-32-1)$$

式中：RP 为费林溶液Ⅱ、Ⅰ各 5 mL 相当于葡萄糖的质量，g；m_1 为称取基准无水葡萄糖的质量，g；V_1 为消耗葡萄糖标准溶液的总体积，mL；250 为配制葡萄糖标准溶液的总体积，mL。

3. 仪器与设备

常规实验室仪器与设备。

4．测定步骤

（1）样液的制备。

称取一定量的样品，称准至 0.1 mg（取样量以每 100 mL 样液中含有还原糖量 125 ～ 200 mg 为宜）。置于 50 mL 小烧杯中，加热水溶解后全部移入 250 mL 容量瓶中，冷却至室温。加水稀释至刻度，摇匀备用。

（2）预滴定。

按费林溶液的标定操作，先吸取费林溶液Ⅱ，再吸取费林溶液Ⅰ各 5.0 mL 于 150 mL 锥形瓶中。加水 20 mL，加入玻璃珠 3 粒，用 50 mL 滴定管预加入一定量的样液［5.2.4.（1）］。将锥形瓶置于铺有石棉网的电炉上加热至沸，控制在 120 s ± 15 s 内沸腾，并保持微沸。以样液继续滴定（电极样液的速度约为每两秒 1 滴），至溶液蓝色将消失时，加入次甲基蓝指示液 2 滴。再继续滴加样液至蓝色刚好消失为其终点，记录消耗样液的总体积。

（3）正式滴定。

按上述操作吸取费林溶液Ⅱ和Ⅰ各 5.0 mL 于 150 mL 锥形瓶中，用滴定管加入比预滴定时耗用量约少 1 mL 的样液于锥形瓶中，加热。使溶液在 120 s ± 15 s 内沸腾，并保持微沸状态。与预滴定同样操作，继续以样液滴定至终点，整个滴定操作须在 3 min 内完成，记录消耗样液的总体积。

5．结果计算

DE 值含量以质量分数 w_{4-32-1} 计，以％表示，按式（4 - 32 - 2）计算：

$$w_{4-32-1} = \frac{RP}{m_2 \times \dfrac{V_2}{250} \times DMC} \times 100 \qquad (4-32-2)$$

式中：RP 为费林溶液Ⅱ、Ⅰ各 5 mL 相当于葡萄糖的质量，g；m_2 为称取样品的质量，g；V_2 为滴定时，消耗样液的体积，mL；250 为配制样液的总体积，mL；DMC 为样品干物质（固形物）的质量分数，％。所得结果精确至整数；取平行测定结果的算术平均值为测定结果；两次平行测试结果的绝对差值应不超过算术平均值的 2％。

4.32.5.3　水分含量测定

按照《第 2 章 2.2 水分含量测定》执行。

水分含量以质量分数 w_{4-32-2} 计，以％表示，计算公式同式（2 - 2 - 1）。

4.32.5.4　溶解度测定

1．方法提要

试样经水溶解，过滤，不溶物经干燥称量，计算出不溶成分在试样中的含量。

2．仪器与设备

常规实验室仪器与设备按以下材料。

定量滤纸：$\phi 12.5$ cm。

3. 测定步骤

(1)称取试样 5 g，称准至 0.1 mg。于 50 mL 烧杯中，加适量 35 ~40℃的水溶解。

(2)用定量滤纸过滤(事先将定量滤纸放入称量皿中，置于 105℃ ±2℃ 干燥箱内干燥至恒重，即最后两次重量差不超过 2 mg)。再用水 50 mL 分 3 ~4 次洗涤烧杯及定量滤纸。然后用洗瓶冲洗定量滤纸两次。

(3)将附有滤渣的定量滤纸放入称量皿中，置于 105℃ ±2℃ 干燥箱内干燥 2 h，移入干燥器中冷却，30 min 后称量。再放入恒温干燥箱内烘 1 h，称量，直至恒重。

4. 结果计算

溶解度以质量分数 w_{4-32-3} 计，以% 表示，按式(4-32-3)计算：

$$w_{4-32-3} = 100 - \frac{(m_2 - m_1) \times 100}{m} \qquad (4-32-3)$$

式中：m_2 为称量皿和定量滤纸加滤渣干燥后的质量，g；m_1 为称量皿和定量滤纸的质量，g；m 为样品的质量，g。计算结果精确至小数后一位。两次平行测试结果的绝对差值应不超过算术平均值的 1%。

4.32.5.5　水溶液 pH 的测定

1. 方法提要

通过 pH 计对溶液电位的变化测量，就可以得出 pH 溶液的 pH。

2. 仪器与设备

常规实验室仪器与设备按以下配置。

酸度计：精度 ±0.01pH，备有玻璃电极和甘汞电极(或复合电极)。

3. 分析步骤

(1)按仪器使用说明书调试和校正酸度计。

(2)测定。

称取试样 20 g 于 50 mL 小烧杯中，用除去二氧化碳的中性水 20 ~40 mL 加热溶解。用蒸馏水冲洗电极探头，用滤纸轻轻吸干。然后将电极插入待测样液中，调节温度调节器，使仪器指示温度与溶液温度相同，稳定后读数。

计算结果精确至一位小数。

两次平行测试结果的绝对差值应不超过算术平均值的 1%。

4.32.5.6　硫酸灰分含量测定

1. 方法提要

将试样酸化、灰化并经高温灼烧至恒重，计算灼烧残渣(即灰分)的含量。

2. 试剂与溶液

浓硫酸。

3. 仪器与设备

常规实验室仪器与设备按以下配置。

(1)铂坩埚(或石英坩埚、瓷坩埚)：50 mL。

(2)高温炉：控温精度 ±10℃。

(3)干燥器：用变色硅胶做干燥剂。

4. 测定步骤

(1)坩埚先用盐酸加热煮沸洗涤，再用自来水冲洗，然后用蒸馏水漂洗干净。将洗净的坩埚置于高温炉内，在 525℃ ±10℃ 下灼烧 0.5 h，取出室温下冷却至 200℃ 以下，放入干燥器中冷却至室温，精确称量，并重复灼烧直至恒重。

(2)称取样品 2 g，称准至 0.1 mg。置于上述恒重的坩埚中，滴加浓硫酸 1 mL，缓慢转动，使其均匀。置于电炉上小心加热，直至全部炭化。然后，放入高温炉内，在 525℃ ±10℃ 下灼烧，保持此温度直至炭化物全部消失为止(至少 2 h)。

(3)取出冷却，加几滴浓硫酸润湿残留物。

(4)重新放入高温炉内灼烧，直至完全灰化。取出在室温下冷却至 200℃ 以下。放入干燥器中，冷却至室温，精确称量。重复灼烧，至前后两次称量值之差不超过 0.3 mg 为恒量。

5. 结果计算

硫酸灰分以质量分数 w_{4-32-4} 计，以% 表示，按式(4-32-4)计算：

$$w_{4-32-4} = \frac{m_2 - m_0}{m_1 - m_0} \times 100 \qquad (4-32-4)$$

式中：m_2 为坩埚加灰分的质量，g；m_0 为坩埚的质量，g；m_1 为坩埚加样品的质量，g。计算结果精确至小数后一位。两次独立测试结果的绝对差值应不超过算术平均值的 3%。

4.32.6　烟花爆竹用工业糊精包装与运输中的安全技术

(1)标志。

产品包装袋上应有牢固清晰的标志，内容包括：生产厂名、厂址、产品名称、商标、等级、净含量、批号或生产日期和标准编号。

(2)标签。

产品每批出厂的产品都应附有质量证明书。内容包括：生产厂名、厂址、产品名称、商标、等级、净含量、批号或生产日期、产品质量符合标准的证明和标准编号。

(3)包装。

产品用不易破损、防潮的塑料编织袋、纸塑复合袋和其他包装材料包装,包装规格及净重可按用户的要求确定。

(4)运输。

产品运输时,用篷布遮盖,不得受潮。在整个运输过程中要保持干燥、清洁,不得与有毒、有害、有腐蚀性物品混装、混运,避免日晒和雨淋。装卸时,应轻拿轻放,严禁直接钩、扎包装袋。

(5)贮存。

产品存放地点应保持清洁、通风干燥、阴凉,严防日晒、雨淋,严禁火种。防鼠咬。不得与有毒、有害、有腐蚀性和含有异味的物品堆放在一起。产品包装袋应堆放在离地 100 mm 以上的垫板上,堆垛四周应离墙壁 500 mm 以上,垛间应留有 600 mm 以上的通道。

4.33 工业虫胶质量标准及关键指标测定

4.33.1 名称与组成

(1)中文名称:虫胶片。

(2)英文名称:Shellac。

(3)中文别名:紫胶片,虫胶漆片。

(4)分子式:$C_{16}H_{24}O_5$。

(5)分子量:296。

(6)组成元素:C 为 64.86%;H 为 8.11%;O 为 27.02%。

(7)含氧量:27.02%。

(8)氧平衡:按生成 CO 和 H_2O 计为 -124.32%;按生成 CO_2 和 H_2O 计为 -210.81%。

(9)化学品类型:有机化合物。

4.33.2 理化性质

(1)外观性状:片状或粒状。浅黄色至黄棕色(透明片)或白色至浅黄色(不透明片)。

(2)密度(固):1.08 ~ 1.13 g/cm³。

(3)熔点:75 ~ 80℃。

(4)软化点:65 ~ 70℃。

(5)黏附力:钢材 448 kg/cm²,光学玻璃面 896 kg/cm²,弹性物 448,铜 462 kg/cm²。

（6）酸值：48～64。

（7）皂化值：194～213。

（8）酯化值：137～63。

（9）碘值：185～210。

（10）溶解性：虫胶漆片最好的溶剂是含有羟基的低级醇，如甲醇、乙醇，包括乳酸酯和乙二醇烷基醚，不溶于乙二醇和甘油，在碱液、氨水中能溶解，也溶于低级羧酸，如甲酸和醋酸中，不溶于脂肪、芳香烃及其卤素衍生物、四氯化碳、水、二氧化硫的水溶液。

（11）溶液的黏度：浓度低于20%，虫胶不会成胶体溶液，超过上述浓度，溶液浓度急剧上升，且黏度随温度升高而增大。双溶剂溶解的虫胶漆片比单溶剂乙醇溶解的黏度要低一半。

（12）特性：虫胶漆片中的成份有虫胶树脂、虫胶色素、虫胶蜡、糖类、蛋白质等，其中虫胶树脂的含量为90%～94%，虫胶树脂是一种由羟基羧酸脂肪酸和倍半萜烯酸构成的一个具有弹性的网络，空隙中还含有低分子脂肪酸的混合物，结构非常复杂，也可用分子式 $C_{60}H_{90}O_5$ 表示。

（13）虫胶漆片（AR）DTA 温度谱图（图4-33-1）。

实验条件：环境温度 20±2℃，湿度 <80%，升温速率 10℃/min。

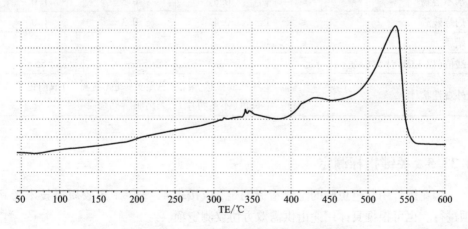

图4-33-1　虫胶漆片（AR）DTA 温度谱图

如图4-33-1所示，试样受热曲线从80℃开始就缓慢上移，到500～540℃时剧烈分解，形成一尖锐的放热峰。

4.33.3　主要用途

在烟花爆竹中主要用作黏合剂、阻燃剂、防潮剂。

虫胶树脂的特性：防潮、防腐、防锈、耐油、电绝缘性和热塑等性能优良。

在军事工业，主要用作涂饰剂、绝缘材料以及火药混药的阻滞剂，并用来制造防紫外线、防辐射的军用器材。

4.33.4　质量标准

工业虫胶质量技术指标应符合表4-33-1要求。

表4-33-1　虫胶质量技术指标/%

名称		指标		
		紫色虫胶片	脱色虫胶片	漂白虫胶片
颜色指数/号	≤	15	5	2
热乙醇不溶物	≤	1.0	0.5	1.0
冷乙醇可溶物	≥	—	—	92.0
氯含量	≤	—	—	2
铅(Pb)含量/(mg·kg^{-1})	≤		5.0	
砷(As)含量/(mg·kg^{-1})	≤		1.0	
水分含量	≤	2.0	2.0	3.0
水不溶物	≤	0.5	0.5	1.0
灼烧残渣	≤	0.4	0.3	1.0
蜡质	≤		5.5	
酸值(以KOH计)/(mg·g^{-1})≤		—		85
外观性状		片状或粒状。浅黄色至黄棕色(透明片)或白色至浅黄色(不透明片)，无肉眼所见杂质		

4.33.5　关键指标测定

烟花爆竹用紫色虫胶的主要指标测定，应按表4-33-1虫胶质量技术指标项进行。也可根据具体用途由供需双方协议测定项。

4.33.6　紫色虫胶关键指标测定

4.33.6.1　热乙醇不溶物含量测定(方法一)

1. 方法提要

用95%乙醇加热萃取已知质量的虫胶样品，以不溶残渣的质量分数(%)表示虫胶的热乙醇不溶物。

2．试剂与溶液

95%乙醇：分析纯。

3．仪器与设备

常规实验室仪器与设备按以下配置。

(1)恒温水浴锅：精度 ±2℃。

(2)砂芯坩埚：G3，容积 25 ~ 30 mL。

(3)抽滤装置：500 mL。

(4)快速定性滤纸。

4．测定步骤

(1)称取通过孔径约 0.4 mm 筛(相当于 40 目)样品约 1 g，称准至 0.1 mg，置于 100 mL 烧杯中，加 40 mL 乙醇，放于 60 ~ 70℃ 水浴中加热 30 min 并不时搅拌使其溶解。

(2)倾入事先在 100℃ ±2℃ 已恒重的砂芯坩埚中抽滤，用热乙醇洗涤残渣，至滤液无色为止。

(3)取出砂芯坩埚，用乙醇冲洗外部。放入 100℃ ±2℃ 的干燥箱中干燥 1 h，取出置于干燥器中冷却至室温称重。重复干燥 30 min，冷却至室温称重。直至前后两次重量差不超过 0.5 mg 为止。

5．结果计算

热乙醇不溶物以质量分数 w_{4-33-1} 计，以%表示，按式(4 - 33 - 1)计算：

$$w_{4-33-1} = \frac{m_2 - m_1}{m} \times 100 \qquad (4-33-1)$$

式中：m_2 为砂芯坩埚加残渣的质量，g；m_1 为砂芯坩埚的质量，g；m 为样品质量，g。计算结果精确到小数点后两位。取平行测定结果的算术平均值为测定结果。两次平行测定结果的绝对差值不大于 0.1%。

4.33.6.2　热乙醇不溶物含量测定(方法二)

1．方法提要

用 95%乙醇加热萃取已知质量的虫胶样品，以不溶残渣的质量分数(%)表示虫胶的热乙醇不溶物。

2．试剂与溶液

95%乙醇：分析纯。

3．仪器与设备

常规实验室仪器与设备按以下配置。

(1)棉线或细铜丝：棉线预先用热乙醇萃取处理。

(2)称量瓶：ϕ3.5 cm × 7 cm。

(3)快速定性滤纸：ϕ12.5 cm，预先用热乙醇萃取处理。

（4）抽提器：如图4-33-2
所示。

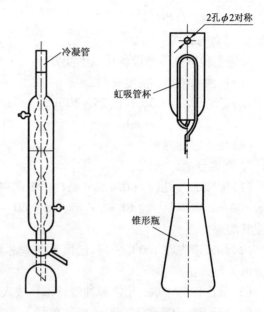

图4-33-2 提取器

4. 测定步骤

（1）称取试样约2 g，称准
至0.1 mg。

（2）用已在100℃±2℃下
恒重的滤纸严密包好（线、滤纸
与称量瓶同时恒重）并用线扎起
来，将此纸包放在150 mL烧杯
中，加入乙醇浸没纸包，放在水
浴上加热至沸不少于30 min，使
样品全部溶解。

（3）立即将此纸包移入抽提
器的虹吸管杯中，并用100 mL
乙醇加热萃取4 h，当乙醇充满
杯时，纸包应保持在液面下，快
速萃取（提取器浸入沸水浴中）。

（4）萃取完后取出纸包，放
入称量瓶中，置于100℃±2℃的烘箱中干燥2 h，取出放在干燥器中冷却至室温
称重。重复干燥1 h，冷却至室温称重。直至前后两次重量差不超过10 mg为止。

5. 结果计算

热乙醇不溶物含量以质量分数w_{4-33-2}计，以%表示，按式（4-33-2）计算：

$$w_{4-33-2} = \frac{m_2 - m_1}{m} \times 100 \tag{4-33-2}$$

式中：m_2为线、滤纸、残渣加称量瓶的质量，g；m_1为线、滤纸加称量瓶的质量，
g；m为样品质量，g。计算结果精确到小数点后两位。取平行测定结果的算术平
均值为测定结果。两次平行测定结果的绝对差值不大于0.1%。

4.33.6.3 铅含量测定——二苯基硫巴腙（双硫腙）比色法

1. 方法提要

试样经处理加入柠檬酸氢二铵、氰化钾和盐酸羟胺等，消除铁、铜、锌等离
子干扰，在pH为8.5~9.0时，铅离子与二苯基硫巴腙（双硫腙）生成红色络合
物，用三氯甲烷提取，与标准系列比较做限量试验或定量试验。

2. 试剂与溶液

（1）硝酸。

（2）硫酸。

（3）氨水。

（4）盐酸。

（5）酚红指示液：1 g/L(乙醇溶液)。

（6）三氯甲烷。

（7）柠檬酸氢二铵溶液：500 g/L。

（8）盐酸羟胺溶液：200 g/L。

（9）氰化钾溶液：100 g/L。

警告：氰化钾(KCN)为剧毒危险化学品，应采取相应的防护措施。

（10）二苯基硫巴腙(双硫腙)。

（11）乙醇。

（12）高氯酸。

（13）硝酸溶液：1 + 1。

（14）氨水溶液：1 + 1。（如含铅，应用全玻璃蒸馏器重蒸馏）。

（15）氨水溶液：1 + 99。

（16）硝酸溶液：1%。

（17）双硫腙Ⅰ溶液：(0.05% 三氯甲烷溶液)：称取 0.5 g 研细的双硫腙，溶于 50 mL 三氯甲烷中，如有残渣，可用滤纸过滤于 250 mL 分液漏斗中，用氨溶液(1 + 99)提取 3 次，每次 100 mL，将提取液用脱脂棉过滤至 500 mL 分液漏斗中，用盐酸溶液(1 + 1)调至酸性，将沉淀出的双硫腙用 200 mL、200 mL、100 mL 三氯甲烷分别提取 3 次，合并三氯甲烷层为双硫腙Ⅰ溶液。保存于冰箱中。

（18）双硫腙Ⅱ溶液：吸取 1.0 mL 双硫腙Ⅰ溶液，加 9.0 mL 三氯甲烷，混匀。用 1 cm 比色杯，以三氯甲烷调节零点，于波长 510 nm 处测吸光度(A)，用式(4 - 33 - 3)算出配制 100 mL 双硫腙Ⅱ溶液(70% 透光率)所需双硫腙Ⅰ溶液的体积(V)：

$$V = \frac{10 \times (2 - \lg 70)}{A} \qquad (4 - 33 - 3)$$

式中：V 为双硫腙Ⅰ溶液的用量，mL；lg70 为双硫腙Ⅱ溶液(70% 透光率)；A 为吸光度值。

（19）铅标准Ⅰ溶液：1 mg/mL。

（20）铅标准Ⅱ溶液(10 μg/mL)：吸取铅标准Ⅰ溶液 1.0 mL 于 100 mL 容量瓶中，加水稀释至刻度。

3. 仪器和设备

常规实验室仪器与设备按以下配置。

注：所用玻璃仪器均需以硝酸溶液(1 + 4)浸泡 24 h 以上，用水反复冲洗，最后用去离子水冲洗干净。

(1)分光光度计。

(2)比色皿：1 cm。

(3)电冰箱。

4.测定步骤

(1)试样的制备。

①湿法消解：称取 5.000 g 试样，置于 250 mL 锥形瓶中，加 10 mL 硝酸，放置片刻(或过

夜)后，加热，待反应缓和后，取下冷却，沿瓶壁加入 5 mL 硫酸，再继续加热，至瓶中溶液开始变成棕色，不断滴加硝酸(如有必要可滴加些高氯酸)，至有机质分解完全，继续加热，至生成大量的二氧化硫白色烟雾，最后溶液应呈无色或微黄色。冷却后加 20 mL 水煮沸，除去残余的硝酸至产生白烟为止。如此处理两次，放冷，将溶液移入 50 mL 容量瓶中，用少量水分次洗涤锥形瓶 2～3 次，将洗液一并移入容量瓶中，加水至刻度，混匀备用。取相同量的硝酸、硫酸，同时做试剂空白试验。

②干灰化法：本法用于不适合湿法消解的试样。称取 5.000 g 试样于瓷坩埚中，加入适量硫酸

湿润试样，小心炭化后，加 2 mL 硝酸和 5 滴硫酸，小心加热直到白色烟雾挥尽，移入高温炉中，于 500℃灰化完全。冷却后取出。加 1 mL 硝酸溶液(1＋1)，加热使灰分溶解，将试样液转移到 50 mL 容量瓶中(必要时过滤)，并用少量水洗涤坩埚，洗液一并移入容量瓶中，加水至刻度，混匀备用。取一坩埚，同时做试剂空白试验。

(2)定性测定。

①限量试验。

吸取适量试样液及铅的标准Ⅱ溶液(含铅量不低于 5 μg)，分别置于 125 mL 分液漏斗中，各加硝酸溶液(1%)至 20 mL。

②向试样液及铅的标准Ⅱ溶液(1 mg/mL)中各加入 1 mL 柠檬酸氢二铵溶液(500 g/L)、1 mL 盐酸羟胺溶液(200 g/L)和两滴酚红指示液，用氨溶液(1＋1)调至红色，再各加 2 mL 氰化钾溶液(100 g/L)，混匀后，加入 5.0 mL 双硫腙使用液，剧烈振摇 1 min，静置分层后，三氯甲烷层经脱脂棉滤入 1 cm 比色杯中，于波长 510 nm 处，以三氯甲烷调节零点，测定吸光度或进行目视比色，试样液的吸光度或色度不应大于铅的标准Ⅱ溶液(1 mg/mL)的吸光度或色度。

若试样经处理，则铅限量标准也应同法处理。

(3)定量测定。

吸取 10.0 mL(或适量)试样液和同量的试剂空白液，分别置于 125 mL 分液漏斗中，各加 1% 硝酸溶液至 20 mL。

吸取铅标准Ⅱ溶液 0.0 mL、0.1 mL、0.3 mL、0.5 mL、0.7 mL、1.0 mL(分别相当于 0 μg、1 μg、3 μg、5 μg、7 μg、10 μg 铅),分别置于 125 mL 分液漏斗中,各加硝酸溶液(1%)至 20 mL。向试样液、试剂空白液及铅标准Ⅱ溶液中各加入 1 mL 柠檬酸氢二铵溶液(500 g/L),1 mL 盐酸羟胺溶液(200 g/L)和两滴酚红指示液,用氨溶液(1+1)调至红色,再各加入 2 mL 氰化钾溶液(100 g/L),混匀,各加 5.0 mL 双硫腙Ⅱ液,剧烈振摇 1 min,静置分层后,三氯甲烷经脱脂棉滤入 1 cm 比色皿中,于波长 510 nm 处,以零管调节零点,测定吸光度,绘制标准曲线。

5. 结果计算

铅含量以质量分数 w_{4-33-3} 计,数值以毫克每千克(mg/kg)表示,按式(4-33-4)计算:

$$V = \frac{10 \times (2 - \lg 70)}{A} \qquad (4-33-4)$$

式中:w_{4-33-3} 为试样中铅的含量,mg/kg 或 mg/L;m_1 为试样液中铅的质量,μg;m_2 为试剂空白液中铅的质量,μg;m 为试样的质量(体积),g 或 mL;V_2 为测定时所取试样液体积,mL;V_1 为试样处理后定容体积,mL;1000 为换算系数。在重复性条件下获得的两次独立测试结果的绝对差值不得超过算术平均值的 10%。本方法检出限 ≤0.25 mg/kg。

4.33.6.4　虫胶中三硫化二砷测定　二乙氨基二硫代甲酸银比色法

1. 方法提要

在碘化钾和氯化亚锡存在下,将样液中的高价砷还原为三价砷,三价砷与锌粒和酸产生的新生态氢作用,生成砷化氢气体,经乙酸铅棉花除去硫化氢干扰后,被溶于三乙醇胺-三氯甲烷中或吡啶中的二乙氨基二硫代甲酸银溶液吸收并作用,生成紫红色络合物,与标准比较定量。

2. 试剂与溶液

(1)硝酸。

(2)硫酸。

(3)盐酸。

(4)氧化镁。

(5)无砷金属锌。

(6)三氯甲烷。

(7)吡啶。

(8)二乙氨基二硫代甲酸银。

(9)三乙醇胺。

(10)乙醇。

(11)硫酸溶液：1+1。

(12)硫酸溶液(1 mol/L)：量取 28 mL 硫酸，慢慢加入水中，用水稀释至 500 mL。

(13)盐酸溶液：1+1。

(14)氢氧化钠溶液：200 g/L。

(15)硝酸镁溶液：150 g/L。

(16)碘化钾溶液：150 g/L。

(17)氯化亚锡溶液：400 g/L。

(18)酚酞乙醇溶液：10 g/L。

(19)乙酸铅溶液：100 g/L。

(20)吸收液Ⅰ：称取 0.25 g 二乙氨基二硫代甲酸银，研碎后用适量三氯甲烷溶解。加入 1.0 mL 三乙醇胺，用三氯甲烷稀释至 100 mL。静置后过滤于棕色瓶中，贮存于冰箱内备用。

(21)吸收液Ⅱ：称取 0.50 g 二乙氨基二硫代甲酸银，研碎后用吡啶溶解并稀释至 100 mL。静置后过滤于棕色瓶中，贮存于冰箱内备用。

(22)砷标准Ⅰ溶液(0.1 mg/mL)：准确称取 0.1320 g 于硫酸干燥器中干燥至恒重的三氧化二砷(As_2O_3)标准品溶于 5 mL 氢氧化钠溶液中。溶解后，加入 25 mL 硫酸溶液(1+1)，移入 1000 mL 容量瓶中，加新煮沸冷却的水稀释至刻度。

(23)砷标准Ⅱ溶液(1 μg/mL)：临用前取 1.0 mL 砷标准Ⅰ溶液，加 1 mL 硫酸溶液于 100 mL 容量瓶中，加新煮沸冷却的水稀释至刻度。

(24)乙酸铅棉花：将脱脂棉浸于乙酸铅溶液(10%)中，2 h 后取出晾干。

3. 仪器与设备

常规实验室仪器与设备按以下配置。

(1)分光光度计。

(2)测砷装置示意图：如图 4-33-3 所示。

4. 测定步骤

(1)吸收液的选择。

可根据分析的需要选择吸收液Ⅰ或吸收液Ⅱ。在测定过程中，样品、空白及标准溶液都应用同一吸收液。

(2)限量试验。

①吸取一定量的(25 mL)试样液(经 6.3.4 制备好的)和砷的标准Ⅱ溶液(含砷量不低于 5 μg)，分别置于测砷装置锥形瓶中，补加硫酸至总量为 5 mL，加水至 50 mL。

②于锥形瓶中加 3 mL 碘化钾溶液(150 g/L)，混匀，放置 5 min。分别加入 1 mL 氯化亚锡溶液(400 g/L)，混匀，再放置 15 min。再各加入 5 g 无砷金属锌，

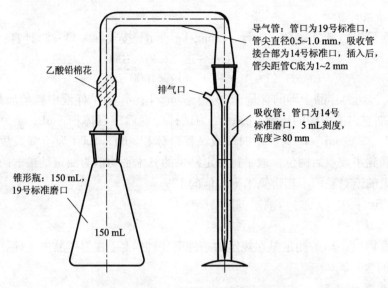

图 4 – 33 – 3　测砷装置示意图

立即塞上装有乙酸铅棉花的导气管 3，并使管的尖端插入盛有 5.0 mL 吸收液 Ⅰ 或吸收液 Ⅱ 的吸收管 5 中，室温反应 1 h，取下吸收管 5，用三氯甲烷(吸收液 Ⅰ)或吡啶(吸收液 Ⅱ)将吸收液体积定容到 5.0 mL。

（3）经目视比色或用 1 cm 比色杯，于 515 nm 波长(吸收液 Ⅰ)或 540 nm 波长(吸收液 Ⅱ)，测定吸收液的吸光度。样品液的色度或吸光度不得超过砷的标准吸收液的色度或吸光度。

5. 定量测定

（1）吸取 25 mL(或适量)试样液(经 6.3.4 制备好的)及同量的试剂空白液，分别置于测砷装置锥形瓶中，补加硫酸至总量为 5 mL，加水至 50 mL，混匀。

（2）吸取 0.0 mL、2.0 mL、4.0 mL、6.0 mL、8.0 mL、10.0 mL 砷标准(1.0 mL相当于 1.0 μg 砷)，分别置于测砷装置锥形瓶中，加水至 40 mL，再加 10 mL硫酸溶液(1 + 1)，混匀。

（3）向试样液、试剂空白液及砷标准Ⅱ溶液中各加 3 mL 碘化钾溶液，混匀，放置 5 min，再分别加 1 mL 氯化亚锡溶液，混匀，放置 15 min 后，各加入 5 g 无砷金属锌，立即塞上装有乙酸铅棉花的导气管 3，并使管 3 的尖端插入盛有 5.0 mL吸收液 Ⅰ 或吸收液 Ⅱ 的吸收管 5 中，室温反应 1 h，取下吸收管 5，用三氯甲烷(吸收液 Ⅰ)或吡啶(吸收液 Ⅱ)将吸收液体积定容到 5.0 mL。用 1 cm 比色皿，于515 nm 波长(吸收液 Ⅰ)或 540 nm 波长(吸收液 Ⅱ)处，用零管调节仪器零点，测吸光度，绘制标准曲线。

6. 结果计算

砷含量以质量分数 w_{4-33-4} 计，以 mg/kg 表示，按式(4-33-5)计算：

$$w_{4-33-4} = \frac{(m_1 - m_2) \times V_1 \times 1000}{m \times V_2 \times 1000} \qquad (4-33-5)$$

式中：w_{4-33-4} 为样品中砷的含量，mg/kg 或 mg/L；m_1 为试样液中砷的质量，μg；m_2 为试剂空白液中砷的质量，μg；V_1 为试样处理后定容体积，mL；m 为样品质量(体积)，g 或 mL；V_2 为测定时所取试样液体积，mL；1000 为换算系数。计算结果精确到小数点后两位。取平行测定结果的算术平均值为测定结果。两次平行测定结果的绝对差值不超过算术平均值的 10%。

4.33.6.5 挥发物(水分)含量测定(方法一)

1. 方法提要

挥发物(水分)的测定是在规定的条件下处理样品，根据样品失重计算挥发物(水分)的含量。

2. 仪器与设备

常规实验室仪器与设备。

3. 测定步骤

称取试样约 2 g，称准至 0.1 mg。置于事先在 60℃±2℃ 下已恒重的称量瓶中，放入 60℃±2℃ 干燥箱中干燥 2 h，取出放入盛有硅胶干燥器中冷却至室温称重。

4. 结果计算

水分含量以质量分数 w_{4-33-5} 计，以% 表示，按式(4-33-6)计算：

$$w_{4-33-5} = \frac{m_1 - m_2}{m} \times 100 \qquad (4-33-6)$$

式中：m_1 为称量瓶和样品在干燥前的质量，g；m_2 为称量瓶和样品在干燥后的质量，g；m 为样品的质量，g。计算结果精确到小数点后两位。取平行测定结果的算术平均值为测定结果。两次平行测定结果的绝对差值不大于 0.2%。

4.33.6.6 挥发物(水分)含量测定(方法二)

1. 方法提要

挥发物(水分)的测定是在规定的条件下处理样品，根据样品失重计算挥发物(水分)的含量。

2. 试剂

硫酸：化学纯。

3. 仪器与设备

常规实验室仪器与设备按以下配置。

(1)称量瓶：$\phi5$ cm×3 cm。

（2）真空干燥箱：控温精度 ±2℃。

（3）真空干燥器：ϕ15 cm。

4. 测定步骤

称取试样约 2 g，称准至 0.1 mg。置于事先在 40℃ ±2℃ 下已恒重的称量瓶中，放入 40℃ ±2℃ 的真空干燥箱中干燥 4 h，取出放在盛有浓硫酸的干燥器中，在真空状态下连续干燥18 h后称重。

5. 结果计算

同式（4 – 33 – 6）。

4.33.6.7　水溶物含量测定及其水萃取物酸、碱性检验

1. 方法提要

试样在规定条件下用水处理，浸提出其中的水可溶物质，过滤，蒸干滤液，称量，计算出水溶物重量。滤液应分别对甲基红和溴百里香酚蓝呈中性反应。

2. 试剂与溶液

（1）甲基红指示液：1 g/L。

（2）溴百里香酚蓝指示液：1 g/L。

3. 仪器与设备

常规实验室仪器与设备。

4. 测定步骤

称取试样约 10 g，称准至 1 mg。放入 150 mL 锥形瓶中，加 80 mL 水，间歇摇动，室温放置 4 h 过滤。滤渣用 20 mL 水分数次洗涤，滤液和洗液收集在 100 mL 容量瓶中，加水至刻度，摇匀。吸取 50 mL 滤液，置于已在 100℃ ±2℃ 下恒重的烧杯中，在电炉或电热板上蒸干，把烧杯放在 100℃ ±2℃ 的烘箱中，干燥 1 h 取出，放在干燥器中冷却至室温称重。重复干燥 30 min，冷却至室温称重。直至前后两次重量差不超过 0.001 g 为止。

5. 结果计算

水溶物以质量分数 w_{4-33-6} 计，以 % 表示，按式（4 – 33 – 7）计算：

$$w_{4-33-6} = \frac{m_2 - m_1}{m \times V} \times 100 \times 100 \qquad (4-33-7)$$

式中：m_2 为烧杯加残渣的质量，g；m_1 为烧杯的质量，g；m 为试样的质量，g；V 为滤液体积的数值，mL（$v = 50$）。计算结果精确到小数点后两位。取平行测定结果的算术平均值为测定结果。两次平行测定结果的绝对差值不大于 0.05%。

如用于水分含量大于 2% 的漂白胶，水溶物按式（4 – 33 – 8）计算：

$$w_{4-33-7} = \frac{m_2 - m_1}{m \times V(1 - w_{4-33-5})} \times 100 \times 100 \qquad (4-33-8)$$

式中：w_{4-33-5} 为试样水分的质量分数，%。

4.33.6.8 水萃取物酸值测定

从余下的滤液中,取 2 个 20 mL 分别装入两支试管中,在一支试管中滴加数滴甲基红不得显红色,另一只试管中滴加数滴溴百里香酚蓝不得显蓝色。如用酸度计检验,pH 为 5.4~7.0。

1. 方法提要

用氢氧化钾 - 乙醇标准溶液滴定紫胶乙醇液,以百里香酚蓝作指示剂。

2. 试剂与溶液

(1)氢氧化钾。

(2)95% 乙醇。

(3)氢氧化钾 - 乙醇标准溶液:$c = 0.1$ mol/L。

(4)百里香酚蓝指示液:1 g/L。

3. 仪器与设备

常规实验室仪器与设备。

4. 测定步骤

称取试样约 0.25~0.3 g,称准至 0.1 mg,放入 250 mL 锥形瓶中,加入 50 mL 乙醇使其溶解,加 3~5 滴百里香酚蓝指示液,用氢氧化钾 - 乙醇标准溶液($c = 0.1$ mol/L)滴定至紫红色出现为终点。同时做空白试验。

5. 结果计算

酸值以氢氧化钾(KOH)的质量分数 w_{4-33-8} 计,数值以毫克每克(mg/g)表示,按式(4-33-9)计算:

$$w_{4-33-8} = \frac{(V - V_0)c \times 56.11}{m} \qquad (4-33-9)$$

式中:V 为试样消耗氢氧化钾标准溶液的体积,mL;V_0 为空白消耗氢氧化钾标准溶液的体积,mL;c 为氢氧化钾标准溶液的准确浓度,mol/L;m 为试样的质量,g;56.11 为氢氧化钾的摩尔质量,g/mol。计算结果精确到小数点后两位。取平行测定结果的算术平均值为测定结果。两次平行测定结果的绝对差值不大于 2。

4.33.6.9 灰分含量测定

1. 方法提要

试样经炭化、高温灼烧,灰化,称量,计算灰分。

2. 仪器与设备

常规实验室仪器与设备按以下配置。

(1)高温炉:控温精度 ±5℃。

(2)瓷坩埚:30 mL。

3. 测定步骤

(1)称取试样约 10 g,称准至 0.1 mg。放入事先在 500~550℃下灼烧至恒重

414

的瓷坩埚中，先低温炭化完全，再移入高温炉中，在 500～550℃下灼烧 1 h，至全部灰化后，取出稍冷，放在干燥器中冷却至室温称重。重复灼烧 30 min，冷却至室温称重。直至前后两次重量差不超过 0.5 mg 为止。

4. 结果计算

灰分含量以质量分数 w_{4-33-9} 计，以% 表示，按式（4-33-10）计算：

$$w_{4-33-9} = \frac{m_2 - m_1}{m} \times 100 \qquad (4-33-10)$$

式中：m_2 为坩埚加灰分的质量，g；m_1 为空坩埚的质量，g；m 为样品的质量，g。计算结果精确到小数点后两位。取平行测定结果的算术平均值为测定结果。两次平行测定结果的绝对差值不大于 0.05% 。

4.33.6.10　蜡质含量测定

1. 方法提要

将定量虫胶溶于碳酸氢钠的热溶液中，冷却后，用过滤方法将蜡分离出，再用溶剂萃取。

2. 试剂与溶液

（1）无水碳酸钠。

（2）四氯化碳。

3. 仪器与设备

常规实验室仪器与设备按以下配置。

（1）恒温水浴锅。

（2）棉线。

（3）索氏提取器：如图 4-33-4 所示。

4. 测定步骤

（1）称取试样约 10 g，称准至 0.1 mg。置于 250 mL 烧杯中，加入 150 mL 溶有 2.5 g 碳酸钠的热水，放在沸水浴中加热，搅拌。待试样溶解后再加热 2～3 h，不要搅拌。

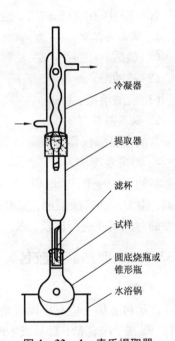

冷凝器

提取器

滤杯

试样

圆底烧瓶或
锥形瓶

水浴锅

图 4-33-4　索氏提取器

（2）将烧杯从水浴中取出，静置，冷却至室温，溶液表面将会浮现一层蜡，用四氯化碳萃取过得定性滤纸过滤，用水洗涤至滤液无色，将滤纸取出置于用表面皿，放在 60℃±2℃ 的烘箱中烘干水分，再用一张（经四氯化碳萃取过的）滤纸包好，用棉线捆紧，放入事先恒量过萃取瓶的索氏提取器中，用四氯化碳提取蜡，萃取 4 h。

（3）将萃取瓶的四氯化碳蒸除，放入干燥箱中，在 100℃±2℃ 下干燥 30 min，在干燥器中冷却至室温称量。重复干燥 30 min，冷却至室温称量，直至两次重量差不超过 0.002 g 为止。

5. 结果计算

蜡质以质量分数 $w_{4-33-10}$ 计，以%表示，按式(4-33-11)计算：

$$w_{4-33-10} = \frac{m_2 - m_1}{m} \times 100 \qquad (4-33-11)$$

式中：m_2 为萃取瓶加蜡的质量，g；m_1 为萃取瓶的质量，g；m 为样品的质量，g。计算结果精确到小数点后两位。取平行测定结果的算术平均值为测定结果。两次平行测定结果的绝对差值不大于0.2%。如系脱蜡胶，两次平行测定结果的绝对差值不大于0.03%。

4.33.6.11　松香定性检测

1. 方法提要

含有松香的虫胶乙酸酐，遇硫酸就会立即产生易消失的紫色。

2. 试剂与溶液

(1)硫酸。

(2)乙酸酐。

(3)硫酸溶液：1+1。

3. 仪器与装置

常规实验室仪器与设备。

4. 测定步骤

将约0.01 g的粉状试样放入白瓷点滴板的凹处，加入1 mL乙酸酐让其溶解片刻，滴加一滴硫酸试剂，如果有松香，将立即产生易消失的紫色。同时用含有松香的对照试样进行比较，以判断样品的颜色是否有样品中松香所产生。

4.33.7　工业产品虫胶包装与运输中的安全技术

(1)标志。

产品包装袋上应有牢固清晰的标志，内容包括：生产厂名、厂址、产品名称、商标、等级、净含量、批号或生产日期、标准编号以及"怕热""怕湿"标志。

(2)标签。

每批出厂的产品都应附有质量证明书。内容包括：生产厂名、厂址、产品名称、商标、等级、净含量、批号或生产日期、产品质量符合标准的证明和标准编号。

(3)包装。

产品采用双层包装。内包装采用聚乙烯塑料薄膜袋，外包装采用木箱，每袋净含量25 kg。用户对包装有特殊要求时，可供需协商。

(4)运输。

产品在运输过程中应有遮盖物，防止日晒、雨淋、受潮。

（5）贮存。

产品应贮存于通风、干燥的库房内。应防止雨淋、受潮，同时避免阳光直射。应避免与油类、酸类、碱类、氧化剂共运混贮。

4.34　工业聚乙烯醇质量标准及关键指标测定

4.34.1　名称与组成

（1）中文名称：聚乙烯醇树脂。

（2）英文名称：PVA resin；Polyvinyl alcohol resin。

（3）英文缩写：PVA。

（4）中文别称：聚乙烯醇，乙烯醇均聚物。

（5）分子式（单节）：$(C_2H_4O)_n$。

（6）单节分子量：44.02。

（7）组成元素：C 为 54.57%，H 为 9.09%，O 为 36.34%。

（8）氧平衡：按生成 CO、H_2O 计为 −144.80%；按生成 CO_2、H_2O 计为 −217.19%。

（9）化学品类别：有机化合物。

（10）聚乙烯醇树脂的命名：根据其平均聚合度，醇解度，主要用途和醇解工艺进行分类命名（多用途一般不用符号），例如表 4 − 34 − 1。

表 4 − 34 − 1　聚乙烯醇树脂的主要用途命名符号

符号	主要用途
B	聚乙烯醇缩丁醛用
D	纤维用
M	药用
S	浆纱用

（10）聚乙烯醇树脂的醇解工艺表示：

（L）— 低碱醇解；（H）— 高碱醇解。

（11）聚乙烯醇树脂命名，见表 4 − 34 − 2。

表4-34-2　聚乙烯醇树脂的命名

命名	命名说明
PVA 17-99F(H)	平均聚合度为1700(17)，醇解度99.8%(mol/mol)(99)，纤维用(F)，高碱醇解制备(H)
PVA 17-99S(L)	平均聚合度为1700(17)，醇解度99.8%(mol/mol)(99)，浆纱用(S)，低碱醇解制备(L)
PVA 17-88(L)	平均聚合度为1700(17)，醇解度88%(mol/mol)(88)，具有多种用途，低碱醇解制备(L)
PVA 04-86M(L)	平均聚合度为400(04)，醇解度86%(mol/mol)(86)，药用(M)，低碱醇解制备(L)。

4.34.2　理化性质

（1）外观性状：白色片状、絮状或粉末状固体，无味。

（2）聚乙烯醇树脂分子中有两种化学结构：1，3和1，2乙二醇结构。但主要的结构是1，3乙二醇结构，即"头·尾"结构；

$$\left[\begin{array}{c}CH_2-CH\\ \quad\quad|\\ \quad\quad OH\end{array}\right]_n$$

（3）聚合度：见表4-34-3。

表4-34-3　聚乙烯醇树脂聚合度性质

聚合度等级	聚合度分子量	聚合度性质
超高聚合度	25~30万	聚乙烯醇的物理性质受化学结构、醇解度、聚合度的影响。聚合度增大，水溶液黏度增大，成膜后的强度和耐溶剂性提高，但水中溶解性、成膜后伸长率下降
高聚合度	17-22万	
中聚合度	12~15万	
低聚合度	2.5~3.5万	

（4）醇解度：一般有78%、88%、98%三种。

（5）相对密度（25℃/4℃）：1.27~1.31 g/cm³（固体）。

（6）溶解性：溶于水，为了完全溶解一般需加热到65~75℃。不溶于汽油、煤油、植物油、苯、甲苯、二氯乙烷、四氯化碳、丙酮、醋酸乙酯、甲醇、乙二醇等，微溶于二甲基亚砜，120~150℃可溶于甘油，但冷至室温时成为胶冻。

（7）分解：在空气中加热至100℃以上慢慢变色、脆化。加热至160~170℃

脱水醚化，失去溶解性，加热到 200℃ 开始分解（聚乙烯醇加热时变色的性质可以通过加入 0.5% ~3% 的硼酸而得到抑制）。

（8）熔点：230℃。

（9）玻璃化温度：75 ~85℃。

（10）折射率：1.49 ~1.52。

（11）热导率：0.2 w/(m·K)。

（12）比热容：1 ~5 kJ/(kg·K)。

（13）电阻率：$(3.1 ~3.8) \times 10 \ \Omega \cdot cm$。

（14）引燃温度(℃)：410（粉末）。

（15）爆炸下限%(V/V)，(g/m³)：125。

（16）安全性：耐光性好，不受光照影响。通明火时可燃烧，有特殊气味。水溶液在贮存时，有时会出现霉变。无毒，对人体皮肤无刺激性。

（17）聚乙烯醇树脂 26 - 99(L) DTA 温度谱图（图 4 - 34 - 1）。

实验条件：环境温度 20 ±2℃，湿度 <80%，升温速率 10℃/min。

如图 4 - 34 - 1 所示，试样在 230 ~240℃ 之间有一明显分解熔融点，呈一小吸热谷图形；随着温度的升高，从 340℃ 开始，曲线呈放热态势逐步升高至 500℃ 左右才剧烈分解形成很尖锐的放热峰。

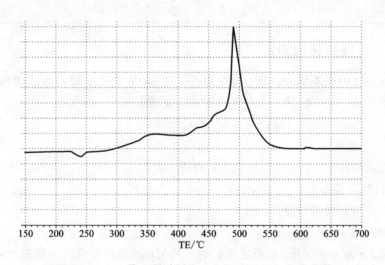

图 4 - 34 - 1 　聚乙烯醇树脂 26 - 99(L) DTA 温度谱图

4.34.3 主要用途

聚乙烯醇树脂在烟花爆竹中主要用作黏合剂、防潮剂。

4.34.4 质量技术标准

烟花爆竹用工业产品聚乙烯醇树脂质量技术指标应符合表4-34-4要求。

表4-34-4 工业产品聚乙烯醇树脂质量技术指标/%

型号 指标名称		096-27		100-27	
		优等品	合格品	优等品	合格品
醇解度(摩尔分数)		96.0~98.0	96.0~98.0	99.0~100	99.0~100
挥发分(含水分)	≤	5.0	7.0	5.0	7.0
纯度	≥	93.5	91.5	93.5	91.5
乙酸钠	≤	1.0			
pH		5~7		—	
灰分	≤	0.5	0.7	0.7	1.0
黏度(mpa·s)		23.0~29.0	22.0~28.0	22.0~28.0	22.0~30.0
氢氧化钠	≤	0.005			
外观性状		聚乙烯醇树脂为白色或微黄色片状、絮状或粉末状固体,无味,无肉眼所见杂质			

4.34.5 关键指标的测定

烟花爆竹用聚乙烯醇树脂,应按表4-34-4工业产品聚乙烯醇树脂质量技术指标项进行,也可根据具体用途由双方协议测定项。

4.34.5.1 聚乙烯醇材料挥发分(含水分)含量测定

1. 方法提要

计算试样在105℃条件下加热3 h的质量损失。

2. 仪器与设备

常规实验室仪器与设备。

3. 测定步骤

称量5 g左右的试样,称准至0.1 mg。均匀地铺在已恒量的称量瓶底部,放入温度为(105±2)℃的恒温箱中(取下瓶盖并放在恒温箱中),加热3 h(±5 min),取出,在干燥器中冷却至室温,称量,称准至0.1 mg。

注:H型聚乙烯醇树脂试样称样量约为2 g。

4. 结果计算

挥发分含量以质量分数w_{4-34-1}计,以%表示,按式(4-34-1)计算:

$$w_{4-34-1} = \frac{m_1 - m_2}{m_1 - m_0} \times 100 \qquad (4-34-1)$$

式中：m_0 为称量瓶的质量，g；m_1 为称量瓶与试样的质量，g；m_2 为加热后称量瓶与试样的质量，g。计算结果精确到小数点后两位。取平行测定结果的算术平均值为测定结果。

4.34.5.2　聚乙烯醇树脂残留乙酸根（或醇解度）测定方法

1. 范围

本方法是聚乙烯醇树脂醇解度（或残留乙酸根）的测定方法，适用于不含添加剂、填充剂、染料和其他可能干扰本方法测定的物质。

本方法适用于醇解度 >70%（摩尔分数）的聚乙烯醇材料。

2. 术语和定义

醇解度：聚乙烯醇材料中乙烯醇单元的摩尔分数，单位为%，由式（4-34-2）给定：

$$醇解度 = \frac{乙烯醇单元含量}{乙烯醇单元含量 + 乙酸乙烯单元含量} \times 100 \qquad (4-34-2)$$

3. 方法提要

将试样溶解在水里，加入定量氢氧化钠与聚乙烯醇材料中残留的乙酸根反应，再加定量硫酸中和剩余的氢氧化钠，过量的硫酸用氢氧化钠标准滴定溶液滴定，计算残留乙酸根的含量和醇解度。

4. 试剂与溶液

（1）氢氧化钠标准滴定溶液：$c(NaOH) = 0.1 \ mol/L$，$0.5 \ mol/L$。

（2）硫酸标准滴定溶液：$c(H_2SO_4) = 0.1 \ mol/L$，$0.5 \ mol/L$。

（3）盐酸标准滴定溶液：$c(HCl) = 0.1 \ mol/L$，$0.5 \ mol/L$。

（4）酚酞乙醇溶液：$10 \ g/L$。

5. 仪器与设备

常规实验室仪器与设备按以下装置。

（1）恒温水浴锅：精度 $\pm 2℃$。

（2）锥形瓶：500 mL，具塞。

（3）回流冷凝器：300 mm，球型。

6. 测定步骤

（1）按表 4-34-5 的规定称取试样，称准至 0.1 mg。移入带回流冷凝管的锥形瓶中。

（2）加入 200 mL 水和 3 滴酚酞溶液，若显粉红色，则加入 5 mL 硫酸标准溶液 $[c(1/2H_2SO_4) = 0.1 \ mol/L]$，将锥形瓶与冷凝器连接好，在热水浴中边加热边摇动，直至试样完全溶解。以少量蒸馏水冲洗冷凝器，洗液并入锥形瓶内。

(3)取下锥形瓶,冷却后用氢氧化钠标准溶液[$c(NaOH) = 0.1$ mol/L]滴定至粉红色。

(4)再准确加入20.0 mL 氢氧化钠标准溶液[$c(NaOH) = 0.5$ mol/L],盖紧并盖,充分摇匀,在室温下放置2 h后,准确加入20.0 mL 硫酸标准溶液[$c(1/2H_2SO_4) = 0.5$ mol/L]中和。过量的硫酸用氢氧化钠标准溶液[$c(NaOH) = 0.1$ mol/L]滴定至粉红色,30 s 不褪色为终点。

(5)同时用200 mL蒸馏水做空白试验。

表 4 - 34 - 5   试样量和所用标准溶液浓度

醇解度估计值(摩尔分数)/%	试样量/g	标准滴定溶液浓度/(mol·L^{-1})
醇解度≥97	3	0.1
90≤醇解度<97	3	0.5
80≤醇解度<90	2	0.5
70≤醇解度<80	1	0.5

7. 结果表示

(1)醇解度以摩尔分数 H 计,以% 表示,按式(4 - 34 - 3)、式(4 - 34 - 4)、式(4 - 34 - 5)计算:

$$w_{4-34-2} = \frac{(V_1 - V_0) \times c \times 0.06005}{m \times \left(1 - \frac{w_1 + w_3}{100}\right)} \times 100 \qquad (3-34.3)$$

$$w_{4-34-3} = \frac{44.02w_2}{60.05 - 0.43w_2} \qquad (4-34-4)$$

$$H = 100 - w_{4-34-3} \qquad (4-34-5)$$

式中:w_{4-34-2} 为残留乙酸根所对应的乙酸的质量,%;w_{4-34-3} 为残留乙酸根的质量,%;V_0 为滴定空白消耗氢氧化钠标准溶液的体积,mL;V_1 为滴定试样消耗氢氧化钠标准溶液的体积,mL;c 为氢氧化钠标准溶液的准确浓度,mol/L;0.06005 为乙酸的摩尔质量除以1000,g/mol;m 为试样的质量,g;w_{4-34-1} 为聚乙烯醇树脂挥发分的质量,%;w_{4-34-3} 为聚乙烯醇树脂中乙酸钠的质量,%;44.02 为聚乙烯醇树脂链接的摩尔质量,g/mol;60.05 为乙酸的摩尔质量,g/mol;0.42 为根据以下方程转换的系数:

$$w_{4-34-4} = \frac{60.05w_{4-34-3}}{86.09w_{4-34-3} + (100 - w_{4-34-3}) \times 44.02} \qquad (4-34-6)$$

式中:86.09 为乙酸乙烯的摩尔质量,g/mol。计算结果精确到小数点后两位。取平行测定结果的算术平均值为测定结果。

4.34.5.3　聚乙烯醇树脂乙酸钠含量测定方法

1. 方法提要

将试样溶解在水中，以次甲基蓝和次甲基黄混合溶液为指示剂，用盐酸标准溶液进行滴定，计算得到试样中乙酸钠的含量。

2. 试剂与溶液

(1)盐酸标准溶液：$c(HCl)=0.1\ mol/L$。

(2)混合指示液(1:1)：次甲基蓝：0.1%乙醇溶液 + 二甲基黄：0.1%乙醇溶液。

3. 仪器与设备

常规实验室仪器与设备。

4. 测定步骤

(1)醇解度≥97%(mol/mol)。

(2)低碱醇解生产的聚乙烯醇树脂：称取5 g试样，称准至10 mg，放入预先准备好的锥形瓶内，加入200 mL蒸馏水，在热水浴中边加热边摇动，待试样全部溶解后，冷却至室温，加入15~20滴1:1的次甲基蓝-二甲基黄混合指示液，然后用盐酸标准溶液[$c(HCl)=0.1\ mol/L$]滴定，溶液的颜色由绿色变为淡紫色即为终点。同时做空白试验。

注：醇解度低的试样有时可能使溶液变浑浊。一旦发生，一边轻轻搅拌一边慢慢冷却，或者用3:1的水/甲醇混合溶液代替水溶液。

(3)高碱醇解生产的聚乙烯醇。

称取2~3 g试样，准确至10 mg，放入预先准备好的锥形瓶内，加入200 mL蒸馏水。以下操作与(2)相同。

5. 结果计算

乙酸钠含量以质量分数 w_{4-34-5} 计，以%表示，按式(4-34-7)计算：

$$w_{4-34-5}=\frac{(V_1-V_0)\times c\times 0.0820}{m}\times 100 \qquad (4-34-7)$$

式中：V_0 为滴定空白消耗盐酸标准溶液的体积，mL；V_1 为滴定试样消耗盐酸标准溶液的体积，mL；c 为盐酸标准溶液的准确浓度，mol/L；0.0820为乙酸钠的摩尔质量除以1000，g/mol；m 为试样质量，g。计算结果精确到小数点后两位。取平行测定结果的算术平均值为测定结果。两次平行测定结果的两值之差不大于0.03%。

注：若试样中存在氢氧化钠时，应注意其对测定乙酸钠含量的影响；但乙酸钠用于灰分计算时，不考虑氢氧化钠对测定乙酸钠含量的影响。

4.34.5.4 聚乙烯醇树脂灰分测定

1. 方法提要

将试样灰化并经高温灼烧至恒重，计算灼烧残渣（即灰分）的含量。

2. 仪器与设备

常规实验室仪器与设备按以下装置。

（1）瓷坩埚：100 mL。

（2）干燥器：$\phi180 \sim \phi200$ mm，内装无水氯化钙或变色硅胶干燥剂。

（3）高温炉：控温精度 $\pm 20^{\circ}C$。

3. 测定步骤

称取聚乙烯醇试样（高碱醇解的试样取 $2 \sim 3$ g，低碱醇解的试样取 5 g），称准至 0.1 mg。置于灼烧恒重的坩埚中，先放在电炉上于 $400 \sim 450^{\circ}C$ 炭化，然后放入预先升温至 $750 \sim 800^{\circ}C$ 的高温炉中灼烧至恒重（约 5 h）。取出坩埚，在空气中冷却 $1 \sim 3$ min，然后移入干燥器中冷却至室温，称量（每次冷却时间应严格一致），准确至 0.1 mg。

4. 结果计算

灰分含量以质量分数 w_{4-34-4} 计，以 % 表示，按式（4-34-8）计算：

$$w_{4-34-8} = \frac{m_3 - m_1}{m_2 - m_1} \times 100 \qquad (4-34-8)$$

式中：m_1 为坩埚质量，g；m_2 为坩埚加试样的质量，g；m_3 为坩埚加灰分的质量，g。计算结果精确到小数点后两位。取平行测定结果的算术平均值为测定结果。两次平行测定结果的两值之差不大于 0.03%。

4.34.5.5 聚乙烯醇树脂中氢氧化钠含量测定

1. 方法提要

将试样溶解在水中，加入过量硫酸与试样中的氢氧化钠中和，再用氢氧化钠标准溶液滴定过量的硫酸，计算得到试样中氢氧化钠的含量。

$$2NaOH + 2H_2SO_4 = Na_2SO_4 + 2H_2O$$

2. 试剂与溶液

（1）硫酸标准溶液：$c(1/2H_2SO_4) = 0.1$ mol/L。

（2）氢氧化钠标准溶液：$c(NaOH) = 0.1$ mol/L。

（3）酚酞溶液：1% 乙醇溶液。

3. 仪器与设备

常规实验室仪器与设备按以下配置。

（1）回流冷凝器：球型，300 mm。

（2）磨口锥形瓶：500 mL。

（3）恒温水浴锅：控温精度 $\pm 2^{\circ}C$。

4．测定步骤

（1）称取 3 g 试样（醇解度低的称取 1 g 试样），称准至 10 mg，移入带回流冷凝器的500 mL磨口锥形瓶内，加入 200 mL 蒸馏水，滴加三滴酚酞，准确加入 5．0 mL硫酸标准溶液[$c(1/2H_2SO_4) = 0.1$ mol/L]，将锥形瓶与回流冷凝器连接好，在热水浴中边加热边摇动。

（2）待试样溶解后，以少量蒸馏水冲洗冷凝器，洗液并入锥形瓶内。取下锥形瓶，冷却后用氢氧化钠标准溶液[$c(NaOH) = 0.1$ mol/L]滴定至粉红色，30 s 不褪色为终点。

（3）同时做空白试验。

5．结果计算

氢氧化钠含量以质量分数 w_{4-34-5} 计，以％表示，按式（4-35-9）计算：

$$w_{4-34-5} = \frac{(V_0 - V_1) \times c \times 0.0400}{m} \qquad (4-34-9)$$

式中：V_0 为滴定空白消耗氢氧化钠标准溶液的体积，mL；V_1 为滴定试样消耗氢氧化钠标准溶液的体积，mL；c 为氢氧化钠标准溶液的准确浓度，mol/L；m 为试样的质量，g；0.0400 为与 1.00 mL 氢氧化钠标准溶液[$c(NaOH) = 0.1$ mol/L]相当的以 g 表示的聚乙烯醇树脂中氢氧化钠的质量。计算结果精确到小数点后两位。取平行测定结果的算术平均值为测定结果。两次平行测定结果的两值之差不大于 0.03％。

4.34.5.6　聚乙烯醇材料水溶液 pH 测定

1．范围

本方法适用于测定醇解度大于 70％（摩尔分数）的聚乙烯醇材料 4％ 水溶液的 pH 测定。

2．方法提要

将规定的指示电极和参比电极浸入同一被测溶液中，构成一原电池，其电动势与溶液的 pH 有关，通过测量原电池的电动势即可得出溶液的 pH。

3．试剂与溶液

（1）邻苯二甲酸盐标准缓冲溶液：$c(C_6H_4CO_2HCO_2K) = 0.05$ mol/L。

（2）磷酸盐标准缓冲溶液：$c(KH_2PO_4) = 0.025$ mol/L，$c(Na_2HPO_4) = 0.025$ mol/L。

（3）硼酸盐标准缓冲溶液：$c(Na_2B_4O_7 \cdot 10H_2O) = 0.01$ mol/L。

（4）无二氧化碳水。

4．仪器与设备

常规实验室仪器与设备按以下配置。

(1)酸度计:精度 0.02 级。

(2)加热搅拌装置。

(3)温度计:精确至 1℃。

5. 测定步骤

(1)4% 聚乙烯醇水溶液配制。

称取试样约 15 g,称准至 0.001 g,放入 500 mL 的锥形瓶中。按式(4 - 34 - 10)计算需加入水的质量,加水调制。

$$m = \frac{m_0 \times (100 - w_{4-34-1})}{4} - m_0 \qquad (4 - 34 - 10)$$

式中:m_0 为称取试样的质量,g;m 为加水的质量,g;w_{4-34-1} 为试样挥发分的质量,%;4 为以 % 表示的规定溶液浓度。

将试样加热溶解完全,冷却至室温,得到试液,待用。

注:试样溶解前、后试液质量应保持不变。

(2)测定。

①按酸度计使用说明书,用标准缓冲溶液校正酸度计。

②取 50 mL 试液[聚乙烯醇水溶液(4%)]放在烧杯中,将电极插入,小心摇动使其均匀,待读数稳定后记录 pH。

③试验后应立即用水仔细清洗电极。

注:冲洗电极后用干净滤纸将电极底部水滴轻轻地吸干,注意勿用滤纸去擦电极,以免电极带静电,导致读数不稳,甚至损坏电极。

6. 结果表示

取平行测定结果的算术平均值为测定结果。

结果精确至小数点后 1 位。

两次平行测定结果(pH)的绝对差值不大于 0.3。

注:若试样中存在氢氧化钠时,应注意其对测定乙酸钠含量的影响;但乙酸钠用于灰分计算时,不考虑氢氧化钠对测定乙酸钠含量的影响。

4.34.5.7 聚乙烯醇树脂黏度测定 旋转黏度计法

1. 方法提要

同步电机以稳定的速度旋转,连接刻度圆盘,再通过游丝和转轴带动转子旋转。转子收到液体的黏滞阻力,则游丝产生扭矩,与黏滞阻力抗衡最后达到平衡,这时与游丝连接的指针在刻度盘上指示一定的读数(即游丝的扭转角)。将读数乘上特定的系数即得到液体的黏度(MPa·s)。

2. 仪器与设备

常规实验室仪器与设备按以下配置。

(1)恒温浴埚:控制精度 ±1℃。

426

（2）旋转黏度计：NDJ－1 型旋转黏度计，如图 4－34－3 所示。

（3）干燥器：硅胶为干燥剂。

3. 测定步骤

（1）试样溶解：称取至少 15 g 的试样三份，准确至 0.001 g。分别放入锥形瓶中。

（2）加水配制成浓度分别为 3.8%、4.0% 和 4.2% 的溶液，所需水按式（4－34－11）计算：

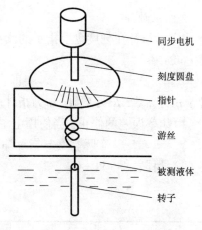

$$m_w = \frac{m_0 \times (100 - w_{4-34-1})}{c} - m_0$$

（4－34－11）

图 4－34－3　旋转黏度计示意图

式中：m_w 为所加水的质量，g；m_0 为试样的质量，g；w_{4-34-1} 为试样挥发分的质量，%；c 为配制浓度。

（4）加热使试样完全溶解，然后冷却至 20℃ 左右，排尽溶液中的气体。

注：醇解度低的试样有时可能使溶液变混浊。一旦发生，一边轻轻搅拌一边慢慢冷却。

（5）黏度测定。

①将被测液体置于直径不小于 70 mm 的烧杯或直筒形容器，放入（20.0 ± 0.1）℃ 恒温水浴中恒温。

②连接转子和黏度计，确保转子垂直。

③转子逐步浸入被测液体中，指导转子液面标志和液面相平为止（调整仪器水平）。

④试液温度恒定为（20.0 ± 0.1）℃ 时，开启电机开关，转动变速旋钮，使转子在液体中旋转（一般 20～30 s），待指针趋于稳定，停于读数窗内，即可读取读数。

⑤若指针所指的数值过高或过低时，可变换转子和转速，务必读数在 30～90 格之间最佳。

⑥重复测定另外两份试液。

（6）量程、系数及转子、转速的选择。

①先大约估计被测液体的黏度范围，然后根据量程表选择适当的转子和转速：如测定约 3000 MPa·s 左右的液体时可选用 2 号转子（6 r/min）或 3 号转（30 r/min）。

②当估计不出被测液体的大致黏度时，应假定为较高的黏度，试用由小到大的转子和由慢到快的转速。原则是高黏度的液体选用小转子（转子号高），慢速度；低黏度的液体选用大转子（转子号低），快转速。

4．结果计算

测定时指针在刻度盘上指示的读数必须乘上系数表上的特定系数才为测得的黏度(mPa·s)

$$即：\eta = K \cdot \alpha$$

式中：η 为黏数；K 为系数；α 为指针所指读数(偏转量)

(1)频率误差的修正：当使用电源频率不准时，可按下列公式修正。

$$实际黏度 = 指示黏度 \times 名义频率/实际频率$$

(2)量程表 4 - 34 - 6。

表 4 - 34 - 6

转子 \ 量程 \ r/min	60	30	12	6
1	100	200	500	1000
2	500	1000	2500	5000
3	2000	4000	10000	20000
4	10000	20000	50000	100000

注：r/min 为转子每分钟转速；量程为被测液体黏度(mPa·s)；转子为转子型号。

(3)系数表 4 - 34 - 7。

表 4 - 34 - 7

转子型号 \ K值 \ r/min	60	30	12	6
1	1	2	5	10
2	5	10	25	50
3	20	40	100	200
4	100	200	500	1000

注：r/min 为转子每分钟转速；K 值为常数(MPa·S)；转子为转子型号。

5. 试液准确浓度测定

(1)把预先清洗干净的称量瓶放入温度为(105±2)℃的干燥箱中,至少干燥1 h。然后放入干燥器中冷却至室温,称量,准确至0.001 g。

(2)吸取约5 g所配制的试液于称量瓶中,称量,准确至0.001 g。

(3)将其放在沸水浴上蒸发至干,然后放入温度为(105±2)℃的干燥箱中,至少干燥4 h。

(4)干燥后,放在干燥器中冷却至室温,称量,准确至0.001 g。

(5)重复测定另外两份试液。

6. 结果计算

每份试液的准确浓度以质量分数c计,以%表示,按式(4-34-12)计算:

$$c = \frac{m_2 - m_3}{m_1 - m_3} \times 100 \qquad (4-34-12)$$

式中:m_1为烘干前试液和称量瓶的质量,g;m_2为烘干后试液和称量瓶的质量,g;m_3为称量瓶的质量,g。平行试验结果的两值之差不大于0.3mPa·s。

4.34.5.8　聚乙烯醇树脂平均聚合度测定

1. 方法提要

用奥氏黏度计测定聚乙烯醇树脂水溶液的特性黏度并由特性黏度计算出聚乙烯醇材料的平均聚合度。

2. 试剂与溶液

(1)甲醇。

(2)氢氧化钠溶液:$c(NaOH) = 12.5$ mol/L。称取500 g氢氧化钠,溶于水,稀释至1000 mL。

(3)酚酞溶液:10 g/L乙醇溶液。

3. 仪器与设备

常规实验室仪器与设备按以下配置。

(1)恒温浴埚:控制精度±1℃。

(2)玻璃砂芯漏斗:P100号。

(3)布氏漏斗:直径100 mm。

(4)抽滤瓶:1 L。

(5)称量瓶:ϕ60 mm×30 mm。

(6)奥氏黏度计(图4-34-4)。

(7)配套装置(图4-34-5)。

注:①凡带有※号的尺寸要求十分精确。

②在30℃下水的流经时间应在(100±20)s以内。

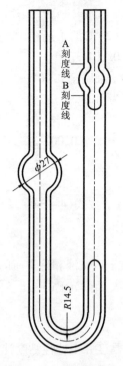

A 刻度线
B 刻度线

φ27

R14.5

图4 – 34 – 4　奥氏黏度计示意图

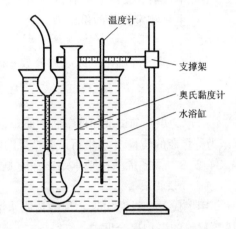

温度计

支撑架

奥氏黏度计

水浴缸

图4 – 34 – 5　实验装置示意图

4. 测定步骤

(1)试样处理。

①称取试样 10 g，精确至 0.1 g，置于 500 mL 三角烧瓶中，加入 200 mL 甲醇后，对于醇解度达到 97%（摩尔分数）以上的试样加 3 mL 的氢氧化钠溶液[c (NaOH) = 12.5 mol/L]，醇解度小于 97%（摩尔分数）的试样加 10 mL 的氢氧化钠溶液[c(NaOH) = 12.5 mol/L]，加入后混合均匀。

②将配制好的试样溶液，置入 40℃ ±2℃ 水浴中加热 1 h。

③将加热后的试样(b)用铺好滤布的布氏漏斗过滤，并用甲醇洗净试样，除去氢氧化钠及醋酸钠(洗涤液用水稀释一倍后用酚酞检验无碱性反应)。转移至表面皿，在(105 ±2)℃ 的温度范围内干燥 1 h。

注：对醇解度大于 99.8%（摩尔分数）的聚乙烯醇，称取试样 3 g，精确至 0.1 g，移入 500 mL 烧杯中，加入 200 mL 水搅拌，放置 15 min，然后进行水洗。将放置的试样用铺好滤布的布氏漏斗过滤，全脱水后，用 500 mL 水，分 3 ~ 4 次洗涤试样，尽量将氢氧化钠及醋酸钠洗净，抽干。

(2)试样溶解。

称取按(1)处理的试样 3 g，精确至 0.1 g，放入 500 mL 烧杯中，加水约

300 mL，放在溶解设备上加热溶解，待试样全部溶解后，冷却至室温。用 P100 玻璃砂芯漏斗过滤，用干燥磨口锥形瓶接收滤液；将锥形瓶放在 30.0℃ ±0.1℃ 恒温水浴中恒温至少 10 min，试液保持恒温待用。

（3）试液浓度测定。

①用 10 mL 移液管准确吸取试液（2）10 mL 置于已恒量的称量瓶内，再置于（105 ±2）℃ 的恒温干燥箱内干燥 4 h 以上，取出放入干燥器内冷却至室温，称量，准确至 0.1 mg

②按式（4 - 34 - 13）计算试液的浓度。

$$\rho = \frac{m \times 1000}{V} \qquad (4-34-13)$$

式中：ρ 为试液的质量浓度，g/L；m 为试液蒸发后的试样的质量，g；V 为 30℃时 10 mL 移液管的容积，mL。

（4）试液黏度测定。

将干燥、洗净的黏度计安装在（30.0 ±0.1）℃ 恒温水浴内，使毛细管保持垂直方向。用 10 mL 移液管准确吸取 10 mL 试液（2）放入黏度计内，放置 5 ~ 10 min。用胶管连接好毛细管的一侧 D 处（图 4 - 34 - 4），然后用吸耳球把试液吸入毛细管 A 刻度以上，让其自然下落，测定其弯月面从 A 刻度到 B 刻度的流经时间。反复测定，直到 3 次测定结果之间的差值不超过 0.2 s，取平均值作为试液的流经时间。

（5）空白试验。

用 10 mL 移液管移取 10 mL 与试液同温度的水放入黏度计内，按（4）的步骤测定水从 A 刻度到 B 刻度的流经时间，反复测定，直到 3 次测定结果之间的差值不超过 0.2 s，取平均值作为试液的流经时间。

4. 结果计算

平均聚合度 $\overline{P_A}$ 按式（4 - 34 - 14）、式（4 - 34 - 15）、式（4 - 34 - 16）计算：

$$\lg \overline{P_A} = 1.613 \times \lg \frac{[\eta] \times 10^4}{8.29} \qquad (4-34-14)$$

$$[\eta] = \frac{2.303 \times \lg \eta_\tau}{\rho} \qquad (4-34-15)$$

$$\eta_\tau = \frac{t}{t_0} \qquad (4-34-16)$$

式中：$[\eta]$ 为聚乙烯醇溶液的特性黏度，L/g；η_τ 为相对黏度；ρ 为试液浓度，g/L；t 为试液的流经时间，s；t_0 为水的流经时间，s；1.613 为常数；8.29 为常数。取平行测定结果的算术平均值为测定结果；聚合度数值修约至十位；两次平行测试结果的绝对差值不大于 50。

4.34.5.9　聚乙烯醇树脂纯度测定

聚乙烯醇材料纯度的质量分数以 w_{4-34-6} 计，以% 表示，按式（4－34－17）计算：

$$w_{4-34-6} = 100 - (w_{4-34-1} + w_{4-34-3} + w_{4-34-55}) \qquad (4-34-17)$$

式中：w_{4-34-1} 为挥发分含量，% 。w_{4-34-3} 为乙酸钠含量，% 。w_{4-34-5} 为氢氧化钠含量，% 。计算结果精确到小数点后两位。

4.34.6　工业产品聚乙烯醇树脂包装与运输中的安全技术

（1）标志。

产品包装袋上应有牢固清晰的标志，内容包括：生产厂名、厂址、产品名称、商标、等级、净含量、批号或生产日期和标准编号。

（2）标签。

每批出厂的产品都应附有质量证明书。内容包括：生产厂名、厂址、产品名称、商标、等级、净含量、批号或生产日期、产品质量符合标准的证明和标准编号。

（3）包装。

产品用不易破损、防潮的塑料编织袋、纸塑复合袋和其他包装材料包装，包装规格及净重可按用户的要求确定。

（4）运输。

聚乙烯醇树脂为非危险品。产品在装卸时应防止刮破或摔坏包装，在运输过程中，应防潮、防雨、防晒。

（5）贮存。

产品应贮存于干燥、通风良好的室内，勿靠近暖气或其他热源。防止潮湿，防止日光下暴晒，严禁与挥发的化学药品、染料混放，以避免吸附变质。

4.35　工业酚醛树脂质量标准及关键指标测定

4.35.1　名称与组成

（1）中文名称：酚醛树脂。

（2）英文名称：Phenolic Resin。

（3）英文缩写：PE 或 RFR。

（4）中文别名：电木粉、酚醛树脂（热塑性）、水溶性酚醛树脂、直链酚醛树脂、苯酚树酯等。

（5）化学式：$(C_7H_6O_2)_n$。

(6)结构式：

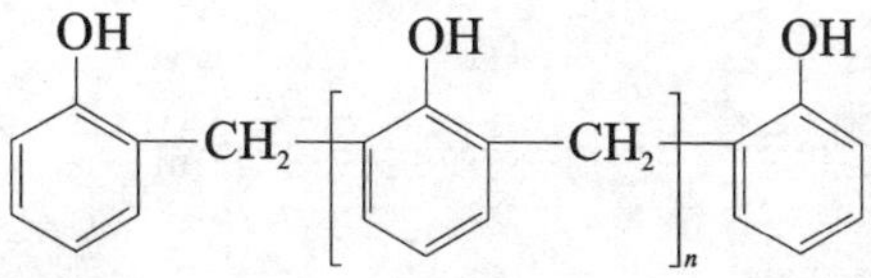

(7)单节分子量：122。

(8)组成元素：C 为 68.85%，H 为 4.92%，O 为 26.23%。

(9)氧平衡：按生成 CO、H_2O 计：－104.92%；按生成 CO_2、H_2O 计为 －196.72%。

(10)化学品类别：有机化合物。

4.35.2　理化性质

(1)外观性状：黄色、透明、无定形块状物质，因含有游离酚而呈微红色。

(2)相对密度：1.25～1.30 g/cm^3。

(3)溶解性：易溶于乙醇、丙酮，不溶于水。

(4)类型：

类型	工艺条件
热固性酚醛树脂	醛与酚的摩尔比 >1，用碱类物质作催化剂缩聚而成
热塑性酚醛树脂	醛与酚的摩尔比 <1，用酸类物质作催化剂缩聚而成

(5)化学稳定性：耐高温，耐弱酸弱碱，遇强酸发生分解，遇强碱发生腐蚀。

(6)黏接强度：酚醛树脂是一种多功能，与各种各样的游记和无机填料都能相容的物质。是非常重要的黏接剂。

(7)高残碳率：在温度大约为 1000℃ 的惰性气体条件下，酚醛树脂会产生很高的残碳，这有利于维持其结构稳定，这一特性，也是它能用于耐火材料领域的重要原因。

(8)低烟低毒：与其他树脂系统相比，酚醛树脂系统具有低烟低毒的优势。用科学配方生产出来的酚醛树脂系统，在燃烧的情况下，会缓慢分解产生氢气、碳氢化合物、水蒸气和碳氧化合物。

(9)酚醛树脂(2123 型号)DTA 温度谱图(图 4-35-1)。

实验条件：环境温度 20±2℃，湿度 <80%，升温速率 10℃/min。

如图 4-35-1 所示，试样在 50℃ 开始熔融，表现为一明显的吸热谷，随着温度的升高，在 350℃ 开始，温度曲线渐渐抬高，在 600℃ 左右出现激烈分解，表现为一放热峰。

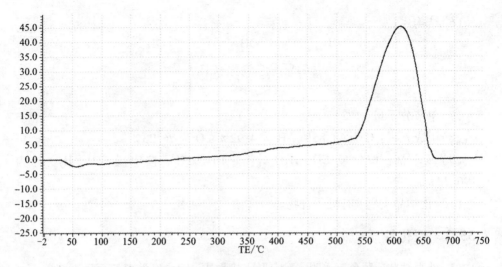

图 4 - 35 - 1 　 酚醛树脂(2123 型号)DTA 温度谱图

4.35.3　主要用途

酚醛树脂在烟花爆竹的烟火剂中主要用作黏合剂、消焰剂。应选用甲阶 PF
为线性可溶可熔树脂(热固性酚醛树脂可分为甲、乙、丙三个阶段,甲阶 PF 为线
性可溶可熔树脂,乙阶 PF 为少量交联半可溶可熔树脂,丙阶 PF 为交联体型不溶
不熔树脂)。

4.35.4　质量技术标准

烟花爆竹用工业酚醛树脂应符合表 4 - 35 - 1 中质量技术指标。

表 4 - 35 - 1　工业酚醛树脂质量技术指标

项目名称		指标/%
软化点/℃		95 ~ 118
游离酚	≤	3.0
水分	≤	2.0
游离甲醛	≤	2.0
灰分	≤	0.3

4.35.5　关键指标的测定

烟花爆竹用酚醛树脂采用 PF2123 - B 型。关键指标测定应按照表 4 - 35 - 1

434

质量技术指标项进行,如有特殊要求,也可供需双方协商。

4.35.5.1 酚醛树脂中水分含量测定

1. 方法提要

苯与水是两种互不相溶的液体,将它们混合后,其沸点为 69.13℃,低于纯苯的沸点(80.4℃)和水的沸点(100℃),利用这一性质可在低温下进行蒸馏,蒸出的二种液体在室温下互不相溶,水在下层,苯在上层,即可求出水的含量。

2. 试剂

无水苯(经 $CaCl_2$ 干燥)。

3. 仪器与设备

常规实验室仪器与设备按以下装置。

(1)冷凝器:300 mm。

(2)恒温水浴锅:控温精度 ±0.1℃。

(3)圆底磨口烧瓶:500 mL。

(4)集水管:10 mL,分度 0.1 mL。

(5)沸石。

3. 测定步骤

(1)准确称取酚醛树脂约 5 g,称准至 0.1 mg。

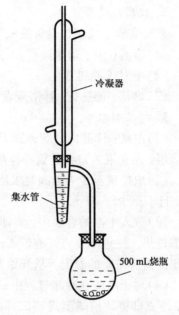

图 4-35-2 水蒸馏装置示意图

冷凝器
集水管
500 mL烧瓶

(2)放入干燥的 500 mL 圆底磨口烧瓶中,加入无水苯约 200 mL,瓶底装入数粒沸石圆底磨口烧瓶与冷凝管连接好。

(3)将圆底烧瓶放入水浴中加热,冷凝水由冷凝器落入集水管,液滴速度每秒为 3~4 滴。待集水管中水分不再增加时,而且溶液变为透明为止(大约 2 h),冷却至室温后记下读数。

4. 结果计算

水分含量以质量分数 w_{4-35-1} 计,以% 表示,按式(4-35-1)计算:

$$w_{4-35-1} = \frac{V}{m} \times 100 \qquad (4-35-1)$$

式中:V 为集水管中水分体积,mL;m 为试样的质量,g。计算结果精确到小数点后两位。取平行测定结果的算术平均值为测定结果。两次平行测定结果的绝对差值不大于 0.2%。

4.35.5.2 酚醛树脂软化点测定 自动环球法

本测定用环球法测定树脂(包括松香)和类似材料软化点的方法。

1. 方法提要

将待测试样固定在水平圆环内，在水浴、甘油浴、硅油浴、乙二醇/水浴或者甘油/水浴中以规定的速度加热，将确定质量的钢球置于填满试样的金属环上，钢球在重力作用下从圆环中下落25.4 mm时的温度，视为其软化点。

2. 仪器与设备

常规实验室仪器与设备按以下配置。

(1) 容器：用于熔融试样。

(2) 小刀或者刮刀。

(3) 烘箱、加热板、沙浴或者油浴。

3. 样品制取

(1) 取样：样品应是新破碎无氧化表面的团块。对于小块样品，使用前刮去其表层，避免混入过细的破碎样品和灰尘。

(2) 取样量至少为填满要求所需数量承受环[图4-35-2-a)]两倍的试样量，且不得少于40 g。

(3) 放入干净的容器中，立即用烘箱、加热板、沙浴或者油浴熔融试样，避免局部过热。注意不要将气泡带入试样中。完全熔融试样，但是不应被加热到超过易于浇铸所需要的温度。从开始升温到浇铸样品的时间不得超过15 min。

(4) 对于那些在冷却过程中易于开裂或者收缩的材料，在将试样倒入环中之前，应立即将环预热至浇铸试样的温度。浇铸时环必须放在一个合适的金属表面。浇铸足够量的样品在环内，保证在冷却时仍能过量。

(5) 冷却至少30 min并且清除在环边缘多余样品。从顶部清除多余的样品，用稍稍加热的小刀或刮刀清除多余的样品，或者将环用一对钳子夹住，并且快速牢牢地拉住测试样品的表面越过加热的金属板的表面。如果需要重复试验，应使用干净容器和新制样品。

4. 加热浴液体

(1) 煮沸过的蒸馏水或去离子水，适用于软化点在35~80℃的材料。

将煮沸的水冷却至27℃以下，此温度在预期的软化点温度之下，但是不得低于5℃。必须使用刚煮沸的水，否则气泡可能在试样上形成并且影响测试结果。

(2) 甘油，适用于软化点在80~150℃的材料。

随着使用时间的增加，重复使用的甘油水分含量会增加，并可能影响结果。如果甘油的外观上有任何改变，要使用新的甘油。

由于甘油的闪点是160℃，对于软化点高于150℃的样品不要使用甘油。

(3) 硅油（聚甲基硅氧烷），50cSt黏度，适用于软化点高于80℃的材料。

硅油温度在200℃以内保持稳定，在该温度范围内保持清澈，与试样表观上没有明显反应，具有较高的抗水性，并且在该温度范围内能保持均匀的黏度和搅拌速度。

如果在外观上有任何改变应更换新的硅油。不要使用任何有凝胶的硅油，因为凝胶的出现说明硅油发生了降解。

（4）乙二醇，适用于软化点低于 35℃ 的材料。

使用蒸馏水与乙二醇 1 + 1（体积比）的混合物。对软化点在 0 ~ 35℃ 的，可以用 1 + 1（体积比）水和甘油的混合物代替。

5. 软化点测定法使用的仪器（图 4 - 35 - 3）。

（1）承受环：材质为黄铜或钢，并且符合图 4 - 35 - 3(a)所示的尺寸。

（2）钢球：直径(9.53 ± 0.10) mm，质量(3.50 ± 0.05)g。

（3）球心定位器（可选）见图 4 - 35 - 3(b)，黄铜材质和图 4 - 35 - 3(c)所示的形状和尺寸。

（4）耐热玻璃烧杯：直径不低于 85 mm 并且从底部到上沿的深度不小于 125 mm（可用耐热玻璃烧制的600 mL 矮型烧杯）。

（5）温度计：铂电阻温度计。

（6）固定装置：用以固定环和温度计的支架必须符合下列要求：

①环应被固定在一个水平位置。

②使用图 4 - 35 - 3(d)所示的仪器，每个环底应距其水平板 25 mm，而水平板的底面应距烧杯底部 13 ~ 19 mm，并且容器内液体深度不应低于 100 mm。

③温度计应被悬挂到使汞泡的底部与环的底部在同一水平面，且相距在 13 mm 以内而不触及环。仲裁时环的使用个数不应多于两个。

（7）搅拌器。

加热器（烧杯）中的液体应有足够的搅拌速度，以确保受热均匀，否则如果受热不均将造成环内的树脂由于软化而向一边移动。通常使用的搅拌速度为 500 到 700。使用装配好的机械电机驱动搅拌器，保证其旋转所造成的任何震动不会直接传到环支撑架上，或者使用电加热磁力搅拌器。

（8）加热热浴液体装置。

能够维持所需的加热速率，可以使用能够增加温度和自动记录软化点的仪器。

6. 测定步骤

环球法测软化点的仪器应该定期进行温度控制器的校准，确保测试时对温度的精确控制。

（1）对于软化点温度在 35 ~ 80℃ 的样品的测试步骤。

①在 600 mL 烧杯中放置搅拌棒并且装入 500 mL 刚煮沸的蒸馏水或者去离子水，水温至少为 27℃，在预期的软化点温度之下。

②在测试过程中确保烧杯在合适的位置。在测试装置中放入带有样品的环。

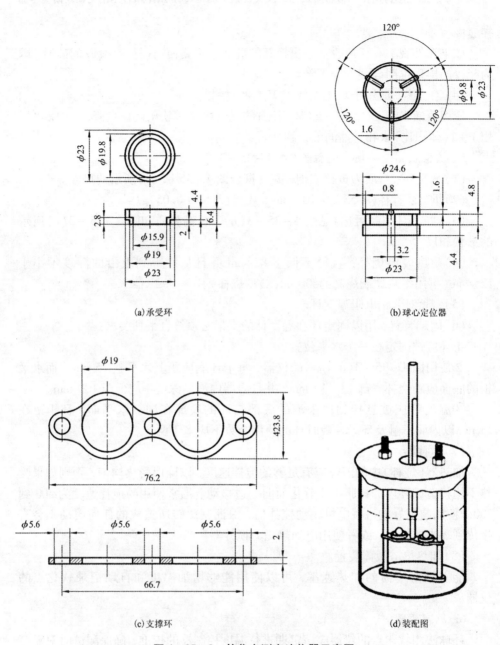

(a)承受环   (b)球心定位器

(c)支撑环   (d)装配图

图 4 – 35 – 3　软化点测定法仪器示意图

每个测试样品的上面放置中心球引导装置和球。

③把测试装置放入装有水的烧杯中，使其从支撑架上悬浮。在测试装置中放入温度测量仪器。

438

④确认控制单元,选择合适的液体,开始试验。当掉落的球和样品打断光线时,测试完成。

⑤在光控测定完成后,通过掉落的球和样品来记录软化点的温度。

⑥在仪器上开始降温过程。立即从测试装置中取出温度测试装置,然后从烧杯中拿掉测试装置。用合适的溶剂清洗测试装置、球和环。

(2)对于软化点温度在 80~150℃ 的样品的测试步骤。

操作步骤同以上(1),但是改用甘油浴和硅油浴。

对于软化点在 80℃ 左右的物质,记录油浴中的液体,因为用甘油浴或者硅油浴产生的结果比水浴的结果稍微高一点。

(3)对于软化点温度在 150℃ 以上的样品的测试步骤。

操作步骤同以上(1),但应改用硅油浴。

如果在硅油的外观上有任何改变,更换新的硅油。不要使用任何有凝胶的硅油,出现凝胶说明硅油发生了降解。

7. 结果表示

计算两个测定值的平均值,精确到 1.0℃。

4.35.5.3　酚醛树脂中残留苯酚含量测定　气相色谱法

1. 方法提要

试样溶解于适当溶剂中,用气相色谱法测定苯酚含量。

2. 材料

(1)载气:氮气。

(2)检测器气体:氢气和空气。

(3)内标物:不含苯酚的间甲酚,或不含苯酚的苯甲醚(在可能出现干扰的情况下,例如树脂中存在甲酚,应使用苯甲醚作内标物)。

3. 仪器与设备

常规实验室仪器与设备按以下配置。

(1)色谱仪:备有火焰离子化检验器的任何实验室用气相色谱仪均适用。

(2)注射器:1 μL。

(3)色谱柱柱管:不锈钢,$\phi 2.2\ mm \times 2\ m$。

(4)填料。

①载体:Chromosorb W/ AW/ DMCS,粒度 150~180 μm(80~100 目)。

②固定液:对于无水产品,每 100 g 干燥载体中含 10 gCarbowax20M。对含水产品或水溶液产品,推荐非极性固定液,例如硅橡胶 OV1701。

(5)色谱柱的老化:150℃ 下通氮气 15 h。

(6)火焰离子化检测器。

(7)记录器:电位计式。

4. 测定步骤

(1)条件设置。

①进样器：温度 200℃。

②色谱柱：温度 150℃；载气流速 30 mL/min。

③检测器：氢气 30 mL/min；空气 250 mL/min。

④记录器：满刻度 1 mV。

(2)校准。

相对校正因子用苯酚相对于间甲酚或苯甲醚的质量来测定。

校正因子的测定应使用比例近似于被分析溶于的标准混合物。在检测器的动态线性范围内操作时，该校正因子对所有浓度都是有效的。

$$F(2/1) = \frac{c_2}{c_1} \times \frac{A_1}{A_2} \qquad (4-35-2)$$

式中：$F(1/2)$ 为相对校正因子。用苯酚相对于间甲酚或苯甲醚的质量表示；c_1 为间甲酚或苯甲醚的质量浓度；c_2 为苯酚的质量浓度；A_1 为间甲酚或苯甲醚的峰面积；A_2 为苯酚的峰面积。

5. 测定

(1)试液的制备。

最好使用丙酮作溶剂溶解样品。某些情况下，可使用不影响色谱分离的甲醇、甲苯或 50%(体积分数)的甲苯/丙酮混合液作溶剂。

使用无苯酚的间甲酚作内标物，若树脂中含有其他物质，特别是间甲酚时，就会干扰间甲酚作内标物使用。此种情况应使用不含酚的苯甲醚作内标物。

注：是否需要稀释，取决于所需要的浓度。

例如：浓度为 0.5% ~5%(质量分数)时，称取 3 g 树脂(m_0)、0.25 g 间甲酚 1 或苯甲醚(m_1)，共溶于 10.00 mL 丙酮中。

(2)进样。

用微量注射器注入约 1 μL 按 5.3.1 制备的溶液。

(3)记录。

记录色谱图。用求积仪或积分仪测量峰面积。

6. 结果计算

按下式计算残留苯酚含量，以质量百分数表示。

$$\frac{m_1}{m_0} \times F(2/1) \times \frac{A_2}{A_1} \times 100 \qquad (4-35-4)$$

式中：m_0 为试样质量，g；m_1 为内标物(间甲酚或苯甲醚)质量，g；$F(2/1)$ 为相对校正因子，用苯酚相对于间甲酚或苯甲醚的质量表示；A_1 为间甲酚或苯甲醚的峰面积；A_2 为苯酚的峰面积。

7. 允许差

残留苯酚≤2%(质量分数):重复性0.1%(质量分数);再现性0.2%(质量分数)。

残留苯酚>2%(质量分数):重复性5%(相对);再现性10%(相对)。

4.35.5.4 酚醛树脂中游离甲醛含量测定 电位滴定法

1. 适用范围

电位滴定法测定酚醛树脂中游离甲醛的含量,适用于游离甲醛含量≤15%(质量分数)的酚醛树脂。对游离甲醛含量15%~30%(质量分数)的树脂,必须相应调节所使用的标准滴定液的浓度。

2. 方法提要

甲醛与盐酸羟胺进行肟化,用氢氧化钠溶液通过电位滴定,回滴反应生成的盐酸:

$$
\underset{H}{\overset{H}{C}}{=}O \;+\; \underset{H}{\overset{H}{N}}{-}OH\cdot HCl \;\longrightarrow\; \underset{H}{\overset{H}{C}}{=}N{-}OH \;+\; HCl \;+\; H_2O
$$

3. 试剂与溶液

(1)甲醇:不含醛类和酮类杂质。

(2)异丙醇,不含醛类和酮类杂质。

(3)盐酸羟胺溶液:10%。加入氢氧化钠溶液,将pH调节到3.5。

(4)氢氧化钠标准滴定溶液:$c(NaOH) = 1$ mol/L 和 $c(NaOH) = 0.1$ mol/L。

(5)盐酸标准滴定液:$c(HCl) = 1$ mol/L 和 $c(HCl) = 0.1$ mol/L。

4. 仪器与设备

常规实验室仪器与设备按以下配置。

(1)pH计:灵敏度0.1pH单位,备有玻璃指示电极和标准甘汞参比电极。

(2)磁力搅拌器。

5. 测定步骤

(1)试验应在23±1℃下进行。

(2)试样取样:用250 mL烧杯,根据预计的甲醛含量,按表4-35-2规定的试样量称取1~5 g试料(称准至0.1 mg)。

表4-35-2 试样取样称量

预计的甲醛含量/%(质量分数)	试料质量 g
<2	5.0±0.2
2~4	3.0±0.2
>4	1~2

（3）测定。

①将 5 mL 甲醛，或 50 mL 体积比为 3∶1 的异丙醇，和水的混合物加入盛有试样的烧杯中，开动磁力搅拌器，搅拌到树脂溶解且温度稳定在 23 ±1℃。

②将 pH 计的电极插入溶液。用盐酸溶液[c(HCl) = 0.1 mol/L]（对中性树脂）或盐酸溶液[c(HCl) = 1 mol/L]（对强碱性树脂）调节 pH 到 3.5。

③在 23 ±1℃条件下，吸取约 25 mL 盐酸羟胺溶液至试样溶液中，搅拌 10 ± 1 min。

④用氢氧化钠标准滴定溶液[c(NaOH) = 1 mol/L] 迅速滴定到 pH 为 3.5。（甲醛含量低的试液用[c(NaOH) = 0.1 mol/L]氢氧化钠标准滴定溶液滴定。

（4）按照相同操作步骤，平行测定，进行空白试验。

6. 结果计算

游离甲醛含量以质量分数 w_{4-35-4} 计，以% 表示，按式（4 – 35 – 3）计算：

$$w_{4-35-4} = \frac{3c(V_1 - V_0)}{m} \tag{4 – 35 – 3}$$

式中：c 为使用的氢氧化钠标准滴定液的准确浓度，mol/L；V_0 为空白试验所消耗氢氧化钠标准滴定液的体积，mL；V_1 为测定试验所消耗氢氧化钠标准滴定液的体积，mL；m 为试样的质量，g。计算结果精确到小数点后两位；取平行测定结果的算术平均值为测定结果；两次平行测定结果的绝对差值不大于 0.2%。

4.35.5.5　酚醛树脂灰分含量测定

1. 方法提要

试样中的有机物被燃烧掉后，用浓硫酸使残余物转化为硫酸盐，最后，残余物在950℃下灼烧，直至质量恒定。

2. 试剂与溶液

硫酸。

3. 仪器与设备

常规实验室仪器与设备按以下配置。

（1）坩埚（具盖的石英坩埚、铂坩埚或瓷坩埚），$\phi45 \sim \phi75$ mm，高度与直径相等，容积应使试样装填不超过坩埚容积的一半。

（3）高温炉：控温精度 ±10℃。

（4）分析天平：精确至 0.1 mg。

4. 测定步骤

（1）称取试样约 5 g，称准至 0.1 mg。置于已恒量的清洁带盖坩埚中。

（2）操作应在通风柜中进行。在电炉上直接加热坩埚，使试样慢慢燃烧以防止灰分损失，建议将盖子设计为如下形式：当将其放在坩埚上时，盖子与坩埚配合良好，但又不完全封闭坩埚。

（3）在坩埚及内容物冷却后，用吸管滴加硫酸至残余物完全浸湿，在适当的加热装置上小心加热至不再冒烟为止（注意防止坩埚内容物溅出）。

（4）如果坩埚冷却后还有明显的碳存在，加 1～5 滴硫酸并再加热至不冒白烟为止。

（5）将坩埚放在 950℃±50℃ 恒温的高温炉的入口处（入口处的温度为 300～400℃），然后将坩埚慢慢推入炉内，在 950℃±50℃ 下灼烧 30 min；灼烧后的残余物应是灰色或白色，但不应是黑色。

（6）将坩埚和盖从炉内移出，放入干燥器内，使其冷却至室温并称量，称准至 0.1 mg。

（7）在同样条件下再次灼烧，直至质量恒定。两次连续称量结果之差不大于 0.5 mg。但在炉内的加热时间累计不应超过 3 h，如果累计时间达 3 h 仍不能达到质量恒定，则 3 h 时称量的量，用于测试结果的计算。

5. 结果计算

灰分含量以质量分数 w_{4-35-5} 计，以 % 表示，按式（4-35-4）计算：

$$w_{4-35-5} = \frac{m_1}{m_0} \times 100 \qquad (4-35-4)$$

式中：m_0 为试样的质量，g；m_1 为得到的灰分的质量，g。计算结果精确到小数点后两位。取平行测定结果的算术平均值为测定结果。两次平行测定结果的绝对差值不大于平均值的 5%。

4.35.6　工业产品酚醛树脂包装与运输中的安全技术

（1）标志。

产品包装袋上应有牢固清晰的标志，内容包括：生产厂名、厂址、产品名称、商标、等级、净含量、批号或生产日期和标准编号。

（2）标签。

每批出厂的产品都应附有质量证明书。内容包括：生产厂名、厂址、产品名称、商标、等级、净含量、批号或生产日期、产品质量符合标准的证明和标准编号。

（3）包装。

产品采用纸塑复合袋包装并内衬塑料袋，每袋净含量 25 kg。用户对包装有特殊要求时，可供需协商。

（4）运输。

产品在运输过程中应有遮盖物，防止日晒、雨淋、受潮。

（5）贮存。

产品应贮存于通风、干燥的库房内。应防止雨淋、阳光直射和受热。温度

25℃以下，贮存期为三个月。

（6）工业产品酚醛树脂为非危险品。

4.36　工业乙醇质量标准及关键指标测定

4.36.1　名称与组成

（1）中文名称：乙醇。

（2）英文名称：Ethanol。

（3）中文别称：无水酒精、酒精、火酒、无水乙醇。

（4）化学式：$CH_3CH_2OH(C_2H_6O$ 或 $C_2H_5OH)$。

（5）分子量：46.07。

（6）乙醇与甲醚互为同分异构体。

（7）化合物类别：有机化合物。

4.36.2　理化性质

（1）外观性状：在常温、常压下是一种易燃、易挥发的无色透明液体，它的水溶液具有酒香的气味，并略带刺激，有酒的气味和刺激的辛辣滋味，微甘。

（2）乙醇液体密度（20℃）：0.789 g/cm^3。

（3）乙醇气体密度：1.59 g/cm^3。

（4）闪点：12℃。

（5）引燃温度：363℃。

（6）沸点：是78.3℃。

（7）熔点：–114.1℃。

（8）解离系数(25℃)：pKa = 15.9。

（9）饱和蒸气压(19℃)：5.33 kPa。

（10）黏度(20℃)：1.074 MPa · s。

（11）折光率：1.3614。

（12）燃烧热：1365.5 kJ/mol。

（13）临界温度：243.1℃。

（14）临界压力：6.38 MPa。

（15）爆炸上限%（V/V）：19.0。

（16）爆炸下限%（V/V）：3.3。

（17）溶解性：与水混溶，可混溶于醚、氯仿、甘油等多数有机溶剂。

（18）电离性：非电解质。

（19）乙醇具有还原性，可以被氧化成为乙醛。酒精中毒的罪魁祸首通常被认为是有一定毒性的乙醛，而并非喝下去的乙醇。

（20）乙醇也可被高锰酸钾氧化，同时高锰酸钾由紫红色变为无色。乙醇也可以与酸性重铬酸钾溶液反应，当乙醇蒸汽进入含有酸性重铬酸钾溶液的硅胶中时，可见硅胶由橙红色变为草绿色，此反应现用于检验司机是否醉酒驾车。

（21）乙醇可以与乙酸在浓硫酸的催化并加热的情况下发生酯化作用，生成乙酸乙酯（具有果香味）。

（22）乙醇可以和卤化氢发生取代反应，生成卤代烃和水。

（23）乙醇燃烧：发出淡蓝色火焰，生成二氧化碳和水（蒸汽），并放出大量的热，不完全燃烧时还生成一氧化碳，有黄色火焰，放出热量：

$$完全燃烧：C_2H_5OH + 3O_2 \uparrow \xrightarrow{点燃} 2CO_2 \uparrow + 3H_2O$$

$$不完全燃烧：2C_2H_5OH + 5O_2 \uparrow \xrightarrow{点燃} 2CO_2 \uparrow + 2CO \uparrow + 6H_2O$$

（24）乙醇也可被浓硫酸跟高锰酸钾的混合物发生非常激烈的氧化反应，燃烧起来。（切记要注酸入醇，酸与醇的比例是 1∶3）

（25）乙醇可以在浓硫酸和高温的催化发生脱水反应，随着温度的不同生成物也不同。

（26）脱氢反应：乙醇的蒸汽在高温下通过脱氢催化剂如铜、银、镍或铜－氧化铬时、则脱氢生成醛。

4.36.3　主要用途

乙醇的用途很广，可用乙醇制造醋酸、饮料、香精、染料、燃料等。医疗上也常用体积分数为 70% ~75% 的乙醇作消毒剂等，在国防工业、医疗卫生、有机合成、食品工业、工农业生产中都有广泛的用途。烟花爆竹中主要用作烟火药溶剂。

4.36.4　质量标准

工业乙醇质量技术要求应符合表 4 - 36 - 1 规定。

表 4 - 36 - 1　工业乙醇质量技术要求

项目	要求			
	优级	一级	二级	粗酒精
外观	无色透明液体			浅黄色液体
气味	无异臭			—

项目		要求			
		优级	一级	二级	粗酒精
色度/号	≤	10			—
乙醇(20℃)/(% vol)	≥	96.0	95.5	95.0	95.0
硫酸试验色度/号	≤	10	80		
氧化时间/min	≥	30	15	5	—
醛(以乙醛计)/(mg·L⁻¹)	≤	5	30	—	
异丁醇 + 异戊醇/(mg·L⁻¹)	≤	10	80	400	—
甲醇/(mg·L⁻¹)	≤	800	1200	2000	8000
酸(以乙酸计)/(mg·L⁻¹)	≤	10	20		
酯(以乙酸乙酯计)/(mg·L⁻¹)	≤	30	40		
不挥发物/(mg·L⁻¹)	≤	20	25	25	—

4.36.5 关键指标测定

烟花爆竹用工业指标主要测定有酒精度、甲醇含量、不挥发物含量。其他指标可由供需双方协商。

4.36.5.1 酒精度测定

1. 方法提要

用精密酒精计读取酒精体积分数示值,按表4 - 36 - 2进行温度校正,求得在20℃时乙醇含量的体积分数,即为酒精度。

2. 仪器与设备

常规实验室仪器与设备按以下配置。

精密酒精计:分度值为0.1%(体积分数)。

3. 测定步骤

将试样注入洁净、干燥的量筒中,静置数分钟,待酒中气泡消失后,放入洁净、擦干的酒精计,再轻轻按一下,不应接触量筒壁,同时插入温度计,平衡约5 min,水平观测,读取与弯月面相切处的刻度示值,同时记录温度。根据测得的酒精计示值和温度,查《附录6 酒精计温度(T)、酒精度(ALC)(体积分数)换算表(20℃)》,换算成20℃时样品的酒精度。

所得结果精确至一位小数。

446

4．精密度

在重复性条件下获得的两次独立测试结果的绝对差值，不应超过平均值的 0.5%。

4.36.5.2　甲醇含量测定　气相色谱法

1．方法提要

样品被气化后，随同载气进入色谱柱，利用被测定的各组分在气液两相中具有不同的分配系数，在柱内形成迁移速度的差异而得到分离。分离后的组分先后流出色谱柱，进入氢火焰离子化检测器，根据色谱图上各组分峰的保留值与标样相对照进行定性；利用峰面积(或峰高)，以内标法定量。

2．试剂与溶液

(1)甲醇溶液(1 g/L)：作标样用。称取甲醇(色谱纯)1 g，用基准乙醇定容至 1 L。

(2)正丁醇溶液(1 g/L)：作内标用。称取正丁醇(色谱纯)1 g，用基准乙醇定容至 1 L。

3．仪器与装置

常规实验室仪器与气相色谱仪：采用氢火焰离子化检测器，配有毛细管色谱柱联结装置。

4．色谱条件

(1)PEG 20 M 交联石英毛细管柱，用前应在 200℃ 下充分老化。柱内径 0.25 mm，柱长 25～30 m，也可选用其他有同等分析效果的毛细管色谱柱。

(2)载气(高纯氮)：流速为 0.5～1.0 mL/min，分流比为 20∶1～100∶1，尾吹气约 30 mL/min。

(3)氢气：流速 30 mL/min。

(4)空气：流速 300 mL/min。

(5)柱温：起始柱温为 70℃，保持 3 min，然后以 5℃/min 程序升温至 100℃，直至异戊醇峰流出。以使甲醇、乙醇、正丙醇、异丁醇、正丁醇和异戊醇获得完全分离为准。为使异戊醇的检出达到足够灵敏度，应设法使其保留时间不超过 10 min。

(6)检测器温度：200℃。

(7)进样口温度：200℃。

(8)进样量与分流比的确定：应以使甲醇、正丙醇、异丁醇、异戊醇等组分在含量 1 mg/L 时，仍能获得可检测的色谱峰为准。在检验特级食用酒精时，要求以甲醇、正丙醇、异丁醇、异戊醇各组分含量在小于 1 mg/L 时，仍能获得可检测的色谱峰(最小检出 0.5 mg/L)为准。

(9)载气、氢气、空气的流速等色谱条件随仪器而异，应通过试验选择最佳操作条件，以内标峰与样品中其他组分峰获得完全分离为准。

5. 测定步骤

(1)校正因子f值的测定。

吸取甲醇溶液 1.00 mL 于 10 mL 容量瓶中，准确加入正丁醇溶液 0.20 mL，然后用基准乙醇稀释至刻度，混匀后进样 1 μL，色谱峰流出顺序依次为乙醇、正丙醇、异丁醇、正丁醇(内标)、异戊醇。记录各组分峰的保留时间并根据峰面积和添加的内标量，计算出各组分的相对校正因子 f 值。

(2)试样的测定。

取少量待测酒精试样于 10 mL 容量瓶中，准确加入正丁醇溶液 0.20 mL，然后用待测试样稀释至刻度，混匀后，进样 1 μL。

根据组分峰与内标峰的保留时间定性，根据峰面积之比计算出各组分的含量。

6. 结果计算

校正因子按式(4-36-1)计算：

$$f = \frac{A_1}{A_2} \times \frac{d_2}{d_1} \qquad (4-36-1)$$

试样中组分的含量按式(4-36-2)计算：

$$X = f \times \frac{A_3}{A_4} \times 0.020 \times 10^3 \qquad (4-36-2)$$

式中：f 为组分的相对校正因子；A_1 为标样 f 值测定时内标的峰面积；A_2 为标样 f 值测定时各组分的峰面积；d_2 为标样 f 值测定时乙酸乙酯的相对密度；d_1 为标样 f 值测定时内标物的相对密度；X 为试样中组分的含量，mg/L；A_3 为试样中各组分相应的峰的面积；A_4 为添加于试样中的内标峰的面积；0.020 为试样中添加内标的质量浓度，g/L。试样中高级醇的含量以异丁醇与异戊醇之和表示。所得结果表示至整数。在重复性条件下获得的两次独立测试值之差，不得超过平均值的 5%。

4.36.5.3　变色酸比色法

1. 方法提要

甲醇在磷酸溶液中，被高锰酸钾氧化成甲醛，用偏重亚硫酸钠除去过量的 $KMnO_4$，甲醛与变色酸在浓硫酸存在下，先缩合，随之氧化，生成对醌结构的蓝紫色化合物，与标准系列比较定量。

2. 试剂与溶液

(1)高锰酸钾-磷酸溶液(30 g/L)：称取 3 g 高锰酸钾，溶于 15 mL 85%(质量分数)磷酸和 70 mL 水中，混合，用水稀释至 100 mL。

(2)偏重亚硫酸钠溶液(100 g/L)。

(3)硫酸：90%(质量分数)。

（4）变色酸显色剂：称取 0.1 g 变色酸（$C_{10}H_6O_8S_2Na_2$）溶于 10 mL 水中，边冷却边加硫酸 90 mL，移入棕色瓶置于冰箱保存，有效期为一周。

（5）甲醇标准溶液（10 g/L）：吸取密度为 0.7913 g/mL 的甲醇 1.26 mL，置于已有部分基准乙醇（无甲醇酒精）的 100 mL 容量瓶中，并以基准乙醇稀释至刻度。

（6）甲醇标准使用溶液：吸取甲醇标准溶液 0 mL、1.00 mL、2.00 mL、4.00 mL、6.00 mL、8.00 mL、10.00 mL、15.00 mL、20.00 mL 和 25.00 mL，分别注入 100 mL 容量瓶中，并以基准乙醇稀释至刻度；即甲醇含量分别为 0 mg/L，100 mg/L，200 mg/L，400 mg/L，600 mg/L，800 mg/L，1000 mg/L，1500 mg/L，2000 mg/L 和 2500 mg/L。

3. 仪器与设备

常规实验室仪器与设备按以下配置。

（1）恒温水浴：控温精度 ±1℃。

（2）分光光度计。

4. 测定步骤

（1）工作曲线的绘制（回归方程的建立）。

吸取上述甲醇标准使用溶液和试剂空白各 5.00 mL，分别注入 100 mL 容量瓶中，加水稀释至刻度。

（2）根据样品中甲醇的含量，吸取相近的 4 个以上不同浓度的甲醇标准使用液各 2.00 mL，分别注入 25 mL 比色管中，各加 1 mL 高锰酸钾－磷酸溶液（30 g/L），放置 15 min。加 0.6 mL 偏重亚硫酸钠溶液（100 g/L）使其脱色。在外加冰水冷却情况下，沿管壁加 10 mL 变色酸显色剂，加塞摇匀，置于（70±1）℃水浴中，20 min 后取出，用水冷却 10 min。

立即用 1 cm 比色皿，在波长 570 nm 处，以零管（试剂空白）调零，测定其吸光度。以标准使用液中甲醇含量为横坐标，相应的吸光度值为纵坐标，绘制工作曲线，或建立线性回归方程进行计算。

（3）试样的测定。

取试样 5.00 mL，注入 100 mL 容量瓶中，加水稀释至刻线。吸取试样和试剂空白各 2.00 mL 按上述操作显色及测定吸光度。根据试样的吸光度在工作曲线上查出试样中的甲醇含量，或用回归方程计算。

或吸取与试样含量相近的限量指标的甲醇标准使用液及试样各 2.00 mL 按上述操作显色并直接测定吸光度。

5. 结果计算

试样中的甲醛含量按式（4-36-3）计算：

$$X = \frac{A_x}{A} \times c \tag{4-36-3}$$

式中：X 为试样中的甲醛含量，mg/L；A_x 为试样的吸光度；A 为甲醛标准使用溶液的吸光度；c 为标准使用溶液的甲醛含量，mg/L。所得结果表示至整数。

6. 允许差

在重复性条件下获得的两次独立测试值之差，若甲醛含量大于或等于 600 mg/L，不得超过 5%；若甲醛含量小于 600 mg/L，不得超过 10%。

4.36.5.4 不挥发物含量测定

1. 方法提要

试样于水浴上蒸干，将不挥发的残留物烘至恒重，称量，以百分数表示。

2. 仪器与设备

常规实验室仪器与设备按以下配置。

(1)水浴锅：控温精度 ±2℃。

(2)蒸发皿：材质为铂、石英或瓷。

3. 测定步骤

取试样 100 mL，注入恒重的蒸发皿中，置沸水浴上蒸干，然后放入电热干燥箱中，于(110±2)℃下烘至恒重。

4. 结果计算

试样中的不挥发物含量按式(4-36-4)计算：

$$X = \frac{m_1 - m_2}{100} \times 10^6 \qquad (4-36-4)$$

式中：X 为试样中不挥发物的含量，mg/L；m_1 为蒸发皿加残渣的质量，g；m_2 为恒重之蒸发皿的质量，g；100 为吸取试样的体积，mL。所得结果表示至整数。取平行测定结果的算术平均值作为测定结果。在重复性条件下平行结果的极差与平均值之比不得大于 0.2%。

4.36.7 烟花爆竹用工业乙醇产品包装与运输中的安全技术

(1)标志。

产品包装使用标签时，标签上应标注：产品名称"工业酒精"、原料、乙醇含量、制造者名称和地址、灌装日期、净含量、执行标准号及质量等级。包装容器(桶、罐、瓶)上应明显标注有不得食用的警示标志。

(2)标签。

装运工业酒精的罐、槽车上应标注"工业酒精"，随车附有《出厂产品质量检验合格证明书》。包装储运图示标志应符合 GB 190 和 GB/T 191 要求。

每批出厂的产品都应附有质量证明书。内容包括：生产厂名、厂址、产品名称、商标、等级、净含量、批号或生产日期、产品质量符合标准的证明和标准编号。

（3）包装。

装运工业酒精应使用专用的罐、槽车和铁桶，不得使用铝桶或镀锌容器包装，不得使用易产生静电和静电不易释放的容器如塑料桶。包装前，应对所用容器进行检查。

灌装后的罐、槽车应加铅封。使用单位收货时，应检查铅封是否完好。

包装物应体外清洁，标注内容清晰可见，标签粘贴牢固。

（4）运输。

运输工具应清洁，不得与有毒、有害、有腐蚀性或有异味的物品混装混运。

搬运时应轻装轻卸，不得扔摔、撞击和剧烈振荡，应远离热源和火种。

运输过程应防火、防爆、防静电、防雷电，不得曝晒。

（5）贮存。

产品不得与有毒、有害、有腐蚀性或有异味的物品混合存放。

产品应贮存于阴凉、干燥、通风的环境中，应有防高温、火种、静电、雷电的设施，并要求在贮存区域有醒目的"严禁火种"的警示牌。

4.36.8　安全防护

（1）灭火方法：尽可能将容器从火场移至空旷处。喷水保持火场容器冷却，直至灭火结束。处在火场中的容器若已变色或从安全泄压装置中产生声音，所有人员必须马上撤离。

（2）灭火剂：抗溶性泡沫、二氧化碳、干粉、砂土。不可用水灭火。

4.37　工业丙酮质量标准及关键指标测定

4.37.1　名称与组成

（1）中文名称：丙酮。

（2）英文名称：Propanone/Acetone。

（3）中文别称：二甲基酮、二甲基甲酮、二甲酮、醋酮、木酮。

（4）化学式：CH_3COCH_3。

（5）相对分子质量：58.09。

（6）元素组成：C 为 62.03%；H 为 10.43%；O 为 27.54%。

（7）安全性描述：易燃，易制毒，易制爆。

4.37.2 理化性质

(1)外观与性状:常温下无色透明易流动液体,有芳香气味,极易挥发。

(2)密度(25℃):0.7845 g/cm³。

(3)闪点: -20℃。

(4)熔点: -94.9(178.2 K)。

(5)沸点:56.53℃(329.4 K)。

(6)溶解性:混溶(可混溶于水、乙醇、乙醚、氯仿、油类、烃类等多数有机溶剂)。

(7)危险性:易燃、有毒。

(8)摩尔折射率:15.97。

(9)摩尔体积:75.1 cm³/mol。

(10)等张比容(90.2K):156.5。

(11)表面张力(dyne/cm):18.8。

(12)极化率(10-24 cm³):6.33。

(13)相对密度(水=1):0.788。

(14)相对蒸气密度(空气=1):2.00。

(15)饱和蒸气压:53.32 kPa(39.5℃)。

(16)燃烧热:1788.7 kJ/mol。

(17)临界温度:235.5℃。

(18)临界压力:4.72 MPa。

(19)辛醇/水分配系数的对数值: -0.24。

(20)引燃温度:465℃。

(21)爆炸下限%(V/V):2.5。

(22)爆炸上限%(V/V):12.8。

(23)丙酮是脂肪族酮类具有代表性的的化合物,具有酮类的典型反应。

4.37.3 主要用途

在烟花爆竹中主要于烟火药、无烟火药、赛璐珞、醋酸纤维、引线等生产中用作溶剂。

4.37.4 质量技术标准

烟花爆竹用工业用丙酮应符合表4-37-1所示的技术要求。

452

表 4 - 37 - 1　工业用丙酮技术要求

项目		指标/%		
		优等品	一等品	合格品
丙酮	≥	99.5	99.0	98.5
色度/Hazen 单位(铂 - 钴色号)	≤	5	5	10
密度(20℃)/(g·cm^{-3})		0.789 ~ 0.791	0.789 ~ 0.792	0.789 ~ 0.793
沸程(0℃, 101.3 kPa)(包括56.1℃)/℃	≤	0.7	1.0	2.0
蒸发残渣	≤	0.002	0.003	0.005
酸度(以乙酸计),	≤	0.002	0.003	0.005
高锰酸钾时间试验(25℃)/min	≥	120	80	35
水混溶性		合格		
水分	≤	0.30	0.40	0.60
甲醇	≤	0.05	0.3	1.0
苯(mg/kg)	≤	5	20	—
外观		透明液体		

4.37.5　关键指标的测定

工业丙酮质量标准应按表 4 - 37 - 1 质量技术要求。烟花爆竹用工业丙酮主要测定指标有外观、蒸发残渣、酸度、水混溶性、水分、丙酮含量等项。如有特殊要求由供需双方协商。

4.37.5.1　外观测定

于具塞比色管中,加入试样,在自然光或日光等下目视观察。

4.37.5.2　蒸发残渣测定

1. 方法提要

将试样在水浴上蒸发至干后,于烘箱中(110 ±2)℃下干燥至恒重。

2. 仪器与设备

常规实验室仪器和设备按以下配置。

(1)铂、石英或硅硼酸盐玻璃蒸发皿,容积约 150 mL。

(2)恒温水浴:控温精度 ±2℃。

(3)恒温烘箱:控温精度 ±2℃。

3. 测定步骤

(1)将蒸发皿放入烘箱中, 于(110 ±2)℃下加热 2 h, 放入干燥器中冷却至周围环境温度,称量,精确至 0.1 mg。

(2)移取(100 ± 0.1)mL 试样于已恒量的蒸发皿中,放于水浴上,维持适当温度,在通风橱中蒸发至干。将蒸发皿外面用擦镜纸擦干净,置于预先已恒温至(110 ± 2)℃的烘箱中加热 2 h,放入干燥器中冷却至周围环境温度,称量,精确至 0.1 mg。

(3)重复上述操作,直至质量恒定,即相邻两次称量的差值不超过 0.2 mg。

4. 结果计算

蒸发残渣以 w_{4-37-1} 计,以 mg/L 表示,按式(4-37-1)计算:

$$w_{4-37-1} = \frac{(m - m_0) \times 1000}{V/1000} = \frac{m - m_0}{V} \times 10^6 \qquad (4-37-1)$$

式中: m 为蒸发残渣加空皿的质量,g; m_0 为空皿的质量,g; V 为试样的体积,mL。计算结果精确到小数点后二位。取平行测定结果的算术平均值作为测定结果。平行测定结果的极差与平均值之比不得大于 0.2%。

4.37.5.3 酸度测定

1. 方法提要

在试样溶液中,以氢氧化钠标准滴定溶液进行滴定,以酚酞指示液指示终点,通过滴定剂的用量变化,测定出试样的酸度。

2. 试剂与溶液

(1)无二氧化碳的水。

(2)氢氧化钠标准滴定溶液: $c(NaOH) = 0.01$ mol/L。

(3)酚酞指示液:10 g/L。

3. 仪器与设备

常规实验室仪器和设备。

4. 测定步骤

在 100 mL 锥形瓶中,加入 25 mL 无二氧化碳的水及 2 滴酚酞指示液(10 g/L),加氢氧化钠标准滴定溶液[$c(NaOH) = 0.01$ mol/L]中和至淡粉红色,再用移液管量取试样 25 mL 于 100 mL 锥形瓶中,用氢氧化钠标准滴定溶液滴定至淡粉红色,保持 15 s 不褪色为终点。

5. 结果计算

酸度以乙酸的质量分数 w_{4-37-2} 计,以% 表示,按式(4-37-2)计算:

$$w_{4-37-2} = \frac{(V/1000)cM}{V_1\rho_t} \times 100 \qquad (4-37-2)$$

式中: c 为氢氧化钠标准滴定溶液的准确浓度,mol/L; V 为氢氧化钠标准滴定溶液的体积,mL; ρ_t 为 t℃时试样的密度,g/cm³; V_1 为试样的体积,mL($V_1 = 25$ mL); M 为乙酸的摩尔质量,g/mol($M = 60.05$ g/mol)。计算结果精确到小数点后二位。取平行测定结果的算术平均值作为测定结果。平行测定结果的极差与平均值之比不得大于 0.2%。

4.37.5.4　水混溶性试验

1. 方法提要

在规定条件下，液体试样与水混合，观察浊度变化。

2. 方法的意义和应用

(1)能与水完全混溶的液体有机化工产品中常含有烷烃、烯烃、高级醇或酮、芳香烃等难溶于水的杂质，这些杂志可能影响液体有机化工产品在多方面的用途，利用液体有机化工产品与这些杂质和水混溶性的差异，在规定条件下，定性检验其中是否含有难溶于水的杂质。

(2)当产品标准使用本试验方法时，其结果可以作为产品标准的规格。

(3)对于"不澄明的或混浊的"解释对不同的化工产品可在产品标准或供需合同中预先给出具体规定。

3. 仪器与设备

常规实验室仪器和设备按以下配置。

(1)比色管：容量 100 mL，有刻度，无色透明玻璃材质，具玻璃磨口塞。

(2)恒温装置：能使温度控制在(20±1)℃的恒温水浴、恒温室等。

4. 测定步骤

(1)根据不同产品的样品所含的难溶于水的杂质及产品规格的要求，选择合适的样品与水混溶的比例。

(2)按确定的比例，量取一定体积的样品注入清洁、干燥的比色管中，缓缓加水至 100 mL 刻度，盖紧塞子，充分摇匀，静置至所有气泡消失。将比色管置于(20±1)℃的恒温装置中(当使用恒温水浴时，应使水面高于比色管中试验溶液液面)30 min。

(3)加 100 mL 水到另一只材质相同的 100 mL 比色管中作为空白试液。

(4)30 min 后将比色管从恒温装置中取出，擦干比色管外壁，在黑色背景下轴向比较样品－水混合溶液与空白试液。如使用人工光源，应使光线横向通过比色管。

5. 结果的表述

如果样品－水混合溶液如空白试液一样澄明或无混浊，报告样品为"通过试验"。若检验是不澄明的或混浊的，报告"试验不合格"。

4.37.5.5　水分含量测定　卡尔·费休法(电量法)

1. 方法提要

卡尔·费休法(电量法)适用于大部分有机和无机固、液体化工产品中游离水和结晶水含量的测定。

存在于试样中的任何水分(游离水或结晶水)与已知滴定度的卡尔·费休试剂(碘、二氧化硫、吡啶和甲醇组成的溶液)进行定量反应。

甲醇可用乙二醇甲醚代替。可得到更恒定的滴定体积,而且可在不使用任何专门技术下测定某些醛和酮类化工产品的水分。

反应式:

$$H_2O + I_2 + SO_2 + 3C_5H_5N \longrightarrow 2C_5H_5N \cdot HI + C_5H_5N \cdot SO_3$$

$$C_5H_5N \cdot SO_3 + CH_3OH \longrightarrow C_5H_5NH \cdot OSO_2O CH_3$$

2. 测定步骤

按照《第 5 章 5.2 水分 卡尔·费休法》执行。

3. 结果计算

水分含量以质量分数 w_{4-37-3} 计,以%表示。

4.37.5.6 丙酮含量测定

丙酮的质量分数以 w_{4-37-4} 计,以%表示,按式(4 - 37 - 4)计算:

$$w_{4-37-4} = 100.00 - \sum w_i \qquad (4-37-4)$$

式中:$\sum w_i$ 为试样中蒸发残渣、酸、水分等杂质组分 i 的质量分数,%。

4.37.6 烟花爆竹用工业丙酮产品包装与运输中的安全技术

(1)标志。

产品包装容器上应有牢固清晰的标志,内容包括:生产厂名、厂址、产品名称、商标、等级、净含量、批号或生产日期和标准编号。

(2)标签。

每批出厂的产品都应附有质量证明书。内容包括:生产厂名、厂址、产品名称、商标、等级、净含量、批号或生产日期、产品质量符合标准的证明和标准编号。

(3)包装。

产品应用干燥、清洁的镀锌桶包装。

(4)运输。

产品装卸及运输按 GB 12463 的规定执行,应防止猛烈撞击,避免日晒、雨淋。

(5)贮存。

工业用丙酮具高度易燃性,有严重火灾危险,属于甲类火灾危险物质。储存于阴凉干燥、良好通风处,温度保持在30℃以下的防火、防爆的仓库内,防止阳光直射。应与氧化剂分开存放。

4.36.7　安全防护

（1）危险警告。

丙酮是透明易流动液体，极易挥发。熔点为 –94.6℃，沸点为 56.5℃，闪点为 –20℃，自燃温度为 465℃，丙酮蒸气与空气形成爆炸性混合物，遇明火、高热极易燃烧爆炸，在空气中爆炸范围的体积分数为 2.5% ~ 13.0%。丙酮蒸气对中枢神经系统有麻醉作用，吸入引起乏力、恶心，重者呕吐甚至昏迷。

（2）安全措施。

泄漏时应及时疏散人员，切断火源；可用活性炭或其他惰性材料吸收，也可用大量水冲洗。着火时用二氧化碳、泡沫、干粉灭火器等进行扑救。应避免丙酮与皮肤接触，如果溅到皮肤上和眼睛里，用流动的清水或生理盐水冲洗至少15 min，迅速就医。发生误服后，饮足量温水、催吐，就医。

（3）灭火方法：尽可能将容器从火场移至空旷处。喷水保持火场容器冷却，直至灭火结束。处在火场中的容器若已变色或从安全泄压装置中产生声音，所有人员必须马上撤离。

灭火剂：抗溶性泡沫、二氧化碳、干粉、砂土。用水灭火无效。

4.38　工业氢氧化钠质量标准及关键指标测定

4.38.1　名称及组成

（1）中文名称：氢氧化钠。

（2）英文名称：Sodium hydroxide。

（3）中文别称：烧碱、火碱、苛性钠。

（4）化学式：NaOH。

（5）相对分子质量：40。

（6）元素组成：Na 为 57.5%；O 为 40%；H 为 2.5%。

（7）化学品类型：无机化合物。

（8）安全性描述：腐蚀品、易潮解。

4.38.2　理化性质

（1）外观性状：工业品含有少量的氯化钠和碳酸钠，为白色不透明的晶体。有块状，片状，粒状和棒状等。

（2）密度：2.13 g/cm³。

（3）闪点：176 ~ 178℃。

(4)熔点：318.4℃。

(5)沸点：1390℃。

(6)水溶性(20℃)：109 g(极易溶于水，溶于水时放热，并形成碱性溶液)。

(7)吸水性(潮解性)：易吸取空气中的水蒸气(潮解)和二氧化碳(变质)。故常用固体氢氧化钠做干燥剂。液态氢氧化钠没有吸水性。

(8)溶解性：溶于乙醇和甘油；不溶于丙醇、乙醚。与氯、溴、碘等卤素发生歧化反应。与酸类起中和作用而生成盐和水。

(9)氢氧化钠在水中的溶解度(表4－38－1)。

表4－38－1　氢氧化钠在水中的溶解度表

温度/℃	溶解度/g·(100 mL)$^{-1}$
0	42
10	51
20	109
30	119
40	129
50	145
60	174
70	299
80	314
90	329
100	347

(10)具有碱的通性。

氢氧化钠溶于水中会完全解离成钠离子与氢氧根离子。它可与任何质子酸进行酸碱中和反应(也属于复分解反应)：

$$NaOH + HCl = NaCl + H_2O$$
$$2NaOH + H_2SO_4 = Na_2SO_4 + 2H_2O$$
$$NaOH + HNO_3 = NaNO_3 + H_2O$$

(11)其溶液能够与盐溶液发生复分解反应与配位反应：

$$NaOH + NH_4Cl = NaCl + NH_3 \cdot H_2O$$
$$2NaOH + CuSO_4 = Cu(OH)_2 \downarrow + Na_2SO_4$$
$$2NaOH + MgCl_2 = 2NaCl + Mg(OH)_2 \downarrow$$

$$ZnCl_2 + 4NaOH(过量) = Na_2[Zn(OH)_4] + 2NaCl$$

（12）氢氧化钠在空气中容易变质成碳酸钠（Na_2CO_3），因为空气中含有酸性氧化物二氧化碳（CO_2）：

$$2NaOH + CO_2 = Na_2CO_3 + H_2O$$

（13）持续通入过量的二氧化碳，则会生成碳酸氢钠（$NaHCO_3$），俗称为小苏打，反应方程式：

$$Na_2CO_3 + CO_2 + H_2O = 2NaHCO_3$$

（14）氢氧化钠能与二氧化硅（SiO_2）、二氧化硫（SO_2）等酸性氧化物发生反应：

$$2NaOH + SiO_2 = Na_2SiO_3 + H_2O$$
$$2NaOH + SO_2(微量) = Na_2SO_3 + H_2O$$
$$NaOH + SO_2(过量) = NaHSO_3$$

生成的 Na_2SO_3 和水与过量的 SO_2 反应生成（$NaHSO_3$）。

（15）有机反应。

①许多的有机反应中，氢氧化钠也扮演着类似催化剂的角色。

碱催化环氧烷开环，最具代表性的皂化反应：

$$RCOOR' + NaOH = RCOONa + R'OH$$

②也可催化许多其他反应，如环氧烷开环、卤仿反应等：

$$I_2 + NaOH + R(CH_3)C = O \rightarrow R-COONa + CHI_3(生成碘仿)$$

③氢氧化钠可以和卤代烃等发生亲核取代反应：

$$CH_3CH_2Cl + NaOH \longrightarrow CH_3CH_2OH + NaCl$$

④也可能使卤代烃发生消除：

$$CH_3CH_2Cl + NaOH \longrightarrow CH_2 = CH_2 + NaCl + H_2O$$

⑤氢氧化钠在强热下可以使羧酸发生脱羧反应：

$$R-COONa + NaOH \longrightarrow RH + Na_2CO_3$$

（16）颜色反应。

氢氧化钠溶液是碱性，使石蕊试液变蓝，使酚酞试液变红。

（17）其他反应。

①铝会与氢氧化钠反应生成氢气：

$$2Al + 2NaOH + 6H_2O = 2Na[Al(OH)_4](四羟基合铝酸钠) + 3H_2\uparrow$$

②硅也会与氢氧化钠反应生成氢气，如：

$$Si + 2NaOH + H_2O = Na_2SiO_3 + 2H_2\uparrow$$

4.38.3 主要用途

烟花爆竹用工业氢氧化钠主要制作黏胶剂。

4.38.4 烟花爆竹用工业氢氧化钠质量标准

表 4-38-2 固体氢氧化钠技术指标/%

项目		型号规格								
		IS—DT						IS—CT		
		I			II			I		
		优级	一级	合格品	优级	一级	合格品	优级	一级	合格品
氢氧化钠(以 NaOH 计)	≥	96.0	95.0		72.0±2.0			97.0		94.0
碳酸钠(以 Na₂CO₃ 计)	≤	1.2	1.3	1.6	0.4	0.8	1.0	1.5	1.7	2.5
氯化钠(以 NaCl 计)	≤	2.5	2.7	3.0	2.0	2.5	2.8	1.1	1.2	3.5
三氧化二铁(以 Fe₂O₃ 计)	≤	0.008	0.01	0.02	0.008	0.01	0.02	0.008	0.01	0.01

(1)外观:固体氢氧化钠(包括片状、粒状、块状等)主体为白色,有光泽,允许微带颜色。液体氢氧化钠为稠状液体。

(2)固体氢氧化钠(包括片状、粒状、块状等)指标要求。

4.38.5 关键指标测定

烟花爆竹用工业氢氧化钠关键指标测定应按表 4-38-2 质量技术指标进行。如有特殊要求由供需双方协商。

4.38.5.1 外观

目视观察。

4.38.5.2 氢氧化钠含量测定

1. 方法提要

试样溶液中加入氯化钡,将碳酸钠转换为碳酸钡沉淀,然后以酚酞为指示液,用盐酸标准滴定溶液滴定至终点。反应如下:

$$Na_2CO_3 + BaCl_2 \longrightarrow BaCO_3 \downarrow + 2NaCl$$

$$NaOH + HCl \longrightarrow NaCl + H_2O$$

2. 试剂与溶液

(1)氯化钡溶液(100 g/L)：使用前,以酚酞为指示液,用氢氧化钠标准溶液调至微红色。

(2)盐酸标准滴定溶液：$c(HCl) = 1\ mol/L$。

(3)酚酞指示液：10 g/L。

3. 仪器与设备

常规实验室仪器与磁力搅拌器。

4. 测定步骤

(1)试样溶液的制备

用称量瓶迅速称取固体氢氧化钠 30 g ± 1 g(精确至 0.01 g),将已称取的样品置于已盛有约 300 mL 水的 1000 mL 容量瓶中,加水,溶解。冷却至室温,稀释至刻度,摇匀。

(2)用吸量管移取 50 mL 试样溶液,注入 250 mL 锥形瓶中,加入 10 mL 氯化钡溶液(100 g/L),加入 2~3 滴酚酞指示液(10 g/L),在磁力搅拌器搅拌下,用盐酸标准滴定溶液[$c(HCl) = 1\ mol/L$]滴定至微红色为终点。记下滴定所消耗的盐酸标准滴定溶液的体积(V_1)。

5. 结果计算

氢氧化钠含量以 NaOH 质量分数 w_{4-38-1} 计,以% 表示,按式(4 − 38 − 1)计算：

$$w_{4-38-1} = \frac{(V_1/1000)cM_1}{m \times 50/1000} \times 100 = \frac{2V_1cM_1}{m} \qquad (4-38-1)$$

式中：V_1 为滴定试样所消耗的盐酸标准滴定溶液的体积,mL；c 为盐酸标准滴定溶液的准确浓度,mol/L；m 为试样的质量,g；M_1 为氢氧化钠的摩尔质量,g/mol($M_1 = 40.00\ g/mol$)。取平行测定结果的算术平均值作为测定结果。平行测定数据的极差与平均值之比不得大于 0.2%。

4.38.5.3　碳酸钠含量测定

1. 方法提要

试样溶液以溴甲酚绿 − 甲基红混合指示液为指示剂,用盐酸标准滴定溶液滴定至终点,测得氢氧化钠和碳酸钠总和,再减去氢氧化钠含量,即可测得碳酸钠含量。

2. 试剂与溶液

(1)盐酸标准滴定溶液：$c(HCl) = 1\ mol/L$。

(2)溴甲酚绿 − 甲基红指示液。

3. 仪器与设备

常规实验室仪器与磁力搅拌器。

461

4. 测定步骤

(1)试样溶液的制备。

用称量瓶迅速称取固体氢氧化钠 30 g ± 1 g(精确至 0.01 g),将已称取的样品置于已盛有约 300 mL 水的 1000 mL 容量瓶中,加水,溶解。冷却至室温,稀释至刻度,摇匀。

(2)氢氧化钠和碳酸钠含量的测定。

用吸量管移取 50 mL 试样溶液,注入 250 mL 三角瓶中,加入 10 滴溴甲酚绿－甲基红混合指示液,在磁力搅拌器搅拌下,用盐酸标准滴定溶液滴定至暗红色为终点。记下滴定所消耗的盐酸标准滴定溶液的体积(V_2)。

5. 结果计算

碳酸钠含量以 Na_2CO_3 质量分数 w_{4-38-2} 计,以% 表示,按式(4-38-2)计算:

$$w_{4-38-2} = \frac{(V_2 - V_1)/1000 \, c M_2/2}{m \times 50/1000} \times 100 = \frac{(V_2 - V_1) c M_2}{m} \quad (4-38-2)$$

式中:V_1 为滴定氢氧化钠含量所消耗的盐酸标准滴定溶液的体积,mL;V_2 为滴定氢氧化钠和碳酸钠总量所消耗的盐酸标准滴定溶液的体积,mL;c 为盐酸标准滴定溶液的准确浓度,mol/L;m 为试样的质量,g;M_2 为碳酸钠的摩尔质量,g/mol($M_2 = 105.98$ g/mol)。取平行测定结果的算术平均值作为测定结果。平行测定数据的极差与平均值之比不得大于 0.2%。

4.38.5.4 氯化物含量测定 分光光度法

1. 方法提要

试样中的氯离子(Cl^-)全部取代硫氰酸汞中的硫氰酸根(SCN^-),被取代的硫氰酸根(SCN^-)与硝酸铁反应生成硫氰酸铁,显红色,在波长 450 nm 处,对有色溶液进行光度测定。反应式如下:

$$2NaCl + Hg(SCN)_2 =\!=\!= HgCl_2 + 2NaSCN$$
$$3NaSCN + Fe(NO_3)_3 =\!=\!= 3NaNO_3 + Fe(SCN)_3$$

2. 试剂与溶液

(1)硝酸。

(2)硝酸铁[$Fe(NO_3)_3 \cdot 9H_2O$]。

(3)过氧化氢。

(4)硝酸铁溶液(8 g/L,以 Fe 计):在 500 mL 锥形瓶中,加入约 29.0 g 硝酸铁[$Fe(NO_3)_3 \cdot 9H_2O$],精确到 0.01 g,加 60 mL 水,再小心加入 60 mL 硝酸,在通风柜中将溶液缓慢加热至沸,待反应进行完毕,亚硝酸气体全部被驱除后,再加入几滴过氧化氢,使溶液脱色,继续煮沸 2 min,停止加热,冷却后将溶液全部移入 500 mL 容量瓶中,用水稀释至刻度,摇匀。

（5）硫氰酸汞溶液（0.5 g/L）：称取 0.1 g 硫氰酸汞［Hg（SCN）₂］，称取至 0.001 g，置于 250 mL 烧杯中，加 30 mL 无水乙醇，在不断搅拌下，再加 150 mL 温水，使之溶解。然后，将溶液过滤至 200 mL 容量瓶中，用无水稀释至刻度，摇匀。

（6）氯化钠标准溶液：0.1 mg/mL。

（7）氯化钠标准溶液：0.01 mg/mL。

（8）酚酞指示液：10 g/L。

3．仪器与设备

常规实验室仪器与分光光度计。

4．测定步骤

（1）标准曲线的绘制。

①标准比色溶液的配制。

依次吸取 0.0 mL、2.0 mL、4.0 mL、6.0 mL、8.0 mL、10.0 mL、12.0 mL、14.0 mL 氯化钠标准溶液（0.01 mg/mL），分别置于 50 mL 容量瓶中，然后，在每个容量瓶中依次加入 5 mL 硝酸、5 mL 硝酸铁溶液（8 g/L）和 20 mL 硫氰酸汞溶液（0.5 g/L），用水稀释至刻度，摇匀，静置 30 min 显色。

②标准比色溶液吸光度的测定。

用分光光度计于波长 450 nm 处，以蒸馏水作参比溶液，选用 4 cm 或 5 cm 吸收池进行吸光度测定；

③标准曲线的绘制。

以 50 mL 标准比色溶液中氯化钠的质量标准（mg）为横坐标，与其对应的吸光度为纵坐标，绘制标准曲线。

（2）试样溶液 A 的制备。

①称取相当于 20 g 氢氧化钠的固体或液体实验室样品，称准至 0.01 g，用水溶于 200 mL 容量瓶中稀释至刻度，摇匀（溶液 A）。

②当 50 mL 标准比色溶液中氯化钠的质量大于 0.15 mg 时，吸取（溶液 A），稀释至适当倍数，测定按（4.4.3）操作。计算结果依据试样溶液的稀释，按式（4-38-3）乘以相应的稀释倍数。

③空白试验。

空白实验与试样测定同时进行，其测定程序和所用试剂量均与测定试样相同，只是不加试样溶液及中和试样时用的硝酸。

（3）测定。

（1）吸取 10.0 mL 试样溶液（溶液 A），置于 50 mL 容量瓶中，加 1~2 滴酚酞指示液，将容量瓶放在冷水中边摇边慢慢加入硝酸中和，冷却至室温后，加

5.0 mL硝酸、5.0 mL硝酸铁溶液(8 g/L)和20.0 mL硫氰酸汞溶液(0.5 g/L),用水稀释至刻度,摇匀。静置30 min显色。

(2)用分光光度计于波长450 nm处,以蒸馏水作参比溶液,选用4 cm或5 cm吸收池进行吸光度测定。

5. 结果计算

氯化钠含量,以NaCl质量分数w_{4-38-3}计,以%表示,按式(4-38-3)计算:

$$w_{4-38-3} = \frac{m_1 \times 10^{-3}}{m_0 \times (10/200)} \times 100 = \frac{2m_1}{m_0} \qquad (4-38-3)$$

式中:m_0为试样的质量,g;m_1为由标准曲线获得与所测试样吸光度相对应的氯化钠的质量,mg。

平行测定结果之差的绝对值不应超过0.001%;取其平均值为测定结果。

4.38.5.5 三氧化二铁含量测定

1. 方法提要

用抗坏血酸将试液中的Fe^{3+}还原成Fe^{2+}。在pH为2~9时,Fe^{2+}与1,10-邻菲啰啉生成橙红色配位化合物,在分光光度计最大吸收波长(510 nm)处测定其吸光度。

反应式如下:

$$2Fe^{3+} + C_6H_8O_6 = 2Fe^{2+} + C_6H_6O_6 + 2H^+$$

$$Fe^{2+} + 3C_{12}H_8N_2 = [Fe(C_{12}H_8N_2)_3]^{2+}$$

表4-38-3 比色皿使用规格

三氧化二铁的质量分数/%	比色皿规格/cm
<0.005	5
0.005~0.01	2或3
0.01~0.015	2或1
0.015~0.03	1或0.5

2. 试样溶液制备

称取相当于氢氧化钠(10~15)g的固体或液体试样,称准至0.01 g,置于适量烧杯中,加水溶解约至120 mL,加2~3滴对硝基苯酚指示液,用盐酸中和至无色,再过量1 mL,煮沸5 min,冷却至温室。移入250 mL容量瓶中,用水稀释至刻度,摇匀。

3. 测定步骤

按照《第 3 章 3.3 铁含量测定》执行。

4. 结果计算

铁含量，以 Fe_2O_3 的质量分数 w_{4-38-4} 计，以 % 表示，按式（4-38-4）计算：

$$w_{4-38-4} = 1.4297 \times \frac{m_2 \times 10^{-6}}{m_1 \times (10/200)} \times 100 = 1.4297 \times \frac{5m_2 \times 10^{-6}}{m_1} \times 100$$

$$(4-38-4)$$

式中：m_1 为试样的质量，g；m_2 为与扣除空白后的试样吸光度相对应的由标准曲线上查得的或一元线性回归方程计算的铁的质量，μg；1.4297 为铁与三氧化二铁的折算系数。

5. 允许差

平均测定结果之差的绝对值不应超过下列数值：

当 $w \leqslant 0.002\%$，0.0001%；$w > 0.002\%$，0.0005%。

取平行测定结果的算术平均值为测定结果。

4.38.6　烟花爆竹用工业氢氧化钠产品包装与运输中的安全技术

（1）标志。

产品的外包装上应有明显牢固的标志，内容包括：生产企业名称、地址、产品名称、商标、执行标准号、型号规格、批号或生产日期、净质量和生产许可证编号及"腐蚀品""怕雨"等标志。

（2）标签。

每批出厂的产品都应附有质量证明书。内容包括：生产厂名、厂址、产品名称、商标、等级、净含量、批号或生产日期、产品质量符合标准的证明和标准编号。

（3）包装。

①铁桶包装的固体氢氧化钠产品按 GB/T 15915 规定执行。每桶净质量为（200±2）kg。

②袋装的片状、粒状、块状等固体氢氧化钠产品，内袋宜用聚乙烯、聚丙烯薄膜袋，外袋宜用聚乙烯、聚丙烯编织袋（或复膜袋）或牛皮纸袋。每袋净质量为（25.0±0.25）kg。也可按相关规定采用其他包装形式。包装袋及封口应保证产品在正常贮运中不污染、不泄漏、不破损。

③液体氢氧化钠产品用专用槽车或贮槽装运，包装容器不得污染产品。

（4）运输。

运输过程中防止撞击。袋装氢氧化钠产品避免包装损坏、受潮、污染。不可与酸性物品混装运输。

(5)贮存。

固体氢氧化钠(包括片状、粒状和块状等)产品应贮存于干燥、清洁的仓库内。液体氢氧化钠产品应用贮槽贮存。防止碰撞及与酸性物品接触。

(6)安全。

氢氧化钠产品具有强腐蚀性，接触人员应配带防护眼镜和胶皮手套等劳动保护用具。

第 5 章　烟花爆竹用烟火药常规测定

5.1　烟火药试样准备

5.1.1　取样规则

(1)应按产品标准的有关条款进行采样,从生产批次中一次抽取具有代表性的样品。成品采样可采用与成品时间相同时制造出的药坯。

(2)接受样品时应检查:

①放样品的容器或包装是否清洁、无损。

②标签填写的内容是否完整、准确和清晰。

③数量是否符合要求。

5.1.2　安全技术规定:

(1)烟火药剂是一种易燃易爆的危险品,火药实验室应符合技术安全要求,试验时应遵守实验室安全守则。

(2)试样的制备应在有安全防护措施条件下进行,试验前应对其技术安全防护措施进行认真检查。

(3)易燃、易爆、剧毒物品应妥善保管及处理。

(4)试样的制备和存放量不能超过安全防护允许的条件。

(5)应制定出可能发生的误操作和意外情况的应急处理方法。

5.1.3　试剂与材料

(1)乙醇:工业纯。

(2)牛皮纸:80 g/m²。

(3)脱脂棉。

(4)防静电橡胶垫。

5.1.4　仪器与设备

(1)小型台虎钳。

（2）玛瑙（或硬木质，铜质）研钵。

（3）刀具（所用工具的刃部宜用铍合金材料）。

（4）分样筛：符合 GB/T6003.1 和 GB/T6003.2 规定。孔筛基本尺寸为 0.125 mm、0.150 mm、0.180 mm、0.250、0.425 mm、0.850 mm。

5.1.5　试样预处理

（1）所用器具应清洁、干燥，所用工具刃部使用前应以酒精棉擦至洁净，允许使用其他洁净方法。

（2）粉状药：符合检验粒度要求，直接取样，称量。

（3）坯料试样的处理。

①在处理成型粒状药外层包覆点火药或一端有点火药时，应将点火药与基本药分离后，再进行粉碎。

②用工业乙醇溶液（1＋1）将烟火药颗粒润湿，在空旷的桌面用防静电胶垫垫好，再用锋利的小刀片（所用工具的刃部宜用铍合金材料），剥掉点火药外层。剥离操作的时候，一定要剥好一颗放好后，清理废药，再剥下一颗。不可在操作台面放太多试样。

③待测试样编写好试验编号，用培养皿或者称量皿装好，再置入不加干燥剂的干燥器内备用。

5.1.6　测定水分和总挥发分的试样

试样的三维尺寸不大于 3 mm 的取整粒，大于 3 mm 的应切成 2～3 mm 的药粒，不应用粉碎机处理试样。

干燥法测定水分的试样切开后，过 3 mm 和 2 mm 的双层试验筛，取 2 mm 筛的筛上物。

5.1.7　测定组分的试样

（1）需经皂化或炭化分解的试样，用于提取和分解的试样。

除去表面引火药后，将试样粉碎，取 250 μm（60 目）筛的筛下物。

（2）用于溶解的试样。

将药粒处理成 2～3 mm 小粒，过 3 mm 和 2 mm 的双层筛，取 2 mm 筛的筛上物。

5.1.8　测定密度的试样

（1）密度法瓶的试样：试样大小以能装入密度瓶为宜。经处理后的试样应清除毛刺。

（2）液体静力称量法的试样：试样表面应用绸布消除毛刺，表面平整光滑无可见气孔。

（3）测定堆积密度的试样：试样不允许处理。

5.1.9　安定性和相容性试验的试样

（1）真空安定性试验的试样。

粉末状试样采用原样，3D 成形状试样应将其粉碎，过选定的试验筛，取筛间物。

（2）差热分析和差示扫描量热法的试样。

粉末状试样采用原样，3D 成形状试样应将其处理成 180～250 μm 粉末。

（3）微热量热法的试样。

试样允许粉碎，颗粒过选定的试验筛，取筛下物。

（4）维也里安定性试验的试样。

①单粒质量大于 1 g 的粒状药，用铡刀横向切开，再纵向切成均匀小块，以绸布搓除毛刺，过 8 mm 和 5 mm 筛，取 5 mm 筛上物。

②单粒质量小于 1 g 的粒状药不进行处理。

5.1.10　机械感度实验试样

摩擦感度、撞击感度试样，粉末状试样采用原样，3D 成形状试样应将其处理成 250～425 μm 粉末，过选定的试验筛，取筛间物。

5.1.11　发火点试验试样

粉末状试样采用原样，3D 成形状试样应将其处理成 180～250 μm 粉末。

5.2　烟火药水分含量测定卡尔·费休法（电量法）

5.2.1　范围

本方法适用于烟火药中水分含量的测定，也适用于含水量小于 4% 的硝化棉中水分含量测定。还适用于大部分有机和无机固、液体化工产品中游离水和结晶水含量的测定；不适用于含有能溶于溶剂又与卡尔·费休试剂起化学反应的组分的试样中水分含量的测定。

5.2.2　方法提要

存在于试样中的任何水分（游离水或结晶水）与已知滴定度的卡尔·费休试

剂(碘、二氧化硫、吡啶和甲醇组成的溶液)进行定量反应,即可测出试样中水的含量。

甲醇可用乙二醇甲醚代替。可得到更恒定的滴定体积,而且可在不使用任何专门技术下测定某些醛和酮类化工产品的水分。

反应式:

$$H_2O + I_2 + SO_2 + 3C_5H_5N \longrightarrow 2C_5H_5N \cdot HI + C_5H_5N \cdot SO_3$$

$$C_5H_5N \cdot SO_3 + ROH \longrightarrow C_5H_5NH \cdot OSO_2OR$$

5.2.3 试剂与材料

(1)5A 分子筛:条状或球状,在500℃活化2~4 h,置于无干燥剂的干燥器内冷却至室温。

(2)甲醇:按每毫升加0.1 g 5 A 分子筛的比例,干燥24 h 以上。

(3)异丙醇:按每毫升加0.1 g 5 A 分子筛的比例,干燥24 h 以上。

(4)丙酮:按每毫升加0.1 g 5 A 分子筛的比例,干燥24 h 以上。

(5)提取剂:丙酮 – 异丙醇混合溶剂,体积比: 1∶3。

(6)卡尔·费休试剂配制。

①A 溶液:称取63 g 干燥的碘置于容积为1 L 的棕色细口瓶内,加入600 mL 甲醇、25 g 无水碘化钾和85 g 无水乙酸钠,塞紧瓶塞,振摇使固体试剂完全溶解,密封保存。

②B 溶液:将盛有1 L 甲醇的棕色瓶置于冰水浴中,缓缓通入干燥的二氧化硫气体,使增加的质量约为256 g。密封后保存在暗处。二氧化硫可市售,也可用硫酸分解亚硫酸钠制备。

③卡尔·费休试剂制备:量取B 溶液80~90 mL,加入贮存A 溶液的棕色瓶内,再补加甲醇至1 L,混匀后密封,置暗处保存。

(7)变色硅胶。

5.2.4 仪器与设备

常规实验室仪器、设备按以下配置。

(1)卡尔·费休测水仪(推荐采用 WA – 1 型)。

(2)滴定管:分度值0.02 mL。

(3)贮液瓶:700 mL。

(4)具塞锥形瓶:150 mL。

(5)微量注射器:10 μL、50 μL。

(6)电磁搅拌器。

5.2.5　试验准备

1. 火药试样准备

火药 3D 粒度小于 0.7 mm 的药粒取整粒，火药 3D 粒度大于 0.7 mm 的药粒按 5.1 的要求处理成 3 mm 以下的颗粒，迅速装入瓶内密封保存。

2. 硝化棉试样准备

细断过得的硝化棉试样应全部倾倒在孔径 2～3 mm 的铜筛上迅速搓擦过筛；未细断的试样应用镊子迅速撕松，立即装入瓶内密封保存。

3. 有机和无机固体化工产品

3D 粒度应小于 0.7 mm。

4. 卡尔·费休测水仪的安装与检查

按照仪器使用说明书装配好仪器，向贮液瓶内注入卡尔·费休试剂，在贮液瓶、滴定管及滴定瓶与空气相通部位应装有变色硅胶干燥管，防止外界湿气侵入。调好终点电量指示控制值。

所有的玻璃器皿应保持干燥。

5. 卡尔·费休试剂标定

①向滴定瓶内加入甲醇至淹没电极。接通电源，开动电磁搅拌器，用卡尔·费休试剂滴定至预先设定的终点电量并保持 30 s 不变，不记录消耗的滴定剂体积。

②用微量注射器吸取并称量适量的蒸馏水，精确至 0.2 mg，注入滴定瓶内，立即用卡尔·费休试剂滴定至终点电量保持 30 s 不变，记下消耗的试剂体积。平行测定三次，取平均值。

③无色溶液也可用目视法判定终点。滴定至终点时，过量的碘使溶液浅黄色突变为棕黄色。

④每毫升卡尔·费休试剂相当的水的质量，应在测定试样的当天进行标定。

⑤每毫升卡尔·费休试剂相当的水的质量按式(5-2-1)计算：

$$T = \frac{m_0}{V_0} \tag{5-2-1}$$

式中：T 为每毫升卡尔·费休试剂相当的水的质量，mg/mL；m_0 为加入水的质量，mg；V_0 为卡尔·费休试剂的体积，mL。

5.2.6　试验程序

(1)称取约 5 g 试样，称准至 0.2 mg，至于干净干燥的 150 mL 具塞锥形瓶内，加入 50 mL 提取剂(丙酮-异丙醇混合溶剂)，塞紧瓶塞，置于电磁搅拌器上搅拌 30 min，使试样中水分转移至提取剂中，静置 10 min 使提取溶液澄清。

(2)向滴定瓶中加入提取剂至淹没电极，在搅拌下用卡尔·费休试剂滴定至终点，保持30 s不变，不记消耗的滴定剂体积。

(3)用干燥的分度吸量管向滴定瓶内加入适量的试样提取溶液，加入量视试样中水分含量而定，使消耗的滴定剂体积占所用滴定管体积的二分之一以上。在搅拌下用卡尔·费休试剂滴定至终点，保持30 s不变，记下消耗的体积。

(4)向滴定瓶内加入相同体积的提取剂，用卡尔·费休试剂滴定至终点，读取消耗的体积。

5.2.7 结果计算

试样水分含量以 w_{5-2-2} 计，以%表示，按式(5-2-2)计算：

$$w_{5-2-2} = \frac{T(V-V_0)}{\dfrac{mV_1}{50} \times 1000} \times 100 \qquad (5-2-2)$$

式中：T 同式(5-2-1)；V 为滴定试样所消耗的卡尔·费休试剂的体积，mL；V_0 为滴定相同体积的提取剂所消耗的卡尔·费休试剂的体积，mL；m 为试样的质量，g；V_1 为取用提取剂溶液的体积，mL；50 为试样提取溶液的体积，mL。每份试样平行测定两个结果，计算结果精确到小数点后二位。取平行测定结果的算术平均值作为测定结果。平行结果的差值应不大于0.2%。

5.3 黑火药的理化性质及关键指标测定

5.3.1 名称与组成

(1)中文名称：黑火药。

(2)英文名称：Black powder。

(3)中文别名：黑色火药、有烟火药。

(4)组成：黑火药是由硝酸钾、硫磺、木炭三种原料或硝酸钾、木炭按一定比例制成的混合火药。由于木炭的黑色特性也称之为黑色火药，它在燃烧时产生大量的烟，又称为有烟火药。

(5)分子量：黑火药是一种机械混合物，由混合物分子量定义，其分子量可由式(5-3-1)计算：

$$M = \frac{100}{\sum \dfrac{g_i}{m_i}} \qquad (5-3-1)$$

式中：g_i为 i 组分的重量百分数；m_i为 i 组分的分子量。

黑火药的分子量并不是一个固定的常数，而是与其组成配比、木炭种类及性质等有关。

黑火药的组成比例根据其用途，各有千秋，但近代世界各国采用的军用黑火药其组成大体相似，基本配方是硝酸钾 75、木炭 15、硫磺 10。黑火药成分不同时，性能也不尽相同。

5.3.2　理化性质

在常温一个大气压下，以基本组分为 75/15/10，粒度为 80 目的黑火药为例。

(1)燃速：12 m/s。

(2)火焰传播速度：600 m/s。

(3)用于发射药点火时，速度：1000～3000 m/s。

(4)常温下热容量：0.84×10^2 J/Kg。

(5)氧平衡：−22%（按生成 CO_2 计算）。

(6)燃烧热：5966.2×10^2 J/kg。

(7)比容：271～280 L/kg。

(8)爆热：$2784.2 \times 10^3 \sim 2888.9 \times 10^3$ J/kg。

(9)爆温：2380～2400℃。

(10)火药力：280000～300000 kg·dm/kg。余容为 0.3～0.6l/kg。

(11)特劳茨铅铸实验法作功能：TNT 的 10%。

(12)25℃时比热约 0.84×10^2 J/(kg·K)。

(13)密度 1.6 g/cm² 时爆燃速度：400 m/s。

(14)爆燃生成气体体积：271～280l/kg(0℃，1.01325×10^5Pa)。

(15)200 g 砂弹试验时，0.4 g 黑火药的碎砂量：6.3～9.0 g。

密度较大时，即使在几个大气压下也能按几何定律燃烧。

(16)黑火药的感度：黑火药受外界刺激的敏感度。品种不同的黑火药，感度各不相同。一般黑火药(成分为硝酸钾 74.0%±1.0%，硫磺 10.4%±1.0%，木炭 15.6%±1.0%)的感度如下。

①热感度：5 min 延滞期的爆发点：290～310℃。5 s 延滞期的爆发点：427℃。

②火焰感度：遇火焰、火花及灼热粒子易被点燃。点火非常迅速。粒度小、密度小、表面粗糙的黑火药火药感度较高。粉状药火药感度比粒状药高。

③撞击感度：用卡斯特洛锤仪测定时，锤重 10 kg，落高 25 cm，52%～60%爆炸，撞击感度介于特屈儿与黑索金之间。

④摩擦感度：摩擦仪摆角 90°，压力 392.3 kPa 时粒状药 100% 爆炸，粉状药

40%爆炸。

(17)黑火药DTA温度谱图(图5-3-1)。

实验条件：环境温度20±2℃，湿度<80%，升温速率10℃/min。

图5-3-1为军工黑火药(硝酸钾75%，硫磺10%，炭15%)的DTA温度谱图

试样在135℃时有一明显硝酸钾正交→三方晶形转变吸热峰，熔点334℃硝酸钾熔化，随即在400~460℃间剧烈分解燃烧，为一放热高峰。

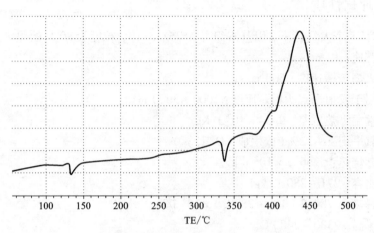

图5-3-1 黑火药DTA温度谱图

5.3.3 黑火药中各组分的作用

(1)黑火药中的硝酸钾是作为氧化剂用的。它在一定温度下与其它组分作用或本身发生分解释放出氧，然后与炭等可燃剂发生激烈的氧化反应，并放出大量的热。如：

$$C + O_2 \longrightarrow CO_2 + 392.98(kJ/mol)$$
$$2C + O_2 \longrightarrow 2CO + 110.44(kJ/mol)$$

(2)木炭是黑火药中的燃烧剂，也就是黑火药中的"燃料"。

(3)硫在黑火药中的作用较为复杂，通过大量实验证明，它的主要作用可归纳为。

①黏合剂：采用热压工艺时，利用硫在一定温度下的软化熔化特性，使黑火药三组分间紧密黏合在一起，可增加药粒的机械强度和均匀性，使其保证稳定的燃烧性能。

②燃烧剂：硫能被氧化成二氧化硫和三氧化硫，并放出热量，如：

$$S + O_2 \longrightarrow SO_2 + 296.57kJ/mol$$

474

$$2SO_2 + O_2 \longrightarrow 2SO_3 + 394.89kJ/mol$$

③催化剂。

a. 硫在黑火药的起始反应中能降低黑火药的分解温度(表5-3-1)：

表5-3-1

硝酸钾/摩尔	碳/摩尔	硫磺/摩尔	分解温度/℃	爆炸温度/℃
2	3		320	357
2		1	310	450
2	3	1	290	311

b. 硫能增加黑火药的撞击感度(表5-3-2)：

表5-3-2

混合物	锤质量/kg	落高/cm	不爆炸	分解	爆炸
硝酸钾 + 木炭	2	45 - 50	√		
硝酸钾 + 硫磺	2	45 - 50		√	
硝酸钾 + 硫磺 + 木炭	2	70 - 80			√

c. 硫能阻碍爆炸产物中一氧化碳和剧毒物质氰化钾的生成，如：

无硫时：$K_2CO_3 + 2C = 2K + 3CO$

$2K + 2C + N_2 = 2KCN$

有硫时：$K_2SO_4 + 2C = K_2S + 2CO_2$

d. 硫有助于增加爆炸时放出的气体量。

无硫时硝酸钾与碳只能生成碳酸钾。有硫时，则放出二氧化碳，而硝酸钾则生成硫酸钾和硫化钾。

5.3.4　各类黑火药的分解产物

黑火药的分解过程即决定于它的组成，又决定于反应进行的条件，所以它的分解产物十分复杂。附录7列出不同研究者对于不同组成的黑火药的研究结果。可见黑火药的分解产物中，固体产物占有相当大的比例，最高达68%，最低也有46%，固体产物中，主要是碳酸钾、硫酸钾、硫化钾及硫代硫酸钾；气体产物一般为40%~50%。一公斤黑火药仅能生成240~370 L的气体(标准状态下)，其中主要是二氧化碳、一氧化碳、氮气和硫化氢。由于黑火药能生成大量灼热微粒，

475

所以它是发射装药的良好点火药；同时由于它生成的气体少，所以它的做功能力及爆炸威力小。

诺贝尔和阿贝尔总结了装填密度对气体成分的性质和数量的影响后，提出："黑火药燃烧生成物的种类只与火药组成有关，而与装填密度无关；燃烧生成物成分的数量与装填密度及药粒密度、尺寸、形状等物理性质有关"，并提出增大装填密度会引起：

①二氧化碳含量增大，一氧化碳含量减少；

②碳酸钾和硫氰化钾的含量增大，而硫酸钾和硫化钾的含量减少；

③硫化氢和氢气量减少，甲烷和硫的含量增大。

5.3.5　黑火药在烟火技术中的重要作用

在这里定义的黑火药，主要是硝酸钾为氧化剂，炭、硫磺(兼做黏合剂)为燃烧剂，按一定比例，物理混合而成。

(1)点火、传火作用：黑火药的发火点低，对火焰敏感，有良好的被点燃性能。它着火后能产生更大的热量与更高的温度，能点燃发火点高难于被点燃的烟火剂，这是由于黑火药燃烧产物中有相当数量的凝聚相物质，附于被点燃物的表面，这样便于把热量传递给被点燃的物质，因此，黑火药广泛用于作引线及点火药、传火药、扩焰药。

(2)控制时间的作用：黑火药以一定的配方成分，一定的装填密度和一定的气压条件，按一定速度燃烧，因此，黑火药常用来制作导火索(有速燃的，缓燃的)延期药柱，时间药盘等控制时间的火药零件。

(3)发射(或抛射)作用：经过造粒有一定密度、强度和粒度分布的药粒，在高压下按平行层规律燃烧，在管形容器内能将弹体或部件向一个方向推送出去，如发射药、抛射药等。

(4)推进作用：一定药形、高装填密度的装药，在一端开口的密封容器内，点燃后按平行层规律燃烧，产生的气体从一端喷出，利用反作用力将物体向反方向推进而运动，如火箭推进剂。

(5)爆炸作用：粒度细，松散，燃速快的装药，瞬间能产生大量气体，在密封弹壳中能将壳体炸开，如稻皮药、开包药、手榴弹药等。

(6)喷花作用：装在喷花筒中，点燃时能产生一定的气体和碳星，同时能点燃装在一起的烟火或金属颗粒(如铁砂、铝渣)并一起喷射出去，有些组成在燃烧时还能产生火花分枝作用，组成五光十色的喷花图案，所用黑火药叫喷花黑火药。

(7)照明作用：一些组成在燃烧时分别能产生红、橙、黄、白等明亮的火焰，可作为灯子药。

（8）发烟剂作用；一些组成燃烧时能产生浓密的包烟，故在观赏烟火中也能作发烟剂。

（9）音响作用：能产生爆炸声的如鞭炮药，利用黑火药燃烧的快速性，及采用特殊工艺可产生翁翁声的蜂鸣药。

5.3.6　黑火药技术要求

（1）外观。

粒状药应为滚光的呈灰黑色至黑色的颗粒，且有光泽；不应含有目视可见杂质和药粉滚成的颗粒；不应有用手指拨动与轻轻挤压而散不开的药粒结块；药粒表面不应有析出的硝酸钾白霜或黄色硫磺斑点。

粉状药应为均匀的灰黑色粉末；不应含有目视可见的硬杂质；不应有用手指轻轻拨动而散不开的结块。

（2）黑火药产品用途分类（表 5-3-3）。

表 5-3-3　黑火药产品用途分类表

类别名	形态	用途	主要技术要求
喷花黑火药	粉末	制作喷花类产品	燃烧稳定、燃速较慢、气体量大
动力黑火药	颗粒	发射药	燃烧稳定、发射力强、爆温高
	粉末	制作爆竹、礼花弹、组合烟花、升空类（火箭）、旋转类产品	
引火线黑火药	粉末	制作引火线	燃速稳定、火焰感度敏感度高、燃温高
引火黑火药	粉末	制作亮珠、引燃药	火焰感度敏感度高、燃温高

（3）性能指标要求。

民用黑火药的质量指标应符合表 5-3-4 的要求。

表 5-3-4　民用黑火药质量指标要求

项　目	质量指标				
	1 号	2 号	3 号	4 号	5 号
吸湿性/%	颗粒≤1.5；粉末≤1.5				
水分/%	颗粒≤1.2；粉末≤3.0				
灰分/%	≤0.8（涂石墨的）				

项 目	质量指标				
	1 号	2 号	3 号	4 号	5 号
粒度/mm	颗粒 0.25 ~ 5.00；粉末≤0.149				
爆发点/℃ ≥	320				
筛上物(筛尺寸/mm)	5.00≤3.0%	3.00≤3.0%	2.00≤3.0%	1.00≤4.0%	0.42≤4.0%
筛下物(筛尺寸/mm)	3.00≤5.0%	2.00≤5.0%	1.00≤5.0%	0.42≤6.0%	0.25≤8.0%

5.3.7 黑火药关键指标测定

烟花爆竹用黑火药的检测，应按表 5 - 3 - 3 和表 5 - 3 - 4 的民用黑火药质量技术要求项进行。也可根据具体用途由供需双方协议测定项。

5.3.7.1 黑火药中水分含量测定

1. 方法提要

通过测定黑火药烘干后的损失的质量，计算出黑火药中的水分含量。

2. 仪器与设备

常规实验室仪器与设备。

3. 测定步骤

称取试样约 10 g，称准至 ±0.2 mg，置于恒量过的称量瓶内。将称量瓶至于防爆干燥箱内，揭开瓶盖，在恒温 105 ±1℃的烘箱内干燥 30 min，冷却至室温，盖上瓶盖后取出，置干燥器内冷却 30 min 后，称量。

4. 结果计算

水分质量分数 w_{5-3-1}，以% 表示，按式(5 - 3 -2)计算：

$$w_{5-3-1} = \frac{m_1 - m_2}{m} \times 100 \qquad (5 - 3 - 2)$$

式中：m_1 为干燥前试样与称量瓶的质量，g；m_2 为干燥后试样与称量瓶的质量，g；m 为试样的质量，g。计算结果精确到小数点后一位。取平行测定结果的算术平均值为测定结果。两次平行测定结果的差值不大于 0.2%。

5.3.7.2 硝酸钾含量测定

1. 方法提要

依据硝酸钾溶于水的特性，用水提取黑火药中的硝酸钾，蒸发、烘干、称量、计算黑火药中的硝酸钾。

2. 试剂与溶液

(1)硫酸。

（2）二苯胺。

（3）二苯胺硫酸溶液配制：称取 0.2 g 二苯胺，溶于 100 mL 硫酸中。

（4）中速定性滤纸。

3. 仪器与设备

常规实验室仪器与设备按以下配置。

（1）分析天平：感量 0.1 mg。

（2）恒温烘箱：控温精度 ±2℃。

（3）干燥器：φ180 mm ~ φ240 mm 内装指示性干燥剂。

（4）恒温水浴锅。

（5）点滴板。

4. 测定步骤

（1）试样准备：将样品混匀，约取 10 g 药粒在研钵内压成粉末，装入称量瓶放在空的干燥器内备用。

（2）称试样 2 g，称准至 ±0.2 mg，放入 50 mL 烧杯内。

（3）先用少量不低于 80℃热水把药粉调成糊状，再稍加热水，将所得溶液用中速定性滤纸滤入已恒重的 250 mL 烧杯内（烧杯两次称量之差不超过 ±0.001 g 即为恒重），并用热水洗涤残渣至不含硝酸钾为止，用点地板收集滤液，加二苯胺硫酸溶液检查时不呈现蓝色为止。

（4）将盛有滤液的烧杯，盖上表面皿，置电热板或电炉上加热，蒸发至约 20 mL，移至水浴锅上蒸发至干后，擦净烧杯外壁，置 105 ~ 110℃箱内烘至恒量。

5. 结果计算

硝酸钾含量以质量分数 w_{5-3-2} 计，以 % 表示，按式（5-3-3）计算：

$$w_{5-3-2} = \frac{m_1 - m_2}{m} \times 100 \qquad (5-3-3)$$

式中：m_1 为烧杯与硝酸钾的质量，g；m_2 为烧空杯的质量，g；m 为试样的的质量，g。计算结果精确到小数点后一位。取平行测定结果的算术平均值为测定结果。两次平行测定结果的差值不大于 0.2%。

5.3.7.3　电导测定法

1. 方法提要

将一定量的黑火药加水溶解、过滤、提取含有硝酸钾的溶液并稀释至一定体积，在一定温度下测定溶液的电阻值，从而换算出硝酸钾含量。

2. 试剂与溶液

（1）硝酸钾。

（2）硫酸。

（3）二苯胺。

（4）二苯胺硫酸溶液：称0.2 g二苯胺，溶于100 mL硫酸中。

（5）中速定性滤纸。

（6）坐标纸。

3. 仪器与设备

常规实验室仪器与设备按以下配置。

（1）导电仪：推荐用雷磁27型。

（2）电导电极：推荐用260型（镀有铂黑）。

（3）恒温浴锅。

4. 测定步骤

（1）绘制标准曲线。

①根据 GJB 1056A—2004 中理化性能规定的硝酸钾指标，以0.2 g黑火药试料量换算硝酸钾用量，分别称取不同量的（AR）硝酸钾，溶于200 mL容量瓶中，在室温下用水稀释至刻度。

②按照电导仪的使用说明书，将电导仪电极用夹子固定好，并将电导仪电极引线接好，然后接通电源，预热10 min。

③用少量待测液冲洗电导电极，从容量瓶中倒出约40 mL溶液于烧杯内，将被测溶液在电浴锅中恒温至25℃（被测液面要与水浴液面保持一致，才能保持反应温度始终不变），将电导电极浸入被测溶液。将"量程"开关扳上"校正"，调节"常数"使显示数与所使用电极的常数标称值一致。

④测电导率时，量程应先放在最低档，若仪表上显示"1"，则应调高一档，如此逐档调节至显示"0. ×××"，立即记下电阻值和溶液温度值。

⑤以电阻值为横坐标，硝酸钾质量分数为纵坐标，绘制标准曲线。

（2）测定。

①称取试样0.2 g±0.3 mg，放入烧杯内，然后用不低于80℃的热水溶解、过滤、洗涤到容量瓶中，用二苯胺硫酸溶液检查时不呈现蓝色为止。待滤液冷却后用水稀释至刻度。

②倒出约40 mL滤液于烧杯内，将电导仪电导电极浸入，严格控制滤液温度，保证其与绘制标准曲线时的温度一致，调节"量程"当仪表上显示"0. ×××"，立即记下电阻值和溶液温度值。查标准曲线后计算结果。

5. 结果计算

硝酸钾的质量分数 w_{5-3-3}，以%表示，按式（5-3-4）计算：

$$w_{5-3-3} = w_0 \times 100 \qquad (5-3-4)$$

式中：w_0 为查标准曲线得出的硝酸钾质量分数，以%表示。计算结果精确到小数点后一位。取平行测定结果的算术平均值为测定结果。两次平行测定结果的差值不大于0.2%。

480

6. 注意事项

(1)电导电极使用前、后应浸泡在蒸馏水中,以防铂黑惰化。

(2)测量时铂黑电极需用待测液洗 2 ~ 3 次。

(3)必须由低浓度至高浓度依次测定。

(4)为了检查仪器是否正常,可在测定试液前用已知电阻值的硝酸钾溶液校正。

5.3.7.4　黑火药中硫磺含量测定

1. 方法提要

黑火药中的硫磺与亚硫酸钠作用生成硫代硫酸钠,以碘标准滴定溶液滴定,由碘液的消耗量换算成黑火药中硫磺含量。

$$S + Na_2SO_3 \Longrightarrow Na_2S_2O_3$$

$$2Na_2S_2O_3 + I_2 \Longrightarrow Na_2S_4O_6 + 2NaI$$

2. 试剂与溶液

(1)碘。

(2)酚酞。

(3)可溶性淀粉。

(4)无水亚硫酸钠。

(5)甲醛溶液:36% 以上。

(6)冰乙酸:30%。

(7)碘标准滴定溶液:$c(\frac{1}{2}I_2) = 0.1 \ mol/L$。

(8)乙酸溶液:100ml/L。

(9)酚酞指示剂:10 g/L 乙醇溶液。

(10)淀粉指示剂:5 g/L 溶液。

3. 仪器与设备

常规实验室仪器与设备按以下配置。

(1)球形冷凝器,球形部分长度不小于 300 mL。

(2)磨口锥形瓶:250 mL。

(3)蒸馏装置。

4. 测定步骤

(1)试样准备:将样品混匀,约取 10 g 药粒在乳钵内压成粉末。装入称量瓶放在无干燥剂的干燥器内备用。

(2)称约 0.4 g 药粉,称准至 ±0.2 mg,放入 250 mL 锥形瓶内,加 50 mL 蒸馏水及 1 ~ 1.5 g 无水亚硫酸钠。

(3)将锥形瓶与球形冷凝器连接,并使溶液煮沸回流约 1 h。然后过滤到

500 mL锥形瓶内,用热水洗涤残渣至不含亚硫酸根为止(检查方法:取数滴滤液于试管中,依次加入0.5 mL淀粉指示剂,1滴碘标准溶液,滤液呈蓝色时为止)。

(4)待滤液冷却后,加5 mLl甲醛溶液、2滴酚酞指示剂,用乙酸中和并过量5~10 mL,然后再加入2~3 mL淀粉指示剂,用碘标准液滴定溶液滴定,到溶液呈现蓝色。30 s不消失时为终点。

(试样中的称取量可按黑火药中的硫磺含量做适量调整)。

5. 结果计算

硫磺的质量分数 w_{5-3-4},以%表示,按式(5-3-5)计算:

$$w_{5-3-4} = \frac{cVM}{m} \times 100 \qquad (5-3-5)$$

式中:c为碘标准滴定溶液的准确浓度,mol/L;V为滴定消耗试液的碘标准滴定溶液的体积,mL;M为硫的摩尔质量($M = 0.032$ g/mol),g/mmol;m为试样的质量,g。计算结果精确到小数点后一位。取平行测定结果的算术平均值为测定结果。两次平行测定结果的差值不大于0.2%。

5.3.7.5 黑火药中木炭含量测定

1. 方法提要:

黑火药中木炭,是在测得硝酸钾和硫磺含量后,由差减法求得。

2. 结果计算

木炭的质量分数 w_{5-3-5},以%表示,按式(5-3-6)计算

$$w_{5-3-5} = 1 - (w_{5-3-2} + w_{5-3-4}) \qquad (5-3-6)$$

式中:w_{5-3-2}为黑火药中硝酸钾含量百分数;w_{5-3-4}为黑火药中硫磺含量百分数;计算结果表示到小数点后一位。

5.3.7.6 黑火药吸湿性能测定

1. 方法提要

在一定温度下,将测定过水分的试样,放在底部盛有硝酸钾饱和溶液的干燥器内,经过一定时间后,测定其水分的增量。

2. 测定步骤

按照《第2章2.7吸湿性测定》执行。

5.3.7.7 黑火药灰分测定

1. 方法提要

用水溶解黑火药中硝酸钾,将水不溶物灼烧后称量,计算灰分。

2. 试剂与溶液

(1)硫酸。

(2)二苯胺。

(3)二苯胺硫酸溶液:称取0.2 g二苯胺,溶于100 mL硫酸中。

(4)快速定量滤纸。

3. 仪器与设备

常规实验室仪器与设备。

4. 测定步骤

(1)将试样混合均匀,取约 20 g,置于研钵内,将其研成粉末,装入称量瓶,放入装有变色硅胶的干燥器中备用。

(2)称取试料约 5 g,称准至 0.2 mg,置于烧杯中,加少量热水,把药粉调成糊状,再加热水 100 mL,浸溶数分钟。

(3)过滤并用热水洗涤至滤液用二苯胺硫酸溶液检查时不呈现蓝色为止。

(4)将不溶物连同滤纸移入已恒量的瓷坩埚中,在电炉上炭化后,置于 800℃ 的高温炉内,灼烧 2 h,取出置于干燥器中冷却 30 min 后称量,直至恒量(连续两次称量的差不大于 0.2 mg)。

每批样品做两份试样的平行测定。

5. 结果计算

灰分质量分数 w_{5-3-7} 以% 表示,按式(5-3-8)计算

$$w_{5-3-7} = \frac{m_1 - m_2}{m} \times 100 \qquad (5-3-8)$$

式中:m_1 为灰分和坩埚的质量,g;m_2 为空坩埚的质量,g;m 为试样的质量,g。计算结果精确到小数点后二位。取平行测定结果的算术平均值为测定结果。两次平行测定结果的极差与平均值之比不得大于 0.2%。

5.3.7.8　黑火药粒度测定法

1. 方法提要

在一定的试验条件下,根据黑火药的类别规定的试验筛筛分试样,测定筛上物和筛下物各占试样的质量分数。

2. 测定步骤

按照《第 2 章 2.6 粒度测定》(筛分法)执行。

表 5-3-5　黑火药类号及筛孔基本尺寸

黑火药类号		1	2	3	4	5	粉末
筛孔基本尺寸/mm	上筛	5	3	2	1	0.42	0.149
	下筛	3	2	1	0.42	0.25	

每份试样平行作两个测定,取其算术平均值精确至 0.1。

5.3.7.9　黑火药发射力测试

1. 方法提要

用传感器接受测定黑火药爆炸燃烧产生的发射力。

2. 仪器与设备

常规实验室仪器与设备按以下配置。传感器测力仪。

(1)传感器参数(表 5 − 3 − 6)。

表 5 − 3 − 6　传感器参数

参数名称	参数指标
量程范围/kg	5、10、20、50、100
综合误差(% F.S)不是国际单位	0.03
灵敏度/$(mV \cdot V^{-1})$	2.0 ± 0.002
非线性(%FS)	0.03
滞后(%FS)	0.03
重复性(%FS)	0.01
蠕变(%FS/30min)	0.02
零点输出(%FS)	±1
输入阻抗/Ω	350 ± 3
输出阻抗/Ω	350 ± 10
绝缘电阻/MΩ	≥5000(100VDC)
激励电压/V	9 ~ 12(DC)
常温补偿范围/℃	− 10 ~ +40
使用温度影响/℃	− 35 ~ +65
零点温度影响(%FS/10℃)	0.03
灵敏度温度影响(%FS/10℃)	0.03
安全过载范围(%FS)	150
防护等级	IP65
电缆线	四芯屏蔽电缆,标准线长为 3 ~ 5 m

（2）显示仪表参数（表 5 - 3 - 7）。

表 5 - 3 - 7　显示仪表参数

参数名称	参数指标
适用信号	四线制传感器：0 ~ 50 mV
	标准电流信号：4 ~ 20 mA、0 ~ 10 mA
	标准电压信号：0 ~ 5VDC、1 ~ 5VDC
显示方式	0 ~ 9999 四位高亮度 LBD 数码显示，可自定义小数点位置
精度	±0.2%；A/D 转换精度：四位半
变送输出	电流输出能实现 14 位 D/A 精度及小于温漂 100 PPm/℃的高精度变送输出功能
安全性能	多重保护、隔离设计、抗干扰能力强、性能稳定
供电电源	220VDC ± 10%；24V 电池

5.3.8　黑火药包装与运输中的安全技术

1. 标志、包装、运输、贮存和质量证明书

（1）标志。

民用黑火药包装桶上应标出：爆炸品标志及供方地址、产品名称、净重、牌号、批号等。

（2）包装。

外包装物应采用重型原纸 7 层瓦楞纸双摇盖包装箱，包装箱材质应符合 GB/T 6544《瓦楞纸板》优质品要求，纸箱应无裂痕、漏洞，有足够的强度和防潮性，且直立时能承载大于或等于 150 kg 重力不变形、不断裂。粉状黑火药可采用优质纸质包装袋，其材质应符合 GB/T 7968《纸袋纸》中优质品的要求。

内包装物应采用具有一定的强度、导静电、接缝牢固、密闭性能好的薄膜或铝箔纸制成的直立式包装袋。内包装封口应胶封紧密、不漏药。

单件净重≤25 kg，误差≤1%。

（3）运输。

产品必须符合危险品运输规定。运输过程中应特别注意防止阳光照射，雨淋和受潮。运输一定要在密闭的货厢内，不得和其他物品混装。

（4）贮存。

产品在贮存或中转库都应有良好的干燥、通风，温度不超过 40℃。不应与易燃、易爆物共存，远离火种及热源。包装袋堆码高度不超过 5 袋，纸箱码堆高度

不超过 8 箱。

贮存期为 5 年。超过 5 年，使用前应做理化性能分析，合格后方可使用。

（5）质量证明书：每批次产品都必须有检验合格证明书。根据产品质量技术标准，如实填写出厂检验指标，内容包括：产品名称、产品类别、规格、安全等级、药量、净重、警示语、制造商或出品人名称及地址和生产日期或批号。

2. 消防措施

用水或雾状水进行灭火。严禁用砂土压盖，以免发生猛烈爆炸。

5.4 烟花爆竹中烟火药禁用限用药剂定性检测方法

5.4.1 范围

本方法规定了氯酸盐、铅化合物、砷化合物、汞化合物、磷、镁粉（铝镁合金粉、改良镁粉除外）、没食子酸、六氯代苯、苦味酸定性检测方法。

适用于烟花爆竹混合药剂中氯酸盐、铅化合物、砷化合物、汞化合物、磷、镁粉（铝镁合金粉、改良镁粉除外）、没食子酸、六氯代苯、苦味酸定性检测方法。

5.4.2 试样制备

参照《第 5 章 5.1 烟火药试样准备》执行。

5.4.3 限用、禁用药剂定性检测

1. 氯酸盐定性检测方法

（1）方法提要。

盐酸苯胺在酸性条件下与氯酸盐反应后变成紫色，判为有氯酸盐。

$$C_6H_5NH_2 \cdot HCl + HClO_3 \longrightarrow C_6H_5NO_2 + KCl + H_2O$$

（2）试剂与溶液。

①盐酸。

②盐酸苯胺溶液：8%。

③硫酸亚铁铵。

（3）测定步骤

称取 4 g 盐酸苯胺，称准至 0.01 g。在通风柜中加入 50 mL 盐酸，搅拌，在不高于 60℃水浴锅中加热溶解，贮于棕色试剂瓶中（此溶液 7 d 内有效）。

方法一：称取 0.05 g 样品置于滤纸中心，加蒸馏水 2 滴，待蒸馏水扩散开后，加 3～5 滴盐酸苯胺溶液，如滤纸上出现紫色环，再加几粒硫酸亚铁铵，若紫色环不消失，则判定有氯酸盐存在。

方法二：称取 0.1 g 试样于烧杯中，加 10 mL 水加热搅拌、过滤，取 1 mL 滤液于试管中，加入 1 mL 盐酸苯胺溶液，摇动试管，溶液立即出现粉红色，后变为紫色，最后变为深蓝色，判定有氯酸盐存在。

2. 铅化合物定性检测方法

(1)方法提要。

铅化合物在酸性条件下与铬酸钾反应生成黄色沉淀，且能溶于过量的氢氧化钠或浓硝酸，判定有铅化合物。

$$Pb^{2+} + K_2CrO_4 \longrightarrow PbCrO_4 \downarrow + 2K^+$$

(2)试剂与溶液。

①盐酸。

②铬酸钾溶液：20%。

③氢氧化钠溶液：10%。

④硝酸。

(3)测定步骤。

称取 0.1 g 样品置于 200 mL 烧杯中，加入 10 mL 盐酸，微热搅拌，使样品充分溶解，静置 2 min 后过滤于另一试管中。在滤液中加入 2 滴铬酸钾。若有黄色沉淀生成，且能溶于过量的氢氧化钠或硝酸，则判定有铅化合物存在。

3. 砷化合物定性检测方法

(1)方法提要。

砷化合物在酸性条件下可被金属锌还原成砷化氢，与溴化汞作用生成黄色物质，判定有砷化合物。

$$As^{3+} + 3Zn + 3H^+ \longrightarrow AsH_3 \uparrow + 3Zn^{2+}$$
$$AsH_3 + 2HgBr_2 \longrightarrow AsH(HgBr)_2 + 2HBr$$

(2)试剂与溶液。

①盐酸。

②碘化钾。

③氯化亚锡溶液：400 g/L。

④无砷锌。

⑤乙酸铅溶液：5 g/L。

⑥溴化汞。

(3)测定步骤。

①取脱脂棉花用乙酸铅溶液(5 g/L)湿透后，除去过多的溶液，晾干，保存于密闭的瓶中。

②称取 1.25 g 溴化汞，溶于 25 mL 乙醇，将无灰滤纸放入该溶液中浸泡 1 h，取出，于暗处晾干，保存于密闭的棕色瓶中。

③称取 0.1 g 试样，置于 200 mL 烧杯中，加 50 mL 蒸馏水，加热 3 min，过滤，分离出可溶于水的物质，剩下的滤渣加入 10 mL 盐酸，加热溶解，冷却过滤。

④取 0.5 mL 滤液于试管中，加 6 mL 盐酸，摇匀放置 10 min，加 1 g 碘化钾及 0.2 mL 氯化亚锡溶液(400 g/L)，加 2.5 g 无砷锌，将乙酸铅棉花塞入试管，立即用溴化汞试纸覆盖试管口，若试纸变黄色斑点，则判定有砷化合物存在。

4. 汞化合物定性检测方法

(1)方法提要。

汞化合物在酸性条件下，在碘化钾和亚硫酸钠混合液中与硫酸铜反应生成橙红色沉淀，判定有汞化合物。

$$2CuSO_4 + 2KI + Na_2SO_3 \longrightarrow Cu_2I_2 \downarrow + K_2SO_4 + Na_2O_4 + H_2SO_4$$
$$Hg^{2+} + 2Cu_2I_2 \longrightarrow Cu_2[HgI_4] \downarrow + 2Cu^{2+}$$

(2)试剂与溶液。

①盐酸。

②碘化钾溶液：20%。

③亚硫酸钠溶液：20%。

④硫酸铜溶液：5%。

(3)测定步骤。

①将碘化钾溶液(20%)和亚硫酸钠溶液(20%)按 1:1 混合。

②称取 1 g 样品置于 200 mL 烧杯中，加 20 mL 盐酸溶解，过滤。取约 1 mL 滤液于试管中，加 1 mL 碘化钾和亚硫酸钠混合液，加 2 滴硫酸铜溶液(5%)，若有橙红色沉淀生成，则判定有汞化合物存在。

5. 磷定性检测方法

(1)方法提要。

磷在硝酸的条件下与钼酸铵反应形成黄色沉淀，判定有磷。

$$P + HNO_3 + H_2O \longrightarrow 3H_3PO_4 + NO \uparrow$$
$$12MoO_4^{2-} + 3NH_4^+ + 24H^+ + PO_4^{3-} \longrightarrow (NH_4)_3PO_4 \cdot 12MoO_3 \downarrow + 12H_2O$$

(2)试剂与溶液。

①硝酸。

②硝酸溶液：1+1。

③钼酸铵溶液：10%。

(3)测定步骤。

称取 0.5 g 试样置于烧杯中，加 5 mL 浓硝酸，加热溶解，过滤，取少许滤液于试管中，加 5 滴硝酸溶液(1+1)及 0.5 mL 钼酸铵(10%)，摇匀，静置约 10 min，若产生黄色沉淀，则判定有磷存在。

6. 镁粉定性检测方法

(1) 方法提要。

镁粉与硫酸锰生成棕色沉淀，产生气泡，判定有镁粉 (含镁合金粉除外)。

$$Mg + 2H_2O + MnSO_4 \longrightarrow H_2 \uparrow + Mn(OH)_2 \downarrow + MgSO_4$$

$$2Mn(OH)_2 + O_2 \uparrow \longrightarrow MnO(OH)_2 \downarrow$$

(2) 试剂与溶液。

①硫酸锰溶液: 10%。

②碳酸钠溶液: $c(Na_2CO_3) = 0.2$ mol/L。

③碳酸氢钠溶液: $c(NaHCO_3) = 0.2$ mol/L。

(3) 测定步骤。

①量取 25 mL 碳酸钠溶液 [$c(Na_2CO_3) = 0.2$ mol/L] 和 75 mL 碳酸氢钠溶液 [$c(NaHCO_3) = 0.2$ mol/L] 倒入 100 mL 容量瓶中，摇匀，该缓冲溶液 pH = 8 ~ 9。

②称取 1 g 试样，用水快速洗涤，残渣置于试管中，滴加 0.5 mL 硫酸锰溶液 (10%)，用缓冲溶液 (pH = 8 ~ 9) 调至 pH 为 8 ~ 9，放置约 30 min，若有气泡产生和棕色沉淀出现，则判定有镁粉存在。

7. 没食子酸定性检测方法

(1) 方法提要。

没食子酸与氯化铁和氢氧化钠混合液反应生成黑色或棕色沉淀，判定有没食子酸。

$$(OH)_3C_6H_2COOH + NaOH \longrightarrow (OH)_3C_6H_2COONa + H_2O$$

$$6(OH)_3C_6H_2COOH + Fe^{3+} \longrightarrow \{Fe[O(OH)_2C_6H_2COOH]_6\}^{3-} \downarrow + 6H^+$$

(2) 试剂与溶液。

①氯化铁溶液: 10%。

②氢氧化钠溶液: $c(NaOH) = 0.1$ mol/L。

(3) 测定步骤。

称取 0.1 g 试样置于 200 mL 烧杯中，加 50 mL 蒸馏水，在电炉上煮沸 1 min，趁热过滤，滤液备用。取 3 滴氯化铁 (10%) 于试管中，逐滴加入氢氧化钠 [$c(NaOH) = 0.1$ mol/L] 至有棕红色沉淀产生，然后取 2 mL 滤液沿试管壁缓慢加入，若有黑色或棕色沉淀产生，则判定有没食子酸存在。

8. 六氯代苯定性检测方法

(1) 方法提要。

硫和碱反应除去硫后，用苯提取六氯代苯，晾干结晶，形成环形针状或松针状结晶体，判定有六氯代苯。

$$4S + 6NaOH \longrightarrow Na_2S_2O_3 + 2Na_2S + 3H_2O$$

(2) 试剂与溶液。

①苯。

②氢氧化钠溶液：$c(NaOH) = 2.0$ mol/L。

（3）测定步骤。

称取 1.0 g 试样置于 200 mL 烧杯中，加 30 mL 氢氧化钠溶液[$c(NaOH) = 2.0$ mol/L]，在电炉上煮沸 30 min，趁热过滤，用热水洗涤滤渣 3 次，然后把滤渣和滤纸一起转入原烧杯中，置于恒温干燥箱中干燥后加入 10 mL 苯，萃取 5 min，过滤于干燥的烧杯中，在通风柜中让其自然晾干，观察烧杯中如有环形针状或松针状结晶体出现，则判定有六氯代苯存在。

9．苦味酸定性检测方法

（1）方法提要。

苦味酸和强碱反应，然后加入对–氨基苯磺酸溶液和 α–萘胺溶液，溶液变红色，判定有苦味酸。

$$(NO_2)C_6H_2OH + 7NaOH \longrightarrow C_6H_2(ONa)_4 + 3NaNO_2 + 4H_2O$$

$$C_6H_4(NH_2)(SO_3H) + NO_2^- + 2H^+ \longrightarrow (SO_3H)C_6H_4N + \equiv N + 2H_2O$$

$$(SO_3H)C_6H_4N^+ \equiv N + C_{10}H_7NH_2 \longrightarrow (SO_3H)C_6H_4N = N\ C_{10}H_6NH_3$$

（2）试剂与溶液。

①去离子水。

②丙酮。

③氢氧化钠溶液：$c(NaOH) = 1$ mol/L。

④对–氨基苯磺酸溶液：0.5%（质量浓度）1∶1 乙酸溶液。

⑤α–萘胺溶液：0.5%（质量浓度）1∶1 乙酸溶液。

（3）测定步骤

①称取 0.25 g 试样置于 50 mL 烧杯中，加入 10 mL 丙酮溶解，过滤分离，在滤液中加入 5 mL 去离子水，蒸发至 2 mL，备用。

②取备用液 1 滴和氢氧化钠溶液[$c(NaOH) = 1$ mol/L] 1 滴在微量试管中蒸发至干，冷却后的残渣加对–氨基苯磺酸溶液和 α–萘胺溶液各 1 滴，溶液变成红色，则判定有苦味酸存在。

5.5　烟火药成分定性测定

5.5.1　范围

本方法适用于烟花爆竹常用药物主要成分的定性检定。

5.5.2　试样制备

1. 安全技术规定

(1)本方法涉及的烟火药剂是一种易燃易爆的危险品。

(2)试样的制备应在有安全防护措施条件下进行。

(3)试样的制备和存放量不能超过安全防护允许的条件。

(4)试样干燥应在安全防爆箱中进行,其干燥温度不超过 55℃。

2. 试样准备

参照《第 5 章 5.1 烟火药试样准备》执行。

5.5.3　试剂与溶液

(1)氨水。

(2)硫酸。

(3)乙酸。

(4)硝酸。

(5)盐酸。

(6)乙醇。

(7)丙酮。

(8)氢氧化钠。

(9)过氧化氢。

(10)铋酸钠。

(11)四苯硼钠溶液:20%。

(12)亚硝酰铁氰化钠。

(13)次甲基蓝溶液:0.2%。

(14)硫化铵。

(15)亚硝酸钠。

(16)三氯化铁(六个结晶水)溶液:5%。

(17)硫氰酸钾溶液:5%。

(18)碘溶液:0.01%,用时现配。

(19)氢氧化钡溶液:5%,用时现配。

(20)氯化铵。

(21)玫瑰红酸钠溶液:0.2%,用时现配。

(22)罗丹明 B 溶液:0.2%。

(23)茜素磺酸钠溶液:0.2%。

(24)高锰酸钾溶液:0.1%。

(25)镁试剂Ⅱ溶液：称取 0.01 g 镁试剂Ⅰ，溶于 100 mL 氢氧化钠溶液 [$c(NaOH) = 2 \text{ mol/L}$]中。

(26)变色酸溶液：称取 0.02 g 变色酸，加 20 mL 硫酸，加热溶解。

(27)钼酸铵一硫酸溶液：称取 0.4 g 钼酸铵，加入到 10 mL 浓硫酸中搅拌溶解。

(28)二硫化碳。

(29)硫酸亚铁一硫酸溶液：称取 25 g 硫酸亚铁，加入到 100 mL 水中，加 25 mL 浓硫酸。

(30)乙酸铀铣锌一乙酸溶液：称取 0.5 g 乙酸铀铣锌，加 9 mL 乙酸及 30 mL 水。

(31)乙醚一乙醇混合液：乙醚与乙醇比例为 1:1(体积分数)。

5.5.4 仪器与设备

常规实验室仪器与设备按以下配置。

(1)蒸发皿：30 mL。

(2)红色石蕊试纸。

(3)铬酸钾试纸：滤纸用饱和的铬酸钾溶液浸泡，并使之干燥备用。

(4)pH 试纸(广泛-14)。

(5)黑白点滴板：多孔。

(6)毛细滴管：1~2 mL。

(7)定性滤纸。

(8)离心机：GL-12 型。

(9)抽滤装置。

5.5.5 测定步骤

1. 水溶性药物成分测定

称取 3 g 试样置于 250 mL 烧杯中，加 100 mL 水加热搅拌、过滤，滤液收集于小烧杯中，可以进行以下离子或物质检定：铵离子(NH_4^+)、钾离子(K^+)、钠离子(Na^+)、锶离子(Sr^{2+})、钡离子(Ba^{2+})、硝酸根离子(NO_3^-)、高氯酸根离子(ClO_4^-)、草酸根离子($C_2O_4^{2-}$)、苯二甲酸根离子、淀粉。

(1)铵离子(NH_4^+)。

取 1 mL 滤液于试管中，加几滴氢氧化钠溶液(10%)，将一条润湿的红色石蕊试纸悬挂在固定塞子的钩上，塞上试管。若试纸变蓝，表示有铵离子。

(2)钾离子(K^+)。

取 1 mL 滤液于试管中，滴加 2 滴四苯硼钠溶液(20%)，若产生白色沉淀，表示有钾离子(有铵离子时,应除去铵离子)。

(3)钠离子(Na^+)。

取几滴滤液于黑色点滴板上,加8~10滴乙酸铀铣锌－乙酸溶液,搅拌,若出现浅黄色浑浊或黄色沉淀,表示有钠离子。

(4)钡离子(Ba^{2+})。

取2滴滤液于定性滤纸上,加入1滴玫瑰红酸钠溶液,呈现桔红色斑点时再加入1滴盐酸溶液(1+20),斑点则变得更红,表示有钡离子。

(5)锶离子(Sr^{2+})。

取2滴滤液于铬酸钾试纸上。1 min后,向斑点边缘滴加玫瑰红酸钠溶液,如边缘出现桔红色斑点,加盐酸溶液(1+20)后桔红色斑点消失,表示有锶离子。

(6)硝酸根离子(NO_3^-)。

取1 mL滤液于试管中,加1 mL硫酸亚铁－硫酸溶液,摇动,倾斜试管,沿管壁加入1 mL硫酸,若在界面处立即形成一个棕色的环,表示有硝酸根离子。

(7)高氯酸根离子(ClO_4^-)。

取1~2滴滤液于滤纸上,再滴加1滴次甲基蓝溶液,若有紫色斑点出现,表示有高氯酸根离子。

(8)草酸根离子($C_2O_4^{2-}$)。

取1 mL滤液于试管中,加2滴硫酸和2滴高锰酸钾溶液(0.1%),摇动试管,若高锰酸钾溶液褪色,表示有草酸根离子。

(9)苯二甲酸根离子。

取1 mL滤液于试管中,加入几滴三氯化铁溶液(5%),生成黄褐色沉淀。沉淀溶解于盐酸,同时析出白色沉淀,表示有苯二甲酸根离子。

(10)淀粉。

取试样0.5 g于试管中,加水溶解,加热,离心分离,吸取上层溶液于另一试管中,加几滴碘溶液(0.01%),呈现蓝色或紫红色,表示有淀粉。

2. 酸溶性药物成分测定

将水不溶物放入100 mL烧杯中,加盐酸(1+1)溶解,过滤(不溶物滤渣留做6.3检测),滤液收集于烧杯中,进行以下检定:镁离子(Mg^{2+})、铝离子(Al^{+3})、三价铁离子(Fe^{3+})、二价铜离子(Cu^{2+})、钛离子(Ti^{2+})、锑离子(Sb^{3+})。

(1)镁离子(Mg^{2+})。

取1 mL滤液于试管中,加氨水调至pH=13,加0.05 g氯化铵和2滴硫化铵,摇动试管有黑色沉淀生成。离心分离,取上层清液2滴于白色点滴板上,加1滴镁试剂Ⅱ溶液,若有蓝色沉淀出现,表示有镁离子。

(2)铝离子(Al^{+3})。

取2 mL滤液,滴加氨水,使溶液呈碱性pH=10,加2滴茜素磺酸钠溶液,有红色絮状沉淀生成。加 1 mL 乙酸溶液(10%)酸化,若沉淀不溶解且颜色更鲜艳,表示有铝离子。

(3)三价铁离子(Fe^{3+})。

取 1 mL 滤液于试管中,滴加 1~2 滴硫酸溶液(1+1),再加 1 滴硫氰酸钾溶液(5%),摇动试管,若溶液呈现红色,表示有三价铁离子。

(4)二价铜离子(Cu^{2+})。

取 1 mL 滤液于试管中,滴加氨水使溶液呈碱性,若溶液为深蓝色,表示有铜离子。

(5)钛离子(Ti^{2+})。

取 1 mL 滤液于试管中,加热,加几滴变色酸溶液,用玻璃棒搅拌后,若呈现紫色,表示有钛离子。

(6)锑离子(Sb^{3+})。

取试样 0.1 g 于烧杯中,加盐酸溶解,过滤。取 1 mL 滤液于试管中,加少许亚硝酸钠,摇动,加几滴罗丹明 B 溶液,若有紫色细微沉淀,表示有五价锑离子。

3. 酸不溶性药物成分测定

将酸不溶物进行硫磺的检定。

取 5.5.5.2 中酸不溶物 0.2 g,加入二硫化碳适量,搅拌,过滤,滤液收集于蒸发皿中。待有机溶剂蒸发干后,将蒸发皿中的黄色残渣放于烧杯中,用 10% 氢氧化钠溶液加热溶解,加亚硝酰铁氰化钠少许,若溶液呈现紫色,表示有硫磺。

4. 其他药剂成分测定

取试样分别进行锰离子、碳酸根离子的检定。

(1)碳酸根离子。

取试样 0.1 g 于试管中,加入少许盐酸(5%),将 1 滴新制备的氢氧化钡溶液(5%)滴加在磨口玻璃塞的尖端上,盖上磨口塞(图 5-5-1),观察氢氧化钡溶液。若氢氧化钡溶液由无色变为白色混浊溶液,则表示有碳酸根离子存在。

(2)锰离子。

取试样 0.1 g 于烧杯中,用硝酸溶解,

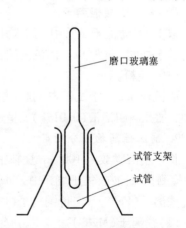

磨口玻璃塞

试管支架
试管

图 5-5-1 碳酸根离子的检定

过滤。吸取 1 mL 滤液于试管中,加铋酸钠少许,摇动试管,若溶液呈现紫红色,表示有锰离子存在。

5. 有机黏合剂成分测定

用有机溶剂萃取试样,分别进行有机黏合剂酚醛树脂、虫胶的测定。

（1）酚醛树脂。

取试样 0.5 g 于烧杯中，用 10 mL 乙醇或丙酮溶解，过滤，滤液收集于蒸发皿中，待乙醇或丙酮挥发后，剩余物用硫酸分解。

取 0.5 mL 分解液于试管中，加入几滴变色酸溶液，加热至 60℃ 左右，10 min，若出现亮紫色，表示有甲醛。

另取 0.5 mL 分解液于试管中，加几滴三氯化铁溶液（5%），加热，若溶液呈现红色，表示有苯酚。

试样检定出甲醛和苯酚，表示有酚醛树脂。

（2）虫胶。

取试样 0.5 g 于烧杯中，加 10 mL 乙醚 – 乙醇混合液溶解，过滤，滤液收集于烧杯中。取滤液 1 mL 于试管中，加 5 滴钼酸铵 – 硫酸溶液，立即出现暗绿色。放置 15 min，颜色不变时，加入氨水呈碱性后，若颜色变为红色或红黄色，表示有虫胶。

6. 成分判定通则

根据 GB 10631 的规定，禁（限）用药物的定性分析按 GB/T 21242 进行检定，其他烟火药按表 5 – 5 – 1 进行检定。

表 5 – 5 – 1　烟火药类别与成分参照表

序号	烟火药类别	主要组成
1	动力药	硝酸钾、木炭、硫磺、高氯酸钾
2	曳光药	高氯酸钾、铝镁合金粉、铝粉、硝酸钡、酚醛树脂
3	有色发光药	高氯酸钾、铝镁合金粉、硝酸钾、聚氯乙烯、碳酸锶、氟硅酸钠、氟铝酸钠、草酸钠、硝酸钡、氧化铜、碱式碳酸铜
4	燃烧药	四氧化三铁、铝粉
5	延期药	硝酸钾，木炭、硫磺、高氯酸钾、氯酸钾
6	哨声药（笛音药）	高氯酸钾、笛音剂（对苯二甲酸氢钾、邻苯二甲酸氢钾）
7	爆音药	高氯酸钾、铝粉、铝镁合金粉、木炭、硫磺、硝酸钡、硝酸钾、笛音剂
8	烟雾药	氯酸钾、有机碱、染料
9	摩擦药	氯酸钾、赤磷
10	引燃药、黑火药	硝酸钾、木炭、硫磺
11	响珠药	氧化铜、铝镁合金粉、四氧化三铅
12	无烟光色药	硝化纤维素、高氯酸铵、碳酸锶、硝酸钡、钛粉
13	无烟发（喷）射药	硝化纤维素、高氯酸铵、钛粉

5.6 烟火药中高氯酸盐含量测定

5.6.1 范围

本方法适用于烟花爆竹烟火药中高氯酸盐含量的测定。

5.6.2 试样制备

参照《第 5 章 5.1 烟火药试样准备》执行。

5.6.3 方法提要

试样经适当预处理后，用热水溶解并过滤，将滤液蒸发后在高温下灼烧，其剩余物用水溶解，以硫酸铁铵为指示剂，用硫氰酸铵标准滴定溶液滴定至溶液呈淡红棕色，同时做空白试验。根据两次滴定所消耗的硫氰酸铵标准滴定溶液体积之差计算试样中高氯酸盐的含量。

$$KClO_4 \xlongequal{\quad} KCl + 2O_2 \uparrow$$
$$Cl^- + Ag^+ \xlongequal{\quad} AgCl \downarrow$$
$$Ag^+ + SCN^- \xlongequal{\quad} AgSCN \downarrow$$
$$Fe^{3+} + 6SCN^- \xlongequal{\quad} [Fe(SCN)_6]^{3-}$$

5.6.4 试剂与溶液

(1) 无水乙醇。

(2) 丙酮。

(3) 乙醚。

(4) 过氧化氢 (30%)。

(5) 硫酸。

(6) 硝酸溶液：1 + 2。

(7) 硝酸钡溶液：10%。

(8) 硝酸银溶液：$[c(AgNO_3) = 0.1 \text{ mol/L}]$。

(9) 硫氰酸铵标准滴定溶液：$[c(NH_4SCN) = 0.05 \text{ mol/L}]$。

(10) 硫酸铁铵指示液：称量约 100 g 硫酸铁铵，精确至 0.1 g，溶于 200 mL 水中，加入 100 mL 硝酸，稀释至 500 mL，贮于细口瓶中。

5.6.5 仪器与设备

实验室常用仪器和以下配置：

（1）隔水式防爆烘箱：精度为 ±2℃ 。

（2）高温炉：精度为 ±20℃ 。

（3）4 号砂芯坩埚：30 mL。

（4）蒸发皿：700 mL。

（5）抽滤装置。

5.6.6　测定步骤

（1）按照烟火药成分定性分析，测定是否有氯酸盐存在，如试样中有氯酸盐，按烟火药中氯酸盐含量的测定方法测定，氯酸盐的质量分数以 w_{5-5-1} 计。试样中氯化物的质量分数（w_{5-5-2}）按《第 3 章 3.2 氯化物含量测定》执行。

（2）称取约 2 g 试样（称准至 0.1 mg）置于 100 mL 烧杯中，用 50 mL 无水乙醇多次浸泡，过滤，再用 50 mL 丙酮分多次洗涤滤渣，静置让乙醇和丙酮基本挥发；然后用水溶解（可适当加热）滤渣，过滤，将滤液收集到 50 mL 烧杯中，量取 2 mL 滤液于试管中，加 2 mL 硫酸酸化，冷却后加入 0.5 mL 乙醚和 3 滴过氧化氢，如乙醚层显蓝色，则进行步骤（5）；如乙醚层不显蓝色，则不进行步骤（5）。

（3）称取约 5 g 试样（称准至 0.1 mg）置于干燥的 4 号砂芯坩埚中，用 100 mL 无水乙醇分多次加入到砂芯坩埚中浸泡，抽滤，再用 100 mL 丙酮分多次洗涤滤渣，静置使砂芯坩埚中的乙醇和丙酮基本挥发。

（4）用上一步骤（3）中的抽滤装置，换上另一抽滤瓶，用约 200 mL 热水分多次浸泡滤渣，并多次洗涤，将洗液和滤液一并转移至 500 mL 烧杯中。

（5）向上一步骤（4）烧杯中加入 20 mL 硝酸钡溶液（10%），充分搅拌后静置 10 min，用滤纸过滤并用水多次洗涤滤渣，洗液和滤液转移至 500 mL 烧杯中。

（6）将（4）或（5）的烧杯中溶液转移至 700 mL 蒸发皿中，再将蒸发皿放在电炉上加热蒸发，然后在 700℃ 下灼烧 2 h，冷却后用水溶解蒸发皿中剩余物，转移至 500 mL 容量瓶中，摇匀并定容。

（7）量取 50 mL ±0.05 mL 的试液于 300 mL 烧杯中，加入 10 mL 硝酸，再加入 15 mL ±0.05 mL 的硝酸银溶液 [$c(AgNO_3)$ = 0.1 mol/L]，然后在电炉上保持微沸 3 min，冷却后过滤，用硝酸多次洗涤，滤液和洗液一并转移至 500 mL 三角烧瓶中。

（8）向（7）的三角烧瓶中加入 5 mL 硫酸铁铵指示液，用硫氰酸铵标准滴定溶液 [$c(NH_4SCN)$ = 0.05 mol/L]滴定至溶液成淡红棕色，记录所消耗的硫氰酸铵标准滴定溶液的体积数（V_1），同时作空白试验，并记录所消耗的硫氰酸铵标准滴定溶液的体积（V_0）。

5.6.7 结果计算

高氯酸盐含量以 ClO_4^- 的质量分数 w_{5-6-3} 计，以%表示，按式(5-6-1)计算：

$$w_{5-6-3} = \frac{[(V_0-V_1)/1000]cM_1}{(50/500)m} \times 100 - (M_1/M_2)w_{5.6.1} - (M_1/M_3)w_{5-6-2}$$

$$(5-6-1)$$

式中：V_0 为空白试验所消耗硫氰酸铵标准滴定溶液的体积，mL；V_1 为试液所消耗硫氰酸铵标准滴定溶液的体积，mL；c 为硫氰酸铵标准滴定溶液的准确浓度，mol/L；M_1 为高氯酸盐以(ClO_4^-)计的摩尔质量，g/mol，($M_1 = 99.4503$ g/mol)；M_2 为氯酸盐以 ClO_3^- 计的摩尔质量，g/mol，($M_2 = 83.4509$ g/mol)；M_3 为氯化物以 Cl^- 计的摩尔质量，g/mol，($M_3 = 35.453$ g/mol)；w_{5-6-1} 为试样中氯酸盐的质量分数，%；w_{5-6-2} 为试样中氯化物的质量分数，%；m 为试样的质量，g；50 为所量取试液的体积，mL；500 为试液定容的体积，mL。计算结果精确到小数点后两位。取平行测定结果的算术平均值为测定结果。平行测定数据的极差与平均值之比不得大于 0.2%。

5.7 烟火药中氯酸盐含量测定

5.7.1 测定范围

本方法适用于烟花爆竹烟火药中氯酸盐含量的测定。

5.7.2 方法提要

烟火药经预处理后，含氯酸盐的样液用已知过量的亚铁盐还原，再用高锰酸钾标准滴定溶液滴定过量的亚铁离子，同时做空白实验。根据两次滴定所消耗高锰酸钾标准滴定溶液的体积之差计算出氯酸盐的含量。

$$ClO_3^- + 6Fe^{2+} + 6H^+ = 6Fe^{3+} + Cl^- + 3H_2O$$

$$MnO_4^- + 5Fe^{2+} + 8H^+ = Mn^{2+} + 5Fe^{3+} + 4H_2O$$

5.7.3 试样制备

参照《第5章 5.1 烟火药试样准备》执行。

5.7.4 试剂与溶液

(1)无水乙醇。

（2）丙酮。

（3）草酸钠（基准试剂）。

（4）硫酸。

（5）磷酸。

（6）硫酸亚铁溶液：称取约 5 g 硫酸亚铁（$FeSO_4 \cdot 7H_2O$），溶于 90 mL 水中，再加入 10 mL 硫酸。用时现配。

（7）硫酸锰溶液：称取约 67 g 硫酸锰（$MnSO_4 \cdot H_2O$），溶于 400 mL 水中，加入 160 mL 磷酸和 133 mL 硫酸，用水稀释至 1000 mL。

（8）高锰酸钾标准滴定溶液：$[c(1/5KMnO_4) = 0.1\ mol/L]$。

5.7.5　仪器与设备

实验室常用仪器和设备。

5.7.6　测定步骤

（1）准确称取约 5 g 试样，称准至 0.1 mg。将洁净并干燥的 4 号砂芯坩埚链接抽滤瓶，将试样置于砂芯坩埚内，用 50 mL 乙醇分两次加入砂芯坩埚，充分搅拌后抽滤，滤渣用 20 mL 丙酮分多次洗涤，并抽滤。静置使砂芯坩埚中的乙醇和丙酮基本挥发。

（2）另换上一洁净的抽滤瓶，用约 700 mL 热水分多次冲洗步骤（1）抽滤过的砂芯坩埚，将滤液移至一个洁净的 1000 mL 容量瓶中，并用水多次洗涤抽滤瓶，洗液全部移至容量瓶，冷却至室温，再加水稀释至刻度，摇匀。

（3）准确量取 10.00 mL 试液于 300 mL 的锥形瓶中，加水 50 mL，加 4 mL 硫酸和 5 mL 磷酸，若试液呈粉红色或橙黄色，则用硫酸亚铁溶液滴定至粉色或黄橙色消失至稳定。

（4）加 10 滴硫酸锰溶液，在 75～85℃的恒温水浴中加热后，用高锰酸钾标准滴定溶液滴定至溶液呈微红色保持 30 s 以上（滴定至终点时溶液温度应在 65℃以上）。

（5）准确加入 20.00 mL 硫酸亚铁溶液，在电炉上缓慢煮沸 5 min，冷却至室温后用高锰酸钾标准滴定溶液 $[c(1/5KMnO_4) = 0.1\ mol/L]$ 滴定至溶液呈微红色保持 30 s 不褪色即为终点。记录所消耗的高锰酸钾标准滴定溶液的体积（V_1），同时做空白试验，并记录所消耗的高锰酸钾标准滴定溶液的体积（V_0）。

（6）当 $V_0 - V_1 < 0.3$ mL 时，按步骤（7）至步骤（10）的分析程序进行。

（7）同步骤（1）的操作方法。

（8）用约 200 mL 热水分多次冲洗砂芯坩埚并用步骤（7）中抽滤装置抽滤，将滤液收集在一个 500 mL 的锥形瓶中，将滤液冷却至室温后加 10 mL 硫酸和 5 mL 磷酸，若滤液呈粉红色或橙黄色，则用硫酸亚铁溶液滴定至粉色或橙黄色消失至稳定。

（9）加 10 滴硫酸锰溶液，在 75~85℃ 的恒温水浴锅中加热，用高锰酸钾标准滴定溶液$[c(1/5KMnO_4) = 0.1 \text{ mol/L}]$滴定至溶液呈微红色保持 30 s 以上（滴定至终点时溶液温度应在 65℃ 以上）。

（10）准确加入 25.00 mL 硫酸亚铁溶液，在电炉上缓慢煮沸 5 min，冷却至室温后用高锰酸钾标准滴定溶液滴定至溶液呈微红色，保持 30 s 不褪色即为终点。记录所消耗的高锰酸钾标准滴定溶液$[c(1/5KMnO_4) = 0.1 \text{ mol/L}]$的体积$(V_1)$，同时做空白试验，并记录所消耗的高锰酸钾标准滴定溶液的体积(V_0)。

5.7.7　结果计算

氯酸盐的含量以 ClO_3^- 的质量分数 w_{5-7-1} 计，以% 表示，按式（5-7-1）计算：

当 $V_0 - V_1 > 0.3$ mL 时，按式（5-7-1）计算；

$$w_{5-7-1} = \frac{(V_0 - V_1) \times c \times 0.01391}{(10/1000)m} \times 100 \qquad (5-7-1)$$

当 $V_0 - V_1 < 0.3$ mL 时，按公式（5-7-2）计算；

$$w_{5-7-2} = \frac{(V_0 - V_1) \times c \times 0.01391}{(10/1000)m} \times 100 \qquad (5-7-2)$$

式中：V_0 为空白试验所消耗高锰酸钾标准滴定溶液的体积，mL；V_1 为试液所消耗高锰酸钾标准滴定溶液的体积，mL；c 为高锰酸钾标准滴定溶液的准确浓度，mol/L；m 为试样的质量，g；0.01391 为 1 毫摩尔氯酸盐以$(1/6ClO_3^-)$计的质量，g。计算结果精确到小数点后两位。取平行测定结果的算术平均值为测定结果。平行测定数据的极差与平均值之比不得大于 0.2%。

5.8　烟火药中硝酸盐含量测定

5.8.1　范围

本方法适用于烟花爆竹烟火药中硝酸盐含量的测定。

5.8.2　方法提要

试样经预处理后，用热水溶解并过滤，滤液在钼盐催化下用亚铁盐还原，再用高锰酸钾标准滴定溶液滴定过量的亚铁盐至溶液由无色变为粉红色,保持 30 s 不变,同时做空白试验。根据两次滴定所消耗高锰酸钾标准滴定溶液的体积之差计算出试样中硝酸盐含量。

$$NO_3^- + 3Fe^{2+} + 4H^- =\!=\!= 3Fe^{3+} + NO\uparrow + 2H_2O$$
$$MnO_4^- + 5Fe^{2+} + 8H^+ =\!=\!= Mn^{2+} + 5Fe^{3+} + 4H_2O$$

5.8.3　试样制备

参照《第 5 章 5.1 烟火药试样准备》执行。

5.8.4　试剂与溶液

(1) 无水乙醇。

(2) 丙酮。

(3) 乙醚。

(4) 过氧化氢:30%。

(5) 钼酸钠。

(6) 硫酸。

(7) 磷酸。

(8) 氯化钡溶液:5%。

(9) 硫酸亚铁硫酸溶液:称取约 25 g 硫酸亚铁($FeSO_4 \cdot 7H_2O$),称准至 1 g,溶于 300 mL 水中,再加入 200 mL 硫酸。

(10) 高锰酸钾标准滴定溶液:$[c(1/5KMnO_4) = 0.1 \text{ mol/L}]$。

5.8.5　仪器与设备

实验室常用仪器和设备。

5.8.6　测定步骤

(1) 称取经预处理后的试样约 2 g,称准至 0.1 mg。置于 100 mL 烧杯中,用 30 mL 无水乙醇多次浸泡,用砂芯坩埚抽滤,再用 30 mL 丙酮分多次洗涤滤渣,静置让乙醇和丙酮基本挥发。然后用水溶解滤渣(可适当加热),过滤,将滤液收集到 50 mL 的烧杯中,量取 2 mL 滤液于一试管中,加 2 mL 硫酸酸化,冷却后加入 0.5 mL 乙醚和 3 滴过氧化氢,如乙醚层显蓝色,则进行步骤步骤(2);如乙醚层不显蓝色,则不进行下面步骤。

(2) 称取约 5 g 试样,称准至 0.1 mg。置于干燥的 4 号砂芯坩埚中,用 100 mL 乙醇分多次浸泡后抽滤,再用 100 mL 丙酮分多次洗涤滤渣,静置使砂芯坩埚中的乙醇和丙酮基本挥发。

（3）沿用上述的抽滤装置，换上另一抽滤瓶，用约 200 mL 热水分多次洗涤砂芯坩埚，并用水多次洗涤抽滤瓶，滤液和洗液一并转移至 500 mL 烧杯。

（4）向烧杯中加入 50 mL 氯化钡，充分搅拌后静置，过滤，用水多次洗涤，洗液和滤液一并转移至 500 mL 烧杯中。

（5）将烧杯中的滤液和洗液转移至 1000 mL 容量瓶中，冷却至室温后，摇匀并定容。

（6）量取 25 mL ± 0.05 mL 的试液置于 300 mL 锥形瓶中，加 5 mL 硫酸和 5 mL 磷酸，若试液里粉红色，则用硫酸亚铁溶液滴定至粉红色消失。

（7）在 75℃ 的恒温水浴埚中加热后，用高锰酸钾标准滴定溶液 $[c(1/5KMnO_4) = 0.1 \ mol/L]$ 滴定至溶液呈微红色保持 30 s 以上（滴定至终点时溶液温度应在 65℃ 以上）。

（8）加入 25 mL ± 0.05 mL 的硫酸亚铁溶液，再加约 0.3 g 钼酸钠，再缓慢加入 20 mL 硫酸，边加边摇动。把锥形瓶在煮沸的水浴上加热，直到溶液颜色由棕褐色变成亮黄色。

（9）向步骤（8）的锥形瓶加入 25 mL 水，再加入 5 mL 磷酸，用高锰酸钾标准滴定溶液 $[c(1/5KMnO_4) = 0.1 \ mol/L]$ 滴定至溶液呈微红色保持 30 s 不变即为终点，记录所消耗的高锰酸钾标准滴定溶液的体积数，同时做空白试验。

5.8.7 结果计算

硝酸盐含量以 NO_3^- 的质量分数 w_{5-8-1} 计，以 % 表示，按式（5-8-1）计算：

$$w_{5-8-1} = \frac{[(V_0 - V_1)/1000]cM_1}{(25/1000)m} \times 100 - (M_1/M_2)w_{5-8-2} \quad (5-8-1)$$

式中：V_0 为空白试验所消耗的高锰酸钾标准滴定溶液的体积，mL；V_1 为试液所消耗高锰酸钾标准滴定溶液的体积，mL；c 为高锰酸钾标准滴定溶液的准确浓度（以 $1/5KMnO_4$ 计），mol/L；m 为试样的质量，g；M_1 为硝酸根离子以 $[1/3(NO_3^-)]$ 的摩尔质量，g/mol，（$M_1 = 20.67 \ g/mol$）；M_2 为氯酸盐以 $[1/6(ClO_3^-)]$ 的摩尔质量，g/mol，（$M_2 = 13.91 \ g/mol$）；w_{5-8-2} 为试样中氯酸盐的质量分数，%（试样中如果含有氯酸盐就要先计算出氯酸盐的质量分数，并减去。如果没有就不要做加入计算）；25 为所量取试液的体积，mL；1000 为试液定容的体积，mL。计算结果精确到小数点后两位。取平行测定结果的算术平均值为测定结果。平行测定数据的极差与平均值之比不得大于 0.2%。

5.9　烟火药中砷含量测定

5.9.1　范围

本方法适用于烟花爆竹烟火药中微量砷的测定。

5.9.2　方法提要

将试样处理后注入氢化物发生器，使其在原子化器中形成基态原子对特征电磁辐射产生吸收，将测定试样的吸光度与标准溶液的吸光度进行比较，确定试样中被测元素的含量。

5.9.3　试样制备

参照《第 5 章 5.1 烟火药试样准备》执行。

5.9.4　试剂与溶液

（1）硝酸。

（2）盐酸。

（3）盐酸溶液：10%。

（4）载液（盐酸溶液）：1%。

（5）氢氧化钠溶液，100 g/L。

（6）抗坏血酸。

（7）硼氢化钾。

（8）载气：氮气或氩气≥99.99%。

（9）三氧化二砷。

（10）碘化钾。

（11）硼氢化钾溶液：称取 3 g 硼氢化钾；放入塑料瓶中，再加入 0.6 g 氢氧化钠，加蒸馏水定容至 200 mL。保存使用期 7d。

（12）砷标准溶液 Ⅰ：1 μg/mL。

（13）砷标准系列溶液 Ⅱ 的配制。

在 6 个 100 mL 的容量瓶中，分别加入 0.00 mL、1.00 mL、2.00 mL、3.00 mL、4.00 mL、5.00 mL 砷标准溶液 Ⅰ，用盐酸（10%）定容至 100 mL，此溶液分别是 0 μg/mL、10 μg/mL、20 μg/mL、30 μg/mL、40 μg/mL、50 μg/mL 砷标准系列溶液。根据原子吸收分光光度计和氢化物发生器性能、灵敏度的差异，在做系列标准溶液时面以根据具体情况来配制标准系列。

5.9.5 仪器与设备

常规实验室仪器与设备按以下配置。

(1)原子吸收分光光度计。

(2)氢化物发生器。

(3)As 空心阴极灯。

(4)隔离式防爆烘箱:精度为 ±2℃。

5.9.6 测定步骤

(1)称取试样 0.1 g,称准至 0.1 mg,放入 250 mL 烧杯中,加 10 mL 盐酸、5 mL 硝酸,加热蒸发至近干,加 10 mL 盐酸,冷却后移入 100 mL 容量瓶中,用蒸馏水定容至刻度,过滤,滤液加入 0.8 g 碘化钾,加热至微沸,冷却后,加入 0.5 g 抗坏血酸。此为样品母液(A),测定时需稀释至标准曲线范围之内。

(2)按氢化物发生器要求连接好原子吸收分光光度计及载气和载液。

(3)设置好仪器分析参数,用盐酸(10%)作空白液,分别测定标准系列的吸光度和样品的吸光度。

5.9.7 结果计算

砷的含量以质量分数 w_{5-9-1} 计,以% 表示,按式(5-9-1)计算:

$$w_{5-9-1} = \frac{A_1 \times c_1 \times V \times 10^{-4}}{A_2 \times m} \qquad (5-9-1)$$

式中:A_1 为样品的吸光度;c_1 为标准曲线上查得的砷质量浓度,μg/L;V 为试样母液(含稀释倍数)体积,mL;A_2 为标准的吸光度;m 为试样的质量,g。测量后仪器将自动生成结果。

5.9.8 允许差

在重复性条件下所得两个单次分析值的允许差见表 5-9-1。

表 5-9-1 重复性条件下所得两个单次分析值的允许差/%

砷含量	允许差
≤0.001	0.0005
0.001~0.01	0.002
0.01~0.1	0.005

5.10　烟火药中碳含量测定

5.10.1　范围

本方法高频－红外吸收法，适用于烟花爆竹用烟火药中总碳含量的测定。

5.10.2　方法提要

试样在高频感应炉的氧气流中加热燃烧后，生成的二氧化碳由氧气载至红外检测器的测量池，仪器自动测量其对红外光能量的吸收，计算可得试样中碳量。

5.10.3　试样制备

参照《第 5 章 5.1 烟火药试样准备》执行。

5.10.4　试剂与溶液

(1)硝酸钾：分析纯。
(2)钨粒：粒度 0.4~1.0 mm，含碳量≤0.0008%。
(3)标准碳含量样品系列：采用碳含量为 0.50% 标准钢样、6.72% 标准钢样、17.10% 分析纯草酸钠和 47.05% 分析纯邻苯二甲酸氢钾作为样品系列。

5.10.5　仪器与设备

实验室常用仪器和以下配置：
(1)红外碳硫分析仪：在选择的仪器工作条件下进行测定。应符合以下要求：
①灵敏度不低于 0.0001%。
②精密度应达到 0.0002%。
③仪器的工作条件：见表 5-10-1。

表 5-10-1　使用 CS-902T 高频红外碳硫分析仪的工作条件

仪器运行条件	参数值
载气：氧气	≥99.9%
输入氧气压力	0.08 MPa
动力气(氮气)压力	0.2~0.3 MPa
高频感应炉功率	1.0~2.5 kW
加压时间	15~20 s
分析时间	30~60 s

（2）陶瓷坩埚：φ25 mm × 25 mm，使用前应在高温炉中于1200℃灼烧4 h，取出后置干燥器内冷却备用。

（3）防爆烘箱：控温精度为±2℃。

5.10.6　测定步骤

1. 仪器准备

（1）开启仪器预热1 h，按表5-10-1确定的工作条件使仪器处于稳定状态。

（2）按仪器说明书进行仪器空载运行，确定高频炉和整机工作正常。通过燃烧选取的两个标准试样按6.5步骤来调整和稳定仪器。

2. 仪器校正

（1）空白校正：按仪器操作说明书，反复数次，直至稳定。一般认为空白值应小于0.001%即可。不同量程或通道，应分别测其空白值并校正。当分析条件变化时，如仪器尚未预热1 h，氧气源、坩埚或助熔剂的空白值发生变化时，要求重新测定空白并校正。

（2）称取0.05 g碳含量标准样品，称准至0.1 mg，于坩埚底部，加入0.5 g硝酸钾，上面覆盖约2 g钨粒。

（3）将坩埚放到坩埚托上，升到燃烧位置。于同一量程或通道，按仪器校准步骤进行操作，同一标准样品测定3～5次，得到一个重现性较好的结果。

（4）将待测样品置于碳硫分析仪中，进行自动分析，得到一个待测样品的碳含量近似值。

（5）再选一个与待测样品碳含量相近的标准样品进行校正，误差应在规定的范围之内，否则应重新校正。

（6）以每个标准样品测定的平均值作为一点，两个标准样品得到两点形成标准曲线。

3. 试样量

（1）发射药类：称取试样0.02～0.04 g，称准至0.1 mg。

（2）其他烟火药：称取试样0.05～0.08 g，称准至0.1 mg。

4. 样品测定

将试样置于坩埚底部，再加入0.5 g硝酸钾，上面覆盖2 g钨粒。将坩埚置于碳硫分析仪中，进行自动分析。仪器自动进行空白值扣除后显示结果。

同时做平行实验。

5.10.7　结果计算

仪器自动测定后，显示并打印出碳百分含量。所得结果修约至小数点后第二位数字。

5.10.8 允许差

在重复性条件下所得两个单次分析值的允许差见表 5 – 10 – 2，如两次的允许差超出范围，应按标准方法重测，直到得到两次分析值在允许范围之内。

表 5 – 10 – 2   重复性条件下所得两个单次分析值的允许差/%

含量范围	允许差
< 1.0	0.05
1.0 ~ 20.0	0.50
> 20.0	1.00

5.11 烟火药中铁含量测定

5.11.1 范围

本方法适用于烟花爆竹烟火药剂中铁含量的测定。

5.11.2 方法提要

试样经过预处理后，用稀硝酸充分溶解、过滤，通过调节试液的 pH、加沉淀剂把试液中的三价铁离子分离出来，在 pH = 2.0 条件下以 1% 磺基水杨酸指示液用 EDTA 直接滴定至米黄色，并保持 30 s。

$$Fe + 4HNO_3(稀) = Fe(NO_3)_3 + NO\uparrow + 2H_2O$$

$$Fe^{3+} + 3OH^- = Fe(OH)_3\downarrow$$

$$Fe(OH)_3 + 3HCl = FeCl_3 + 3H_2O$$

$$Fe^{3+} + H_2Y^{2-} = FeY^- + 2H^+$$

5.11.3 试样制备

参照《第 5 章 5.1 烟火药试样准备》执行。

5.11.4 试剂与溶液

（1）无水乙醇。

（2）丙酮。

（3）氨水。

（4）硝酸：1 + 5。

（5）盐酸。

（6）氢氧化钠溶液[$c(NaOH) = 3$ mol/L]：称取约 120 g 氢氧化钠，精确至 1 g，溶于水中，冷却后再用水稀释至 1 000 mL，混匀后贮于塑料瓶中。

（7）氢氧化钠溶液[$c(NaOH) = 0.1$ mol/L]：称取 4 g 氢氧化钠，精确至 0.1 g，溶于水中，冷却后再用水稀释至 1 000 mL，混匀后贮于塑料瓶中。

（8）盐酸缓冲溶液（pH = 2.0）：量取 0.8 mL ± 0.02 mL 的盐酸，加水稀释至 1000 mL，混匀。

（9）乙二胺四乙酸二钠（EDTA）标准滴定溶液：$c(EDTA) = 0.02$ mol/L。

（10）磺基水杨酸指示液：1%。

（11）快速滤纸。

5.11.5　仪器与设备

实验室常用仪器和设备。

5.11.6　测定步骤

（1）试样制备：参照烟花爆竹烟火药成分定性测定 3. 试样制备。

（2）称取约 5 g 试样，称准至 0.1 mg。置于干燥的 300 mL 烧杯（A）中，先后用约 100 mL 无水乙醇和 100 mL 丙酮分多次洗涤，充分搅拌后用快速滤纸过滤（过滤时应尽量使试样不溶物留在烧杯中），静置使滤纸中的丙酮基本挥发。

（3）向基本干燥的烧杯中先滴加少许的蒸馏水润湿，再缓慢滴加硝酸，待其反应不是很剧烈时，加入 150 mL 硝酸，将烧杯置于电炉上微沸 30 min。静置 10 min，待其冷却至室温后再经快速滤纸过滤至另一 400 mL 烧杯（B）中，用蒸馏水多次洗涤。

（4）往盛滤液的（B）烧杯中加入 100 mL 氢氧化钠溶液[$c(NaOH) = 3$ mol/L]，静置30 min，用新滤纸过滤，并用 150 mL 氢氧化钠溶液[$c(NaOH) = 0.1$ mol/L]分多次洗涤。

（5）用盐酸溶解（B）烧杯中的滤渣，过滤至 500 mL 容量瓶中，用蒸馏水多次洗涤并定容。

（6）从容量瓶中量取 25 mL ± 0.05 mL 的试液置于 300 mL 锥形瓶中，加水 20 mL，充分振荡后用氨水和盐酸调节溶液 pH 为 2.0 ~ 2.5，加 30 mL 盐酸缓冲溶液，在恒温水浴锅中加热至 60 ~ 70℃后滴加 8 ~ 10 滴磺基水杨酸指示液，趁热用乙二胺四乙酸二钠标准滴定溶液[$c(EDTA) = 0.02$ mol/L]滴定至溶液呈米黄色并保持 30 s，记录所消耗乙二胺四乙酸二钠标准滴定溶液的体积（V）。

5.11.7　结果计算

铁含量以 Fe 的质量分数 w_{5-11-1} 计，以 % 表示，按式 (5-11-1) 计算：

$$w_{5-11-1} = \frac{(V/1000)\,cM}{(25/500)\,m} \times 100 \qquad (5-11-1)$$

式中：V 为试液所消耗的乙二胺四乙酸二钠标准滴定溶液的体积，mL；c 为乙二胺四乙酸二钠标准滴定溶液的浓度，mol/L；M 为铁的摩尔质量，g/mol，（M = 55.845 g/mol）；m 为试样的质量，g；25 为所量取试液的体积，mL；500 为试液定容的体积，mL。计算结果精确到小数点后两位。取平行测定结果的算术平均值为测定结果。平行测定数据的极差与平均值之比不得大于 0.2%。

5.12　烟火药中铝含量测定

5.12.1　范围

本方法适用于烟花爆竹烟火药中铝含量的测定。

5.12.2　方法提要

试样中的铝来源于两部分，其中一部分是能溶于稀硝酸的铝粉或铝镁合金粉，另一部分是不溶于硝酸但溶于硫酸的冰晶石。试料经过预处理后，依次用稀硝酸和硫酸溶解，再过滤、调试液的 pH、加沉淀剂把试液中的铝离子分离出来。用 EDTA 络合滴定法在 pH = 10.0 的条件下以 PAN 为指示液，一份试液加入适量氟化铵掩蔽试液中的铝离子，另一份试液不加氟化铵而直接加入 EDTA，用硫酸铜标准滴定溶液滴定试液由黄色至蓝色即为终点，根据两份试液所消耗的硫酸铜标准滴定溶液的体积差计算出试料中铝的含量。

$$Al^{3+} + H_2Y^{2-} = AlY^- + 2H^+$$

$$Al^{3+} + 6F^- = (AlF_6)^{3-}$$

$$2Na_3AlF_6 + 6H_2SO_4 = 3Na_2SO_4 + Al_2(SO_4)_3 + 12HF\uparrow$$

$$Cu^{2+} + H_2Y^{2-} = CuY^{2-} + 2H^+$$

$$Sr^{2+} + SO_4^{2-} = SrSO_4\downarrow$$

$$Ba^{2+} + SO_4^{2-} = BaSO_4\downarrow$$

5.12.3　试样制备

参照《第 5 章 5.1 烟火药试样准备》执行。

5.12.4　试剂与溶液

(1)无水乙醇。

(2)丙酮。

(3)氨水。

(4)硫酸溶液：1+3。

(5)硝酸溶液：1+5。

(6)盐酸溶液：1+1。

(7)氟化铵溶液：10%。

(8)硫酸钠溶液：20%。

(9)氢氧化钠溶液[$c(NaOH)=3\ mol/L$]：称取 120 g 氢氧化钠，精确到 1 g，溶于水中，冷却后，再用水稀释至 1000 mL，混匀后装于塑料瓶中。

(10)氢氧化钠溶液[$c(NaOH)=0.1\ mol/L$]：称取 4.0 g 氢氧化钠，精确到 0.1 g，溶于水中，冷却后再用水稀释至 1000 mL，混匀后装于塑料瓶中。

(11)乙二胺四乙酸二钠(EDTA)标准滴定溶液：$c(EDTA)=0.1\ mol/L$。

(12)硫酸铜标准滴定溶液：$c(CuSO_4)=0.1\ mol/L$。

(13)PAN 指示液：0.2% 乙醇溶液。

5.12.5　仪器与设备

实验室常用仪器按以下配置：

(1)隔水式防爆烘箱：精度为 ±2℃。

(2)pH 计：pH 精度为 0.1。

(3)快速滤纸。

5.12.6　测定步骤

(1)称取约 5 g 试样，称准至 0.1 mg。置于干燥的 300 mL 烧杯中，用约 100 mL 无水乙醇和 100 mL 丙酮先后分多次洗涤，充分搅拌后用快速滤纸过滤，静置使滤纸中的丙酮基本挥发。

(2)将步骤(1)中滤纸连同滤纸上的少量滤渣一并小心转移至 300 mL 烧杯中，缓慢滴加硝酸，待其反应不是很剧烈时，再加 150 mL 硝酸，将烧杯置于电炉上微沸 60 min。静置 10 min，待其冷却至室温后经滤纸过滤至另一个 400 mL 烧杯中，用蒸馏水多次洗涤。

(3)向步骤(2)中 400 mL 烧杯加入 100 mL 氢氧化钠溶液[$c(NaOH)=3\ mol/L$]，静置 30 min，用新滤纸过滤至另一洁净的 500 mL 烧杯中，用约 150 mL 氢氧化钠溶液[$c(NaOH)=0.1\ mol/L$]分多次洗涤。

510

（4）向步骤（3）中 500 mL 烧杯加入适量盐酸至溶液呈酸性，用玻璃棒搅拌均匀后再向烧杯中加入 100 mL 硫酸钠溶液（20%），静置 30 min 后，用新滤纸过滤至 500 mL 的容量瓶中，用蒸馏水多次洗涤并定容，标记为试液 A。

（5）将步骤（2）过滤后的滤渣连同滤纸置于另一个 300 mL 烧杯中，缓缓加入 50 mL 硫酸，微沸 45 min，冷却至室温后用新滤纸过滤至 500 mL 的容量瓶中，用蒸馏水多次洗涤并定容，标记为试液 B。

（6）对试液 A 和试液 B 分别按步骤（7）～（9）测定铝含量。

（7）从容量瓶中量取两份 20 mL ± 0.05 mL 试液分别置于两个 300 mL 三角烧瓶中。

（8）一份试液中直接加入 25 mL ± 0.05 mLEDTA 标准滴定溶液 [c (EDTA) = 0.1 mol/L]，充分摇匀，用氨水调溶液 pH = 10.0，充分摇匀后静置 3 min，加 4 滴 PAN 指示剂，用硫酸铜标准滴定溶液返滴过量的 EDTA，滴至溶液由黄色突变为蓝色，并保持 10 s，记下所消耗硫酸铜标准滴定溶液的体积（V_1）。

（10）另一份试液先加入 20 mL 氟化铵溶液，充分摇匀并静置 3 min，再加入 25 mL ± 0.05 mLEDTA 标准滴定溶液，用氨水调溶液 pH = 10.0，加 4 滴 PAN 指示剂，用硫酸铜标准滴定溶液返滴过量的 EDTA，滴至溶液由黄色突变为蓝色并保持 15 s，记下所消耗硫酸铜标准滴定溶液的体积数（V_0）。

5.12.7　结果计算

由试液 A 和试液 B 测得的试样的铝含量分别用 w_A 和 w_B 表示，试料中铝的总含量为试液 A 和试液 B 铝含量之和，以质量分数 w_{5-12-1} 计，以 % 表示，按式（5 – 12 – 1）计算：

$$w_{5-12-1} = \frac{c[\,(V_0 - V_1)/1000\,]M}{(20/500)m} \times 100 \qquad (5-12-1)$$

式中：c 为硫酸铜标准滴定溶液的准确浓度，mol/L；V_0 为加有氟化铵的试液所消耗硫酸铜标准滴定溶液的体积，mL；V_1 为未加氟化铵的试液所消耗硫酸铜标准滴定溶液的体积，mL；M 为铝的摩尔质量，g/mol（M = 26.9815 g/mol）；m 为试料的质量，g；20 为所量取试液的体积，mL；500 为试液定容的体积，mL。计算结果精确到小数点后两位。取平行测定结果的算术平均值为测定结果。平行测定数据的极差与平均值之比不得大于 0.2%。

附　录

附录 1　出口烟花爆竹烟火药剂禁用限用药物的定性分析

1　范围

本方法适用于出口烟花爆竹禁用限用药物的定性分析。

2　试剂和溶液

(1)盐酸溶液：6 mol/L。

(2)盐酸苯胺溶液：5 g 盐酸苯胺溶于 50 mL 浓盐酸中。

(3)锌粉。

(4)氢氧化钠溶液：100 g/L。

(5)硝酸银溶液：50 g/L。

(6)硝酸溶液：12 mol/L。

(7)硫酸锰溶液：12 mol/L：用氨水调节 pH 在 8.0～9.0 之间。

(8)氢氧化钠溶液：400 g/L。

(9)亚硝酸钠溶液：250 g/L。

(10)硫酸铜($CuSO_4 \cdot 5H_2O$)：称取 5 g 硫酸铜于 100 mL 的 1 mol/L 盐酸中。

(11)钼酸铵溶液：110 g/L。

(12)乙酸溶液：10 mol/L。

(13)磷钼酸溶液：50 g/L。

(14)铬酸钾溶液：250 g/L。

(15)碘化钾和亚硫酸钠混合液：0.5 g 碘化钾 20 g 亚硫酸钠溶于 100 mL 水中。

(16)氢氧化钠溶液：100 g/L。

(17)三氯化铁溶液：20 g/L。

(18)冰乙酸溶液：2 mol/L。

(19)氢氧化钠溶液：4 g/L。

（20）苯胺无水乙醇混液：50 mL 苯胺溶于 50 mL 无水乙醇中。

（21）硫酸溶液：6 mol/L。

（22）苯。

（23）二硫化碳。

（24）氨水。

（25）氯化铁溶液：100 g/L。

3 仪器与设备

实验室常用仪器与装置。

4 试样的制备

将解剖分离的药剂盛入玛瑙（或硬木质，铜质）研钵中研制，小心轻轻地压碎，每次研药量不得超过 5 g，用 100 目实验筛过筛。

5 方法和结果判定

5.1 氯酸盐

取少量试样于滤纸中心，滴加 1 滴蒸馏水，待扩散开后，取 1 滴盐酸苯胺溶液[2.（2）]，从滤纸中心扩散开，若滤纸上出现紫色环，则判定样品中含有氯酸盐。

5.2 砷化物

取约 0.1 g 试样于试管中，加入少量锌粉[2.（3）]，用滴管 1～2 mL 蒸馏水将管壁上的药剂冲入管底，加上 2 mL 氢氧化钠溶液（100 g/L），待有气体产生时，在试管口上覆盖一片用 1 滴硝酸银溶液（50 g/L）和一滴硝酸溶液（12 mol/L）湿润的滤纸，30 s 后将滤纸揭开，如有黑色的圆形斑点，表示有砷或砷化物。

5.3 镁粉

取约 1 g 试样于已装定性滤纸过滤漏斗上，用 50℃以下的温水快速洗涤，残渣转移至试管中，滴加硫酸锰溶液（12 mol/L）1～2 mL，放置约 30 min。观察，若有气泡产生和棕色沉淀出现，则说明有镁粉存在。

5.4 硫化锑

（1）取 0.5～1 g 试样于烧杯中，加约 10 mL 盐酸溶液（6 mol/L），盖上表面皿，在电炉上煮沸 3～5 min，冷却至室温，用定性滤纸过滤；

（2）在滤纸上滴 1 滴磷钼酸溶液（50 g/L），略微烘干，加 1 滴滤液，若滤纸上出现深蓝色斑，则判定试样中存在锑；

（3）取 0.2～0.5 g 试样于烧杯中，缓缓加入 10～15 mL 氢氧化钠溶液（400 g/L）。待剧烈反应停止后，再加入约 5 mL 蒸馏水，盖上表面皿于水浴加热约 2 min，取下冷却至常温,过滤于另一只烧杯中。

(4)取1滴步骤(3)的滤液于点滴板上,加1滴1%五氰·亚硝酰合铁(Ⅲ)酸钠试剂,有紫红一红色产生,证明有硫离子存在;

(5)若以上两种现象均明显,则判定样品中有硫化锑存在。

5.5 汞化合物

取0.2~0.5 g试样于50 mL烧杯中,加20 mL盐酸溶液(6 mol/L)溶解、过滤。在定性滤纸上加一滴碘化钾和亚硫酸钠混合溶液[2.(15)],一滴硫酸铜溶液[2.(10)],再加入一滴试样滤液,若滤纸呈橙红色,则判定样品中存在汞化合物。

5.6 磷

取约0.5 g试样于烧杯中,加入10 mL浓硝酸,加热溶解、过滤。取少许滤液于试管中,加5滴硝酸溶液(12 mol/L)及0.5 mL钼酸铵溶液[2.(11)],摇匀、静置,若有黄色沉淀生成,可判断试样中存在磷。

5.7 铅化合物

(1)取0.2 g试样置于烧杯,加入10 mL乙酸溶液(10 mol/L),微热,搅拌使样品充分溶解,静置2 min后过滤。

(2)取2 mL滤液置于离心管中,加入2 mL硫酸溶液(6 mol/L),盖上表面皿,在电炉上煮沸3~5 min并搅拌,沉淀完全后,离心分离;弃去离心液,在沉淀中加过量的氢氧化钠溶液(4 g/L)加热1 min,部分沉淀溶解后,离心分离。

(3)滤液用乙酸(10 mol/L)酸化后,滴加铬酸钾溶液(250 g/L)数滴,若有黄色沉淀生成,且沉淀能溶于过量的氢氧化钠溶液(4 g/L)和浓硝酸,则判定样品中存在铅化合物。

5.8 钛

取0.1 g样品于烧杯中,慢慢加入浓硫酸溶解,再冷却、稀释、过滤。取1滴滤液于定性滤纸上,加1滴5%的变色酸(1,8-二羟基萘-3,6二磺酸钠),若有紫红色斑产生,则证明试样中有钛存在。

5.9 硼

将0.1 g样品加入10 mL甲醇进行蒸馏处理。加3 mL 0.1%姜黄素溶液将残渣完全溶解,加入1.5 mL硫酸一冰乙酸溶液(1+1),搅拌均匀,于45℃放置20 min,生成紫红色质子型姜黄素,判定试样中有硼存在。

5.10 锆

取样品0.1 g,置于烧杯中,加入盐酸溶液(6 mol/L)使样品溶解,用水稀释,搅拌混匀。取1滴试样溶液(微酸性)于点滴板上,加1滴1%的茜红素s后再加1滴浓盐酸,显红色,判定试样中有锆存在。

5.11　镓或镓酸

取 0.1 g 试样于试管中，加约 10 mL 盐酸溶液(6 mol/L)溶解，加 3 滴 0.1% 罗丹明 B，再加 3~5 滴苯，摇荡。在苯层中出现红色或粉红色，紫外光下，有橙红色荧光，证明试样中有镓存在。

5.12　硫氰酸盐

取 0.1 g 样品溶于约 10 mL 浓盐酸中。取 1 滴试液于过滤纸上，加 1 滴三氯化铁溶液(20 g/L)，若显鲜红色的硫氰化铁斑，且溶于过量盐酸中，则可判定试样中有硫氰酸盐存在。

5.13　铝粉

取试样 0.1 g 于坩埚中，用约 10 mL 氢氧化钠溶液(100 g/L)溶解，过滤。取滤液 1 mL 于试管中，加 2 滴茜素磺酸钠(2 g/L)，立即呈现紫色沉淀。加入 1 mL 冰乙酸(2 mol/L)酸化后，若生成颜色更鲜艳的红色混浊或红色沉淀，则判定试样中有铝粉存在。

5.14　没食子酸

(1)取 0.1 g 试样置于烧杯中，加 50 mL 蒸馏水，煮沸 1 min，趁热过滤；

(2)取 3 滴氯化铁溶液(100 g/L)于一试管中，逐滴加入氢氧化钠溶液(4 g/L)至有棕色沉淀产生，用滴管吸取经滤液的试液，沿管壁缓慢加入刚制备好的浑浊溶液中，如有黑色或蓝色沉淀产生，则判定试样中有没食子酸存在。

5.15　苦味酸或苦味酸盐

取 1 g 试样置于烧杯中，加入 30 mL 蒸馏水，加热溶解，过滤分离。取 0.5 mL 滤液于试管中，加入 5 滴苯胺无水乙醇混液(2.20)，如有难溶的晶体盐类生成，并显黄色，则可判断试样中有苦味酸或苦味酸盐存在。

5.16　硫磺

取 1.0 g 样品，置于 100 mL 烧杯中，加蒸馏水 30 mL，加热煮沸 2 min，趁热过滤于另一 50 mL 烧杯中，并用 5 mL 热蒸馏水洗涤三次。将滤渣置于坩埚中，加入二硫化碳适量，搅拌，过滤，滤液收集于蒸发皿中。待有机溶剂蒸发干后，将蒸发皿中的黄色残渣用氢氧化钠溶液(100 g/L)加热溶解，加亚硝酰铁氰化钠少许，若溶液呈现紫色，则可判定试样中有硫磺存在。

5.17　氨或铵盐

取 1.0 g 样品，置于 100 mL 烧杯中，加蒸馏水 30 mL，过滤。取 1 mL 滤液于试管中，加氢氧化钠溶液(100 g/L)几滴，将一条润湿的红色石蕊试纸放在试管口。若试纸变蓝则可判定试样中有铵离子存在。

5.18　六氯代苯

取 0.5 g 试样置于烧杯中，加入 50 mL 蒸馏水，煮沸，趁热过滤。取滤渣于试管中，加入 3 mL 苯(2.22)，水浴加热 1 min，取出振荡，过滤于干燥的表面皿上，在室温下让其自然晾干，观察表面皿，若有环形针状或松针状晶体，加 2 滴二硫化碳(2.23)，如果晶体消失，则判定无六氯代苯；如果晶体不消失或部分消失，可判定试样中存在六氯代苯。

5.19　二价铜离子

取 0.2 ~ 0.5 g 试样于 50 mL 烧杯中，加入 20 mL 硫酸溶液(2 + 22)溶解，过滤；取滤液 1 mL 于试管中，滴加氨水(2.24)使溶液呈碱性时，若溶液呈深蓝色，则可判定试液中有铜离子存在。

附录2　常用酸、碱浓度

试剂名称	密度/(g·cm⁻³)	质量分数/%	物质的量浓度/(mol·L⁻¹)	试剂名称	密度/(g·cm⁻³)	质量分数/%	物质的量浓度/(mol·L⁻¹)
浓硫酸	1.84	98	18	氢溴酸	1.38	40	7
稀硫酸	1.1	18	2	氢碘酸	1.70	57	7.5
浓盐酸	1.19	38	12	冰醋酸	1.05	99	17.5
稀盐酸	1.0	7	2	稀乙酸	1.04	30	5
浓硝酸	1.4	68	16	稀乙酸	1.0	12	2
稀硝酸	1.2	32	6	浓氢氧化钠	1.44	41	14.4
稀硝酸	1.1	12	2	稀氢氧化钠	1.1	8	2
浓磷酸	1.7	85	14.7	浓氨水	0.91	28	14.8
稀磷酸	1.05	9	1	稀氨水	1.0	3.5	2
浓高氯酸	1.67	70	11.6	氢氧化钙水溶液		0.15	
稀高氯酸	1.12	19	2	氢氧化钡水溶液		2	0.1
浓氢氟酸	1.13	40	23				

资料来源：北京师范大学化学系无机化学教研室.简明化学手册.北京：北京出版社,1980.

附录3 不同温度下标准滴定溶液体积的补正值

温度/℃	水和0.05 mol/L以下的各种水溶液	0.1 mol/L 和0.2 mol/L 各种水溶液	盐酸溶液 [c(HCl) = 0.5 mol/L]	盐酸溶液 [c(HCl) = 1 mol/L]	硫酸溶液 [c(1/2H₂SO₄) = 0.5 mol/L]氢氧化钠溶液[c(NaOH) = 0.5 mol/L]	硫酸溶液 [c(1/2H₂SO₄) = 1 mol/L]氢氧化钠溶液[c(NaOH) = 1 mol/L]
5	+1.38	+1.7	+1.9	+2.3	+2.4	+3.6
6	+1.38	+1.7	+1.9	+2.2	+2.3	+3.4
7	+1.36	+1.6	+1.8	+2.2	+2.2	+3.2
8	+1.33	+1.6	+1.8	+2.1	+2.2	+3.0
9	+1.29	+1.5	+1.7	+2.0	+2.1	+2.7
10	+1.23	+1.5	+1.6	+1.9	+2.0	+2.5
11	+1.17	+1.4	+1.5	+1.8	+1.8	+2.3
12	+1.10	+1.3	+1.4	+1.6	+1.7	+2.0
13	+0.99 +99	+1.1	+1.2	+1.4	+1.5	1.8
14	+0.88	+1.0	+1.1	+1.2	+1.3	+1.6
15	+0.77	+0.9	+0.9	+1.0	+1.1	+1.3
16	+0.64	+0.7	+0.8	+0.8	+0.9	+1.1
17	+0.50	+0.5	+0.6	+0.6	+0.7	+0.8
18	+0.34	+0.4	+0.4	+0.4	+0.5	+0.6
19	+0.18	+0.2	+0.2	+0.2	+0.2	+0.3
20	0.00	0.00	0.00	0.00	0.00	0.00
21	−0.18	−0.2	−0.2	−0.2	−0.2	−0.3
22	−0.38	−0.4	−0.4	−0.5	−0.5	−0.6
23	−0.58	−0.6	−0.7	−0.7	−0.8	−0.9
24	−0.80	−0.9+	−0.9	−1.0	−1.0	−1.2
25	−1.03	−1.1	−1.1	−1.2	−1.3	−1.5
26	−1.26	−1.4	−1.4	−1.4	−1.5	−1.8
27	−1.51	−1.7	−1.7	−1.7	−1.8	−2.1

续上表

温度 /℃	水和 0.05 mol/L 以下的各种水溶液	0.1 mol/L 和 0.2 mol/L 各种水溶液	盐酸溶液 [c (HCl) = 0.5 mol/L]	盐酸溶液 [c (HCl) = 1 mol/L]	硫酸溶液 [c (1/2H₂SO₄) = 0.5 mol/L] 氢氧化钠 溶液 [c (NaOH) = 0.5 mol/L]	硫酸溶液 [c (1/2H₂SO₄) = 1 mol/L] 氢氧化钠 溶液 [c (NaOH) = 1 mol/L]
28	– 1.76	– 2.0	– 2.0	– 2.0	– 2.1	– 2.4
29	– 2.01	– 2.3	– 2.3	– 2.3	– 2.4	– 2.8
30	– 2.30	– 2.5	– 2.5	– 2.6	– 2.8	– 3.2
31	– 2.58	– 2.7	– 2.7	– 2.9	– 3.1	– 3.5
32	– 2.86	– 3.0	– 3.0	– 3.2	– 3.4	– 3.9
33	– 3.04	– 3.2	– 3.3	– 3.5	– 3.7	– 4.2
34	– 3.47	– 3.7	– 3.6	– 3.8	– 4.1	– 4.5
35	– 3.78	– 4.0	– 4.0	– 4.0	– 4.4	– 5.0
36	– 4.10	– 4.3	– 4.3	– 4.4	– 4.7	5.3

注：1. 本表数值是以 20℃ 为标准温度以实测法测出的。

2. 表中带有"＋"，"－"号的数值以 20℃ 为界。室温低于 20℃ 的补正值为"＋"，室温高于 20℃ 的补正值为"－"。

3. 本表的用法示例，如 2 L 硫酸溶液 $[c(1/2H_2SO_4) = 1\ mol/L]$ 由 25℃ 换算为 20℃ 时，其体积修正值为 –1.5 mL，故 40.00 mL 换算为 20℃ 时的体积为 $V_{20℃} = 40.00 - \dfrac{1.5}{1000} \times 40.00 = 39.94\ mL$。

附录4 氢换算成活性铝镁的换算因数表

铝量/%	K	铝量/%	K	铝量/%	K
45.0	0.0002524	48.4	0.0002499	51.8	0.0002473
45.1	0.0002524	48.5	0.0002498	51.9	0.0002473
45.2	0.0002523	48.6	0.0002497	52.0	0.0002472
45.3	0.0002522	48.7	0.0002496	52.1	0.0002471
45.4	0.0002521	48.8	0.0002496	52.2	0.0002470
45.5	0.0002521	48.9	0.0002495	52.3	0.0002470
45.6	0.0002520	49.0	0.0002494	52.4	0.0002469
45.7	0.0002519	49.1	0.0002493	52.5	0.0002468
45.8	0.0002518	49.2	0.0002493	52.6	0.0002468
45.9	0.0002518	49.3	0.0002492	52.7	0.0002467
46.0	0.0002517	49.4	0.0002491	52.8	0.0002466
46.1	0.0002516	49.5	0.0002490	52.9	0.0002465
46.2	0.0002515	49.6	0.0002490	53.0	0.0002465
46.3	0.0002515	49.7	0.0002489	53.1	0.0002464
46.4	0.0002514	49.8	0.0002488	53.2	0.0002463
46.5	0.0002513	49.9	0.0002487	53.3	0.0002462
46.6	0.0002512	50.0	0.0002487	53.4	0.0002462
46.7	0.0002511	50.1	0.0002486	53.5	0.0002461
46.8	0.0002511	50.2	0.0002485	53.6	0.0002460
46.9	0.0002510	50.3	0.0002484	53.7	0.0002460
47.0	0.0002509	50.4	0.0002484	53.8	0.0002459
47.1	0.0002508	50.5	0.0002483	53.9	0.0002458
47.2	0.0002508	50.6	0.0002482	54.0	0.0002457
47.3	0.0002507	50.7	0.0002482	54.1	0.0002456
47.4	0.0002506	50.8	0.0002481	54.2	0.0002456
47.5	0.0002505	50.9	0.0002480	54.3	0.0002455
47.6	0.0002505	51.0	0.0002479	54.4	0.0002454
47.7	0.0002504	51.1	0.0002479	54.5	0.0002454
47.8	0.0002503	51.2	0.0002478	54.6	0.0002453
47.9	0.0002502	51.3	0.0002477	54.7	0.0002452
48.0	0.0002502	51.4	0.0002476	54.8	0.0002452
48.1	0.0002501	51.5	0.0002476	54.9	0.0002451
48.2	0.0002500	51.6	0.0002476	55.0	0.0002450
48.3	0.0002499	51.7	0.0002475		

附录5　不同温度下水面上空气中饱和水蒸气的压力

温度/℃	水蒸气的含量/mmHg	温度/℃	水蒸气的含量/mmHg	温度/℃	水蒸气的含量/mmHg
0	4.579	13	11.281	26	25.21
1	4.926	14	11.987	27	26.74
2	5.294	15	12.788	28	28.35
3	5.685	16	13.634	29	30.04
4	6.101	17	14.530	30	31.62
5	6.543	18	15.477	31	33.69
6	7.013	19	16.477	32	35.52
7	7.513	20	17.535	33	37.73
8	8.045	21	18.650	34	39.9
9	8.609	22	19.827	35	42.17
10	9.227	23	21.063		
11	9.844	24	22.377		
12	10.518	25	23.756		

附录6 酒精计温度(T)、酒精度(ALC)(体积分数)换算表(20℃)

酒精计温度 (T)	酒精度(ALC)							
	91	92	93	94	95	96	97	98
	对应20℃时的酒精度							
5	94.5	95.4	96.3	97.1	98.0	98.9	99.7	—
6	94.3	95.2	96.1	97.0	97.8	98.7	99.5	—
7	94.1	95.0	95.9	96.8	97.6	98.5	99.4	—
8	93.9	94.8	95.7	96.6	97.5	98.3	99.2	—
9	93.6	94.5	95.5	96.4	97.3	98.2	99.0	99.9
10	93.4	94.3	95.2	96.2	97.1	98.0	98.9	99.7
11	93.2	94.1	95.0	96.0	96.9	97.8	98.7	99.6
12	92.9	93.9	94.8	95.7	96.7	97.6	98.5	99.4
13	92.7	93.6	94.6	95.5	96.5	97.4	98.3	99.2
14	92.5	93.4	94.4	95.3	96.3	97.2	98.1	99.1
15	92.2	93.2	94.2	95.1	96.1	97.0	98.0	98.9
16	92.0	93.0	93.9	94.9	95.9	96.8	97.8	98.7
17	91.7	92.7	93.7	94.7	95.6	96.6	97.6	98.6
18	91.5	92.5	93.5	94.4	95.4	96.4	97.4	98.4
19	91.2	92.2	93.2	94.2	95.2	96.2	97.2	98.2
20	91.0	92.0	93.0	94.0	95.0	96.0	97.0	98.0
21	90.7	91.8	92.8	93.8	94.8	95.8	96.8	97.8
22	90.5	91.5	92.5	93.5	94.6	95.6	96.6	97.6
23	90.2	91.3	92.3	93.3	94.3	95.4	96.4	97.4
24	90.0	91.0	92.0	93.1	94.1	95.1	96.2	97.2
25	89.7	90.7	91.8	92.8	93.9	94.9	96.0	97.0
26	89.4	90.5	91.5	92.6	93.6	94.7	95.8	96.8
27	89.2	90.2	91.3	92.3	93.4	94.5	95.5	96.6
28	88.9	90.0	91.0	92.1	93.1	94.2	95.3	96.4
29	88.6	89.7	90.8	91.8	92.9	94.0	95.1	96.2
30	88.4	89.4	90.5	91.6	92.7	93.8	94.8	96.0
31	88.1	89.1	90.2	91.4	92.5	93.6	94.6	95.8
32	87.9	88.9	90.0	91.1	92.2	93.4	94.4	95.5

附录7　各类黑火药的分解产物(一)

研究者			布捷恩什旋可夫	卡洛里		林克	费道洛夫
火药名称			猎用药	炮药	枪药	炮药	炮药
组成/%(质量)	硝酸钾		77.88	73.78	77.15	74.66	74.18
	硫磺		9.84	12.8	8.63	12.49	9.89
	木炭	碳	7.69	10.88	11.78	12.03	10.75
		氢	0.41	0.38	0.42		0.43
		氧	3.07	1.82	1.79	0.54	3.31
		灰分	痕迹	0.31	0.28		0.34
水分质量/%							1.1
气体生成物/%	CO_2		52.69	42.74	48.2	52.14	
	CO		3.88	10.19	5.18	4.33	
	N_2		41.12	37.58	35.33	34.68	
	SO_2		0.6	0.86	0.67	7.18	
	CH_4			2.7	3.02		
	H_2		1.21	5.93	6.9	1.63	
	O_2		0.52			0.04	
固体生成物/%	K_2CO_3		27.02	28.02	31.9	23.97	37
	K_2SO_4		56.62	53.37	55.53	45.06	15
	$K_2S_2O_3$		7.57	4.11	2.71	14.96	8.28
	K_2S		1.06	0.15		5.82	.38.19
	KCNS		0.86			1.8	0.33
	KNO_3		5.19			1.87	
	NH_4NO_3				4.09	3.18	
	KOH		1.26				
	S			6.78	1.78	0.48	0.09
	C		0.97	3.7	3.99	2.86	
气体总量(%质量)			31.38			35.51	
固体总量(%质量)			68.05			64.15	

<h1>各类黑火药的分解产物(二)</h1>

火药种类及密度		立方形	大粒	小粒	球形	猎用	矿用	栗炭
$\rho/(g \cdot cm^{-3})$		1.75	1.70	1.60				1.80
组成/%	硝酸钾	74.76	74.36	73.91	75.59	74.68	61.92	78.82
	硫磺	10.07	10.09	10.02	12.42	10.37	15.06	2.04
	木炭	14.22	14.29	14.59	11.34	13.78	21.41	17.8
火药中含水率/%		0.95	1.06	1.48	0.65	1.17	1.61	1.33
气体生成物/%	CO_2	20.85	26.3	26.89	24.57	25.93	22.79	21.98
	CO	4.77	4.22	3.55	1.36	2.47	15.22	0.86
	N_2	11.23	11.17	11.23	11.08	11.32	8.58	10.49
	H_2S	1.11	1.09	1.01	0.96	0.83	3.89	
	CH_4	0.06	0.08	0.04		0.46	0.7	0.04
	H_2	0.06	0.09	0.07	0.03	0.08	0.17	0.16
	O_2		0.02	0.03	0.07			
生成的水								8.32
固体生成物/%	K_2CO_3	32.58	34.15	28.16	21.86	34.13	19.45	43.6
	K_2SO_4	7.1	8.44	12.52	29.75	12.5	0.26	13.32
	K_2S	10.42	8.07	9.99	4.73	7.17	17.45	
	KCNS	0.14	0.13	0.07	0.03		1.39	
	KNO_3	0.13	0.15	0.09	0.58	0.17	0.04	
	K_2O			0.56				
	$(NH_4)_2CO_3$	0.05	0.04	0.03	0.02	0.05	0.84	
	S_2	4.45	4.9	3.81	4.13	3.72	6.64	
全部生成物/%	气体生成物	44.08	42.98	42.82	38.08	41.09	51.35	33.43
	水	0.95	1.06	1.48	0.65	1.17	1.61	9.65
	固体生成物	54.87	55.88	55.68	61.28	57.74	46.09	56.92
标准状况下气体生成物体积/$(L \cdot kg^{-1})$		287.5	284.4	277.6	240.8	252.7	374.6	315.1

参考文献

[1] 潘功配, 徐云庚. 烟火药材料手册[M]. 华东工程学院, 1983

[2] 欧阳卫国, 花炮技术[M]. 长春: 吉林科学技术出版社, 2009

[3] 钱森元. 黑火药及导火索[M]. 北京: 国防工业出版社, 1983

[4] 梁松扬. 硝化棉[M]. 北京: 国防工业出版社, 19832

[5] 刘宁, 杨林. 烟火材料与烟火药[M]. 长沙: 湖南科学技术出版社, 2015

[6] 曾明. 化学实验[M]. 北京: 北京大学医学出版社, 2009

[7] 蒋银燕. 化学实验教程[M]. 北京: 人民卫生出版社, 2017

[8] 陈寿椿. 重要无机化学反应[M]. 上海: 上海科学技术出版社, 1982

[9] 杭州大学化学系分析化学教研室. 分析化学手册[M]. 北京: 化学工业出版社, 1982

[10] 钟一鹏. 国外炸药性能手册[M]. 天津: 兵器工业出版社, 1990

[11] GJB 770B 中华人民共和国国家军用标准 火药试验方法

[12] GB/T 6026 工业用丙酮

[13] GB/T 6324 1 液体有机化工产品水混溶性试验

[14] GB/T 6324 2 挥发性有机液体水浴上蒸发后干残渣的测定

[15] GB/T 6324 3 有机化工产品还原高锰酸钾物质的测定

[16] GB/T 7534 工业用挥发性有机液体 沸程的测定

[17] GB/T3143 液体化学产品颜色测定法

[18] GB/T 394 1 工业乙醇

[19] GB/T 394 2 酒精通用分析方法

[20] HG 5 1341 酚醛树脂含水量测定

[21] HG5 1342 酚醛树脂中游离苯酚含量测定方法

[22] GB/T 32684 塑料 酚醛树脂游离甲醛含量的测定

[23] GB/T 9284 色漆和清漆用漆基软化点的测定 环球法

[24] Q/BAAD002 – 2015 2123 酚醛树脂技术指标

[25] GB/T 4615 聚氯乙烯树脂 残留氯乙烯单体含量测定 气相色谱法

[26] GB/T 7139 塑料 氯乙烯均聚物和共聚物 氯含量的测定

[27] GB/T 9345.5 塑料 灰分的测定 聚氯乙烯

[28] GB/T 1886 114 食品安全国家标准 食品添加剂 紫胶(又名虫胶)

[29] GB/T 8143 紫胶产品检验方法

[30] GB/T 5009 76 虫胶中砷含量测定

[31] GB/T 5009 75 虫胶中铅含量的测定

[32] GB/T 20884 麦芽糊精

[33] GB/T 20885 葡萄糖浆

525

［34］GB/T 12010 2 聚乙烯醇树脂性能测定

［35］GB/T 12010 3 聚乙烯醇树脂 规格

［36］GB/T 12010 4 聚乙烯醇树脂 pH 测定

［37］GB/T 12010 5 聚乙烯醇树脂平均聚合度测定

［38］GB/T 12010.1 PVAL 系统命名和分类基础

［39］GB/T 12010 7 聚乙烯醇氢氧化钠含量测定

［40］GB/T 209 工业用氢氧化钠

［41］GB/T 4348.3 工业用氢氧化钠铁含量的测定

［42］GB/T 11213.2 氢氧化钠 氯化钠含量测定 分光度法

［43］GB/T 9284 1 色漆和清漆用漆基软化点的测定 环球法

［44］GB 3402 1 塑料氯乙烯均聚和其聚树脂命名体系和规范基础

［45］GB/T 3402 2 塑料 氯乙烯均聚和共聚树脂 试样制备和性能测定

［46］GB/T 2914 塑料 氯乙烯均聚物和共聚树脂 挥发物(包括水)的测定

［47］GB/T 7139 塑料 氯乙烯均聚物和共聚物 氯含量的测定

［48］GB/T 26197 烟花爆竹用 硫化锑

［49］YS/T 525 三硫化二锑

［50］YS/T 239.1 三硫化二锑化学分析方法 溴酸钾容量法测定锑

［51］YS/T 239.1 三硫化二锑化学分析方法 硫酸钡重量法测定化合硫

［52］YS/T 239.4 三硫化二锑化学分析方法 重量法测定王水不溶物

［53］GB/T 3255.5 三硫化二锑化学分析方法 重量法测定盐酸不溶物

［54］GB/T 3255.3 三硫化二锑化学分析方法 燃烧碘量法测定游离硫

［55］GB/T 3253.4 锑及三氧化二锑化学分析方法 锑中硫量的测定 燃烧中和法

［56］GB/T 3253.1 锑及三氧化二锑化学分析方法 砷量的测定 砷钼蓝分光光度法

［57］GB/T 26198 烟花爆竹用铁粉

［58］GB/T 22784 烟花爆竹用铝镁合金关键指标的测定

［59］GB/T 20210 烟花爆竹用铝粉 标准

［60］GB/T 22785 烟花爆竹用铝粉关键指标的测定

［61］GB/T 20211 烟火爆竹用钛粉

［62］GB/T22781 烟花爆竹用钛粉关键指标的测定

［63］GB/T 2449 工业硫磺

［64］GB/T 17664 木炭和木炭试验方法标准

［65］GB/T 1254 工作基准试剂草酸钠

［66］GB/T 22787 烟花爆竹用冰晶石关键指标的测定

［67］GB/T 4291 冰晶石

［68］YS/T 273.2 冰晶石灼烧减量的测定

［69］GB/T 23936 工业氟硅酸钠

［70］HG/T 2969 工业碳酸锶

［71］HG/T4852 工业碱式碳酸铜

［72］GB/T 26046 氧化铜粉

［73］GB/T 22782 烟花爆竹用氧化铜关键指标的测定

[74] YB/T 5084 工业二氧化锰

[75] YS/T 927 – 2013 中华人民共和国有色金属行业标准 氧化铋

[76] YS/T 1014.1 中华人民共和国有色金属行业标准 三氧化二铋化学分析方法

[77] YS/T 1014.2 中华人民共和国有色金属行业标准 三氧化二铋化学分析方法

[78] YS/T 1014.3 中华人民共和国有色金属行业标准 三氧化二铋化学分析方法

[79] YS/T 1014.4 中华人民共和国有色金属行业标准 三氧化二铋化学分析方法

[80] YS/T 1014.5 中华人民共和国有色金属行业标准 三氧化二铋化学分析方法

[81] GB/T 4553 工业硝酸钠标准

[82] GB/T 3600 肥料中氨态氮含量的测定 甲醛法

[83] HG/T 2574 工业氧化铁

[84] GJB 558A 炮用单基发射药通用规范

[85] HG/T 4522 工业硝酸锶

[86] GB/T 1613 工业硝酸钡

[87] GB/T 3049 工业用化工产品 铁含量测定的通用方法 1.10 – 菲啰啉分光光度法

[88] GB/T22783 烟花爆竹用硝酸钾关键指标的测定

[89] GB1918 工业硝酸钾

[90] GB/T 752 工业氯酸钾

[91] HG/T3813 中华人民共和国化工行业标准 工业高氯酸铵

[92] GB/T 22786 中华人民共和国国家标准

[93] HG 3247 中华人民共和国化工行业标准

[94] GB/T 1608 工业高锰酸钾

[95] GB/T 6678 化工产品采样总则

[96] GB/T 6679 固体化工产品采样通则

[97] GJB 770B 水分、水分和外挥发分 烘箱法

[98] GBT 23949 无机化工产品中蒸发残渣测定通用方法

[99] GBT 23769 无机化工产品水溶液中 pH 测定通用方法

[100] GBT 23951 无机化工产品中灼烧残渣测定通用方法

[101] GBT 23948 无机化工产品中水不溶物测定通用方法

[102] GB/T 20617 烟花爆竹 烟火药中铁含量的测定

[103] GB/T 26196 烟花爆竹 烟火药中碳含量的测定

[104] GB/T 26195 烟花爆竹 烟火药中砷含量的测定

[105] GB/T 20618 烟花爆竹 烟火药硝酸盐含量的测定

[106] GB/T 19468 烟火药剂中氯酸盐含量的测定

[107] YS/T 20614 烟花爆竹 烟火药中高氯酸盐含量的测定

[108] GB/T 15814 1 烟花爆竹药剂成分定性测定

[109] GB/T 21242 烟花爆竹 烟花药禁限用药剂定性检测方法

[110] GB/T 23950 无机化工产品中重金属测定通用方法

[111] GB/T 23946 无机化工产品中铅含量测定通用方法 原子吸收光谱法

[112] GBT 23841 无机化工产品中镉含量测定的通用方法 原子吸收分光光度法

[113] GB/T 3050 无机化工产品中氯化物含量测定的通用方法 电位滴定法

［114］GB/T 23945 无机化工产品中氯化物含量测定的通用方法 目视比浊法

［115］GB/T 3051 无机化工产品中氯化物含量测定的通用方法 汞量法

［116］GB/T 3049 无机化工产品中铁含量测定的通用方法 1，10 - 菲啰啉分光光度法

［117］GB/T 23844 无机化工产品中硫酸盐测定通用方法 目视比浊法

［118］GB/T 23842 无机化工产品中硅含量测定通用方法 还原硅钼酸盐分光光度法

［119］GB/T 23773 无机化工产品中铵含量测定的通用方法 纳氏试剂比色法

［120］GB/T 23947 无机化工产品中砷测定的通用方法 砷斑法

［121］AQ4125 烟花爆竹单基药安全要求

［122］AQT4122 烟花爆竹烟火药吸湿率测定方法

图书在版编目（ＣＩＰ）数据

烟花爆竹用化工材料质量手册／东信烟花集团有限
公司组编. --长沙：中南大学出版社，2018.8
ISBN 978 - 7 - 5487 - 3290 - 7

Ⅰ.①烟… Ⅱ.①东… Ⅲ.①爆竹－化工材料－质量
管理－手册 Ⅳ.①TQ567.9 - 62

中国版本图书馆 CIP 数据核字(2018)第 142458 号

烟花爆竹用化工材料质量手册

东信烟花集团有限公司　组编

□责任编辑	周兴武	
□责任印制	易红卫	
□出版发行	中南大学出版社	
	社址：长沙市麓山南路	邮编：410083
	发行科电话：0731 - 88876770	传真：0731 - 88710482
□印　　装	湖南众鑫印务有限公司	

□开　　本	710×1000　1/16	□印张 34	□字数 680 千字		
□版　　次	2018 年 8 月第 1 版		□印次　2018 年 8 月第 1 次印刷		
□书　　号	ISBN 978 - 7 - 5487 - 3290 - 7				
□定　　价	128.00 元				